Principes de Chimie

BIBLIOTHÈQUE DES ACTUALITÉS INDUSTRIELLES. — N° 61

Principes de Chimie

PAR

M. DIMITRI MENDÉLÉEFF

PROFESSEUR DE CHIMIE A L'UNIVERSITÉ IMPÉRIALE DE SAINT-PÉTERSBOURG

Traduit du russe

PAR

<table>
<tr><td>M. E. ACHKINASI
Docteur en Médecine</td><td>M. H. CARRION
Chef de Laboratoire
à l'Hôpital Saint-Antoine</td></tr>
</table>

AVEC PRÉFACE DE

M. le Professeur ARMAND GAUTIER
Membre de l'Académie des Sciences et de l'Académie de Médecine

PREMIER VOLUME

PARIS

BERNARD TIGNOL, ÉDITEUR

LIBRAIRIE SCIENTIFIQUE, INDUSTRIELLE ET AGRICOLE

53 BIS, QUAI DES GRANDS-AUGUSTINS, 53 BIS

AVIS AUX LECTEURS

Au cours de l'impression de ce volume, M. le Professeur D. Mendéléeff a fait paraître la 6e édition russe des *Principes de Chimie.*

L'extrême intérêt des dernières notes de l'auteur nous imposait le devoir de les publier dans l'édition française.

A cet effet, nous avons réuni, à la fin de l'ouvrage, (pages 572 et suivantes) les notes additionnelles aux chapitres 1 à 3. Celles des chapitres 4 à 7 ont pu être intercalées dans le texte même et se trouvent confondues avec les notes des éditions antérieures.

E. ACHKINASI et H. CARRION.

PRINCIPES DE CHIMIE

INTRODUCTION

La chimie s'occupe de l'étude * des substances ** qui, par leurs diverses combinaisons, constituent tous les corps qui nous entourent. Elle s'occupe des transformations de ces substances entre elles, *** et des phénomènes **** qui les accompagnent.

* **Etudier signifie :**

a) Chercher le rapport qui existe entre l'objet de l'étude et les connaissances résultant, soit de l'expérience et de l'observation des conditions ordinaires de la vie, soit d'études antérieures. C'est-à-dire, en un mot, déterminer et exprimer, au moyen du connu, la *qualité* de l'inconnu.

b) Mesurer tout ce qui, étant mesurable, peut servir à fixer le rapport numérique de l'objet de l'étude aux notions déjà établies et aux fonctions de temps, d'espace, de température, de masse etc.

c) Déterminer la place que doit occuper l'objet de l'étude, dans le système des faits connus, en utilisant les données qualitatives et quantitatives fournies par les études précédentes (*a* et *b*).

d) Déduire des résultats de l'expérience les relations empiriques (fonction ou « loi » comme on dit quelquefois) qui existent entre les divers facteurs variables ; par exemple, le rapport entre la composition d'une substance et ses propriétés, la température et le temps, le temps et le lieu, etc.

e) Créer des hypothèses sur la cause réelle du rapport de l'objet de l'étude au connu ou aux fonctions de temps, d'espace, etc.

f) Vérifier par des expériences les conclusions logiques des hypothèses.

Et *g*) établir la théorie des faits. Montrer que ces faits découlent directement de ceux qui sont déjà connus et dépendent des conditions au milieu desquelles ils se sont produits.

On ne peut commencer aucune étude, sans prendre pour point de départ certaines notions évidentes et acceptées comme telles par notre esprit. Telle, est par exemple, la notion du nombre, celle du temps, de l'espace, du mouvement, de la masse, etc. La démonstration de ces idées fondamentales n'est pas exclue du domaine de l'étude, mais elle est impossible dans l'état actuel de la science. A la base de toute étude, quelle qu'elle soit, il y aura toujours certains faits dont l'exactitude devra être admise sans démonstration. Les axiomes en géométrie en sont un exemple. Dans les sciences biologiques, il est nécessaire de reconnaître, comme un fait encore inexpliqué, la faculté qu'ont les organismes de se reproduire. En chimie, jusqu'à présent du moins, c'est la notion des corps simples qui doit être admise sans discussion. Nous pouvons cependant espérer que, par la connaissance de tout ce que nos sens peuvent directement observer, on pourra créer un jour, des hypothèses, des théories qui expliqueront ces axiomes qu'il nous faut aujourd'hui admettre comme base de nos études.

Les peuples anciens s'attachaient surtout à connaître les principes fondamentaux des choses, tandis qu'au contraire, le développement merveilleux de nos connaissances est dû à ce que notre méthode actuelle d'étude procède essentiellement de l'induction, de la synthèse. C'est grâce à elle que les *sciences exactes* ont pu établir avec certitude beaucoup de faits qui, dans l'univers, échappent à nos sens (par exemple le mouvement moléculaire de tous les corps, la composition des astres, les directions de leurs mouvements, la certitude de l'existence de corps qui se dérobent à nos moyens d'expérimentation, etc., etc.) Ces résultats ont été vérifiés, et souvent utilisés pour l'amélioration des moyens de l'existence humaine.

La voie inductive constitue certainement pour la science un mode plus parfait d'investigation que la seule méthode déductive au moyen de laquelle les anciens croyaient pouvoir embrasser toute chose. La science actuelle, armée de l'esprit d'induction, a refusé d'accepter comme vrais des *dogmes* non démontrés. Elle s'efforce d'arriver, par le raisonnement et une voie d'étude lente et pénible, à des connaissances exactes dont le nombre et la limite sont encore impénétrables et pour nos sens et pour notre esprit.

On appelle substance ou matière tout ce qui, occupant une place dans l'espace, a un poids, c'est-à-dire forme une masse attirée par la terre ou par d'autres masses matérielles. C'est tout ce qui entre dans la composition des *corps* et avec quoi s'accomplissent les mouvements et les *phénomènes* de la nature.

Si, par différents procédés, on examine les objets rencontrés dans la nature ou préparés artificiellement, on s'aperçoit facilement que les uns sont homogènes dans toutes leurs parties et que les autres sont constitués par un mélange de plusieurs corps homogènes. Les corps solides peuvent nous en fournir de nombreux exemples. Les métaux usités dans la pratique courante (l'or, le fer, le cuivre, etc.) doivent être homogènes pour servir à la confection d'un grand nombre d'objets ; sinon, ils sont cassants et inutilisables. Une substance homogène présente les mêmes propriétés dans toutes ses parties.

Quand on broie un corps entièrement formé d'une telle substance, on n'en retire que des particules semblables entre elles par leurs propriétés, différentes *seulement* par la forme. Le verre, les bonnes qualités de sucre, de marbre, de sel sont des exemples de corps homogènes.

Les corps hétérogènes sont beaucoup plus nombreux dans la nature et dans les arts. La plupart des pierres sont des corps hétérogènes. Dans la masse foncée des porphyres, on distingue souvent des particules plus claires d'un minéral appelé spath fluor. Dans le granit brun ordinaire, on peut distinguer de gros morceaux de spath mélangés de quartz foncé, demi-transparent, et de lamelles flexibles de mica.

Les plantes et les animaux ne présentent pas non plus d'homogénéité. Ainsi, les feuilles sont formées d'un épiderme, de fibres, de pulpe, de sucs et d'une matière colorante verte. Il est facile de distinguer ces éléments divers en examinant au microscope une mince coupe de feuille.

La poudre de guerre, composée de charbon, de soufre et de salpêtre peut être prise comme exemple d'un corps hétérogène, préparé artificiellement.

Un grand nombre de liquides sont également hétérogènes. Au microscope, une goutte de sang laisse voir un plasma incolore dans lequel nagent des globules rouges, trop petits pour être vus à l'œil nu ; ces corpuscules communiquent au sang sa couleur rouge. Le lait aussi est constitué par un liquide transparent tenant en suspension des gouttelettes microscopiques qui surnagent lorsqu'on le laisse reposer. Ce sont ces gouttelettes qui s'agglomèrent par le battage en une seule masse et qui constituent le beurre.

On peut extraire de chaque corps hétérogène les substances dont il est composé. Ainsi, en broyant le porphyre, on peut en tirer le spath ; en lavant le sable aurifère, on sépare l'or du sable et de l'argile.

La chimie ne s'occupe que des corps homogènes existant dans la nature ou extraits des produits hétérogènes, naturels ou artificiels. Les différents agrégats que l'on rencontre dans la nature font l'objet d'autres sciences naturelles : géologie, botanique, zoologie, anatomie, etc.

*** Il faut appeler corps toute substance limitée par des surfaces et ayant une forme, quelle qu'elle soit La terre, qui fait partie du système solaire, est un corps. Un cristal, une plante sont aussi des corps, ainsi que la mer et toute la masse d'eau qui enveloppe la terre. L'air, formé par des corps gazeux, a ses propriétés propres, tout comme l'eau des mers.

Il est évident que l'idée de « matière » est plus générale que celle de « corps »; cependant, dans le langage usuel, ces mots sont souvent confondus. Généralement on appelle « corps » une « substance déterminée ». Ainsi, au lieu de dire *corps* chimiques simples et composés, on devrait dire **substances** simples, substances composées.

Mais, l'habitude que l'on a de confondre ces expressions est si invétérée aujourd'hui qu'il est inutile de tenter une réforme.

**** On appelle « phénomène » toute modification des propriétés des substances et des corps, dans le temps. L'étude des phénomènes est l'objet principal de la physique.

Le mouvement étant le plus simple et le plus compréhensible des phénomènes, on s'efforce d'expliquer tous les phénomènes avec la même évidence que les mouvements. C'est pourquoi, la mécanique, qui étudie les mouvements, forme la base des sciences naturelles. C'est pourquoi aussi toutes les autres sciences cherchent à rapporter à des lois mécaniques les phénomènes qu'elles étudient. A ce point de vue, l'astronomie, la première, a atteint le but, et a réussi à ramener les phénomènes astronomiques à des phénomènes purement mécaniques. La physique, la chimie, la physiologie et la biologie suivent aujourd'hui la même direction.

Toutes modifications chimiques, ou réactions, ne s'accomplissent qu'autant qu'il y a un contact complet et intime entre les substances mises en œuvre.* Elles sont déterminées par des forces inhérentes aux plus petites particules de la matière.

* Tout phénomène, qui se produit entre deux corps placés à des distances visibles, appréciables (l'attraction magnétique, la gravitation par exemple), n'est pas un phénomène chimique. Ces derniers s'accomplissent seulement à des distances infinitésimales, inappréciables à l'œil et au microscope, c'est-à-dire qu'ils appartiennent au groupe des phénomènes moléculaires proprement dits. Quand, dans l'intérieur d'un corps, il se produit une modification de la substance, sans un mouvement visible et sans le secours de corps étrangers (exemple : le vin de raisin qui, avec le temps, « vieillit » et acquiert un « bouquet » spécial) il peut y avoir production de phénomènes chimiques. Mais, dans les circonstances ordinaires, toute transformation chimique est le résultat de l'action mutuelle de différents corps qui, d'abord séparés, se pénètrent ensuite les uns les autres.

Il faut distinguer trois genres principaux de transformations chimiques.

1° La **combinaison** est une réaction dans laquelle deux corps s'unissent pour n'en former qu'un seul ou, plus généralement, un nombre donné de corps en produit un nombre moins grand. Ainsi, en chauffant * un mélange intime de fer et de soufre, nous obtenons une nouvelle substance, le sulfure de fer, dans laquelle il est impossible de distinguer à l'œil aucune trace des particules constituantes, même avec un fort grossissement. Il est facile, au contraire, tant que la combinaison n'est pas effectuée, de séparer les deux substances : on peut extraire le fer avec un aimant et dissoudre le soufre dans des substances appropriées. ** Une fois la réaction accomplie, les deux substances se pénètrent mutuellement et ne peuvent être alors ni séparées, ni distinguées par des moyens mécaniques.

* On peut, pour faire cette expérience, procéder de deux façons : Prendre un morceau de fer porté au rouge, et toucher avec un morceau de soufre. Le sulfure de fer, qui se forme, est liquide et fondu. La combinaison des deux corps est mise en relief par l'augmentation de l'incandescence, très visible, dans ce cas.

On peut aussi mélanger de la limaille de fer en poudre fine avec du soufre pulvérisé, dans la proportion de 5 parties de fer pour 3 parties environ de soufre. Ce mélange étant placé dans un tube de verre, on en chauffe une partie quelconque pour provoquer la combinaison, en ce point. La réaction, une fois commencée, va se propager dans toute la masse, la chaleur dégagée par la formation du premier sulfure de fer étant suffisante pour déterminer dans les parties voisines le commencement de la réaction. L'élévation de la température est parfois assez considérable pour provoquer la fusion du verre.

** Le soufre est soluble dans un grand nombre de corps gras liquides, mais en petite quantité. Il est beaucoup plus soluble dans le sulfure de carbone et quelques autres liquides qui ne dissolvent pas le fer et qui, par conséquent, peuvent servir à séparer le soufre.

Les réactions par combinaison directe sont, le plus souvent, accompagnées d'une production de chaleur, et le phénomène de la combustion, source ordinaire de chaleur, est simplement une combinaison d'un corps combustible avec un des principes de l'air, l'oxygène. Les gaz et les vapeurs, qui constituent la fumée, sont le résultat de la combustion.

2° Les réactions de **décomposition** sont des phénomènes inverses des combinaisons : une substance en donne deux, ou, en général, un nombre donné de substances en produit un plus grand nombre. En calcinant, par exemple, à l'abri de l'air, le bois (de même que la houille et un très grand nombre de substances végétales et animales) on obtient un gaz inflammable, un liquide aqueux, du goudron et du charbon. C'est, d'ailleurs, de cette manière qu'on prépare, en grande quantité, dans l'industrie, le goudron, le gaz d'éclairage et le coke. * Par la calcination, les pierres calcaires comme la pierre de taille, la craie, le marbre se décomposent, donnant ainsi naissance à la chaux et à un gaz : l'acide carbonique. Le carbonate de cuivre, qui entre dans la composition de la malachite, se décompose de la même façon; mais, la réaction s'effectue à une température beaucoup moins élevée, et peut, par conséquent, se faire dans un tube de verre ; nous étudierons plus tard cet exemple en détail.

* Ce genre de décomposition est appelé « distillation sèche » parce que, comme dans le cas de la distillation ordinaire, on emploie la chaleur et que les gaz et les vapeurs obtenus se condensent par refroidissement sous forme de liquide. Cette décomposition se produisant avec « absorption de chaleur » ressemble à certains phénomènes physiques : passage d'un liquide à l'état de vapeur, changements d'états divers.

Sainte-Claire Deville assimile la décomposition complète à l'ebullition, et il compare à l'évaporation la décomposition partielle, quand une partie de la substance ne se décompose pas en présence de ses produits de dissociation.

Tandis que les réactions par combinaison s'accompagnent ordinairement d'un dégagement de chaleur, les réactions par décomposition absorbent de la chaleur.

3° Le troisième genre de réactions chimiques résulte d'une sorte d'association de la décomposition et de la combinaison; le nombre des substances, qui entrent dans une réaction, est égal à celui des substances formées. Si l'on prend deux corps A et B, qui produisent les corps C et D, et si l'on suppose que A se décompose en D et E, et que E, en se combinant à B, donne C, on a une réaction dans laquelle il a été pris deux corps, A ou DE, et B, et il s'est formé deux nouveaux corps, C ou EB, et D. Les réactions de ce genre doivent être appelées réactions par **déplacement** et, dans le cas particulier ou deux corps en donnent deux autres, réactions par **substitution**. *

* Dans certaines conditions, on peut faire subir à quelques substances simples une sorte de transformation moléculaire, c'est-à-dire les transformer en une nouvelle substance isomère. Ainsi, le soufre ordinaire, jaune et solide, chauffé à 250° et versé ensuite dans l'eau froide, donne une modification molle et brune ; le phosphore ordinaire, substance transparente, vénéneuse, luisante dans l'obscurité, chauffé à 270° dans une atmosphère non comburante, dans la vapeur d'eau par exemple, se transforme en un isomère opaque, rouge, non vénéneux, ne produisant pas de lueurs dans l'obscurité.

Ces phénomènes d'isomérie prouvent la possibilité de modifications dans l'intérieur des corps, et sont le résultat d'un changement dans la juxtaposition de leurs atomes. C'est ainsi qu'avec un nombre donné de boules on peut construire des figures très variables de formes et de propriétés.

Si, par exemple, on prend une solution aqueuse de sulfate de cuivre, et si l'on y plonge un morceau de fer, le cuivre sera déplacé, et la solution contiendra du sulfate de fer, qui ne diffère du sel de cuivre que par la substitution du fer au cuivre. Ce procédé, qui permet de recouvrir le fer de cuivre, le cuivre d'argent, est très souvent utilisé dans la pratique.

La plupart des actions chimiques qui se produisent, soit dans la nature, soit dans les différentes industries, sont très complexes. Elles résultent de la superposition d'un

grand nombre de combinaisons, décompositions et dépla -
cements qui s'accomplissent simultanément. C'est cette
complexité naturelle des phénomènes chimiques qui permet de comprendre comment, pendant des siècles entiers,
on a connu et utilisé* un grand nombre de transformations chimiques, sans cependant posséder des notions scientifiques sur la chimie, sans connaître, en d'autres termes, la
nature des modifications qui s'accomplissent entre les éléments, sans pouvoir ni les prévoir, ni les diriger.

* Depuis très longtemps, on connaissait le moyen de transformer
le jus du raisin, qui contient un principe sucré (la glucose), en vin
et en vinaigre, les minerais trouvés dans la terre en métaux. On
savait également fabriquer le verre avec des substances minérales.

Une autre cause du développement tardif des notions
chimiques tient à l'intervention, dans nombre de réactions,
des substances gazeuses, principalement des éléments de
l'air. Les idées régulières sur la pondérabilité de l'air, et
des gaz en général considérés comme un état spécial, élastique de la matière se répandant dans tout l'espace, ne se sont
développées qu'aux XVIe et XVIIe siècles.

C'est alors seulement que la science de la transformation des substances a pu prendre naissance. Jusque là, les
notions sur l'état gazeux invisible et cependant pondérable
de la matière n'existant pas, les connaissances chimiques,
même les moins scientifiques, n'avaient pu se faire jour. On
était loin de songer aux gaz comme corps susceptibles de
participer à une réaction ou d'en résulter.

Si l'on se contente simplement d'observer les phénomènes, on peut facilement croire que la matière est ou perdue
ou créée ; des quantités énormes de bois peuvent brûler et
ne laisser qu'un peu de charbon et de cendres ; une graine,
dont le poids est insignifiant, peut se développer en un
grand arbre. Dans le premier cas, la matière est en appa-

rence perdue, dans le second créée. Si l'on arrive à cette conclusion, c'est que l'on ne considère ni la formation, ni l'absorption de gaz invisibles pour nous. Le bois, qui brûle, subit une transformation chimique : il se produit des éléments gazeux qui s'échappent sous forme de fumée. La matière du bois n'est pas perdue pour cela; elle s'est gazéifiée sous l'influence des réactions chimiques.

Il est facile, d'ailleurs, d'en fournir la preuve par des expériences très simples. En recueillant la fumée, on remarque qu'elle est constituée par des gaz très différents de l'air, incapables d'entretenir la combustion et la respiration. Ces gaz, on peut les peser et s'assurer qu'ils présentent un poids supérieur à celui du bois employé. Cette augmentation de poids provient de ce que, pendant la combustion, les parties constituantes de l'arbre se sont combinées avec une partie de l'air. Il en est de même du fer qui, en se rouillant, augmente de poids. Dans la combustion de la poudre, il n'y a pas non plus perte de matière, mais transformation seulement en gaz et en fumée.

Il en est encore ainsi de la graine qui se développe en un arbre; ce serait une erreur de croire que la masse augmente à ses propres dépens. Elle croît, parce qu'elle s'assimile les gaz de l'air et qu'elle absorbe, dans la terre, par ses racines, l'eau et les substances qui y sont dissoutes. Les gaz et les liquides ainsi absorbés servent à former les sucs de la plante et les parties solides qui lui donnent sa forme. Du reste, dans un milieu qui ne contient pas les parties constituantes de l'air, la plante meurt.

Lorsque les objets humides sèchent, diminuent de volume et que l'eau s'évapore, on sait que cette eau ne se perd pas, mais qu'elle retourne dans l'atmosphère sous la forme de rosée, de pluie, de neige. L'eau, absorbée par le sol, n'y disparaît pas pour toujours; mais, accumulée quelque part dans le sol, elle reparaît sous forme de sources.

Ainsi, la matière ne fait que subir diverses transforma-tions physiques et chimiques ; elle change de place, de forme, mais elle ne se perd pas et n'est pas créée. Elle reste sur la terre en même quantité qu'auparavant : en un mot, la matière est éternelle.

L'étude de cette simple et première loi chimique pré-sentait de nombreuses difficultés. Mais, une fois bien établie, elle se propagea rapidement, et à l'heure actuelle, elle nous parait aussi simple et naturelle que nombre de vérités con-nues depuis des siècles.

Déjà au XVII° siècle, certains savants, Marlotte, par exem-ple, avaient admis l'existence de la loi de l'éternité de la ma-tière. Mais, ils n'ont su ni formuler clairement cette vérité, ni l'appliquer à des déductions scientifiques. Les expérien-ces qui ont définitivement établi cette loi très simple ne re-montent qu'à la seconde moitié du siècle dernier. Elles sont dues au fondateur de la chimie moderne. académicien et fermier général, le Français Lavoisier. Les nombreuses re-cherches de ce savant ont été faites au moyen de la balance, seul appareil capable de donner une notion exacte et di-recte de la quantité de la matière.

En effectuant chaque fois la pesée de toutes les substan-ces et même des appareils employés pour l'expérience, en pesant ensuite les corps obtenus après les réactions chimi-ques, Lavoisier trouva que la somme des poids des corps obtenus est toujours égale à celle des corps employés, ou, en d'autres termes, que la matière ne peut être ni perdue, ni créée, qu'elle est éternelle.

Cette dernière expression contient, évidemment, une hy-pothèse. Mais. en l'employant, nous ne voulons que traduire l'observation des faits. Dans toutes nos expériences et dans tous les phénomènes de la nature étudiés, on n'a jamais ob-servé que le poids des corps obtenus fût supérieur ou inférieur (autant que nous le permet la précision de la pesée), à celui des substances employées. Or, comme le poids est proportionnel à la masse, * ou à la quantité de matière, il s'en suit qu'on n'a jamais constaté la disparition ou la création d'une quantité quelconque de matière.

* La notion de la masse de la matière n'a paru sous une forme précise qu'avec Galilée (mort en 1642) et surtout avec Newton (né en 1643, mort en 1727). C'est l'époque glorieuse qui vit se développer les méthodes inductives dont les principes philosophiques ont été établis par Bacon et Descartes.

Peu après la mort de Newton, naquit Lavoisier (26 août 1743). Le nom de ce savant doit être inscrit, dans les sciences naturelles, immédiatement après ceux de Galilée et de Newton. Lavoisier périt dans la sanglante période de la Révolution Française que l'on a appelée la Terreur. Avec les 27 autres fermiers généraux, il fut guillotiné, à Paris, le 8 mai 1794, (19 floréal, an II de la République); mais ses œuvres et ses découvertes l'ont rendu immortel.

Cette loi apporte aux recherches chimiques une grande précision, car, en se basant sur elle, on peut établir une équation pour chaque réaction. En désignant par A. B. C... les poids des corps employés et par M. N. O... celui des corps obtenus, on a :

$$A + B + C... = M + N + O...$$

Si le poids d'un des corps, qui entrent dans une réaction ou en résultent, est inconnu, on peut facilement le trouver d'après l'équation. En appliquant la loi de l'éternité de la matière, le chimiste ne peut omettre un seul des corps employés ou obtenus ; il n'y aurait plus égalité entre les deux sommes. Toutes les découvertes chimiques de la fin du siècle dernier et du siècle actuel sont basées sur cette loi.

Il est indispensable, avant d'aborder l'étude de la chimie, de se familiariser avec l'idée très simple qu'exprime la loi de l'éternité de la matière. Quelques exemples suffiront, du reste, pour en faire saisir les principales applications.

1° Un morceau de fer, abandonné à l'air humide, se re-

couvre de rouille * : c'est là un fait d'observation journalière. Si l'on chauffe à l'air ce même morceau de fer, il
se forme, à la surface, une croûte noire. Ces deux nouveaux
corps ont une composition analogue à celle des minerais
que l'on trouve dans le sol et qui sont utilisés pour la préparation du fer. Or, si l'on pèse le fer avant et après la formation de la rouille ou de l'enduit noir, on constate une
augmentation de poids **.

* Pour préserver le fer de la rouille, on le recouvre, soit d'émail,
soit de vernis, soit d'autres métaux inoxydables (de nickel par exemple), soit encore d'une couche de paraffine, etc. Toutes ces substances ont pour but d'empêcher l'accès de l'air et de l'humidité. On
emploie aussi, dans le même but, le brunissage.

** On peut répéter facilement cette expérience avec de la limaille
de fer très fine et non rouillée. Pour la préparer, on prend de la
limaille ordinaire, on la lave à l'éther pour éliminer toute trace de
graisse, et on la passe à travers un crible très fin. La poudre de fer,
ainsi obtenue, peut brûler directement dans l'air en s'oxydant, surtout lorsqu'on la suspend au pôle d'un aimant ; elle brûle comme
de l'amadou en s'échauffant jusqu'au rouge.
A l'extrémité du fléau d'une balance assez sensible, on fixe un
aimant en fer à cheval et on fait adhérer à ses deux pôles la limaille
de fer sous forme de barbes ou de franges. Au-dessous de l'aimant,
doit se trouver le plateau de la balance, pour recevoir les particules
de fer qui pourraient se détacher et cesseraient d'agir sur le bras du
fléau. Ceci fait, on met la balance en équilibre au moyen de poids
placés sur le second plateau et on allume la limaille en approchant
une bougie ou un bec de gaz. Quand la combustion est terminée, on
voit que le fer a augmenté de poids : 5,5 parties de limaille donnent après combustion complète 7,5 p. d'oxyde de fer. Cette expérience, qu'il est facile d'exécuter, prouve bien que c'est aux dépens
de l'air que le fer s'oxyde et qu'il augmente de poids.

Il est facile de constater que cette augmentation de poids
et la transformation du fer en nouveaux corps ont lieu aux
dépens de l'air, et uniquement, comme l'a démontré Lavoisier, aux dépens d'un de ses éléments appelé oxygène, élément qui, on le verra plus loin, joue également un rôle
dans la combustion. En effet, dans le vide, ou dans un milieu gazeux ne contenant pas d'oxygène, dans l'hydrogène

ou l'azote par exemple, il ne se forme ni rouille, ni couche noire à la surface du fer.

Sans l'emploi de la balance, le rôle de l'oxygène de l'air, dans la transformation du fer en substances terreuses, échappe complètement. C'est du reste ce qu'on faisait avant Lavoisier, et ce qui rendait impossible l'explication de tous les phénomènes analogues à celui qui vient d'être décrit. La loi de l'éternité de la matière, au contraire, nous indique, d'une manière irréfutable, que s'il y a augmentation de poids quand le fer se change en rouille, c'est que ce corps est plus complexe, et qu'il est le résultat d'une réaction de combinaison.

Tant que, dans l'étude des phénomènes, on ne tint aucun compte des relations pondérales qui existent entre un corps composé et ses composants, tant qu'on n'eût aucune notion sur la pondérabilité de l'air, et sur le rôle qu'il joue dans les phénomènes de combustion, on donna, de cette réaction, une interprétation absolument fausse. C'est ainsi qu'avant Lavoisier on considérait la rouille comme un corps plus simple que le fer ; on expliquait sa formation par la perte d'un principe inconnu, qui existait dans le fer et que la rouille ne contenait pas. A ce principe purement imaginaire, on donnait le nom de *Phlogistique*.

2º Le carbonate de cuivre se trouve, dans le commerce, sous forme d'une poudre verte, et constitue, en grande partie, la pierre verte bien connue, appelée *Malachite*, employée et comme ornement, et comme minerai pour l'extraction du cuivre. Par la calcination, il se transforme en un corps appelé oxyde de cuivre *, de tous points identique à celui que l'on obtient sous forme d'une couche brune, quand on chauffe du cuivre à l'air.

* Il est commode d'employer, pour faire cette expérience, du carbonate de cuivre en poudre fine. On peut le préparer soi-même en mélangeant des solutions de sulfate de cuivre et de carbonate de

sodium. Le précipité vert, qui se forme, est recueilli sur un filtre, lavé
et desséché. Le carbonate de cuivre se décompose par la chaleur en
oxyde de cuivre et en acide carbonique. Cette décomposition se
produit à une température assez basse pour qu'on puisse opérer avec
une lampe à alcool et dans des appareils en verre, dans un tube à
expérience à parois minces fermé à l'une de ses extrémités par
exemple, ou dans une cornue. On recueille l'acide carbonique sur
une cuve à eau, comme on le verra plus loin.

Le poids de l'oxyde noir de cuivre, résidu de cette opération, est inférieur à celui du carbonate de cuivre employé ;
on en conclut donc qu'il se produit une réaction de décomposition, et qu'une des parties constituantes du carbonate de
cuivre se dégage.

En fermant l'orifice du ballon dans lequel on chauffe le
sel, par un bouchon muni d'un tube de dégagement dont
l'extrémité libre plonge dans l'eau, on observe, en effet, que
la calcination du carbonate de cuivre s'accompagne de la
production d'un gaz que l'on voit s'échapper du tube, sous
forme de bulles. En recueillant ce gaz, * on peut constater
qu'il possède des propriétés toutes différentes de l'air
atmosphérique ; un copeau de bois allumé, par exemple,
s'y éteint comme plongé dans l'eau. Le dégagement de
ce gaz passerait inaperçu, si on n'effectuait pas la pesée ;
il est, en effet, transparent et incolore, et rien n'indique à la
vue sa production. L'acide carbonique, qui se dégage dans
cette opération, peut être pesé ** et il est alors facile de
constater que la somme des poids de l'oxyde noir de cuivre
et de l'acide carbonique est égale au poids du carbonate de
cuivre *** employé pour l'expérience. L'étude attentive de
ces diverses réactions vient donc confirmer la vérité de la
loi de l'éternité de la matière.

* Les tubes de dégagement le plus ordinairement employés sont
en verre. On en fabrique de différents diamètres et de différentes
épaisseurs : on peut les courber facilement sur la flamme d'un bec
de gaz ou même d'une lampe à alcool. Pour les diviser, il suffit de
tracer un trait avec une lime et de briser le tube. Ces propriétés des

tubes en verre, leur imperméabilité, la possibilité d'observer les
phénomènes qui se passent dans l'intérieur, leur dureté, la régularité de leur forme cylindrique présentent une grande commodité
pour les expériences avec les gaz. On peut certainement les remplacer par des tubes en caoutchouc, en métal, etc. Mais, d'une part,
il est difficile de joindre ceux-ci aux appareils, d'autre part, ils ne
présentent pas une imperméabilité complète aux gaz. Les tubes de
dégagement en verre peuvent être joints hermétiquement avec les
appareils au moyen de bouchons de liège percés. Pour obtenir une
imperméabilité complète, on emploie souvent des bouchons de
liège traités par de la paraffine fondue, ou bien des bouchons en
caoutchouc.

** Les gaz se pèsent comme tous les autres corps : mais, à cause
de leur grande légéreté et de l'impossibilité d'opérer sur de grandes
quantités, il faut se servir de balance d'une extrême sensibilité
pouvant marquer les *centièmes* et même les *millièmes* parties du
gramme. Pour peser les gaz, on emploie des ballons en verre assez
épais pour résister à la pression de l'air extérieur, munis d'un robinet bien hermétique. Au moyen d'une pompe pneumatique, on aspire l'air du ballon, on ferme le robinet et on le pèse. On introduit
ensuite le gaz dans le ballon et on pèse de nouveau. La différence
entre les deux pesées donne le poids d'un volume de gaz. Il est nécessaire, pour avoir des chiffres exacts, que la température et la
pression de l'air ne changent pas, pendant les deux opérations, parce
que le ballon pesé dans l'air perd une partie de son poids, d'après la
loi de l'hydrostatique, et cette perte subirait des modifications en
rapport avec les variations de la densité de l'air extérieur. C'est
pourquoi il faut, dans toutes les pesées, tenir compte du volume de
l'air déplacé, de la température, de la pression et de l'humidité de
l'air. Ces notions seront exposées en partie dans ce livre, mais elles
ont leur place dans les traités de physique. Toutes ces opérations
étant très compliquées, on détermine le plus souvent la masse d'un
gaz en mesurant son volume quand on connaît sa densité ou le
poids d'un volume déterminé.

*** Le carbonate de cuivre doit être desséché ; car, autrement, on
obtiendrait de l'eau en plus de l'oxyde de cuivre et de l'acide carbonique. Il faut surtout tenir compte de cette observation lorsqu'on
emploie la malachite parce que l'eau entre dans sa composition.
On peut, du reste, recueillir l'eau qui se produit, pendant la décomposition, en l'absorbant par l'acide sulfurique ou le chlorure de calcium.

Pour dessécher le sel, on le chauffe à une température voisine de
100° jusqu'à ce que son poids demeure constant, ou bien encore on
l'abandonne, pendant quelque temps, sous la cloche d'une pompe
pneumatique, au-dessus d'un vase renfermant de l'acide sulfurique.
L'eau étant très répandue et se laissant facilement absorber par un

grand nombre de corps, il ne faut jamais oublier de rechercher sa présence.

3º C'est une réaction semblable, mais s'effectuant à une température plus élevée, qui produit la décomposition de l'oxyde rouge de mercure avec formation d'un gaz : l'oxygène. Cet oxyde se produit, sous forme d'une pellicule, quand on chauffe le mercure à l'air.

Pour faire cette expérience, on introduit, dans une petite cornue, de l'oxyde de mercure*; l'orifice de la cornue porte un tube à dégagement dont l'extrémité inférieure plonge dans un bain ** d'eau (fig. 1).

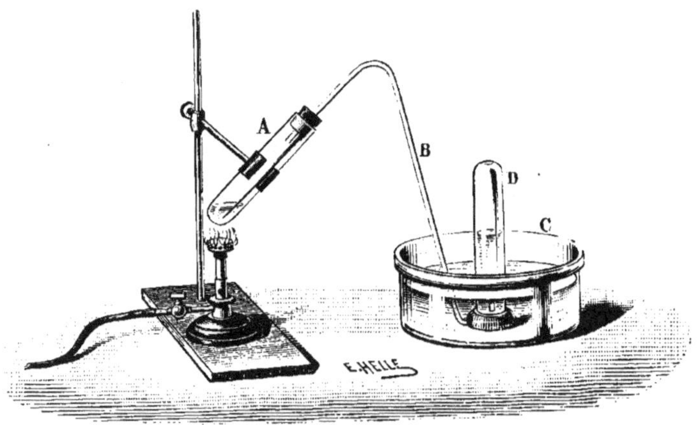

Fig. 1. — Appareil pour la décomposition de l'oxyde rouge de mercure.

Les gaz, qui pourront naître dans l'appareil, n'auront d'autre issue que le tube de dégagement, et l'on sera averti de leur production par la formation dans l'eau de petites bulles. Dès que l'on chauffe la cornue, l'air dilaté par la chaleur se dégage ; ensuite, il passe un gaz appelé oxygène, qu'il est très facile de recueillir.

Voici le procédé ordinairement employé pour recueil-

lir les gaz : on remplit d'eau une éprouvette en verre et on
la renverse dans le bain, en ayant soin de boucher son orifice ; si l'on ouvre cette éprouvette sous l'eau, la pression
atmosphérique, qui agit sur la surface du bain, empêche le
tube de se vider. On place l'orifice du cylindre au-dessus
de l'extrémité du tube à dégagement. *** et les bulles de
gaz, qui s'en échappent, pénètrent dans l'éprouvette en déplaçant l'eau qui la remplit. Lorsque l'éprouvette contient
une quantité suffisante d'oxygène, on peut facilement démontrer que ce gaz n'est pas de l'air, mais un gaz tout différent, capable d'entretenir énergiquement la combustion. Si
l'on bouche, en effet, sous l'eau, l'orifice du cylindre, et si,
après l'avoir retiré du bain, on y introduit un morceau de
bois, présentant quelques points en ignition, le bois, qui
dans l'air s'éteindrait rapidement, brûle, au contraire, avec
un grand éclat dans le gaz produit par la décomposition
de l'oxyde de mercure. Cette expérience prouve que le gaz
obtenu a la propriété d'entretenir la combustion plus vive-
ment que l'air ; cette particularité peut servir à l'en distinguer.

* L'oxyde rouge de cuivre ne se décompose qu'à une température
élevée, voisine du rouge; il est donc nécessaire d'employer une cornue en verre difficilement fusible. Il faut aussi une flammé donnant une haute température et assez grande pour embrasser complétement le fond de la cornue, qu'il est, du reste, préférable de
prendre de petites dimensions.

** On peut construire les cuves, qui doivent servir pour recueillir
les gaz, avec toutes sortes de matériaux. On emploie le plus ordinairement le verre parce que, grâce à sa transparence, on peut observer tout ce qui se produit dans l'intérieur des vases en verre. De
plus, beaucoup de substances, qui attaquent les autres corps, sont
sans action sur le verre. On comprendra donc que les appareils
en verre soient préférés à tous les autres pour les expériences chimiques.

On peut se servir de vases en verre, même pour des expériences
qui exigent l'action de la chaleur, à condition de prendre les précautions suivantes : d'abord, tous les vases en verre, destinés à être
chauffés comme les ballons, les cornues, les tubes à essais, etc.,

doivent être en verre mince et homogène: autrement, ils conduisent mal la chaleur et se brisent ; ensuite, il faut chauffer les vases en verre, soit en les entourant de liquide ou de sable, ce qu'on appelle chauffer sur des « bains », soit dans un courant de gaz chauds, dégagés par des charbons ardents, soit au moyen d'une flamme non fuligineuse comme celle que donnent les lampes à alcool, ou le bec de gaz de Bunsen (fig. 2). Quelle que soit du reste la source de chaleur employée, il faut toujours avoir soin de ne pas élever brusquement la température.

Fig. 2. — Bec de Bunsen.

*** Pour éviter de tenir constamment l'éprouvette, son extrémité ouverte est polie à l'émeri pour pouvoir être fermée avec une plaque de verre et placée sur un support appelé *pont*, qui se trouve suspendu dans le bain au-dessous du niveau de l'eau. Ce pont est percé d'un trou pour laisser passer l'extrémité du tube à dégagement au-dessus duquel on place l'éprouvette pour recueillir les gaz.

Outre le dégagement d'oxygène, il se forme, pendant la calcination de l'oxyde rouge, du mercure métallique, qui se dépose sous forme de gouttelettes ou de couche miroitante, dans les parties froides de la cornue et du ballon bitubulé.

La calcination de l'oxyde rouge de mercure donne naissance à deux nouveaux corps : l'oxygène et le mercure; elle constitue donc une réaction de décomposition.

Déjà, bien avant Lavoisier, on savait recueillir et étudier les gaz, mais c'est lui qui, le premier, montra leur rôle véritable dans la marche d'un grand nombre de transformations chimiques qu'on comprenait irrégulièrement, ou qu'on se contentait d'observer sans pouvoir les expliquer.

L'expérience, faite avec l'oxyde rouge de mercure, présente une importance toute spéciale pour l'histoire de l'époque de Lavoisier. Le gaz, qui se produit, entre, en effet, dans la composition de l'air et joue un rôle très important dans la respiration des animaux, la combustion des corps dans l'air, et la formation des oxydes des métaux ou des substances terreuses analogues aux minerais, et dont on peut extraire les métaux. Or, la loi de l'éternité de la matière n'a pu être ni établie, ni confirmée par les pesées, tant que le rôle de l'air et l'intervention de son oxygène dans une foule de phénomènes chimiques (combustion, respiration, oxydation des métaux, etc.) n'a pas été éclairci.

4° Pour avoir un autre exemple de transformation chimique et montrer une fois encore l'application de la loi de l'éternité de la matière, on peut prendre du sel de cuisine et du nitrate d'argent, fréquemment employé pour la cautérisation des plaies. Les deux corps sont solubles dans l'eau ; mais, si l'on mélange leurs solutions limpides, il se forme un précipité blanc insoluble dans l'eau, qui se dépose au fond du vase.

Pour séparer le précipité, il suffit de filtrer le liquide trouble sur un filtre de papier, qui laissera passer une solution claire et transparente. On peut dessécher la poudre restée sur le filtre et s'assurer qu'elle possède des propriétés différentes de celles des corps pris pour l'expérience, l'insolubilité dans l'eau par exemple. En évaporant le liquide filtré, on verra qu'il contient une nouvelle substance différente à la fois du nitrate d'argent et du sel de cuisine, mais cependant soluble dans l'eau comme ces derniers. Ainsi, dans cette expérience, on a pris deux substances solubles dans l'eau, nitrate d'argent et sel ordinaire, et, de leur action réciproque, il s'est formé deux nouveaux corps : l'un insoluble dans l'eau et l'autre soluble. Nous avons donc ici une réaction de « *substitution* », puisque deux corps, mis en présence, en ont donné deux autres. L'eau, employée dans l'expérience, a servi uniquement à faire passer les substances mises en œuvre, de l'état solide à l'état liquide facilement mobile.

En prenant 58,5 grammes * de sel de cuisine et 170 grammes de nitrate d'argent (les deux substances étant desséchées) ** nous obtiendrons 143,5 grammes de chlorure d'argent insoluble et 85 grammes de nitrate de sodium soluble. Les sommes des corps employés et obtenus dans cette expérience sont égales entre elles, et chacune à 228,5 grammes; c'est ce qu'énonçait la loi de l'éternité de la matière.

* Il est extrêmement difficile d'obtenir les poids exacts des corps que l'on emploie dans une réaction et de ceux que l'on obtient. D'une part, en effet, la balance et les poids qui servent pour la pesée peuvent être une cause d'erreurs, car chaque pesée n'est précise que dans la limite de la sensibilité de la balance; il faut ajouter, d'autre part, la difficulté de faire les corrections nécessaires sur le volume de l'air déplacé par les corps pesés et les poids, la facilité avec laquelle beaucoup de corps absorbent l'humidité de l'air, et la difficulté de ne rien perdre en faisant les opérations de la filtration et de la dessiccation, etc. On tient compte, dans les recherches très précises, de toutes ces causes d'erreur, mais leur élimination demande une foule de précautions toutes spéciales, qu'il est impossible de prendre dans des recherches élémentaires; aussi, ces dernières ne peuvent jamais donner que des chiffres approximatifs.

** Il est nécessaire de dessécher les sels afin de chasser l'eau qu'ils peuvent contenir. L'eau, nécessaire pour la dissolution des sels et qu'on peut éliminer par la dessiccation, peut être prise en quantité indéterminée.

L'importance de cette loi est suffisamment établie par les nombreux exemples que nous venons de voir, mais ces explications amènent immédiatement une autre question : Existe-t-il une limite aux différentes transformations chimiques, ou bien sont-elles au contraire illimitées, c'est-à-dire peut-on, en prenant une substance quelconque, obtenir une quantité égale de toutes les autres substances ? Ou encore, en d'autres termes, existe-t-il une transformation éternelle, infinie, d'une matière en toutes les autres, ou bien le cercle de ces transformations est-il limité ?

C'est là, la seconde question fondamentale dont la chimie ait à s'occuper : la question de la qualité de la matière, évidemment plus difficile à résoudre que la question de la quantité.

L'observation nous montre que l'air et les éléments du sol contribuent à la formation des différentes substances qui composent les plantes, que le fer peut être transformé en diverses matières colorantes : le bleu de Prusse ou l'encre par exemple. On pourrait donc en conclure qu'il n'existe pas de limites aux transformations qualitatives des substances. D'un autre côté, l'expérience quotidienne nous enseigne qu'on ne peut pas transformer la pierre en une substance alimentaire, le cuivre en or, etc. L'observation ne peut donc à elle seule nous donner la solution du problème, et il est nécessaire de recourir à l'étude.

Les réponses à cette question ont varié avec les époques. L'opinion la plus répandue jadis admettait que tout le monde visible est constitué par quatre éléments : l'air, l'eau, la terre, le feu. Cette théorie, originaire de l'Asie, fut transportée en Europe, et exposée avec de nombreux développements par Empédocle, qui vivait 460 ans avant Jésus-Christ. En admettant un nombre aussi petit d'éléments, il était facile de conclure que le domaine des transformations chimiques était sinon illimité, au moins extrêmement vaste. Cette opinion, qui n'était le résultat d'aucune recherche précise, s'appuyait uniquement sur les déductions des philosophes. Elle semble cependant admettre nettement la division des corps en gaz (tels que l'air), en liquides (comme l'eau) et en corps solides (comme la terre).

Les Arabes paraissent avoir été les premiers qui cherchèrent la solution du problème par la voie expérimentale. Par l'Espagne, ils importèrent en Europe l'amour de l'étude des questions de ce genre, et c'est à ce moment qu'on voit apparaître une multitude d'adeptes de cette science considérée comme mystérieuse, que l'on a appelée l'Alchimie.

Les alchimistes n'avaient, comme point de départ de leurs recherches, aucune loi précise et rigoureuse; aussi, ont-ils résolu d'une manière très différente la question de la transformation des corps. Ils ont cependant le mérite d'avoir fait un grand nombre d'expériences et d'avoir découvert beaucoup de faits nouveaux.

On connaît leur réponse au problème posé, on peut la résumer en disant qu'ils admettaient une transformation infinie de la matière et cherchaient la pierre philosophale, capable de transformer tous les corps en or, en diamant, et possédant le pouvoir de rendre la jeunesse aux vieillards.

Depuis longtemps déjà, on a écarté cette solution. Il ne faudrait pas cependant croire que les opinions des alchimistes fussent un simple résultat de leur imagination. Les premières expériences chimiques ont pu maintes fois leur suggérer ces idées. Ils prenaient par exemple un minerai à éclat métallique, appelé galène, et en extrayaient du plomb. Ils voyaient un corps métallique, directement inutilisable, donner une autre substance métallique plus malléable et plus précieuse, d'un grand emploi pratique. Ils prenaient ensuite ce plomb et en extrayaient de l'argent, corps d'un prix encore plus élevé. Ils pouvaient donc en conclure que, par toute une série de transformations successives, on peut anoblir les métaux, c'est-à-dire obtenir des métaux de plus en plus précieux. Aussi, après avoir extrait l'argent du plomb ont-ils fait tous leurs efforts pour en extraire l'or.

Leur erreur provient uniquement, de ce qu'ils ne tenaient

aucun compte ni du volume ni du poids. S'ils avaient pris le soin de peser, ils auraient vu que le poids du plomb est de beaucoup inférieur à celui de la galène, et que le poids de l'argent est presque nul comparativement à celui du plomb employé. S'ils avaient étudié avec plus de détails l'extraction de l'argent du plomb (et maintenant encore c'est du plomb naturel qu'est retirée la plus grande partie de l'argent que l'on emploie), ils se seraient assuré que le plomb ne se transforme pas en argent, mais qu'il n'en contient qu'une faible quantité et ne peut en donner qu'une seule fois. L'argent, que l'on extrait du plomb, préexistait dans ce dernier; il n'est pas le résultat d'une modification chimique du plomb.

A l'heure actuelle, tous ces faits nous paraissent extrêmement clairs, mais, il est très naturel que les premiers expérimentateurs aient pu avoir des idées erronées sur ce sujet *. La méthode suivie par les alchimistes, dans leurs études, ne pouvait d'ailleurs pas les conduire à de grands succès; ils procédaient seulement par tâtonnements, faisant des mélanges, des calcinations, etc .. Ils ne se sont jamais posé des questions claires et simples, ni attaché à les résoudre pour pouvoir ensuite aller plus loin. C'est pourquoi ils n'ont réussi à déduire aucune loi précise des nombreuses connaissances empiriques qu'ils ont léguées à la chimie.

Leurs recherches avaient principalement pour but l'étude des transformations propres aux métaux, et longtemps encore après eux, la chimie se réduisit à l'étude des substances métalliques.

---

* Qu'un phénomène se reproduise journellement sans jamais se modifier, ou bien qu'on ne l'observe qu'une seule fois, presque toujours, le premier jugement que cette observation inspire à l'homme est faux, quelles que soient les apparences de sa véracité.

Ainsi, les phénomènes que nous observons journellement : le lever du soleil et l'apparition des étoiles, donnent l'impression de la mobilité de la voûte céleste tandis que notre terre reste immobile. Nous savons maintenant que cette explication, vraie en apparence, est contraire à la réalité.

De même, l'esprit conclut logiquement de l'expérience quotidienne que le fer n'est pas combustible : cependant, nous l'avons vu brûler sous forme de limaille fine (expérience n° 1) : et nous aurons l'occasion de le voir brûler sous forme de fil.

Le développement de nos connaissances a donc eu pour résultat de remplacer une foule de préjugés primitifs par des notions exactes, vérifiées par l'expérience. Si, dans la vie ordinaire, nos premiers jugements sont souvent exacts, c'est grâce à la pratique quotidienne. Il est nécessaire, c'est une conséquence de la nature même de notre esprit de passer d'abord, dans la recherche de la vérité, par des jugements souvent erronés et ensuite par l'expérience ; de commettre une erreur en cherchant la vérité par de simples déductions. L'expérience seule ne conduit évidemment pas à la vérité, mais elle donne la possibilité d'éliminer les conceptions fausses et de vérifier les vraies dans toutes leurs conséquences.

Dans leurs nombreuses recherches chimiques, les alchimistes ont souvent utilisé deux réactions dont l'une est appelée actuellement *réduction*, et l'autre *oxydation*. La formation de la rouille sur les métaux ou, en général, leur transformation, de l'état métallique à l'état terreux, est appelée oxydation ; on appelle, au contraire, réduction, l'extraction du métal de la substance minérale.

Un très grand nombre de métaux peuvent être oxydés par la seule calcination à l'air, et ensuite réduits par la calcination avec du charbon ; tels sont l'étain, le fer, le cuivre.

L'étude de ces deux phénomènes chimiques a amené la découverte des lois chimiques les plus importantes. C'est Bechner et surtout Stahl, médecin du roi de Prusse, qui, dans ses *Fundamenta Chemiæ*, parus en 1723, émit la première hypothèse pour expliquer ces deux phénomènes. Stahl considère tous les corps comme formés d'une substance igneuse, non pondérable, appelée **phlogistique** (*Materia aut principium ignis, non ipse ignis*) associée à un autre élément qui, pour chaque corps, présente des propriétés spé-

ciales. Les corps s'oxydent ou brûlent d'autant plus facilement qu'ils sont plus riches en *phlogistique* : le charbon, par
exemple, en contient une quantité considérable. Tout phénomène d'oxydation et de combustion produit un dégagement
de *phlogistique*, tandis que la réduction s'accompagne d'une
absorption de phlogistique et de sa combinaison. Si le charbon réduit les substances minérales, c'est qu'il est très riche
en ce principe et leur en cède une partie.

Stahl supposait donc que les métaux étaient des corps
composés, constitués par le phlogistique et par une substance terreuse ou oxyde. L'hypothèse de Stahl, remarquable
par sa très grande simplicité, fut pendant longtemps admise par de nombreux savants. *

---

* Stahl connaissait, il est vrai, le fait qui réfutait directement son
hypothèse. Gueber et surtout Rey, en 1630, avaient démontré que les
métaux, en s'oxydant, augmentent de poids. D'après la théorie de
Stahl, leur poids aurait dû, au contraire, diminuer, puisque l'oxydation est accompagnée de dégagement du phlogistique. Voici ce que
Stahl dit à ce sujet :

« Je sais très bien que les métaux, en s'oxydant (en se transformant en chaux), augmentent de poids. Ceci non seulement ne réfute
pas ma théorie, mais, au contraire, la soutient, parce que le phlogistique, étant plus léger que l'air, en se combinant avec un corps,
tend à le soulever et diminue ainsi son poids ; le corps, qui a perdu
son phlogistique, devient par conséquent plus lourd. »

Cette opinion repose, comme on le voit, sur une conception peu
nette des propriétés des gaz, sur l'idée que le gaz n'a pas de poids
et n'est pas attiré par la terre ou bien sur la compréhension con-
fuse du phlogistique lui-même, que l'on a d'abord déterminé comme
un corps non pondérable. L'apparition de l'idée du phlogistique im-
pondérable répond bien aux coutumes et à l'esprit des siècles passés,
où, pour l'explication d'un grand nombre de phénomènes, on avait
recours aux liquides non pondérables, avec lesquels on expliquait
la chaleur, la lumière, l'électricité, le magnétisme. A ce point de vue,
la doctrine de Stahl répond complètement à l'esprit de son temps.
Si l'on considère actuellement la chaleur comme le résultat d'un
mouvement, comme une énergie, c'est dans ce même sens qu'il
faut considérer le phlogistique. En effet, dans la combustion du
charbon, par exemple, il y a dégagement de chaleur et d'énergie,
et c'est l'oxygène qui se combine au charbon. Il y a donc dans la

théorie de Stahl une idée vraie : celle du dégagement de l'énergie, mais il est certain que cette dernière n'est que le résultat de la combinaison qui s'accomplit.

Pour étudier l'histoire de la chimie avant Lavoisier, on peut encore recommander au lecteur, outre l'ouvrage de Stahl indiqué dans le texte, les livres suivants :

Expériences et observations sur différentes espèces d'air, ouvrage traduit de l'Anglais de M. J. PRIESTLEY, par Gibelin, édité à Paris, à la fin du siècle dernier. Car. Guil. SCHEELE, *Opuscula Chimica et physica*. Lips. 1788-1789, en deux volumes.

On trouvera, dans ces deux ouvrages capitaux des chimistes anglais et scandinave, l'état des connaissances chimiques avant la propagation des idées de Lavoisier.

Pour l'histoire du phlogistique, il est intéressant de consulter l'article de RADWELL dans le *Philosophical Magazin*, 1868, où il est prouvé que l'idée du phlogistique était déjà connue des anciens ; que BASILIUS VALENTINUS (1394-1415) dans son *Cursus triumphalis Antimonii*, PARACELSE (1493-1571) dans son ouvrage *De rerum natura*, GLAUBER (1607-1668) et principalement John Joachim BECHNER (1625-1682), dans son œuvre *Physica subterannea*, admettaient le phlogistique en lui donnant seulement un autre nom.

Au moyen de la balance, Lavoisier prouva que toute oxydation des métaux, que toute combustion s'accompagne d'une augmentation de poids, et que cette augmentation de poids a lieu aux dépens de l'air. Il en conclut naturellement que le corps le plus lourd est plus complexe que le corps le plus léger. *

* Déjà, un siècle avant Lavoisier, le chimiste anglais Mayow (en 1666) avait cherché à expliquer certains phénomènes d'oxydation, mais il n'a su ni développer ses opinions avec clarté, ni faire un tout de sa doctrine, ni l'appuyer sur des expériences probantes ; aussi, l'honneur d'avoir fondé la chimie moderne doit-il rester tout entier à Lavoisier.

La science est un patrimoine commun, et l'équité exige que la plus grande gloire scientifique revienne, non pas à celui qui, le premier, a énoncé une vérité, mais à celui qui a su la développer, la démontrer et en faire un bien commun.

Les découvertes scientifiques se font rarement, du reste, d'un seul coup. Il arrive généralement que les premiers inventeurs ne réussissent pas à faire accepter leurs découvertes : le temps accumule ensuite les matériaux nécessaires à la démonstration de la vérité et détermine l'apparition du véritable promoteur, qui possède alors

tous les moyens pour la faire admettre universellement. C'est alors
avec justice que ce proclamateur de la vérité est considéré comme
son véritable auteur. Il ne faut cependant pas oublier que c'est seulement grâce au travail d'un grand nombre de personnes et à la
somme des faits accumulés par eux qu'il a pu percer. Tel est Lavoisier, tels sont tous les autres grands inventeurs.

Voici la célèbre expérience faite par Lavoisier en 1774,
et qui, certainement, fut le point de départ de sa théorie,
différente de tous points de la doctrine de Stahl. Lavoisier
mit dans une cornue en verre 4 onces (1) de mercure pur.
Le col de la cornue, deux fois recourbé comme l'indique la figure 3, plongeait dans un bain de mercure.
L'extrémité libre B fut recouverte d'une cloche en verre
C. Avant l'expérience, il détermina avec soin le poids
du mercure employé, et le volume de l'air resté dans
les parties supérieures de la cornue et sous la cloche ; cette
mensuration présentait une grande importance pour la connaissance du rôle exact que joue l'air dans l'oxydation.
D'après Stahl, pendant l'oxydation du mercure, le phlogistique se dégage dans l'air ; pour Lavoisier, le mercure, en
s'oxydant, absorbe une partie de l'air.

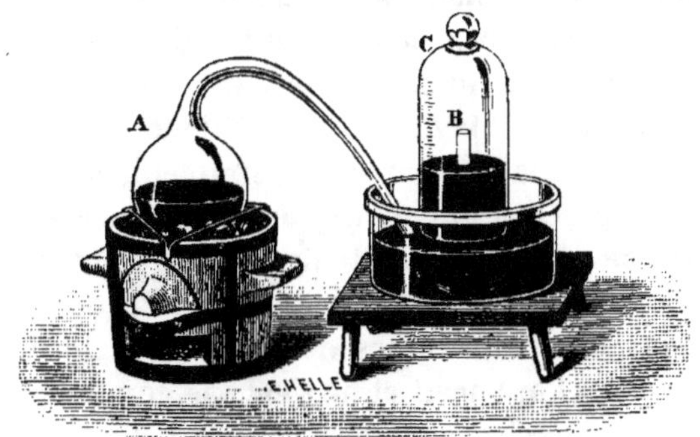

Fig. 3. — Appareil de Lavoisier.

Il était donc nécessaire d'observer quelles modifications
allait subir le volume de l'air pendant l'oxydation du mé-

(1) 4 onces = 122,38 grammes.

tal, et il fallait, par conséquent, mesurer le volume de l'air, avant et après l'expérience. Il suffisait, pour opérer cette mensuration, de connaître la capacité totale de la cornue, le volume du mercure, le volume de la partie de la cloche occupée par l'air, la température et la pression de l'air ambiant au moment de l'expérience. En réunissant toutes ces données, on pouvait calculer le volume de l'air emprisonné dans l'appareil.

Ces opérations effectuées, Lavoisier a chauffé, pendant douze jours, la cornue avec le mercure, jusqu'à une température voisine du point d'ébullition de ce dernier. Pendant cette opération, le mercure se recouvrit d'un grand nombre de petites écailles rouges, c'est à-dire qu'il s'est oxydé ou converti en *terre*, en *chaux*. C'est de cet oxyde rouge de mercure que nous avons parlé plus haut (V. exemple 3). Après douze jours de chauffage, il laissa refroidir l'appareil, et il constata que le volume de l'air avait diminué; de 50 (1) pouces cubes d'air, il n'en était resté que 12 : c'était la réfutation de l'opinion du savant allemand.

L'expérience de Lavoisier a amené d'autres conclusions non moins importantes. La diminution du poids de l'air employé est égale à la quantité dont le poids du mercure a augmenté, pendant l'oxydation; c'est donc qu'une partie de l'air n'a pas disparu, mais s'est simplement combinée avec le mercure. On a appelé oxygène cette partie de l'air qui peut être de nouveau extraite de l'oxyde rouge de mercure (V. exemple 3) et possède, comme nous l'avons déjà vu, des propriétés bien différentes de celles de l'air. Le gaz, qui est resté dans l'appareil et ne s'est pas combiné avec le mercure, n'oxyde pas les métaux et est absolument incapable d'entretenir la combustion et la respiration, de sorte qu'un copeau enflammé et plongé dans ce gaz s'y éteint immé-

____

(1) 50 pouces cubes = 1,3535 mètre cube. 12 pouces cubes = 0,32484 mètre cube.

diatement : « il s'éteint dans le gaz qui reste, comme si on l'eût plongé dans l'eau », écrit Lavoisier dans son mémoire. Ce gaz a été appelé azote.

L'air n'est donc pas un corps simple, mais formé de deux gaz : l'oxygène et l'azote ; et, c'est à tort que les anciens considéraient l'air comme un élément.

Les métaux en s'oxydant, les corps combustibles en brûlant absorbent l'oxygène de l'air. Les *terres* résultant de l'oxydation des métaux, sont constituées par un métal uni à l'oxygène. En mélangeant l'oxygène et l'azote, on obtient l'air que l'on avait avant l'expérience. Ces expériences ont servi à démontrer, d'une manière certaine, l'existence de corps composés. C'est également l'expérience qui a fait voir directement que, dans la réduction des oxydes par le charbon, l'oxygène des premiers se combinait au charbon, en donnant un gaz identique à celui qu'on obtient par la combustion du charbon dans l'air. Ce gaz, lui aussi, est donc un corps composé, constitué par le charbon et l'oxygène, absolument comme les oxydes sont des combinaisons d'un métal et de l'oxygène. Les nombreux exemples de la combinaison et de la décomposition des corps montrent que la majorité des corps auxquels on a ordinairement affaire sont des corps composés, résultant de la combinaison de plusieurs autres corps.

Le carbonate de cuivre, on l'a déjà vu, se décompose par la chaleur ; la craie donne de même, par la calcination, de la chaux et de l'acide carbonique, corps gazeux qui est un des produits de la combustion du charbon. La chaux et l'acide carbonique, mis en présence, se combinent à la température ordinaire, en produisant un corps identique à la craie. La craie est donc aussi un corps composé, et les substances qui la constituent ne sont même pas simples, puisque l'acide carbonique est une combinaison de charbon et d'oxygène. et que la chaux elle-même est le résultat de l'oxydation d'un métal : le calcium.

La séparation successive des parties constituantes d'un composé amène enfin à des substances qui, par les moyens dont nous disposons actuellement, ne peuvent être divisées en deux ou plusieurs autres corps. A ces substances, qu'il nous est également impossible de créer, mais que nous pouvons combiner entre elles ou faire agir sur d'autres corps, on a donné le nom de *corps simples*.

Ainsi, tous les corps homogènes peuvent être divisés en corps simples et composés. C'est encore à Lavoisier qu'est due l'introduction de cette notion dans la science.

Le nombre des corps simples est très restreint comparativement à celui des corps composés qu'ils peuvent former. Actuellement, on ne connaît avec certitude que soixante-dix corps simples environ. Quelques-uns d'entre eux se rencontrent rarement dans la nature, ou bien ne s'y trouvent qu'en très petite quantité. L'existence d'autres est encore incertaine ; ceux qui sont utilisés dans la pratique sont peu nombreux.

Les corps simples sont incapables de se transformer les uns dans les autres ; jusqu'ici du moins, on n'a observé aucun exemple d'une semblable transformation. Il est impossible de transformer actuellement un métal en un autre, et, malgré de nombreuses recherches, on n'a pas trouvé un seul fait qui pût justifier tant soit peu l'idée de la complexité * des corps aussi bien étudiés que le sont l'oxygène, le soufre, le fer, etc. L'idée même d'un corps simple est donc incompatible avec la possibilité de la décomposition. **

* Beaucoup de philosophes anciens admettaient l'existence d'une matière unique primitive. De nos jours, on retrouve des traces de cette idée, dans les travaux incessants entrepris pour chercher à diminuer le nombre des corps simples : dans les essais que l'on a fait pour prouver, par exemple, que le brome contient du chlore et ce dernier de l'oxygène. On a essayé de montrer la complexité des

corps simples par des procédés divers, soit expérimentalement, soit spéculativement, mais jusqu'ici tous ces efforts sont restés infructueux.

Ainsi, l'idée que la matière primitive n'est pas aussi uniforme que notre esprit voudrait le croire dans son élan de généralisation rapide s'affermit d'année en année. L'unité des lois, l'uniformité des procédés employés par la nature pour la formation des éléments peuvent, jusqu'à un certain point, remplacer l'unité matérielle des corps simples que tant de monde désire.

Quoiqu'il en soit, il n'existe jusqu'à présent aucune théorie sérieuse, appuyée soit sur des faits, soit simplement sur des spéculations, qui permette de croire à la complexité des corps que nous considérons comme simples. Il est même impossible, dans l'état actuel de nos connaissances, de se figurer le procédé au moyen duquel les différents corps simples se formeraient aux dépens d'une seule matière primitive.

Les cas d'isomérie et de polymérie des corps composés semblent indiquer la possibilité de former, avec les mêmes éléments, des corps doués de propriétés différentes. Mais toutes les modifications de ce genre s'effacent ou disparaissent sous l'influence d'une élévation de température, qui transforme tous les polymères et les isomères en des substances identiques, en modifiant simplement leurs propriétés primitives.

Toutes les observations faites jusqu'ici démontrent que le fer et d'autres corps simples conservent leur individualité et ne se transforment pas en une seule matière commune, même à une température aussi élevée que celle qui existe dans le soleil.

En admettant même, mentalement, qu'il existe une seule matière primitive, il faut toujours imaginer le procédé par lequel elle pourrait former les différents corps simples. Si l'on suppose que cette différenciation ne se produit qu'à des températures basses, comme cela a lieu pour les isomères, il faudrait montrer, sinon la transformation de tous les corps simples en un seul corps spécial, plus stable, au moins le passage de ces corps les uns dans les autres. Jusqu'à présent, on n'a rien observé de semblable, et l'espoir des alchimistes de *fabriquer* (selon l'expression de Berthelot) les corps simples ne repose sur aucune base, ni réelle ni théorique.

** Le côté le plus faible de la notion des corps simples est le caractère négatif de la définition de leurs propriétés, définition donnée par Lavoisier et qui règne depuis dans la science.

Ces corps *ne se décomposent pas* et *ne se transforment* pas les uns dans les autres. Il faut ajouter à cela que les corps simples constituent le dernier terme de nos connaissances sur la matière, et qu'il est toujours difficile de définir par des caractères positifs le connaissable dans ses limites extrêmes. Il existe cependant, pour la majorité des corps simples, si ce n'est pas pour tous, une série de propriétés positives communes : l'éclat, la possibilité de conduire

le courant galvanique sans se décomposer, par exemple. Ces propriétés permettent de les distinguer rapidement de tous les autres
genres de corps. Il est certain, en outre, — les données spectroscopiques le prouvent, — que les corps simples sont répandus jusque
dans les astres les plus éloignés de nous et qu'ils supportent sans
décomposition les plus hautes températures qu'on puisse produire.

La quantité de chaque corps simple reste constante dans
toutes les réactions chimiques ; c'est une conséquence de
la loi de l'éternité de la matière et de l'idée du corps simple. Mais alors, l'équation exprimant cette loi acquiert une
nouvelle signification encore plus importante. Si on connaît les quantités de corps simples qui se trouvent dans les
corps composés mis en œuvre, et si, à la suite de transformations chimiques, ces corps donnent une série de nouveaux
corps composés, ces derniers ne peuvent contenir que la
quantité de chaque corps simple qui se trouvait dans les
corps employés primitivement. L'étude des transformations
chimiques se réduit donc à chercher comment et avec
quels éléments chaque corps simple est combiné, avant et
après la transformation.

Afin de pouvoir exprimer par des équations les différentes transformations chimiques, on est convenu de désigner
chaque corps simple par une ou deux lettres, prises dans
le nom latin de ces corps. Ainsi, par exemple, on désigne par O l'oxygène, à qui on a donné le nom latin d'oxygenium ; Hg signifie mercure, du latin hydragyrum ;
Fe = fer, ferrum. De même pour chaque corps simple.

On désigne les corps composés, en juxtaposant les signes
des corps simples qui entrent dans leur composition. HgO,
par exemple, représente l'oxyde rouge de mercure, et montre que ce corps est une combinaison de mercure et d'oxygène. En outre, au symbole de chaque corps simple, correspond un certain poids relatif, appelé poids atomique, de
sorte que la formule chimique d'un corps composé exprime
non seulement la qualité des corps simples qui le consti

tuent, mais aussi la proportion quantitative de chacun d'eux.

Chaque réaction chimique peut être exprimée par une équation composée de formules correspondantes aux corps employés et obtenus. Les quantités en poids des corps simples, dans chaque équation chimique, doivent être égales dans les deux membres de l'équation, car aucun corps simple ne se crée ni ne se perd dans les transformations chimiques.

On trouvera plus loin le tableau des corps simples, leurs symboles, et les poids atomiques correspondants ; les bases scientifiques, qui ont servi à la détermination du poids atomique des corps simples, seront également exposées plus tard. Pour le moment, il faut simplement remarquer qu'un corps composé, qui contient les corps simples A et B, est désigné par la formule $A^n B^m$, dans laquelle n et m sont des coefficients ou des multiplicateurs avec lesquels les poids atomiques des corps simples entrent dans la composition du corps.

Si on désigne le poids atomique de A par a, et celui de B par b, la composition du corps $A^n B^m$ sera exprimée ainsi : ce corps contient na parties du corps A, et mb parties du corps B — donc, dans 100 parties de notre corps composé, il y a en poids $\dfrac{na\,100}{na + mb}$ du corps A et $\dfrac{mb\,100}{na + mb}$ du corps B.

Il est évident que la formule nous montre la proportion relative de chacun des corps simples entrés en réaction ; par conséquent, si l'on connait le poids exact du corps composé obtenu, on déduira de sa formule le poids exact des corps simples qui le constituent. La formule du sel de cuisine ordinaire, par exemple, NaCl $\left(\begin{matrix} Na = 23 \\ Cl = 35,5 \end{matrix} \right)$ montre que, pour 100 parties, il y a 39,3 de sodium et 60,7 de chlore, ou que 58,5 gram. de sel contiennent 23 gram. de sodium et 35,5 de chlore.

Tous ces exemples limitent nettement l'idée de transformations chimiques. Des corps, bien définis qualitativement, ne peuvent, en se combinant, donner naissance à tous les autres corps, mais seulement à ceux qui renferment les mêmes corps simples que les corps donnés.

Même avec cette première restriction, le nombre des différentes combinaisons possibles est infiniment grand, et la chimie se borne à l'étude et à la description d'un nombre relativement restreint de ces combinaisons. Toute personne qui s'occupe de recherches chimiques peut facilement découvrir de nouvelles substances composées encore inétudiées, bien que, souvent, les propriétés de ces nouveaux corps aient pu être prévues.

La science a pour but de dégager les liens qui unissent cette multitude infinie de combinaisons, et d'en déduire les lois générales qui régissent leur formation et leurs propriétés.

Dès que la notion des corps simples fut établie, la chimie eut pour but immédiat la recherche des propriétés des corps composés, d'après la détermination de la quantité et de la qualité des corps simples qui les constituent. Elle s'occupa aussi de l'étude propre de ces corps simples, en déterminant quels étaient les corps composés d'où l'on pouvait les extraire, et quelles étaient leurs propriétés. La chimie a cherché ensuite à saisir le lien qui unissait entre eux les corps simples dans les différents corps composés.

Le corps simple est donc toujours le point de départ, la notion primitive à laquelle toutes les autres sont ramenées.

Quand on dit qu'un corps simple entre dans la composition d'un corps composé quelconque, par exemple que l'oxyde rouge de mercure contient de l'oxygène, on est loin de vouloir dire que l'oxygène existe dans le corps composé à l'état gazeux ; on veut uniquement exprimer les transformations que l'on peut faire subir à l'oxyde rouge de mercure. Cela signifie que l'oxyde de mercure peut fournir l'oxygène, et le céder à d'autres corps différents. La composition d'un corps composé est, en un mot, l'expression des transformations dont il est capable.

Il est utile à ce sujet, de faire une distinction nette entre la notion du corps simple comprise, ou comme substance homogène isolée, ou comme *partie* invisible mais *matérielle* du corps composé. L'oxyde rouge de mercure contient non pas deux corps simples, un métal et un gaz, mais deux éléments, *mercure et oxygène*. Ce n'est ni le mercure comme métal, ni l'oxygène sous sa forme gazeuse, qui sont contenus dans l'oxyde en question, mais seulement la substance de ces corps simples ; de même, la vapeur d'eau n'est constituée que par la substance de la glace, et non par la glace elle-même ; de même encore, le pain ne renferme que la substance de la graine et non la graine elle même.

On peut concevoir l'existence d'un corps simple sans connaître ce corps lui-même ; il suffit d'avoir étudié ses combinaisons, et de savoir que, dans toutes les circonstances, elles donnent naissance à des corps tout différents des autres combinaisons que nous connaissons. Tel est par exemple le fluor. Pendant longtemps, on ne sut pas l'isoler ; on était pourtant obligé de reconnaître son existence, parce que l'on connaissait ses combinaisons avec d'autres corps, et on avait différencié ses combinaisons de tous les autres corps composés analogues.

Pour mieux comprendre la différence qui existe entre la notion de *corps simple* et celle d'*élément* (ou radical comme disait Lavoisier), il est nécessaire de remarquer que les corps composés peuvent former, en se combinant entre eux, des corps encore plus complexes, en dégageant de la chaleur. Le corps composé primitif peut être extrait de ces nouvelles combinaisons, exactement par les mêmes procédés qui sont employés pour l'extraction des corps simples de leurs combinaisons respectives. On connaît, en outre, un certain nombre de corps simples qui se présentent sous des modifications différentes.

L'élément, au contraire, ne subit aucune modification; c'est quelque chose d'immuable. On rencontre par exemple, dans la nature, le carbone sous forme de charbon, de graphite et de diamant, qui sont des corps simples différents, mais constitués par un élément unique : le carbone, qui existe également dans l'acide carbonique, mais qui n'est formé ni par le charbon, ni par le graphite, ni par le diamant.

Parmi les corps simples, un certain nombre seulement présentent un éclat spécial, sont opaques, malléables, bons conducteurs de la chaleur et de l'électricité ; ce sont les métaux, et leurs combinaisons entre eux sont appelées alliages. Mais tous les corps simples sont loin d'être des *métaux* : à ceux qui ne présentent pas les propriétés physiques des métaux on a donné le nom de *métalloïdes*. Il est cependant bien difficile de tracer une limite précise entre ces deux groupes, car il existe entre eux toutes les transitions. Ainsi, le graphite, corps bien connu, utilisé pour la fabrication des crayons, possède l'éclat et quelques autres propriétés des métaux, tandis que le charbon et le diamant, constitués par le même élément que le graphite, en sont privés. Cette différence entre les deux classes de corps est souvent si peu prononcée que, dans un grand nombre de cas particuliers, elle ne peut servir de base pour la division précise des corps en deux groupes.

Dans tous les cas, la notion des corps simples constitue la base de la chimie, et, en donnant ici, dès le début, la liste des corps simples, nous voulons marquer l'état actuel de nos connaissances sur ce sujet.

On ne connait avec certitude que l'existence de *70* corps simples environ, et un certain nombre d'entre eux se rencontrent si rarement dans la nature, ou n'ont été obtenus qu'en si petites quantités, que leur étude n'est qu'à peine ébauchée.

Les corps les plus répandus dans la nature sont constitués par un très petit nombre de corps simples, qui sont parfaitement étudiés, puisque de nombreux observateurs ont pu répéter et contrôler les expériences.

Voici la liste des corps simples les plus répandus dans la nature;

Hydrogène	H =	1.	Dans l'eau et les organismes.
Carbone	C =	12.	Dans les organismes, la houille, les pierres calcaires.
Azote	Az =	14.	Dans l'air et les organismes.
Oxygène	O =	16.	Dans l'air, l'eau, la terre; le plus répandu des éléments.
Sodium	Na =	23.	Dans le sel ordinaire, dans un grand nombre de pierres.
Magnésium	Mg =	24.	Dans l'eau de mer, dans un grand nombre de pierres.
Aluminium	Al =	27.	Dans les pierres, l'argile.
Silicium	Si =	28.	Dans le sable, l'argile, les pierres.
Phosphore	P =	31	Dans les os, les cendres des végétaux, le sol.
Soufre	S =	32.	Dans les pyrites, le gypse, l'eau de mer.
Chlore	Cl =	35,5.	Dans le sel ordinaire, et les sels d'eau de mer.
Potassium	K =	39.	Dans les pierres, les cendres des végétaux, le salpêtre.
Calcium	Ca =	40.	Dans les pierres calcaires, le gypse, les organismes.

Fer   Fe = 56. Dans le sol, les organismes, les minerais de fer.

Les corps simples, qui suivent, moins répandus dans la nature, sont cependant connus de tous par leur emploi à l'état libre, ou par l'utilité de leurs combinaisons.

Lithium   Li = 7. Utilisé en médecine, à l'état de Li^2CO^3; en photographie, à l'état de LiBr.

Bore   B = 11. Borax $B^4Na^2O^7$; anhydride borique B^2O^3.

Fluor   F = 19. Spath Fluor CaF^2; acide fluorhydrique HF.

Chrome   Cr = 52. Anhydride chromique CrO^3; bichromate de potassium $K^2Cr^2O^7$.

Manganèse   M = 55. Bioxyde de manganèse MnO^2; caméléon $MnKO^4$.

Cobalt   Co = 59. Dans le smalt et le verre bleu.

Nickel   Ni = 59. Employé pour recouvrir les autres métaux (nickelage).

Cuivre   Cu = 63. Métal rouge bien connu.

Zinc   In = 65. Employé en feuilles, dans les piles galvaniques, etc.

Arsenic   As = 75. Arsenic blanc (poison) As^2O^3.

Brome   Br = 80. Liquide brun volatil. Bromure de potassium KBr.

Strontium   Sr = 87. Dans les feux de Bengale $SrAz^2O^6$.

Argent   Ag = 108. Métal bien connu.

Cadmium   Cd = 112. Métal blanc. Couleur jaune CdS.

Étain   Sn = 118. Métal bien connu.

Antimoine   Sb = 122. Dans les alliages, par exemple dans les caractères d'imprimerie.

Iode	I = 127.	Sert en médecine et en photographie, soit à l'état libre soit à l'état de KI.
Baryum	Ba = 137.	Dans les mélanges au blanc de plomb et dans les spaths lourds BaSO⁴.

Platine	Pt = 196	
Or	Au = 197	Métaux universellement connus.
Mercure	Hg = 200	
Plomb	Pb = 207	
Bismuth	Bi = 208.	En médecine ; dans les alliages facilement fusibles.
Uranium	U = 240.	Dans le verre jaune vert fluorescent.

Les combinaisons des métaux et *demi-métaux* suivants sont moins employées ; elles sont cependant bien connues et se rencontrent assez souvent, dans la nature, quoiqu'en petites quantités.

Glucinium	Gl =	9.
Titane	Ti =	48.
Vanadium	V =	51.
Sélénium	Se =	78.
Zirconium	Zr =	90.
Molybdène	Mo =	96.
Palladium	Pd =	106.
Cérium	Ce =	140.
Tungstène	Tu =	184.
Osmium	Os =	193.
Iridium	Ir =	195.
Thallium	Tl =	204.

On trouve plus rarement encore dans la nature les métaux suivants, qui, jusqu'à présent, n'ont aucune utilité pratique. Ils sont cependant assez complètement étudiés.

Scandium	Sc =	44.
Gallium	Ga =	68.
Germanium	Ge =	72.
Rubidium	Rb =	85.
Yttrium	Y =	89.
Niobium	Nb =	94.
Ru hénium	Ru =	104.
Rhodium	Rh =	104.
Indium	In =	113.
Tellure	Te =	125.
Cœsium	Cs =	133.
Lanthane	La =	138.
Didyme	Di =	143.
Ytterbium	Yb =	173.
Tantale	Ta =	182.
Thorium	Th =	234.

Outre ces 66 corps simples, on a annoncé la découverte des corps suivants : **Erbium, Terbium, Samarium, Thulium, Holmium, Neodymium, Décipium, Mosandrium, Philippium, Vesbium, Actinium** et quelques autres.

Il a été impossible, à cause de l'extrême rareté de ces corps, d'étudier leurs propriétés et leurs combinaisons; aussi, l'existence de quelques-uns, en tant qu'élément distinct, est-elle encore problématique. *

* Il est possible que certains corps, que l'on considère jusqu'à présent comme des combinaisons de ces métaux rares, soient simplement un mélange de combinaisons d'autres corps simples déjà connus. On ne connaît pas jusqu'ici de combinaisons pures, incontestablement indépendantes de ces éléments ; plusieurs d'entre eux ne sont même pas encore isolés et c'est seulement l'analyse spectroscopique qui fait supposer leur existence. Aussi, dans un traité sommaire général de chimie, il est impossible de s'occuper de l'étude de ces éléments encore douteux.

L'analyse spectroscopique a démontré qu'il existe, dans

les astres les plus éloignés de nous, un grand nombre de corps simples, que l'on rencontre le plus ordinairement sur notre terre (H, Na, Mg, Fe par exemple). Cela nous prouve que cette forme spéciale de la matière, qui, sur la terre, constitue les corps simples, est largement répandue dans tout l'univers. Quant à la raison pour laquelle certains corps simples sont répandus dans la nature en plus grande quantité que d'autres, nous n'en savons encore rien.

Le caractère fondamental de chaque corps simple, c'est la faculté qu'il possède de se combiner avec certains corps simples, plutôt qu'avec d'autres, pour former des corps composés, plus ou moins aptes, à leur tour, à donner de nouvelles combinaisons encore plus complexes.

Le soufre, par exemple, se combine facilement soit avec les métaux, soit avec l'oxygène, le chlore, le carbone, en formant des composés stables. L'argent et l'or, au contraire, entrent difficilement en combinaisons, et un grand nombre de corps, qui en dérivent, ne sont pas stables et se décomposent sous l'influence d'une élévation de température. Parmi les corps composés, comme parmi les corps simples, on peut distinguer ceux qui entrent facilement dans des réactions chimiques, en donnant naissance à des composés stables, de ceux qui n'entrent que dans un petit nombre de combinaisons, et se distinguent par le faible pouvoir qu'ils possèdent de former directement de nouveaux corps plus complexes.

Il faut admettre que la cause ou la force, qui porte les substances aux modifications chimiques, est en même temps celle qui, dans une combinaison, retient les différents éléments en présence, c'est-à-dire celle qui donne aux substances formées un degré spécial de stabilité. On appelle cette cause ou cette force : *affinité* (Affinitas, Verwandtschaft) ou *affinité chimique.* *

* Ce mot introduit dans la chimie, si je ne me trompe, par Glauber, est basé sur l'opinion des philosophes anciens qu'une combinaison, une liaison ne peut s'effectuer que lorsqu'il existe entre deux corps quelque chose de commun, de neutre. A côté de cette opinion il en existe une autre diamétralement opposée, née dans l'antiquité et qui s'est développée jusqu'à nos jours, d'après laquelle la liaison dépend de la différence polaire, du contraste, d'une tendance à compléter le manquant.

Cette force paraissant exclusivement attractive, tout comme la *gravitation*, beaucoup de savants, Bergman entre autres, à la fin du siècle dernier, et Berthollet, au commencement de notre siècle, ont supposé que l'affinité est, dans son essence, identique à la gravitation, et que la seule différence entre ces deux forces tient à ce que la gravitation agit à des distances appréciables, tandis que l'affinité ne se manifeste qu'à des distances infiniment petites.

Il est cependant impossible d'identifier complètement l'affinité chimique avec la gravitation : cette dernière force agit à distance et dépend uniquement de la masse et des distances, et non de la qualité de la substance, tandis que l'affinité varie fortement en raison de la qualité.

On ne peut non plus confondre l'affinité avec la *cohésion*, force qui donne aux corps solides homogènes leur forme cristalline, leur élasticité, leur dureté, leur malléabilité, etc., et qui, dans les liquides, détermine la forme des surfaces, la formation des gouttes, l'élévation du niveau dans les tubes capillaires et autres propriétés. Ces forces agissent toutes deux à des distances imperceptibles (au contact) et présentent évidemment beaucoup de caractères communs. Cependant, l'affinité ne s'exerce qu'entre des parties homogènes des substances et la cohésion entre des parties hétérogènes.

On ne doit pas non plus identifier complètement cette force chimique, qui détermine la pénétration de deux substances l'une dans l'autre, avec les *forces attractives* qui font adhérer l'un à l'autre deux corps différents, par exemple deux surfaces bien polies des corps solides, ou qui font que les liquides mouillent les corps solides et adhèrent à leurs surfaces, et que les gaz et les vapeurs se condensent au contact de ces mêmes surfaces.

La force chimique, en effet, produit, par la fusion intime de deux corps, un corps nouveau, action toute différente de ce que produit l'adhésion.

Il est néanmoins évident que les forces, qui déterminent l'adhésion de corps différents, forment la transition entre les forces mécaniques et les forces chimiques, puisqu'elles n'agissent qu'à la condition d'un contact intime et entre des corps de nature différente.

Pendant longtemps, surtout dans la première moitié de ce siècle, on a identifié l'attraction et les forces chimiques avec les *forces électriques*.

Il existe certainement un lien étroit entre ces deux forces, car il y a dégagement d'électricité dans de nombreuses réactions chimiques, et, d'autre part, l'électricité a une action manifeste sur les processus chimiques. On peut citer comme exemple la décomposition des corps composés par l'action du courant galvanique. Il y a une relation analogue entre les phénomènes chimiques et les phénomènes caloriques (décomposition des corps par la chaleur, et production de chaleur dans certaines réactions). Ces faits démontrent seulement l'unité des forces de la nature, la faculté des forces d'en produire d'autres et de se transformer les unes dans les autres. Du reste, l'essai d'identification des forces chimiques avec les forces électriques n'a pu résister à une vérification expérimentale. *

* Ce sont les cas dits de *métalepsie* (Dumas, Laurent) qui ont été particulièrement concluants. Le chlore, en se combinant avec l'hydrogène, donne naissance à un composé très stable, l'acide chlorhydrique qui, sous l'influence du courant galvanique, se décompose

en chlore et hydrogène : le premier paraît au pôle positif et le second au pôle négatif. Les électrochimistes en ont conclu que l'hydrogène est électropositif et le chlore électronégatif, et qu'ils s'unissent l'un à l'autre parce qu'ils sont chargés d'électricités différentes. Or, dans les cas de métalepsie, on a constaté que le chlore peut prendre la place de l'hydrogène et inversement, non seulement sans changer le groupement primitif des éléments, mais en conservant toutes ses propriétés chimiques principales. Ainsi, en remplaçant dans l'acide acétique l'hydrogène par le chlore, on ne modifie pas sa faculté de former des sels ; et cependant, en employant les termes des électrochimistes, un corps électropositif a été remplacé par un corps électronégatif. Aussi, dès que les phénomènes de métalepsie furent bien connus, l'électrochimie fut universellement abandonnée.

En cherchant, du reste, à expliquer la cause des phénomènes chimiques par l'électricité, on ne fait, en somme, qu'expliquer une chose peu connue par une autre tout aussi peu claire que la première. Il est de plus intéressant de remarquer que, au moment même où naissait l'électrochimie, se développait une idée, encore vivante aujourd'hui, qui explique la production du courant galvanique par un transport dans les conducteurs de l'action chimique, c'est-à-dire que, dans ce cas, le phénomène électrique est expliqué par un phénomène chimique.

Il y a une relation évidente entre ces deux genres de phénomènes, mais ils sont indépendants l'un de l'autre et constituent des variétés de mouvements moléculaires (atomiques) dont on ne conçoit pas encore la nature. La relation, qui existe entre les deux catégories de phénomènes, est néanmoins intéressante à constater, non seulement pour elle-même, mais aussi parce qu'elle élargit le domaine d'une théorie de plus en plus admise par la science moderne : celle de l'unité des forces de la nature.

C'est dans les dernières années du développement de la chimie que s'est surtout prononcée la tendance, d'ailleurs très naturelle, de ramener les notions chimiques à une corrélation rigoureuse avec les phénomènes si bien étudiés de la chaleur (et à la théorie basée sur ces derniers) sans qu'on ait cherché toutefois à identifier les phénomènes chimiques et les phénomènes calorifiques. Ceci tient à ce que, de tous les phénomènes (moléculaires) de la nature, qui s'accomplissent entre les substances à des distances infinitésimales, les phénomènes calorifiques sont ceux qui ont été étudiés le plus complètement. Ce sont aussi ceux que l'on a pu ramener aux notions fondamentales les plus simples de la mécanique (énergie, équilibre, mouvement) qui, depuis Newton, peuvent être soumises à une rigoureuse analyse mathématique.

La nature des forces chimiques nous est jusqu'à présent tout aussi inconnue que celle de la gravitation ; cependant, sans comprendre cette dernière, en appliquant simplement les lois de la mécanique, on a su non-seulement soumettre les phénomènes astronomiques à une généralisation précise, mais encore on a pu prévoir avec certitude un très grand nombre de faits particuliers. On peut donc espérer atteindre le même résultat dans l'étude de la chimie, sans connaître la nature de l'affinité chimique, grâce au progrès de la théorie mécanique de la chaleur, en appliquant aussi aux phénomènes chimiques des lois mécaniques.

Cette partie de la chimie est, à l'heure actuelle, encore peu étudiée, et constitue le problème à l'ordre du jour de la science. Elle fait l'objet d'une partie spéciale que l'on appelle chimie théorique ou physique, et mieux encore *mécanique chimique*. L'étude de cette branche de la chimie nécessite la connaissance, non-seulement des différents corps homogènes isolés jusqu'à présent, mais aussi des réactions chimiques dans lesquelles ils entrent et des phénomènes (calorifiques et autres) qui accompagnent ces réactions. On ne peut donc aborder la mécanique chimique qu'après avoir pris connaissance des notions fondamentales de la chimie, dont l'étude est le but de cet ouvrage.*

* La somme des notions de mécanique chimique, que je crois possible et utile de communiquer dans ce traité élémentaire de chimie, consiste simplement en quelques notions générales et quelques exemples qui se rapportent principalement aux gaz dont la théorie mécanique doit être considérée comme la plus complète. La mécanique moléculaire des corps liquides et solides est encore à l'état embryonnaire ; elle contient encore beaucoup de points incertains ; c'est pourquoi la mécanique chimique a jusqu'ici obtenu moins de résultats, relativement à ces corps.

Je crois utile de faire cette remarque, au sujet de la notion de l'affinité chimique, que, jusqu'ici, pour en expliquer la nature, on a eu successivement recours à la gravitation, à l'électricité et à la chaleur. On a déjà fait aussi plusieurs tentatives pour introduire l'éther lumineux dans la chimie théorique, et si l'on parvient à montrer un jour la relation qui existe entre les phénomènes lumineux et les phénomènes électriques, relation qui a été établie par Maxwell, il est certain que la chimie théorique verra encore se produire de nombreuses tentatives pour expliquer tout ou partie des phénomènes par l'intervention de l'éther.

Je crois que nos efforts aboutiront à la création d'une mécanique chimique indépendante, qui étudiera les molécules de la substance et leurs modifications intérieures (atomiques). De même que les succès de la chimie, à l'époque de Lavoisier, retentirent favorablement sur toutes les sciences naturelles, il faut espérer qu'une mécanique chimique indépendante répandra une lumière nouvelle sur toute la mécanique moléculaire qui constitue le problème fondamental des sciences exactes modernes.

Il y a 200 ans que Newton a jeté les bases véritablement scientifiques de la mécanique théorique des mouvements visibles du monde extérieur, et a élevé l'édifice de la mécanique céleste. Il y a 100 ans que Lavoisier a conçu les premières lois fondamentales de la mécanique intérieure des particules invisibles de la substance ; son œuvre est aujourd'hui loin d'être terminée en un tout harmonieux, car elle est de beaucoup plus difficile, et il manque encore quelques points de départ, bien que déjà un grand nombre de détails aient été très bien étudiés.

Newton n'est venu qu'après Copernic et Képler, qui avaient conçu empiriquement la simplicité extérieure des phénomènes célestes. Lavoisier et Dalton peuvent être comparés à Copernic et à Képler quant à la mécanique chimique du monde moléculaire. Mais son Newton n'a pas encore paru. Je crois qu'il trouvera plus facilement et plus vite les lois fondamentales de la mécanique des mouvements invisibles de la substance, dans la structure chimique et la substance elle-même, que dans les phénomènes physiques (électriques, lumineux, calorifiques). Ces derniers s'accomplissent avec des molécules déjà prêtes de la substance ; or, il est dès maintenant évident que le problème de la mécanique moléculaire réside surtout dans la compréhension des mouvements qui ont pour siège les plus petits atomes des substances.

Il est probable que les lois générales de la mécanique, conçues par Newton, serviront de points de départ pour la mécanique moléculaire : mais, l'indépendance de son domaine devient évidente lorsque nous comparons les molécules des chimistes avec les systèmes célestes analogues au système solaire, les atomes chimiques avec les membres séparés de ces systèmes (avec le soleil, les planètes, les comètes et les satellites par exemple), et l'éther lumineux avec la poussière cosmique qui, sans aucun doute, remplit l'espace céleste.

L'état actuel de la mécanique moléculaire est, jusqu'à un certain point, une copie de la mécanique céleste ; mais, rien ne nous prouve la similitude complète de ces deux mondes, bien que notre esprit, imbu des principes habituels de l'unité de la création du monde, tende à admettre cette idée comme la plus probable.

Les modifications chimiques de la substance sont produites par des forces intérieures qui lui sont propres et consistent nécessairement en mouvement des parties matérielles. Cela résulte de la loi de l'éternité de la matière et de la notion des corps simples. D'un autre côté, l'étude des phénomènes mécaniques et physiques confirme la *loi de l'éternité des forces* ou de la conservation de l'énergie, c'est-à-dire la possibilité de la transformation d'un genre de mouvements (visible-mécanique), en un autre (invisible-physique). On est donc obligé d'admettre, dans les corps composés (et par conséquent dans les corps simples dont sont constitués tous les autres), une réserve d'*énergie chimique* ou de mouvement invisible, qui pousse ces corps à entrer en réactions.

Le dégagement de la chaleur, dans une réaction, signifie qu'une partie de l'énergie chimique peut se transformer en énergie calorique * et, inversement, l'absorption ** de la chaleur, dans une réaction, montre qu'elle peut passer de l'état d'énergie chimique à l'état latent.

* La théorie de la chaleur a créé l'idée de la réserve du mouvement intérieur ou de l'énergie thermique ; c'est pourquoi il a fallu admettre simultanément l'énergie chimique. Il n'y a cependant aucune raison d'identifier celle-ci avec l'énergie thermique.

On peut croire, sans que rien cependant nous permette de l'affirmer, que les mouvements calorifiques correspondent aux molécules, et les mouvements chimiques aux atomes ; mais, comme les molécules sont constituées par les atomes, les mouvements des uns se transmettent nécessairement aux autres. La chaleur exerce une action réelle sur les réactions qui peuvent donner lieu à sa production ou à son absorption. Ces rapports sont évidents, et ne laissent aucune place au doute, du moins dans leurs traits principaux, mais ils présentent encore dans leurs détails beaucoup de points obscurs, parce que tous les genres de mouvements moléculaires et atomiques sont susceptibles de se transformer les uns dans les autres.

Il faut admettre, en gros traits, que, de même que l'énergie mécanique peut être totalement transformée en énergie thermique (le passage inverse, d'après la seconde loi de la chaleur ne se fait que partiellement), l'énergie thermique peut se transformer en énergie chimique. Mais il est douteux et même peu probable, que la transformation inverse puisse se faire intégralement. C'est pourquoi, la chaleur dégagée dans les réactions chimiques ne peut servir à mesurer complètement l'énergie chimique, d'autant plus qu'il existe une foule de réactions de combinaison dans lesquelles il y a absorption de chaleur. La combinaison du charbon avec le soufre, par exemple, se fait avec absorption de chaleur, probablement parce que la molécule de charbon est complexe et celle du sulfure de carbone moins complexe ; la division de la molécule complexe du charbon exige l'absorption d'une grande quantité de chaleur (dont nous n'avons pas la mesure) tandis que la combinaison du soufre avec le carbone se fait avec production de chaleur et nous n'observons que les différences de ces deux effets thermiques.

** Les réactions qui s'effectuent directement entre les corps, soit à la température ordinaire, soit à une température élevée, peuvent être divisées en deux groupes bien distincts : *les réactions exothermiques*, c'est-à-dire les réactions qui s'effectuent avec dégagement de chaleur, et *les réactions endothermiques* qui se font avec absorption de chaleur. Il est évident qu'il faut une source de chaleur pour que ces dernières s'accomplissent : c'est, dans quelques cas, le milieu ambiant qui en tient lieu ; quelquefois aussi, une autre réaction qui s'effectue simultanément. Ainsi, par exemple, la décomposition de l'hydrogène sulfuré par l'iode en présence de l'eau se fait aux dépens de la chaleur dégagée par la dissolution dans l'eau de l'acide iodhydrique formé. La preuve en est que cette réaction, étant exothermique, ne se produit pas en l'absence de l'eau ; autrement, elle devrait être accompagnée de refroidissement.

Les combinaisons des corps hétérogènes sont des phénomènes extrêmement complexes : il faut, d'une part, rompre le lien qui existe entre les molécules et les atomes des corps homogènes, d'autre part, dans toute substitution, il y a, à côté de la formation d'un corps quelconque, la formation d'un autre corps. Or, comme ces diverses réactions s'accompagnent de toute une série de modifications physiques et mécaniques, il est impossible de séparer la chaleur produite uniquement par la combinaison de la somme totale de l'effet thermique observé. Les données thermochimiques sont très compliquées et, à elles seules, elles ne peuvent donner la clef pour résoudre beaucoup de questions de la chimie, comme on l'avait pensé primitivement. Ces données doivent être utilisées en mécanique chimique, mais — à elles seules — elles ne la constituent pas.

La réserve de la force ou de l'énergie, pour la formation de nouveaux corps composés, peut diminuer après un certain nombre de combinaisons qui se sont produites avec perte de chaleur. Cette diminution peut même avoir finalement pour résultat des corps composés, absolument privés d'énergie, qui peuvent quelquefois, par suite de combinaisons avec un corps simple ou composé énergique, donner, de nouveau, des corps encore plus complexes, propres à entrer dans des combinaisons chimiques. De tous les corps simples l'or, le platine et l'azote possèdent le moins d'énergie; le potassium, le chlore et l'oxygène présentent, au contraire, un très grand degré d'énergie. L'énergie ne se manifeste donc pas, d'une façon identique, dans tous les éléments. Les corps dissemblables produisent souvent, en se combinant les uns aux autres, des composés doués de beaucoup moins d'énergie. Ainsi, le potassium et le soufre, portés à l'incandescence, continuent à brûler facilement dans l'air; mais, si ces corps sont combinés, le corps composé qui en résulte ne s'enflamme pas, ne brûle pas dans l'air comme les parties qui le constituent. Une partie de l'énergie du potassium et du soufre s'est dégagée. sous forme de chaleur, pendant leur combinaison. Comme, dans le changement d'état d'un corps, une partie de sa réserve de chaleur peut être ou absorbée ou dégagée, dans les combinaisons, les décompositions, et, en général, dans toutes les réactions chimiques, il y a non seulement modification dans la réserve de l'énergie chimique, mais encore, en même temps, dégagement ou absorption de chaleur. *

* Puisque une élévation de température suffit pour déterminer la production des réactions chimiques, il est probable que la chaleur absorbée par les substances avant la décomposition ou le changement d'état, et qui représente leur chaleur spécifique, est em-

ployée dans une multitude de cas à la préparation de la réaction, si l'on peut s'exprimer ainsi. Cela a lieu, même dans les cas où la limite de la température de la réaction n'est pas atteinte. Si, par exemple, des molécules d'un corps A sont incapables de réagir avec le corps B au-dessus de la température t, elles subissent en s'échauffant d'une température quelconque inférieure à t jusqu'à la température t, la modification nécessaire pour que AB puisse se produire. Cette idée a été souvent exagérée : on a supposé, par exemple, qu'un corps donné, en passant de l'état liquide à l'état de vapeur, avait des molécules chimiquement ou matériellement neuves, plus légères et plus simples (il se dépolymérise d'après de Haen).

Pour envisager les phénomènes chimiques comme des processus mécaniques, c'est-à-dire pour étudier le mécanisme des phénomènes chimiques, il faut considérer comme étant les plus importantes à l'heure actuelle :

1° Les notions de *stœchiométrie*, c'est-à-dire de cette partie de la chimie qui étudie les rapports quantitatifs, pondéraux et volumétriques, existant entre les substances qui réagissent.

2° La distinction entre les différentes formes et classes des réactions chimiques.

3° L'étude des modifications produites dans les propriétés d'un corps par les changements de sa composition chimique.

4° L'étude des phénomènes qui accompagnent les transformations chimiques.

5° La généralisation des conditions dans lesquelles les réactions se produisent.

La *stœchiométrie* est déjà étudiée jusque dans ses détails, et présente plusieurs lois bien établies (celles de Dalton, d'Avogadro, Gerhardt et autres) qui intéressent à tel point toutes les parties de la chimie que cette science est presque réduite, actuellement, à l'application des lois stœchiométriques à des cas particuliers, c'est-à-dire à l'étude de la composition quantitative des corps soit en volume, soit en poids. Cette question est assurément la plus importante de la chimie ; aussi, les lois stœchiométriques serviront-elles plus loin de base à l'exposé de la science qui nous occupe.

Il est évident que toutes les autres parties de la chimie dépendent de ce point important de nos connaissances chimiques. La signification même des réactions de combinaison, de décomposition et de substitution a acquis un caractère nouveau, spécial, à mesure que se sont développées les notions précises sur les rapports quantitatifs qui existent entre des corps entrant dans une réaction. C'est ainsi qu'est née une nouvelle division des corps composés en combinaisons *définies* et en combinaisons non définies.

Encore au commencement de ce siècle, Berthollet ne faisait pas cette distinction. C'est Proust qui a démontré qu'un grand nombre de corps composés contiennent les éléments qui les constituent, ou en lesquels ils se décomposent, en une proportion en poids absolument précise, déterminée et invariable. Ainsi, par exemple, l'oxyde rouge de mercure contient en poids, pour 200 parties de mercure, 16 parties d'oxygène, ce qui est exprimé par la formule HgO.

Au contraire, dans un alliage de cuivre et d'argent, on peut ajouter une quantité quelconque indéterminée de l'un ou de l'autre métal, tout comme on peut modifier à volonté la proportion des parties constituantes d'une solution de sucre ; on obtiendra toujours un tout homogène avec une somme de propriétés indépendantes. Il se produit, par conséquent, dans ces deux derniers cas, une combinaison chimique non définie.

Bien que dans la nature et dans la pratique chimique (dans les laboratoires et les usines), la formation des combinaisons non définies (alliages et solutions, par exemple) joue un rôle tout aussi important que celle des combinaisons définies, nous ne possédons sur elles que des données tout à fait insuffisantes. Cela tient à ce que, jusqu'ici, les lois stœchiométriques ont été surtout appliquées aux combinaisons chimiques définies et que, depuis quelques années seulement, l'attention des savants s'est fixée sur ce genre de combinaisons.

Il est important, pour l'étude de la mécanique chimique des réactions, de distinguer nettement les *réactions réversibles* des *réactions non réversibles*. Certains corps, en effet, en réagissant entre eux à une température donnée, produisent des composés, qui, à la même température, peuvent ou ne peuvent pas donner les substances primitivement employées.

Le sel, par exemple, se dissout dans l'eau à la température ordinaire, mais la solution obtenue peut se décomposer à la même température, en abandonnant le sel, et en éliminant l'eau par l'évaporation. Le sulfure de carbone est formé par la combinaison du soufre et du carbone, à une température à laquelle il peut donner de nouveau le soufre et le carbone. Le fer, porté à une température élevée, décompose l'eau et met en liberté l'hydrogène ; il se forme un oxyde de fer qui, en présence de l'hydrogène, à la même température, peut donner le fer et l'eau.

Il est évident que si les corps A et B donnent C et D et que la réaction soit réversible, C et D donneront A et B. Par conséquent, en prenant une masse déterminée de A et B, ou une masse correspondante de C et D, nous obtiendrons, dans les deux cas, les 4 corps ; c'est-à-dire qu'il se produira, entre les substances qui réagissent, un *équilibre chimique*. En augmentant la masse de l'une des substances, nous obtiendrons de nouvelles conditions d'équilibre, de sorte que les réactions réversibles donnent la possibilité d'étudier l'*influence de la masse* sur la marche des transformations chimiques.

Un grand nombre de réactions, qui s'effectuent avec des combinaisons ou des mélanges très complexes, peuvent servir comme exemples de réactions non réversibles. Beaucoup de substances composées, qui existent dans des organismes végétaux ou animaux, sont décomposées par la chaleur, mais jamais elles ne peuvent être reconstituées par les produits de leur décomposition. La poudre de guerre, mélange de salpêtre, de soufre et de charbon donne, par la combustion, des gaz et de la fumée, corps qui, à aucune température, ne peuvent reproduire les substances primitives.

Il faut user alors d'une voie détournée, pour pouvoir obtenir ces dernières : c'est la *voie de combinaison par les résidus*.

Si A ne se combine pas directement dans aucune condition avec B, cela ne signifie pas encore que les deux corps ne peuvent jamais donner le composé AB. Il peut se faire que A se combine à C et B à D et si C a une grande affinité pour D l'action mutuelle de AC et de BD donnera non seulement CD mais aussi AB. Dans la formation de CD, les substances A et B, qui entraient dans la composition de AC et BD, ne s'y trouvaient pas dans l'état identique à celui où nous les connaissons comme corps simple (il faut se rappeler la distinction faite plus haut entre le corps simple et l'élément); on peut admettre que leur combinaison en AB a lieu parce qu'ils se sont rencontrés au moment de leur mise en liberté à un état spécial appelé **état naissant** (*in statu nascendi*).

Ainsi, par exemple, le chlore ne réagit pas directement sur le charbon, le graphite ou le diamant, qui sont des modifications du carbone libre. Il existe cependant des combinaisons du carbone avec le chlore, et beaucoup d'entre elles se distinguent par une certaine stabilité. On les obtient par l'action du chlore sur des carbures d'hydrogène, comme résidu de l'action directe du chlore sur l'hydrogène. Le chlore s'empare de l'hydrogène, et le carbone, dégagé à l'état naissant, entre en combinaison avec une partie du chlore, de telle façon que le chlore est combiné à l'hydrogène et au carbone. *

Quant aux phénomènes, qui accompagnent les réactions, il est d'une haute importance pour la mécanique chimique de savoir que, dans les *processus* chimiques, il se produit non-seulement un déplacement mécanique (un mouvement visible) : la chaleur, la lumière, l'intensité électrique, le courant galvanique ; mais aussi, que tous ces facteurs sont capables, par eux-mêmes, de modifier et de diriger les transformations chimiques. Cette réciprocité tient certainement à ce que tous les phénomènes de la nature ne sont que des formes et des genres différents des mouvements visibles et invisibles (moléculaires).

* On peut supposer qu'un grand nombre de ces réactions s'accomplissent, parce que les substances prises séparément, le charbon, par exemple, a une molécule composée, constituée par des atomes de carbone liés entre eux par une affinité considérable ; cette dernière se manifestant aussi bien pour des atomes homogènes que pour des atomes hétérogènes. Si l'affinité du chlore pour l'hydrogène n'est pas capable de rompre ce lien, elle peut cependant être suffisante pour se combiner solidement avec des atomes du carbone déjà isolés.

Cette manière de voir n'est qu'une hypothèse, presque universellement admise aujourd'hui, mais qui ne repose pas encore sur des bases assez solides. Si, en effet, les choses étaient aussi simples que le veut l'hypothèse, le chlorure de carbone, par exemple, devrait être très facilement décomposable, puisque, à cause de l'affinité supposée considérable qui existe entre les atomes du carbone, ceux-ci devraient tendre à se combiner pour former le charbon. Il est évident que non seulement la réaction elle-même consiste en mouvement, mais aussi que, dans les molécules du composé formé, les éléments (atomes) sont animés d'un mouvement harmonieux et stable (comme les planètes dans le système solaire). Ce mouvement doit influer sur la stabilité des corps et leur capacité à entrer dans des réactions, propriétés qui dépendent non seulement de l'affinité des corps participants à la réaction, mais aussi des conditions dans lesquelles elle s'effectue, conditions qui changent l'état du mouvement des atomes dans les molécules ; ces propriétés dépendent aussi de la nature, de la forme et de l'intensité des mouvements que les atomes présentent à l'état donné. Bref, le côté mécanique de l'action chimique doit être extrêmement compliqué.

La physique démontra d'abord que le son, puis ensuite la lumière, appartenaient par leur nature aux mouvements vibratoires. Plus tard, les rapports qui existent entre la chaleur, le mouvement mécanique et le travail, cessèrent d'être une hypothèse pour devenir une vérité, et en déterminant l'équivalent mécanique de la chaleur (424 kilogrammètres de travail mécanique correspondent à une unité de chaleur ou calorie) on a trouvé la mesure mécanique des phénomènes thermiques.

Bien que la théorie mécanique des phénomènes électriques ne soit pas encore aussi développée que celle de la chaleur, il n'est pas douteux que l'état électrique des substances, et que les courants électriques et galvaniques eux-mêmes, ne soient que des formes spéciales du mouvement. Cela est d'autant plus probable qu'il est possible d'obtenir, par des moyens mécaniques, et l'électricité statique et l'électricité dynamique (dans les machines électriques ordinai·res ou dans les *machines dynamo* de Gramme, et autres). On peut réciproquement produire, au moyen du courant électrique, des mouvements mécaniques tout comme au moyen des machines *caloriques* (machines à vapeur, moteurs à gaz, à air chaud). Ainsi, en faisant passer un courant dans les fils de la machine de Gramme on peut mettre en mouvement sa bobine, et en faisant tourner cette dernière on peut obtenir un courant, c'est-à-dire démontrer la transformation de l'électricité en mouvement mécanique.

Telles sont les raisons principales pour lesquelles la mécanique chimique doit puiser les traits principaux de son développement dans le lien qui unit les phénomènes chimiques aux phénomènes physiques et mécaniques.

Cependant, comme jusqu'à présent on n'a pu établir aucune théorie plausible, ni même émettre une hypothèse suffisante sur ce sujet très complexe, et relativement encore récent, nous éviterons de nous y arrêter dans les pages suivantes.

La direction dans laquelle se font les modifications chimiques est déterminée non-seulement par la différence des masses, par la composition des corps, par la distribution dans ceux-ci de leurs parties et affinités ou de l'énergie chimique, mais dépend aussi de l'influence des *conditions* dans lesquelles se trouvent placés les corps. Ces conditions varient avec chaque réaction. Pour qu'il y ait réaction chimique entre des corps capables de réagir entre eux, il est souvent nécessaire de réunir beaucoup de conditions, quelquefois différentes de celles dans lesquelles se trouvent ordinairement les corps dans la nature. Pour la combustion du charbon, par exemple, la présence de l'air et de son oxygène est non-seulement nécessaire, mais il faut, en outre, que le charbon soit porté à une température très élevée. La partie incandescente du charbon s'enflamme, c'est-à-dire se combine avec l'oxygène de l'air, en dégageant de la chaleur qui sert à porter à l'incandescence les parties voisines, condition nécessaire pour que celles-ci puissent s'enflammer à leur tour. De même que la combustion du charbon ne se produit que s'il est préalablement porté à l'incandescence, de même chaque réaction chimique ne s'effectue que dans certaines conditions déterminées, soit physiques, soit mécaniques, etc. Voici les principales conditions qui exercent une influence sur la marche des réactions chimiques :

a). *La température.* — Les réactions chimiques de combinaison se produisent dans certaines limites déterminées de température, et sont impossibles en dehors de ces limites. On peut citer comme exemples : la combustion du charbon qui, ainsi qu'on vient de le voir, ne commence et n'évolue qu'à la condition de le porter d'abord à l'incandescence, ou encore, ce fait que les combinaisons du chlore ou du chlorure de sodium avec l'eau ne se produisent qu'à des températures inférieures à 0°. Ces combinaisons ne se forment pas à des températures plus élevées, et même celles qui sont déjà formées se décomposent soit en totalité, soit en partie, en leurs éléments constituants.

Une élévation de température est souvent nécessaire pour amorcer une réaction. On peut, dans certains cas, expliquer cette influence de la température par le passage de l'un des corps en présence, de l'état solide à l'état liquide ou gazeux. L'état liquide facilite, en effet, la marche de la réaction, en déterminant un contact plus intime entre les molécules réagissant.

Il est un fait qui, mieux que tous les autres, explique l'influence de la chaleur sur l'excitation des réactions chimiques. C'est que la cohésion physique, ou le lien interne chimique des molécules homogènes, diminue avec l'élévation de la température. La facilité avec laquelle s'accomplit la division des parties des corps employés et leur transformation en de nouvelles combinaisons sont, par conséquent, augmentés.

Dans certains cas, dans les décompositions par exemple, où les réactions sont accompagnées d'absorption de chaleur, où, par conséquent, la chaleur se transforme en énergie chimique latente, une élévation de température est évidemment nécessaire.

Il est très important de remarquer l'influence générale de l'élévation de la température sur tous les corps composés, parce qu'il est probable que tous ces corps se décomposent à une température plus ou moins élevée. Déjà l'on a vu des exemples de ce genre de décomposition, lorsque nous avons parlé de la décomposition de l'oxyde rouge de mercure en oxygène et mercure, et de la distillation sèche du bois. Un grand nombre de corps se décomposent à une

température peu élevée : par exemple le fulminate de mercure, utilisé pour la fabrication des capsules, se décompose
lorsqu'il est chauffé à une température supérieure à 120°.
La plupart des corps, qui entrent dans la composition des
végétaux ou des animaux, se décomposent déjà à 250°.

D'un autre côté, il y a lieu de croire qu'à des températures
très basses les réactions chimiques ne se produisent pas.
On l'observe sur les plantes, chez lesquelles cessent tous
phénomènes chimiques, pendant le froid de l'hiver. Toute
réaction chimique exige donc certaines limites de température, et il n'y a aucun doute que, dans le soleil où la température est très élevée, et dans la lune, où elle est très basse,
un grand nombre des transformations chimiques, que nous
observons, ne pourraient avoir lieu.

Quant à l'influence de la chaleur sur les réactions chimiques réversibles, elle est particulièrement instructive. Si
l'on chauffe, par exemple, un corps composé, capable de
se reconstituer de ses produits de décomposition, et que
l'on arrive à une certaine température où commence la décomposition, celle-ci ne se produit pas brusquement ; mais,
dans un espace clos, on observe qu'une partie de la substance se décompose tandis que l'autre reste intacte. En augmentant la température, la quantité de la substance décomposée augmentera ; à chaque température déterminée correspond, pour un volume donné de la substance, un rapport
entre la quantité du corps, qui est décomposée, et celle qui
reste intacte, jusqu'à ce que la température atteigne un degré
tel que toute la substance soit décomposée. A cette décomposition incomplète sous l'influence de la température, on a
donné le nom de *dissociation*.

Il faut distinguer la température du commencement et
de la fin de la dissociation. Si à une température donnée, la
dissociation se produit, et que un ou tous les produits de la

décomposition soient éliminés et ne restent pas en contact avec la partie de la substance non décomposée, la décomposition sera complète. Ainsi, par exemple, la pierre à chaux se décompose en totalité dans les fours, sous l'influence de la chaleur, en chaux et acide carbonique, parce que ce dernier s'échappe. Mais, si l'on chauffe une certaine quantité de cette même pierre dans un canon de fusil bouché à ses deux extrémités, l'acide carbonique produit par la décomposition ne pourra pas s'échapper, et, dans ce cas, à toute température supérieure à celle du commencement de la dissociation, il n'y aura qu'une certaine partie de la pierre qui sera décomposée. La décomposition cessera complètement, lorsque l'acide carbonique dégagé aura atteint le maximum de la *tension de dissociation* correspondant à la température. Si l'on augmente la pression en introduisant, par exemple, une nouvelle quantité d'acide carbonique. la chaux et l'acide carbonique commencent à se combiner ; si, au contraire, on diminue la pression, la décomposition continuera.

Ce genre de décomposition présente une analogie complète avec l'évaporation : si la vapeur n'est pas éliminée, sa pression atteint un maximum correspondant à la température donnée, et l'évaporation s'arrête. Si, à ce moment, on ajoute une certaine quantité de vapeur, elle se condensera et se liquéfiera ; si, au contraire, on en diminue la quantité, c'est-à-dire si l'on diminue la pression, tout en conservant la même température, on verra l'évaporation se produire.

Ces notions sur la dissociation, introduites dans la science par Henri Sainte-Claire-Deville, seront maintes fois développées ultérieurement. Faisons encore cette remarque que les produits de décomposition d'une substance se combinent avec une facilité d'autant plus grande que la température à laquelle ils sont portés est plus voisine de celle du commencement de la dissociation, ce qui signifie que la température du commencement de la dissociation est voisine de la température du commencement de la combinaison.

b). *Le courant galvanique* et l'électricité statique ont, sur la marche des transformations chimiques, une influence en général analogue à celle de la chaleur. La majorité des corps composés, bons conducteurs du courant galvanique, se décomposent par l'action de l'électricité. Mais, comme les conditions qui déterminent la décomposition sont très voisines de celles qui provoquent ordinairement la combinaison, il en résulte que, souvent, l'action de l'électricité est de combiner les substances. Il y a donc analogie complète avec l'action de la chaleur.

L'électricité, de même que la chaleur, n'est qu'un genre spécial de mouvement moléculaire ; aussi, tout ce qui a trait à l'influence de la chaleur se rapporte également aux phénomènes produits par l'action du courant. La décomposition des corps en leurs éléments se fait cependant plus facilement par ce dernier moyen, car elle s'opère à la température ordinaire. Les corps les plus stables peuvent être décomposés par l'électricité.

Ici, se manifeste une importante particularité : c'est que les parties constituantes apparaissent aux pôles ou électrodes de sens différents, qui transmettent le courant au corps que l'on décompose. Les éléments, qui se portent à l'électrode positive (anode), sont appelés électro-négatifs ; ceux qui apparaissent sur la cathode (pôle négatif, relié au zinc du couple galvanique ordinaire), sont dits électropositifs. La majorité des corps non métalliques : chlore, oxygène, etc., de même que les acides et les corps, qui leur sont analogues, appartiennent à la première catégorie. Au pôle négatif apparaissent les métaux, l'hydrogène et les produits de décomposition, analogues à ces substances.

La décomposition des corps composés, au moyen du courant galvanique, a servi, dans l'histoire de la chimie, à des découvertes très importantes ; c'est grâce à ce procédé que l'on a pu démontrer l'existence de beaucoup de corps simples. La découverte des métaux, comme le sodium et le potassium, est particulièrement célèbre. Ni Lavoisier, ni les chimistes de son temps n'avaient pu décomposer leurs combinaisons oxygénées. Le chimiste anglais Davy, le premier, démontra que ces corps sont décomposés par le courant galvanique, et il obtint au pôle négatif les métaux contenus dans ces combinaisons. Ce sont : le potassium et le sodium.

c). *La lumière* agit sur quelques combinaisons peu stables et les décompose.

C'est sur cette propriété de certains corps, des sels d'argent par exemple, qu'est basée la photographie. Le travail mécanique des vibrations, qui déterminent les phénomènes lumineux, est extrèmement faible ; on comprend donc pourquoi un petit nombre de corps seulement, en général peu stables, peuvent ètre décomposés par la lumière, du moins dans les conditions ordinaires.

Il existe cependant un ordre de phénomènes chimiques, qui sont déterminés par la lumière, et qui constituent encore jusqu'à présent un problème non résolu de la chimie. Ce sont notamment les phénomènes qui se passent dans les plantes sous l'influence de la lumière : toute une série de décompositions et de combinaisons inattendues et souvent irréalisables par des procédés artificiels. Ainsi, par exemple, l'acide carbonique, gaz très stable, du moins à l'action du courant et de la chaleur, se décompose dans les plantes sous l'influence de la lumière, en dégageant de l'oxygène. Dans d'autres cas, ce ne sont que des combinaisons peu stables qui se décomposent par l'action de la lumière, combinaisons qui, d'ailleurs, peuvent être facilement décomposées par la chaleur et les autres agents physiques. Le chlore se combine avec l'hydrogène, non-seulement sous l'influence de la chaleur, mais aussi par l'action de la lumière. Ce fait montre que la lumière, comme la chaleur et l'électricité, peut provoquer des combinaisons aussi bien que des décompositions.

d) Les agents mécaniques exercent aussi une action sur la marche des combinaisons et des décompositions chimiques. Beaucoup de substances se décomposent déjà par l'action du frottement ou d'un choc. Tel est, par exemple, le composé appelé iodure d'azote, qui est formé d'azote, d'iode et d'hydrogène ; tel est aussi le fulminate de mercure qui, dans les capsules, se décompose sous l'influence d'un choc. Le frottement mécanique suffit pour faire brûler le soufre aux dépens de l'oxygène contenu dans le chlorate de potasse (Sel de Berthollet).

e) L'état de contact, dans lequel se trouvent les corps qui réagissent, favorise ou empêche la marche des réactions chimiques. Augmenter le nombre des points de contact signifie, toutes choses égales d'ailleurs, augmenter la vitesse de la réaction. Il suffit de mentionner ce seul exemple, que l'acide sulfurique n'absorbe pas le gaz oléfiant (éthylène) quant les deux corps sont simplement en contact, mais que l'absorption se produit à la suite d'une agitation prolongée, parce qu'alors le nombre des points de contact est considérablement augmenté.

Lorsqu'on fait agir des corps solides entre eux, il est nécessaire, pour que l'action soit plus complète et plus rapide, de les mélanger le plus intimement possible, après les avoir réduits en poudre fine.

Le chimiste belge Spring a démontré que les **corps solides** réduits en poudre, qui ne réagissent pas entre eux, à la

température ordinaire, peuvent réagir lorsqu'on augmente
la pression. Ainsi, sous une pression de 6000 atmosphères,
le soufre peut se combiner avec beaucoup de métaux, à la
température ordinaire, et, dans les mêmes conditions, un
grand nombre de métaux préalablement pulvérisés peuvent
s'unir et former des alliages. Il est évident que, dans ce cas,
l'augmentation des points ou des surfaces de contact est
la cause principale qui détermine la réaction. C'est
qu'en effet, dans les trois états sous lesquels peuvent exister les corps : solides, liquides ou gazeux, il faut admettre,
bien que différents pour chaque état, et en mesure, et en
forme, l'existence d'un mouvement intérieur et d'une mobilité des molécules, qui constituent les corps eux-mêmes.
Or, il est évident que le mouvement ou l'état intérieur varie dans les molécules, suivant qu'elles se trouvent placées
au centre du corps ou à sa périphérie. Dans le premier cas,
en effet, chaque molécule de la substance éprouve l'action
des molécules qui l'entourent, tandis qu'à la surface, ce
n'est que d'un seul côté que s'exerce cette action.

Il est donc facile de comprendre que le contact d'un corps
avec un autre corps peut amener des modifications plus ou
moins profondes, et cette action peut être regardée comme
analogue à celle que produit une élévation de température
par exemple.

C'est là une théorie qui peut donner l'explication d'une
classe innombrable de réactions chimiques, dites de contact, c'est-à-dire qui se produisent en présence, par le
contact direct de quelques corps spéciaux. Ce sont surtout
les corps poreux et pulvérulents, et parmi eux l'éponge de
platine et le charbon, qui exercent une action de ce genre.
Ainsi, l'acide sulfureux ne se combine pas directement avec
l'oxygène, mais, en présence de l'éponge de platine, cette
combinaison se produit. *

* Les phénomènes de contact sont étudiés avec détails dans l'ouvrage du professeur D. P. Konovaloff (1884). A mon avis, il faut admettre que l'état du mouvement intérieur des atomes dans les molécules, se modifie sur les points des substances en contact. C'est cet état qui détermine les réactions chimiques ; aussi, le contact peut suffire pour déterminer des réactions de combinaison, de décomposition et de substitution. Konovaloff a démontré qu'un grand nombre de corps agissent, par le contact, dans certaines conditions de leurs surfaces. Ainsi, par exemple, la silice en poudre, obtenue de son hydrate, agit en décomposant certains éthers composés absolument comme le platine. Comme les réactions ne s'accomplissent qu'à la condition qu'il y ait contact intime entre les substances, il est probable que les réactions sont pour ainsi dire préparées par les modifications que subit la disposition des atomes dans les molécules, et qui se produisent dans les phénomènes de contact. C'est par l'influence du contact qu'il faut expliquer ce fait que le mélange d'hydrogène et d'oxygène forme l'eau (avec explosion), selon la nature du corps chauffé qui transmet la chaleur au mélange gazeux. Malgré l'importance que doivent avoir les influences de ce genre sur la mécanique chimique, elles sont encore peu étudiées.

Les notions chimiques préliminaires qui viennent d'être exposées n'acquièrent toute leur valeur qu'avec la connaissance des particularités chimiques, à l'étude desquels nous allons passer maintenant. Il était néanmoins indispensable de connaître, dès le début, des principes aussi importants que les lois de la conservation de la matière et des forces. Ce n'est qu'en admettant ces lois, et en les appliquant, que l'étude des détails peut être faite facilement et fructueusement.

CHAPITRE I

L'eau et ses combinaisons.

L'eau se rencontre presque partout dans la nature, et y existe sous ses trois états : à l'état de vapeur, elle est contenue dans l'air atmosphérique qui enveloppe toute la surface terrestre. C'est, du reste, la condensation de la vapeur d'eau par le refroidissement qui produit la neige, la pluie, la grêle, la rosée, les brouillards.

Un mètre cube (1000 litres) d'air à 0°, peut contenir, au maximum, 4,8 grammes d'eau ; à 20°, environ 17 gr. ; à 40°, environ 50 gr. 7 ; mais, en général, l'air ne renferme jamais que 60 0/0 de l'eau qu'il peut contenir. L'air, contenant une proportion de vapeur d'eau inférieure à 40 0/0 de son maximum d'humidité, nous donne la sensation de sécheresse. Par contre, l'air contenant plus de 80 0/0 d'eau est considéré comme humide (**1**).

(**1**) Il est très important, pour le chimiste, de savoir déterminer la quantité d'eau, ou *d'humidité contenue, soit dans l'air, soit dans tout autre gaz.* Examinons donc les rapports qui existent, dans ce cas, entre les volumes et les poids.

Supposons une éprouvette à gaz, cylindrique, placée sur une cuve à mercure et contenant un gaz sec, dont le volume est v, la température $t°$ et la pression ou l'élasticité h (h représentant en millimètres la hauteur de la colonne de mercure à 0°). Introduisons dans l'éprouvette une quantité d'eau exactement suffisante pour saturer le gaz ; il se produira alors, la température étant restée la même, une augmentation dans le volume du gaz, et, par suite, une augmentation de pression, qui se manifestera par l'abaissement du niveau du mercure dans l'éprouvette. Il faut éviter d'introduire une trop grande quantité d'eau, car on pourrait observer le phénomène inverse, c'est-à-dire une diminution de volume, par suite de la dissolution du gaz dans l'eau.

Pour étudier le phénomène qui nous intéresse, augmentons artificiellement la pression dans l'éprouvette, jusqu'à ce que le gaz reprenne son volume primitif v. La pression deviendra alors supérieure à h, elle sera $h + f$; l'introduction de vapeur d'eau augmente la tension du gaz. Cet accroissement, que nous désignerons par f, égale, d'après les travaux de Dalton, de Gay-Lussac et de Régnault, le maximum de tension de la vapeur d'eau à la température de l'observation. On trouve, dans les tables qui donnent la force élastique de la vapeur d'eau, la tension maxima correspondant à chaque température.

Voici comment est formulée cette *loi*, dite *de Dalton* : la tension maxima de la vapeur d'eau ou de toute autre vapeur saturant l'espace est la même dans le vide que dans un gaz quelconque.

Nous connaissons ainsi le volume v du gaz sec, à la pression h et le volume du gaz humide, à la pression $h + f$. Le volume du gaz sec v, à la pression $h + f$, sera égal à $\dfrac{v\,h}{h+f}$, d'après la loi de Mariotte, et celui de la vapeur d'eau à $v - \dfrac{v\,h}{h+f} = \dfrac{v\,f}{h+f}$. Le rapport entre ces deux volumes, à la pression $h + f$, est, par conséquent $f : h$.

A la pression n, si la vapeur sature l'espace, les volumes de l'air sec et de l'humidité sont dans le rapport de $n - f : f$, dans lequel f exprime la tension de vapeur trouvée dans les tables.

C'est ainsi que, si le volume d'un gaz saturé de vapeurs est N, à la pression H, le volume du même gaz sec, à la même pression, sera égal à N. $\dfrac{H - f}{H}$ parce que, dans ce cas, il faut diviser le volume N en parties dont le rapport est de $H - f : f$. En effet, $N : x = H : H - f$, d'où $x = N \dfrac{H - f}{H}$.

Sous une autre pression, celle de 760 mm. par exemple, le volume du gaz sec sera $\dfrac{x\,H}{760}$ ou $\dfrac{H - f}{760}$

On peut donc déduire la règle pratique suivante : pour déterminer le volume de gaz sec, contenu dans un volume donné de gaz saturé de vapeur d'eau, à la pression H, il faut trouver le volume occupé par le gaz saturé, à la pression H-H', où H' est la tension de la vapeur d'eau correspondante à la température de l'observation.

Exemple : on a mesuré, à la pression de 747 mm. 3, 37 cc. 5 d'air, saturé de vapeurs d'eau, à la température de 15°,3. Quel est le volume de l'air sec à 0° et à la pression de 760 mm. ? La tension de la vapeur d'eau, à la température de 15°,3, est égale à 12 mm. 9 ; par conséquent, le volume de l'air sec, à 747 mm. 3 et à 15° 3, égalera :

$37,5 \cdot \dfrac{747,3 - 12,9}{747,3}$. A la pression de 760 mm, ce volume sera égal à

$37,5 \dfrac{734,4}{760}$ et, à 0°, le volume de l'air sec sera $37,5 \dfrac{734,4}{760} \cdot \dfrac{273}{273 + 15,5} =$

$= 34,31$ centim. cubes.

On peut aussi, au moyen de cette règle, calculer quelle est, dans le volume total, la partie occupée par l'humidité, sous la pression ordinaire, à différentes températures.

A 30° C, par exemple, $f = 31,5$; par conséquent, 100 volumes de gaz ou d'air humide contiennent, en volume, à la pression de 760 mm.

$100 \cdot \dfrac{31,5}{760} = 4,110$ d'humidité. A 0°, la proportion de l'humidité en volume est de 0,61 0/0 ; à 10° 1,21 0/0 ; à 20° 2,29 0/0 ; à 50° envir.n 12,11 0/0.

Il est facile de voir, par ce qui précède, combien sont grandes les erreurs que l'on peut faire dans la détermination des volumes des gaz, si l'on ne tient pas compte de leur degré d'humidité. On peut prévoir également de quelle importance sont les modifications volumétriques de l'air en rapport avec les variations de l'état hygrométrique ; c'est ainsi, d'ailleurs, que l'on explique une multitude de phénomènes atmosphériques (vents, changement de la pression, tempêtes, etc.)

Quand la vapeur d'eau, mélangée à un gaz, ne sature pas ce gaz, il est nécessaire de connaître le degré d'humidité pour calculer le volume de gaz sec contenu dans le mélange. Jusqu'ici, en effet, il n'a été question que de la quantité d'eau maxima que peut contenir un gaz ; on appelle degré d'humidité, la fraction de cette quantité maxima qui se trouve, dans un cas donné, lorsque la vapeur ne sature pas l'espace.

Supposons par exemple que l'humidité soit égale à 50 0/0, c'est-à-dire à la moitié ; le volume du gaz sec, à 760 mm. de pression, sera égal à celui du gaz humide multiplié par $\dfrac{h - 0,5 f}{760}$ ou, en général,

par $\dfrac{h - rf}{760}$, la valeur r désignant le degré de l'humidité.

Il est donc facile, lorsque la vapeur sature l'espace, de déduire le volume d'air sec du volume occupé par l'air humide ; il est nécessaire, dans le cas contraire, de connaître le degré d'humidité. Aussi, pour mesurer un volume d'air humide, faut-il, ou bien dessécher complètement le gaz, ou le saturer complètement d'humidité, ou bien connaître son degré d'humidité. Le premier et le dernier procédés sont peu commodes ; aussi, a-t-on ordinairement recours au second.

On introduit dans l'éprouvette renfermant le gaz à mesurer une certaine quantité d'eau ; on attend quelques instants que le gaz soit saturé de vapeur en ayant soin qu'une partie de l'eau introduite reste à l'état liquide et l'on procède ensuite à la détermination du volume du gaz saturé de vapeur d'eau.

Pour trouver le poids de la vapeur d'eau contenue dans un gaz, il faut connaître le poids d'une mesure cubique de vapeur, à 0° et à la pression de 760 mm. Etant donné qu'un centim. cub. d'air pèse 0,001293 et que la densité de la vapeur d'eau est égale à 0,62, nous trouverons qu'un cent. cub. de vapeur d'eau, à 0° et 760 mm., pèse 0,0008 ; à la température $t°$ et à la pression h, ce poids sera égal à

$$0,0008 \frac{h}{760} \cdot \frac{273}{273+t}.$$

Nous savons déjà qu'à la température $t°$ et à la pression h, v volumes de gaz contiennent $v\frac{f}{h}$ volumes de vapeur d'eau saturant l'espace ; le poids de la vapeur d'eau, contenue dans v volumes de gaz sera, par conséquent, égal à :

$$v \cdot \frac{f}{h} \cdot 0,0008 \cdot \frac{h}{760} \cdot \frac{273}{273+t}$$

ou :

$$v \cdot 0,0008 \frac{f}{760} \cdot \frac{273}{273+t}$$

Cette formule montre que le poids de l'eau, contenue dans un volume de gaz, dépend uniquement de la température et non pas de la pression, ce qui signifie qu'il y a production de la même quantité de vapeur dans l'air que dans le vide (loi de Dalton).

En général, les vapeurs et les gaz se répandent les uns dans les autres comme dans le vide. Un espace donné peut contenir, à une température donnée t, la même quantité de vapeur, quelle que soit la tension du gaz remplissant l'espace. Si le degré de l'humidité est r, v centim. cub. de gaz contiennent un poids de vapeur d'eau.

$$p = v \cdot 0,0008 \frac{f.r}{760} \cdot \frac{273}{273+t} \text{ grammes.}$$

Etant donné le poids p de la vapeur d'eau, contenue dans un volume donné de gaz, on peut calculer le degré de l'humidité par la formule :

$$r = \frac{p}{v\ 0,0008} \cdot \frac{760}{f} \cdot \frac{273+t}{273}$$

D'après cette formule, il est facile de calculer le nombre de grammes d'eau contenue, à toute pression, dans 1 mètre cube d'air saturé de vapeur à différentes températures. A 30° par exemple $f = 31,5$, donc :

$$p = 1000000 \times 0,0008 \cdot \frac{31,5}{760} \cdot \frac{273}{273+30} = 29,84 \text{ grammes}$$

Les lois de Mariotte, de Dalton et de Gay-Lussac, appliquées aux gaz et aux vapeurs, ne sont pas tout-à-fait exactes, mais seulement approximatives. Si elles étaient exactes, le mélange de quelques liquides, ayant une certaine tension de vapeur, devrait donner des vapeurs exerçant une très haute pression, ce qui n'a jamais été observé. La tension de la vapeur d'eau est, en réalité, moindre dans un milieu gazeux que dans le vide, et, par conséquent, le poids de la vapeur qu'il contient est moindre que celui donné par la loi de Dalton, comme l'ont démontré les expériences de Regnault et d'autres savants.

Il en résulte donc que l'élasticité de la vapeur d'eau est moindre dans l'air que dans le vide, ce qui explique pourquoi le poids réel de la vapeur est toujours inférieur au poids calculé.

La différence de tension de la vapeur d'eau dans l'air et dans le vide ne dépasse cependant pas $\frac{1}{20}$ de la tension totale des vapeurs ; aussi, la loi de Dalton donne des résultats suffisamment justes pour la pratique.

Quelque minime que soit la diminution de pression qui se produit, lors du mélange des gaz et des vapeurs, il semblerait qu'il y a, dans ce cas, un commencement de modification chimique. En réalité, il se produit ici, comme dans les phénomènes de contact (voir la note précédente), une modification dans le mouvement des atomes à l'intérieur des molécules et, par cela même, dans celui des molécules elles-mêmes.

On peut voir, dans la faculté que possède la vapeur d'eau de se mélanger intimement avec l'air et les autres gaz, un exemple d'un phénomène physique analogue à un phénomène chimique qui constitue une transition entre ces deux classes de phénomènes. Il semble qu'il existe entre l'eau et l'air sec une affinité qui fait que l'eau sature l'air. Cependant, ce mélange homogène se forme presque indépendamment de la nature du gaz dans lequel l'évaporation a lieu, puisque le phénomène se produit dans le vide, de la même manière que dans un gaz ; aussi, l'évaporation ne dépend ni de la nature du gaz, ni de ses rapports avec l'eau, mais elle est une propriété de l'eau elle-même. Il n'y a donc pas encore ici d'affinité chimique nettement développée, mais peut-être existe-t-elle à l'état rudimentaire ; c'est, du moins, ce que semblent indiquer les exceptions à la loi de Dalton.

L'eau tombe sur la terre sous forme de pluie ou de neige : une partie forme les ruisseaux, les lacs, les fleuves, les mers et les océans ; une autre partie est absorbée par les racines des plantes. Les végétaux contiennent à l'état frais 40 à 80 0/0 de leur poids d'eau ; c'est environ la même proportion que contiennent les organismes des animaux.

La neige, la glace et les formes intermédiaires, qu'on observe sur les montagnes couvertes de neiges éternelles, sont formées par de l'eau à l'état solide.

L'eau des rivières, (2) des océans et des mers, des lacs, des puits et des sources, (3) tient en dissolutions diverses substances, principalement des sels, c'est-à-dire des corps semblables au sel de cuisine ordinaire par leurs propriétés physiques et par les principales modifications chimiques qu'ils sont susceptibles d'éprouver. La quantité et la qualité des sels varie dans les différentes eaux. Chacun sait, en effet, qu'il existe des eaux douces, salées, ferrugineuses, etc.

(2) L'*eau*, qui a traversé l'*atmosphère*, tient en dissolution non-seulement les gaz de l'air, mais encore de l'acide nitrique, de l'ammoniaque, des combinaisons organiques, des sels de sodium, de magnésium et de calcium ; elle est, de plus, chargée des poussières et des germes qui flottaient dans l'air et qu'elle a entraînés mécaniquement. La proportion de toutes ces matières est très variable. Au commencement et à la fin d'une pluie, on observe souvent des modifications parfois très considérables. Ainsi, par exemple, Boussingault a trouvé à certain moment d'une pluie, 3,7 grammes d'ammoniaque par mètre cube, tandis que l'eau, à la fin de la pluie, n'en contenait que 0.64 grammes ; en moyenne, cette eau contenait 1 gr. 47 d'ammoniaque par mètre cube. Dans l'espace d'une année, l'eau fournit à un hectare de terre 15 kilog. d'azote environ, à divers états de combinaison.

Marchand a trouvé, dans un mètre cub. d'eau de neige, 15 gr. 63 et, dans l'eau de pluie, 10 gr. 07 de sulfate de sodium. Smith a démontré qu'à Manchester, à la fin d'une pluie qui dura trente heures, l'eau contenait encore 35 gr. 3 de sels par mètre cube. On a trouvé dans l'eau de pluie, une assez forte proportion de substances organiques ; on a signalé, dans certains cas, la présence de 25 grammes par mètre cube.

La quantité totale des substances solides (minérales et organiques), contenues dans l'eau de pluie, peut atteindre le chiffre de 50 gr. par mètre cube. L'eau de pluie contient ordinairement peu d'acide carbonique, tandis que ce gaz se trouve, dans les eaux courantes, en quantité considérable.

L'*eau des rivières*, qui provient des sources formées par l'eau atmosphérique, contient ordinairement dans 1.000.000 parties de 50 à

1600 parties de sels en poids. Voici en poids la proportion des substances solides contenues par mètre cube dans l'eau des fleuves les plus connus.

Don	124	Dnièper	187	Tamise (près de Londres) 400-450
Loire	135	Danube	117-234	Tamise (parties supérieures) 387
St-Laurent	170	Rhin	158-317	Tamise (parties inférieures) 1617
Rhône	182	Seine	190-432	Nil 1580
				Jourdain 1052

La Néva est remarquable par la faible quantité de substances solides qu'elle renferme. D'après les recherches du prof. I. K. Trappe, un mètre cube d'eau de la Néva ne contient que 32 gr. de substances minérales et 23 gr. seulement de substances organiques, c'est-à-dire un total d'environ 55 grammes. C'est une des eaux de rivière les plus pures que l'on connaisse.

Comme preuve de l'influence des bords des rivières et des immondices qui y sont déversées on peut citer, d'après les recherches du même savant, que l'eau de la Fontanka (bras de la Néva à Saint-Pétersbourg) contient déjà 36 grammes de substances minérales et 25 gr. de matières organiques, soit un total de 61 grammes de matériaux solides ; le canal Ekatérininsky (de Catherine à St-Pétersbourg) en contient 66 gr. L'eau du lac Ladoga contient 27 gr. de substances minérales et 20 gr. de matières organiques, soit en tout 47 gr.

D'après les nouvelles analyses du prof. A. V. Pöhl, faites en 1887, l'eau de la Néva contient par tonne : 1 gr., 6 de parties en suspension, 22 gr. de matières organiques, et 38 gr. de substances minérales, dont 13 gr. de chaux, 0 gr., 16 d'ammoniaque et 0.7 d'acide azotique. Ce même savant a trouvé dans l'eau du lac Ladoga 246 micro-organismes par centimètre cube et 1550 dans celle de la Néva, près du pont de Nicolas.

L'eau de rivière est impropre à l'alimentation quand elle renferme une trop forte proportion de substances solides, surtout si ces substances proviennent de matières organiques putréfiées qui ont pénétré dans cette eau.

La majeure partie des substances dissoutes dans l'eau de rivière est formée par des sels de chaux. Voici la proportion de carbonate de calcium contenue dans 100 parties du résidu solide laissé par l'eau de différentes rivières.

Loire	53 0/0	Vistule	65 0/0	Seine	75 0/0
Tamise, environ	50 0/0	Danube	65 0/0	Rhône 82 0/0-94 0/0	
Elbe	55 0/0	Rhin	55 0/0-75 0/0		

100 grammes de sels de l'eau de la Néva contiennent environ 40 gr. de carbonate de calcium.

La présence d'une si forte proportion de ce sel dans l'eau courante s'explique par ce fait que l'eau chargée d'acide carbonique dissout facilement le carbonate de calcium qui se trouve partout dans le sol.

Outre le carbonate et le sulfate de calcium, l'eau de rivière contient : de la magnésie, de la silice, du chlore, du sodium, du potassium, de l'alumine, de l'acide azotique et du manganèse. Jusqu'à présent, on n'a pas encore démontré l'existence des sels de l'acide phosphorique dans toutes les eaux de rivière, mais on a constaté la présence de l'acide azotique dans l'eau de toutes les rivières qui ont été bien étudiées. La quantité de phosphate de calcium ne dépasse pas 0.gr. 4 dans l'eau du Dniéper ; l'eau du Don en contient environ 5 grammes. L'eau de Seine renferme environ 15 grammes d'azotates, celle du Rhône environ 8 gr. La proportion de l'ammoniaque est beaucoup plus faible. Ainsi l'eau du Rhin en contient 0 gr., 5 au mois de juin et environ 0 gr., 2 au mois d'octobre ; dans l'eau de Seine, on trouve à peu près la même quantité d'ammoniaque. Cependant, si minime que soit cette quantité, le Rhin déverse à lui seul, en 24 heures, 16245 kilogr. d'ammoniaque dans l'Océan.

On trouve, dans l'eau de rivière, moins d'ammoniaque que dans l'eau de pluie, parce que le sol traversé par cette dernière possède la faculté d'absorber ce gaz, de même que beaucoup d'autres substances : l'acide phosphorique, les sels de potassium, etc...

Les eaux de source, de rivière, de puits et, en général, l'eau employée pour la boisson peut être nuisible pour la santé si elle contient beaucoup de résidus organiques en décomposition, d'autant plus que cette eau devient alors un milieu favorable pour le développement de certains organismes inférieurs (bactéries) qui sont ou une cause de transmission ou la cause efficiente d'un grand nombre de maladies infectieuses.

Ce n'est que dans ces dernières années, grâce aux travaux de Pasteur, de Koch et d'autres savants, que les recherches, dans ce domaine de la science, ont pu faire un grand pas en avant ; on est parvenu à étudier les propriétés et même à calculer le nombre des germes renfermés dans l'eau, on a trouvé des bactéries pathogènes qui, par leur développement, peuvent déterminer certaines maladies ; le typhus, le charbon, par exemple.

Pour étudier les propriétés des germes de l'eau et leur développement, pour faire l'analyse bactériologique de l'eau, on prépare des milieux de culture artificiels en dissolvant de la gélatine dans de l'eau stérilisée, c'est-à-dire privée de germes vivants par une ébullition prolongée, faite à plusieurs reprises. A cette masse gélatineuse, on ajoute une petite quantité de l'eau à examiner en prenant la précaution d'empêcher la pénétration des germes contenus dans l'air et on attend que les germes renfermés dans l'eau se développent en une colonie entière de micro-organismes. Ces colonies, qui forment sur la gélatine des taches visibles à l'œil nu, peuvent être examinées au microscope ; c'est ainsi qu'on étudie leurs propriétés. Pour observer leur rôle pathogène, il est nécessaire de les transporter sur des organismes.

La grande majorité des bactéries sont sans action sur l'organisme, mais il est actuellement démontré qu'il existe des bactéries pathogènes dont la présence constitue l'une des causes du développement de certaines maladies.

Le nombre de bactéries dans un centimètre cube d'eau peut atteindre quelquefois le chiffre énorme de quelques centaines de mille ou même quelques millions.

Mais, en général, les eaux de source, de puits et aussi de rivière contiennent peu de bactéries. Quant aux bactéries pathogènes, elles en sont complètement privées dans les conditions ordinaires.

Par l'ébullition de l'eau, on détruit la vitalité des bactéries ainsi que la faculté de reproduction, mais les substances organiques nécessaires pour leur développement restent. Les meilleures eaux potables ne contiennent pas plus de 300 bactéries dans un centimètre cube.

On peut déceler la présence dans l'eau des résidus de la destruction des organismes par le dosage de l'azote qu'elle renferme, à l'état de combinaisons différentes ; car, tous les organismes contiennent des composés azotés. Dans tout examen d'eau, il est important de séparer et de doser l'azote qui se trouve à l'état de combinaisons organiques de celui qui y existe à l'état de composé oxygéné (acide azotique). Les premières n'abandonnent pas l'azote, même par l'action de la chaleur et des agents réducteurs comme l'acide sulfureux ; tandis que l'azote, contenu dans les oxydes, est *dégagé* par la même opération. Ainsi, si l'on ajoute à l'eau de l'acide chlorhydrique et du chlorure ferreux [$FeCl^2$], l'azote de l'acide azotique donne un composé oxygéné dans lequel l'azote peut être dosé.

La présence de l'acide nitrique dans une eau prouve que la matière organique, que contenait cette eau, s'est déjà oxydée. Toute eau qui, dans un million de parties, contient plus d'une partie d'azote sous cette forme doit être considérée comme absolument nuisible, et son emploi doit être évité. Frankland a trouvé dans l'eau de la Tamise, près de Londres, environ 1 gr., 8 d'azote à l'état d'oxyde et de 0 gr., 22 à 0 gr., 5 d'azote sous la forme de composés organiques.

La proportion des gaz dissous dans l'eau est beaucoup plus constante que celle des matières solides. Un litre ou 1000 cent. cubes. d'eau contiennent ordinairement de 40 à 55 cent. cube de gaz mesuré dans les conditions normales. En hiver, la proportion des gaz est plus considérable qu'en été et en automne. En supposant qu'un litre d'eau tienne en dissolution 50 cc. de gaz, on peut admettre qu'ils se décomposent, en moyenne, en 20 volumes d'azote, 20 v. d'acide carbonique (provenant probablement du sol et non pas de l'athmosphère) et 10 v. d'oxygène. Lorsqu'il y a moins de gaz, le rapport varie presque dans la même proportion ; cependant, dans la majorité des cas, c'est l'acide carbonique qui prédomine.

Les eaux d'un grand nombre de rivières rapides et profondes contiennent moins d'acide carbonique ; cela tient à leur formation rapide aux dépens de l'eau atmosphérique et démontre qu'elles n'ont pas eu le temps d'absorber une quantité suffisante de gaz carbonique. Dans l'eau du Rhin, près de Strasbourg, par exemple, Deville a trouvé par litre 8 cc. d'acide carbonique, 16 d'azote et 7 d'oxygène. Les recherches du professeur M. I. Kapoustine et de ses élèves ont montré l'importance que présentait, pour la détermination de la qualité de l'eau employée pour l'alimentation, l'étude de la composition des gaz dissous.

(3) Les sources sont formées par l'eau de pluie qui a pénétré dans le sol. Les recherches ont démontré que, sur 100 parties d'eau qui tombent sur la terre, 36 °/₀ seulement sont emportées dans la mer et 64 °/° s'évaporent dans l'athmosphère ou bien pénètrent profondément dans le sol. L'eau des puits ordinaires ou artésiens n'est autre que cette eau souterraine. Après avoir cheminé sous la terre, endiguée par les couches imperméables, l'eau réapparaît souvent à la surface du sol sous la forme de sources, de fontaines, dont la température est déterminée par la profondeur à laquelle elle a pénétré. Il n'est pas rare de rencontrer des sources minérales ayant une température de 30°, quelquefois même davantage. Dans le Caucase, par exemple, une source atteint la température de 90°. Dans ce dernier cas, l'eau est probablement en contact avec des roches chauffées par l'action des forces volcaniques.

L'eau de source a une composition très variable : elle prend le nom d'eau minérale lorsqu'elle contient des substances qui lui donnent un goût spécial et qui n'existent pas ordinairement ou ne se trouvent qu'en très petite quantité dans l'eau courante. On peut diviser les eaux minérales, d'après les substances qu'elles tiennent en dissolution, en diverses catégories :

1). *Les eaux salées* renfermant une grande proportion de chlorure de sodium.

2). *Les eaux alcalines*, riches en carbonate de sodium.

3). *Les eaux amères*, contenant du sulfate de magnésium.

4). *Les eaux ferrugineuses*, contenant du bicarbonate ferreux.

5). *Les eaux acidules*, chargées d'acide carbonique.

Et 6). *Les eaux sulfureuses*, tenant en dissolution de l'hydrogène sulfuré.

On reconnaît ces dernières à l'odeur d'œufs putréfiés qui leur est propre et au précipité noir qu'elles donnent avec les sels de plomb ; les objets en argent noircissent au contact de cette eau. Les eaux gazeuses, qui contiennent un excès d'acide carbonique, sont effervescentes, ont un goût acidulé et rougissent faiblement le papier de tournesol. Les eaux salées laissent, après évaporation, un abondant résidu solide, soluble dans l'eau et ayant un goût salé. Les eaux ferrugineuses ont le goût de l'encre et noircissent avec l'infusion de noix de galle ; elles abandonnent à l'air un précipité brun.

Les eaux minérales naturelles rentrent ordinairement dans plusieurs de ces catégories. Le tableau ci-contre donne l'analyse de quelques eaux minérales réputées par leurs propriétés curatives. La quantité des substances est exprimée en millionièmes, c'est-à-dire en grammes pour un mètre cube et en milligrammes pour un litre d'eau.

I. Eaux sulfureuses de Serguievsk, gouvernement de Samara ; la température de la source est 8⁰ C. ; analyse de Klaus.

II. Source n⁰ 10 de Jéléznowodsk, près de Piatigorsk, au Caucase (t⁰ 22⁰,5) ; analyse de Fritsche.

III. Source alcalino-sulfureuse d'Alexandre, à Piatigorsk (tempér. 46⁰,5) ; chiffres moyens des analyses de Hermann, Zinine et Fritsche.

IV. Source alcaline de Bougountouki, à Essentouki, dans le Caucase (tempér. 21⁰,6) ; analyse de Fritsche.

V. Eau salée de Staraïa Roussa, gouvernement de Nowgorod ; analyse de Nélioubine.

VI. Eau du puits artésien, dans la cour de L'Imprimerie de l'Etat, à St-Pétersbourg ; analyse de Struve.

VII. Source de Sprüdel, à Karlsbad, Bohême (temp. 83⁰7) ; analyse de Berzelius.

VIII. Source Elisenquelle, à Kreuznach ; provinces rhénanes de Prusse (temp. 8⁰,8) ; analyse de Bauer.

IX. Eau de Seltz, à Nassau ; analyse de Henry.

X. Eau de Vichy, en France ; analyse de Berthier et Puvy.

XI. Source Paramo de Kuiz, Nouvelle Grenade, remarquable par la présence d'acides minéraux libres ; analyse de Lévy.

La présence de 3,5 0/0 de sels dans l'eau de mer la rend lourde et lui donne un goût salé et amer. (4)

(4) L'eau de mer contient beaucoup plus de matières salines non volatiles que l'eau douce ordinaire. C'est qu'en effet, par suite de la grande quantité de vapeurs qui s'élèvent de la surface de la mer, les eaux qui s'y déversent y abandonnent leurs sels. Le poids spécifique de l'eau de mer diffère donc considérablement de celui de l'eau ordinaire. Le poids spécifique de l'eau de mer varie avec la proportion de sels dissous ; il est ordinairement égal à 1,02 : cependant, il présente des différences assez sensibles dans les différentes mers et à des profondeurs différentes. Il suffit d'indiquer,

	Sels de chaux	Chlorure de sodium	Sulfate de sodium	Bicarbonate de sodium	Carbonate ferreux	Iodure et bromure de potassium.	Autres sels de potassium	Sels de magnésium	Silice	Acide carbonique	Hydrogène sulfuré	Résidu solide
I	1928	—	152	—	—	—	24	448	152	1300	80	2609
II	816	386	1239	26	9	—	43	257	46	1485	—	2812
III	1085	1430	1105	—	—	4	90	187	65	1326	11	3950
IV	343	3783	16	3431	—	—	14	251	112	2883	—	7950
V	3406	15049	—	—	17	2	—	1587	229	—	76	20290
VI	352	3145	—	95	1	35	50	260	11	20	—	3970
VII	308	1036	2583	1261	4	—	—	178	75	—	—	5451
VIII	1726	9480	—	—	26	40	120	208	40	—	—	11790
IX	551	2040	1150	999	30	—	1	209	50	2740	—	4070
X	285	558	279	3813	7	—	—	45	45	2268	—	5031
XI	340	910	Sulfate de fer Sulfate d'alu- mine.	1020 1660				940	190	2550 330	Acide sulfurique Acide chlorhy- drique.	

par exemple, qu'un mètre cube d'eau de mer contient en grammes les quantités suivantes de matières solides :

Les lagunes de Venise	19122
Le port de Livourne	24312
La Méditerranée, près de Cette	37655
L'Océan Atlantique	de 32585 à 35695
Le Pacifique	de 35233 à 34708

Dans les mers intérieures qui ne communiquent pas du tout, ou ne communiquent que de très loin avec l'Océan, cette différence est encore plus considérable. Ainsi, la mer Caspienne contient 6300 gr. de sels ; la mer Noire et la Baltique en contiennent 17.700.

La plus grande partie du résidu solide de l'eau de mer est constituée par le chlorure de sodium.

Un mètre cube d'eau contient :

Chlorure de sodium.	de 25000	à	31000
Chlorure de magnésium	» 2600	»	6000
Sulfate de magnésium	» 1200	»	7000
Sulfate de calcium	» 1500	»	6000
Chlorure de potassium	» 10	»	700

Il est à noter que l'eau de mer contient peu de matières organiques et peu de phosphates.

L'eau douce renferme aussi des sels en dissolution, mais la quantité en est beaucoup plus faible.

Il est facile de constater la présence des sels dans l'eau, par une simple évaporation. L'eau, en s'évaporant, abandonne un résidu qui forme sur les parois des vases, des chaudières, des machines à vapeur, etc., un dépot épais et solide formé par les sels qu'elle contient.

L'eau courante en renferme également parce qu'elle provient de l'accumulation des eaux de pluie, qui ont dissous certains sels contenus dans le sol qu'elle traverse. Ainsi, suivant qu'elle coule sur un terrain salé ou calcaire, l'eau sera chargée de sel ou de chaux (dans ce dernier cas, ce sera une eau dure).

L'eau de pluie, ou l'eau qui provient de la fonte des neiges, est beaucoup plus pure ; elle est formée, en effet, par de la vapeur d'eau condensée, par conséquent, privée de sels. Cependant, en traversant l'atmosphère, l'eau de pluie se charge des poussières qu'elle y rencontre et dissout les **gaz** de l'air. Ces gaz existent dans toutes les eaux et se dégagent, sous forme de bulles, sous l'influence de la chaleur ; l'eau bouillie est complètement privée de gaz. (5)

(5) Le goût de l'eau dépend en grande partie des gaz qui y sont dissous. Tout le monde connaît le goût spécial qu'acquiert, même après refroidissement, l'eau qui a été privée de gaz par l'ébullition. Les gaz dissous dans l'eau, l'oxygène et l'acide carbonique particulièrement, sont importants pour la santé.

Sous ce rapport, l'exemple suivant est très instructif : **Le puits** artésien de Grenelle, à Paris, dans les premiers temps de son fonctionnement, fournissait une eau dont souffraient les gens et les animaux qui en faisaient usage. Les recherches démontrèrent que cette eau ne contenait pas d'oxygène et ne renfermait que très peu de gaz en dissolution. Il a suffi de faire tomber cette eau en cascades pour lui faire dissoudre les gaz de l'air et pour la rendre potable.

Dans les longues traversées maritimes, les navires ne prennent qu'une petite provision d'eau douce parce qu'elle se putréfie rapidement, par suite de la décomposition des matières organiques qu'elle contient. On prépare l'eau douce sur les navires en distillant l'eau de mer. L'eau, obtenue par ce procédé, ne contient pas de sels et peut être directement employée, mais elle présente un goût désagréable et les propriétés de l'eau bouillie. Pour la rendre potable, on l'additionne des sels contenus normalement dans l'eau douce ordinaire et on la fait couler par un jet très mince pour la saturer des gaz de l'air.

On appelle communément eau pure toute eau **qui est** limpide, c'est-à-dire qui ne tient en suspension aucune **particule** visible à l'œil et qui, de plus, présente un goût **frais et** agréable.

L'eau pure, pour avoir ce goût spécial, doit : **1° ne pas** contenir de substances organiques en voie de **décomposition** ; **2°** tenir en dissolution les gaz de l'air ; **3° renfermer** environ 300 gr. de matières minérales, et ne pas **contenir** plus de 100 gr. de substances organiques par **mètre cube. (6)**

(6) On appelle **eau dure** l'eau qui contient une grande quantité de matières minérales et particulièrement des sels de chaux. L'eau dure ne mousse pas avec le savon, ne cuit pas les légumes et **forme**

un dépôt sur les parois des vases dans lesquels on la chauffe. Elle est absolument impropre à l'alimentation, ce qui, d'ailleurs, a été prouvé par l'abaissement de la mortalité dans les grandes villes ou elle a été remplacée par de l'eau douce.

L'eau putréfiée renferme une quantité considérable de substances organiques modifiées ; dans la nature, ce sont principalement des substances végétales ; dans les endroits habités, dans les villes, ce sont surtout des substances provenant de détritus animaux. Elle a une odeur et une saveur désagréables qui caractérisent particulièrement les eaux stagnantes des marais et de quelques puits situés dans des endroits peuplés. Cette eau est surtout dangereuse lorsque sévissent des maladies épidémiques. On peut la purifier, en partie, en la faisant passer à travers du charbon qui retient les substances fétides organiques et quelques substances minérales.

L'eau trouble peut être clarifiée jusqu'à un certain point par l'addition d'une petite quantité d'alun. Ce sel détermine la formation très lente d'un précipité qui entraîne les matières en suspension dans l'eau.

Le caméléon minéral (permanganate de potassium ou de sodium) constitue un moyen de purification de l'eau putréfiée. La solution, même très diluée, de cette substance a une coloration rouge violacée et possède la propriété de détruire les substances organiques en les oxydant. Ajoutée à l'eau, en quantité suffisante pour lui donner une légère teinte rose, elle modifie déjà les substances organiques. Il est très utile d'ajouter à l'eau de petites quantités de ce sel, pendant les épidémies.

Quand une eau laisse, après évaporation, un gramme de résidu solide par litre, elle est impropre et même nuisible pour l'alimentation des animaux (c'est le contraire pour les plantes), que ce soient les substances organiques ou les substances minérales qui y prédominent. La proportion de 1 0/0 de chlorures métalliques donne à l'eau un goût nettement salé ; cette eau excite la soif au lieu de la calmer. La présence des sels de magnésium qui ont un goût amer, répugnant, est particulièrement désagréable ; ce sont ces sels qui donnent à l'eau de mer un goût saumâtre caractéristique. Les azotates ne se rencontrent en proportion notable que dans les eaux très impures et, par conséquent, nuisibles ; la présence de ces sels indique que l'eau contient des matières animales en voie de décomposition.

Une eau, qui remplit toutes ces conditions, est propre à l'alimentation et aux différents usages de la pratique ordinaire, mais elle ne constitue évidemment pas l'eau réellement pure, au sens chimique du mot.

L'eau chimiquement pure est indispensable pour

les recherches scientifiques : on l'utilise comme un corps
indépendant, présentant une somme de propriétés déterminées et toujours identiques ; c'est la partie constituante principale de toutes les espèces d'eau qui jouent dans la nature
un rôle si important. L'eau chimiquement pure est égale-

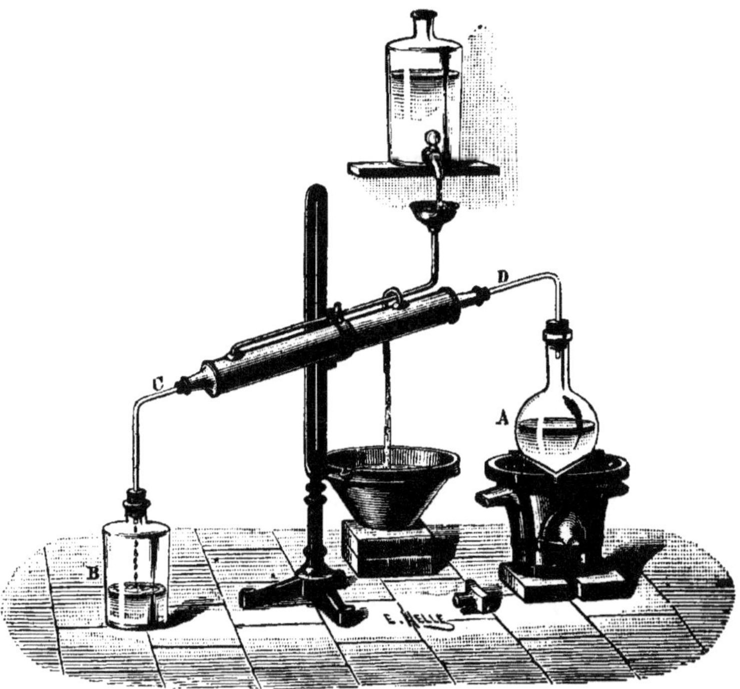

Fig. 4.

ment employée en pratique, en photographie par exemple,
ainsi que pour la préparation des médicaments, parce que
les corps étrangers, contenus dans les eaux naturelles, peuvent altérer les propriétés des substances qu'on y dissout.

Le moyen le plus ordinairement employé pour purifier
l'eau est la distillation. On élimine ainsi les substances so-

lides dissoutes dans l'eau, qui ne sont pas entraînées par la vapeur. Dans les pharmacies et les laboratoires, on prépare **l'eau distillée** en soumettant à l'ébullition l'eau ordinaire

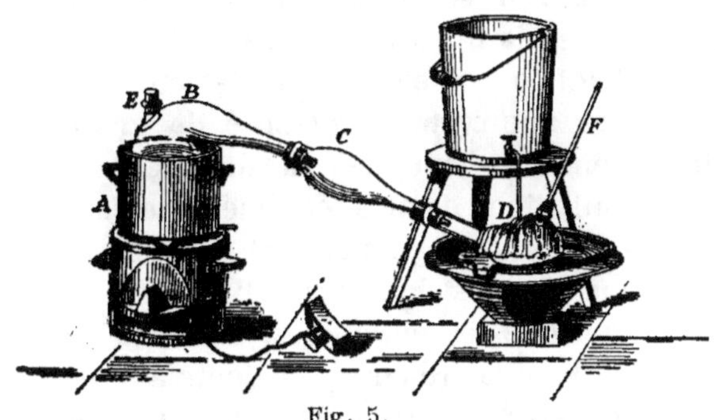

Fig. 5.

Distillation dans une cornue tubulée B, chauffée sur un bain de sable ou d'huile A. Le col de la cornue s'engage dans une allonge C communiquant avec l'une des tubulures du ballon D, refroidi par un courant d'eau. La vapeur non condensée s'échappe par le tube F.

dans des appareils métalliques appelés alambics et en faisant passer la vapeur dans des tubes en étain, ou simplement étamés, entourés d'eau froide. On emploie l'étain parce que l'eau et les matières étrangères qu'elle contient n'agissent pas sur ce métal. La vapeur se condense dans ces tubes et on recueille l'eau ainsi formée. (**7**)

(**7**) Dans les laboratoires, on prépare de petites quantités d'eau distillée et on pratique, en général, toutes les distillations dans des ballons (fig. 4) ou des cornues (fig. 5) en verre, en les chauffant sur des charbons, comme le montre la fig. 5, ou bien sur une lampe.

La figure 4 représente les parties principales de l'appareil en verre ordinairement employé dans les laboratoires pour la distillation. Les vapeurs sortant du ballon (représenté à droite) traversent un tube de verre, entouré par un autre tube plus large et refroidi par un courant d'eau; les vapeurs se condensent ainsi et sont recueillies dans un récipient (représenté à gauche).

L'eau préparée par ce procédé, abandonnée au contact de l'air, finit par absorber des gaz, des poussières flottant dans l'air et devient, par conséquent, impure. Cependant, la quantité des matières étrangères, contenues dans l'eau distillée, est tellement minime qu'elles n'exercent presque aucune influence sur ses propriétés ; cette eau peut donc être employée dans la majorité des cas.

L'eau distillée contient non seulement les gaz de l'air, mais encore une certaine quantité de matières volatiles (principalement organiques) entraînées par la vapeur, pendant la distillation ; de plus, comme cette eau attaque légèrement les parois des alambics, elle laisse un résidu après évaporation.(8) Il est donc nécessaire, pour certaines expériences physiques et chimiques, d'avoir de l'eau absolument pure. Pour la préparer, on ajoute à l'eau distillée une solution de permanganate de potassium jusqu'à ce que l'eau prenne une faible teinte rose. Cette addition a pour but de détruire les matières organiques contenues dans l'eau et de les transformer en gaz et en substances volatiles. Un excès de permanganate ne nuit pas, car ce sel reste dans l'appareil lorsqu'on soumet l'eau à une seconde distillation, cette fois dans un appareil en platine, métal complètement inattaquable par l'air et par l'eau.

L'eau, que l'on recueille dans le récipient, contient encore des gaz de l'air en dissolution ; il faut, pour s'en débarrasser, la faire bouillir pendant un certain temps et la refroidir ensuite dans le vide sous la cloche d'une machine pneumatique.

(8) Un des premiers mémoires de Lavoisier (paru en 1770) a trait à cette question. Pour savoir si, comme on l'affirmait, l'eau peut se changer en terre, ce savant a étudié la formation du résidu terreux qui se produit dans la distillation de l'eau chimiquement pure ; il a constaté et prouvé, par la pesée, que le résidu obtenu provenait non pas de l'eau elle-même, mais était le résultat de l'action de l'eau sur les parois des récipients en verre.

L'eau pure, ainsi préparée, ne laisse aucun résidu après

évaporation, elle se conserve sans altération ; pendant un temps indéfini et, à l'abri de l'air, elle ne se recouvre d'aucune moisissure comme il arrive souvent avec l'eau distillée une seule fois, ou impure ; chauffée, elle ne dégage aucune bulle gazeuse et ne modifie pas la coloration du permanganate de potassium. Tels sont les caractères principaux auxquels on reconnaît l'eau absolument pure.

L'eau, purifiée par ces procédés, présente des propriétés physiques et chimiques constantes. Un centimètre cube de cette eau pèse exactement 1 gramme à 4° centigrades, c'est-à-dire que le poids spécifique de l'eau absolument pure est égal à l'unité, à la température de 4° centigr. (**9**)

(**9**) Si on prend pour unité le poids spécifique de l'eau, au maximum de sa densité, c'est-à-dire à 4°, on obtient les chiffres suivants pour les poids spécifiques de l'eau, aux autres températures.

à — 5°	0,99929	à + 30°	0,99577
» 0°	0,99987	» 40°	0,99236
» + 10°	0,99974	» 50°	0,98847
» 15°	0,99916	» 80°	0,97192
» 20°	0,99826	» 100°	0,95854

A l'état solide, l'eau cristallise dans le système hexagonal, (**10**) comme il est facile de l'observer soit sur les flocons de neige, formés ordinairement par la réunion de plusieurs cristaux en étoiles régulières, soit sur les morceaux de glace en partie fondue qui flottent au printemps sur les rivières. Cette glace se divise alors en prismes, limités par des angles propres aux corps appartenant au système hexagonal.

(**10**) Les corps solides présentent des formes cristallines, régulières, spéciales, qui dépendent, si l'on peut en juger d'après leur clivage, de l'inégalité de l'attraction (cohésion, dureté) dans les différentes directions qui se croisent sous des angles déterminés. De tous les caractères extérieurs, propres aux combinaisons chimiques définies, le plus important est certainement la forme cristalline. C'est en vertu de sa constitution cristalline que le mica, par exemple, se divise facilement en lamelles et les spaths en morceaux limités par des surfaces

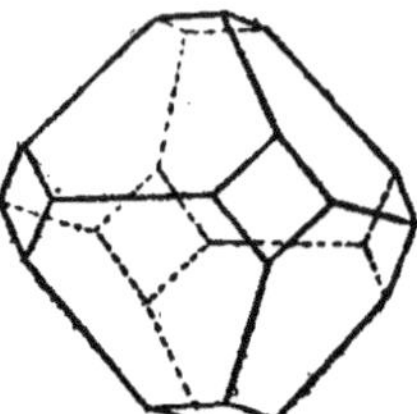

Fig. 6. — Combinaison d'un octaèdre avec un cube (avec prédominance du premier) appartenant au système régulier (cubique), Spath fluor, alun, protoxyde de cuivre, etc.

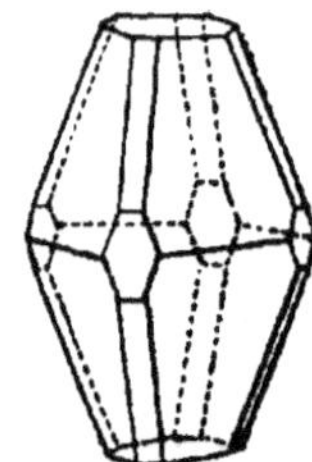

Fig. 7. — Combinaison d'une pyramide, d'un prisme et d'un pinakoïde horizontal du système orthorombique. Sulfate de nickel.

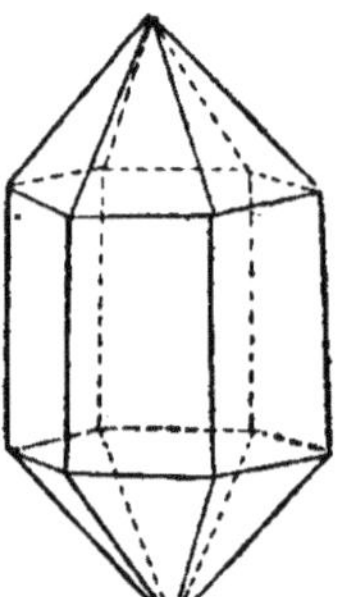

Fig. 8. — Forme géométrique du cristal de roche. Prisme et pyramide du système hexagonal.

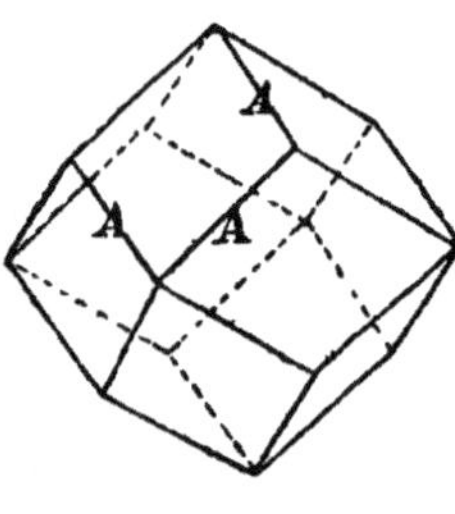

Fig. 9. — Dodécaèdre rhombique du système régulier. Grenat.

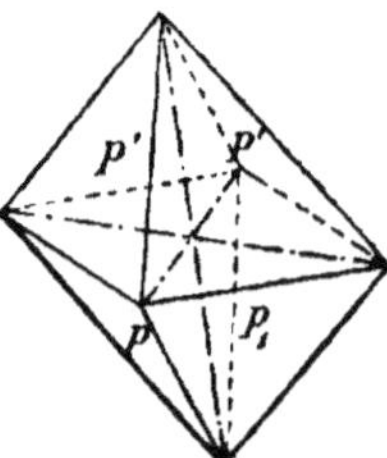

Fig. 10. — Pyramide anorthique.

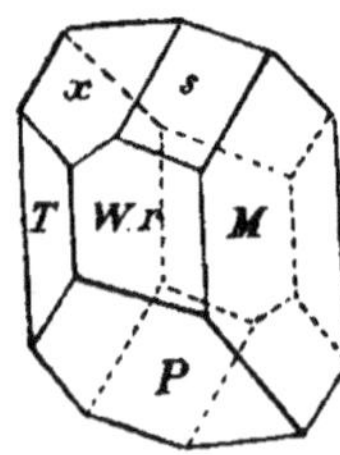

Fig. 11. — Système anorthique. Albite.

inclinées les unes sur les autres, sous des angles déterminés pour
chaque corps. Il est donc nécessaire, pour étudier scientifiquement
la chimie, de posséder des notions au moins élémentaires sur cette
partie spéciale de la science appelée cristallographie.

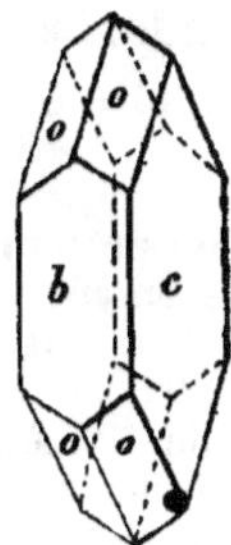

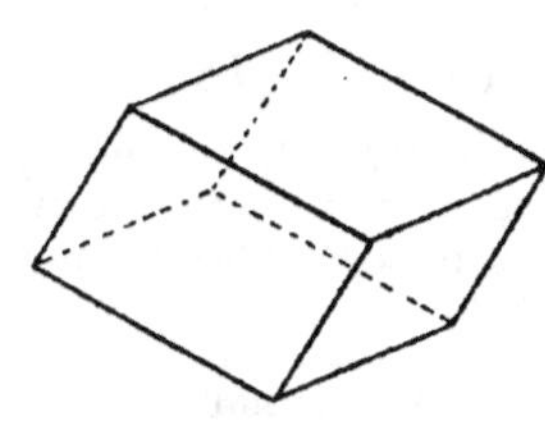

Fig. 12. — Système ortho-
rhombique.

Fig. 13. — Système rhomboé-
drique. Spath d'Islande.

Les figures 6, 7, 8, 9, 10, 11, 12 et 13 ne représentent que les formes
cristallines les plus importantes parmi celles dont il sera souvent
question dans ce traité.

Les températures, auxquelles se font les changements d'é-
tat physique de l'eau, ont été choisies comme points constants des thermomètres. La température de la glace fondante
est prise pour 0°, et celle de la vapeur d'eau bouillante, à
la pression normale du baromètre, est considérée comme
égale à 100° centigrades (la pression normale est égale à
760 mm. de la colonne de mercure, mesurés à 0°, sous une
latitude de 45° et au niveau de l'océan).

On peut donc caractériser l'eau comme un composé défini qui fond à 0° et bout à 100°. Un mètre cube d'eau, à 4°,
pèse 1000 kilos ; à 0° — 999^{k}8. Un mètre cube de glace, à 0°,
pèse seulement 917 kilos ; le poids d'un même volume de
vapeur d'eau, sous une pression de 760 mm. de mercure et
à 100°, n'est que de 0.60 kilóg. La densité de la vapeur d'eau,
par rapport à l'air, est 0,62 ; par rapport à l'hydrogène = 9.

Toutes ces données physiques suffisent pour caractériser

sommairement l'eau comme corps distinct. On peut ajouter, pour les compléter, que l'eau est un liquide facilement mobile, incolore, transparent, inodore et sans saveur, etc. ; mais il est presque inutile d'insister sur les propriétés de l'eau, tant elles sont familières à tout le monde. La chaleur latente de vaporisation de l'eau est 534, celle de fusion $=$ 79 calories. (**11**)

(**11**) L'eau est, de tous les liquides connus, celui qui présente la plus grande cohésion entre les molécules. L'eau s'élève, en effet, dans les tubes capillaires plus que tous les autres liquides : deux fois et demie plus haut que l'alcool, trois fois plus que l'éther, etc.

Dans un tube capillaire ayant un millimètre de diamètre, l'eau s'élève, à 0°, à la hauteur de 15 mm. 3 ; à 100°, à celle de 12 mm. 5, en comptant la hauteur du niveau du liquide jusqu'aux $\frac{2}{3}$ de la hauteur du ménisque. Les modifications que l'on observe dans la cohésion suivent régulièrement les variations de la température ; c'est ainsi qu'à 50°, la hauteur de l'eau est de 13 mm. 9, c'est-à-dire la moyenne des hauteurs à 0° et 100°. Comme cette régularité s'observe même lorsque l'eau approche de la température de sa congélation, il y a lieu de croire, qu'à des températures élevées, la cohésion variera aussi régulièrement ou presque aussi régulièrement que dans les conditions ordinaires.

Si l'on remarque que la différence entre les hauteurs atteintes par l'eau à 0° et à 100° égale 2,8, on peut en déduire que la hauteur de l'eau dans un tube capillaire d'un millimètre de diamètre sera, à 500°, égale à 15,2 — 5 × 2,8 = 1,2 millimètres, c'est-à-dire qu'à une température aussi élevée il n'y aura presque plus de cohésion entre les molécules de l'eau.

Seules, certaines solutions (de chlorhydrate d'ammoniaque, de chlorure de lithium, par exemple), s'élèvent dans les tubes capillaires plus haut que l'eau pure ; il est nécessaire, du reste, pour observer le phénomène, que ces solutions soient très diluées.

C'est, sans doute, la grande cohésion de l'eau qui détermine la plupart de ses propriétés physiques et chimiques.

On appelle unité de chaleur, ou *calorie*, la quantité de chaleur nécessaire pour élever l'unité de masse d'eau, de 0° à 1° centigrade ; et l'on prend pour unité, la *capacité calorifique de l'eau liquide* à 0°.

Les modifications qu'éprouve la capacité calorifique de l'eau sous l'influence de la température sont insignifiantes, comparativement à celles éprouvées par la capacité calorifique des autres liquides. Ainsi, d'après Œttingen, la capacité calorifique de l'eau à 20° = 1,016 ; à 50° = 1,039 et à 100° = 1,073.

De tous les liquides connus, c'est l'eau qui possède la plus grande capacité calorifique : ainsi, l'alcool, à 0°, présente une capacité calorifique égale à 0,5475, c'est-à-dire que la même quantité de chaleur qui peut élever 55 parties d'eau en poids à 1° élèvera 100 parties d'alcool en poids à 1° ; la capacité calorifique de l'essence de térébenthine, à 0°, égale 0,4106 ; celle de l'éther $= 0,529$; de l'acide acétique $= 0,5274$; du mercure $= 0,033$.

Cette particularité nous explique la propriété que possède l'eau d'absorber ou de condenser la chaleur mieux que tous les autres corps, propriété qui joue un rôle très important dans la nature, de même que dans la pratique. L'eau empêche le refroidissement ou l'échauffement rapide, elle modère le froid et la chaleur. La capacité calorifique de la glace et de la vapeur d'eau est inférieure à celle de l'eau : celle de la glace égale 0,504 et celle de la vapeur 0,48.

Lorsque la pression augmente d'une atmosphère, l'eau se contracte de 0,000047, tandis que la contraction du mercure atteint 0,00000352 ; celle de l'éther, à 0°, $= 0,00012$, celle de l'alcool, à 13°, $= 0,000095$. L'addition de différentes substances diminue ordinairement la compressibilité, en même temps que la cohésion de l'eau. Pour tous les liquides autres que l'eau, la compressibilité augmente avec l'élévation de la température ; pour l'eau, elle diminue jusqu'à la température de 53° pour augmenter régulièrement ensuite.

La dilatation de l'eau sous l'influence de la chaleur présente aussi beaucoup de particularités. A basse température, le coefficient de dilatation de l'eau est très petit comparativement à celui des autres liquides ; à 4°, il descend presque à 0 ; à 100 degrés, il est égal à 0,0008 ; au dessous de 4°, il est négatif, c'est-à-dire que, par le refroidissement, l'eau se dilate au lieu de se contracter. En passant à l'état solide, le poids spécifique de l'eau diminue encore : c'est ainsi qu'un centim. cube d'eau, à 0°, pèse 0,99988 gr. ; tandis que la glace, à la même température, pèse seulement 0,9175. Remarquons cependant que la glace déjà formée se contracte par le refroidissement comme la majorité des autres corps : 92 volumes d'eau fournissent 100 volumes de glace. Cette énorme dilatation de l'eau, pendant la congélation, explique une multitude de phénomènes de la nature.

L'augmentation de la pression abaisse la température de congélation de l'eau (de 0°,007 par chaque atmosphère), parce que l'eau se dilate en se congelant (Thomson), tandis qu'elle élève le point de fusion des corps qui se contractent par le refroidissement ; la paraffine, par exemple, fond à 46° sous la pression d'une atmosphère et à 49° sous la pression de 100 atmosphères.

Lorsque l'eau liquide se transforme en vapeur, la cohésion de ses molécules est détruite ; les molécules s'éloignent les unes des autres à une distance telle que l'attraction réciproque devient nulle. La cohésion des molécules d'eau n'étant pas la même à différentes températures, il est tout naturel que la quantité de chaleur nécessaire pour vaincre cette cohésion, ou **chaleur latente de vaporisation**, varie avec les températures. La quantité de chaleur nécessaire pour faire passer à l'état de vapeur une unité de poids d'eau prise à différentes températures, a été déterminée par Régnault avec une très grande précision. Les mensurations faites par ce savant démontrèrent qu'une partie d'eau en poids, prise à 0°, exige pour se transformer en vapeurs, dont la température est to, 606, 5 $+$ 0,305 t unités de chaleur ; c'est-à-dire que, pour vaporiser une partie en poids d'eau, à 0°, il est nécessaire de dépenser 606,5 calories ; à 50° — 621,7 ; à 100° — 637,0 ; à 150° — 652,2 ; à 200° — 667,5 calories. Dans ces quantités, en plus de la chaleur latente de vaporisation, est comprise aussi la chaleur nécessaire pour porter l'eau liquide à la température t^o. En déduisant cette dernière quantité de chaleur, nous obtenons, pour la chaleur latente de vaporisation, les chiffres suivants :

Températures	Calories	Températures	Calories
0°	606,5	150°	494
50°	571	200°	453
100°	534		

Il faut donc, pour transformer un même poids d'eau, prise à différentes températures, en vapeur ayant une même température, employer des quantités très différentes de chaleur. Cela tient évidemment à la différence de cohésion qui existe entre les molécules d'eau à différentes températures. A basse température, la cohésion est plus grande qu'à des températures élevées ; il faut donc plus de chaleur pour détruire la cohésion dans le premier cas que dans le second.

Si l'on compare ces différentes quantités de chaleur, on voit qu'elles diminuent assez régulièrement : de 0° à 100° la diminution est égale à 72 et, de 100° à 200°, à 81 unités de chaleur. En admettant que cette décroissance se produise régulièrement jusqu'aux températures très élevées, on voit qu'à la température d'environ 400° — 600° aucune quantité de chaleur n'est nécessaire pour transformer l'eau en vapeur ayant la même température. A cette température, l'eau passe sans aucun doute à l'état de vapeur, quelle que soit la pression (voir chapitre II : sur le point d'ébullition absolue, égale, d'après Dewar, à 370° et la pression critique égale à 196 atmosphères).

Il faut encore remarquer que l'eau, qui présente une plus grande cohésion que tous les autres liquides, demande aussi, pour passer à l'état de vapeur, une plus grande quantité de chaleur. Ainsi, l'alcool dépense 208, l'éther — 90 ; l'essence de térébenthine — 70 unités de chaleur pour passer à l'état de vapeurs.

La quantité de chaleur, dépensée pour transformer l'eau en vapeur, n'est pas intégralement employée à vaincre la cohésion, ou, en d'autres termes, ne sert pas uniquement pour accomplir *le travail intérieur* dans le liquide : une partie de cette chaleur est utilisée pour le déplacement mécanique des molécules d'eau. A 100°, en effet, la vapeur d'eau occupe un volume 1650 fois plus grand que celui de l'eau à la température ordinaire. Une partie de la chaleur ou du travail sert donc à imprimer aux molécules d'eau un mouvement de propulsion et à vaincre la pression. Cette quantité de chaleur est transformée en *travail extérieur* qu'on peut utiliser et que l'on utilise dans les machines à vapeurs. Pour déterminer la grandeur de ce travail, analysons séparément toutes les données nécessaires pour ce calcul et comparons-les entre elles.

Le maximum de *tension* ou *d'élasticité* de la vapeur d'eau aux différentes températures a été déterminé par beaucoup d'observateurs avec une grande précision. Les observations de Régnault sont celles qui méritent, sous ce rapport, la plus grande attention. Le tableau ci-dessous indique la tension de la vapeur d'eau, à différentes températures, exprimée en millimètres de la colonne de mercure, à 0° :

Température	Tension	Température	Tension
— 20°	0.9	+ 70°	233.3
— 10°	2.1	90°	525.4
0°	4.6	100°	760.0
+ 10°	9.1	105°	906.4
15°	12.7	110°	1075.4
20°	17.4	115°	1269.4
25°	23.5	120°	1491.3
30°	31 5	150°	3581.
50°	92.0	200°	11689.

Ce tableau montre également les températures d'ébullition de l'eau à différentes pressions. Ainsi, au sommet du Mont-Blanc, où la pression moyenne est de 424 mm., l'eau bout à 84°,4. Dans l'air raréfié, l'eau bout même à la température ordinaire; mais, la partie de l'eau, qui s'évapore, enlève une telle quantité de chaleur aux parties voisines qu'elles se refroidissent et peuvent même se congeler si la pression ne dépasse pas 4. mm. 6 et si les vapeurs formées sont rapidement absorbées (par l'acide sulfurique, par exemple). C'est par ce moyen qu'on prépare artificiellement de la glace au moyen de la pompe pneumatique.

Ce même tableau des tensions de la vapeur d'eau indique aussi la température de l'eau, chauffée dans, un espace clos, quand la pression des vapeurs formées est connue. Ainsi, à la pression de cinq atmosphères ($5 \times 760 = 3800$ mm.), la température de l'eau sera égale à 152°.

Ce tableau permet enfin de calculer la pression qu'exercera, sur une surface donnée, la vapeur sortant d'une chaudière. Ainsi, à

152,º la vapeur exercera sur un piston ayant une surface égale à 100 centim. carrés une pression de 517 kilos, puisque la pression d'une atmosphère sur 1 centim. carré de surface égale 1,033 kil. et que, à 152º, la vapeur est à la pression de 5 atmosphères. Comme une colonne de mercure d'un millimètre de hauteur exerce sur un centim. carré de surface une pression de 1 gr. 35959, la pression de la vapeur d'eau, à 0º, correspond à la pression de 6 gr. 25 sur un centim. carré.

Il est tout aussi facile de calculer la pression de la vapeur d'eau pour chaque température ; à 100º elle atteint 1033,28 grammes. Si, par conséquent, on prend un cylindre vertical, contenant de l'eau et ayant une section de 1 centim. carré, que l'on y adapte un piston pesant 1033 grammes et que l'on chauffe dans le vide, il n'y aura pas formation de vapeur jusqu'à la température de 100º, parce que la vapeur ne peut vaincre la pression du piston. Mais, si l'on communique à chaque unité de poids d'eau, déjà portée à 100º, 534 unités de chaleur, la totalité de l'eau sera transformée en vapeur, à la même température. Il en sera de même pour toutes les autres températures.

On peut se demander maintenant à quelle hauteur montera, dans ces conditions, le piston de notre cylindre ou, en d'autres termes, quel volume occupera la vapeur d'eau à une pression déterminée ? Pour répondre à cette question, il est nécessaire de connaître le poids d'un centimètre cube de vapeur d'eau à différentes températures. Les expériences faites à ce sujet ont démontré que la densité de la vapeur d'eau, quand elle ne sature pas l'espace, est à peu près constante, quelle que soit la pression ; elle est environ neuf fois plus grande que la densité de l'hydrogène dans les mêmes conditions. Quand la vapeur d'eau sature l'espace, sa densité varie avec la température, mais ces variations ne sont cependant pas considérables et son chiffre moyen, par rapport à l'air, égale 0,64.

Admettons ce chiffre pour la densité de la vapeur d'eau et calculons le volume qu'occupera cette vapeur à 100º. Le poids d'un centim. cube d'air à 0º et 760 mm. égale 0,001293 gramme et à 100º $\frac{0,001293}{1,368}$ ou environ 0,000946. Un centim. cube de vapeur d'eau, dont la densité égale 0,64, pèsera, par conséquent, 0,000605 gr. à 100º, et un gramme d'eau en vapeurs occupera un volume d'environ 1653 centim. cubes.

Il en résulte donc que, dans un cylindre ayant une section de 1 c. carré, dans lequel l'eau occupe la hauteur d'un centimètre, le piston montera à la hauteur de 1653 centim. après la transformation complète de l'eau en vapeur. Si l'on suppose que le poids du piston est égal à 1033 gr., le travail extérieur de la vapeur, c'est-à-dire celui que produit l'eau en se transformant en vapeur, à 100º, consistera dans l'élévation du piston pesant 1033 gr., à la hauteur de 1653 centim. Ce travail est égal à 17,07 kilogrammètres (1,033 $\times$ 16,53), c'est-à-dire qu'il peut élever 17,07 kilogrammes à 1 mètre de hauteur ou un kilogramme à 17, m. 07 de hauteur.

Il faut, pour convertir un gramme d'eau en vapeur, 534 unités de chaleur, c'est-à-dire que la quantité de chaleur absorbée pendant l'évaporation d'un gramme d'eau est égale à la quantité de chaleur qui peut élever un kilogramme d'eau de $0^o,534$. Or, chaque unité de chaleur — cela résulte des expériences fort précises faites sur ce sujet — peut produire un travail de 424 kilogrammètres ; par conséquent, un gramme d'eau dépense en s'évaporant $424 \times 0,534 =$ environ 226 kilogrammètres. Dans ce chiffre, le travail extérieur n'est représenté, comme nous venons de le voir, que par 17 kilogrammètres ; il y a donc 209 kilogrammètres, ou 92 $^o/_o$ de la chaleur ou du travail dépensé qui sont employés pour vaincre la cohésion existant entre les molécules d'eau. C'est ainsi qu'on peut calculer approximativement les quantités de travail pour les différentes températures.

Températre	Travail total de la vaporisation exprimé en kilogrammètres	Travail extérieur de la vapeur en kilogrammètres	Travail intérieur de la vapeur.
0°	255	13	242
50°	242	15	227
100°	226	17	209
150°	209	19	190
200°	192	20	172

Ce tableau montre que la quantité de travail nécessaire pour vaincre la cohésion interne dans la vaporisation diminue avec l'élévation de la température ; cela provient de l'affaiblissement qui se produit, dans ces conditions, dans la cohésion des molécules entre elles ; et, en effet, les variations, qui se produisent dans ce cas, sont analogues à celles qu'on observe dans la hauteur à laquelle s'élève l'eau dans les tubes capillaires aux différentes températures. Il est évident, par conséquent, que la quantité de travail extérieur ou, comme on a l'habitude de dire, du travail utile que l'eau peut fournir par sa vaporisation, est minime en comparaison de la quantité de chaleur dépensée pour la transformer en vapeur.

Si l'étude de certaines propriétés physico-mécaniques de l'eau a été faite ici, c'est non seulement au point de vue de leur importance théorique et pratique, mais aussi au point de vue purement chimique de la question. Il résulte des considérations précédentes que, même dans le changement d'état physique, la plus grande partie du travail qui s'accomplit est employée pour vaincre la cohésion ; il est donc évident que la cohésion chimique ou l'affinité constitue un énorme travail intérieur.

La grande quantité de chaleur qui est contenue dans la vapeur d'eau et dans l'eau liquide, — sa capacité calorifique est, en effet, supérieure à celle des autres liquides, — font employer l'eau et la vapeur d'eau pour le chauffage, dans l'industrie spécialement. (12)

(12) On emploie fréquemment dans l'industrie la vapeur d'eau pour chauffer un liquide contenu dans différents récipients, soit qu'il faille chauffer une grande quantité d'eau pour dissoudre des sels, soit pour séparer l'alcool d'un liquide fermenté. On dirige dans ces liquides la vapeur fournie par une chaudière. La vapeur se refroidit en passant à l'état liquide et abandonne sa chaleur latente de vaporisation. Comme cette quantité de chaleur est très considérable, on peut, avec une petite quantité de vapeur, chauffer une masse énorme de liquide. Ainsi, pour élever 1000 kilogrammes d'eau de 20° à 50°, opération qui nécessite environ 3000 unités de chaleur, il faut employer seulement 52 kilogr. de vapeur d'eau à 100°. En effet, chaque kilogramme d'eau à 50° contient environ 50 unités de chaleur et le même poids de vapeur d'eau à 100° en contient 637; il en résulte donc qu'un kilogramme de vapeur d'eau dégagera, en se refroidissant de 100° à 50°, 587 unités de chaleur et 52 kil. environ 30,000.

L'eau chaude est encore souvent utilisée comme moyen de chauffage dans la pratique chimique On emploie, dans ce but, des appareils appelés bains-marie. Ce sont des vases métalliques remplis d'eau et recouverts par des anneaux concentriques s'emboîtant les uns dans les autres. On place sur les anneaux les objets qu'on veut chauffer : verres à expériences, capsules, ballons, cornues, etc... et on chauffe le bain-marie. Dans d'autres cas, lorsqu'on veut chauffer un objet directement par l'eau chaude, on le plonge dans le bain-marie au lieu de l'exposer seulement à l'action des vapeurs.

Les réactions chimiques auxquelles l'eau participe, soit comme élément réagissant, soit comme corps résultant, sont tellement nombreuses, le lien qui les unit aux réactions des autres corps est tellement étroit, qu'il est impossible d'aborder. dès le début, l'étude de toutes ces réactions. Un grand nombre d'entre elles seront étudiées plus tard et nous nous bornerons maintenant à mentionner certaines combinaisons formées par l'eau.

Pour bien distinguer la nature des différentes formes de combinaisons que l'eau peut former, nous commencerons d'abord par celles qui sont les moins stables et qui sont déterminées par des causes purement mécaniques.

L'eau est attirée mécaniquement par un grand nombre de corps ; elle adhère à leur surface comme la poussière aux objets ou comme une glace bien polie à une autre. Cette attraction de l'eau est appelée, suivant les cas, mouillure, imbibition et absorption de l'eau. Ainsi, l'eau mouille le verre propre et adhère à sa surface ; elle imbibe la terre, le sable, l'argile en pénétrant entre leurs molécules isolées ; elle est absorbée, enfin, par l'éponge, le drap, le papier et autres objets. La graisse et les surfaces grasses ne sont pas mouillées par l'eau.

L'eau, ainsi absorbée, conserve toutes ses propriétés chimiques et physiques ; elle peut, par exemple, comme chacun sait, être éliminée par la dessiccation. L'eau retenue mécaniquement, peut être chassée par des moyens mécaniques : friction, pression, force centrifuge, etc ; ces procédés sont utilisés dans l'industrie, dans les essoreuses par exemple, pour exprimer l'eau des tissus humides. Cependant, les objets que, dans la vie journalière, on appelle secs (parce qu'ils ne mouillent pas les mains) contiennent souvent encore de l'humidité : on peut facilement le démontrer en chauffant l'objet dans un tube de verre fermé à l'une de ses extrémités. En mettant dans un tube de ce genre un morceau de papier, un peu de terre sèche ou un corps quelconque (l'expérience est plus nette, quand le corps est poreux) et en chauffant légèrement l'endroit du tube où ils sont placés, on peut observer qu'il y a condensation de vapeur d'eau sur les parois froides du tube.

La présence de cette eau, dite *hygroscopique*, dans les corps non volatils, se reconnaît mieux encore par la dessiccation, soit à la température de 100°, soit dans le vide, en présence de substances qui absorbent l'eau, par suite d'une action chimique.

On détermine facilement la quantité d'eau hygroscopique par la différence que l'on constate dans le poids du corps, avant et après la dessiccation ; il faut s'assurer naturellement que la perte de poids est bien due à l'élimination de l'eau et non pas au dégagement d'un gaz provenant de la décomposition du corps. Il est toujours nécessaire de tenir compte de cette propriété que possèdent les co:ps d'absorber l'humidité lorsqu'on fait des pesées précises. La quantité d'eau retenue par un corps dépend du degré d'humidité de l'air ambiant, c'est-à-dire de la tension de la vapeur d'eau qui s'y trouve. **(13)**

(13) Pour dessécher une substance quelconque à 100°, température à laquelle s'élimine l'eau hygroscopique, on emploie l'appareil appelé étuve à eau chaude. C'est une boîte en métal, à doubles parois, remplie d'eau que l'on chauffe par un procédé quelconque. Lorsque l'eau est en ébullition, la température, dans l'intérieur de l'étuve, est voisine de 100°. La porte de l'étuve, ainsi que la paroi supérieure, est percée de trous pour entretenir la circulation de l'air, qui entraîne les vapeurs émanées du corps qu'on dessèche.

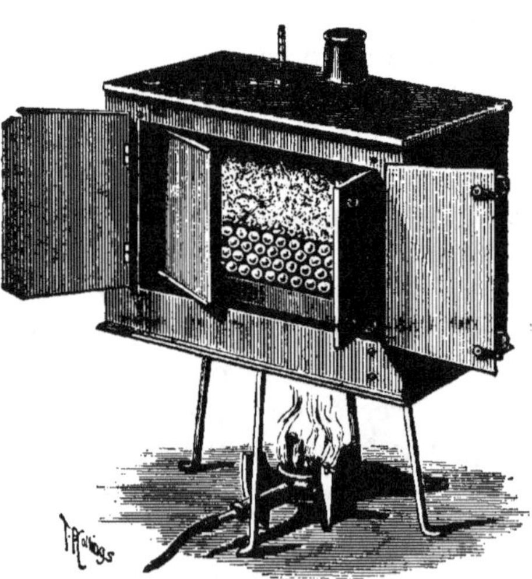

Fig. 14. Etuve à air chaud.

On se sert souvent aussi, pour dessécher les corps, d'étuves à air chaud, c'est-à-dire d'armoires métalliques chauffées directement par un bec de gaz. Ces appareils, que l'on peut porter à toutes les températures, sont surtout employés pour dessécher les substances qui ne perdent leur eau qu'à une température supérieure à 100° (fig. 14).

Pour déterminer directement le poids de l'eau contenue dans une substance indécomposable par

la chaleur, on place cette substance dans un tube de verre que l'on pèse
avant et après son introduction. Une des extrémités du tube communique avec un *gazomètre* rempli d'air. Avant de pénétrer dans le
tube, l'air provenant du gazomètre passe dans un flacon contenant de
l'acide sulfurique et ensuite dans une éprouvette remplie de pierre
ponce humectée par le même acide. L'air, ainsi débarrassé complètement de l'humidité qu'il contenait, pénètre tout à fait sec dans le tube:
là, il se charge de l'humidité que la substance dégage même à la
température ordinaire, et à plus forte raison sous l'influence de la
chaleur, et se dirige ensuite dans un tube en forme d'U rempli de
morceaux de pierre ponce humectée par de l'acide sulfurique.
Toute l'humidité dégagée par la substance et entraînée par le courant
d'air sera absorbée ainsi dans le tube en U. Il suffit de déterminer le
poids de ce tube avant et après l'expérience pour connaître le
poids de l'eau que contenait la substance.

L'eau hygroscopique se transforme en vapeur et s'élimine
des objets placés dans une atmosphère de gaz absolument
sec ou dans le vide; c'est ainsi, d'ailleurs, que l'on opère ordinairement pour dessécher complètement les corps. L'élévation de la température, en augmentant l'élasticité des vapeurs, facilite cette dessiccation.

Pour *dessécher les gaz*, on emploie le plus souvent l'anhydride phosphorique, l'acide sulfurique liquide, le chlorure
de calcium, corps solide et poreux, et enfin, le sulfate de cuivre calciné. Ces corps jouissent de la propriété d'absorber
une quantité assez considérable de l'humidité contenue
dans l'air et dans tous les autres gaz, mais ils ne peuvent les
dessécher complètement. Par le fait de cette absorption
d'eau, l'anhydride phosphorique et le chlorure de calcium
qui, à l'état ordinaire, sont des corps solides, blancs, deviennent déliquescents ; l'acide sulfurique, qui est un liquide
huileux épais, devient beaucoup plus fluide ; quant au sulfate de cuivre, qui est blanc quand il a été calciné, il bleuit.
Au bout de quelque temps, ces substances perdent, en partie, leur propriété d'absorber l'humidité et peuvent même
finalement rendre à l'air une partie de l'eau primitivement
absorbée.

L'ordre, dans lequel sont énumérées plus haut ces substances, est en rapport avec celui de leur pouvoir d'absorption. L'air, desséché par le chlorure de calcium, contient
encore une certaine quantité d'eau qu'il peut abandonner
à l'acide sulfurique. Pour dessécher complètement les gaz,
il faut employer l'anhydride phosphorique.

On peut encore dessécher un grand nombre de corps en
les plaçant dans une capsule, sous une cloche hermétiquement fermée, en présence de l'une des substances mentionnées plus haut. (14) La dessiccation s'effectue, dans ce cas,
parce que l'acide sulfurique, par exemple, se charge tout
d'abord de l'humidité de l'air. Dans cet air, ainsi privé de
vapeur d'eau, passe l'humidité du corps mis à dessécher ;
elle est de nouveau absorbée par l'acide sulfurique et ainsi
de suite. La dessiccation se fait mieux sous la cloche d'une
machine pneumatique, car les vapeurs se forment plus rapidement dans le vide que dans l'air.

(14) Au lieu de placer les corps à dessécher sous une cloche, au
dessus de l'acide sulfurique, on emploie souvent des appareils appelés exsicateurs. Ce sont des flacons à large ouverture, bouchés à l'é-
meri, et contenant de l'acide sulfurique ; on place la substance sur
un support en verre au dessus de l'acide. Certains exsicateurs sont
munis d'un tube latéral avec robinet : on peut ainsi mettre l'exsica-
teur en communication avec une pompe pneumatique et pratiquer
la dessiccation dans le vide afin d'accélérer l'évaporation.

Il résulte évidemment de tout ce qui précède que le passage de l'humidité dans l'air et l'absorption de l'eau hygroscopique présentent entre eux une grande analogie. Mais,
dans cette absorption, il ne se produit encore aucune réaction chimique : l'eau hygroscopique n'a pas perdu ses propriétés essentielles ; elle n'a donné naissance à aucun corps
nouveau. (15)

(15) Chappuis a constaté qu'il se dégageait plus de 7 calories, quand
on humectait un gramme de charbon avec de l'eau ; avec le sulfure de carbone, il a même pu observer un dégagement de 24 uni-

tés de chaleur. Un peu d'eau, jetée sur un gramme d'alumine, dégage 2 calories et demie. Le dégagement de chaleur observé montre que ces réactions sont, comme les solutions, une sorte de transition vers les combinaisons exothermiques (qui dégagent de la chaleur en se formant).

C'est une attraction d'un tout autre caractère qui se manifeste entre l'eau et les corps qui y sont solubles. Lorsqu'on dissout ces substances dans l'eau, il se produit des combinaisons chimiques non définies ; deux corps s'unissent pour former une nouvelle substance homogène. Cependant, même dans ce cas, le lien, qui maintient ces deux corps en combinaison, est très faible. Le point d'ébullition de l'eau, tenant en dissolution certaines substances, est très voisin du point d'ébullition de l'eau pure et la solution possède à la fois les propriétés de l'eau et celles du corps dissous. Ainsi, en dissolvant dans l'eau des substances plus légères qu'elle, l'alcool par exemple, on obtient des solutions dont le poids spécifique est inférieur à celui de l'eau et inversement. L'eau salée, par exemple, est plus lourde que l'eau douce. (**16**)

(15) A 15^0, le poids spécifique de l'acide acétique concentré ($C^2H^4O^2$) est 1,055 ; si l'on y ajoute de l'eau (dont le poids spécifique n'est que 0.999 à 15), au lieu de diminuer, le poids spécifique augmente. Ainsi par exemple, une solution contenant 80 parties d'acide acétique et 20 parties d'eau possède un poids spécifique égal à 1,074 ; un mélange, à parties égales, d'acide et d'eau est même encore plus lourd que l'acide acétique puisque son poids spécifique égale 1,061. Cet accroissement de la densité est la preuve de la contraction considérable qui se produit pendant la dissolution. C'est du reste ce qu'on observe quand on mêle différentes solutions et, en général, dans tous les mélanges de liquides avec l'eau.

Nous passerons maintenant à l'étude des **solutions aqueuses** que nous traiterons avec détail. Il se forme continuellement des solutions aqueuses, et dans l'écorce terrestre et dans les organismes des plantes et des animaux, et aussi dans les différentes industries techniques. La dissolution

7.

joue un rôle très important dans les transformations chimiques, non seulement parce que l'eau est universellement
répandue, mais aussi parce que les corps en dissolution
sont dans un état beaucoup plus favorable à la marche des
transformations chimiques qui nécessitent pour s'accomplir
un contact intime et une grande mobilité des molécules des
substances qui réagissent. Les corps solides, en se dissolvant, acquièrent cette mobilité des molécules, les gaz perdent leur élasticité ; aussi, observe-t-on souvent entre deux
corps dissous des réactions qui n'ont pas lieu lorsque les
corps sont pris à leur état naturel. Les corps, en se répartis-
sant dans l'eau, subissent évidemment une désagrégation ; ils
se rapprochent des gaz et acquièrent la mobilité des molécules. Tout ceci fait ressortir l'importance du rapport des
différents corps à l'eau comme agent dissolvant.

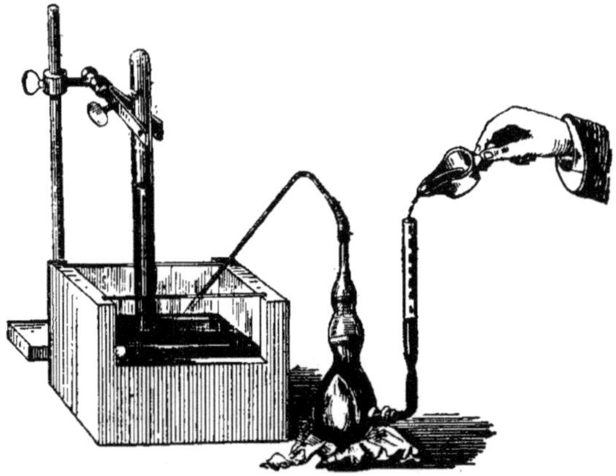

Fig. 15. — Manière de faire passer un gaz dans une éprouvette
remplie de mercure dont l'extrémité est plongée dans une cuve à
mercure. En versant du mercure dans le récipient contenant le gaz
on chasse ce dernier dans l'éprouvette.

Chacun sait que l'eau dissout un grand nombre de substances. Le sel, le sucre, l'alcool et une multitude d'autres

corps, en se dissolvant dans l'eau, forment un liquide homogène. Pour démontrer que les gaz sont également solubles dans l'eau, il faut choisir un gaz possédant un grand coefficient de solubilité, l'ammoniaque par exemple. On l'introduit dans une cloche remplie de mercure et renversée sur du mercure (fig. 15). Si l'on fait pénétrer sous la cloche une certaine quantité d'eau, on voit aussitôt le mercure s'élever par suite de la dissolution du gaz. L'ammoniaque peut même disparaître et se dissoudre entièrement, si la hauteur du mercure dans la cloche est moindre que la colonne barométrique et si la quantité d'eau est suffisante. Pour introduire l'eau dans la cloche on emploie une pipette en verre recourbée. On plonge dans l'eau l'extrémité inférieure de la pipette, on aspire l'air par son bout supérieur que l'on bouche avec le doigt lorsque la pipette est remplie d'eau, et on glisse son extrémité recourbée au-dessous de l'orifice de la cloche. Il suffit alors d'insuffler de l'air dans la pipette pour que l'eau pénètre dans l'éprouvette et monte à la surface du mercure à cause de son faible poids spécifique.

On peut encore démontrer la solubilité des gaz, tels que l'ammoniaque, de la manière suivante. On remplit avec ce gaz un flacon dont le bouchon est traversé par un tube de verre et on plonge l'extrémité du tube dans l'eau. Dès qu'une certaine quantité d'eau a pénétré dans le flacon, et, pour provoquer cette ascension, il suffit de le chauffer préalablement, l'eau se précipite dans l'intérieur, sous forme de jet. Par l'élévation du mercure dans la cloche, tout comme par la formation du jet d'eau, les deux expériences mettent en évidence l'affinité considérable de l'eau pour l'ammoniaque ainsi que la force agissant dans la dissolution.

De même que la diffusion des gaz les uns dans les autres,

la dissolution demande, pour s'accomplir, un certain laps de temps qui dépend non seulement de la grandeur des surfaces en contact, mais qui varie aussi avec la nature des substances. On peut le démontrer par des expériences très simples.

On introduit, dans des vases assez élevés, différentes solutions de sel ou de sucre par exemple, plus lourdes que l'eau, et on fait couler doucement de l'eau pure sur ces solutions. En évitant tout mélange, il sera facile de distinguer la limite de séparation de l'eau et de la solution à cause des indices de réfraction différents de ces liquides. Au bout de quelque temps, les deux liquides formeront un mélange homogène malgré la différence qui existe entre leurs densités.

Gay-Lussac s'en est convaincu par une expérience qu'il a faite dans les catacombes situées au-dessous de l'Observatoire de Paris. Ces souterrains, dans lesquels plusieurs expériences intéressantes ont été faites, sont creusés dans la terre à une profondeur suffisante pour présenter, pendant l'année entière, une température constante ne variant ni le jour ni la nuit. Cette dernière condition était indispensable ; car dans ces expériences, qui ont duré plusieurs mois, il fallait mettre les liquides à l'abri des variations de la température et empêcher ainsi, dans leur intérieur, la formation de courants qui auraient pu déterminer le mélange des deux couches. Même à cette température constante, le corps dissous *remonte* vers l'eau pour s'y répartir régulièrement, ce qui prouve qu'il existe entre l'eau et le corps dissous un genre spécial d'attraction, une tendance à se pénétrer mutuellement, agissant dans un sens opposé à l'action de la pesanteur. On a démontré, en même temps, que cette tendance ou vitesse de diffusion est différente pour le sel, le sucre, ainsi que pour les autres corps.

Il faut donc en conclure qu'une force spéciale agit dans

la dissolution, tout comme dans les vraies combinaisons chimiques, et que c'est un genre spécial de mouvement (énergie chimique de la substance), propre au corps dissous et au dissolvant qui détermine la dissolution.

Des expériences, analogues à celles qui ont été décrites plus haut, ont été faites par Graham avec différentes substances. Ce savant a démontré que **la vitesse de la diffusion des solutions** (17) dans l'eau est très variable suivant les substances employées, ou, en d'autres termes, que la distribution régulière d'une substance dans l'eau demande des espaces de temps différents pour chaque substance (le liquide étant à l'état de repos absolu et les couches étant disposées de telle façon qu'elles aient à vaincre la pesanteur pour se mélanger). Graham compare la propriété de diffusion (que possèdent les corps) à la volatilité. Il y a certains corps qui diffusent facilement et d'autres qui diffusent difficilement, de même qu'il y a des corps plus ou moins volatils.

(17) Les recherches de Graham, de Fick, de Nernst et autres ont démontré que, pour une solution contenue dans un vase vertical et cylindrique, la quantité du corps dissous, qui passe d'une couche inférieure du liquide dans une autre immédiatement supérieure, est proportionnelle non-seulement au temps et à la section transversale du cylindre, mais aussi à la quantité de la substance contenue dans la solution, de sorte qu'à chaque substance dissoute correspond un coefficient particulier de diffusion.

La diffusion des solutions, comme la diffusion des gaz, a pour cause principale les mouvements propres aux molécules ; mais il est probable cependant, que, si faibles qu'elles soient, les forces purement chimiques jouent un certain rôle dans la diffusion des solutions, en provoquant la formation de combinaisons définies entre le corps dissous et l'eau.

Pour étudier le phénomène de la diffusion des solutions, on introduit dans un verre 700 cc. d'eau et on laisse couler avec précaution, au fond du verre, au moyen d'une pipette, 100 cc. d'une solution contenant 10 grammes d'une substance quelconque, de manière à obtenir deux couches de liquide bien distinctes. Au bout d'un certain temps, on prélève successivement, en procédant de haut en bas, 50 cc. de solution et on dose la quantité de substance dissoute qui est contenue dans les différentes prises d'essais. Avec une solution de sel ordinaire par exemple, placée pendant 14 jours dans les conditions que l'on vient de décrire, chaque prise d'essai de 50 cc. faite de haut en bas, contenait en milligrammes :

$$104, \quad 120, \quad 126, \quad 198, \quad 267$$
$$340, \quad 429, \quad 535, \quad 654, \quad 766$$
$$881, \quad 991, \quad 1090, \quad 1187,$$

et, dans le reste du liquide, 2266 de sel.

Dans une expérience analogue, faite avec de l'albumine, les sept couches supérieures ne contenaient, au bout du même espace de temps, qu'une très faible proportion et, à partir de la huitième couche, on a obtenu les quantités suivantes :

$$10, \quad 15, \quad 47, \quad 113, \quad 343, \quad 855, \quad 1892$$

et, dans le reste du liquide, 6725 milligr.

La diffusion d'une solution dépend donc du temps et de la nature de la substance dissoute ; elle peut servir non seulement pour la compréhension des phénomènes de dissolution, mais aussi pour distinguer les corps entre eux. Graham a démontré, en effet, que les corps, qui diffusent rapidement dans les liquides, jouissent également de la faculté de traverser rapidement les membranes et de cristalliser, tandis que ceux qui diffusent lentement ne cristallisent pas, traversent lentement les membranes (**18**) et peuvent passer à l'état gélatiniforme insoluble. On a appelé les premiers **cristalloïdes**, les seconds **colloïdes**.

(18 La vitesse de diffusion des solutions, de même que celle du

passage des liquides à travers les membranes, ou de la **dialyse** (qui joue un rôle important dans la vie des organismes et dans la pratique), présente des modifications très frappantes lorsqu'on passe des corps facilement cristallisables, comme la majorité des sels et des acides, aux substances capables de donner des masses gélatineuses, demi-solides, comme la colle ordinaire ou la gélatine. Les premiers corps diffusent dans les solutions et traversent les membranes plus vite que les seconds ; c'est pourquoi Graham a nommé **cristalloïdes** les corps qui diffusent facilement, et **colloïdes** ceux qui ne diffusent que lentement. En brisant en morceaux les corps colloïdes solides, on y remarque une absence complète de constitution cristalline. La cassure de ces corps ressemble à celle de la colle ou du verre et porte le nom de cassure conchoïdale. Les organismes animaux et végétaux sont presqu'uniquement formés par des substances colloïdes, ce qui explique en partie pourquoi les plantes et les animaux présentent des formes aussi variées qui ne ressemblent en rien aux formes cristallines de la majorité des corps minéraux. Les corps colloïdes solides, imprégnés ordinairement d'eau, affectent, dans les organismes des animaux et des plantes, des formes particulières de cellules, de grains, de fibres, de masses muqueuses amorphes, formes que l'on ne rencontre jamais dans les corps cristallisables. Les colloïdes, qui se séparent des solutions ou qui se refroidissent après la fusion, reprennent leur forme homogène primitive, ce qu'on peut observer, par exemple, sur le verre. Les colloïdes se distinguent des cristalloïdes non seulement par l'absence des formes cristallines, mais aussi par beaucoup d'autres propriétés, comme l'a démontré le savant anglais Graham. Presque tous les colloïdes sont capables de passer, dans certaines conditions, de l'état soluble à l'état insoluble, dans l'eau, comme, par exemple, l'albumine des œufs que nous connaissons sous deux formes ; l'une soluble — albumine crue — et l'autre insoluble — albumine coagulée par la chaleur. Beaucoup de corps colloïdes, en passant à l'état insoluble, donnent, en présence de l'eau, des masses gélatineuses comme le sont l'empois d'amidon, la colle ordinaire, les gelées. La colle de poisson, ou la colle forte ordinaire, plongée dans l'eau, se gonfle et finit par former une gelée insoluble dans l'eau. Cette gelée se dissout bien dans l'eau lorsqu'on la chauffe ; mais, après refroidissement, elle revient à l'état de gelée insoluble.

Une autre propriété des colloïdes permet encore de les distinguer des cristalloïdes : les premiers passent lentement à travers les membranes tandis que les seconds les traversent facilement. Pour s'en assurer, on prend un vase cylindrique ouvert à ses deux extrémités, et on recouvre l'une d'elles avec une feuille de parchemin végétal (papier non collé plongé, pendant deux ou trois minutes, dans un mélange d'un volume d'acide sulfurique avec un

1/2 volume d'eau et ensuite lavé), ou avec un autre corps membraneux, tel que la vessie des animaux. Il est nécessaire de bien fixer la membrane pour obturer complètement le cylindre. Un appareil ainsi constitué est appelé dialyseur (fig. 16), et la séparation des colloïdes et des cristalloïdes, qu'on opère au moyen de la membrane, *dialyse.* On introduit dans le dialyseur une solution aqueuse d'un cristalloïde ou d'un colloïde, ou le mélange des deux, et on le place dans un vase rempli d'eau de manière que la membrane soit couverte d'eau. Après un certain laps de temps, les cristalloïdes traversent la membrane et passent dans l'eau tandis que les colloïdes effectuent ce passage

Fig. 16.

d'une manière incomparablement plus lente. Il va sans dire que le passage du cristalloïde dans l'eau ne s'effectue que jusqu'au moment où la concentration du liquide est la même des deux côtés de la membrane. En remplaçant l'eau extérieure par de l'eau pure, on peut éliminer du dialyseur une nouvelle quantité du corps cristalloïde et, lorsque la totalité de ce corps aura passé dans l'eau extérieure, presque toute la quantité du colloïde restera encore dans le dialyseur. C'est de cette manière qu'on sépare les cristalloïdes des colloïdes. L'étude des propriétés des colloïdes et des phénomènes de leur passage à travers les membranes semble appelée à élucider beaucoup de phénomènes qui se passent dans les organismes.

Lorsqu'on veut accélérer la dissolution, il est nécessaire d'agiter le liquide. Il est facile de s'en rendre compte par l'expérience et cela résulte de ce qui a été dit précédemment. Le mouvement mécanique, que l'on imprime ainsi au liquide, fait monter la solution qui se forme autour de la substance, dans les cas ou cette solution est plus lourde que l'eau. Quand on aura préparé ainsi une solution homogène, elle restera telle indéfiniment, quelque lourd que soit le corps dissous, s'il ne se produit aucun changement de température. C'est là une nouvelle preuve de l'existence d'une force spéciale qui unit entre elles les molécules du corps dissous et celles du dissolvant.(**19**)

(19) On peut étudier la formation des solutions à deux points de vue : l'un physique, l'autre chimique ; car, mieux que toute autre partie de la chimie, cet ordre de phénomènes met en évidence le lien intime qui existe entre ces deux branches des sciences naturelles.

D'un côté, les solutions ne sont qu'un genre spécial de pénétration mutuelle, physico-mécanique, des molécules hétérogènes et sont formées par la juxtaposition des molécules du dissolvant et du corps dissous, juxtaposition analogue à celle qui existe dans les corps homogènes. A ce point de vue, la diffusion des solutions est semblable à celle des gaz ; un seul point les distingue, c'est que la structure et la réserve d'énergie des gaz sont différentes de celles des liquides et que, chez ces derniers, le degré de frottement est relativement plus considérable que dans les gaz.

C'est ainsi qu'on a pu comparer la pénétration d'un corps dans l'eau à l'évaporation, et la dissolution à la vaporisation. Ce parallélisme, qui avait déjà été indiqué par Graham, a été développé, dans ces dernières années, par le savant Hollandais I. H. Van't Hoff, dans son mémoire intitulé : *Lois de l'équilibre chimique dans l'état dilué, gazeux ou dissous.* (Comptes-rendus de l'Académie des sciences de Suède, 1886, vol. 21 n° 17).

Van't Hoff a démontré que les lois qui régissent la pression osmotique des gaz (lois de Mariotte ou de Boyle, de Gay-Lussac, et d'Avogadro-Gerhardt) s'appliquent également aux solutions diluées.

Pour déterminer la pression osmotique des substances dissoutes dans l'eau, on se sert de membranes qui possèdent la propriété de ne laisser passer que l'eau et de retenir les substances qui y sont dissoutes. On peut employer, dans ce but, soit les membranes protoplasmatiques animales, soit des corps poreux recouverts de dépôts amorphes tels que celui qu'on obtient par l'action du sulfate de cuivre sur le ferrocyanure de potassium (Pfeffer, Traube).

Si l'on introduit, dans un vase ainsi préparé, une solution de sucre à 1 0/0 par exemple, et que, après l'avoir hermétiquement fermé, on plonge ce vase dans l'eau, on observe que l'eau passe à travers les parois du vase et produit une augmentation de pression qu'on peut évaluer à 504 millimètres de hauteur de la colonne barométrique. Tandis que, si l'on augmente artificiellement la pression dans l'intérieur du vase, l'eau s'échappera à travers les parois.

Les recherches de Pfeffer et de De Vries ont démontré que la pression osmotique, dans les solutions diluées, suit les mêmes lois que la pression des gaz. Si donc, dans un volume donné de liquide, on augmente la quantité de sel de 2 ou de *n* fois, on verra la pression osmotique croître dans la même proportion. Il résulte de l'analogie étroite, qui existe entre la pression osmotique et la tension des gaz, que la concentration d'une solution homogène varie dans les points du liquide soumis au refroidissement ou au chauffage. Soret, en effet, en 1881, a observé qu'une solution de sulfate de cuivre contenant 17 parties de sel à 20°, n'en contenait que 14 dans la partie supérieure d'un tube, maintenu pendant longtemps à la température de 80°.

Les idées, qui viennent d'être exposées, constituent le côté physique de la dissolution auquel il faut ajouter le côté chimique ; car, il ne suffit pas de mettre deux corps en présence pour qu'il y ait dissolution, il faut encore qu'il existe entre eux une attraction ou une affinité particulière. Une vapeur ou un gaz se mélangent avec n'importe quel autre gaz ou vapeur, tandis qu'au contraire un sel peut être très soluble dans l'eau, peu soluble dans l'alcool, et complètement insoluble dans le mercure.

Si l'on considère la solution comme le résultat de la manifestation des forces et de l'énergie chimiques, il faut admettre que ces forces ne sont développées que dans une très faible mesure. En effet, les combinaisons définies, (celles qui se forment d'après la loi des proportions multiples) que ces forces provoquent entre l'eau et le corps dissous, se dissocient, même à la température ordinaire, en produisant un système homogène, c'est-à-dire un système dans lequel la combinaison elle-même et ses produits de dissociation se trouvent à l'état liquide.

S'il est difficile d'expliquer le phénomène de la dissolution, c'est que les solutions sont des liquides et que, jusqu'à présent, on n'a pu établir une théorie mécanique qui rende compte de la constitution intime des liquides, comme cela existe pour les gaz. On peut cependant considérer les solutions comme des combinaisons chimiques liquides définies en s'appuyant sur les faits suivants :

1° Certaines combinaisons cristallines solides définies (comme par exemple $H^2SO^4H^2O$ ou $NaCl.10H^2O$ ou $CaCl^26H^2O$, etc) fondent à une certaine température, et forment alors de véritables solutions.

2° Les alliages métalliques ont, lorsqu'ils sont fondus, tous les caractères des véritables solutions ; mais, après refroidissement, ils donnent souvent des combinaisons définies nettement cristallines.

3° Dans une multitude de cas, le corps dissous forme avec le dissolvant des combinaisons définies : telles sont, par exemple, les combinaisons que forment certains sels avec l'eau de cristallisation.

4° Les propriétés physiques des solutions et particulièrement leur poids spécifique, qui peut être déterminé avec précision, varient avec le changement de la composition, comme l'exige la formation entre l'eau et le corps dissous d'une ou de plusieurs combinaisons définies, mais dissociables. C'est ainsi que, si l'on ajoute de l'eau à l'acide sulfurique fumant, on remarque une diminution de densité, tant que la composition définie H^2SO^4 ou $SO^3 + H^2O$ n'est pas atteinte ; tandis qu'à partir de ce moment le poids spécifique croît, pendant un certain temps, pour diminuer de nouveau lorsqu'on continue à diluer l'acide avec l'eau. De plus, l'accroissement du poids spécifique (ds) varie avec la proportion du corps dissous (dp) dans toutes les solutions bien connues et cette dépendance peut être exprimée par une droite $\left(\dfrac{ds}{dp} = A + Bp\right)$ entre les limites des combinaisons définies dont il faut admettre l'existence dans les solutions ; tout ceci s'accorde parfaitement avec l'hypothèse de la dissociation (*Recherches sur les solutions aqueuses d'après leurs poids spécifiques*. 1887. Mendeléïeff) Ainsi, par exemple, de H_2SO_4 jusqu'à $H_2SO_4 + H_2O$ (ces deux corps existent et constituent des combinaisons définies) le quotient $\dfrac{ds}{dp} = 0{,}0729 - 0{,}000749$ p (p $=$ proportion de H_2SO_4). Pour l'alcool C_2H_6O, dont les solutions aqueuses sont mieux étudiées que toutes les autres, trois combinaisons définies doivent être admises dans les solutions ;

$$C_2H_6O + 12H_2O ; C_2H_6O + 3H_2O ; 3C_2H_6O + H_2O$$

Toutes les hypothèses, que l'on a émises jusqu'à présent pour expliquer la nature des solutions, diffèrent les unes des autres : car, les unes prennent pour point de départ le côté chimique tandis que les autres n'envisagent que le côté physique de ces phénomènes. Il est probable qu'avec le temps toutes ces hypothèses aboutiront à une théorie générale des solutions. Ce sont, en effet, les mêmes lois qui régissent les phénomènes physiques et les phénomènes chimiques, et il est évident que les propriétés et les mouvements des molécules, qui déterminent les propriétés physiques, dépendent des propriétés et des mouvements des atomes, qui déterminent les transformations chimiques des corps.

Pour plus de détails sur la théorie des solutions, nous renvoyons le lecteur aux mémoires spéciaux et aux ouvrages de chimie théorique (physique) ; car, ce sujet constitue une question des plus intéressantes dans l'état actuel du développement de la science qui nous occupe. Attaché personnellement à élucider le côté chimique des phénomènes de la dissolution, je crois, pour ma part, qu'il est nécessaire d'étudier à la fois les deux côtés de la question, ce qui me parait d'autant plus facile, que, jusqu'ici, les recherches physiques ont surtout porté sur les solutions diluées, tandis que les recherches chimiques s'occupent principalement des solutions concentrées.

La diffusion ne suffit pas à elle seule pour expliquer les phénomènes de la dissolution : il faut encore tenir compte d'une notion non moins importante : celle de la **saturation** des solutions.

De même que l'air humide peut être dilué par n'importe quelle quantité d'air sec, de même on peut ajouter à une solution quelconque une quantité infiniment grande de son dissolvant sans troubler l'homogénéité du liquide. On sait, de plus, qu'à une température donnée, un volume donné d'air ne peut contenir qu'une quantité déterminée de vapeur d'eau et que tout excès de vapeur d'eau passe immédiatement à l'état liquide. (20) Il existe un rapport semblable entre l'eau et les corps dissous : dans une quantité donnée d'eau, à une température déterminée, on ne peut dissoudre qu'une quantité limitée d'une substance : l'excès de la substance ne se dissout pas et ne forme aucune combinaison avec l'eau.

(20) On appelle système hétérogène un ensemble de corps qui exercent une action (physique ou chimique) mutuelle les uns sur les autres et qui se trouvent à différents états : les uns, par exemple, à l'état solide, les autres à l'état liquide ou gazeux. Jusqu'à présent, ce sont les systèmes de ce genre qui, seuls, ont été soumis à l'analyse détaillée, dans le sens de la théorie mécanique de la chaleur. Quant aux solutions non saturées, ce sont des systèmes homogènes liquides dont l'étude présente encore de grandes difficultés.

Dans tous les cas où il y a dissolution limitée d'un liquide dans un autre, on voit nettement la différence qui existe entre le dissolvant et le corps dissous. On peut ajouter une quantité illimitée du dissolvant et toujours obtenir une solution homogène, tandis qu'on ne peut prendre qu'une quantité restreinte du second, quantité qui ne peut dépasser les limites de la saturation.

Si l'on agite, par exemple, de l'eau avec de l'éther ordinaire, vulgairement appelé sulfurique, on observe qu'il se forme une solution transparente. Si l'on prend une quantité d'éther assez grande pour qu'il en reste un excès après saturation de l'eau, cet excès d'éther dissoudra de son côté une portion d'eau. On aura donc deux solutions saturées dont l'une contiendra de l'éther dissous dans l'eau et l'autre de l'eau dissoute dans l'éther. Ces deux solutions se disposeront en deux couches distinctes d'après leur poids spécifique ; la solution éthérée, qui est la plus légère, formera la couche supérieure. Si l'on décante cette couche supérieure et qu'on y ajoute une quantité illimitée d'éther, le liquide restera homogène ; c'est donc bien, dans ce cas, l'éther qui joue le rôle de dissolvant. Si, au contraire, on ajoute de l'eau, la solution éthérée n'en pourra plus dissoudre, puisqu'elle sera saturée. On peut répéter ces expériences avec la couche inférieure et s'assurer qu'ici c'est l'eau qui est le dissolvant et que l'éther est le corps dissous. En employant des quantités différentes d'éther et d'eau, on peut facilement reconnaître le degré de solubilité de ces corps l'un dans l'autre. C'est ainsi, par exemple, que, dans le cas particulier qui nous occupe, on voit que l'eau dissout environ 1/10 de son volume d'éther et que l'éther ne dissout qu'une très petite quantité d'eau.

Supposons, au contraire, que le liquide ajouté puisse dissoudre une grande quantité d'eau et réciproquement. Admettons, par exemple que, pour saturer 100 parties d'eau, il soit nécessaire d'employer 80 parties de liquide et que, pour saturer 100 p. de ce liquide, il faille 125 parties d'eau. Qu'allons-nous observer dans ce cas ? Les liquides ne se sépareront pas en deux couches, car les solutions saturées présenteront une grande analogie et se mélangeront en toutes proportions. En effet, la solution aqueuse saturée contiendra pour 1 partie d'eau 0,8 p. de liquide mentionné et la solution de l'eau dans ce même liquide contiendra pour 0,8 parties de liquide 1 partie d'eau. Dans cet exemple, les liquides présentent des coefficients considérables de solubilité les uns dans les autres, et il est impossible de déterminer quel est, dans ce cas, le coefficient de la solubilité de l'un ou de l'autre parce qu'on ne peut obtenir une solution saturée.

De même que l'air ou tout autre gaz peut être saturé de vapeurs, l'eau se sature de la substance qu'on y dissout ; si, à une solution saturée, on ajoute une nouvelle quantité du corps dissous, cette portion conservera son état primitif et ne se dissoudra pas.

La quantité de substance (en volume pour les gaz et en poids pour les corps solides et liquides) capable de saturer 100 parties d'eau, est appelée **coefficient de solubilité** ou simplement **solubilité** des corps dans l'eau. Ainsi, par exemple, 100 grammes d'eau ne peuvent dissoudre, à 15°, que 35 gr. 86 de sel ordinaire ; on dit, par conséquent, que la solubilité de ce sel, à 15°, égale 35,86. (21)

(21) Pour déterminer la solubilité, ou plus exactement, le coefficient de solubilité d'un corps, on peut employer plusieurs procédés différents. Ou bien on prépare, à une température don-

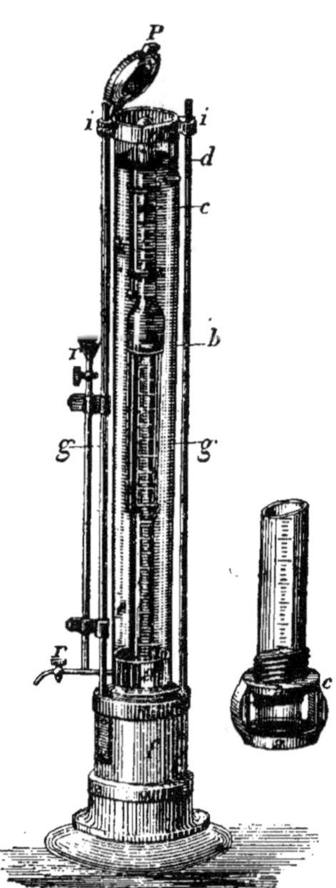

Fig. 17.— Absorptiomètre de Bunzen pour déterminer la solubilité des gaz dans les liquides.

née, une solution saturée de la substance et on détermine la quantité d'eau et de substance contenues dans la solution, soit par l'évaporation, soit par la dessiccation, soit par tout autre procédé ; ou bien, comme cela se fait pour les gaz, on prend des quantités déterminées d'eau et du corps dont on cherche la solubilité et on détermine la quantité du résidu resté insoluble.

Pour déterminer la solubilité des gaz dans l'eau, on emploie un appareil représenté fig. 17 et appelé absorptiomètre de Bunsen.

Cet appareil se compose d'une monture, ou pied en fer, qui supporte, sur un anneau en caoutchouc, un large tube de verre. Au moyen de l'anneau h et des écrous i i, ce tube peut être fixé à la monture. Un robinet r, communiquant avec l'entonnoir r, passe dans la partie inférieure du pied. Cet entonnoir, qui sert à introduire du mercure dans l'intérieur du large tube, est construit en acier, de même que le robinet, et non pas en cuivre, métal qui est attaqué par le mercure. L'anneau supérieur h porte un couvercle p, qu'on peut presser fortement contre le tube large, afin de le boucher hermétiquement, au moyen d'un anneau en caoutchouc. Le tube r r peut être allongé à volonté ; en versant du mercure dans l'entonnoir, on augmente la hauteur de la colonne mercurielle qui produit la pression dans l'intérieur de l'appareil ; en ouvrant le robinet r, le mercure s'écoule et la pression diminue.

Dans l'appareil qui vient d'être décrit, on place une éprouvette graduée e, renfermant le gaz et le liquide qui sert à la dissolution ; cette éprouvette est divisée en millimètres pour déterminer la pression et est calibrée de manière à permettre la mensuration du vo-

lume du gaz et du liquide dissolvant qu'il contient. L'éprouvette
peut facilement être enlevée de l'appareil ; son extrémité inférieure
est représentée à droite de la figure. On voit qu'elle porte un pas
de vis entrant dans un écrou c. La surface inférieure de l'écrou c
est recouverte de caoutchouc, de sorte qu'en vissant l'éprouvette
on peut presser son extrémité inférieure contre la plaque de caoutchouc et fermer hermétiquement le tube dont le bout supérieur
est soudé. Les faces latérales de l'écrou présentent deux saillies qui
s'emboîtent dans des rainures correspondantes, creusées dans le pied
f, et qui servent à fixer l'éprouvette vissée dans l'appareil.

Lorsque l'éprouvette est fixée, on place le tube large dans la position qu'il doit occuper et on verse, dans l'espace compris entre ces
deux tubes, du mercure et de l'eau. Ceci fait, on fait communiquer
l'intérieur de l'éprouvette e avec le mercure, contenu dans le tube
extérieur : il suffit, pour cela, de dévisser le tube e, ou bien, au moyen
d'une clef, de tourner l'écrou c. Pour remplir l'éprouvette de gaz et introduire le liquide, on procède de la manière suivante : on sort de l'appareil le tube e, on le remplit de mercure et on introduit le gaz examiné ; on mesure ensuite le volume qu'il occupe à la température et
à la pression du milieu ambiant et on calcule le volume que doit occuper ce gaz à 0° et 760 mm. de pression. Ceci étant fait, on introduit
un volume déterminé d'eau, qui doit être préalablement bouillie et privée, par conséquent, de ses gaz. On ferme alors l'éprouvette en la vissant
et en pressant ainsi son bord inférieur contre la plaque de caoutchouc ;
on la place dans l'appareil et on verse, dans l'espace compris entre
les deux tubes, de l'eau et du mercure. Le tube e étant fixé, on le
dévisse pour l'ouvrir, on ferme le couvercle p et on laisse l'appareil en repos, pendant un certain temps, afin que la cloche intérieure
et le gaz prennent la température de l'eau extérieure, température
qui est indiquée par un thermomètre fixé au tube e. On referme de
nouveau le tube intérieur, de même que le couvercle p, et on agite
l'appareil pour que le gaz puisse complètement saturer l'eau. Ces
opérations sont répétées plusieurs fois jusqu'à ce que le volume du
gaz demeure invariable, c'est-à-dire jusqu'à ce que l'absorption soit
terminée. On note alors la température, la hauteur du mercure et
le niveau de l'eau dans l'éprouvette, ainsi que le niveau du mercure
et de l'eau dans le tube extérieur. Toutes ces données sont nécessaires pour calculer la pression sous laquelle a eu lieu la dissolution du gaz, le volume du gaz resté insoluble, et aussi la quantité
d'eau qui a servi à la dissolution. En modifiant la température de
l'eau extérieure, on peut déterminer la quantité de gaz qui se dissout dans l'eau, à différentes températures.

Au moyen de cet appareil, Bunsen, Carius et beaucoup d'autres
ont déterminé la solubilité des différents gaz dans l'eau, l'alcool,
et quelques autres liquides.

Lorsque, dans une recherche de ce genre, on trouve que n centimètres cubes d'eau, à la pression h, dissolvent m centim. cubes d'un gaz donné, mesuré à 0^0 et à 760 mm. de pression, la température étant égale à t pendant la dissolution, on conclut qu'à la température t, *le coefficient de solubilité du gaz*, dans un volume de liquide, est égal à

$$\frac{m}{n} \times \frac{760}{h}$$

Il est facile de comprendre cette formule, sachant que le coefficient de solubilité d'un gaz exprime la quantité de ce gaz, mesurée à 0^0 et 760 mm., que peut absorber un volume de liquide à 760 mm. de pression. Si n centimètres cubes d'eau ont absorbé m centimètres cubes de gaz, un centimètre cube en absorbe $\frac{m}{n}$. Etant donné que $\frac{m}{n}$ c. c. de gaz sont absorbés, à la pression de h mm., on en conclut, conformément à la loi de la variation de la solubilité en raison de la pression, qu'à la pression de 760 mm. la quantité de gaz absorbé est à $\frac{m}{n}$ comme 760 : h. Il est nécessaire, en déterminant le volume du gaz qui reste après l'expérience, de tenir compte de son humidité (note n° 1).

On trouvera, dans le tableau ci après, exprimée en grammes, la quantité de différentes substances nécessaire pour saturer 100 grammes d'eau, c'est-à-dire leurs coefficients de solubilité en poids pour trois températures :

		à 0^0	à 20^0	à 100^0
Gaz	Oxygène O^2	$^6/_{1000}$	$^4/_{1000}$	—
	Acide carbonique CO^2	$^{35}/_{100}$	$^{18}/_{100}$	—
	Ammoniaque AzH^3	90,0	51.8	7.3
Liquides	Phénol C^6H^6O	4.9	5.2	∞
	Alcool amylique $C^5H^{12}O$	4.4	2.9	—
Solides	Acide sulfurique H^2SO^4	∞	∞	∞
	Gypse $CaSO^4 2H^2O$	$^1/_5$	$^1/_4$	$^1/_5$
	Alun $AlKS^2O^8 12H^2O$	3.3	15.4	357.5
	Sulfate de sodium anhydre Na^2SO^4	4.5	20	43
	Sel ordinaire $NaCl$	35.7	36.0	39.7
	Salpêtre $KAzO^3$	13.3	31.7	246.0

Certaines substances se dissolvent en si petite quantité qu'on peut les considérer comme insolubles. Ces corps se rencontrent en grand nombre parmi les substances solides, liquides et gazeuses. L'oxygène, par exemple, est si peu soluble dans l'eau qu'on pourrait considérer ce gaz comme insoluble si la solubilité de l'oxygène, si faible soit-elle, ne jouait un rôle important dans la nature, la respiration des poissons, par exemple, et si cette quantité infinitésimale en poids ne pouvait être facilement mesurée en volumes.

Le signe ∞, placé en regard de l'acide sulfurique, exprime que ce liquide se mélange à l'eau, en toutes proportions. Tout le monde sait qu'il exis'e beaucoup de liquides de ce genre ; l'alcool ordinaire, ou esprit de vin, se mélange aussi, en toutes proportions, avec l'eau. L'eau-de-vie commune faible est un mélange de 50 parties en poids d'alcool pur absolu avec 100 parties d'eau en poids.

Il est important de remarquer qu'il existe dans la nature des *corps solides, insolubles dans l'eau*. Ce sont les substances qui donnent leurs formes extérieures aussi bien aux corps inanimés de la surface terrestre qu'aux plantes et aux animaux. Si la surface des corps était formée de substances solubles dans l'eau, ces formes constantes, que présentent les montagnes, les berges des rivières et des mers, les plantes et les animaux, les habitations et enfin les divers produits de l'activité humaine, (**22**) seraient impossibles.

(**22**) De même qu'il existe des corps qui, chimiquement, sont absolument indécomposables à la température ordinaire, — le bois ou l'or par exemple, qui, inaltérables, dans ces conditions, peuvent se décomposer (le bois) ou se volatiliser (l'or) à des températures élevées, — il faut également admettre l'existence de corps qui ne se dissolvent dans l'eau qu'après avoir éprouvé un changement quelconque dans leur état. Ainsi, pour le mercure, par exemple, qui est un peu volatil à la température ordinaire, rien jusqu'ici ne nous permet de supposer qu'il soit soluble dans l'eau, l'alcool ou quelqu'autre liquide : il ressemble par là aux autres métaux. Cependant, le mercure forme des solutions en jouant lui-même le rôle de dissolvant vis-à-vis des autres métaux.

D'un autre côté, il existe dans la nature une foule de corps qui sont si peu solubles dans l'eau que, dans la pratique ordinaire, on peut les considérer comme corps insolubles ; tel, par exemple, le sulfate de baryum. Pour la compréhension du plan général, suivant lequel s'effectue le changement d'état des corps, (combinés ou dissous, solides, liquides ou gazeux) il est très important de distinguer les quantités infinitésimales des quantités nulles, dans les cas où la décomposition, la volatilisation, la solubilité tendent vers la valeur zéro. Les données de la science actuelle et les méthodes de recherches dont elle dispose n'ont pas encore été appliquées à ce genre de questions. Il faut remarquer, en outre, que, dans une multitude de cas, l'eau, bien qu'elle ne dissolve pas les substances, peut cependant, en les modifiant chimiquement, produire des substances solubles. C'est ce qui arrive, par exemple, pour le verre et beaucoup de roches, qui, surtout lorsqu'elles sont réduites en poudre, sont chimiquement modifiées par l'eau, mais ne peuvent se dissoudre directement dans ce liquide.

Les substances, facilement solubles dans l'eau, présentent avec elle une certaine ressemblance. Le sel et le sucre, par exemple, nous rappellent la glace par beaucoup de caractères extérieurs. Les métaux, qui n'ont aucune propriété commune avec l'eau, sont insolubles dans ce liquide ; par contre, lorsqu'ils sont en fusion, ils peuvent se dissoudre les uns dans les autres et former des alliages. Il en est de même pour les corps gras ; ils sont solubles les uns dans les autres, par exemple la graisse dans le pétrole ou dans l'huile d'olives, et insolubles dans l'eau.

On voit donc que *les points de ressemblance, existant entre les corps qui peuvent former une solution,* jouent un certain rôle dans la marche du phénomène.

Comme toutes les solutions sont des liquides, il est probable que les corps solides ou gazeux subissent, en se dissolvant, une modification physique et passent à l'état liquide. Cette hypothèse explique beaucoup de faits particuliers du phénomène de la dissolution comme, par exemple, les variations de la solubilité avec la température, le dégagement ou l'absorption de la chaleur, lors de la formation des solutions.

La solubilité, c'est-à-dire la quantité d'un corps qu'il est nécessaire d'employer pour saturer un dissolvant, *varie avec la température.* Pour les corps solides, la solubilité augmente ordinairement avec la température ; pour les gaz, au contraire, elle diminue ; c'est qu'en effet les corps solides

et les gaz se rapprochent de l'état liquide, **(23)** les premiers par l'élévation de la température, les seconds par le
refroidissement.

(23) Il résulte des expériences faites par Beilby, en 1883, qu'un
décimètre cube de paraffine, à l'état solide, pèse 874 grammes à
21°, tandis que le même volume de paraffine fondue pèse, à 38°,
température de la fusion, 783 grammes ; à 49° = 775 gr., à 60° =
767 gr. ; on peut donc en déduire qu'un litre de paraffine liquide
pèserait, à 21°, 795. gr. 4 si ce corps pouvait rester liquide à cette
température. En dissolvant la paraffine solide dans l'huile, à 21°,
Beilby trouva que 795,6 grammes de ce corps occupent, à cette température, le volume d'un litre et conclut que la solution contient de
la paraffine liquide.

Pour exprimer les variations de la solubilité avec la température, on emploie souvent la méthode graphique : on
porte sur la ligne horizontale (ligne des abcisses) les températures et, des points correspondants, on élève des perpendiculaires (ordonnées) dont les longueurs expriment la solubilité à la température correspondante ; on peut représenter, par exemple, une partie en poids de substance pour 100
parties d'eau par la longueur de 1 millimètre. En réunissant les sommets des perpendiculaires, on obtient une courbe
exprimant la solubilité d'un corps aux différentes températures.

Pour la plupart des corps solides, on obtient des courbes
ascendantes, c'est-à-dire des courbes qui s'éloignent de la
ligne horizontale à mesure que la température s'élève. La
plus ou moins grande inclinaison de ces courbes indique
la vitesse avec laquelle croît la solubilité, en raison de l'élévation de la température.

Si l'on a établi quelques points d'une courbe, c'est-à-dire
si l'on a déterminé la solubilité d'un corps à différentes
températures, on peut, d'après l'inclinaison et la forme de
la courbe obtenue, déterminer immédiatement la solubilité
aux températures intermédiaires et trouver, par conséquent,
la loi empirique de la solubilité. **(24)**

(24) Ce fut Gay-Lussac qui, le premier, eut recours à la méthode graphique pour exprimer la solubilité des corps. Il croyait, en réunissant les sommets des ordonnées, obtenir une courbe représentant exactement les variations de la solubilité avec la température. Cette manière de voir était, du reste, conforme à l'opinion généralement adoptée à cette époque ; mais, à l'heure actuelle, les raisons, qui s'opposent à l'adoption de cette théorie, sont nombreuses.

Nul ne peut, par exemple, nier l'existence certaine de **points critiques** dans les courbes de solubilité (voir plus loin l'exemple de sulfate de sodium). Les combinaisons définies, que forment avec l'eau les substances qui y sont dissoutes, donnent peut-être même, en se décomposant dans certaines limites de température, un nombre beaucoup plus grand de ces points critiques qu'on ne le suppose actuellement. Il est même possible, que la solubilité des corps puisse être représentée souvent, si ce n'est même toujours, par une série de lignes droites, c'est-à-dire par une ligne brisée et non pas par une courbe continue.

D'après Ditte, la solubilité de l'azotate de potassium $NaAzO^3$ **est** exprimée par les chiffres suivants, pour 100 parties d'eau :

0^0	4^0	10^0	15^0	21^0	29^0	36^0	51^0	68^0
66,7	71,0	76,3	80,6	85,7	92,9	99,4	113,6	125,1

Je crois qu'on peut exprimer ces données par l'équation d'une droite $67,5 + 0.87\ t$, avec une précision suffisante pour la pratique. Le nombre, qui exprime la solubilité de ce sel à 0^0, répond exactement à la composition de la combinaison chimique définie $NaAzO^3 7H^2O$. D'après Ditte, les solutions saturées présenteraient entre 0^0 et $- 15^0,7$ la même composition et, à cette dernière température, elles se solidifient et forment une masse homogène. La solution de $NaAzO^3 7H^2O$ n'abandonne ni sel ni glace entre 0^0 et $15^0,7$. Les résultats de Ditte démontrent donc, en premier lieu, que la solubilité de $NaAzO^3$ est exprimée par une ligne brisée et, en second lieu, confirment l'idée que j'ai déjà émise, depuis longtemps, que, dans les solutions, il existe des combinaisons chimiques définies, à l'état de dissociation.

Dans ces dernières années, en 1888, Etard a observé le même phénomène pour certains sulfates. Brandès, en 1830, a montré que la solubilité du sulfate de manganèse diminue aux environs de 100^0. La proportion en poids, calculée pour 100 parties de solution (et non pas d'eau), de sulfate de fer $FeSO^4$ dans une solution saturée, égale $13,5 + 0.3784\ t$ entre $- 2^0$ et $+ 65^0$, c'est-à-dire que la solubilité augmente dans ces limites de la température. Entre 65^0 et 98^0, la solubilité reste constante (Brandès a vu la solubilité augmenter ; cette divergence d'opinions nécessite une vérification) ; [de 98^0 à 150^0, elle tombe et peut être exprimée alors par $104,35 - 0.6685\ t$. De mon côté, je ferai cette remarque que la formule d'Etard donne 38,1 0/0 de sel à 65^0, et 38,8 0/0 à 92^0 ; cette

quantité maxima de sel répond pres'qu'exactement à la composition
FeSO⁴14H²O, qui contient 37.6 0/0. Donc, dans ce cas, comme pour
l'azotate de potassium, on peut supposer la formation d'une combinaison définie.

Il semble en résulter qu'il est nécessaire de revoir tout ce qui a été
fait sur la solubilité, en prenant en considération :

1° Toute l'échelle de la solubilité, depuis les solutions capables de
se solidifier complétement (les cryohydrates dont nous parlerons
plus tard) pour arriver soit aux solutions qui abandonnent le corps
dissous sous l'influence d'une élévation de température, si du moins
ce phénomène est susceptible de se produire (d'après Etard, cette
séparation complète existe pour le sulfate de manganèse et celui
de cadmium), soit à un point où la solubilité reste constante. D'a-
près Etard, la solubilité du sulfate de potassium reste constante
entre 163° et 220° ; elle est égale à 24 9 0/0.

2° L'application aux solutions saturées et non saturées des
notions relatives aux combinaisons définies existant dans les solutions. Ces côtés de la dissolution présentent un intérêt nouveau et tout
particulier.

La solubilité de certains corps, du sel ordinaire par
exemple, reste presque constante, quelle que soit la température. Pour d'autres substances, la solubilité augmente
régulièrement avec l'élévation de la température ; ainsi par
exemple, pour saturer de chlorure de potassium avec 100
parties d'eau, il faut à 0°— 29,2 parties ; à 20° — 34,7 ; à 40°
— 40,2 ; à 60° — 45,7 ; c'est-à-dire que, pour chaque élévation de température de 10 degrés, la solubilité augmente
de 2,75 parties en poids de ce sel. On peut donc exprimer
la solubilité dans l'eau du chlorure de potassium par l'équation d'une droite :

$$\alpha = 29,2 + 0,275\ t.$$

dans laquelle α exprime la solubilité à t^o. Pour d'autres
sels, il faut des équations plus compliquées. Ainsi, pour le
salpêtre :

$$\alpha = 13,3 + 0,574\ t + 0,01717\ t^2 + 0,0000036\ t^3$$

Si, dans cette équation, $t = 0^\mathrm{o}$, α égale 13,3 ; si $t = 10^\mathrm{o}$,
$\alpha = 20,8$; si $t = 100^\mathrm{o}$, $\alpha = 246,0$.

La connaissance des courbes de solubilité permet de calculer la quantité de sel qui se sépare lorsqu'on refroidit à un certain degré une solution saturée à une température donnée.

Déterminons, par exemple, quelle quantité de sel abandonneront à 60° 200 parties d'une solution de chlorure de potassium saturée à 0°, étant donné que la solubilité de ce sel égale à 60° — 45,7 et à 0° — 29,2 ?

Le calcul se fait de la manière suivante : à 60°, la solution saturée de chlorure de potassium contient, pour 100 parties d'eau, 45,7 parties de sel ; donc, dans 145,7 parties de la solution, il y a 45,7 et dans 200 = 62,7 parties de chlorure de potassium. D'autre part, 200 grammes de solution contiennent 137, gr. 3 d'eau, lesquelles ne peuvent dissoudre à 0° que 40,1 parties de chlorure de potassium ; il résulte qu'en refroidissant la solution de 60° à 0° il se déposera 62,7 — 40,1 = 22, gr. 6 de sel.

On utilise souvent, surtout dans les laboratoires, les variations de la solubilité sous l'influence de l'élévation ou de l'abaissement de la température pour séparer les sels de leurs mélanges. On rencontre, à l'état naturel, à Stassfurt, un mélange de chlorure de potassium et de chlorure de sodium. Pour séparer ces deux sels, on soumet alternativement leur solution concentrée à l'évaporation et au refroidissement. Pendant la première opération, le chlorure de sodium se dépose par suite de la diminution du volume de l'eau, tandis que, pendant la seconde, la solution s'appauvrit en chlorure de potassium dont la solubilité diminue avec l'abaissement de la température. C'est par ce procédé qu'on purifie le salpêtre, le sucre et un grand nombre d'autres corps solubles.

Pour les corps solides, la solubilité croit en général avec la température. Il existe cependant certains corps dont la solubilité diminue dans les mêmes conditions, de même qu'il y a des corps qui diminuent de volume par l'élévation de la température (par exemple l'eau de 0° à 4°). Le sulfate de sodium, ou sel de Glauber, est un exemple historiquement instructif de corps de ce genre. A 0°, 100 parties d'eau dissolvent 5 parties de ce sel desséché, c'est-à-dire privé de son eau de cristallisation, à 20° = 20, à 33° plus de 50 parties. Dans ces limites, ce sel suit la loi générale : sa solubilité croît avec la température. Mais, à partir de 33°, elle commence à diminuer brusquement et, à 40°, 100 parties d'eau dissolvent un peu moins de 50 parties de sel, à 60° seulement 45, à 100° environ 43 parties. Ces particularités dépendent :

1° De la formation de certaines combinaisons de ce sel avec l'eau, comme on le verra plus tard.

2° De la fusion, à la température de 33°, de la combinaison, $Na^2SO^4 + 10\,H^2O$ qui s'était formée dans la solution, à des températures inférieures.

3° De ce que, à une température supérieure à 33°, la solution ne laisse déposer par évaporation que le sel anhydre Na^2SO^4.

Cet exemple montre suffisamment la complexité des phénomènes de la dissolution qui, paraissent si simples, à première vue. C'est ce que confirme une étude détaillée et complète des solutions.

Occupons-nous par exemple de la *chaleur de dissolution*. Si la dissolution était un phénomène purement physique, si elle amenait simplement un changement d'état physique des corps, la dissolution des gaz devrait se faire avec dégagement et celle des corps solides avec absorption de la quantité de chaleur nécessaire au passage des gaz ou des corps solides à l'état liquide. Or, on observe toujours, en réalité, pendant la dissolution, la production d'une quantité de chaleur beaucoup plus grande. C'est donc qu'il se produit, en même temps, une combinaison chimique accompagnée de dégagement de chaleur.

17 grammes d'ammoniaque (poids correspondant à **sa** formule AzH^3) abandonnent, en passant de l'état **gazeux** à l'état liquide, 4400 unités de chaleur (chaleur latente) c'est-à-dire une quantité de chaleur capable d'élever **de** 1° la température de 4400 gr. d'eau. La même quantité de ce **gaz**, en se dissolvant dans un excès d'eau, dégage deux fois plus de chaleur, soit 8800 calories. La combinaison de l'ammoniaque avec l'eau est donc accompagnée du dégagement de 4400 calories. Il est à remarquer que la plus grande partie de cette chaleur se dégage pendant la dissolution dans des petites quantités d'eau ; 17 gr. de AzH^3, en se dissolvant dans 18 grammes d'eau (poids correspondant à la formule H^2O) produisent 7535 unités de chaleur, de sorte que la formation de la solution $AzH^3 + H^2O$ développe 3135 unités de chaleur, déduction faite de la quantité de chaleur qui provient du changement d'état.

Puisque, dans la dissolution des gaz, les quantités de chaleur dégagées par la liquéfaction, c'est-à-dire par le changement d'état physique, et par la combinaison chimique du gaz avec l'eau, sont toutes les deux positives (+), on *constate toujours dans la dissolution des gaz par l'eau une élévation de température.*

Dans la dissolution des corps solides, on n'observe pas les mêmes phénomènes : le passage du corps solide à l'état liquide est accompagné d'absorption de chaleur (chaleur négative —) et la combinaison chimique avec l'eau se fait avec dégagement (+) de chaleur. La somme de ces effets peut produire ou bien un abaissement de température, si la partie positive (celle qui correspond au travail chimique) est moindre que la partie négative (correspondant au travail physique), ou bien, dans le cas contraire, il peut en résulter un accroissement de température.

L'observation montre que 124 gr. d'hyposulfite de soude, par exemple, $Na^2S^2O^3$. 5 H^2O (sel employé en photographie) absorbent, en fondant (à 48°), 9700 unités de chaleur tandis qu'à la température ordinaire la dissolution de ce même poids de sel, dans une grande quantité d'eau, dégage 5700 unités de chaleur. On observe donc, pendant la dissolution, un abaissement de température, malgré le dégagement d'environ 4000 unités de chaleur que produit la combinaison chimique du sel avec l'eau. **(25)**

(25) La chaleur latente de fusion se détermine à la température de la fusion, tandis que la dissolution s'effectue à la température ordinaire ; et il faut admettre que la chaleur latente de fusion, comme la chaleur latente de vaporisation, varie avec la température (voyez note 11). Il se produit, en outre, pendant la dissolution, une séparation, une désagrégation des molécules du dissolvant et de la substance dissoute ; cet acte, analogue au point de vue mécanique à l'évaporation, exige une grande dépense de chaleur. Aussi, d'après Person, faut-il considérer les modifications de température, que l'on observe pendant la dissolution, comme la somme algébrique de trois quantités : l'une positive, produite par l'acte de la combinaison, une autre négative, résultat du passage des corps solides à l'état liquide, et la troisième également négative, résultat de la désagrégation.

Dans le cas particulier de la dissolution d'un liquide dans un autre liquide, la seconde de ces trois valeurs est nulle ; c'est pourquoi, quand la chaleur dégagée par la combinaison dépasse celle qui est absorbée par la désagrégation, il se produit une élévation de température ; tandis que, dans le cas contraire, on observe un refroidissement. En effet, l'acide sulfurique, l'alcool et quelques autres liquides dégagent de la chaleur en se dissolvant les uns dans les autres. Au contraire, la dissolution du chloroforme dans le sulfure de carbone (Bussy et Buignet) ou du phénol ou de l'aniline dans l'eau (Aléxéïeff) produisent un abaissement de température. La dissolution de petites quantités d'eau dans l'acide acétique (Abacheff), dans l'acide cyanhydrique (Bussy et Buignet) et dans l'alcool amylique (Aléxéieff) s'accompagne de refroidissement ; mais, en faisant une dissolution inverse, c'est-à-dire en employant un excès d'eau, on observe une élévation de la température.

Les notions les plus complètes, au sujet de la dissolution des liquides dans les liquides, ont été données par **V. F. Aléxéïeff dans les travaux** qu'il a publiés, de 1883 à 1885. Ce savant a démontré que deux liquides, qui se dissolvent l'un dans l'autre, se mélangent, en toutes proportions, à une certaine température. Ainsi, la solubilité de l'eau dans le phénol C^6H^6O, et inversement, est limitée jusqu'à la température de 70° ; au dessus de cette température, ces deux liquides se mélangent en toutes proportions. Ceci ressort nettement des chiffres suivants où p est la proportion pour cent de phénol, et t la température à laquelle la solution devient trouble, preuve qu'elle est saturée :

$$p = 7,12 \quad 10,20 \quad 15,31 \quad 26,15 \quad 28,55 \quad 36,70 \quad 48,86 \quad 61,15 \quad 71,97$$
$$t = 1° \quad 45° \quad 60° \quad 67° \quad 67° \quad 67° \quad 65° \quad 53° \quad 20°$$

Il en est exactement de même dans la dissolution de la benzine, de l'aniline et de certains autres corps dans le soufre fondu. Aléxéïeff a trouvé que l'alcool butylique secondaire se mélangeait avec l'eau en toutes proportions, à une température voisine de 107 degrés ; cependant, à des températures plus basses, la solubilité est limitée et atteint son minimum entre 50° et 70° aussi bien pour la dissolution de l'alcool dans l'eau que pour la dissolution de ce dernier liquide dans l'alcool. A la température de 5°, les deux solutions présentent un nouveau changement dans la marche de la solubilité : ainsi, une solution aqueuse d'alcool butylique, saturée entre 5° et 40°, se trouble lorsqu'on la chauffe à 60°.

Dans la dissolution des liquides dans les liquides, Aléxéïeff a observé un abaissement de la température, c'est-à-dire une absorption de chaleur et, contrairement aux calculs qui avaient été faits, l'absence de modifications dans la chaleur spécifique, beaucoup plus souvent que ne l'avaient fait les observateurs précédents. Quant à l'hypothèse qu'il a émise en envisageant les solutions au point de vue mécanique et non chimique, et d'après laquelle les substances en solution conservent leur état physique gazeux, liquide ou solide, elle est très douteuse : en l'adoptant, il faudrait admettre la présence de la glace dans l'eau et dans ses vapeurs.

Cette théorie repose sur une hypothèse fausse, et cependant assez généralement admise, d'après laquelle le poids des molécules d'une même substance est très différent dans les divers états physiques. Actuellement, on détermine le poids de la molécule gazeuse par la congélation des solutions, (voir plus loin) c'est-à-dire à basse température : il est donc nécessaire d'admettre que les solutions contiennent des molécules, gazeuzes ou liquides, de poids égal. Cette supposition est plus simple et plus probable.

Il résulte de tout ce que l'on vient de voir que, même dans un cas aussi simple que celui de la dissolution, il est impossible de calculer la quantité de chaleur développée par l'action chimique seule, c'est-à-dire de séparer l'action chimique de l'action physique et mécanique.

En général, les corps solides, en se dissolvant, dégagent de la chaleur ; ce fait démontre que la quantité de chaleur, qui se dégage (+) dans la combinaison du corps avec l'eau, est considérable et qu'elle dépasse la quantité de chaleur absorbée (—) par le corps pour passer à l'état liquide. Ainsi, par exemple, le chlorure de calcium $CaCl^2$, le sulfate de magnésium $MgSO^4$ et un grand nombre d'autres sels produisent, en se dissolvant, une élévation de température : 60 gr. de $MgSO^4$ dégagent environ 10000 unités de chaleur.

Dans la dissolution des corps solides, il se produit donc un abaissement (**26**) ou bien un accroissement de température (**27**) suivant la différence des affinités qui sont en jeu.

(**26**) On utilise souvent, pour la production artificielle du froid, l'abaissement de température qui se produit, soit pendant la dissolution des corps solides, soit par la détente des gaz, soit encore par l'évaporation des liquides. On emploie fréquemment pour cet usage le nitrate d'ammoniaque AzH^4AzO^3 ; une partie en poids de ce sel absorbe, en se dissolvant dans l'eau, 77 unités de chaleur et il est facile de le retirer de la solution par simple évaporation.

Les différents mélanges réfrigérants sont, du reste, tous fondés sur le même principe. La neige et la glace pilée entrent souvent dans la composition de ces mélanges ; on utilise leur chaleur latente de fusion pour obtenir les températures les plus basses possibles sans changement de pression et sans intervention de chaleur, conditions que nécessitent les autres procédés de production du froid. On emploie souvent, dans les laboratoires, un mélange de 3 parties de neige et d'une partie de sel ordinaire qui produit un abaissement de température de 0° à — 21° centigr. Le sulfocyanure de potasium $KCAzS$, mélangé avec l'eau (3/4 du poids de sel), produit un abaissement de température encore plus considérable. En mélangeant 10 parties de chlorure de calcium $CaCl^26H^2O$, cristallisé avec 7 parties de neige, la température peut même descendre de 0° à — 55°.

(**27**) On a quelquefois utilisé dans la pratique la chaleur produite, soit par la dissolution de quelques substances, soit même par la dilution de certaines solutions.

Ainsi, la soude caustique $NaHO$ dégage par sa dissolution dans l'eau, ou par l'addition d'eau dans sa solution concentrée, une quantité de chaleur assez considérable pour pouvoir remplacer les

combustibles. Dans une chaudière à vapeur, dans laquelle l'eau a
été préalablement chauffée jusqu'au point d'ébullition, on place une
autre chaudière contenant de la soude caustique. Si l'on fait passer,
dans cette dernière chaudière, la vapeur produite dans le grand
cylindre, il se produira une élévation de chaleur assez considérable
pour entretenir la vaporisation, pendant un certain temps, sans
l'emploi d'aucun combustible, uniquement aux dépens de la
chaleur dégagée par la soude. Norton a utilisé ce principe pour
les locomotives routières sans fumée.

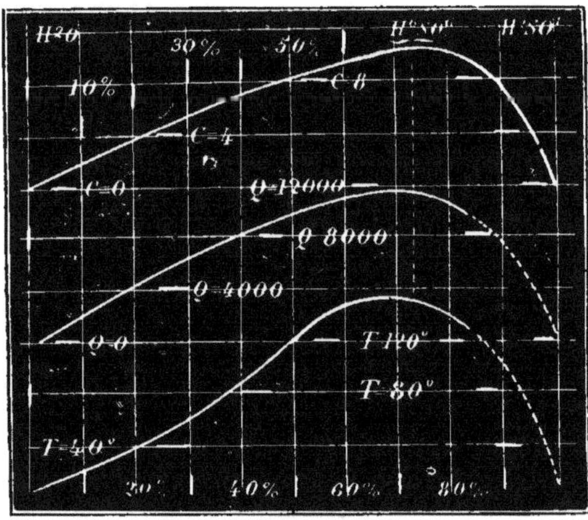

Fig. 18. — Courbes exprimant la contraction, la quantité de chaleur et l'élévation de température observées, pendant le mélange
de l'acide sulfurique avec l'eau. Les quantités d'acide sulfurique
sont portées sur la ligne des abcisses.

Lorsque le corps soluble a pour l'eau une affinité
considérable, c'est-à-dire lorsqu'il est difficile d'éliminer
l'eau de la solution et qu'il est nécessaire d'employer, pour
cette opération, une température assez élevée, on constate
que, pendant la dissolution, de même que dans beaucoup
de réactions de combinaisons, il y a un dégagement de chaleur et, par conséquent, un échauffement considérab le. Les
corps qui, en se dissolvant, produisent une grande quantité
de chaleur sont ordinairement avides d'eau et absorbent

l'humidité contenue dans l'atmosphère ambiante : tels sont l'acide sulfurique (vitriol H^2SO^4), **(28)** la soude caustique (NaHO).

(28) La fig. 18 représente la contraction, le dégagement de chaleur et l'élévation de température qui se produisent quand on mélange l'acide sulfurique avec l'eau.

La courbe inférieure indique les températures que l'on obtient par le mélange de l'acide sulfurique monohydraté avec différentes quantités d'eau ; la proportion pour cent en poids d'acide sulfurique est portée sur la ligne horizontale. Le maximum d'élévation de la température atteint 149° et correspond au maximum de dégagement de chaleur (courbe moyenne) pour un volume déterminé de la solution produite, (100 c.c.). La courbe supérieure représente le degré de contraction qui correspond aussi à 100 volumes de la solution produite. La contraction maxima, de même que l'élévation maxima de la température, correspond à la formation du trihydrate $H^2SO^4 2H^2O$ (= 73,1 0/0 H^2SO^4).

Il est probable que l'on pourrait faire les mêmes observations sur d'autres solutions, bien que tous ces phénomènes de contraction, de dégagement de chaleur et d'élévation de température soient très complexes et dépendent d'une foule de circonstances. On peut cependant conclure de l'exemple précédent que toutes les autres influences ont une action beaucoup plus faible que l'attraction chimique, surtout lorsque cette attraction est aussi considérable que celle qui existe entre l'acide sulfurique et l'eau.

La dissolution est une réaction réversible, c'est-à-dire qu'en chassant l'eau d'une solution on retrouve le corps primitivement employé.

La facilité avec laquelle s'élimine l'eau employée pour la dissolution est très variable, parce que l'eau présente un degré différent d'affinité chimique pour les corps qui y sont solubles. Si l'on chauffe, par exemple, une solution d'acide sulfurique, corps miscible à l'eau, en toutes proportions, il faudra employer, pour éliminer l'eau, une température très différente, suivant le degré de concentration de la solution.

Tant que la quantité d'eau est considérable, l'évaporation se fait à une température un peu supérieure à 100° ; mais, dès que la proportion de l'eau est très faible, l'union entre l'acide et l'eau est tellement intime que cette dernière est encore retenue par l'acide sulfurique aux températures de 120°, 150°, 200° et même 300°. Le lien, qui unit cette dernière portion d'eau à l'acide sulfurique, est évidemment plus solide que le lien unissant l'acide à l'excès de l'eau.

La force, qui agit dans les solutions, présente une intensité très différente : tantôt, c'est un lien si faible que les propriétés de l'eau, celle de s'évaporer par exemple, en sont à peine modifiées ; tantôt, au contraire, c'est une chaîne très puissante dans les cas où il existe une grande affinité entre l'eau et le corps dissous, ou chimiquement combiné.

Les phénomènes de la décomposition des solutions, qui s'accompagnent de la séparation de l'eau ou du corps dissous, sont d'une très grande importance. Nous en ferons une étude spéciale après avoir fait connaissance avec certaines particularités des phénomènes de la dissolution des gaz et des corps solides.

On exprime ordinairement la solubilité des gaz en énonçant les volumes (**29**) de gaz qui, à 0° et sous la pression de 760 mm., se dissolvent dans 100 volumes d'eau. La solubilité varie avec la nature du gaz ou du dissolvant, avec la température et aussi avec la pression, puisque le volume même du gaz varie considérablement avec la pression.

(**29**) Si un volume v de gaz est mesuré à la pression de h millim. de mercure (à 0°) et à la température $t°$ centigrade, son volume à 0° et 760 mm., d'après l'ensemble des lois de Boyle ou de Mariotte et de Gay-Lussac, sera égal : au produit de v par 760, divisé par le produit de h par $1 + \alpha t°$, binôme dans lequel α est le coefficient de dilatation des gaz égal à 0,00367.

Le poids de ce gaz sera égal à son volume, mesuré à 0° et à la pression 760 mm., multiplié par la densité par rapport à l'air et par le poids d'un semblable volume d'air à 0° et 760 mm. Le poids d'un litre d'air, dans ces conditions, est égal à 1 gr. 293. Si la densité du gaz est donnée par rapport à l'hydrogène, en la divisant par 14,4 on obtient la densité par rapport à l'air. Si le gaz mesuré est saturé de vapeurs, on peut trouver le volume et le poids du gaz sec, d'après les règles données dans la note 1. La pression étant déterminée par la hauteur de la colonne de mercure à t^o, pour avoir la hauteur à 0°, il faut la diviser par $1 + 0,00018\ t$. Si le gaz est contenu dans un tube, au-dessus d'une colonne de liquide dont la hauteur supérieure à celle du niveau barométrique est H et la densité D, la pression, sous laquelle se trouvera le gaz, est égale à la pression barométrique moins $\dfrac{HD}{13,59}$, la densité du mercure étant 13,59. C'est de cette manière qu'on peut déterminer *la quantité d'un gaz*, rapporter un volume observé d'un gaz aux conditions normales ou l'exprimer en poids.

Il est indispensable, quand on opère sur des gaz et que l'on veut les mesurer, de tenir compte de toutes ces notions de physique relatives aux gaz et aux vapeurs. Aussi, les commençants doivent-ils se familiariser complètement avec les calculs relatifs aux gaz.

Dans la dissolution des gaz, on observe les phénomènes suivants qu'on pouvait d'ailleurs prévoir :

1° Les gaz, facilement liquéfiables par refroidissement et compression, sont plus solubles que ceux qui se liquéfient difficilement. Ainsi, 100 volumes d'eau ne dissolvent, à 0° et à la pression de 760 mm., que 2 vol. d'azote et d'hydrogène, 4 vol. d'oxygène, 3 vol. d'oxyde de carbone, etc. ; tous ces gaz sont difficilement liquéfiables. La même quantité d'eau peut, au contraire, dissoudre 180 volumes d'acide carbonique, 130 de protoxyde d'azote, 437 d'hydrogène sulfuré, etc. gaz qui peuvent être assez facilement liquéfiés.

2° La solubilité des gaz diminue avec l'élévation de la température. C'est là une simple conséquence du fait précédent, car toute élévation de température augmente l'élasticité des gaz et les éloigne de l'état liquide. A 0°, par exemple, 100 vol. d'eau dissolvent 2,5 vol. d'air et seulement 1,7 vol. à 20°. C'est pour cette raison que l'eau froide, mise dans un milieu plus chaud, laisse dégager une partie des gaz qu'elle tient en dissolution. **(30)**

(30) D'après Bunsen, 100 volumes d'eau absorbent, sous la pression d'une atmosphère, les volumes suivants des gaz (mesurés à $0^•$ et 760 mm) :

	1	2	3	4	5	6	7	8	9	10
0°	4.11	2.03	1.93	179.7	3.3	130.5	437.1	688.6	5.4	104960
10°	3.25	1.61	1.93	118.5	2.6	92.0	358.6	513.8	4.4	81280
20°	2.84	1.40	1.93	90.1	2.3	67.0	290.5	362.2	3.5	65400

1 — oxygène ; 2 — azote ; 3 — hydrogène ; 4 — acide carbonique ; 5 — oxyde de carbone ; 6 — protoxyde d'azote ; 7 — hydrogène sulfuré ; 8 — acide sulfureux ; 9 — gaz des marais ; 10 ammoniaque.

3° La solubilité d'un gaz varie en raison directe de la pression. Cette loi, dite de **Henry-Dalton**, est applicable aux gaz peu solubles dans l'eau. Elle explique pourquoi l'eau abandonne complètement dans le vide les gaz qui y sont dissous et aussi pourquoi l'eau saturée de gaz à une forte pression en laisse dégager une partie, dès que diminue la pression à laquelle elle est soumise. Certaines sources minérales, par exemple, sont dans le sol saturées d'acide carbonique sous la forte pression de la colonne d'eau qui se trouve au-dessus. Aussitôt arrivée à la surface de la terre, l'eau de ces sources bouillonne et perd l'excès d'acide carbonique. Les vins mousseux et les eaux dites gazeuses sont également saturés de gaz carbonique sous une forte pression. Ce gaz reste en dissolution tant que les flacons sont hermétiquement fermés ; mais, lorsqu'on les débouche, l'eau se trouve en contact avec l'air qui a une pression moindre, et une partie du gaz, ne pouvant rester en dissolution à une faible pression, se dégage avec effervescense.

Comme la plupart des lois relatives aux gaz (celles de Gay-Lussac et de Mariotte par exemple), la loi de Henry-Dalton n'est qu'une loi approchée, c'est-à-dire qu'elle n'exprime qu'une partie d'un phénomène complexe, qu'elle indique seulement la limite vers laquelle tend ce phénomène. Elle ne tient compte, en effet, ni de la solubilité, ni de l'affinité du gaz pour l'eau, causes qui exercent cependant une action dans l'acte de la dissolution.

Les gaz peu solubles, l'hydrogène, l'oxygène, l'azote, par exemple, suivent exactement la loi d'Henry-Dalton. L'acide carbonique s'écarte déjà notablement de cette loi comme l'ont démontré les expériences de Wroblewski (1882) : ainsi, à 0°, un centimètre cube d'eau dissout 1 c.c., 8 d'acide carbonique, à la pression d'une atmosphère ; à 10 atmosphères, il dissout seulement 16 c.c., et non 18, comme cela devrait être, d'après la loi de Dalton, à 20 atmosphères 26,6 cent. cubes (au lieu de 36) ; à 30 atm. 33,7 cent. cubes. (**31**)

(**31**) Ces chiffres montrent que le coefficient de solubilité décroit à mesure que la pression augmente, bien que l'acide carbonique tende à s'approcher de l'état liquide. En effet, l'acide carbonique liquéfié ne se mélange pas avec l'eau et ne présente pas un accroissement rapide de la solubilité à la température de sa liquéfaction.

Ce fait montre d'abord que la dissolution est bien différente de la liquéfaction, et en second lieu, que la dissolution est déterminée par une attraction spéciale entre l'eau et la substance soluble. Wroblewski admet même que le gaz, quand il est dissous, conserve ses propriétés de gaz.

Il déduit cette hypothèse de ses expériences qui lui ont démontré que, dans un même dissolvant, pour des gaz de densités différentes, les vitesses de diffusion sont inversement proportionnelles à la racine carrée de leurs densités et à la vitesse du mouvement des molécules gazeuses (voir la note 34). Quant à l'affinité de l'eau H_2O pour l'acide carbonique CO_2, Wroblewski a démontré son existence en obtenant une combinaison cristallisée, définie, mais très peu stable de ces deux corps : $CO_2 + 8H_2O$ par la détente brusque de l'acide carbonique humide, comprimé à 0°, sous la pression de 10 atmosphères ; cette expansion est accompagnée d'un abaissement de température.

Il résulte cependant des recherches de Sétchénoff que la dissolution de l'acide carbonique dans l'eau, et dans les solutions salines inattaquables par ce gaz ou ne formant pas avec lui de combinaisons chimiques, se fait suivant la loi formulée par Henry et Dalton, quand la pression ne varie que dans certaines limites et quand on opère à des *températures moyennes*. Dans ces conditions, le lien chimique, qui existe entre le gaz et l'eau, est si faible que le gaz se sépare de la solution par le seul fait de la diminution de la pression. (**32**)

(**32**) Les recherches de Roscoë et de ses collaborateurs ont montré que l'ammoniaque, à basse température, n'obéit plus à la loi de Henry-Dalton, tandis qu'à 100° ce gaz ne s'en écarte que très peu. Il faut, du reste, supposer que l'action dissociante de la température se manifestera sur toutes les solutions gazeuses, c'est-à-dire qu'à des températures élevées, les solutions de tous les gaz suivront cette loi et qu'avec l'abaissement de la température on observera des écarts, dans tous les cas.

Le cas est différent lorsqu'on est en présence de gaz ayant pour l'eau une affinité considérable ; non seulement, ils ne se dégagent pas complètement de l'eau dans le vide, comme font les gaz qui suivent la loi de Henry-Dalton, mais, comme tous les gaz très solubles, ils ne paraissent pas obéir à cette loi. L'ammoniaque et l'acide chlorhydrique peuvent servir comme exemples de gaz de ce genre. Bien que le premier se sépare complètement de sa dissolution par l'ébullition et l'abaissement de la pression et qu'il n'en soit pas de même pour le second, tous deux cependant s'écartent de la loi de Henry-Dalton, ainsi que l'indique le tableau suivant.

Pression en mil. de la colonne de mercure	Solubilité de l'ammoniaque dans 100 gr. d'eau à 0⁰	Solubilité de l'acide chlorhydrique dans 100 gr. d'eau à 0⁰
100 mm.	28,0 gr.	65,7 gr.
500 »	69,2 »	78,2 »
1,000 »	112,6 »	85,6 »
1,500 »	165,6 »	—

On voit que la solubilité de l'ammoniaque augmente seulement de 4 fois et demie, alors que la pression devient 10 fois plus grande.

Il arrive souvent que des gaz soient absorbés par des liquides, sans que le phénomène suive, sous aucun rapport, la loi de la solubilité des gaz. L'acide carbonique, par exemple, est absorbé par une solution aqueuse de potasse et il

est impossible d'en faire dégager le gaz, même en diminuant
fortement la pression, si toutefois la quantité de potasse
employée est suffisante. C'est qu'il y a, dans ce cas, formation d'une combinaison chimique intime entre les deux
corps. C'est encore une réaction chimique moins accentuée,
mais analogue à la précédente, qui se manifeste dans
quelques cas de dissolution des gaz dans l'eau, de l'acide
iodhydrique par exemple. Nous aurons, du reste. l'occassion
d'étudier plus tard cette réaction en détail. La loi de Henry-
Dalton s'applique également à la dissolution des mélanges
gazeux (**33**) ; mais, l'explication des phénomènes observés
nécessite quelques observations sur la constitution des
gaz. (**34**)

(33) La proportionnalité, qui existe entre la pression et la quantité du
gaz dissous, a été indiquée, en 1803, par Henry. Dalton, en 1807, a démontré l'application de cette loi aux mélanges gazeux en introduisant
dans la science la notion de la pression partielle, sans laquelle la
loi de Henry ne pouvait acquérir sa véritable importance. La loi de
la diffusion des vapeurs dans les gaz (voyez note 1) contient déjà, du
reste la notion de la pression partielle, puisque la pression de l'air
humide est égale à la somme des pressions de l'air sec et de la vapeur d'eau qu'il contient, et qu'on admet, comme conséquence de la
loi de Dalton, que l'évaporation se fait, de la même manière, dans
l'air sec que dans le vide.

Il est cependant nécessaire de remarquer que le volume occupé
par un mélange de deux gaz ou de deux vapeurs n'est qu'approximativement égal à la somme des volumes qui le constituent (cette remarque est naturellement encore vraie quand il s'agit des pressions)
c'est-à-dire que, *dans tout mélange de gaz, il se produit un changement
de volume*, minime il est vrai, mais évident, lorsqu'on fait des mensurations précises.

Brown a démontré, en 1888, qu'en mélangeant par exemple, des
volumes égaux d'acide sulfureux (SO^2) et d'acide carbonique, les deux
gaz étant pris à la pression de 760^{mm} et à la même température,
on observe une diminution dans la pression égale à 39 millimètres.
La possibilité d'une action chimique dans le mélange de ces gaz
ressort de ce fait que des volumes égaux de SO^2 et de CO^2 donnent,
à —19°, d'après les recherches de Pictet (1888), un liquide pouvant
être considéré soit comme une combinaison chimique peu stable,
soit comme une dissolution, semblable à celle que forme SO^2 avec l'eau.

(34) L'origine de la théorie cinétique des gaz, généralement admise
aujourd'hui, d'après laquelle leurs molécules sont animées d'un

mouvement rapide progressif, est très ancienne. Déjà, au siècle dernier, Bernouilli et d'autres savants avaient émis une hypothèse analogue: cette théorie n'a cependant été universellement reconnue qu'après l'établissement de la théorie mécanique de la chaleur et le développement que lui a donné Krönig, en 1855, mais surtout après que son côté mathématique eut été étudié par Clausius et Maxwell.

La pression, l'élasticité, la diffusion, le frottement interne des gaz, de même que les lois de Boyle, de Mariotte, de Gay-Lussac et d'Avogadro-Gerhardt, sont non seulement expliqués par la théorie cinétique, mais encore ils y trouvent leur expression parfaite. Ainsi, par exemple, la valeur du frottement intérieur des différents gaz a été prédite avec exactitude par Maxwell, qui avait appliqué le calcul des probabilités à la rencontre des molécules gazeuses entre elles. Aussi, doit-on considérer la théorie cinétique des gaz comme la plus brillante acquisition scientifique de la dernière moitié de notre siècle.

D'après cette théorie, la vitesse du mouvement progressif des molécules d'un gaz, dont un centimètre cube pèse d grammes, est égale à la racine carrée du produit 3 pDg, divisée par d

$$\left(\sqrt[2]{\frac{3\,pDg}{d}} \right),$$ formule dans laquelle p est la pression, exprimée en

centimètres de la colonne de mercure, à laquelle a été déterminé le poids du gaz d; D est le poids, en grammes, d'un centim. cube de mercure (D $=$ 13,59, $p =$ 76 ; donc, la pression normale sur un centimètre carré égale 1033 gr); g l'intensité de la pesanteur en centimètres ($g =$ 980,5 au niveau de la mer, à une latitude de 45 degrés, et 981,92 à Saint-Pétersbourg); cette valeur varie, en général, avec la latitude géographique et l'altitude de l'endroit.

C'est ainsi qu'on peut calculer qu'à 0° la vitesse de l'hydrogène égale 1843 mètres et celle de l'oxygène 461 mètres par seconde. Ces chiffres représentent des vitesses moyennes et il faut admettre (selon Maxwell et autres) que les molécules séparées ont des vitesses différentes, comme si elles étaient dans des conditions de température différentes, considération très importante qu'il ne faut pas oublier dans l'étude des divers phénomènes propres à la matière.

Il est évident, d'après la définition de la vitesse des gaz, que les vitesses moyennes des différents gaz, à la même température et à la même pression, sont différentes; elles sont inversement proportionnelles aux racines carrées de leurs densités; ceci se déduit des observations directes sur l'écoulement des gaz à travers les orifices fins et les parois poreuses. Cette *vitesse d'écoulement*, différente pour chaque gaz, est utilisée dans les recherches chimiques (voir le chapitre suivant et le chapitre 7 sur la loi d'Avogadro-Gérhardt) pour séparer deux gaz ayant des densités et des vitesses différentes. C'est cette même différence dans les vitesses d'écoulement des gaz qui détermine le phénomène du jet d'eau, cité dans la note suivante pour démontrer l'existence d'un mouvement intérieur dans les gaz.

Lorsque la température t et la pression p d'une certaine masse d'un gaz, qui suit exactement les lois de Mariotte et de Gay-Lussac, varient simultanément, tous ces changements peuvent être exprimés par la formule :

$$pv = C\,(1 + \alpha\,t)$$

ou bien ce qui est la même chose par :

$$pv = RT$$

dans laquelle $T = t + 273$ et C et R sont des constantes qui varient non seulement avec les unités de mesure, mais aussi avec la nature du gaz et sa masse.

Il existe cependant des gaz qui ne suivent pas exactement ces deux lois fondamentales. Nous parlerons de ces écarts dans le chapitre suivant.

Il faut, en outre, admettre que, d'un côté, il existe une certaine attraction entre les molécules gazeuses, et que, d'un autre côté, ces mêmes molécules gazeuses occupent une certaine portion de l'espace ; c'est pourquoi, il faut accepter pour les gaz ordinaires qui subissent une variation *tant soit peu* considérable de température et de pression la formule de Van-der-Waals

$$\left(p + \frac{a}{v^2} \right)(v - b) = R\,(1 + \alpha t)$$

dans laquelle α est le véritable coefficient de dilatation des gaz.

Le coefficient de dilatation de l'air, à la pression atmosphérique entre 0° et 100°, déterminé sous pression constante, est égal, d'après Régnault, à 0,00367 et, à volume constant, à 0,00368 d'après Mendéléïeff et Kaiander ; celui des autres gaz s'écarte un peu de ces chiffres (voir chapitre suivant) et varie considérablement quand ces gaz sont soumis à de fortes pressions ; il faut donc admettre que le véritable coefficient de dilatation des gaz est celui qu'ils possèdent à de petites pressions. Ce coefficient se rapproche de la valeur 0,00367.

La formule de Van-der-Waals est d'une grande importance, dans le cas de passage des gaz à l'état liquide, parce qu'elle tient compte à la fois des propriétés fondamentales des gaz et des liquides.

Il faut chercher, dans les mémoires spéciaux et dans les ouvrages de chimie théorique et physique, le développement complet des questions qui ont trait au sujet que nous n'avons fait qu'effleurer, et qui présentent un intérêt tout spécial pour la théorie des solutions, considérées comme des liquides. Nous aurons, d'ailleurs, l'occasion dans les notes du chapitre suivant, d'examiner rapidement un côté de ce sujet.

La loi de la pression partielle peut s'énoncer ainsi : la solubilité d'un gaz, qui se trouve mélangé à d'autres gaz, dépend, non pas de la pression totale du mélange, mais de la portion de la pression totale qu'exerce, dans le mélange, le volume du gaz considéré. Si l'on met, par exemple, un mélange, à volumes égaux, d'oxygène et d'acide carbonique exerçant une pression de 760 mm. (1 atmosphère) en contact avec l'eau, ce liquide dissoudra un volume de chacun de ces gaz, égal à celui qu'il dissoudrait si chacun d'eux exerçait une pression de 1/2 atmosphère. Dans le cas particulier qui nous occupe, à 0°, un centim. cube d'eau dissoudrait 0,02 cent. cube d'oxygène et 0c.c.,90 d'acide carbonique. En général, lorsque la pression d'un mélange gazeux égale h et que n volumes de ce mélange contiennent a volumes d'un gaz donné, la dissolution de ce gaz s'effectuera, comme si ce gaz se dissolvait à la pression de $\dfrac{h \times a}{n}$. Cette portion de la pression, sous laquelle se produit la dissolution d'un gaz, est appelée *pression partielle* du gaz.

Tout ce que nous connaissons actuellement sur les gaz nous porte à admettre que leurs propriétés fondamentales dépendent du mouvement rapide de progression dans toutes les directions dont sont animées leurs molécules. (35) Le choc de ces molécules contre les obstacles produit la pression du gaz. Plus grand est le nombre de molécules qui, dans un temps donné, viennent frapper un obstacle, plus grande est la pression exercée par le gaz.

(35) Bien que le mouvement des molécules gazeuses, mouvement admis par la théorie cinétique des gaz, soit invisible, on peut cependant prouver son existence en utilisant la différence de vitesse qui existe entre les molécules de différents gaz ayant, à la même pression des densités différentes.

Pour que deux corps gazeux, de densités différentes, produisent la même pression, il est nécessaire que les molécules du gaz le plus léger soient animées d'un mouvement plus rapide que celles du gaz le plus lourd. Prenons, par exemple, l'hydrogène et l'air : le premier de ces gaz est 14,4 fois plus léger que le second et les molécules de l'hydrogène se meuvent, par conséquent, environ 4 fois plus vite que celles de l'air (ou plus exactement 3,8 fois, d'après la formule donnée dans la note précédente). Si, par conséquent, un cylindre poreux, contenant de l'air, est introduit en une atmosphère d'hydrogène, il entrera en le cylindre, dans un espace de temps donné, un volume d'hydrogène plus grand que le volume d'air qui en sortira. Il en résultera une augmentation de la pression dans l'intérieur du cylindre poreux tant qu'il n'y aura pas, à l'intérieur et à l'extérieur du cylindre, un mélange gazeux d'air et d'hydrogène, de densité égale.

Si, au contraire, un cylindre contenant de l'hydrogène est entouré par de l'air atmosphérique, on observera dans l'intérieur du cylindre une diminution de pression parce qu'il sortira du cylindre plus de gaz qu'il n'y entrera d'air.

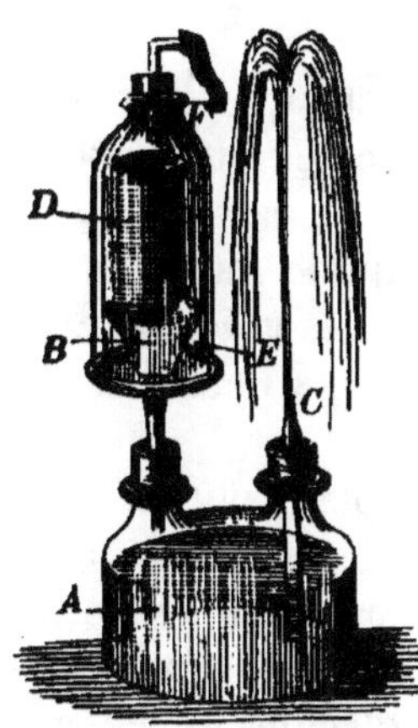

Fig. 19. Appareil destiné à démontrer l'existence du mouvement intérieur (moléculaire) dans les gaz.

Nous avons remplacé, dans ce qui précède, l'idée du *nombre des molécules* par celle *des volumes*. Nous verrons plus tard que des volumes égaux de différents gaz contiennent le même nombre de molécules (loi d'Avogadro-Gérhardt) et qu'on peut, par conséquent, employer l'une ou l'autre expression.

En plongeant le cylindre poreux dans l'eau, on peut observer l'élévation et l'abaissement de la pression dans son intérieur et rendre l'expérience plus démonstrative. On peut encore disposer l'appareil comme le représente la fig. 19. On introduit, dans l'une des tubulures d'un flacon de Wolff A, un entonnoir B, et, dans l'autre tubulure, un tube C dont le bout supérieur est effilé ; l'extrémité inférieure du tube est plongée dans le liquide qui remplit le flacon. A l'ouverture de l'entonnoir, on adapte, par son extrémité ouverte, un vase poreux sec comme ceux que l'on emploie dans les piles galvaniques. On se sert, pour fixer le vase, de cire à cacheter, ou encore mieux d'un lut composé de 100 parties de colophane, 25 de cire et 40 de colcothar calciné. Ce mastic adhère fortement au verre, aux métaux (légèrement chauffés et surtout bien secs) et aux autres corps du même genre.

Lorsque l'appareil est prêt, on recouvre le vase poreux D au moyen d'une cloche E sous laquelle on fait arriver de l'hydrogène par le tube F. La pression augmente aussitôt dans le vase et le flacon, et un filet d'eau jaillit du tube C. Lorsqu'on enlève la cloche E, la pression commence à diminuer dans l'intérieur de l'appareil et on voit l'air y pénétrer sous forme de bulles. Ces mouvements visibles du liquide (jet d'eau et entrée de l'air) sont produits par le mouvement invisible, propre à tous les gaz, et sont simplement un exemple de la transformation d'un genre de mouvement en un autre.

La pression d'un gaz isolé, ou d'un mélange gazeux, résulte ainsi de la somme des pressions de toutes les molécules, du nombre de coups donnés en une unité de temps sur une unité de surface. Elle dépend aussi de la masse et de la vitesse (force vive) des molécules qui se meuvent. La nature des molécules ne joue aucun rôle, dans ce cas : la pression exercée, sur l'obstacle, dépend uniquement de la somme de leurs forces vives.

Dans un phénomène chimique, au contraire, tel que la dissolution des gaz, la nature des molécules qui s'entre-choquent joue un rôle très important. Une partie du gaz, qui frappe le liquide, pénètre dans le liquide même, et s'y trouve retenue tant que les autres molécules gazeuses continuent à frapper le liquide ou, comme on a l'habitude de dire, d'exercer une pression sur le liquide.

Quelque grande que soit la pression totale du mélange gazeux, le nombre de coups frappés par les molécules d'un gaz entrant dans ce mélange n'en sera pas plus grand. Si l'on considère seulement la solubilité d'un gaz donné, c'est-à-dire le nombre de coups que les molécules de ce gaz frappent à la surface du liquide, le phénomène sera absolument le même, que des molécules d'autres gaz frappent simultanément le liquide ou qu'elles fassent complètement défaut. Il en résulte donc que la solubilité d'un gaz donné est proportionnelle, non pas à la pression totale du mélange gazeux, mais seulement à la portion de la pression exercée par le gaz considéré.

La saturation d'un liquide par un gaz dépend de ce fait que les molécules gazeuses qui pénètrent dans le liquide n'y restent pas, bien qu'elles soient entraînées par les molécules liquides et participent à leur mouvement propre : elles sont continuellement rejetées à sa surface comme le sont les vapeurs d'un liquide volatil. Pour qu'il y ait saturation, il faut que le nombre des molécules, qui entrent dans un liquide soit égal à celui des molécules qui en sortent dans une unité de temps. La saturation est donc un état d'équilibre mobile et non pas un état de repos.

Si l'on diminue la pression, le nombre des molécules qui sortent dépassera celui des molécules entrant dans le liquide et un nouvel état d'équilibre mobile s'établira, lorsque ces deux nombres deviendront égaux.

C'est ainsi que l'on explique, dans leurs principaux traits, non seulement les phénomènes de dissolution, mais encore l'attraction chimique spéciale qui s'exerce entre le gaz et le liquide, et détermine le degré de solubilité des corps, en même temps que le degré de stabilité des solutions formées.

Les conséquences de la loi de la pression partielle sont nombreuses et très importantes. Tous les liquides, dans la nature, sont en contact avec l'air. Or, comme nous le verrons plus loin, l'air est un mélange composé principalement de quatre gaz : l'oxygène, l'azote, l'acide carbonique et la vapeur d'eau.

100 volumes d'air contiennent environ 78 vol. d'azote et 21 vol. d'oxygène; quant à l'acide carbonique, sa quantité ne dépasse guère 0,05 vol. ; la quantité de vapeur d'eau, dans les circonstances ordinaires, est beaucoup plus grande; cependant, elle varie avec l'humidité de l'air. Ainsi, la dissolution de l'azote, dans les liquides se trouvant en contact avec l'air, se fera sous la pression

particielle de $\dfrac{78 \times 760}{100}$ mm., la pression atmosphérique étant égale à 760 mm, ce qui fait une pression d'environ 600 mm. de la colonne de mercure ; la dissolution de l'oxygène se fera sous la pression d'environ 160 mm. et celle de l'acide carbonique sous la faible pression de 0 mm.4. On comprend donc pourquoi la solubilité de l'oxygène dans l'eau étant le double de celle de l'azote, l'eau tient en dissolution une proportion d'oxygène plus grande que celle contenue dans l'air.

Le calcul de la quantité de chacun des gaz qui se dissout dans l'eau ne présente, du reste, aucune difficulté. Prenons un cas très simple : supposons que la dissolution se fasse à 0° et 760 mm. Sous la pression de 760 mm. 1 centim. cub. d'eau dissout 0,c.c.0203 d'azote et à la pression partielle de 600 mm.

$$0,0203 \times \frac{600}{760} = 0,\text{c c}.0160 \text{ d'azote.}$$

$$0,0411 \times \frac{160}{760} = 0,\text{c c}.0086 \text{ d'oxygène.}$$

$$1,8 \times \frac{0,4}{760} = 0,\text{c.c}.00095 \text{ d'acide carbonique.}$$

Ainsi, à 0°, 100 c.c. d'eau dissolvent seulement 2,cc.55 des gaz de l'air et, dans 100 volumes de ces gaz, il y aura environ 62 % d'azote, 34 % d'oxygène et 4 % d'acide carbonique. Telle est la composition de l'air dissous dans l'eau. L'eau de rivière, celle des puits, etc. contient ordinairement une plus grande quantité d'acide carbonique ; cela tient à l'oxydation des substances organiques qui se trouvent dans ces eaux. La proportion de l'oxygène dans l'eau est, en effet, de 1/3 environ ; dans l'air, il n'entre que pour 1/5 de son volume.

D'après la loi de la pression partielle, chacun des gaz dissous dans l'eau s'en dégage lorsque le liquide est placé dans une atmosphère formée par un autre gaz. Le même phénomène se produit dans le vide ; l'atmosphère d'un gaz quelconque se comporte donc comme le vide pour tout autre gaz dissous dans l'eau. Dans ces deux cas, le dégagement a lieu parce que les molécules du gaz dissous ne venant plus frapper le liquide et pénétrer dans sa masse, celles qui se trouvaient en solution s'en échappent, grâce à leur élasticité. **(36)**

(36) Deux cas peuvent se présenter ici : ou bien l'atmosphère qui entoure la solution est limitée, ou bien elle est relativement très grande, et on peut la regarder comme illimitée, comme l'est, par exemple, l'atmosphère enveloppant la surface terrestre. Dans le premier cas, lorsque le gaz, dans lequel se trouve placée la solution d'un autre gaz, a un volume limité, une partie du gaz dissous se dégagera du liquide, passera dans l'espace environnant et y exercera une certaine pression partielle.

Introduisons, par exemple, 10 cc. d'eau saturée (à 0° et à la pression ordinaire) de 18 cc. d'acide carbonique, dans un vase contenant 10 cc. d'un gaz insoluble dans l'eau. L'acide carbonique commence aussitôt à se dégager, et le dégagement durera jusqu'à ce qu'il se soit établi un état d'équilibre tel que la solution contienne exactement la quantité de gaz qui peut se dissoudre sous la pression partielle exercée par la quantité du gaz qui s'est échappée.

Il est facile de calculer quelles seront ces deux quantités. Supposons, en effet, le problème résolu, et représentons par x le nombre de centimètres cubes d'acide carbonique resté dans la solution. Il est évident que $18 - x$ sera la quantité de gaz qui s'est séparée de la solution et que le volume gazeux total égalera $10 + 18 - x = 28 - x$ c c. La pression partielle, sous laquelle se dissout l'acide carbonique, sera égale à $\dfrac{18 - x}{28 - x}$ (la pression restant constante pendant toute la durée de l'expérience) ; il en résulte que la quantité de gaz, contenue dans la solution, sera non pas 18 cc., comme cela devrait être si la pression partielle était égale à la pression atmosphérique, mais seulement $18 \times \dfrac{18 - x}{28 - x}$ — quantité égale à x. Nous avons ainsi l'équation suivante :

$$x = \frac{18 - x}{28 - x} \times 18 = 8.69.$$

Dans le second cas, quand la solution est introduite dans une atmosphère qui est non seulement composée d'un gaz autre que le **gaz**
dissous, mais qui est encore illimitée, le gaz contenu dans la solution s'en séparera, se répandra dans cette atmosphère infinie et **n'y**
exercera, par conséquent, qu'une pression infinitésimale. Sous une
aussi faible pression le gaz ne peut rester en dissolution ; il se sépare
donc complètement du liquide. C'est pour cette raison que l'eau saturée d'un gaz, n'entrant pas dans la composition de l'air, perd
complètement ce gaz lorsqu'elle est exposée à l'air.

En même temps que le gaz se sépare de la solution, celle-ci dégage
de la vapeur d'eau. Il est évident qu'on peut, dans certains cas, observer une corrélation constante entre la quantité de vapeurs d'eau
et celle du gaz qui se dégagent d'une solution ; dans ce cas, ce n'est
pas le gaz seulement qui se dégage, mais c'est la solution de **gaz**
toute entière qui s'évapore. Il existe, en effet, comme nous le verrons
plus loin, des solutions gazeuses qui sont indécomposables par la
chaleur (telles sont les solutions des acides chlorhydrique et iodhydrique, par exemple).

C'est pour la même raison qu'on peut, par l'ébullition,
chasser un gaz d'une solution gazeuse, au moins dans un
grand nombre de cas, lorsqu'il ne se produit pas de combinaisons stables entre le gaz et l'eau. Il se forme, en effet,
à la surface du liquide bouillant, une atmosphère de vapeur
d'eau, qui seule, exerce une pression sur le gaz dissous. La
pression partielle du gaz dissous devient ainsi insignifiante.
C'est uniquement pour cette cause qu'un *gaz se dégage de sa
solution lorsqu'on la soumet à l'ébullition*.

La solubilité des gaz, à la température de l'ébullition,
est encore assez considérable pour qu'une partie du gaz
soit retenue en dissolution ; il est donc nécessaire de prolonger l'ébullition, pendant un certain temps, pour chasser
complètement le gaz. **(37)**

(37) Cependant, dans les cas où la variation du coefficient de solubilité avec la température est insignifiante, et lorsque, à la température de l'ébullition, la solution dégage une certaine quantité de
vapeurs d'eau et de gaz, il peut se former une atmosphère qui aura
la même composition que le liquide. Il est évident qu'alors il ne
peut passer dans une pareille atmosphère une quantité de gaz supérieure à celle que contient le liquide ; aussi, une solution gazeuse
de ce genre peut-elle être distillée sans éprouver de modifications.

·dans sa composition, pendant toute la durée de la distillation, tant
·que la pression reste constante. La solution aqueuse de l'acide
iodhydrique peut servir comme exemple de ce genre de solutions.

On peut donc observer, dans les dissolutions, toutes les transitions :
depuis les affinités chimiques les plus faibles jusqu'aux combinaisons les plus énergiques.

La quantité de chaleur, développée par la dissolution de volumes
égaux des différents gaz, se trouve évidemment en rapport avec les
variations de la solubilité de ces gaz et la stabilité des solutions
formées.

22,3 litres des gaz ci-dessous (mesurés à 760 mm.), en se dissolvant dans une grande masse d'eau, développent les quantités de
·chaleur suivantes, exprimées en petites calories :

Acide carbonique.	5.600 p.	calories
Acide sulfureux.	7.700	»
Ammoniaque.	8.800	»
Acide chlorhydrique.	17.400	»
Acide iodhydrique.	19.400	»

Il est à remarquer que les deux derniers gaz, qui ne peuvent être
·chassés de leurs solutions, même par l'ébullition, développent une
quantité de chaleur presque double de celle que développent les gaz
tels que l'ammoniaque, qui se séparent complétement d'un liquide,
lorsque celui-ci est porté à l'ébullition. Les gaz peu solubles développent une quantité de chaleur encore moins considérable.

La notion de la pression partielle des gaz doit être appli-
·quée non seulement aux solutions, mais à tous les cas de
d'action chimique des gaz ; elle trouve une application importante dans la physiologie de la respiration. (38)

(38) Dans le chapitre III, nous mentionnerons certains résultats obtenus par Paul Bert dans les recherches qu'il a faites sur ce sujet.
Quant à présent, nous nous bornerons à indiquer que le prof.
Sétchénoff, dans ses travaux sur l'absorption des gaz par les
liquides, a examiné avec détail le phénomène de la dissolution de
l'acide carbonique dans différentes solutions salines. Il a démontré
qu'en dissolvant CO_2 dans les solutions des sels sur lesquels ce
gaz réagit chimiquement, le carbonate, le borate, le phosphate de
sodium par exemple, on observe non seulement que la solubilité
augmente, mais aussi qu'elle s'écarte de la loi de Henry-Dalton.
Les solutions des sels, chlorures métalliques, sulfates et nitrates,
·qui ne sont pas modifiées par l'acide carbonique, dissolvent ce
gaz en moins grande quantité que l'eau et suivent la loi de
Henry-Dalton. Certains caractères démontrent bien cependant

qu'il y a production d'une action chimique entre le sel, l'eau, et
l'acide carbonique. Lorsqu'on dilue avec de l'eau l'acide sulfurique,
dont 100 volumes absorbent 92 volumes d'acide carbonique, on
observe que la solubilité de ce gaz décroît peu à peu et atteint le
chiffre de 66 vol. lorsque se forme l'hydrate H^2SO^4 H^2O ; à partir de ce moment, la solubilité commence à augmenter de nouveau
si l'on continue la dilution.

Les variations dans la pression n'ont qu'une faible influence sur la solubilité des *corps solides* dans l'eau, les
corps solides et liquides n'étant que très peu compressibles. La température, au contraire, exerce une action très
manifeste sur la solubilité de ces substances.

Dans la grande majorité des cas, la solubilité des corps
solides dans l'eau augmente avec la température, en même
temps que s'accroît la vitesse de la solubilité, déterminée
par la diffusion plus rapide de la solution formée dans le
reste du liquide.

On peut, dans la dissolution d'un corps solide, de même
que dans la dissolution d'un gaz dans l'eau, considérer ou
bien le côté physique du phénomène, c'est-à-dire le passage
d'un corps solide à l'état liquide, ou bien aussi, le côté
chimique de la dissolution, résultat de l'affinité du corps
pour l'eau.

Ce phénomène chimique se manifeste par la contraction
du volume, et par les modifications que l'on observe dans
le point d'ébullition de l'eau, dans la tension de sa vapeur,
dans son point de congélation ainsi que dans ses autres
propriétés. Si la dissolution était un phénomène purement physique, on observerait une augmentation dans
le volume et non pas une diminution, puisque la fusion
est ordinairement accompagnée d'augmentation de volume
et, par conséquent, de diminution de densité. La *contraction*
est cependant le phénomène qui accompagne habituellement la dissolution et qui se produit également dans la dilution des solutions par l'eau, (**39**) dans la dissolution des

liquides dans cette dernière, (**40**) de même que dans la combinaison des corps entre eux, lorsque il y a production de nouveaux composés. (**41**)

(**39**) Kremers à démontré ce phénomène par une expérience fort simple. On prend un ballon à col long et étroit, muni d'un trait, comme les ballons jaugés servant à mesurer les liquides, et on y verse de l'eau. Ensuite, au moyen d'un tube à entonnoir, qui plonge jusqu'au fond du ballon, on verse avec précaution une solution d'un sel quelconque. On chauffe au bain marie, et, aussitôt que les liquides atteignent une température déterminée, on ajoute, dans le flacon, de l'eau jusqu'au trait marqué. On obtient ainsi deux couches de liquide : en bas, la dissolution saline, plus lourde ; en haut, l'eau. Si on agite le ballon, les deux liquides se mélangent et on observe une diminution de volume, la température étant la même qu'au commencement de l'expérience.

Il suffit, du reste, de connaître le poids spécifique de l'eau et de la solution saline pour arriver à la même conclusion par le calcul. Ainsi un centim. cub. de solution, à 20 0/0 de sel ordinaire, pèse 1 gr. 1500 ; donc 100 grammes de la solution occupent 86,96 centim. cub. Le poids spécifique de l'eau, à 15°, étant 0.99916, cent grammes d'eau occupent le volume de 100,08 cent. cub., ce qui donne pour la somme de ces volumes 187,04 centim. cub. Après mélange de ces deux quantités de liquides, il se produit 200 grammes d'une solution à 10 0/0, dont le poids spécifique, à 15°, est égal à 1,0725 (par rapport à l'eau au maximum de sa densité) et qui occupent un volume de 186,48 cent. cub. La contraction est donc égale, dans ce cas, à 0 cc. 56.

(**40**) Le diagramme, page 124, indique la contraction qui se produit, quand on fait une dissolution d'acide sulfurique dans l'eau ; elle peut atteindre, dans certains cas, 10 cc. 1 pour 100 cc. de la solution formée. La contraction la plus grande que l'on puisse observer dans les solutions d'alcool et d'eau, se produit quand on mélange 46 parties en poids d'alcool anhydre et 54 parties d'eau ; cette contraction est de 4,15 à 0° ; 3,78 à 15° et 3,50 à 30°, c'est-à-dire que si, à 0°, on prend 46 parties en poids d'alcool et 54 d'eau, la somme des volumes de ces deux liquides, avant le mélange, sera égale à 104,15 cc. et, après le mélange, à 100 centim. cub. seulement.

(**41**) Ce sujet sera traité plus tard ; nous verrons alors que la contraction, que l'on observe dans les réactions de combinaison des corps solides ou liquides, est très variable, et qu'il existe même certaines réactions de combinaisons, peu nombreuses il est vrai, dans lesquelles on n'observe ni contraction ni dilatation. Ce phénomène s'observe également dans les solutions.

La contraction, qui s'opère dáns la formation des solutions, est peu considérable, parce que les corps solides et liquides sont très peu compressibles, et que la force qui détermine la contraction est insigniliante. (**42**)

(**42**) La compressibilité des solutions du sel ordinaire est, d'après Grassi, moindre que celle de l'eau. A 18°, un million de volumes d'eau éprouve, par chaque atmosphère de pression, une diminution égale à 48 vol., tandis que, pour une solution de sel à 15 0/0, la contraction est de 32 vol. ; et, pour une solution à 24 0/0, seulement 26 vol. Brown, en 1887, a fait les mêmes déterminations pour les solutions saturées de chlorure d'ammonium (38 vol.), d'alun (46 v.), de sel ordinaire (27 v.) et de sulfate de sodium à la température de + 1°, à laquelle la compressibilité de l'eau égale 47 vol. pour un million de volumes. Ce savant a démontré que les corps, dont la dissolution est accompagnée de dégagement de chaleur ou d'augmentation de volume, comme le chlorure d'ammonium par exemple, se séparent en partie de leurs solutions saturées sous l'influence de l'augmentation de la pression, tandis que la solubilité des substances qui se dissolvent avec contraction de volume et refroidissement, s'accroît avec *l'augmentation de la pression*, bien que d'une quantité peu considérable. Sorby (1863) a observé ce même phénomène pour le chlorure de sodium.

Les modifications dans les volumes, dans les poids spécifiques, (**43**) ainsi que dans un grand nombre d'autres propriétés physiques qu'on observe dans la dissolution des corps solides et liquides, dépendent de la nature particulière du corps qu'on dissout et de l'eau, et ne sont pas en général proportionnelles à la quantité de la substance qui entre en solution. (**44**)

(**43**) Les données les plus exactes sur les variations qu'éprouve le poids spécifique des solutions avec le changement de leur composition et de la température sont recueillies et analysées, dans mon ouvrage cité plus haut, dans la note 19. Cette question présente un grand intérêt à la fois pratique et théorique. C'est, en effet, au moyen du poids spécifique des solutions qu'on détermine, dans l'industrie, la proportion des substances qui y sont dissoutes ; d'un autre côté, lo poids spécifique est, de toutes les propriétés d'un corps, celle qui peut être la mieux observée et toute modification dans le poids spécifique entraîne des variations dans la plupart des autres propriétés des corps. Si l'on ajoute à ces faits la régularité que l'on observe dans la variation des densités, régularité si grande qu'on a pu en déduire des lois, on conviendra qu'il est à désirer que l'étude des solutions soit continuée dans cette direction, et enrichie de nouvelles recherches aussi exactes que possible. Ce genre de recherches ne présente, du reste, aucune difficulté; et exige seulement beaucoup de temps et une extrême attention.

(44) La dissolution modifie peu les propriétés des corps dissous; aussi, les expériences faites avec peu d'exactitude ou par trop approximatives ont-elles pu mener quelquefois à des conclusions erronées.

Sous ce rapport, la conclusion de Michel et de Krat (1854) est particulièrement instructive ; ils supposèrent, en se basant sur leurs recherches insuffisantes, que l'accroissement du poids spécifique des solutions est proportionnel à l'accroissement de la quantité du sel dans un volume donné de la solution ; ceci n'est exact que pour les déterminations de poids spécifique faites avec une approximation de quelques centigrammes, approximation insuffisante, même pour les déterminations industrielles. Les mensurations exactes ne confirment pas cette proportionnalité, pas plus que celle qu'on admettait dans beaucoup d'autres cas, comme, par exemple, la proportionnalité du pouvoir rotatoire, de la déviation du plan de polarisation des solutions, de leur capillarité, etc., à la quantité du sel dissous.

Dans certaines limites cependant, pour les solutions très diluées par exemple, pour se faire une idée générale des phénomènes accompagnant la dissolution ainsi que pour faciliter l'application de l'analyse mathématique à ces phénomènes — cette méthode est utilisée et présente, dans quelques cas, certains avantages.

D'après les résultats obtenus dans mes recherches sur les poids spécifiques, je crois qu'on sera souvent plus près de la vérité en admettant que les changements des propriétés des solutions sont proportionnels, non pas à la quantité du corps dissous dans un volume déterminé, mais au produit de cette quantité par la quantité d'eau dans laquelle il est dissous. Je crois ce principe d'autant plus juste que beaucoup de phénomènes chimiques varient précisément en raison du produit des masses réagissantes et que cette proportionnalité est déjà établie en mécanique pour un grand nombre de phénomènes d'attraction.

On obtient facilement ce produit, si l'on prend une quantité constante d'eau dans les solutions que l'on compare ; c'est ce que nous verrons d'ailleurs, en étudiant l'abaissement de la température de la formation de la glace (note 49).

Ces faits prouvent bien que, dans la dissolution, il s'exerce, entre le dissolvant et le corps dissous, une action chimique de même nature que dans tous les autres genres de réactions chimiques. (**45**)

(**45**) On peut observer, dans les phénomènes de la dissolution, toutes les formes différentes des réactions chimiques :

1° *Réactions de combinaison.* — Formation entre le dissolvant et le corps dissous de combinaisons plus ou moins stables, c'est-à-dire plus ou moins dissociées. C'est la forme de réaction la plus probable et c'est aussi celle que l'on observe le plus souvent.

2° *Réactions de substitution* ou *de double décomposition* entre les molécules. On peut admettre, par exemple, que, dans une solution de chlorure d'ammonium AzH^4Cl dans l'eau H^2O, il y a production d'ammoniaque AzH^3HO et d'acide chlorhydrique HCl, lesquels se dissolvent dans l'eau et exercent simultanément une attraction réciproque l'un sur l'autre. Comme on observe dans les solutions de chlorure d'ammonium et d'un grand nombre d'autres sels des signes parfois indubitables de ces doubles décompositions, (les premières par exemple dégagent une certaine quantité de gaz ammoniac), il est probable que cette réaction se rencontre plus souvent qu'on ne le croit généralement.

3° Les *réactions d'isomérie* ou de *transposition* sont probablement fréquentes dans les solutions. En effet, les molécules de genres différents entrent ici dans un contact très intime et il est probable que, sous cette influence, la disposition des atomes dans les molécules est un peu différente de celle que présentent les molécules isolées. Les observations sur les solutions des corps qui ont un pouvoir rotatoire (c'est-à-dire qui dévient le plan de polarisation) viennent à l'appui de cette hypothèse. La structure moléculaire exerce une influence très remarquable sur ce phénomène, et Schneider, en 1881, a démontré, par exemple, que les solutions diluées de l'acide malique gauche dévient à droite le plan de polarisation, tandis que les solutions des sels ammoniacaux, quelle que soit leur concentration, le dévient à gauche.

4° Les *réactions de décomposition*, sous l'influence de la dissolution, sont non seulement possibles, mais elles ont même été observées dans ces derniers temps, par Arrhénius, Ostwald et autres qui se sont basés principalement sur des déterminations électrolytiques. Il est à remarquer que, tandis qu'une portion des molécules de la solution se trouve à l'état de décomposition, l'autre portion peut se trouver dans un état de combinaison encore plus complexe ; ceci peut être comparé avec la vitesse du mouvement des différentes molécules d'un gaz — vitesse qui est loin d'être la même pour toutes les molécules.

Il résulte de ces différentes considérations que, probablement, les réactions qui s'effectuent dans une solution se modifient quantitativement et qualitativement avec la masse de l'eau ; d'où, la grande difficulté d'arriver à connaître exactement la nature des rapports chimiques qui ont lieu dans l'acte de la dissolution.

Ce problème de la nature des solutions se complique encore, si l'on reconnaît que la dissolution est accompagnée d'un acte physique analogue à la pénétration réciproque de deux liquides homogènes. Il faut cependant espérer que tous les efforts que l'on fait actuellement pour arriver à résoudre ce problème fourniront aux investigateurs futurs de riches matériaux qui leur permettront d'établir une théorie complète de la dissolution.

Pour ma part, je crois que l'étude des propriétés physiques des solutions, et spécialement des solutions diluées, dont on s'occupe presque exclusivement aujourd'hui, ne peut résoudre la question. Elle est cependant utile, car elle enrichit la chimie et la physique de données précieuses. Il faut que, parallèlement à cette étude, l'attention des savants se porte d'abord sur l'influence de la température, et spécialement des basses températures, ensuite sur l'application aux solutions de la théorie mécanique de la chaleur et enfin sur l'étude comparative des propriétés chimiques des solutions. Un certain nombre de recherches scientifiques ont déjà été faites dans cette direction, mais il est impossible d'en donner même un aperçu dans un traité de chimie aussi sommaire que celui-ci.

Bien qu'ordinairement les solutions des corps solides ne se décomposent pas sous l'influence des variations de la pression extérieure, il est néanmoins de nombreux cas de *décomposition des solutions* saturées ou non saturées qui montrent combien est faible l'affinité chimique qui agit dans la dissolution. L'élévation de la température, le refroidissement ou même seulement l'action des forces internes sont bien souvent des causes suffisantes pour amener la décomposition des solutions aqueuses, soit en leurs parties constituantes, soit en leurs composés définis. L'eau, contenue dans les solutions, s'en sépare, soit sous forme de vapeurs, soit sous forme de glace (**46**) (quand on opère par refroidissement).

(**46**) Si l'on considère les solutions comme des systèmes à l'état de dissociation (note 19), il faut admettre qu'elles contiennent des molécules d'eau à l'état libre qui sont l'un des produits de décomposition des composés définis dont la formation constitue la dissolution.

En se séparant sous la forme de glace ou de vapeurs, l'eau forme avec la solution un système *hétérogène*, constitué par des substances existant à différents états physiques, analogue, par exemple, à celui qu'on observe lors de la formation d'un précipité, ou au moment du dégagement d'un corps volatil dans les réactions de double décomposition.

La *tension de vapeur* (**47**) *de l'eau*, contenue dans une solution, est moindre que celle de l'eau pure, et c'est à une *température inférieure à 0° que se forme la glace* dans les solutions. Il est important dé remarquer que ces variations, dans la tension de la vapeur et dans la température de la formation de la glace, sont presque proportionnelles, au moins, pour les solutions diluées, à la quantité du corps contenu dans la solution. (**48**)

(**47**) Lorsque la substance dissoute n'est pas volatile (sel, sucre) ou ne l'est que très peu, la tension des vapeurs dégagées par la solution est due uniquement à l'eau. Mais, lorsqu'on évapore une solution contenant un gaz ou un liquide volatil, une partie de la tension totale revient à la vapeur d'eau et l'autre au corps dissous.

La plupart des recherches effectuées jusqu'ici concernent le premier cas ; il en sera parlé plus loin. Les observations de Konovaloff (1881) ont trait au second cas. Ce savant a démontré que, dans le cas où deux liquides volatils se dissolvent l'un dans l'autre, et qu'il se forme deux couches de solutions saturées (comme par exemple l'eau et l'éther, note 20) les deux solutions ont la même tension de vapeur. Dans le cas de l'eau et de l'éther, la tension est de **431** mm. de la colonne de mercure, à 19°8.

Pour les solutions des liquides, qui se mêlent en toutes proportions, Konovaloff a trouvé la tension de vapeur tantôt supérieure (solutions aqueuses d'alcool) tantôt inférieure (solutions aqueuses d'acide formique) à celle qui répondrait à une variation rectiligne (c'est-à-dire en rapport avec la proportion du corps dissous). Ainsi, par exemple, une solution à 70 0/0 d'acide formique possède, à toutes les températures une tension de vapeur inférieure à celle de l'eau ou de l'acide formique. Dans ce cas, par conséquent, la tension de la solution n'est jamais égale à la somme des tensions des deux liquides. C'est ce qu'avait déjà démontré Régnault, qui distinguait ce cas de celui où il y a évaporation d'un mélange de liquides insolubles les uns dans les autres.

La dissolution donne lieu, par conséquent, à une action mutuelle qui a pour effet de diminuer la tension de vapeur, propre à chaque substance isolée ; ceci s'accorde bien avec l'hypothèse de la formation de combinaisons entre les parties constituantes d'une solution, phénomène toujours accompagné d'une diminution de tension.

(48) On indique généralement la proportion d'un corps qui existe dans une solution en exprimant le poids de la substance dissoute dans 100 parties en poids d'eau. Il serait certainement plus commode de l'exprimer par la quantité de la substance contenue dans un volume déterminé de la solution, un litre par exemple. Les différents moyens d'exprimer la composition des solutions sont traités dans mon ouvrage mentionné page 107, note 19.

Si, par exemple, une solution contient pour 100 gr. d'eau 1 gr., 5 gr. ou 10 gr. de sel ordinaire (NaCl), la tension de ces solutions à 100° sera respectivement représentée par 760 mm. — tension normale — diminuée de 4, 21, 43 millim. de mercure, et la formation de la glace aura lieu non pas à 0° mais respectivement à — 0°58, — 2°91, — 6°10. Ces chiffres (49) sont presque proportionnels aux quantités du corps dissous (1, 5, 10 pour 100 d'eau).

(49) Les variations de la tension de vapeur des solutions ont été étudiées par beaucoup de savants. Les travaux les plus connus, sur ce sujet, sont ceux de Wüllner (1858-1860) et de Tammann (1887). Les recherches faites sur les points de congélation des solutions différentes ne sont pas moins nombreuses. Blagden (1788), Ruddorff (1861) de Coppet (1871) ont commencé ces recherches qui acquirent un intérêt tout particulier, grâce aux travaux de Raoul, commencés en 1882 pour les solutions aqueuses et continués ensuite pour celles des liquides facilement congelables tels que la benzine (C^6H^6) qui fond à 4°,96, l'acide acétique et autres.

En étudiant l'abaissement du point de congélation, Raoul a pris comme dissolvants un grand nombre d'hydrocarbures bien connus et a trouvé qu'il existe toujours un rapport simple entre le poids moléculaire des corps dissous et la température de cristallisation du dissolvant.

Nous reviendrons plus loin sur les applications que l'on peut faire des résultats obtenus par Raoul, nous bornant à les mentionner, pour le moment. Lorsque, dans 100 grammes d'un dissolvant, on dissout la centième partie du poids moléculaire d'un corps (répondant à la formule et exprimé en grammes), on observe un abaissement du point de congélation, qui est égal à 0°,185 pour l'eau, à 0°49 pour la benzine, à 0°,39 pour l'acide acétique ou au double de ces quantités.

Pour les solutions diluées, l'abaissement du point de congélation est proportionnel à la quantité de la substance dissoute ; il est donc facile de calculer cet abaissement pour toutes ces solutions. Ainsi, par exemple, le poids correspondant à la formule de l'acétone est 58 ; les solutions de 2 gr. 42, 6 gr. 22, 12 gr. 35, d'acétone dans 100 grammes d'eau se congèlent à — $0°,770$ — $1°,930$ — $3°,820$ (d'après Beckmann). Ces chiffres montrent que, pour une solution contenant 0 gr.58 d'acétone par 100 gr. d'eau, l'abaissement du point de congélation sera de $0°,185$ — $0°,180$ — $0°,179$.

Remarquons que la loi de la proportionnalité entre l'abaissement de la température de la congélation, la proportion du corps dissous et le poids moléculaire n'est qu'approximative et applicable seulement aux solutions diluées.

L'intérêt que présentait cette question a singulièrement augmenté, lorsqu'on eut établi le rapport qui existe entre l'abaissement de la tension, celle de la température de la congélation, de la pression osmotique (note 19) et de la conductibilité galvanique des solutions. Ceci nous oblige à compléter ce que nous avons déjà dit sur la question par quelques remarques sommaires sur la manière d'observer le phénomène et sur les résultats théoriques.

Pour déterminer *la température de la formation de la glace*, ou la cristallisation des autres dissolvants, on prépare une solution titrée, que l'on introduit dans un vase cylindrique entouré d'un autre vase semblable, de manière à interposer entre les parois de ces vases une couche d'air, mauvais conducteur de la chaleur, et à mettre le liquide à l'abri des variations de la température extérieure. On plonge dans la solution un thermomètre très sensible et vérifié, ainsi qu'un fil de platine recourbé pour mélanger le liquide. L'appareil tout entier est refroidi au moyen d'un mélange réfrigérant jusqu'à ce que des cristaux de glace commencent à se former. A ce moment, la température, qui a pu descendre même au-dessous du point de congélation, devient constante. On laisse le liquide se réchauffer un peu, puis on le refroidit de nouveau et l'on note une seconde fois la température de la congélation : c'est ainsi qu'on arrive à des résultats précis.

Lorsqu'on opère sur une grande masse de solution, on peut accélérer la formation des cristaux de glace par l'introduction dans le liquide tenu en surfusion d'un cristal de glace assez petit pour que la composition de la solution ne soit qu'insensiblement modifiée. Il est important de faire l'observation au moment où la quantité des cristaux formés est encore faible, car la composition de la solution change à mesure que se fait la cristallisation. Il faut prendre, en outre, toutes les précautions pour empêcher l'accès, dans l'intérieur de l'appareil, de l'humidité qui pourrait modifier la composition de la solution ou altérer les propriétés du dissolvant, comme cela aurait lieu, par exemple, pour l'acide acétique.

Ces observations, en somme très simples, sur l'abaissement du point de congélation, n'ont acquis un intérêt théorique extraordinaire que lorsque Van't Hoff (note 19), eût montré que les conclusions qu'on pouvait en tirer étaient en accord complet avec celles fournies par l'étude de la pression osmotique.

L'étude de ce dernier phénomène a montré que les *poids moléculaires* des substances, c'est-à-dire les quantités qui répondent à leurs formules, exercent dans les solutions une pression osmotique égale à une atmosphère ($i = 1$) ou bien à un nombre d'atmosphères multiple de i.

La valeur i, déterminée d'après les observations de la pression osmotique des solutions aqueuses, peut également être obtenue au moyen des données relatives à l'abaissement de la température de la congélation. Il suffit de multiplier l'abaissement correspondant à la proportion d'un gramme de substance dissoute et de diviser le produit par 18,5.

Ainsi, d'après les chiffres cités plus haut pour l'acétone, on voit que l'abaissement égale $0^0,318$, quand la solution est à 1 pour 100 gr. d'eau. En multipliant ce chiffre par le poids moléculaire de l'acétone (58) et en divisant le produit par 18,5 on obtient $i = 1$. Pour le sucre et beaucoup d'autres substances, le sulfate de magnésie, l'acide carbonique, les deux méthodes fournissent une valeur très voisine de l'unité. Pour le chlorure de potassium et celui de sodium, l'iodure et l'azotate de potassium, i est plus grand que 1 mais moindre que 2. Pour les acides sulfurique et chlorhydrique, les azotates de sodium et de calcium, la valeur i est très voisine de 2. Enfin, pour les solutions des chlorures de baryum et de magnésium, de carbonate et de bichromate de potassium la valeur i est plus grande que 2, mais inférieure à 3. C'est aux recherches ultérieures sur cette question à montrer si ces conclusions peuvent êtres généralisées; elles serviront probablement à éclaircir les remarquables corrélations auxquelles est déjà arrivée la science avec les données actuelles.

Les recherches très exactes faites sur ce point ont démontré, en outre, que le rapport de la diminution de la tension à la tension de la vapeur d'eau pure présente, pour la même solution et pour les différentes températures, une valeur presque constante, (5) et que, pour toutes les solutions *diluées*, le rapport entre l'abaissement de la tension et la température de la formation de la glace est aussi une valeur assez constante. (**51**)

(**50**) Ce rapport établi par Gay-Lussac, Pierson et Babo est confirmé dans une certaine mesure par les observations postérieures. On considère, en conséquence, non pas l'abaissement même de la tension $p - p'$, mais le quotient $\dfrac{p - p'}{p}$. Il est utile de remarquer que, là où toute action chimique fait défaut, on n'observe pas d'abaissement dans la tension, ou bien cet abaissement est très faible (note 33) et n'est pas proportionnel à la quantité de la substance ajoutée. La tension de vapeur du mélange est alors égale, d'après la loi de Dalton, à la somme des tensions des parties constituantes. C'est ainsi que le mélange de deux liquides insolubles l'un dans l'autre ; l'eau et le chlorure de carbone, par exemple, possède une tension égale à la somme de leurs tensions individuelles ; c'est pourquoi ce mélange bout à une température plus basse que le liquide le plus volatil qui entre dans sa composition (Magnus, Régnault).

(51) Si l'on divise, dans l'exemple précédent, l'abaissement de la tension par la tension de la vapeur d'eau, on obtient des chiffres 105 fois plus petits environ que la valeur de l'abaissement de la température de la formation de la glace. Ce rapport a été déduit théoriquement par Guldberg qui s'est basé sur la théorie mécanique de la chaleur ; il s'applique à beaucoup de solutions étudiées.

La diminution de tension de vapeur des solutions explique pourquoi le point d'ébullition de l'eau s'élève, quand elle tient en dissolution une substance solide non volatile. La vapeur d'eau, que dégagent ces solutions, est surchauffée parce qu'elle a la même température que celle de la solution. Et, en effet, une solution saturée de sel ordinaire bout à 108,°4 ; une solution contenant 335 parties de salpêtre pour 100 parties d'eau entre en ébullition à 115,°9 ; celle qui renferme 325 parties de chlorure de calcium bout à 179° (le thermomètre étant plongé dans le liquide même).

C'est là une nouvelle preuve de l'existence d'un lien entre l'eau et le corps dissous et cette preuve est encore plus frappante dans les cas où le point d'ébullition de la solution est plus élevé que celui de l'eau et du corps volatil qui s'y trouve dissous (l'acide nitrique ou l'acide formique, par exemple). Les solutions de certains gaz, les acides chlorhydrique et iodhydrique, par exemple, entrent en ébullition à une température supérieure à 100°.

On a vu plus haut que, quand on refroidit assez fortement les solutions salines, l'eau seule se sépare sous forme de glace ; **(52)** cela explique le phénomène bien connu des navigateurs, c'est que les glaces des océans produisent, après fusion, de l'eau douce.

(52) Fritsche a démontré qu'en congelant les solutions de certaines matières colorantes on peut obtenir une glace incolore, preuve que l'eau seule passe à l'état solide sans entrainer aucune partie de la substance dissoute ; ce fait n'est cependant pas général, car il est certains cas, où c'est évidemment le contraire qui se produit.

En *évaporant* une solution saline, ou en la congelant et en éliminant la glace, on obtient une solution plus riche en sel que la solution primitive. Dans les pays froids, on associe ces deux moyens pour l'extraction du sel marin.

Lorsque, par un procédé quelconque, on soustrait aux solutions salines une partie de l'eau qu'elles contiennent, on obtient des solutions saturées, puis une partie du sel se dépose. Une solution, saturée à une certaine température, doit, en effet. abandonner **(53)** une partie du corps qu'elle tenait en solution, quand, par le refroidissement, on l'amène à une température telle que l'eau ne puisse plus contenir en dissolution la quantité de sel *primitivement dissoute.*

(53) Comme la solubilité de certaines substances, le sulfate de cérium, par exemple, décroît avec l'élévation de la température, du moins dans certaines limites (voir note 24), il est évident que ces substances se séparent de leurs solutions saturées, non pas par le refroidissement, mais au contraire sous l'influence de la chaleur. C'est ainsi que la solution du sulfate de manganèse $MnSO^4$, saturée à 90°, se trouble lorsqu'on continue à la chauffer.

Le moment où commence la précipitation de la substance, dissoute sous l'influence d'un changement dans la température, fournit un moyen commode pour déterminer le coefficient de solubilité. Le professeur Aléxéïeff a utilisé ce procédé pour déterminer la solubilité d'un grand nombre de substances. La méthode d'observation est la même dans ce cas que dans la détermination du point de congélation.

En prenant une solution d'une substance qui précipite par la chaleur, de sulfate de calcium ou de manganèse, par exemple, on remarque qu'à une certaine température, basse, la solution produit de la glace, tandis qu'elle laisse déposer le sel sous l'influence d'une élévation de température. La précipitation d'une substance dissoute ressemble donc à la formation de la glace dans les solutions. Dans les deux cas, un système homogène, liquide, produit un système hétérogène, composé d'un corps liquide et d'un corps solide.

Lorsque la séparation du sel, par refroidissement ou évaporation d'une solution saturée, se produit lentement, il se forme, dans beaucoup de cas, des *cristaux* du sel dissous ; c'est, d'ailleurs, le procédé habituellement employé pour obtenir les corps solubles à l'état cristallin. En se séparant de leurs solutions, certains corps forment facilement de beaux cristaux qui, quelquefois même, atteignent de grandes dimensions. Tels sont, par exemple, le sel de Seignette, le sulfate de nickel, l'alun, le carbonate de sodium, l'alun de chrome, le sulfate de cuivre, le ferricyanure de potassium et un grand nombre d'autres sels.

Il est à remarquer que beaucoup de corps solides, en se séparant de leurs solutions aqueuses, retiennent une partie de l'eau et que leurs cristaux renferment de l'eau. L'eau retenue dans les cristaux est appelée *eau de cristallisation*. Les aluns, les sulfates de sodium et de magnésium renferment ainsi de l'eau de cristallisation ; d'autres corps, au contraire, comme le chlorure d'ammonium, le chlorure de sodium, le salpêtre, le chlorate de potassium ou sel de Berthollet, le nitrate d'argent, le sucre n'en contiennent pas.

Suivant la température à laquelle se fait la cristallisation, un même corps peut se déposer de sa solution avec ou sans eau de cristallisation. Le sel ordinaire, par exemple, forme des cristaux exempts d'eau de cristallisation, à la température ordinaire ou à des températures plus élevées ; tandis que, si la cristallisation se fait à — 5°, les cristaux contiennent 38 parties en poids d'eau pour 100.

Les cristaux d'une même substance, en se déposant à différentes températures, peuvent renfermer des quantités d'eau de cristallisation très variables. Ceci prouve bien qu'un corps solide, en solution dans l'eau, peut former avec ce liquide des composés différents et par leurs propriétés et par leur composition et susceptibles d'être isolés sous une forme solide comme la plupart des combinaisons définies ordinaires.

Les nombreuses propriétés des solutions, et les phénomènes qui s'y rattachent permettent de supposer que, dans les solutions elles-mêmes, il existe déjà de semblables combinaisons entre les corps dissous et le dissolvant. Seulement, ces combinaisons sont à l'état liquide et en partie à l'état de décomposition.

La coloration des solutions en est une preuve. Le sulfate de cuivre est ordinairement en cristaux bleus qui contiennent de l'eau de cristallisation qu'on peut chasser par la calcination ; on obtient alors une substance blanche anhydre. La coloration bleue appartient donc à la combinaison du sulfate de cuivre avec l'eau. Toutes les solutions de sulfate de cuivre étant de couleur bleue, il faut admettre qu'elles contiennent un composé analogue à celui que forme le sel avec son eau de cristallisation.

Les cristaux de chlorure de cobalt donnent des solutions bleues lorsqu'on les dissout dans des liquides anhydres, l'alcool absolu par exemple ; les solutions aqueuses sont rouges. Les cristaux formés par l'évaporation d'une solution aqueuse contiennent, d'après Potilitsine, six fois plus d'eau ($CoCl^2 6H^2O$), pour un poids donné de sel anhydre que les cristaux violets ($CoCl^2 H^2O$) obtenus par l'évaporation de la solution alcoolique.

L'existence dans les solutions de véritables combinaisons entre l'eau et les corps dissous est encore prouvée par les phénomènes de sursaturation que présentent certaines solutions, par les composés dits **cryohydrates**, par les solutions de certains acides qui ont un point d'ébullition constant, et par les propriétés des composés contenant de l'eau de cristallisation, qu'il faut absolument avoir en vue lorsqu'on veut étudier les solutions.

On dit qu'une *solution est sursaturée*, quand, en laissant refroidir une solution saturée de certains sels (**54**) à une température assez élevée, l'excès du sel reste dissous et ne se sépare pas du liquide.

(54) Les sels, dont les cristaux contiennent de l'eau de cristallisation, forment des solutions sursaturées avec une extrême facilité. Ce phénomène est du reste beaucoup plus général qu'on ne le croyait auparavant. Les premières notions, au sujet de ces solutions, ont été données au siècle dernier par Lœwitz de Saint-Pétersbourg. De nombreuses recherches ont démontré que les solutions sursaturées ne diffèrent en rien des solutions ordinaires, car leur poids spécifique, leur tension de vapeur, leur point de congélation, etc., se modifient suivant les mêmes lois.

Un grand nombre de substances, mais principalement le sulfate de sodium (sel de Glauber, Na^2SO^4), donnent facilement des solutions sursaturées. Pour préparer une solution saturée de sulfate de sodium, on met dans un ballon un excès de sel et une certaine quantité d'eau ; on porte à l'ébullition, on décante la solution saturée, on la chauffe de nouveau, et, le liquide étant en ébullition, on scelle le ballon à la lampe. Au lieu de sceller le ballon, on peut encore le boucher hermétiquement, le fermer avec un tampon d'ouate ou bien verser sur la solution une couche d'huile. Si toutes les précautions ont été bien prises, on peut laisser la solution revenir à la température ordinaire ou même la porter à une température plus basse sans que l'excès de sel se sépare. Quand, au contraire, on a négligé de prendre les précautions nécessaires, la solution laisse déposer par refroidissement des cristaux ayant pour formule $Na^2SO^4 10H^2O$ renfermant 180 d'eau de cristallisation pour 142 de sel anhydre. La solution sursaturée peut être agitée sans que la cristallisation se produise, mais il suffit de déboucher le ballon et d'y projeter un petit cristal de sulfate de sodium pour que la cristallisation s'effectue brusquement.(55) Cette formation rapide de cristaux s'accompagne d'une élévation considérable de température, parce que le passage du sel, de l'état liquide à l'état solide, est accompagné de dégagement de chaleur. Ce phénomène présente une certaine analogie avec l'eau qu'on peut refroidir jusqu'à 0° (et même jusqu'à — 10°) sans que la solidification se produise et qui peut, dans certaines conditions, se congeler brusquement en dégageant de la chaleur.

(55) Il existe dans l'air, en très petite quantité il est vrai, des cristaux extrêmement fins de différents sels, notamment du sulfate de sodium. C'est pourquoi l'air peut déterminer la cristallisation d'une solution sursaturée de sulfate de sodium, placée dans un vase ouvert ; mais il est incapable de produire le même effet sur la solution de certains autres sels, l'acétate de plomb, par exemple. D'après les observations de Lecoq de Boisbaudran, de Gernez et de quelques autres, les sels isomorphes seraient également capables de provoquer la cristallisation. Ainsi, la solution sursaturée de sulfate de nickel cristallise au contact d'un cristal des sulfates de certains autres métaux tels que le magnésium, le cobalt, le cuivre, le manganèse.

Le cristal, jeté dans une solution saturée, sert de point de départ à la cristallisation qui se propage en rayonnant avec une vitesse définie ; il est évident que les cristaux formés déterminent la cristallisation dans des directions déterminées. Ce phénomène rappelle beaucoup le développement des germes en organismes. Le semblable attire le semblable et se dispose dans des formes définies analogues.

L'analogie entre ces deux phénomènes est cependant loin d'être complète, le phénomène des solutions saturées étant bien plus compliqué. Ainsi, la solution sursaturée du sulfate de sodium abandonne par refroidissement des cristaux ayant pour formule $Na^2SO^4 7H^2O$ (56), c'est-à-dire renfermant 126 parties d'eau pour 142 parties de sel anhydre et non pas 180 comme c'est le cas pour le sel mentionné plus haut.

Les cristaux contenant 7 H^2O se distingnent, en outre, par leur instabilité ; le simple contact avec un cristal de Na^2SO^4 $10H^2O$, même avec un grand nombre d'autres corps solides, suffit pour les rendre opaques et les transformer en un mélange de sel hydraté et anhydre. Il est évident que différents genres d'équilibres plus ou moins stables peuvent s'établir entre l'eau et le corps dissous ; les solutions ne présentent qu'une variété de ces équilibres. (**57**)

(**56**) On considère actuellement les solutions sursaturées comme des systèmes homogènes, qui se transforment en des systèmes hétérogènes (composés d'un liquide et d'un corps solide), absolument comme l'eau, refroidie au-dessous du point de sa congélation, forme de la glace et de l'eau, ou bien comme les cristaux de soufre passent du système rhombique dans le système monoclinique et inversement.

Cette manière de voir, tout en expliquant un grand nombre des phénomènes qui accompagnent la sursaturation, laisse quelques points obscurs. C'est ainsi que, dans les solutions de sulfate de sodium, la formation spontanée d'un sel instable avec 7 molécules d'eau, au lieu du sel stable contenant 10 molécules d'eau, fait supposer que la structure de la solution sursaturée diffère de celle de la solution ordinaire. Chtcherbatchoff, se basant sur ses recherches personnelles, affirme que, en évaporant une solution de sel avec 10 molécules d'eau sans la chauffer, on obtient des cristaux contenant 10 molécules d'eau, tandis que la même solution évaporée au-dessus de 33°, forme une solution sursaturée et un sel contenant 7 molécules d'eau. Cette observation laisse supposer que les sels sont, dans les solutions sursaturées, à un état différent de celui qu'ils possèdent dans les solutions ordinaires. Il faudrait toutefois, pour démontrer cette hypothèse, quelques signes qui permettent de distinguer entre elles les solutions (isomères, d'après cette manière de voir) des sels contenant 7 et 10 molécules d'eau ; or, jusqu'à présent, les recherches faites dans ce but n'ont abouti à aucun résultat.

Il faudrait ensuite supposer l'existence, dans toutes les solutions sursaturées, de formes particulières des cristalhydrates (page 167), ce qui, tout en étant possible, n'a pas été observé.

Le rapport qui existe entre la fusibilité facile du sel, à 10 molécules d'eau, (comme en général de tous les sels qui donnent facilement des solutions sursaturées et sont susceptibles de fournir plusieurs cristalhydrates), et la décomposition que subit ce même sel, pendant la fusion, ayant pour résultat la formation du sel anhydre,

doit jouer un certain rôle. Comme les cristalhydrates de certains
sels, (alun, acétate de plomb, chlorure de calcium) fondent, sans se
décomposer tandis, que d'autres, le $Na^2SO^410H^2O$, par exemple, se
décomposent dans les mêmes conditions, On peut supposer qu'il
existe dans ces derniers cristalhydrates un état d'équilibre qui ne
peut se maintenir à des températures supérieures à leurs points de
fusion. Si l'expérience avait démontré que le sel contenant 7 molécules d'eau commence à cristalliser dans la solution refroidie avant
que la température n'atteigne 33°, et qu'ensuite les cristaux ne font
que s'accroître, toutes les données relatives aux solutions sursaturées de sulfate de sodium pourraient être expliquées exclusivement par la surfusion.

Malgré les nombreuses recherches auxquelles elles ont donné lieu,
ces questions sont cependant encore à l'ordre du jour. Je ferai
encore remarquer que, dans la fusion des cristaux de sulfate de
sodium contenant 10 molécules d'eau, il se forme, en plus du sel
solide anhydre, une solution sursaturée donnant des cristaux avec
7 molécules d'eau. La transformation du sel à 10 molécules d'eau
en sel à 7 molécules d'eau et inversement, s'accompagne donc de
la formation du sel anhydre, ou peut-être seulement monohydraté.

Pickering, en 1887, a fait de nombreuses recherches sur les
quantités de chaleur que produit la dissolution des sels hydratés
et anhydres à des températures différentes. On peut en déduire,
qu'à une certaine température, la chaleur dégagée par la combinaison du sel avec l'eau sera nulle, c'est-à-dire que la combinaison
n'aura probablement pas lieu.

Ainsi, par exemple, 106 grammes (poids moléculaire exprimé en
grammes) de carbonate de sodium anhydre produisent, en se
dissolvant dans 7200 grammes d'eau ($= 400 H^2O$), les quantités de
chaleur suivantes :

à 4°, + 4300 calories ; à 16°, + 5300 cal., à 25°, + 5850 cal.

Dans ce cas, comme dans beaucoup d'autres, la chaleur de dissolution augmente avec l'élévation de température. Si l'on prend,
au contraire, le cristalhydrate $Na^2CO^310H^2O$, on observe une
absorption de chaleur exprimée par les chiffres suivants (calculés
pour la même quantité du carbonate anhydre) :

à 4°, — 16250 ; à 16°, — 16150 ; à 25°, — 16300 calories.

Dans ce dernier cas, l'absorption de chaleur est due, en partie, au
changement d'état que subit l'eau de cristallisation en passant de
l'état solide à l'état liquide ; c'est pourquoi Pickering, en déduisant
la chaleur latente de fusion de la glace, obtient, pour le cas donné,
les nombres de calories suivants :

à 4°, — 1700 ; à 16°, — 600, à 25°, — 0.

Il suffit donc, pour calculer la chaleur de formation du cristal-hydrate, ou autrement dit la quantité de chaleur produite par la combinaison du carbonate de sodium anhydre avec dix molécules d'eau, de déduire les derniers chiffres des premiers :

$$\text{à } 4^0, \; + 6000 \; ; \; \text{à } 16^0, \; + 5900 \; ; \; \text{à } 25^0, \; + 5850$$

c'est-à-dire, que le dégagement de chaleur que produit la combinaison diminue, faiblement il est vrai, avec l'élévation de la température. Il est possible que, à 33°, la combinaison du sulfate de sodium avec $10H^2O$ ou $7H^2O$ ne produise qu'un faible dégagement de chaleur, presque identique dans les deux cas.

(57) Les *émulsions* sont des mélanges d'apparence laiteuse, formés par des solutions de substances gommeuses tenant en suspension des liquides huileux sous forme de fines gouttelettes, visibles au microscope. Elles peuvent être prises comme exemple d'un mélange mécanique qui, tout en ressemblant aux solutions, s'en distingue par une foule de propriétés. Certaines solutions se rapprochent des émulsions par la facilité avec laquelle elles laissent précipiter la substance qu'elles tiennent en dissolution. On sait depuis long-temps, par exemple, qu'une modification spéciale du bleu de Prusse $KFe^2(CAz)^6$, soluble dans l'eau pure, passe à l'état insoluble et se sépare complètement par l'addition de la moindre quantité de certains sels.

Les sulfures de cuivre CuS, de cadmium CdS, d'arsenic As^2S^3 et de beaucoup d'autres métaux, ordinairement insolubles, peuvent se dissoudre, lorsqu'ils sont obtenus par double décomposition (c'est-à-dire par précipitation de leurs solutions salines au moyen de l'hy-drogène sulfuré) et soigneusement lavés, et donner des solutions tout à fait limpides, comme l'ont démontré Schulze, Spring, Prost et autres. Ces solutions, qui sont d'un rouge brun pour les sulfures de mercure, de plomb, et d'argent ; d'un vert brun, pour ceux de cuivre et de fer ; jaunes pour le cadmium et l'indium ; incolores pour le zinc, peuvent se conserver d'autant plus longtemps qu'elles sont plus diluées et même être portées à l'ébullition. Elles se troublent cependant au bout d'un certain temps, c'est-à-dire que les substances qu'elles contiennent passent à l'état complètement insoluble ; le dépôt a même quelquefois un aspect cristallin. La moindre trace de sels, des sels d'aluminium principalement, ou même d'un sel quelconque du métal qui se trouve dans la solution. suffit pour préci-piter ces substances de leur dissolution.

Graham et d'autres savants ont indiqué la propriété que possèdent les colloïdes (note 18) de former des *hydrosoles* ou *solutions des colloïdes gélatineux*, nous aurons l'occasion d'y revenir en parlant de l'alumine et de la silice.

Dans l'état actuel de nos connaissances sur les phénomènes de dissolution, on peut considérer ce genre de solutions comme constituant des formes de transition entre les solutions proprement dites et les émulsions. On ne pourra cependant trancher définitivement cette question qu'après avoir étudié les rapports qui existent entre ces solutions et les solutions ordinaires et sursaturées, avec lesquelles elles présentent d'ailleurs quelques points de ressemblance. Remarquons encore que les solutions des colloïdes, même solubles, refroidies au-dessous de 0°, se congèlent immédiatement et ne forment pas, d'après Guthrie, des cryohydrates.

Les solutions salines, refroidies au-dessous de 0°, laissent déposer de la glace ou des cristaux de sel qui renferment ordinairement de l'eau de cristallisation; en séparant la glace ainsi formée, on peut obtenir des solutions d'une certaine concentration qui se solidifient entièrement : ce sont ces masses solidifiées que l'on appelle *cryohydrates*. Mes recherches, faites en 1868 sur les solutions du sel ordinaire, ont démontré que ces solutions se solidifient à la température d'environ — 23° lorsqu'elles atteignent la composition de $NaCl + 10H^2O$ (188 parties d'eau pour 58,5 p. de sel). La solution solidifiée fond à la même température, et la partie fondue, de même que celle qui est restée à l'état solide, conserve la composition qui vient d'être indiquée. Guthrie (1874-1876) a obtenu des cryohydrates d'un grand nombre de sels ; il a démontré que, tandis que certains d'entre eux se produisent à des températures relativement basses, d'autres : le sublimé corrosif, l'alun, le chlorate de potassium, les différents colloïdes, par exemple, se forment déjà par un refroidissement peu considérable, à — 2° et même avant, et contiennent une grande quantité d'eau. Il est permis de présumer que ces deux séries de cryohydrates diffèrent considérablement entre elles ; mais, l'insuffisance des données, qui existent sur ce sujet, ne permet pas actuellement de formuler une loi précise.

Cependant, le cryohydrate du sel ordinaire, contenant 10 molécules d'eau, et celui du nitrate de sodium, contenant 7 molécules d'eau (126 p. d'eau pour 80 de sel), doivent être considérés comme des composés définis, capables de passer de l'état solide à l'état liquide et inversement. Il est donc vraisemblable d'admettre que les cryohydrates sont des solutions non seulement indécomposables par le froid, mais ayant aussi une composition définie. Ils constituent un nouvel état d'équilibre défini entre le dissolvant et le corps dissous. (58)

(58) Offer (1880), en se basant sur ses propres recherches, considère les cryohydrates comme de simples mélanges de glace et de sels, qui ont un point de fusion constant comme certains alliages possèdent une température constante de fusion, ou comme certaines solutions de liquides ont un point constant d'ébullition (voir note 60). Cette manière de voir n'explique cependant pas dans quel état se trouve, par exemple, le sel ordinaire dans le cryohydrate $NaCl + 10 H^2O$.

A toute température supérieure à — 10°, le sel ordinaire cristallise à l'état anhydre, tandis que, à cette température, il fournit des cristaux contenant 2 molécules d'eau $NaCl, 2 H^2O$. Il paraît donc invraisemblable que ce sel puisse donner des cristaux anhydres à des températures encore plus basses. Si on suppose maintenant l'existence, dans le cryohydrate, d'un mélange de $NaCl, 2 H^2O$ et de glace, il reste toujours à expliquer pourquoi l'un de ces corps ne fond pas avant l'autre. Le fait que l'alcool peut extraire l'eau de la masse solide en laissant le sel, ne prouve pas non plus l'existence de la glace, puisque l'alcool possède la propriété d'enlever l'eau aux cristaux d'un grand nombre de sels hydratés ($NaCl, 2H^2O$, par exemple), à une température voisine de leur point de fusion. Enfin, l'observation nous apprend que l'addition d'un cristal de glace dans le cryohydrate $NaCl. 10 H^2O$, refroidi avec précaution, ne provoque pas la formation de la glace, ce qui devrait cependant avoir lieu, si le cryohydrate, à l'état solide, n'était qu'un simple mélange de glace et de sel.

J'ajouterai encore, relativement à la question des cryohydrates, qu'en étudiant les solutions aqueuses d'alcool (note 19), et en me basant sur leurs poids spécifiques, j'ai conclu à l'existence d'une combinaison $C^2H^6O.12H^2O$.

C'est qu'en effet, une solution d'eau et d'alcool présentant cette composition se solidifie complètement à — 20° en formant de très beaux cristaux fusibles à — 18°, comme nous l'avons observé avec Tistchenko. Ce composé défini rappelle, sous beaucoup de rapports, les cryohydrates.

La formation de composés définis, mais peu stables, dans

la dissolution est mise en évidence par les phénomènes suivants : la diminution notable de la tension de vapeur et l'élévation du point d'ébullition de certaines solutions aqueuses contenant des liquides volatils ou des gaz.

Prenons pour exemple l'acide iodhydrique, corps gazeux qui, sous l'influence d'un abaissement considérable de température, se transforme en un liquide bouillant à — 20° environ. Sa solution aqueuse qui renferme, pour 100 parties, 57 p. de gaz, se distingue par une grande stabilité. Lorsqu'on la chauffe, l'acide iodhydrique se volatilise avec l'eau, et la vapeur a la même composition que la solution ; on peut, par conséquent, la distiller et obtenir dans le récipient un liquide contenant la même proportion d'eau et d'acide iodhydrique que le liquide pris pour l'opération. Le point d'ébullition de la solution est supérieur à celui de l'eau, les propriétés physiques du gaz et de l'eau ont disparu : il s'est formé une combinaison définie entre l'eau et le gaz, une nouvelle substance qui a son point d'ébullition déterminé ou, pour parler plus exactement, qui se décompose à une température déterminée, et émet, sous forme de vapeurs, ses produits de décomposition qui se combinent de nouveau en se refroidissant.

Voir la note 24.

La solution contenant 57 0/0 d'acide iodhydrique bout à 127°. Quand on chauffe une solution contenant moins d'acide iodhydrique, il distille d'abord de l'eau pure puis une solution d'acide iohydrique ayant la même concentration que celle décrite plus haut, qui passe dans le récipient sans se décomposer. Cette dernière solution peut dissoudre une nouvelle quantité d'acide iodhydrique si on la fait traverser par un courant de ce gaz, mais elle le dégage facilement.

Les forces, qui déterminent la formation des solutions gazeuses ordinaires, ne prennent aucune part dans la formation des solutions à point d'ébullition constant; car la composition de ces solutions varie avec la pression. (60)

(60) C'est précisément à cause des changements de composition que l'on observe dans les solutions ayant un point d'ébullition constant, que beaucoup de savants n'admettent pas l'existence d'hydrates définis formés par la combinaison des corps volatils tels que l'acide chlorhydrique avec l'eau. L'argument qu'on cite à l'appui de cette opinion est généralement le suivant : si la composition était, en réalité, constante, elle ne varierait pas avec le changement de pression. Cependant, la distillation de ces hydrates à point d'ébullition constant, si l'on peut en juger d'après les densités de vapeur déterminées par Bineau, est accompagnée sans aucun doute de décomposition complète ; ces corps ne sont donc pas capables d'exister à l'état de vapeurs, pas plus que le chlorure d'ammonium, l'acide sulfurique et beaucoup d'autres corps. Leurs produits de décomposition (acide chlorhydrique et eau) sont des corps gazeux, à la température de la distillation, qui se dissolvent dans les liquides soumis à la distillation et dans le liquide condensé. La solubilité des gaz dépendant de la pression, la composition des solutions à point d'ébullition constant doit varier avec cette dernière ; plus est faible la pression et plus est basse la température de l'évaporation, plus il y a de chance, par conséquent, d'obtenir une véritable combinaison.

Il résulte des recherches de Roscoë et de Dittmar (1859) que, à la pression de 3 atmosphères, la solution, qui bout à une température constante, contient 18 0/0 d'acide chlorhydrique, à la pression d'une atmosphère 20 0/0 et 23 0/0 à 1/10 d'atmosphère. Lorsqu'on fait passer un courant d'air, à travers les solutions pour éliminer l'excès de vapeur d'eau ou d'acide chlorhydrique, jusqu'à ce qu'on atteigne une composition constante, on obtient, à 100°, une solution contenant 20 0/0 d'acide chlorhydrique, à 50°, environ 23 0/0 et, à 0°, environ 25 0/0. On arrive donc au même résultat, soit en diminuant la pression, soit en abaissant la température de l'évaporation ; il y a, dans les deux cas, formation d'un hydrate représenté par la formule $HCl + 6 H^2O$, qui contient 23 à 26 0/0 d'acide chlorhydrique. L'acide chlorhydrique fumant en contient une plus grande quantité.

Le fait le plus important, qui oblige à admettre l'existence de combinaisons définies dans les acides à point d'ébullition constant, c'est la diminution de la tension ; le gaz (HCl, HI) perd son élasticité et ne suit pas la loi de Henry ni de Dalton ; sa solution ne laisse dégager que de l'eau ; un liquide volatil, l'acide nitrique ou l'acide formique, par exemple, possède, quand il est dissous, une tension de vapeur moindre que celle du liquide lui-même et de l'eau avec laquelle il est combiné. Cette diminution dans la tension est due à une perte de mouvement qui s'explique par l'attraction existant entre l'eau et le corps dissous. Dans le cas examiné, de même que dans celui relatif à l'acide formique, étudié par Konovaloff (voir note 47), la solution ayant un point d'ébullition constant possède une tension *minima*, c'est-à-dire une température d'ébullition supérieure à celle de ses composants.

Il existe cependant d'autres solutions à point d'ébullition constant dont la température d'ébullition est inférieure à celle du composant le plus volatil. La solution, de l'alcool propylique (C^3H^8O) nous en fournit un exemple. Cependant, dans ce cas également, du moment qu'il y a solution, on ne peut nier la possibilité de la formation d'une combinaison définie ($C^3H^8O + H^2O$), la tension de la solution n'égalant pas la somme des tensions des composants. Enfin, on a observé certains mélanges qui ont un point d'ébullition constant, lors même qu'il n'y a ni solution, ni diminution de tension, dans lesquels, par conséquent, il n'y a pas trace d'action chimique. Dans ces cas, les quantités de liquide, qui se volatilisent, sont égales · au produit de leur densité de vapeur par leur tension (Wanklyn). C'est pourquoi, du reste, les liquides insolubles dans l'eau, et bouillant à plus de 100° (essence de térébenthine, huiles éthérées) distillent avec la vapeur d'eau, même à une température inférieure à 100 degrés.

Il résulte donc, de tout ce que l'on vient de voir, qu'il faut chercher les indices d'une véritable action chimique entre l'eau et l'acide, non pas dans la constance de la composition et du point d'ébullition (température de décomposition), mais dans la diminution considérable de la tension, absolument analogue à celle observée, par exemple, dans la formation de combinaisons définies avec l'eau de cristallisation (note 65). L'acide sulfurique H^2SO^4, comme nous le verrons plus loin, se décompose par la distillation tout à fait comme $HCl,6H^2O$; cependant, cet acide présente tous les caractères des composés chimiques définis.

L'étude des variations des poids spécifiques des solutions en rapport avec leur composition, (voir la note 19), montre que des phénomènes de même ordre, mais d'intensité différente accompagnent aussi bien la formation de SO^4H^2 aux dépens de H^2O et de SO^3 que celle de $HCl.6H^2O$ (en des solutions aqueuses analogues) aux dépens de HCl et de l'eau.

C'est seulement à la pression ordinaire que 100 parties en poids de la solution constante d'acide iodhydrique contiennent 57 0/0 de ce gaz. A toute autre pression, les proportions d'eau et d'acide iodhydrique seront différentes. D'après les recherches de Roscoë, ces variations dans la composition sont peu considérables, même pour des variations considérables de la pression. Elles sont cependant suffisantes pour démontrer l'influence qu'exerce la pression sur la formation des combinaisons chimiques peu stables, facilement dissociables (avec formation de gaz), de même que sur les solutions des gaz (**61**); seulement, dans ce dernier cas, leur influence est plus considérable que dans le premier.

(**61**) On peut se représenter, de la manière suivante, la nature du phénomène. Le corps A, gazeux et facilement volatilisable, forme avec une certaine quantité d'eau : nH^2O, une combinaison définie $A.nH^2O$ qui n'est stable que jusqu'à une température t, supérieure à 100°. A cette température, la combinaison se décompose en deux corps A et H^2O. Ces deux corps entrent en ébullition, sous la pression ordinaire, à une température inférieure à t^0, à laquelle ils distillent et se recombinent, de nouveau, dans le récipient.

Mais, si une partie du corps $A.nH^2O$ s'est décomposée ou s'est volatilisée, l'autre partie est restée intacte dans l'appareil; elle peut donc dissoudre l'un des produits de la décomposition, en quantité variable, avec la pression et la température. C'est ainsi que l'on peut expliquer comment une solution à point d'ébullition constant présente, sous différentes pressions, une composition un peu différente.

Les acides chlorhydrique, nitrique et autres forment des solutions ayant *des points constants d'ébullition*, tout à fait comme l'acide iodhydrique. Ces solutions, lorsqu'elles contiennent peu d'eau, possèdent toutes la propriété de *fumer à l'air*; aussi les solutions concentrées des acides nitrique, chlorhydrique, iodhydrique et autres portent le nom d'acides fumants.

Les liquides fumants contiennent à la fois une combinaison définie, dont la température d'ébullition (de décomposition) est supérieure à 100°, et aussi un excès de la substance volatile dissoute qui tend à se combiner avec l'eau et à former un hydrate dont la tension de vapeur est inférieure à celle de l'eau. En s'évaporant dans l'air, cette substance dissoute rencontre l'humidité qui s'y trouve et forme avec celle-ci une vapeur (fumée) visible, qui est constituée par l'hydrate mentionné).

L'attraction ou l'affinité, qui unit chimiquement l'acide iodhydrique, par exemple, avec l'eau, trouve son expression, non seulement dans le développement de la chaleur et la diminution de la tension de vapeur et, par conséquent, l'élévation du point d'ébullition, mais aussi dans beaucoup de phénomènes purement chimiques. C'est ainsi qu'en présence de l'eau, l'on obtient de l'acide iodhydrique par l'action de l'iode sur l'hydrogène sulfuré ; tandis que cette réaction ne s'effectue pas en l'absence de l'eau. **(62)**

(62) Les dissolutions d'acide chlorhydrique dans l'eau présentent des différences encore plus grandes dans les réactions dont elles sont capables, suivant que la quantité d'eau correspond à l'hydrate $HCl.6H^2O$ ou qu'elle est plus grande. Ainsi, par exemple, les solutions concentrées décomposent le sulfure d'antimoine, avec formation de H^2S, et précipitent le sel ordinaire de ses solutions, tandis que les solutions faibles d'acide chlorhydrique ne produisent pas ces effets.

Un grand nombre de substances peuvent, en se combinant avec l'eau de cristallisation, former des composés solides qui, fondus, doivent être considérés comme de véritables solutions, c'est-à-dire comme des liquides. Ces corps solides sont capables de former des solutions, tout comme la glace ou les vapeurs d'eau. Je propose de les nommer *cristalhydrates*.

De même que l'on ne peut admettre la présence dans les solutions de la glace ou de la vapeur d'eau, à leur état ordinaire, puisque les solutions sont des liquides, de même il n'y a aucune raison de croire que les combinaisons des corps avec l'eau de cristallisation préexistent dans les solutions qui servent à les préparer. **(63)**

(63) Les solutions sursaturées en donnent une preuve éclatante. Ainsi, le sulfate de cuivre cristallise ordinairement avec 5 molécules d'eau $CuSO^4.5H^2O$ et la solution sursaturée de ce sel donne les mêmes cristaux lorsqu'elle est mise en contact avec un petit cristal du même sel. Mais, si l'on ajoute à la solution sursaturée de ce sel un cristal de sulfate de fer, $FeSO^4.7H^2O$ (sel isomorphe, voir note 55) on obtient des cristaux de sulfate de cuivre contenant aussi 7 molécules d'eau (Lecoq de Boisbaudran). Il est évident que ni le sel contenant 5 H^2O, ni le sel $7H^2O$ ne préexistent dans la solution qui se trouve à un état spécial d'équilibre.

Il est évident que ces substances représentent une des nombreuses formes possibles de l'équilibre entre l'eau et la substance dissoute. Ces formes rappellent, sous tous les rapports, les solutions, c'est-à-dire les combinaisons aqueuses plus ou moins facilement décomposables avec séparation d'eau et formation de combinaisons moins hydratées ou complètement anhydres. Il existe, en effet, de nombreux corps cristallisés qui contiennent de l'eau et qui l'abandonnent, en partie, à la température ordinaire. Tels sont, par exemple, les cristaux de carbonate de sodium. Au moment où ils se déposent d'une solution aqueuse, à la température ordinaire, ils sont complètement transparents ; mais, après quelque temps d'exposition à l'air, ils lui abandonnent une partie de leur eau de cristallisation, perdent leur transparence et leur aspect cristallin tout en conservant leur forme primitive. Cette perte d'eau de cristallisation, subie par certains cristaux à la température ordinaire, est appelée *efflorescence*. (**64**) Cette efflorescence se produit plus rapidement sous la cloche de la pompe pneumatique et surtout sous l'influence d'une élévation de température, même très faible ; c'est un véritable phénomène de dissociation qui se produit à la température ordinaire. Les solutions se décomposent de la même manière.

(**64**) L'efflorescence, de même que toute évaporation, commence à la surface. A l'intérieur des cristaux effleuris, on trouve ordinairement le sel intact ; c'est ainsi qu'en brisant un cristal assez volumineux de carbonate de soude, on observe un noyau transparent, entouré d'une masse opaque, pulvérulente. Il est à remarquer que l'efflorescence se fait d'une manière régulière et uniforme. Les angles et les plans d'un même caractère cristallographique s'effleurissent simultanément et, sous ce rapport, c'est la forme cristalline qui détermine les parties des cristaux où l'efflorescence

commence et l'ordre dans lequel ce phénomène envahit les autres parties. Dans les solutions, l'évaporation commence aussi à la surface ; c'est là que se forment les premiers cristaux, dès que la *sursaturation* se produit. Les cristaux, qui tombent au fond, continuent naturellement à s'accroître. (Voir chap. X).

La tension de la vapeur d'eau dégagée par les cristalhydrates est certainement inférieure à celle de l'eau pure (65) à la même température, c'est pourquoi un certain nombre de sels anhydres capables de se combiner avec l'eau absorbent l'humidité de l'air. Ils jouent le rôle d'un corps froid sur lequel la vapeur d'eau atmosphérique se condense.

(65) Une solution concentrée de baryte caustique BaH^2O^2 commence, à 100°, à laisser déposer des cristaux contenant une molécule d'eau. A ce moment, la tension de vapeur de la solution égale, d'après Lescoeur (1883), 630 mm. (au lieu de 760 mm., — tension de l'eau). A mesure que l'évaporation continue, cette tension décroit et atteint 45 mm. lorsque l'eau est entièrement évaporée et qu'il ne reste plus que les cristaux $BaH^2O^2 + H^2O$. Mais, ces cristaux perdent aussi une partie de leur eau, à 100°, et laissent un hydrate BaH^2O^2 indécomposable à cette température, et qui ne dégage plus d'eau. A 73° (la tension de la vapeur d'eau étant alors égale à 265 mm.) la solution contenant 33 molécules d'eau possède, au moment de la cristallisation, une tension de 230 mm. et les cristaux qui se forment $BaH^2O^2 . 8H^2O$ ont une tension de 160 mm : ces derniers cristaux peuvent perdre leur eau et passer à l'état de $BaH^2O^2 . H^2O$ substance indécomposable à 73° et dont la tension est, par conséquent, nulle.

Muller-Erzbach (1884) détermine la tension de vapeur des différentes substances (par rapport à l'eau liquide), en plaçant dans un exsiccateur des tubes d'égale longueu, rremplis d'eau et des substances à examiner ; la vitesse, avec laquelle s'évapore l'eau, fournit la tension relative. Ainsi, les cristaux de phosphate de sodium $Na^2HPO^4 . 12H^2O$ présentent, à la température ordinaire, une tension relative de 0.7 (par rapport à l'eau', jusqu'à ce qu'ils aient perdu $5H^2O$ et de 0.4 lorsque 5 nouvelles molécules d'eau sont évaporées. Avec la perte des dernières molécules d'eau, la tension tombe jusqu'à 0.04, comparativement à l'eau. Il est donc évident que toutes les molécules d'eau ne sont pas retenues avec une égale énergie. Des cinq molécules d'eau, contenues dans les cristaux du sulfate de cuivre, les premières s'éliminent, d'après Latchinoff, relativement vite, même à la température ordinaire : il faut cependant laisser les cristaux plusieurs jours dans l'exsiccateur, les 2 autres s'éliminent plus difficilement : quant à la dernière molécule, elle est retenue même à 100°.

C'est sur cette propriété de certains sels qu'est fondée la dessiccation des gaz ; certains corps, le carbonate de potassium (K^2CO^3) et le chlorure de calcium ($CaCl^2$), par exemple, absorbent non seulement la quantité d'eau nécessaire pour former une combinaison cristalline solide, mais se résolvent même en liquides, forment des solutions ou, comme on a l'habitude de dire, deviennent *déliquescents* dans une atmosphère humide.

Beaucoup de cristaux ne s'effleurissent pas à la température ordinaire ; le sulfate de cuivre, par exemple, peut être conservé un temps indéfini sans perdre son eau de cristallisation, mais, lorsque l'efflorescence a commencé sous la cloche d'une pompe pneumatique, elle se continue, dans l'air, à la température ordinaire.

La température à laquelle les cristaux perdent complètement leur eau de cristallisation varie non seulement pour les différentes substances, mais aussi pour les différentes portions de l'eau qu'ils contiennent. Souvent, la température à laquelle commence ce dégagement de l'eau est supérieure au point de l'ébullition de l'eau. Le sulfate de cuivre, par exemple, qui contient 36 % d'eau en poids, en perd 28,8 % à 100° ; et le reste, c'est-à-dire 7,2 % seulement à 240°. L'alun, qui contient 45,5 % d'eau en abandonne à 100° 18,9 % ; à 120°, il en perd encore 17,7 % ; à 180°, 7,7 % ; enfin, à 280°, encore 1 % ; il n'abandonne le reste, c'est-à-dire 1 % qu'à la température de sa décomposition.

Ces exemples montrent suffisamment que l'absorption de l'eau de cristallisation s'accompagne de modifications profondes dans ses propriétés, modifications qui peuvent cependant paraître faibles en comparaison des exemples que nous verrons plus loin.

Dans certains cas, l'eau de cristallisation se sépare seulement après que le corps a perdu l'état solide ; on dit alorsque les cristaux *fondent* dans leur *eau de cristallisation* ; après cette fusion et quand toute l'eau est dégagée, le corps acquiert à nouveau la forme solide.

On observe très bien ce phénomène sur les cristaux d'acétate de plomb (sel de saturne) qui fondent dans leur eau de cristallisation à $56°,25$ et qui commencent à perdre leur eau à cette température. Arrivé à $100°$, l'acétate de plomb se solidifie après avoir perdu toute son eau de cristallisation et. à $280°$, le sel anhydre et solide commence à fondre de nouveau.

L'acétate de sodium $C^2H^3NaO^2 3H^2O$ fond à $580°$. Il se solidifie à la même température, mais seulement au contact d'un cristal du même sel, de sorte qu'il peut être refroidi, sans se solidifier, jusqu'à $0°$ et utilisé pour l'obtention d'une température constante. Sa chaleur latente de fusion égale environ 28 calories et celle de dissolution 36 calories, d'après Pickering. Le sel fondu bout à $123°$, c'est-à-dire qu'à cette température la tension de la vapeur, qui se dégage, est égale à une atmosphère.

Il est très important de savoir qu'il existe un rapport constant entre la quantité d'eau de cristallisation et la quantité de la substance avec laquelle elle est combinée. Chaque fois qu'on prépare des cristaux de sulfate de cuivre, on constate qu'ils contiennent $36,14$ % d'eau et qu'ils perdent toujours, à $100°$, les $4/5$ seulement de leur eau ; la dernière partie ne s'en sépare complètement qu'à la température de $240°$. Il suffit, pour vérifier ce fait, de dessécher un poids connu de cristaux dans une étuve à air chaud ou dans n'importe quel autre appareil à dessiccation.

Ce qui vient d'être dit pour le sulfate de cuivre s'applique à tout autre sel contenant de l'eau de cristallisation. Il est impossible d'augmenter la proportion relative de l'eau ou du sel sans changer l'homogénïété de la substance. Si certains cristaux ont perdu une partie de l'eau de cristallisation, par efflorescence par exemple, on ne sera plus en présence d'un corps homogène, mais d'un mélange constitué en partie par la substance privée d'eau, en partie par la substance non modifiée, c'est-à-dire qu'il y aura déjà un commencement de décomposition.

C'est là un exemple de **combinaisons chimiques définies**, combinaisons dans lesquelles les quantités des parties constituantes sont exactement définies. Ce qui distingue les combinaisons définies des combinaisons chimiques dites non définies, c'est que l'on peut ajouter à ces dernières une certaine quantité d'au moins une et souvent même des deux parties constituantes sans troubler leur homogénéité ; telles sont par exemple, les solutions. Au contraire, on ne peut ajouter aux combinaisons définies aucune de leurs parties contituantes sans que l'homogénéité du tout ne soit compromise.

Les combinaisons chimiques définies se décomposent sous l'influence d'une élévation de la température ; mais, au moins dans les conditions ordinaires, elles n'abandonnent par le refroidissement aucune des parties qui les constituent ; les solutions, au contraire, forment dans ces conditions de la glace ou des combinaisons avec l'eau de cristallisation. Ces faits semblent indiquer qu'il existe dans les solutions de l'eau à l'état libre, bien que parfois en très petite quantité. (**66**)

(66) Dans les réactions purement chimiques, on observe souvent ce phénomène : qu'un corps liquide A, par exemple, forme, dans les conditions de l'expérience : avec un corps B, également liquide, une quantité insignifiante du composé C, solide ou gazeux ; cette petite quantité s'éliminera (ou sortira de la sphère d'action, suivant l'expression de Berthollet) de sorte que les quantités des corps A et B, qui restent en présence, pourront donner une nouvelle quantité de C : c'est ainsi que la réaction se continuera jusqu'à la fin, dans ces conditions. Il me semble que c'est une action identique qui se passe dans les solutions, lorsqu'elles abandonnent de la glace ou

lorsqu'elle émettent de la vapeur d'eau, ce qui indique la présence de l'eau à l'état libre.

Les solutions capables de se solidifier complètement (les cryohydrates et les cristalhydrates, c'est-à-dire les combinaisons fusibles, contenant de l'eau de cristallisation, doivent être considérées comme des combinaisons définies. Telle est, par exemple, la combinaison de 84 parties et demie d'acide sulfurique H_2SO_4 avec 15 parties et demie d'eau $H_2SO_4 + H_2O = H_4SO_5$.

Si nous nous représentons une combinaison de ce genre à l'état liquide et susceptible de se décomposer en partie en perdant l'eau, non pas sous la forme de glace ou de vapeur, ce qui nous mettrait en présence d'un système hétérogène, composé de corps existant à différents états physiques, mais sous la forme liquide, sans troubler l'homogénéïté du système, toute solution nous apparaîtra comme un liquide facilement décomposable résultant d'un équilibre instable entre l'eau et le corps dissous.

De même qu'il est possible d'ajouter à un mélange gazeux homogène une nouvelle quantité de l'une ou de l'autre de ses parties constituantes sans en troubler l'homogénéïté, rien n'empêche d'ajouter à une solution une nouvelle quantité du dissolvant ou du corps dissous. Dans le premier cas, il y aura formation d'une solution diluée qui ne présentera plus aucune composition définie; dans le second cas, si l'on est en présence d'un corps solide et d'une solution saturée, on obtiendra une solution sursaturée. Le corps solide peut cependant, grâce à la cohésion de ses molécules, se séparer de la solution sous une forme cristalline.

L'addition du dissolvant ou du corps dissous, tout en conservant à la solution son homogénéïté, modifie les quantités relatives de ses deux parties constituantes. Cette addition aura pour résultat de faire varier la quantité d'eau qui

se dégage comme l'un des produits de la dissociation des
solutions, en même temps que la quantité relative d'un ou
de plusieurs composés définis, formés entre l'eau et le corps
dissous. Ce changement entraîne des variations dans les propriétés de la solution, (contraction, modification de la tension
de vapeur, etc...) variations déterminées non seulement
par la modification de la proportion des parties constituantes, mais, aussi par celle de la quantité des composés chimiques définis, liquides, qui sont contenus dans les solutions.
La formation de ces composés est, en effet, déterminée par
l'attraction chimique qui existe entre l'eau et les corps dissous, ainsi que par la capacité que possèdent ces derniers
d'entrer avec ce liquide dans différentes (**67**) combinaisons.

La série des *cristalhydrates* (combinaisons avec l'eau de
cristallisation) que peut former un corps (et chacun d'eux
possède ses propriétés individuelles distinctes) nous fournit un exemple des différentes combinaisons possibles
entre l'eau et le corps dissous.

(**67**) Certains corps ne peuvent s'unir entre eux qu'en une seule
proportion, et forment, par conséquent, une seule combinaison, tandis que d'autres peuvent en former plusieurs possédant des degrés
de stabilité différents : tel est le cas des combinaisons de l'eau.
Dans les solutions, celles de l'acide sulfurique, par exemple (voir
note 19), il faut admettre l'existence de plusieurs combinaisons définies différentes. Beaucoup de ces combinaisons n'ont pas encore
été isolées ; peut-être même ne peuvent-elles exister qu'à l'état liquide, c'est-à-dire dans la solution, ressemblant ainsi à beaucoup
de substances, parfaitement définies, qui ne se rencontrent que
dans un seul état physique. On trouve des substances semblables
parmi les hydrates : le composé $CO^2 + 8H^2O$ (voir note 31) n'existe,
d'après Wroblewski, qu'à l'état solide. La variation, que l'on observe
dans les tensions de vapeur, prouve l'existence d'hydrates analogues à $H^2S + 12 H^2O$ (Forcrand et Villiers), et à $HBr, 2 H^2O$ (Bakhuis-
Rozeboom) bien que ces composés ne soient qu'éphémères, si l'on
peut s'exprimer ainsi, incapables d'exister, à l'état isolé, sous une
forme stable. L'acide sulfurique lui-même, SO^4H^2, qui est cependant une combinaison bien définie, fume, à l'état liquide, en dégageant l'anhydride SO^3, c'est-à-dire qu'il se trouve dans un état d'équi-

libre très peu stable. Le cristalhydrate du chlore Cl²+8H²O, celui
de l'hydrogène sulfuré H²S+12H²O, ainsi que ceux de beaucoup
d'autres gaz sont des exemples d'hydrates très peu stables. L'hydrate H²S+12H²O, par exemple, se forme à 0⁰ : il se décompose
complètement à + 1⁰, 1 volume d'eau ne dissolvant que 4 volumes
d'hydrogène sulfuré, à 1⁰, et environ 100 volumes, à 0⁰.

En se basant sur toutes ces considérations, *on peut définir les solutions* (**68**) *comme des combinaisons chimiques définies, instables, liquides, à l'état de dissociation.* (**69**)

(**68**) Tels sont aussi les autres composés chimiques non définis, et,
par exemple, les alliages des métaux. Ce sont des corps solides, ou
des solutions de métaux solidifiées, qui contiennent des combinaisons définies et dans lesquelles peut exister un excés de l'un des
métaux composant l'alliage. D'après les expériences de Laurie
(1888) les alliages du zinc avec le cuivre se comportent, quant à la
force électromotrice dans les éléments galvaniques, tout à fait
comme le zinc, tant que la proportion de ce dernier dans l'alliage ne
dépasse pas un certain taux, c'est-à-dire tant qu'il ne s'est pas formé une combinaison définie ; c'est que, dans ces conditions, les alliages contiennent des particules de zinc à l'état libre. Il suffit que
la millième partie seulement de la surface d'une plaque de cuivre
soit recouverte de zinc, pour que le zinc agisse seul dans l'élément
galvanique.

(**69**) D'après cette définition, on peut se représenter, de la manière
suivante, l'état des solutions dans le sens de l'hypothèse cinétique de la matière, (c'est-à-dire en admettant le mouvement intérieur des molécules et des atomes). Dans un liquide homogène,
dans l'eau par exemple, les molécules se trouvent dans un état
d'équilibre mobile, mais stable. Lorsque l'on dissout dans l'eau
une substance A, ses molécules forment avec celles de l'eau des
systèmes A.nH²O qui sont si peu stables qu'ils se décomposent
et se reforment dans le milieu constitué par les molécules d'eau.

Le corps A passe, par conséquent, d'un groupe de molécules d'eau
dans un autre, et une même molécule d'eau qui, à un moment donné,
se trouvait dans le système A.nH²O en mouvement coordonné avec
A peut, dans un moment suivant, s'en être déjà séparé. L'addition
d'une nouvelle quantité d'eau, ou de nouvelles molécules du corps
A, peut, ou bien modifier seulement la quantité des molécules libres
et de celles qui entrent dans les systèmes A.nH²O, ou bien déterminer des conditions qui permettront la formation de nouveaux systèmes A.mH²O dans lesquels *m* est plus grand, ou moins grand
que *n*. Lorsque, dans une solution, les quantités relatives des molécules correspondent directement au système A.mH²O, l'introduc-

tion de nouvelles molécules d'eau ou de la substance A doit amener la formation de nouvelles molécules $A.nH^2O$. Les quantités relatives, la stabilité et la composition de ces systèmes sont différentes pour les différentes solutions.

Je suis arrivé à me représenter ainsi les solutions après une étude complète des variations de leurs poids spécifiques, que j'ai consignée dans mon ouvrage cité dans la note 19. Les composés définis, $An^1.H^2O$ et $Am^1.H^2O$, qui sont connus, à l'état isolé, sous la forme de corps solides par exemple, peuvent, dans certains cas, être contenus dans les solutions à un état de dissociation au moins partielle ; ils ressemblent par leur structure aux combinaisons définies qui se forment dans les solutions, mais rien ne nous oblige à admettre que ces systèmes, comme par exemple $Na^2SO^4 + 10H^2O$, $Na^2SO^4 + 7H^2O$ ou Na^2SO^4, soient effectivement contenus dans les solutions.

Les systèmes $An^1.H^2O$ relativement plus stables, existant à l'état libre, et pouvant, par conséquent, subir un changement d'état physique, doivent présenter, au moins dans certaines limites de température, un genre de mouvement coordonné de A avec n H^2O, tandis que les systèmes $A.nH^2O$ et $A.mH^2O$, qui se trouvent dans les solutions, sont dans un état liquide et au moins en partie dissociés.

Les substances telles que A, qui sont capables de former des solutions, se distinguent par la propriété qu'elles possèdent de former des systèmes instables, analogues à $A.nH^2O$, en même temps que d'autres bien plus stables $A.n^1H^2O$. Ainsi par exemple, le gaz oléfiant, C^2H^4, en se dissolvant dans l'eau, forme probablement un système $C^2H^4.nH^2O$, facilement décomposable en C^2H^4 et en H^2O, mais il forme, en même temps, un système relativement plus stable ; l'alcool $C^2H^4.H^2O$ ou C^2H^6O. L'oxygène se dissout dans l'eau et peut se combiner avec elle pour former le peroxyde d'hydrogène (eau oxygénée). L'essence de térébenthine $C^{10}H^{16}$, insoluble dans l'eau, forme avec ce liquide un hydrate relativement stable.

En d'autres termes, au point de vue de la structure chimique, les hydrates ou les composés définis, contenus dans les solutions, se distinguent par leurs propriétés particulières et aussi par leurs divers degrés de stabilité.

Il faut admettre que les cristalhydrates qui, en fondant, forment de véritables solutions, ont la même structure. Certaines substances, en effet, telles que le carbonate de sodium, capables de former des cristalhydrates, donnent plusieurs hydrates différents $(A.nH^2O)$ dans lesquels le nombre (n) des molécules d'eau est, en général, d'autant plus grand que la température de leur formation est plus basse, et que ces hydrates se décomposent d'autant plus facilement qu'ils contiennent plus d'eau. On peut en conclure :

1° que la séparation des hydrates riches en eau, contenus dans les solutions, se fera plutôt par l'abaissement de la température, bien que peut-être certains d'entre eux ne puissent exister à l'état solide.

2° que la stabilité de ces hydrates sera probablement minima dans les conditions ordinaires de l'existence de l'eau liquide.

C'est pourquoi, il nous semble qu'une étude minutieuse des cryohydrates peut contribuer à élucider la nature des solutions. Il est déjà facile de prévoir que certains cryohydrates seront constitués, comme les alliages métalliques, par des mélanges solidifiés de glace et des sels eux-mêmes, tandis que d'autres seront des composés chimiques définis.

En considérant les solutions à ce point de vue, la notion de leur nature se trouve ramenée à celle des composés définis, qui font l'objet principal de la chimie. (70)

(70) Cette hypothèse, qui fait des solutions et des autres composés non définis un état particulier des combinaisons définies, exclut par conséquent, l'existence des composés définis en tant que groupe indépendant. Cette hypothèse conduit à l'unité de la conception chimique, qui ne pouvait être atteinte tant qu'existait la notion physico-mécanique des composés indéfinis.

La transition graduelle qu'on observe entre des solutions types (solutions des gaz dans l'eau, et solutions salines diluées) et l'acide sulfurique d'un côté et, d'un autre côté, entre ce dernier ou les composés liquides définis, mais instables qui lui sont semblables, et les combinaisons nettement définies, telles que les sels et leurs crystalhydrates, la transition, disons-nous, est si peu sensible qu'en refusant d'admettre que les solutions soient bien des combinaisons définies, mais dissociées, on risquerait de nier la composition atomique *définie* de certains corps tels que l'acide sulfurique ou un crystalhydrate fondu.

Je répète cependant que, jusqu'à présent, on ne peut considérer cette théorie de la dissolution comme solidement établie. Ce n'est encore qu'une hypothèse, qui tend à expliquer les connaissances relativement restreintes que nous possédons sur les solutions et sur certains cas de leur transformation en combinaisons définies. En subordonnant les solutions à la conception Daltonienne de l'atomisme, j'espère qu'on arrivera non seulement à une théorie générale des phénomènes chimiques, mais aussi qu'on provoquera de nouvelles recherches et de nombreuses observations qui confirmeront cette hypothèse, ou bien qui établiront à sa place une théorie plus vraie et plus complète.

Nous allons nous arrêter maintenant sur une propriété essentiellement importante des composés définis auxquels, avons nous dit, il est nécessaire, ou du moins possible de rapporter les solutions.

12

Nous avons déjà vu que le sulfate de cuivre ne perd, à 100°, que les 4/5 de l'eau qu'il contient et que le reste ne se sépare qu'à 270°. Il existe, par conséquent, deux combinaisons de l'eau avec le sel anhydre. La composition des cristaux de carbonate de sodium, qui se séparent d'une solution aqueuse à la température ordinaire, correspond à la formule Na^2CO^3 10 H^2O. Ces cristaux contiennent 62.9 pour cent d'eau en poids.

Cette même solution, refroidie à — 20° environ, donne des cristaux contenant 77.8 parties d'eau pour 28.2 parties de sel anhydre. Ces cristaux se produisent en même temps que la glace ; mais ils restent, à l'état solide après la fusion de cette dernière. Lorsqu'on fond avec précaution le carbonate de sodium ordinaire, contenant 62,9 % d'eau, dans son eau de cristallisation, on obtient un sel solide contenant 14.5 % d'eau et un liquide tenant en solution un sel qui se sépare, à 34°, en cristaux non efflorescents renfermant 46 % d'eau. Enfin, la solution sursaturée du même sel produit, à des températures inférieures à 8°, des cristaux contenant 54,3 % d'eau.

On connaît donc 5 combinaisons du carbonate de sodium anhydre avec l'eau, qui diffèrent les unes des autres par les propriétés, par la forme des cristaux et même par la solubilité. Remarquons encore que la plus grande richesse en eau correspond à 20° et que le minimum d'hydratation correspond à la température maxima.

Il n'existe, en apparence du moins, aucun rapport entre les quantités du sel et de l'eau que l'on vient de voir ; il suffit cependant de calculer les quantités d'eau qui s'unissent à une même quantité du sel anhydre pour remarquer une grande régularité dans la proportion des parties constituantes de toutes ces combinaisons. Il ressort de ce calcul que, pour 106 parties du sel anhydre, les cristaux obtenus à 20°

contiennent en poids 270 parties d'eau ; ceux obtenus à 15° en contiennent 180 parties ; ceux qui se sont formés dans la solution sursaturée 126 parties : le sel, cristallisé à 34°, contient 90 parties d'eau et enfin, les cristaux les moins riches n'en contiennent que 18, toujours pour les 106 parties du sel anhydre.

En comparant toutes ces quantités d'eau, on voit qu'elles sont dans un rapport très simple; en les divisant toutes par 18, on trouve qu'elles sont entre elles comme 15 : 10 : 7 : 5 : 1.

Il est évident que les expériences directes, quelle que soit leur précision, sont toujours accompagnées d'erreur. Mais, en tenant compte de ces erreurs inévitables, on peut voir, qu'à une quantité donnée de la substance anhydre, dans les différentes combinaisons qu'elle forme avec l'eau, correspondent des quantités d'eau qui sont entre elles dans une proportion multiple très simple.

Cette régularité s'observe dans toutes les combinaisons chimiques définies ; elle a été établie par Dalton et porte le nom de **loi des proportions multiples**.

Nous aurons plus tard l'occasion de développer complètement cette loi ; pour le moment, nous nous contenterons de remarquer que la loi de la composition définie rend possible la représentation de la composition des corps par des formules, et que la loi des proportions multiples permet d'appliquer des nombres entiers comme coefficients des différents signes employés dans ces formules.

C'est ainsi que la formule $Na^2CO^3.10H^2O$ indique que le cristalhydrate, dont elle exprime la composition, contient, pour 106 parties de carbonate de sodium anhydre, 180 parties d'eau en poids, la formule du sel Na^2Co^3 répondant à 106 et celle d'une molécule d'eau à 18 parties en poids.

Dans les divers exemples ci-dessus des combinaisons

des corps avec l'eau, nous avons vu croître graduellement le lien qui existe entre l'eau et le corps avec lequel elle forme une substance homogène. Certains composés, qui renferment de l'eau retiennent ce liquide avec une **très grande force** et ne l'abandonnent qu'à une **température** très élevée ; dans quelques cas même, l'eau retenue par certains corps ne peut s'en séparer sans une décomposition complète de la substance. Aucun signe ne révèle ordinairement la présence de l'eau dans ces corps : le **corps anhydre** et l'eau forment une nouvelle substance dans laquelle les propriétés de l'un ou de l'autre corps sont totalement effacées. Dans la majorité des cas, la formation de ces combinaisons avec l'eau est accompagnée d'un **dégagement** de chaleur, quelquefois même d'incandescence et de production de lumière. Il est tout naturel que les **corps** formés dans ces conditions se distinguent par une très grande stabilité ; il faut employer une grande **quantité de** chaleur, produire un grand travail pour séparer les **deux** parties dont ils sont composés. Tous ces **corps** sont des composés chimiques définis, et ordinairement même très caractéristiques.

Le nombre de ces combinaisons définies, formées par un corps anhydre et l'eau de ces **hydrates**, dans le sens étroit du mot, est ordinairement peu considérable : généralement, un corps ne forme qu'un seul hydrate très stable.

L'eau, contenue dans les hydrates, est souvent appelée eau de *constitution*, ce qui signifie que l'eau est entrée dans la *constitution*, dans la *composition* de la substance, que ses molécules se sont pour ainsi dire fusionnées avec celles de la substance anhydre en un tout unique, contrairement à certains autres corps où les molécules de ces deux substances sont séparées.

On pourrait citer un très grand nombre d'exemples de

ces hydrates. Mais, nous n'en mentionnerons qu'un seul, très connu dans la pratique. C'est l'hydrate de calcium. appelé vulgairement *chaux éteinte*.

On prépare ordinairement la chaux par la calcination de la pierre calcaire : il se dégage, pendant cette opération, de l'acide carbonique et il reste comme résidu une masse pierreuse, blanche, dense, compacte, d'une ténacité assez considérable, qui porte dans le commerce le nom de chaux vive. En arrosant cette chaux avec de l'eau, on observe une grande élévation de température : la masse entière s'échauffe, une partie de l'eau s'évapore et la chaux, en absorbant l'eau, se transforme en une masse pulvérulente. Cette opération, appelée extinction de la chaux, s'effectue couramment dans la pratique et son produit, la chaux éteinte, mélangée à du sable, forme un mortier qui sert à unir les pierres de construction.

La chaux éteinte est un hydrate de chaux défini. Desséchée à $100°$, elle retient $24,3$ $°/_0$ d'eau qu'elle n'abandonne qu'à la température de $400°$ pour se transformer en chaux vive. La quantité de chaleur, dégagée par la combinaison de la chaux avec l'eau, est tellement considérable qu'elle suffit pour enflammer le bois, le soufre, la poudre de guerre, etc. Si même on mélange la chaux vive avec de la glace, la température monte encore à $100°$. Enfin, en arrosant dans l'obscurité la chaux vive avec une petite quantité d'eau, on observe des effets lumineux. Cependant, nous l'avons déjà mentionné, l'eau peut encore être enlevée à cet hydrate. (**71**)

(**71**) La combinaison avec l'eau d'une partie de chaux en poids développe 245 unités de chaleur. Comme la chaleur spécifique du produit de cette combinaison est peu considérable, on observe une grande élévation de température. L'oxyde de sodium Na^2O, en réagissant sur l'eau pour former la soude caustique $NaHO$, dégage 552 calories par chaque unité de poids d'oxyde de sodium.

La combustion du phosphore ordinaire à l'air libre produit une substance blanche appelée *anhydride phosphorique*. Ce corps se combine à l'eau avec une telle énergie que la réaction est accompagnée d'incandescence ; l'hydrate ainsi formé n'abandonne son eau à aucune température.

C'est presque aussi énergiquement qu'a lieu la combinaison de l'anhydride sulfurique SO^3 avec l'eau et la formation de son hydrate, l'acide sulfurique H^2SO^4.

Il y a production, dans les deux cas, de composés définis ; mais, comme l'acide sulfurique est un corps liquide, capable de se décomposer par la chaleur, qui dégage, même à la température ordinaire, les vapeurs de son anhydride volatil, sa combinaison avec l'eau constitue une transition évidente vers les solutions. Elle peut, du reste, former avec un excès d'eau, dans laquelle elle est soluble, une véritable solution.

Le composé, formé par la combinaison de 80 parties d'anhydride sulfurique avec 18 parties d'eau, n'abandonne pas cette dernière, même à 300° : on ne peut la lui enlever qu'en employant l'anhydride phosphorique, ou en effectuant toute une série de transformations chimiques. Cette combinaison constitue le *vitriol* ou *l'acide sulfurique*.

En prenant une plus grande quantité d'eau, 36 parties, par exemple, pour 80 parties d'anhydride sulfurique, on obtient une combinaison cristallisant à froid et qui fond à $+ 8°$, tandis que le vitriol ne se solidifie pas, même à $- 30°$. Si l'on prend une quantité d'eau encore plus considérable, l'acide sulfurique se dissout dans l'eau restante. Il se produit un dégagement de chaleur, non seulement au moment de l'addition de l'eau de constitution, mais encore, beaucoup moindre il est vrai, à chaque addition d'eau ultérieure. (**72**)

(**72**) Le diagramme, donné dans la note 28, représente les quantités de chaleur développées pour 100 volumes de la solution formée par le mélange d'acide sulfurique (monohydraté H^2SO^4, c'est à-dire

SO³+H²O) avec différentes quantités d'eau. 98 grammes d'acide sulfurique (H²SO⁴) mélangés avec 18 grammes d'eau dégagent 6379 unités de chaleur ; si la quantité d'eau est double ou triple, les quantités de chaleur produites seront respectivement 9418 et 11137 calories et, lorsque la quantité d'eau est illimitée, c'est 17860 unités de chaleur que produira le mélange, d'après les déterminations de Thomsen. Ce même savant a démontré que la formation de l'acide sulfurique par la combinaison de SO³ (= 80) avec H²O (= 18) est accompagnée d'un dégagement de chaleur égal à 21308 calories pour 98 grammes de l'acide formé.

On voit donc qu'il n'existe aucune limite précise, mais qu'on peut observer toutes les transitions graduelles entre les phénomènes chimiques qui se manifestent dans la formation des solutions et ceux qui ont lieu dans la formation des hydrates les plus stables (**73**).

(**73**) Les différents hydrates retiennent donc l'eau avec une force différente. Certains corps ne retiennent l'eau que très faiblement et la formation de leurs hydrates ne dégage que très peu de chaleur. Les hydrates de certains autres corps ne perdent, à aucune température, l'eau qu'ils contiennent, alors même que l'union du corps anhydre et de l'eau se fait avec un faible dégagement de chaleur. L'anhydride acétique, par exemple, en se combinant avec l'eau, développe une quantité de chaleur insignifiante ; il est cependant impossible de séparer l'eau du composé produit. Lorsque l'on chauffe l'acide acétique, résultat de cette combinaison, ou bien il destille sans se décomposer, ou bien, si la chaleur est suffisante, il se divise en nouvelles substances, mais ne donne jamais ses composants primitifs : l'eau et l'anhydride acétique.

Ce sont des cas de ce genre qui ont fait donner à l'eau entrant dans les hydrates le nom d'eau de constitution.

Il existe cependant quelques hydrates qui abandonnent facilement leur eau ; on ne peut pourtant pas considérer cette eau comme eau de cristallisation, mais bien comme eau de constitution, car ces hydrates n'ont quelquefois pas de forme cristalline, et aussi parce qu'ils se forment exactement dans les mêmes conditions que beaucoup d'autres hydrates très stables, capables d'entrer dans des réactions chimiques spéciales, dont nous parlerons plus tard. Il est donc tout aussi impossible de distinguer véritablement l'eau de constitution, contenue dans les hydrates de l'eau de cristallisation, que d'établir une démarcation absolue entre la dissolution et l'hydratation.

Il faut remarquer aussi que beaucoup de corps incristallisables retiennent, en se séparant des solutions aqueuses, l'eau tout aussi faiblement que les cristaux ; cette eau ne peut être appelée eau de cristallisation puisque la substance n'est pas cristalline. Les combinaisons de l'alumine et de la silice avec l'eau nous fournissent des exemples de ces hydrates instables. Ces corps, séparés de leurs solutions aqueuses par suite d'une réaction chimique, renferment de l'eau qu'il est impossible de chasser complètement par la dessiccation. On ne peut nier la formation, dans ce cas, d'un nouveau composé chimique : car, l'alumine et la silice, à l'état anhydre, possèdent des propriétés toutes différentes de celles que présentent leurs combinaisons avec l'eau, avec laquelle ces corps n'entrent dans aucune combinaison directe.

Un grand nombre de corps colloïdes, en se séparant des solutions aqueuses, forment avec l'eau des combinaisons de ce genre ayant l'aspect de corps solides et ordinairement dépourvus de formes cristallines. Les colloïdes peuvent, en outre, retenir l'eau sous différents autres états (voir les notes 37 et 18) en formant le plus souvent des masses gélatineuses. La colle solidifiée, l'albumine cuite contiennent une grande quantité d'eau ; cette eau ne peut être éliminée par expression ; il y a donc une sorte de combinaison entre l'eau et le corps correspondant. Cette eau s'élimine facilement par la dessiccation mais incomplètement cependant ; la portion retenue est généralement considérée comme appartenant à un hydrate, bien qu'il soit extrêmement difficile, pour ne pas dire impossible, d'obtenir, dans ces cas, des combinaisons définies avec l'eau.

Ces divers exemples suffisent pour prouver qu'il n'existe aucune limite précise entre les solutions, les crystalhydrates et les hydrates ordinaires.

Nous avons ainsi passé en revue plusieurs genres et degrés de combinaisons des différents corps avec l'eau. Ces réactions de *combinaison de l'eau* donnent naissance à de nouveaux corps homogènes *composés*, c'est-à-dire constitués par plusieurs corps. Il faut admettre que, malgré leur homogénéité, ces corps sont formés par d'autres substances, puisque l'on peut en extraire ces substances.

Il ne faut cependant pas prétendre que l'hydrate de chaux, par exemple, contient de l'eau, à l'état d'eau liquide, pas plus que l'eau elle-même ne contient ni vapeur d'eau ni glace. En disant que l'eau entre dans la composition d'un hydrate, nous voulons dire seulement qu'il existe certaines réactions chimiques qui permettent, les unes, d'obtenir cet hydrate en introduisant l'eau dans un corps, et les autres de la lui enlever. Lorsqu'un hydrate présente une stabilité très faible et qu'il se décompose, même à la température ordinaire, l'eau apparaît comme un des produits de la dissociation ; c'est ce qui a lieu, selon toute probabilité, dans les solutions, et c'est ce qui les distingue nettement des autres hydrates dans lesquels l'eau est plus énergiquement combinée et où son union avec la substance anhydre donne naissance à un composé solide.

CHAPITRE II

Composition de l'eau. Hydrogène.

La question qui se pose maintenant est la suivante :

L'eau elle-même n'est-elle pas un corps composé, constitué par des corps simples, et capable de se décomposer en ses parties constituantes ?

Il est certain que l'eau, tout en étant un corps composé et décomposable, est une combinaison chimique définie, caractérisée par la stabilité de l'union qui existe entre ses parties constituantes. Le seul fait que l'eau peut, comme un tout homogène, passer dans les trois états physiques différents, sans se décomposer, en est la preuve. Ce fait la distingue, en effet, et des solutions et de beaucoup d'hydrates qui se décomposent lorsqu'on les distille.

C'est à la fin du siècle dernier, si riche en découvertes, que l'on démontra que l'eau n'est pas un corps simple, mais est formée de deux substances, comme un grand nombre d'autres corps composés. Les moyens, qui ont servi à établir ce fait, furent, d'un côté, l'analyse, c'est-à-dire la décomposition de l'eau en ses composants ; de l'autre, la synthèse ou la reconstitution de l'eau au moyen des éléments qui entrent dans sa composition. Ce sont là, d'ailleurs, les seuls procédés qui permettent de démontrer avec évidence la composition d'un corps.

En 1781, pour la première fois, Lord Cavendish obtint l'eau en brûlant l'hydrogène dans l'oxygène, gaz qui lui étaient déjà connus. Il en conclut que l'eau est une combinaison de ces deux gaz. Tout en étant les premières de ce genre, les expériences de Cavendish manquaient de précision ; ce savant n'a pas montré quelle est la proportion de chacun des éléments qui entrent dans la composition de l'eau ; aussi, quelle que juste que fût sa conclusion sur la composition de l'eau, elle ne fut universellement admise qu'à la suite de nombreuses recherches qui en ont prouvé la véracité d'une manière indubitable.

Les expériences fondamentales qui établirent, par la synthèse, que l'eau est un corps composé, ont été faites, en 1789, par Monge, Lavoisier, Fourcroy et Vauquelin. Ces savants ont obtenu 4 onces (124 gr. 40) d'eau en brûlant l'hydrogène et ont trouvé que l'eau est constituée par 15 parties d'hydrogène et 85 d'oxygène. Il fut prouvé, en même temps, que le poids de l'eau obtenue est égal à la somme des poids des gaz qui la composent, c'est-à-dire que toute la substance qui constitue l'hydrogène, aussi bien que celle qui constitue l'oxygène, est contenue dans l'eau formée.

Passons maintenant à l'analyse de l'eau, c'est-à-dire à la décomposition en ses parties constituantes. Cette décomposition peut être plus ou moins complète : on peut isoler les deux éléments ou bien n'en obtenir qu'un seul, à l'état libre, tandis qu'on introduit l'autre dans un composé nouveau dans lequel on peut déterminer sa proportion par la pesée. Cette méthode, basée sur une réaction de substitution, trouve souvent son application dans l'analyse.

La première analyse de l'eau a été faite, en 1784, par Lavoisier et Meusnier au moyen de l'appareil suivant : dans une cornue en verre, on mettait de l'eau chimiquement pure dont le poids était déterminé d'avance. Le col de la cornue s'engageait dans un tube en porcelaine rempli de fils de fer et porté au rouge dans un fourneau à charbon. L'extrémité libre du tube de porcelaine communiquait avec un serpentin qui servait à condenser la vapeur d'eau non décomposée. Le gaz, qui se formait par la décomposition de l'eau au contact du fer incandescent, était recueilli sous l'eau dans une cloche et mesuré ; son volume étant connu, on en calculait le poids d'après son poids spécifique.

En tenant compte de l'eau qui traversait le tube sans subir de modifications, Lavoisier et Meusnier ont vu que la quantité de liquide qui se décomposait dans cette expérience était égale au poids du gaz recueilli dans la cloche plus l'accroissement du poids des copeaux de fer.

L'eau s'est ainsi décomposée en un gaz recueilli dans la cloche et en une substance qui est entrée en combinaison avec le fer. Ces deux corps forment, par conséquent, les parties constituantes de l'eau.

Avec ce procédé d'analyse, on arrive à isoler seulement un des gaz qui constituent l'eau ; d'autres méthodes permettent de les isoler tous les deux. Dans ce but, on se sert du courant galvanique ou simplement de la chaleur (1).

---

(1) Les premières expériences faites sur la synthèse et l'analyse de l'eau n'ont pas suffi pour faire admettre universellement que l'eau n'était composée que de deux gaz. Davy, par exemple, a cru longtemps qu'en décomposant l'eau par un courant galvanique on obtenait non seulement de l'oxygène et de l'hydrogène mais aussi un acide et un alcali. Ce n'est qu'à la suite de nombreuses recherches qu'il s'est assuré que la production de l'acide et de l'alcali dans la décomposition de l'eau était due à la présence, dans cette dernière, de matières étrangères, l'azotate d'ammoniaque en particulier. La composition de l'eau a été établie définitivement par la détermination quantitative de ses composants.

Ce qui vient d'être dit sur l'eau se rapporte du reste à tous les autres corps composés. On ne peut fixer la composition de chacun d'entre eux, qu'à la suite d'un grand nombre d'expériences.

L'eau pure est un corps mauvais conducteur de l'électricité ; elle ne se laisse pas traverser par des courants faibles. Mais, par l'addition de sels ou d'acides, l'eau acquiert une plus grande conductibilité et l'eau acidulée se décompose lorsqu'elle est traversée par un courant galvanique. Pour aciduler l'eau, on ajoute ordinairement un peu d'acide sulfurique, et pour faire passer le courant, on prend des électrodes en platine, inattaquables par cet acide, que l'on réunit avec les pôles d'une batterie galvanique. Dès que le courant est fermé, on observe l'apparition de bulles de gaz sur les deux électrodes. Le mélange des gaz (2), qui se dégagent ainsi, est connu sous le nom de mélange détonant, parce qu'il s'enflamme avec explosion lorsqu'on en approche un corps allumé (3).

(2) Cette expérience se fait ordinairement à l'aide d'un appareil très employé en physique appelé voltamètre (v. page 191).

(3) Pour observer sans danger l'explosion du mélange détonant, on fait passer le courant de ce gaz à travers une solution de savon contenue dans un mortier de fer. Dès que l'on approche un corps allumé des bulles de savon ainsi formées, on entend une forte détonation. L'explosion d'une dizaine de bulles, de la grosseur d'un pois, produit un bruit analogue à un coup de pistolet. Pour éviter tout accident, il faut avoir soin de n'enflammer que les petites bulles.

Lorsque le mélange détonant se trouve en contact avec un corps incandescent, un copeau de bois allumé par exemple, les deux gaz qui le composent se recombinent pour former de l'eau. Cette combinaison est accompagnée d'un grand dégagement de chaleur, et d'une expansion considérable et très rapide de la vapeur d'eau formée. C'est cette expansion qui produit la détonation : il y a, en effet, une augmentation de pression, et une commotion de l'air analogue à celle qui a lieu pendant l'explosion de la poudre.

Pour étudier la nature des gaz obtenus dans la décomposition de l'eau, il faut recueillir séparément les gaz qui se produisent sur chaque électrode. On se sert pour cela d'un tube en verre recourbé dont une extrémité, soudée à la lampe, porte un fil de platine terminé par une plaque et dont l'autre branche est ouverte. On remplit le tube avec de l'eau acidulée par de l'acide sulfurique et on introduit, dans la partie ouverte, un autre fil de platine également terminé par une plaque du même métal.

Lorsque le circuit est fermé, le gaz qui se dégage dans la branche ouverte du tube s'échappe dans l'air, tandis que, dans la partie fermée de l'appareil, le gaz s'accumule et déplace l'eau, de sorte que le niveau du liquide baisse dans la branche soudée et monte dans l'extrémité ouverte du tube. En changeant le sens du courant, on peut isoler successivement les deux gaz qui composent l'eau et les étudier séparément.

Si la partie fermée de l'appareil est en communication avec le zinc de la batterie galvanique, c'est-à-dire avec le pôle négatif, on obtient dans l'appareil un gaz combustible. Pour s'en convaincre, il suffit de boucher avec le doigt l'orifice de l'appareil, de l'incliner de manière à chasser le gaz dans la branche ouverte et de l'approcher d'un corps allumé au contact duquel le gaz s'enflammera. Ce gaz combustible est l'*hydrogène*.

Lorsque, dans la même expérience, la branche fermée de l'appareil est en communication avec le pôle positif des éléments galvaniques, le gaz qui s'y dégage ne possède pas la propriété de brûler, mais il entretient énergiquement la combustion : un morceau de bois incandescent s'y enflamme immédiatement. Le gaz, recueilli sur l'anode ou pôle positif, est l'*oxygène*, qui entre dans la composition de l'air et, comme nous l'avons déjà vu dans l'introduction, dans celle de l'oxyde rouge de mercure.

Ainsi, le courant galvanique décompose l'eau en deux

gaz dont l'un, l'oxygène, apparaît au pôle positif ; l'autre, l'hydrogène, se dégage au pôle négatif ; le mélange de ces deux gaz constitue le mélange détonant. L'hydrogène peut brûler dans l'air, c'est-à-dire se combiner avec l'oxygène qu'il y trouve pour former l'eau. L'explosion du mélange détonant s'explique par la combustion de l'hydrogène dans l'oxygène avec lequel il se trouve mélangé.

Pour mesurer les quantités relatives des deux gaz qui se dégagent quand on fait agir un courant galvanique sur

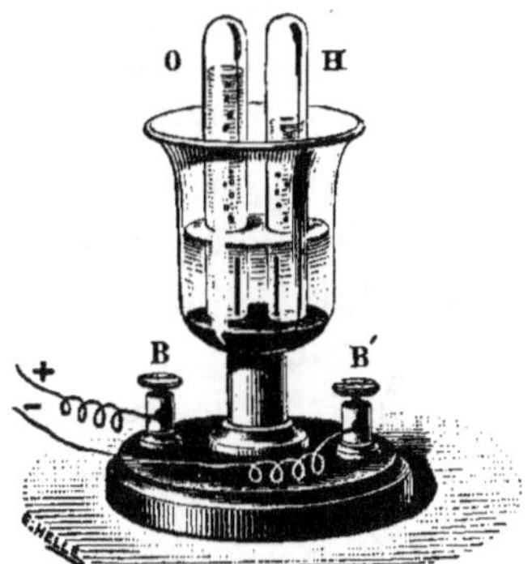

Fig 20. — Voltamètre.

l'eau, on emploie un appareil (fig. 20) composé d'un entonnoir dont le fond est traversé par deux électrodes en platine communiquant avec la batterie galvanique. On remplit l'entonnoir avec de l'eau acidulée et on place, sur chaque électrode, une petite éprouvette en verre, remplie du même liquide. Chaque gaz s'accumule, par conséquent, dans une éprouvette distincte, et on peut voir que, dans un même espace de temps, il se dégage deux fois plus d'hydrogène que d'oxygène, c'est-à-dire que l'eau, en se décomposant, donne 2 volumes d'hydrogène et 1 volume d'oxygène.

L'eau se décompose également par l'action de la chaleur.

En présence de l'argent, et à la température de fusion de ce métal (960°), l'eau se décompose : l'oxygène est absorbé par l'argent fondu et se dégage ensuite lorsque le métal se refroidit. Cette expérience n'est cependant pas probante : on pourrait croire que la décomposition de l'eau a lieu, dans ce cas, non pas par l'action de la chaleur mais par l'influence de l'argent qui enlèverait à l'eau son oxygène. Il est, du reste, impossible de démontrer directement, par l'action de la chaleur, la décomposition de l'eau en ses parties constituantes ; car, ces dernières se recombinent pour former l'eau aussitôt que la température baisse. Ainsi, par exemple, si l'on fait passer de la vapeur d'eau dans un tube chauffé au rouge de manière à obtenir dans son intérieur une température égale à 1000°, une partie de l'eau (**4**) se décompose ; il y a formation du mélange détonant. En arrivant au contact des parties plus froides de l'appareil, ce même gaz détonant forme de l'eau parce que les gaz qui le composent, l'oxygène et l'hydrogène, se combinent de nouveau entre eux (**5**).

(**4**) Puisque l'eau se forme par la combinaison de l'oxygène et de l'hydrogène en développant une grande quantité de chaleur et que, d'un autre côté, elle peut être décomposée par la chaleur, cette réaction est réversible. La décomposition de l'eau à une température élevée ne peut donc jamais être complète, puisqu'elle est limitée par une réaction inverse. Aussi, est-il impossible de mesurer exactement la quantité d'eau qui se décompose à une température donnée, malgré les tentatives faites par Bunsen et quelques autres savants pour résoudre cette question. Tous les calculs que l'on a faits et qui tous sont basés sur les pressions développées dans l'explosion sont douteux, car on ne connaît pas le coefficient de dilatation et la chaleur spécifique des gaz à des températures aussi élevées.

(**5**) Vers 1840, Grove avait observé qu'un fil de platine, fondu dans la flamme du gaz détonant, c'est-à-dire porté à la température de la formation de l'eau, peut, en tombant dans l'eau, la décomposer et donner naissance à du gaz détonant. L'eau se décompose donc à la température de sa formation. Ce fait constituait à l'époque un paradoxe scientifique qui ne trouva son explication que vers 1850, lorsque

Henry Sainte-Claire Deville eût introduit dans la science la notion de la dissociation. Ces notions marquent une époque importante dans la chimie scientifique, et leur développement constitue encore l'un des problèmes de la chimie moderne.

L'eau se forme et se décompose à des températures élevées : elle ressemble donc à un liquide volatil qui, à une température donnée, peut exister à l'état liquide et à l'état de vapeur. De même que la vapeur sature l'espace en atteignant le maximum de sa tension, de même les produits de dissociation tendent vers le maximum de leur tension ; lorsque celle-ci est atteinte, la dissociation cesse, comme cesse l'évaporation. Si l'on élimine la vapeur, c'est-à-dire si l'on diminue sa pression partielle, l'évaporation recommence ; il en est exactement de même pour la dissociation : la décomposition recommence lorsque les produits de la dissociation sont éloignés.

Nous aurons, du reste, plusieurs fois l'occasion de revenir sur ces notions élémentaires de la dissociation, car elles permettent de déduire les conclusions les plus variées relativement au mécanisme des réactions chimiques.

C'est seulement au commencement de la seconde moitié du siècle actuel que l'on put prouver que l'eau se décompose par la chaleur, après que Henry Sainte-Claire-Deville eut introduit dans la science la notion de la dissociation.

La dissociation est un changement d'état chimique que ce savant compara à l'évaporation en supposant que la décomposition est analogue à l'ébullition. Pour démontrer clairement la *dissociation* de l'eau, c'est-à-dire sa décomposition par la chaleur à une température élevée, voisine de celle de sa formation, il a été nécessaire de séparer l'hydrogène de l'oxygène à une température très élevée avant que ces gaz aient eu le temps de se refroidir, ce que Deville réalisa en utilisant la différence de densité des deux gaz.

Un large tube en porcelaine PP (fig. 21) est placé dans un fourneau chauffé au coke et pouvant donner une température très élevée. Dans l'intérieur de ce tube, se trouve un autre tube (TT), de moindre diamètre, en terre poreuse, non vernissée. Les extrémités des deux tubes sont lutées avec de l'argile et en communication avec des tubes en verre CC′,DD′. Cette disposition permet, d'une part, d'introduire dans l'espace annulaire, compris entre les deux tubes, un gaz quelconque ; d'autre part, de recueillir les gaz qui s'accumulent dans cet espace.

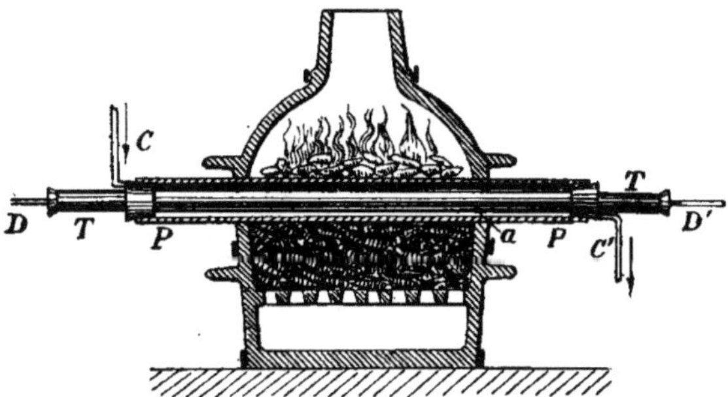

Fig. 21.— Décomposition de l'eau par l'action de la chaleur, et séparation de l'hydrogène formé au moyen d'un tube poreux.

On dirige, dans le tube poreux, un courant de vapeur d'eau produite dans une cornue. Au contact des parois incandescentes du tube, cette vapeur se décompose en oxygène et hydrogène, gaz qui ont des densités très différentes, l'hydrogène étant 16 fois plus léger que l'oxygène. Or, comme les gaz légers traversent les parois poreuses avec une vitesse beaucoup plus grande que les gaz lourds, il passera, dans un temps donné, plus d'hydrogène dans l'espace annulaire qu'il ne passera d'oxygène.

Pour recueillir l'hydrogène qui se trouve dans l'espace annulaire, il est nécessaire que cet espace ne contienne pas d'oxygène avec lequel le premier gaz pourrait former de l'eau. C'est pourquoi l'on remplit le tube extérieur avec de l'acide carbonique ou de l'azote, ces deux gaz étant incapables d'entretenir la combustion et de se combiner avec l'hydrogène. On fait donc arriver un courant d'acide carbonique par le tube C et on recueille par le tube C′ le mélange d'hydrogène et d'acide carbonique. Une partie de ce

dernier gaz passe à travers les pores, à l'intérieur du tube
TT, dans lequel se trouve déjà l'oxygène, autre produit
de la décomposition de l'eau. Une certaine quantité d'oxygène pénétrera à son tour dans l'espace annulaire ; mais,
pour les raisons exposées plus haut, cette quantité sera
beaucoup moins considérable que celle de l'hydrogène.

La densité de l'oxygène étant 16 fois plus grande que
celle de l'hydrogène, le volume d'oxygène qui traversera
le tube poreux sera 4 fois plus petit que celui de l'hydrogène, puisque les quantités de gaz, qui traversent les parois
poreuses, sont inversement proportionnelles aux racines
carrées de leur densités.

L'oxygène, qui a pénétré dans l'espace annulaire, se combine avec l'hydrogène dans les parties froides du tube ;
mais, comme pour chaque volume d'oxygène il ne faut que
deux volumes d'hydrogène, c'est-à-dire la moitié seulement
de la quantité qui passe dans l'espace annulaire, une partie
de l'hydrogène reste toujours à l'état libre, et se trouve
entraînée par le courant d'acide carbonique. Une quantité
correspondante d'oxygène, resté après la décomposition de
l'eau, se dégagera du tube intérieur. La cloche contiendra
par conséquent, le mélange détonant si l'on prend soin de
faire absorber l'acide carbonique par de la potasse dissoute
dans le bain.

Il est possible de décomposer l'eau beaucoup plus facilement par une réaction de substitution en utilisant l'affinité de certains corps soit pour l'oxygène soit pour l'hydrogène. En mettant l'eau en contact avec certains corps
capables de lui enlever son oxygène en se substituant à
l'hydrogène, on obtient ce dernier gaz. C'est ainsi que le
sodium donne de l'hydrogène au contact de l'eau, tandis
qu'avec le chlore qui s'empare de l'hydrogène, l'oxygène
est mis en liberté.

Beaucoup de métaux qui, sous l'influence de l'air seul, forment des oxydes (ou des *chaux*, selon l'expression de Stahl), c'est-à-dire des combinaisons avec l'oxygène, sont capables de décomposer l'eau et de dégager son hydrogène. Cette propriété varie d'intensité avec les différents métaux (**6**).

(6) Pour rendre évidente la différence de l'affinité de l'oxygène pour les divers corps simples, il suffit de comparer les quantités de chaleur qui se dégagent pendant la combinaison de ces derniers avec 16 parties en poids d'oxygène. Voici les chaleurs de formation de quelques composés oxygénés :

$Na^2 + O$	oxyde de sodium ..	100	$Zn + O$ oxyde de zinc.....	86
$H^2 + O$	eau...............	69	$Pb + O$ protoxyde de plomb.	51
$Fe^2 + O$	protoxyde de fer...	69	$Cu + O$ oxyde cuivrique....	38
$Fe^2 + O^3$	oxyde ferrique.....	64	$Hg + O$ oxyde mercurique..	31

Les chiffres expriment des milliers de calories.

Ces chiffres ne représentent pas directement les degrés de l'affinité des corps entre eux; il faut, en effet, tenir compte des changements d'état physique que subissent les corps en se combinant. Ainsi l'hydrogène, corps gazeux, en se combinant à l'oxygène pour former de l'eau, change d'état physique et dégage, par le fait de ce changement d'état, une certaine quantité de chaleur. Le zinc et le cuivre, corps solides, forment des produits également solides en se combinant avec l'oxygène. Quant à ce dernier, il entre dans la composition des produits liquides et des produits solides et abandonne, en formant des oxydes, une partie de sa réserve de chaleur.

Comme nous le verrons plus loin, la contraction, et, par conséquent, le travail mécanique, sont loin d'être les mêmes dans chaque cas particulier. C'est pourquoi les nombres qui expriment la chaleur de formation ne peuvent dépendre exclusivement des affinités ou de la perte de l'énergie intérieure qui existait dans les corps. Cependant, jusqu'à un certain degré, les chiffres donnés indiquent l'ordre dans lequel sont placés les corps simples par rapport à leur affinité pour l'oxygène. Ainsi l'oxyde mercurique, qui dégage le moins de chaleur (voir le tableau ci-dessus), est le moins stable: ce corps se décompose facilement en abandonnant son oxygène; l'oxyde de sodium, au contraire, dont la chaleur de formation est plus grande que toutes les autres, a la propriété de décomposer tous les autres oxydes et de s'emparer de leur oxygène.

Afin de généraliser le rapport évident qui existe entre l'affinité et le dégagement, ou l'absorption de chaleur, rapport qui a été établi par Favre et Silbermann (vers 1870) et plus tard par Thomsen, en Danemark, et par Berthelot en France, beaucoup de savants, et spécialement le dernier cité ont établi le principe *du travail maximum*. Cette loi peut s'énoncer ainsi : De toutes les réactions possibles entre deux ou plusieurs corps en présence, il ne s'effectuera que celles dans lesquelles la plus grande quantité d'énergie chimique, latente, potentielle, se transforme en chaleur.

Cependant, d'après ce qui a été dit plus haut : 1° nous n'avons pas le moyen de séparer la chaleur qui revient à l'action purement chimique de la somme de chaleur dégagée dans une réaction qui nous est donnée par les méthodes calorimétriques ; 2° il existe beaucoup de réactions évidemment endothermiques qui s'effectuent exactement dans les mêmes conditions que les réactions exothermiques. Ainsi, le charbon brûle dans la vapeur de soufre en absorbant de la chaleur, tandis qu'au contraire il dégage de la chaleur en brûlant dans l'oxygène. Enfin, 3° il existe des réactions réversibles dans lesquelles il y a absorption ou dégagement de chaleur, suivant le sens dans lequel la réaction a lieu. Aussi, le principe *du travail maximum* ne peut rester dans la science sous sa forme primitive. Les recherches, qui se poursuivent à ce sujet, arriveront probablement à établir une loi générale qui manque encore à la thermochimie.

Le potassium et le sodium sont les plus énergiques sous ce rapport. Le premier entre dans la composition de la potasse, le second dans celle de la soude ; les deux métaux sont mous, plus légers que l'eau et s'oxydent facilement à l'air. Lorsqu'on les met en contact avec l'eau, à la température ordinaire (7), on obtient une quantité d'hydrogène correspondant exactement à celle du métal employé : 39 grammes de potassium et 23 de sodium déplacent 1 gramme d'hydrogène qui occupe à 0° et 760 mm. le volume de 11 litres 16.

Pour faire cette expérience, on emploie, de préférence, l'amalgame de sodium qu'on verse dans un vase contenant de l'eau. L'amalgame de sodium, c'est-à-dire la solution de ce métal dans du mercure, tombe au fond du vase en même temps que le sodium commence à agir sur l'eau et à déplacer l'hydrogène, qui se dégage sous la forme de petites bulles. Le mercure n'exerce, dans ce cas, aucune action sur l'eau.

(7) Lorsque l'on jette sur l'eau un morceau de sodium métallique,

il surnage, à cause de sa légèreté, et il se trouve dans un état de mouvement continuel provoqué par le gaz qui se forme sur tous les points de sa surface. Il est, d'ailleurs, facile d'allumer l'hydrogène qui se dégage.

Il est nécessaire, pour répéter cette expérience, de prendre certaines précautions afin d'éviter l'explosion, qui peut se produire, lorsque le morceau de sodium cesse de se mouvoir (au contact de la paroi du vase par exemple) et commence à agir sur une quantité d'eau très limitée. Il est probable que, dans ce cas, NaHO forme avec Na le composé Na²O ; ce dernier, en se combinant avec l'eau, développe une grande quantité de chaleur qui détermine une vaporisation brusque.

Pour se mettre à l'abri de toute explosion, on produit la décomposition de l'eau par le sodium, de la manière suivante : dans une cloche cylindrique en verre, remplie de mercure et renversée sur un bain de mercure, on introduit d'abord une faible quantité d'eau et ensuite un petit morceau de sodium enveloppé dans du papier. Le sodium flottera à la surface de l'eau qu'il décomposera ; l'hydrogène formé s'accumulera dans la cloche et pourra être étudié avec facilité (fig. 22).

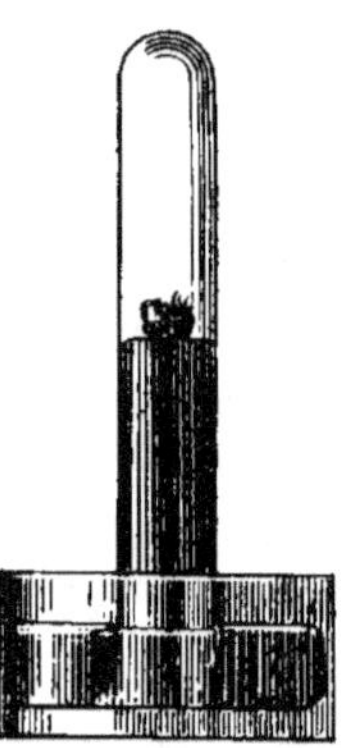

Fig. 22. — Préparation de l'hydrogène par la décomposition de l'eau au moyen du sodium.

Il existe cependant un procédé encore plus commode pour faire cette expérience. On enveloppe dans une toile métallique un morceau de sodium soigneusement essuyé, c'est-à-dire complètement débarrassé de l'huile de naphte dans laquelle on le conserve, et on le maintient sous l'eau au moyen d'une pince appropriée. L'hydrogène, dans ces conditions, se dégage lentement et régulièrement : les bulles de gaz peuvent être recueillies dans une cloche et ensuite allumées.

A part l'hydrogène, qui se dégage dans l'air, et la substance solide, qui reste en solution aqueuse et qu'on peut
isoler par évaporation, aucun autre produit ne se forme
dans cette expérience. Deux corps, l'eau et le sodium forment, par conséquent, deux nouveaux corps ; l'hydrogène
et la substance qui reste dissoute dans l'eau : la réaction,
qui a lieu, est donc une réaction de double décomposition
ou de substitution. Les corps employés étaient le sodium,
à l'état libre, et l'eau, qui est composée de deux gaz : oxygène et hydrogène. Les produits obtenus sont : l'hydrogène,
à l'état libre, et une substance solide qui n'est autre que la
soude caustique composée de sodium, d'oxygène et de la
moitié de l'hydrogène contenu dans l'eau. Le sodium s'est
substitué, par conséquent, à une moitié de l'hydrogène de
l'eau, l'autre moitié s'est dégagée à l'état libre ; on peut donc
dire que la soude caustique n'est autre chose que de l'eau
dans laquelle la moitié de l'hydrogène a été remplacée par
du sodium métallique. La réaction peut être exprimée par
l'équation suivante, facile à comprendre, d'après ce qui
vient d'être dit (8) :

$$H^2O + Na = NaHO + H.$$

(8) Cette réaction est exothermique. Lorsqu'il y a excès d'eau, toute
la quantité de soude caustique NaHO formée se dissout dans l'eau
et, pour 23 grammes de sodium employé, il se dégage environ
42500 calories (42,5 grandes calories). Mais, comme les 40 grammes
de soude caustique formée développent, en se dissolvant dans l'eau,
d'après des déterminations directes, 10000 calories, il résulte que,
en n'employant que la quantité d'eau nécessaire et en évitant ainsi
la formation de la solution, la réaction

$$Na + H^2O = H + Na HO$$

dégagerait environ 32500 calories.

Nous verrons plus tard que la molécule d'hydrogène est composée de deux atomes d'hydrogène H^2 et non d'un seul H ; la réaction
précédente doit donc s'écrire de la façon suivante :

$$2Na + 2H^2O = H^2 + 2NaHO$$

La quantité de chaleur dégagée dans cette réaction est de 65000 calories. Or, l'oxyde de sodium anhydre Na^2O, en formant avec l'eau l'hydrate $2NaHO$, ou soude caustique, développe, comme l'a démontré Békétoff, environ 35500 calories : donc, à la réaction $2Na + H^2O = H^2 + Na^2O$ correspond une quantité de chaleur égale à 29500 calories. Cette quantité de chaleur est inférieure à celle que produit la combinaison de l'oxyde de sodium avec l'eau et la formation de la soude caustique : il est donc tout naturel que, dans ces conditions, il se forme toujours l'hydrate $NaHO$ et non la substance anhydre Na^2O. La nécessité de cette conséquence, qui est en accord avec la réalité, se déduit aussi de ce fait que, d'après les observations de Békétoff, l'oxyde de sodium anhydre Na^2O réagit directement avec l'hydrogène en mettant en liberté le sodium :

$$Na^2O + H = NaHO + Na.$$

Cette réaction produit un dégagement de chaleur d'environ 3000 calories, parce que la combinaison de Na^2O avec H^2O dégage, comme nous l'avons vu, 35500 calories et celle de $Na + H^2O$ en dégage 32500. Cependant, la réaction inverse $NaHO + Na = Na^2O + H$ a également lieu (par l'action de la chaleur, comme la précédente); mais elle est accompagnée, par conséquent, d'absorption de chaleur.

Ces calculs calorimétriques montrent que la loi du travail maximum peut avoir une certaine utilité pour l'explication des réactions réversibles dont nous venons de voir un exemple. Il faut cependant remarquer que toutes les réactions réversibles dégagent ou absorbent peu de chaleur.

D'après ce qui a été dit précédemment, il faut chercher la cause principale du désaccord qui existe entre la loi du travail maximum et la réalité, dans ce fait que nous n'avons pas de moyens pour séparer la quantité de chaleur qui correspond à l'action purement chimique de la somme totale de la chaleur observée (voir note 6 et Chap. I, note 25). A peine même peut-on espérer que cette différenciation devienne un jour possible, car un grand nombre de corps subissent, par l'action de la chaleur seule, aussi bien que par celle du contact, des modifications dans leur structure. Un corps chauffé ne possède plus en réalité l'énergie initiale de ses atomes, c'est-à-dire que l'élévation de la température modifie non seulement le mouvement des molécules, mais aussi celui des atomes qui composent ces dernières : elle sert, en d'autres termes, à amorcer ou à préparer l'acte chimique.

Il faut donc conclure que la thermochimie, ou l'étude des effets caloriques accompagnant les réactions chimiques, ne peut être identifiée avec la mécanique chimique. Les données thermochimiques forment, il est vrai, une partie de cette dernière science, mais, à elles seules, elles ne la constituent pas.

Le sodium et le potassium agissent sur l'eau à la tempé-

rature ordinaire ; d'autres métaux plus lourds n'agissent qu'à une température élevée, mais beaucoup moins vite et avec peu d'énergie. Ainsi, par exemple, le magnésium et le calcium ne dégagent l'hydrogène qu'à la température de l'ébullition de l'eau, le zinc et le fer que lorsqu'ils sont portés au rouge, tandis que le cuivre, le plomb, le mercure, l'argent, l'or et le platine ne décomposent l'eau à aucune température et ne se substituent pas à son hydrogène.

On peut donc obtenir l'hydrogène en décomposant l'eau par le fer (ou par le zinc) à une température élevée. On dispose l'expérience de la manière suivante : à travers un tube de porcelaine, rempli de clous ou de tournure de fer et porté à une température très élevée, on fait passer un courant de vapeur d'eau. Cette dernière, au contact du fer chauffé, lui abandonne son oxygène ; l'hydrogène, mis en liberté, s'échappe par l'autre extrémité du tube avec la vapeur d'eau non décomposée.

Le procédé, tout en ayant une grande importance historique (**9**), est peu commode dans la pratique parce qu'il exige une température très élevée. La réaction, qui en fait la base, est, en outre, une réaction réversible ; car, si, d'un côté, le fer au rouge décompose la vapeur d'eau en s'oxydant et en mettant en liberté l'hydrogène, d'un autre côté, en chauffant de l'oxyde de fer dans un courant d'hydrogène, on obtient du fer et de la vapeur d'eau. Cette réaction s'effectue non pas en vertu de la différence relativement faible des affinités de l'oxygène pour le fer (ou le zinc) et pour l'hydrogène, mais parce que l'hydrogène formé s'élimine du champ de la réaction, grâce à son élasticité (**10**).

(**9**) Nous avons déjà vu que la composition de l'eau a été déterminée par l'action de la vapeur d'eau sur le fer rouge. C'est par ce procédé que l'on préparait autrefois l'hydrogène nécessaire au gonflement des ballons. Cette réaction est accompagnée de la formation.

d'un oxyde de fer Fe^3O^4 et peut être exprimée par l'équation suivante :

$$3Fe + 4H^2O = Fe^3O^4 + 8H.$$

Il est important de remarquer que cette réaction est réversible ; on peut, en effet, obtenir l'eau et le fer en chauffant l'oxyde Fe^3O^4 dans un courant d'hydrogène.

Si l'on met en présence du fer, de l'hydrogène ainsi que de l'oxygène, mais ce dernier en quantité insuffisante pour se combiner avec les deux corps, l'oxygène, d'après le principe de l'équilibre chimique, se répartira entre le fer et l'hydrogène ; une partie de ces substances restera cependant à l'état libre, sans se combiner. La réversibilité dépend, dans ce cas aussi (voir note 8) du faible effet thermique et les deux réactions (directe et inverse) n'ont lieu qu'à la température du rouge. Cependant, si l'hydrogène, qui se dégage dans la réaction ci-dessus décrite, est entraîné à mesure qu'il se forme, et si, par conséquent, sa pression partielle n'augmente pas, le fer sera totalement oxydé par la vapeur d'eau. Ceci n'aurait pas lieu, si le fer et l'eau étaient enfermés dans un espace clos et chauffés jusqu'à la température de la réaction. Cet exemple montre quelle influence peuvent avoir les masses des corps dans les réactions, influence sur laquelle nous aurons souvent l'occasion de revenir.

(10) Si l'on porte en vase clos le fer et l'eau jusqu'à la température à laquelle commence la réaction, l'eau se décompose suivant l'équation:

$$3Fe + 4H^2O = Fe^3O^4 + 8H.$$

Cette réaction cesse cependant rapidement, car les conditions sont bientôt suffisantes pour que la réaction inverse s'effectue. Il s'établit donc un état d'équilibre, dès qu'une certaine quantité d'eau a été décomposée.

Dans l'exemple exposé dans la note 9, il se produira un phénomène à peu près semblable si l'on remplace le fer par le sodium. Dans ce cas cependant, il y aura une plus grande quantité d'eau décomposée, et l'équilibre ne s'établira que lorsque le sodium se sera transformé, en partie, en hydrate $NaHO$ et en oxyde anhydre Na^2O ; l'eau ne restera, par conséquent, que sous la forme d'hydrate.

Le plomb et le cuivre ne peuvent décomposer l'eau ni à la température ordinaire, ni à une température élevée, parce que les affinités de ces métaux pour l'oxygène sont beaucoup plus faibles que celles de l'hydrogène pour le même corps.

En modifiant les conditions de la réaction, en faisant passer, par exemple, les oxydes de fer ou de zinc en solution, on obtient une réaction non réversible qui se produit avec une plus grande facilité **(11)**; on introduit, dans ce cas, un nouveau facteur : l'affinité du dissolvant pour les oxydes formés. Les oxydes de fer et de zinc, insolubles dans l'eau, sont capables de se combiner avec les oxydes acides (comme nous le verrons plus loin) et de former, avec des acides ou des hydrates à propriétés acides, des composés solubles analogues aux sels. C'est pourquoi, par l'action de ces hydrates **(12)** ou de leurs solutions aqueuses, le fer et le zinc dégagent l'hydrogène avec une grande facilité, à la température ordinaire, c'est-à-dire qu'ils agissent sur les solutions des acides tout à fait comme le sodium agit sur l'eau **(13)**.

(11) Lorsque deux corps, capables de réagir entre eux, donnent lieu à des réactions, les unes réversibles et les autres non réversibles, ce sont, en géneral, ces dernières qui se produisent; c'est, du moins, ce qui résulte de toutes les observations faites jusqu'à présent. On est donc obligé d'admettre que, dans les réactions non réversibles, l'affinité mise en œuvre est relativement plus grande. La réaction

$$Zn + H^2SO^4 = H^2 + ZnSO^4$$

n'est pas réversible à la température ordinaire. Elle le devient à une température plus élevée, parce qu'alors l'acide sulfurique et le sulfate de zinc se décomposent et la réaction a lieu entre l'eau et le zinc.

On peut, du reste, vérifier expérimentalement, au moins en partie, les conclusions que l'on peut tirer de l'hypothèse précédente. Si en effet, l'action du zinc et du fer sur une solution d'acide sulfurique est une réaction non réversible, l'hydrogène fortement comprimé ne doit pas agir sur la solution des sulfates de ces métaux, ce que confirment, en réalité, les expériences dans lesquelles l'hydrogène a été soumis aux pressions les plus fortes possibles. Les métaux, qui ne dégagent pas l'hydrogène des acides, doivent être, au contraire, déplacés par ce gaz au moins à une très haute pression. Brunner a, en effet, démontré que l'hydrogène gazeux déplace le platine et le palladium de leurs combinaisons chlorées en solution aqueuse. L'or n'est pas déplacé par l'action de l'hydrogène comprimé, tandis que l'argent et le mercure, dans les mêmes conditions, se séparent des solutions aqueuses de certains de leur composés, comme l'a démontré Békétoff. Pour séparer l'argent d'une solution diluée de sulfate d'argent, une pression de 6 atmosphères est déjà suffisante, tandis que, pour une solution concentrée, il faut employer une pression beaucoup plus considérable.

(12) Beaucoup de métaux déplacent l'hydrogène en agissant sur des solutions alcalines. L'aluminium est, sous ce rapport, un des plus beaux exemples que l'on puisse citer, car son oxyde forme avec les alcalis une combinaison soluble. C'est aussi pour la même raison que l'étain, en présence de l'acide chlorhydrique, et le silicium, en présence de l'acide fluorhydrique, dégagent l'hydrogène.

Il est évident que, dans ces différents cas, c'est la somme des affinités qui agit. Ainsi, en prenant pour exemple la réaction qui s'effectue entre Zn et H_2SO_4 nous avons :

1° l'affinité du zinc pour l'oxygène (formation de ZnO) ;

2° l'affinité de l'oxyde de zinc pour SO_3 (formation de $ZnSO_4$) ;

3° l'affinité du sel formé $ZnSO_4$ pour l'eau.

Dans la réaction qui se passe entre le zinc et l'eau, c'est seulement l'affinité de ce métal pour l'oxygène qui agit, si l'on ne tient pas compte :

1° des forces physico-mécaniques qui agissent entre les molécules (la cohésion des molécules de l'oxyde entre elles par exemple) ;

2° des forces chimiques agissant entre les atomes qui composent les molécules (par exemple, entre les deux atomes d'hydrogène qui constituent sa molécule H_2).

Je crois nécessaire de faire remarquer que l'hypothèse sur l'affinité ou la tendance qu'ont les différents atomes à former une molécule composée (c'est-à-dire un système commun animé d'un mouvement harmonieux) doit s'appliquer également aux forces qui entraînent les atomes semblables à former des molécules complexes (H_2 par exemple) et ces dernières à se combiner en corps solides et liquides dans lesquels il faut admettre qu'il existe une attraction entre les molécules

Les forces qui déterminent la dissolution, doivent être également prises en considération. Toutes ces forces, qui jouent un rôle dans les réactions chimiques, appartiennent à une seule et même catégorie ; c'est pourquoi l'étude de la mécanique moléculaire et de la mécanique chimique, qui n'en est qu'une partie, offre de si grandes difficultés.

(13) L'idée, qui vient d'être developpée pour interpréter l'action facile du fer et du zinc sur l'acide sulfurique, n'est certainement qu'une hypothèse expliquant les faits observés. Au premier abord, cette hypothèse ressemble à celle faite sur *l'affinité élective*, qui régnait autrefois dans la science. On supposait, d'après cette hypothèse, que la réaction n'avait lieu qu'en vertu de l'affinité pour l'acide sulfurique de l'oxyde de zinc qui pouvait se former. Cette manière de voir repose sur l'influence incompréhensible d'une force sur un corps qui n'est pas encore formé, mais qui peut seule-

ment l'être. La théorie moderne admet, au contraire, que le zinc lui-même agit sur l'eau, même à la température ordinaire, mais que cette action est très restreinte et se passe seulement à la surface du métal.

En effet, le zinc finement pulvérisé, ou la limaille de zinc, est capable de décomposer l'eau avec formation d'un oxyde de zinc hydraté et d'hydrogène. L'oxyde de zinc ainsi formé agit sur l'acide sulfurique, et le sulfate de zinc, produit de cette action, se dissout dans l'eau. La réaction se continue, parce que l'un des produits formés, l'oxyde de zinc, est entraîné constamment de la surface du métal non encore attaqué. On peut naturellement admettre que la réaction se fait non pas entre le métal et l'eau, mais directement entre le métal et l'acide. Cette manière de voir, il est vrai, très simple et que nous retrouverons plus loin, masque le mécanisme, en réalité, compliqué de la réaction.

C'est l'acide sulfurique, ou vitriol H^2SO^4, qu'on emploie le plus souvent. Beaucoup de métaux déplacent l'hydrogène de cet acide avec plus de facilité que celui de l'eau ; ce déplacement est accompagné du développement d'une grande quantité de chaleur (**14**) et de la formation d'un sel de l'acide sulfurique, c'est-à-dire d'un corps dans lequel l'hydrogène de l'acide est remplacé par un métal. C'est ainsi qu'en mettant en présence du zinc et de l'acide sulfurique, on obtient de l'hydrogène et du sulfate de zinc (vitriol blanc) $ZnSO^4$, corps solide, soluble dans l'eau. Pour obtenir une action régulière et complète du métal sur l'acide, il faut ajouter à ce dernier une quantité d'eau suffisante pour dissoudre le sulfate de zinc à mesure de sa formation ; car, autrement, ce sel, en recouvrant le métal, empêcherait l'acide de l'attaquer : c'est pourquoi, on emploie généralement de l'acide sulfurique dilué par 3 ou 5 volumes d'eau, et on arrose le métal avec ce mélange. Pour que l'action soit rapide, le métal doit présenter la plus grande surface possible ; aussi, emploie-t-on ordinairement du zinc en feuilles, ou du zinc granulé, obtenu en fondant le métal et en le versant ensuite, d'une certaine hauteur, dans l'eau. Quant au fer, on le prend sous la forme de clous, de fil, de tournure et de toutes sortes de déchets.

Pour préparer l'hydrogène (**15**), on emploie l'appareil représenté sur la fig. 23. Dans un flacon à deux tubulures, dit flacon de Woolf, on introduit du zinc granulé. Un tube à entonnoir, qui pénètre jusqu'au fond du flacon, sert à verser l'acide ; comme son extrémité inférieure plonge dans le liquide, le gaz qui se forme dans l'intérieur de l'appareil ne trouve d'autre issue que par le tube de

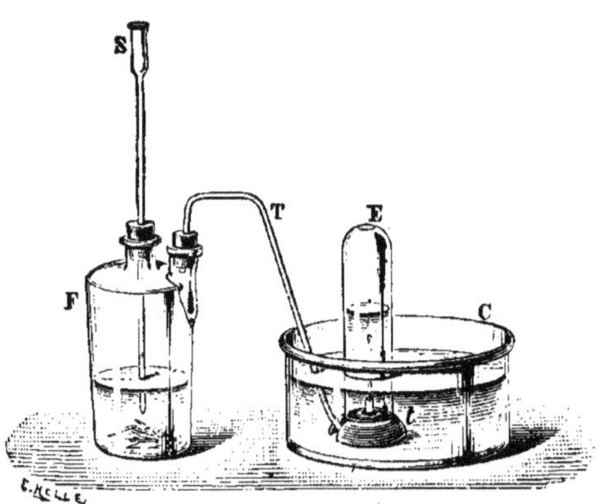

Fig. 23.

dégagement, fixé au moyen d'un bouchon de liège dans l'autre tubulure du flacon. Ce second tube est recourbé et son extrémité libre plonge dans un bain d'eau au-dessous d'une cloche à gaz également remplie d'eau (**16**).

(**14**) D'après Thomsen, la réaction, qui s'effectue entre le zinc et l'acide sulfurique dilué, développe, pour 65 parties en poids de zinc, 38000 calories environ (formation de $ZnSO^4$), tandis que 56 parties en poids de fer, en se combinant, comme les 5 p. de zinc, avec 16 parties d'oxygène dégagent environ 25000 calories (formation de $FeSO^4$).

L'action des métaux sur les acides avait déjà été observée au XVII° siècle par Paracelse ; mais, c'est au XVIII° siècle seulement que Lémery montra que le gaz produit était combustible, ce qui le distingue de l'air. Boyle lui-même confondait ce gaz avec l'air. Les principales propriétés du gaz découvert par Paracelse ont été déter-

minées par Cavendish. On l'appela d'abord *air inflammable* et,
lorsqu'il fut acquis qu'il formait de l'eau en brûlant, on lui donna le
nom d'hydrogène, de deux mots grecs qui signifient : *eau* et *je produis.*

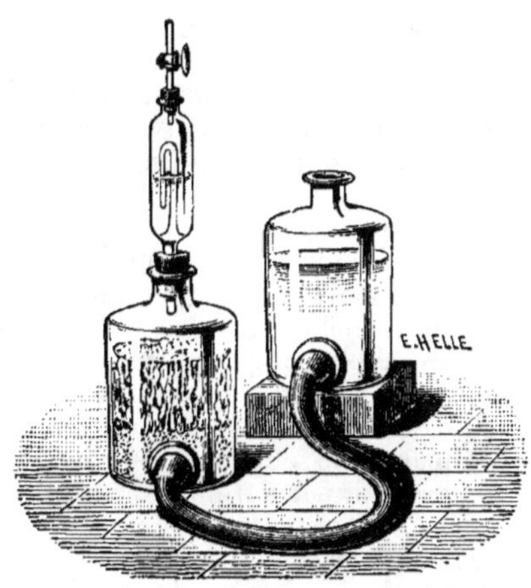

Fig. 24. — Appareil pour la préparation des différents gaz se
dégageant à la température ordinaire.

(**15**) Pour manipuler les gaz, il est nécessaire de connaître quelques
notions préliminaires. Aussi, allons-nous décrire différents procédés
pratiques pour préparer et recueillir les gaz.

On emploie, pour la préparation de l'hydrogène, ainsi que pour
celle de presque tous les gaz qui se dégagent à la température ordinaire, l'appareil représenté fig. 24. Cet appareil se compose
de deux flacons munis d'une tubulure à la partie inférieure. Un tube
en caoutchouc, fixé aux deux tubulures, met en communication les
deux vases, dont l'un contient du zinc et l'autre de l'acide sulfurique. L'orifice supérieur du premier flacon est fermé par un bouchon,
traversé par le tube de dégagement, muni d'un robinet. Lorsque le
robinet est ouvert, l'acide baigne le zinc et le dégagement de l'hydrogène commence Si l'on ferme le robinet, l'hydrogène, qui continue à se former, refoule le liquide dans l'autre flacon et le déga-

gement de gaz s'arrête. On peut encore arrêter l'action de l'acide sur le zinc en abaissant le flacon contenant l'acide et en faisant ainsi refluer tout le liquide dans ce flacon. Cet appareil, d'ailleurs très simple, peut servir pour la préparation continue des gaz ; il rend de grands services dans les laboratoires et peut aussi être utilisé pour recueillir les gaz (c'est-à-dire comme aspirateur ou comme gazomètre).

Dans les laboratoires, on emploie cependant, pour aspirer les gaz et pour les conserver, d'autres appareils. Nous ne ferons mention que des plus ordinaires.

Comme *aspirateur*, on emploie le plus souvent un flacon muni d'un robinet à sa partie inférieure. Dans l'ouverture supérieure de ce récipient, est fixé un bouchon de liège, portant un tube en verre. Après avoir complètement rempli le flacon avec de l'eau, on ouvre le robinet, l'eau, en s'écoulant, aspire le gaz dans le flacon.

On emploie souvent aussi comme aspirateurs des appareils appelés trompes. Ces instruments servent à faire le vide dans les appareils ; on les construit en verre ou en métal ; ils sont basés sur différents principes.

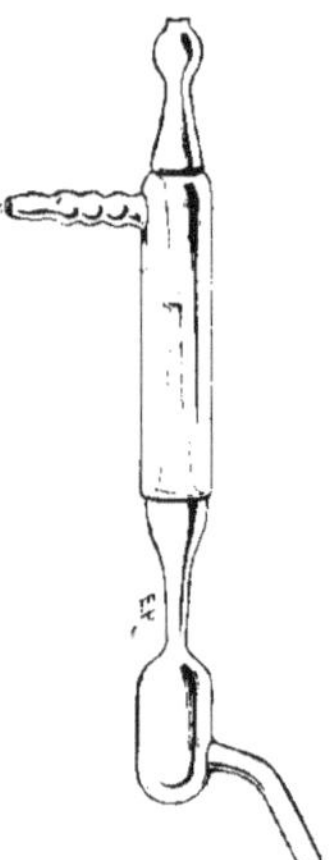

Fig. 25.
Trompe d'Al-
vergniat.

Le modèle le plus employé est celui de M. Alvergniat, qui se fait, soit en verre, soit en métal (fig. 25).

Il est nécessaire, pour que l'appareil fonctionne bien, de le maintenir toujours amorcé.

Les appareils, employés pour recevoir et conserver les gaz, sont appelés *gazomètres* ; on les construit en verre, en cuivre ou en tôle. La fig. 26 représente un gazomètre fréquemment employé dans les laboratoires. Le récipient communique avec l'entonnoir au moyen d'un tube à robinet qui descend jusqu'au fond du récipient. Lorsqu'on verse de l'eau dans l'entonnoir, les robinets étant ouverts, le liquide pénètre par le tube dans le récipient et déplace le gaz qui s'échappe. Le tube, situé sur le côté du récipient, indique le niveau de l'eau et, par conséquent, la quantité de gaz contenue dans le vase.

Pour introduire le gaz dans le gazomètre, on remplit ce dernier d'eau ; ensuite, après avoir fermé les robinets, on dévisse le bouchon et on introduit le tube de dégagement dans l'orifice. A mesure que le gaz pénètre dans le gazomètre, l'eau s'écoule. Cette manière de recueillir les gaz n'est applicable que lorsque ceux-ci ont une certaine pression. Si le gaz que l'on veut recueillir n'exerce pas une pression supérieure à la pression atmosphérique, on fait com-

muniquer le robinet avec le récipient contenant le gaz. L'eau, en
s'écoulant, aspire le gaz dans l'intérieur du gazomètre. Pour transva-
ser dans un autre récipient le gaz contenu dans le gazomètre, on
fait communiquer le récipient avec le tube ; le robinet étant ouvert, on verse de l'eau dans l'entonnoir : l'eau pénètre dans le gazomètre et déplace le gaz.

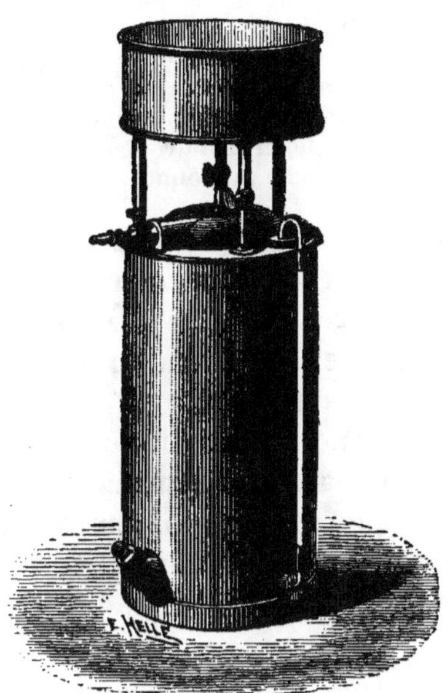

Fig. 26. — Gazomètre.

Enfin, pour remplir de gaz une cloche ou une éprouvette, on
les remplit d'abord d'eau et on les renverse dans l'entonnoir, contenant également de l'eau. Les robinets étant ouverts, le gaz déplacé
pénétrera dans la cloche.

(16) Pour la préparation de grandes quantités d'hydrogène, pour
gonfler les ballons, par exemple, on se sert de tonneaux en bois dou-
blés de plomb, ou bien de récipients en cuivre qu'on remplit de tournure de fer et d'acide sulfurique dilué. Des tubes collecteurs conduisent l'hydrogène, qui se dégage dans les différents tonneaux, et le diri-
gent dans des vases remplis d'eau de chaux pour refroidir le gaz
et le débarrasser des vapeurs acides.

15

Giffard, en 1878, pour remplir son énorme aérostat qui cubait 25,000 mètres cubes, a imaginé un appareil complexe pour la préparation continue de l'hydrogène. Un courant d'acide sulfurique dilué se déversait constamment dans le récipient qui contenait le fer, et le sulfate de fer était enlevé à mesure de sa formation.

On emploie actuellement, pour remplir les aérostats, le gaz d'éclairage qu'on rend aussi riche que possible en hydrogène. Dans ce but, on ne recueille que les dernières portions du gaz qui se dégage des cornues et on les fait passer à travers des tubes chauffés pour décomposer les carbures d'hydrogène en charbon, qui reste dans les tubes, et en hydrogène, qui se mélange au gaz d'éclairage. On peut encore, pour augmenter la proportion d'hydrogène et le rendre, par conséquent, plus léger, le faire passer à travers un mélange de charbon et de chaux porté au rouge.

Le dégagement d'hydrogène commence aussitôt que l'on ajoute l'acide ; mais. il faut éviter de recueillir les premières portions qui se dégagent, car le gaz est mélangé à l'air contenu dans l'appareil. C'est là, du reste, une précaution qu'il faut prendre toutes les fois qu'on prépare un gaz ; il est nécessaire d'attendre que l'air contenu dans l'appareil soit complètement chassé ; autrement, dans le cas qui nous occupe. par exemple, il peut se produire une explosion du mélange détonant (oxygène de l'air et hydrogène) lorsqu'on voudra essayer la combustibilité de l'hydrogène (**17**).

(17) Parmi les métaux, un très petit nombre seulement, le sodium par exemple, peuvent se combiner à l'hydrogène ; leurs combinaisons sont très facilement décomposables. Les métalloïdes, qui se combinent le plus facilement à l'hydrogène, sont les halogènes : le fluor, le chlore, le brome et l'iode. Le chlorure et surtout le fluorure d'hydrogène sont très stables, le bromure et l'iodure d'hydrogène se décomposent, au contraire, avec une extrême facilité. Les autres métalloïdes tels que le soufre, le carbone, le phosphore forment des combinaisons hydrogénées, de compositions différentes, mais toutes sont moins stables que l'eau. Le nombre des carbures d'hydrogène est très considérable : la plupart se décomposent en charbon et en hydrogène sous l'influence de la chaleur.

Un grand nombre d'autres substances, qui contiennent de l'hydrogène, peuvent servir à la préparation de ce gaz.

Parmi les nombreuses réactions. qui sont accompagnées de formation d'hydrogène, nous ne ferons que mentionner les suivantes :

1° Le formiate de sodium $CHNaO^2$, chauffé avec de la soude caustique $NaHO$, donne du carbonate de sodium Na^2CO^3 et de l'hydrogène H^2 (**18**).

(**18**) Cette réaction peut être exprimée par l'équation suivante :

$$CNaHO^2 + NaHO = CNa^2O^3 + H^2O.$$

Elle n'est pas réversible et n'exige pas la présence de l'eau ; aussi Pictet l'a-t-il utilisée pour obtenir de l'hydrogène sous une forte pression (voir plus bas).

2° Un grand nombre de substances organiques, contenant des hydrocarbures, se décomposent sous l'influence de la chaleur et il se forme toujours une certaine quantité d'hydrogène ; ce dernier gaz entre, par conséquent, dans la composition du gaz d'éclairage.

3° Le charbon, porté à une température très élevée, décompose l'eau et met en liberté son hydrogène (**19**) ; les réactions, qui se produisent dans ce cas, se distinguent par une certaine complexité ; aussi, nous nous proposons de les étudier plus loin.

(**19**) La réaction entre le charbon et la vapeur d'eau surchauffée peut s'effectuer de deux manières : ou bien il y a formation d'oxyde de carbone CO, suivant l'équation :

$$H^2O + C = H^2 + CO$$

ou bien, c'est de l'acide carbonique CO^2, qui se produit, d'après l'équation :

$$2H^2O + C = 2H^2 + CO^2$$

Le mélange de CO^2 et de H^2 est appelé *gaz d'eau*. Nous aurons l'occasion d'étudier plus tard cette réaction, à propos de l'oxyde de carbone.

Propriétés de l'hydrogène. — L'hydrogène, comme d'ailleurs un certain nombre d'autres gaz, semble, à première vue, identique à l'air. Aussi, n'est-il pas étonnant que **Paracelse**, qui avait observé la formation d'une substance aériforme quand on fait agir des métaux sur l'acide sulfurique, n'ait pas su le distinguer de l'air. L'hydrogène est, en effet, incolore et insipide (**20**) comme l'air; mais, un examen plus attentif de ses propriétés prouve qu'il diffère complètement de ce dernier.

(20) L'hydrogène, préparé par l'action du zinc ou du fer sur l'acide sulfurique, a ordinairement l'odeur de l'hydrogène sulfuré (odeur des œufs pourris) parce qu'il est généralement souillé par ce gaz. Du reste, l'hydrogène, obtenu par ce procédé, n'est jamais aussi pur que celui obtenu par l'électrolyse. Cela tient à ce que le zinc, le fer ou l'acide sulfurique employés renferment des matières étrangères, et aussi, à ce que des réactions secondaires s'effectuent en même temps que la réaction principale. C'est ainsi que le sulfure de fer peut donner de l'hydrogène sulfuré :

$$FeS + H^2SO^4 = H^2S + FeSO^4.$$

Il est facile de purifier l'hydrogène : il suffit de faire passer le gaz à travers une série de flacons contenant des substances propres à absorber les différentes impuretés de l'hydrogène. Ainsi, la soude absorbe les vapeurs acides entraînées par le gaz ; d'autres substances sont absorbées par une solution de sublimé corrosif ; d'autres encore, par une solution de permanganate de potassium.

Pour avoir de l'hydrogène sec, il faut faire passer le courant de ce gaz à travers des flacons contenant du chlorure de calcium ou de l'acide sulfurique, ou bien encore dans des tubes remplis de pierre ponce humectée avec le même acide.

On obtient de l'*hydrogène absolument pur* par l'électrolyse de l'eau préalablement bouillie (pour la priver d'air) et acidulée avec de l'acide sulfurique chimiquement pur. On recueille le gaz, qui se dégage, au pôle négatif.

On peut encore employer un appareil analogue à celui qui sert à préparer le *gaz détonant*, à condition de plonger l'électrode positive dans du mercure, contenant du zinc en dissolution. L'oxygène, qui se dégage à ce pôle, se combine à mesure de sa formation avec le zinc, et l'oxyde de zinc, qui en résulte, se dissout dans l'acide sulfurique en formant du sulfate de zinc. L'hydrogène, recueilli de cette manière, sera, par conséquent, absolument exempt d'oxygène.

L'hydrogène est combustible ; cette propriété est si facile
à constater qu'on l'utilise presque toujours pour reconnaître l'hydrogène, lorsqu'il s'en produit dans une réaction,
bien qu'un certain nombre d'autres gaz possèdent aussi
cette propriété. Cependant, avant de parler de la combustibilité de l'hydrogène, ainsi que de ses autres propriétés
chimiques, nous décrirons les propriétés physiques de ce
gaz, comme nous l'avons fait pour l'eau.

Il est facile de démontrer que l'hydrogène est un gaz
très léger (**21**). Lorsqu'on fait arriver un courant d'hydrogène au fond d'un flacon rempli d'air, ce flacon ne
contient plus d'hydrogène au bout de très peu de temps,
car ce gaz s'échappe, grâce à sa légèreté, et se mélange
avec l'air atmosphérique. On peut, au contraire, conserver
l'hydrogène dans un vase dont l'orifice est tourné vers le
bas ; dans ce cas, l'hydrogène ne se mélangera que très
lentement avec l'air. Une bougie allumée, approchée de
l'orifice d'une éprouvette remplie d'hydrogène et renversée,
allumera ce gaz, mais s'éteindra immédiatement, si on l'introduit dans l'intérieur. L'hydrogène, tout en étant combustible, est donc incapable d'entretenir la combustion.

(**21**) On suspend une cloche à l'un des bras du fléau d'une
balance assez sensible, et on lui fait équilibre avec un poids attaché
à l'autre bras. Si l'on fait arriver de l'hydrogène dans l'intérieur
de la cloche, cette dernière deviendra plus légère et l'équilibre sera
rompu. En remplaçant l'air par de l'hydrogène, il y aura une diminution de poids égale à 1 gr. environ, par chaque litre, un litre
d'air pesant à la température ordinaire environ 1,2 gr. L'hydrogène
humide est plus lourd que l'hydrogène sec, les vapeurs d'eau étant
9 fois plus lourdes que l'hydrogène.

On calcule ordinairement que la force ascensionnelle d'un ballon
est égale à un kilogramme par mètre cube, car il est impossible
d'avoir pour cette opération de l'hydrogène absolument pur et
exempt d'air.

L'extrème légèreté de l'hydrogène fait employer ce

gaz pour gonfler les ballons. Le gaz d'éclairage, qui sert également dans ce but, n'est que deux fois plus léger que l'air, tandis que l'hydrogène l'est quatorze fois et demie. L'expérience très simple des bulles de savon montre très bien que l'on peut utiliser l'hydrogène pour le remplissage des ballons. C'est de cette manière, du reste, que Charles, à Paris, a démontré la légèreté de l'hydrogène, quand, presqu'en même temps que Montgolfier, il construisit un ballon qu'il gonfla avec de l'hydrogène.

Un litre d'hydrogène pèse, à 0° et sous la pression de 760 mm. : 0, gr. 089578 (**22**), c'est-à-dire qu'il est 14,43 fois plus léger que l'air. C'est, du reste, le plus léger de **tous les gaz**. Un grand nombre des propriétés les plus remarquables de l'hydrogène dépendent principalement de sa faible densité ; c'est ainsi que l'hydrogène s'écoule extrêmement **vite** par les orifices étroits : ses molécules possèdent la **plus grande vitesse de mouvement (23)**.

(22) C'est Lavoisier qui, pour la première fois, détermina la densité de l'hydrogène : il obtint cependant un chiffre peu exact : 0,0769. La densité de l'air étant égale à l'unité, l'hydrogène serait, d'après ce savant 13 fois plus léger que l'air. Les déterminations ultérieures ont corrigé ce chiffre. Thomsen lui donne la valeur de 0,0693 ; Berzélius et Dulong celle de 0,0688 ; Dumas et Boussingault, 0,06945. La détermination la plus exacte appartient incontestablement à **Regnault**.

Il a pris deux ballons de grande capacité et déplaçant des volumes d'air égaux. Cette condition évitait la correction que nécessite toute pesée faite dans l'air. Les deux ballons étaient suspendus sous les plateaux d'une balance : l'un était fermé, et son poids déterminé ; l'autre était d'abord pesé vide, et ensuite rempli d'hydrogène. Connaissant le poids d'hydrogène remplissant le ballon et le volume de ce dernier, il était facile de trouver le poids d'un litre d'hydrogène, ainsi que la densité de ce gaz, étant donné le poids d'un litre d'air, dans les mêmes conditions de pression et de température. C'est ainsi que Regnault a obtenu, pour l'hydrogène, une densité moyenne, par rapport à l'air égale à 0,06926.

Nous rapporterons toujours, dans ce livre, toutes les densités des gaz non pas à l'air, mais à l'hydrogène : c'est pourquoi nous indiquons le poids en grammes d'un litre d'hydrogène pur et sec, à la température t et à la pression H (mesurée à 0^0 et à 45^0 de latitude); il est égal à

$$0,08958 . \frac{H}{760} \cdot \frac{1}{1 + 0,00367\, t} \text{ grammes.}$$

Il est quelquefois utile, surtout pour les aéronautes, de connaître le poids de l'air aux différentes altitudes. On trouvera ci-dessous un tableau, composé d'après les données de Glaisher sur la température et l'humidité des couches atmosphériques par un beau temps. La température à la surface de la terre est prise égale à 15^0 C, l'humidité à 60 0/0 et la pression à 760 mm.

Les pressions sont prises sur les indications d'un baromètre anéroïde, en considérant qu'il est vérifié au niveau de la mer et à une latitude de 45^0.

Pression	Température	Humidité	Altitude	Poids de l'air	
760 mm.	$+ 45^0,0$ C.	60 0/0	0 m.	1222 kg.	
700 «	$+ 11^0,0$ «	64 «	690 «	1141 «	
650 «	$+ 7^0,6$ «	64 «	1300 «	1073 «	
600 «	$+ 4^0,3$ «	63 «	1960 «	1003 «	pour 1000 mètres cub.
550 «	$+ 1^0,0$ «	62 «	2660 «	931 «	
500 «	$- 2^0,4$ «	58 «	3420 «	857 «	
450 «	$- 5^0,8$ «	52 «	4250 «	781 «	
400 «	$- 9^0,1$ «	44 «	5170 «	703 «	
350 «	$- 12^0,5$ «	36 «	6190 «	624 «	
300 «	$- 15^0,9$ «	27 «	7360 «	542 «	
250 «	$- 19^0,2$ «	18 «	8720 «	457 «	

Ces chiffres, calculés aussi exactement que possible, d'après les données moyennes, ne sont cependant qu'approximatifs, parce que, dans chaque cas particulier, les conditions physiques, à la surface de la terre aussi bien que dans l'atmosphère, seront différentes de celles qui ont servi à établir le tableau.

Pour calculer la force ascensionnelle d'un ballon, il faut évidemment connaître la densité du gaz par rapport à l'air atmosphérique. Cette densité varie, pour le gaz d'éclairage ordinaire, entre 0,6 et 0,35 et pour l'hydrogène, contenant une quantité moyenne d'air et de vapeur d'eau, entre 0,1 et 0,15.

Il est facile de calculer, avec ces densités, qu'un ballon cubant 1000 mètres, rempli d'hydrogène et pesant 727 kilogrammes (enveloppe, voyageurs, lest, etc.), s'élèvera à une hauteur d'environ 4,250 mètres.

(23) Lorsqu'on immerge le col d'un flacon fêlé rempli, d'hydrogène, dans l'eau ou le mercure, on voit ces liquides monter dans le vase. Ce phénomène se produit parce que l'hydrogène s'échappe par les fêlures du flacon avec une vitesse 38 fois plus grande que l'air ambiant ne pénètre dans son intérieur. On observe le même phénomène en se servant d'un tube dont l'une des extrémités est fermée par un corps poreux; graphite, plaque de plâtre, etc.

A une pression un peu supérieure à la pression atmosphérique, presque tous les gaz présentent une plus grande compressibilité et un plus grand coefficient de dilatation que ne l'indiquent les lois de Mariotte et de Gay-Lussac ; l'hydrogène, au contraire, dans les mêmes conditions, se comprime moins que ne le fait supposer la loi de Mariotte (**24**) et, sous l'influence d'un accroissement de pression, ce gaz se dilate moins qu'à la pression atmosphérique (**25**). L'hydrogène cependant, de même que l'air et beaucoup d'autres gaz permanents (**26**), à la température ordinaire, ne se liquéfie pas, même sous de très fortes pressions ; dans ces conditions, le volume du gaz diminue, mais moins que ne l'exige la loi de Mariotte (**27**). On en peut donc conclure que le point d'ébullition absolu (**28**) de l'hydrogène et des gaz semblables se trouve bien au-dessous de la température ordinaire, c'est-à-dire que la **liquéfaction de ce gaz** n'est possible qu'en le soumettant à la fois à des températures extrêmement basses et à de fortes pressions (**29**). J'avais formulé cette conclusion, en 1870, dans les *Annales de Poggendorf* (pages 141-623) ; les expériences de Pictet et de Cailletet, en 1879, en ont prouvé l'exactitude (**30**).

(24) D'après la loi de Boyle et de Mariotte, la diminution de volume qu'éprouve une masse donnée d'un gaz est proportionnelle à l'accroissement de la pression, quand la température reste constante ; en d'autres termes, le produit du volume v par la pression p est une

valeur constante : $pv = C$ invariable, quelle que soit la pression.

Cette formule n'est vraiment exacte que pour des variations relativement faibles de la pression, de la densité ou des volumes. Mais, dès que ces variations deviennent un peu considérables, la valeur **pv** dépend du facteur p, c'est-à-dire qu'elle croit ou qu'elle diminue avec l'augmentation de la pression. Dans le premier cas, la compressibilité est moindre que ne l'indique la loi de Mariotte, dans le second elle est, au contraire, plus grande. Nous appellerons le premier cas *écart positif* (parce que le quotient $\dfrac{d(pv)}{d(p)}$ est plus grand que zéro) et le second cas *écart négatif* (parce que le même quotient est négatif, c'est-à-dire plus petit que zéro).

Les recherches, que j'ai faites avec Kirpitcheff et Hémilian, ont montré que tous les gaz étudiés à basses pressions, c'est-à-dire les gaz raréfiés présentent des *écarts* positifs. D'un autre côté, il résulte des recherches de Natterer, de Cailletet et d'Amagat que tous les gaz, lorsqu'ils sont soumis à des pressions considérables, lorsqu'on les amène par exemple à occuper un volume 500 à 1000 fois plus petit que celui qu'ils occupaient à la pression atmosphérique, présentent aussi des écarts positifs. C'est ainsi qu'à la pression de 2700 atmosphères, le volume de l'air est non pas 2700 fois plus petit, mais seulement 800 fois et celui de l'hydrogène 1000 fois.

L'écart positif est donc pour ainsi dire normal pour tous les gaz. Cela est facile à comprendre : si, en effet, un gaz quelconque suivait la loi de Mariotte, ou, à plus forte raison, se comprimait encore plus que ne l'exige cette loi, il arriverait à atteindre, à des pressions considérables, une densité plus grande que celle des corps solides et liquides, ce qui est invraisemblable, attendu que les corps solides et les corps liquides sont eux-même très peu compressibles. Ainsi, par exemple, un centim. cube d'oxygène pèse, à 0° et à la pression atmosphérique, environ 0 gr. 0014 ; et, à la pression de 300 atmosphères, pression qui est atteinte dans les canons, il devrait peser, d'après la loi de Mariotte, 4 gr. 2, c'est-à-dire qu'il serait 4 fois plus lourd que l'eau : à la pression de 10000 atmosphères, il serait plus lourd que le mercure.

On pouvait prévoir l'existence des écarts positifs en tenant compte simplement de ce fait que les molécules elles-mêmes occupent un certain volume. En admettant, en effet, que la loi de Mariotte s'applique seulement à l'espace intermoléculaire, on arrive aussi à la nécessité des écarts positifs. Si l'on désigne le volume de la molécule d'un gaz par b (comme dans la formule de Van der Waals : chapitre I, note 34) on peut écrire que :

$$p\,(v\text{-}b) = c\;;$$

d'où l'on tire : $$pv = c + bp,$$

ce qui exprime les écarts positifs. En admettant pv égal à 1000 pour l'hydrogène, à la pression d'un mètre, nous obtenons, pour b, d'après les données de Regnault, d'Amagat et de Natterer, une valeur variant de 0.7 à 0.9.

L'augmentation de pv, en raison de la pression, doit donc être considérée comme une loi normale de la compressibilité des gaz. L'hydrogène possède *à toutes les pressions* cette compressibilité positive parce que, d'après les recherches de Regnault, ce gaz présente, à toute pression supérieure à la pression atmosphérique, des écarts positifs à la loi de Mariotte. L'hydrogène est donc pour ainsi dire un gaz parfait.

Pour tous les autres gaz, le rapport, qui existe entre les variations de la pression et celles du volume, est plus compliqué. Tous, à des pressions qui varient entre 2 et 30 atmosphères, présentent des écarts négatifs, c'est-à-dire qu'ils se compriment plus que ne l'exige la loi de Mariotte, comme l'ont démontré les expériences de Regnault, répétées par Bogouzski et moi. C'est ainsi, par exemple, qu'en portant la pression de la colonne de mercure de 4 à 20 mètres c'est-à-dire en l'augmentant 5 fois, le volume de l'hydrogène ne diminue que 4.93 fois, tandis que celui de l'air devient 5,06 fois plus petit.

Les écarts de la loi de Boyle et de Mariotte pour les pressions considérables (de 1 à 3000 atmosphères) sont bien exprimés (pour des températures constantes) par la formule de Van der Waals, citée page 133, ou mieux encore par celle de Clausius. Cette dernière formule, pas plus que la première, ne tient cependant aucun compte de l'existence des écarts positifs de la loi à des faibles pressions, écarts propres à tous les gaz, même facilement liquéfiables (SO^2 et CO^2, par exemple), comme cela résulte des expériences faites par Kirpitcheff, Hémilian et moi, puis vérifiées par Kraiévitch. Ces formules, tout en interprétant régulièrement les phénomènes de condensation et même de liquéfaction, ne répondent pas au cas de raréfaction extrême des gaz, c'est-à-dire au cas où ces derniers s'approchent de l'état du maximum de dispersion de leurs molécules et où ils se trouvent peut-être à un état intermédiaire voisin de la substance appelée éther lumineux et remplissant l'espace interplanétaire et interstellaire.

Supposons, en effet, qu'il ne soit possible de raréfier les gaz que jusqu'à une certaine limite, et que, cette limite atteinte, leur volume, de même que celui des corps solides, ne change plus, quelle que soit la diminution de la pression. Il est alors facile de comprendre que l'atmosphère se transforme, dans ses parties les plus élevées, en un milieu homogène éthéré, et, d'un autre côté, on peut prévoir que les gaz s'écarteront de la loi de Boyle et de Mariotte, dans le sens positif, lorsqu'ils seront à un état de raréfaction extrême, c'est-à-dire lorsqu'une petite masse de gaz occupera un très grand volume, ou lorsque le gaz s'éloignera considérablement de l'état liquide.

Ce que nous savons actuellement sur les gaz raréfiés est insignifiant ; le développement de nos connaissances sur ce sujet promet cependant d'élucider un grand nombre de points obscurs dans les phénomènes de la nature. Il est, en tous cas, évident, dès à présent, qu'aux trois états de la matière (solide, liquide et gazeux) il faut en ajouter un quatrième : l'état éthéré ou ultra-gazeux (comme l'a déjà proposé Crookes) en comprenant par ce dernier la matière à un état de raréfaction aussi extrême que possible.

(25) Suivant la loi de Gay-Lussac, tous les gaz ont un même coefficient de dilatation, égal à 0,00367, c'est-à-dire que, chauffés de 0^0 à 100^0, ils se dilatent comme l'air et mille volumes de gaz mesurés à 0^0 donnent, à 100^0, 1367 volumes. Regnault, vers 1850, a démontré que la loi de Gay-Lussac n'est pas tout à fait exacte, et que le coefficient de dilatation varie non seulement avec les différents gaz, mais encore pour un seul et même gaz, suivant les différentes pressions auxquelles il est soumis. La dilatation de l'air entre 0^0 et 100^0 est bien égale à 0.367 sous la pression ordinaire d'une atmosphère, mais, sous la pression de 3 atmosphères, elle est de 0.371 ; la dilatation de l'hydrogène est 0.366 et celle de l'acide carbonique 0.370.

Regnault, cependant, n'a pas déterminé directement le changement de volume entre 0^0 et 100^0 ; il a mesuré les variations de la tension en rapport avec les changements de la température; mais, comme les gaz ne suivent pas exactement la loi de Mariotte, il est impossible de calculer le changement de volume, d'après la variation de la tension.

Les recherches que j'ai faites avec Kayander, vers 1870, montrent la variation directe du volume par l'élévation de la température de 0^0 à 100^0. Ces recherches ont confirmé la conclusion de Regnault que la loi de Gay-Lussac n'est qu'une loi approchée ; elles démontrèrent, en outre :

1º Que la dilatation de l'unité de volume entre 0^0 et 100^0, à la pression d'une atmosphère, est égale pour l'air à 0,368, pour l'hydrogène à 0,367, pour l'acide carbonique à 0.373, pour l'acide bromhydrique à 0.366, etc.

2º Que la dilation qu'éprouvent, sous l'influence de la chaleur, les gaz plus compressibles que ne l'indique la loi de Mariotte, croît avec la pression ; ainsi, par exemple, la dilatation de l'air, à la pression de 3 atmosphères et demie, est égale à 0,371 ; pour l'acide carbonique, à la pression de une atmosphère, la dilatation est égale à 0,373 ; à 3 atmosphères, elle égale 0,389 ; à 8 atmosphères 0,413.

3º Que, pour les gaz moins compressibles qu'ils ne devraient l'être, d'après la loi de Mariotte, la dilation par la chaleur décroît avec l'augmentation de la pression ; ainsi, par exemple, pour l'hydrogène, à 1 atmosphère, la dilatation égale 0,367 ; à 8 atmosphères 0,366 ; pour l'air, à 1/4 d'atmosphère 0,370 et, à la pression d'une atmosphère 0,368 ; l'hydrogène, de même que *l'air* et tous les autres gaz, se comprime, *sous de faibles pressions*, moins qu'il ne le devrait si la loi de Mariotte était exacte, comme l'ont démontré les expériences faites par Kirpitcheff, Hémilian et moi. Sous des pressions supérieures à celle de l'atmosphère, l'air se comporte d'une manière inverse.

Ainsi le coefficient de dilatation de l'hydrogène décroît progressivement, d'une faible quantité il est vrai, à partir de la pression nulle jusqu'aux pressions les plus fortes. Pour l'air et les autres gaz, au contraire, à la pression atmosphérique et aux pressions supérieures le coefficient de dilatation augmente à mesure que croît la pression. Cela est vrai tant que la compressibilité est plus grande qu'elle ne devrait l'être, d'après la loi de Mariotte ; mais, lorsque, à des pressions considérables, ce genre d'écarts de la loi de Mariotte devient pour ainsi dire normal (voir note 24), le coefficient de dilatation pour tous les gaz diminue avec l'augmentation de la pression, comme il résulte des expériences d'Amagat.

Ces faits expliquent la différence qui existe entre le coefficient de dilatation à pression constante et le coefficient à volume constant. Ainsi, par exemple, pour l'air à la pression d'une atmosphère, le véritable coefficient de dilatation (pression constante, le **volume** varie) égale 0,00368 (Mendéléïeff et Kayander) et la variation de la tension (volume constant) égale 0,00367 (Regnault).

(26) On appelle *gaz permanents* les gaz qui ne peuvent être liquéfiés par l'action de la pression seule. Sous l'influence d'une élévation de température, tous les gaz et toutes les vapeurs passent à l'état de gaz permanents. L'acide carbonique est permanent, comme nous le verrons plus loin, à toute température supérieure à 32° ; au-dessous de cette température, ce gaz présente sa tension maxima et peut être liquéfié par la pression seule.

La liquéfaction des gaz, opérée dans la première moitié de ce siècle par Faraday (Voir le chapitre sur l'ammoniaque) et par d'autres, a démontré qu'un grand nombre de substances sont capables d'exister sous les trois états physiques, et qu'il n'existe aucune différence essentielle entre les gaz et les vapeurs. Un liquide diffère d'un gaz uniquement parce que son point d'ébullition (c'est à-dire la température à laquelle la tension de sa vapeur égale 760 mm.) se trouve au-dessus de la température ordinaire, tandis que celui des gaz liquéfiés se trouve au-dessous. On peut donc considérer un gaz soit comme une vapeur surchauffée ; (c'est-à-dire une vapeur chauffée au-dessus du point d'ébullition), soit comme une vapeur raréfiée, éloignée de la saturation, à une tension moindre que la tension maxima, propre à la substance, pour une température donnée.

Nous donnons ci-dessous, de même que nous l'avons fait pour l'eau (page 42), *les tensions maxima* (en millimètres) *de quelques liquides et gaz aux différentes températures*. On peut les utiliser pour obtenir des températures constantes en modifiant la pression, à laquelle a lieu l'ébullition ou la formation de vapeurs saturées. Les températures sont prises d'après le thermomètre à air.

Sulfure de carbone CS^2		Benzine chlorée C^6H^5Cl		Aniline C^6H^7Az		Salicylate de méthyle. $C^8H^8O^3$		Mercure Hg		Soufre S	
0°	127.9	70°	97.9	150°	283.7	180°	249.4	300°	246.8	395°	300
10°	198.5	80°	141.8	160°	387.0	190°	330.9	310°	304.9	423°	500
20°	298.1	90°	208.4	170°	515.6	200°	432.4	320°	373.7	443°	700
30°	431.6	100°	292.8	180°	677.2	210°	557.5	330°	454.4	452°	800
40°	647.5	110°	502.6	185°	771.5	220°	710.2	340°	548.6	459°	900
50°	857.1	120°	542.8	....		224°	779 9	350°	658.0	....	
....		130°	719.0	....		....		359°	770.9	....	

Ces chiffres (Ramsay et Young) permettent de fixer les températures constantes dans les vapeurs de liquides en ébullition.

Le tableau ci-contre (page 222) indique les tensions de vapeurs de quelques gaz liquéfiés, exprimées *en atmosphères :*

Les méthodes employées pour liquéfier les gaz, par la compression et le refroidissement, seront décrites quand nous étudierons l'ammoniaque, le protoxyde d'azote, l'acide sulfureux ainsi que dans les notes suivantes. Nous voulons simplement attirer l'attention sur ce fait que l'évaporation des liquides volatils, à de faibles pressions, fournit un moyen commode pour obtenir de *basses températures*. C'est ainsi que l'évaporation de l'acide carbonique liquéfié produit, à la pression ordinaire, un froid qui atteint — 80° ; tandis que, dans une atmosphère raréfiée par une pompe pneumatique jusqu'à 25 mm. ($=$ 0,033 atmosphères), la température descend jusqu'à — 115° (Dewar), d'après les données ci-dessus.

L'évaporation, sous une faible pression, des liquides les plus ordinaires peut servir à la production des basses températures. Ainsi, l'eau bouillant dans le vide se refroidit et se congèle à une pression inférieure à 4 mm. 5 parce que sa tension, à 0°, égale 4 mm. 5. On peut produire des températures assez basses en faisant passer un courant d'air à travers l'éther ordinaire, le sulfure de carbone CS^2, ou le chlorure de méthyle CH^3Cl et d'autres liquides volatils.

Le tableau ci-dessous (page 223) donne : 1° le nombre d'atmosphères nécessaires pour liquéfier certains gaz à la température de

Acide Sulfureux SO^2	Ammoniaque AzH^3	Acide Carbonique CO^3	Protoxyde d'azote Az^2O	Ethylène C^2H^4	Air	Azote
t^0	t^0	t^0	t^0	t^0	t^0	t^0
— 30° 0,4	— 40° 0,7	— 115° 0,033	— 125° 0,033	— 140° 0,032	— 191° 1,0	— 203° 0,085
— 20° 0,6	— 30° 1,1	— 80° 1,0	— 92° 1,0	— 130° 0,1	— 158° 14,0	— 193° 1,0
— 10° 1,0	— 20° 1,8	— 70° 2,1	— 90° 1,9	— 103° 1,0	— 140° 39,0	— 160° 14,0
0° 1,5	— 10° 2,8	— 60° 3,9	— 50° 7,6	— 40° 13,0	... ...	— 146° 32,0
+ 10° 2,3	0° 4,2	— 50° 6,8	— 20° 23,1	— 1° 42,0	... ...	... ...
+ 20° 3,2	+ 10° 6,0	— 40° 10,0	0° 36,1	... ...	... ...	... ...
+ 30° 5,3	+ 20° 8,4	— 20° 23,0	+ 20° 55,3	... ...	... ...	... ...
... ...	... ...	0° 35,0	... ...	... ...	... ...	... ...
... ...	... ...	+ 10° 46,0	... ...	... ...	... ...	... ...
... ...	... ...	+ 20° 58,0	... ...	... ...	... ...	... ...

15°, et 2° la température d'ébullition de ces gaz liquéfiés à la pression de 760 mm.

C_2H_4	Az_2O	CO_2	H_2S	AsH_3	AzH_3	HCl	CH_3Cl	C_2Az_2	SO_2
1° 42	31	52	10	8	7	25	4	4	3
2° — 103	— 92°	— 80°	— 74°	— 58°	— 38°	— 35°	— 24°	— 21°	— 10°

(27) Les déterminations de Natterer (1851-1854) ainsi que les données d'Amagat (1880 et 1888) montrent que la compressibilité de l'hydrogène, sous de hautes pressions, peut être exprimée par les chiffres suivants :

$$
\begin{array}{lcccc}
p = & 1 & 100 & 1000 & 2500 \\
v = & 1 & 0{,}0107 & 0{,}0019 & 0{,}0013 \\
pv = & 1 & 1{,}07 & 1{,}9 & 3{,}25 \\
s = & 0{,}11 & 10{,}3 & 58 & 85
\end{array}
$$

p représente la pression, en mètres, de la colonne de mercure ; v le volume (le volume à la pression d'un mètre étant pris égal à l'unité) ; s le poids en grammes d'un litre d'hydrogène à 20°.

Si l'hydrogène suivait la loi de Mariotte, le litre de ce gaz pèserait, à la pression de 2500 mètres, non pas 85 mais 265 grammes. Les chiffres ci-dessus montrent que le poids d'un litre de gaz tend, à mesure que la pression s'accroît, vers une limite, qui est sans doute la densité du gaz à l'état liquide. Le poids d'un litre d'hydrogène, à l'état liquide, doit probablement être voisin de 100 grammes et sa densité serait, par conséquent, égale à 0,1, c'est-à-dire moindre que celle de tout autre corps liquide.

(28) Cagniard de Latour, en chauffant aux environs de 190° de l'éther dans un tube scellé, remarqua qu'à cette température le liquide se transformait en vapeur, qui occupait le volume primitif c'est-à-dire ayant la même densité que le liquide. Les recherches ultérieures de Drion, ainsi que les miennes, ont démontré qu'il existe ainsi, pour chaque liquide, une *température d'ébullition absolue* au-dessus de laquelle le liquide n'existe pas et se transforme en une vapeur dense.

Pour bien saisir la vraie signification du point d'ébullition absolu, il faut se rappeler que ce qui caractérise l'état liquide, c'est l'existence d'une certaine cohésion entre les molécules, qui n'existe ni dans les gaz, ni dans les vapeurs. Cette cohésion des molécules liquides se manifeste dans les phénomènes de capillarité, et le produit de la densité du liquide par la hauteur de son élévation dans un tube capillaire peut servir à la mesurer. Ainsi, dans un tube de 2 mm. de diamètre, l'eau s'élève, à 15°, à la hauteur de 14,8 millimètres, (avec correction de la hauteur pour le ménisque supérieur) ; l'éther, à la température de $t°$, s'élève à 5,35 — 0,028 t millimètres.

Comme toute élévation de température diminue la cohésion des liquides, elle diminue aussi les ascensions capillaires. L'expérience démontre que cette diminution est proportionnelle à la température : aussi, pouvons-nous conclure qu'à une certaine température élevée la cohésion deviendra nulle. Ce phénomène se produit pour l'éther à la température de 194°.

Lorsque la cohésion cesse d'exister dans un liquide, celui-ci se transforme en gaz, la cohésion étant le seul caractère qui différencie ces deux états physiques. Et, si les liquides absorbent de la chaleur en s'évaporant, c'est qu'ils ont à vaincre la force de la cohésion.

C'est en me basant sur ces considérations que j'ai défini, en 1861, la température d'ébullition absolue comme celle à laquelle : 1°, le liquide n'existe pas et se transforme en un gaz qui ne peut passer à l'état liquide malgré l'augmentation de la pression ; 2°, la cohésion égale 0 ; 3°, la chaleur latente d'évaporation est égale à 0.

Ces idées ne se répandirent vraiment qu'après que Andrews, en 1869, eût présenté la question sous un aspect tout différent. Ce savant observa que l'acide carbonique ne peut passer à l'état liquide, sous aucune pression, à des températures supérieures à 31°, tandis qu'il se liquéfie à des températures plus basses. Il a appelé cette température : *température critique*. Il est évident qu'elle est identique avec le point d'ébullition absolu ; nous l'indiquerons par *tc*. A toute température inférieure à la température critique, un gaz se liquéfie complètement, quand on le soumet à une pression supérieure à sa tension maxima (v. note 27) : le gaz liquéfié forme, en s'évaporant, une vapeur saturée qui possède cette tension maxima. A toute température supérieure à *tc*, au contraire, on peut augmenter indéfiniment la pression à laquelle un gaz est soumis. Le volume du gaz ne varie cependant pas indéfiniment, dans ces conditions : il atteint une limite définie (v. note 28), c'est-à-dire qu'il ressemble, à ce moment, aux corps liquides ou solides dont le volume change peu par la compression,

On appelle *volume critique* le volume occupé par un liquide ou un gaz à la température critique, et à ce volume correspond une *pression critique (pc)* que nous exprimerons en atmosphères. Il résulte évidemment, de tout ce qui vient d'être dit, que les propriétés des liquides sont en relations étroites avec le point d'ébullition absolu, la densité à l'état liquide et à l'état gazeux comprimé de ces substances. Nous aurons l'occasion d'examiner ces rapports dans une des notes suivantes ; pour le moment, nous allons compléter les observations ci-dessus, par le tableau des températures et des pressions critiques de certains gaz et liquides, bien étudiés à ce point de vue.

t_c	p_c	t_c	p_c
Az^2 — $146°$	33	H^2S + $108°$	92
CO — $140°$	39	C^2Az^2 + $124°$	62
O^2 — $119°$	50	AzH^3 + $131°$	114
CH^4 — $100°$	50	CH^3Cl + $141°$	73
AzO — $93°$	71	SO^2 + $155°$	79
C^2H^4 + $10°$	51	C^5H^{10} + $192°$	34
CO^2 + $32°$	77	$C^4H^{10}O$ + $193°$	40
Az^2O + $35°$	75	$CHCl^3$ + $268°$	55
C^2H^2 + $37°$	68	CS^2 + $278°$	78
HCl + $52°$	86	C^6H^6 + $292°$	60

(29) *Pictet* est parvenu à liquéfier directement un certain nombre de gaz qu'on n'avait jamais pu obtenir, avant lui, à l'état liquide.

Il a employé les appareils qui servent à produire artificiellement la glace et qui fonctionnent au moyen de l'évaporation de l'anhydride sulfureux liquéfié. Cet anhydride est un gaz qui se transforme, à la température ordinaire, sous la pression de quelques atmosphères, (voir note 26) en un liquide bouillant à — 10°, sous la pression ordinaire. A une pression inférieure à la pression atmosphérique, ce liquide bout à une température plus basse, qui peut même tomber jusqu'à — 75° si l'on élimine au moyen d'une pompe pneumatique puissante le gaz qui se dégage pendant l'évaporation. Il est donc facile d'obtenir un froid de — 75° en introduisant dans un récipient quelconque de l'anhydride sulfureux liquide et faisant, d'un autre côté, aspirer le gaz dans l'intérieur de ce récipient au moyen de pompes spéciales. Si, dans ce récipient ainsi refroidi, on place un vase, on peut y condenser facilement un autre gaz en utilisant le froid produit par l'évaporation de l'anhydride sulfureux.

C'est par ce procédé que Pictet a pu liquéfier l'acide carbonique CO^2 (à — 60° et sous la pression de 5-6 atmosphères). Ce gaz est plus difficilement liquéfiable que l'anhydride sulfureux ; mais, en revanche, il produit, en s'évaporant, des températures plus basses que celles que l'on obtient par l'évaporation de l'anhydride sulfureux. On peut obtenir par l'évaporation de l'acide carbonique liquide, à la pression ordinaire, un froid de — 80° ; lorsque l'évaporation se produit dans une atmosphère raréfiée, la température descend jusqu'à — 140°. C'est en employant des températures aussi basses et en leur associant la compression qu'il a été possible de condenser la plupart des autres gaz.

Il est évident que pour maintenir une faible pression dans les appareils où se trouvent en ébullition l'acide carbonique et l'anhydride sulfureux, il est nécessaire d'employer des pompes spéciales, capables de raréfier les gaz ; il faut, de plus, d'autres pompes pour conduire les gaz dans les vases refroidis.

Dans l'appareil de Pictet, l'acide carbonique était liquéfié à l'aide d'une pompe F, qui comprimait ce gaz à une pression de 4 ou 6 atmosphères, et qui le poussait ensuite dans le tube K, fortement refroidi par l'anhydride sulfureux liquide et bouillant ; ce dernier était condensé dans le tube C par la pompe B et raréfié par la pompe A. L'acide carbonique liquéfié coulait du tube K dans le tube H, dans lequel on maintenait une pression très faible, au moyen de la pompe E. De cette manière, on obtenait une température très basse d'environ — 140°. La pompe E aspirait les vapeurs d'acide carbonique et les conduisait dans la pompe F, dans laquelle elles étaient de nouveau liquéfiées.

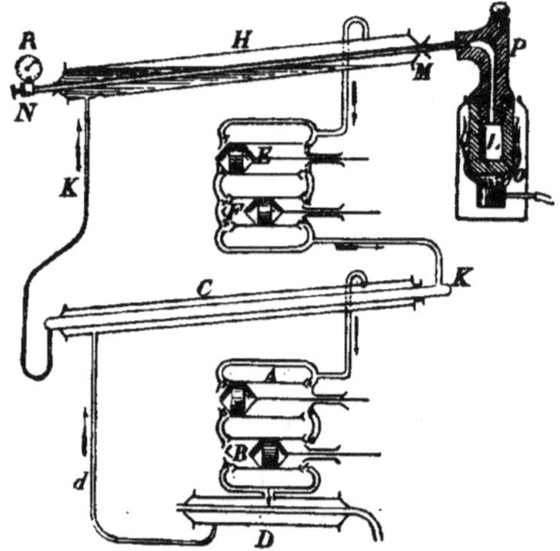

Fig. 27. — Disposition schématique des appareils employés par Pictet pour la liquéfaction des gaz permanents.

L'acide carbonique était pour ainsi dire dans un mouvement de circulation perpétuelle : d'abord, à l'état de vapeur raréfiée ayant une faible tension et une basse température, cet acide était ensuite

comprimé et refroidi ; transformé en liquide, il s'évaporait de nouveau, pour produire le froid.

A l'intérieur du large tube incliné H, dans lequel s'évaporait
l'acide carbonique, se trouvait un autre tube plus étroit M contenant l'hydrogène qu'on préparait dans le récipient L, en chauffant
un mélange de formiate de potassium et de soude :

$$CHO^2Na + NaHO = Na^2CO^3 + H^2.$$

Le récipient L et le tube M, construits en cuivre épais, pouvaient
résister à de très fortes pressions. L'hydrogène se trouvant enfermé
dans un espace clos, sa pression augmentait à mesure de sa production. Un manomètre R, fixé à l'extrémité libre du tube M, servait
à mesurer cette pression. Cette disposition réalisait toutes les conditions nécessaires pour la liquéfaction de l'hydrogène : la compression
et le refroidissement.

Lorsque dans le tube H, la pression devenait voisine de 0, c'est-
à-dire que la température descendait à — 140° et lorsque le manomètre R indiquait une pression de 650 atmosphères dans le tube
M, cette pression n'augmentait plus malgré la production constante d'hydrogène dans le récipient L. C'est qu'à ce moment, la
tension des vapeurs de l'hydrogène avait atteint s.n maximum
correspondant à —140° et que, par conséquent, tout l'excès de gaz se
condensait en liquide. Pictet s'en est convaincu, car, en ouvrant le
robinet N, il vit s'échapper de l'hydrogène liquide.

L'hydrogène liquide, ou mieux l'hydrogène très fortement comprimé, en passant brusquement d'un espace où la pression était
égale à 600 atmosphères pour venir au contact de l'air à la pression
ordinaire, se dilatait, commençait à bouillir, absorbait une grande
quantité de chaleur et se refroidissait encore plus. Une partie de
l'hydrogène passait par cela même à l'état solide et, dans le vase
placé au-dessous du robinet, tombaient non pas des gouttes d'hydrogène liquide, mais bien des morceaux d'une substance solide qui
produisaient un bruit analogue à celui que produisent des grains de
plomb en tombant, et qui s'évaporaient immédiatement. Bien qu'il ait
été impossible de voir et de conserver l'hydrogène liquéfié, on a
cependant admis qu'il passe non seulement à l'état liquide mais
aussi à l'état solide ; tous les autres gaz réputés permanents, qui
jusqu'alors n'avaient pu être liquéfiés, ont été obtenus, dans les expériences de Pictet, à l'état liquide et solide. Pictet supposait que l'hydrogène, à l'état solide, présente les propriétés d'un métal et ressemble au fer.

En même temps que Pictet étudiait, en Suisse, la liquéfaction des
gaz (1879), *Cailletet*, à Paris, s'occupait du même sujet. Ses résultats, moins nets que ceux de Pictet, démontrèrent cependant que
la majorité des gaz, jusqu'alors réputés permanents, peuvent être
condensés.

Cailletet soumettait les gaz à une pression de plusieurs centaines d'atmosphères dans un tube fin en verre (fig. 28) et refroidissait le gaz comprimé au moyen d'un mélange réfrigérant. Il ouvrait ensuite rapidement le robinet par lequel s'échappait le mercure, qui fermait le tube contenant le gaz ; ce dernier se dilatait rapidement et avec force. L'expansion rapide d'un gaz produit un abaissement considérable de température, de même qu'une brusque compression est accompagnée d'un dégagement de chaleur. Ce froid se produisait aux dépens du gaz lui-même, parce que, la dilatation étant rapide, ses molécules n'avaient pas le temps de se réchauffer au contact des parois du tube, et déterminait la condensation, à l'état liquide, d'une partie du gaz dilaté. La production de gouttelettes ou d'un brouillard annonçait cette transformation. Cailletet a prouvé ainsi la possibilité de transformer les gaz en liquides, mais il n'a pas isolé ces derniers. Les procédés de Cailletet permettent d'observer la liquéfaction des gaz avec beaucoup plus de facilité et de simplicité que ceux de Pictet, qui nécessitent des appareils compliqués et coûteux.

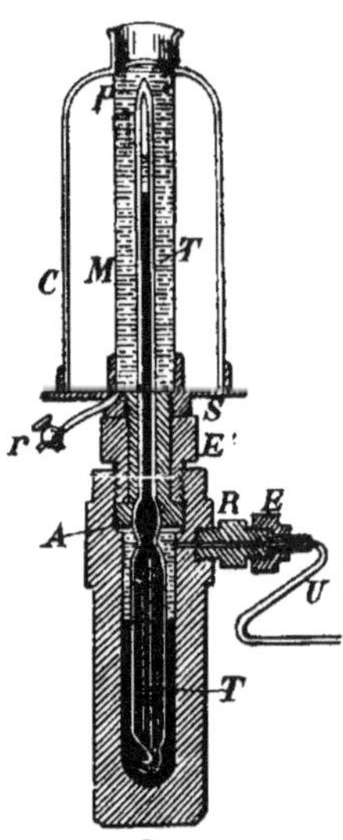

Fig. 28. — Appareil de Cailletet pour la liquéfaction des gaz.

Les méthodes de Pictet et de Cailletet ont été ensuite perfectionnées par Olzewski, Wroblewski, Dewar et par d'autres. Pour obtenir un froid considérable, on se servait non pas de l'acide carbonique liquéfié mais de l'éthylène ou de l'azote liquéfiés. L'évaporation de ces gaz dans une atmosphère raréfiée produit un abaissement de température encore plus considérable, qui peut atteindre — 200°. Les moyens de mesurer des températures aussi basses ont été également perfectionnés, mais au fond, les procédés sont restés les mêmes. On a pu obtenir ainsi, à l'état liquide, l'oxygène et l'azote, ce dernier même à l'état solide ; quant à l'hydrogène, personne ne l'a vu à l'état de liquide.

Malgré le froid intense de — 200° et la pression de 200 atmosphères (**31**), il a été impossible jusqu'à présent de conserver l'hydrogène à l'état liquide, même pendant un temps très court, afin d'étudier ses propriétés ; les gaz de l'air peuvent cependant être longtemps retenus à l'état liquide par ce même moyen. Cela tient naturellement à ce que le point d'ébullition absolu de l'hydrogène se trouve au-dessous de celui de tous les autres gaz connus, ce qui est, du reste, en rapport avec l'extrême légèreté de ce gaz (**32**).

(**31**) Les recherches de S. Wroblewski, de Krakow, prouvent clairement que Pictet, dans ses expériences, ne pouvait avoir de l'hydrogène liquide dans l'intérieur de son appareil ; celui-ci se formait par suite de la détente brusque et du refroidissement, qui en résultait, lorsque Pictet laissait échapper le gaz fortement comprimé et refroidi. Pictet évaluait la température obtenue à — 140° ; en réalité, elle devait à peine tomber au-dessous de —120°, si l'on en juge d'après les nouvelles données sur l'évaporation de l'acide carbonique, sous de faibles pressions. La différence tient aux moyens qui servent pour déterminer les températures basses. En se basant sur d'autres propriétés de l'hydrogène (voir plus bas), on peut croire que son point d'ébullition absolu se trouve bien au-dessous de —120° et même de —170° (Il serait égal à —174, d'après les calculs de Sarrau, basés sur sa compressibilité). Même à — 200°, si les méthodes qui permettent de déterminer des températures aussi basses sont exactes, et sous une pression de plusieurs centaines d'atmosphères, il a été impossible d'obtenir de l'hydrogène à l'état liquide. Par l'expansion, cependant, on obtient un brouillard ; l'état liquide est donc atteint, mais le liquide ne peut être isolé.

(**32**) Après que l'on eût établi, vers 1870, les premières notions sur le point d'ébullition absolu et que l'on eût montré son influence sur les écarts de la loi de Boyle et de Mariotte, mais surtout après qu'on eût découvert le moyen de liquéfier les gaz jusqu'alors réputés permanents, un grand nombre de recherches furent entreprises pour développer les notions fondamentales que l'on possédait sur l'état gazeux et liquide de la matière. Certains investigateurs consacrèrent spécialement leurs efforts à l'étude plus approfondie des vapeurs, comme, par exemple, Ramsay et Young : d'autres s'occupèrent des gaz, comme Amagat : d'autres enfin des liquides (Zaïentchefski, Nadiéjdinn, etc.), et particulièrement de leurs températures et de leurs pressions critiques. Quelques-uns, comme Konovaloff, de Hean, etc., s'efforcèrent de découvrir les relations qui existent entre les liquides, dans les conditions ordinaires (c'est-à-dire éloignés de la température critique), et les gaz. D'autres savants, enfin, Van der Waals, Clausius, etc., en partant des principes généralement admis de la théorie mécanique de la chaleur et de la théorie cinétique des gaz, et en admettant l'existence dans les gaz des forces qui agissent manifestement dans les liquides, montrèrent les relations qui existent entre les propriétés des uns et des autres.

Dans un ouvrage aussi élémentaire que celui-ci, il est impossible d'exposer la somme des résultats obtenus. Il est cependant indispensable de donner ici une idée des résultats auxquels est arrivé Van der Waals. Ces résultats expliquent, en effet, sous une forme très simple, le passage graduel ininterrompu des liquides aux gaz. Les conclusions de Van der Waals ne peuvent évidemment pas être considérées comme définitives (voir note 25) ; elles sont néanmoins si importantes que leur influence s'est fait sentir non seulement sur un grand nombre de recherches physiques, mais aussi sur le domaine de la chimie. C'est en chimie, en effet, que l'on observe, le plus ordinairement, le passage des substances de l'état gazeux à l'état liquide et c'est aussi dans cette science que les phénomènes de dissociation, de décomposition et de combinaison doivent non seulement être identifiés avec les changements d'état physique, mais encore leur être subordonnés, parce que le sens des réactions dépend de l'état physique dans lequel se trouvent les corps qui y participent.

L'état physique d'une quantité (poids, masse, *d'une substance définie* est exprimé par trois variables : le volume v, la pression (tension) p et la température t. Bien qu'extrêmement faible, la compressibilité des liquides (c'est-à-dire $\dfrac{dv}{dp}$, en se servant des symboles du calcul différentiel) peut être cependant déterminée ; elle varie non-seulement avec la nature des liquides, mais encore avec les modifications de leur température et de leur pression : à la température critique, la compressibilité des liquides est très grande. Les gaz, qui suivent la loi de Boyle et de Mariotte, au moins quand la pression varie dans des limites assez faibles, se compriment uniformément ; cependant, le rapport de leur volume v avec la température t et la pression p est très complexe. Ceci s'applique également au coefficient de dilatation $\left(= \dfrac{dv}{dt} \text{ ou } \dfrac{dp}{dt}\right)$, qui varie aussi avec t et p pour les gaz (voir note 26), comme pour les liquides. (A la température critique, en effet, le coefficient de dilatation des liquides est très grand ; il dépasse souvent celui des gaz, qui est égal à 0,00367.

L'équation de l'état doit donc contenir trois variables : v, p t. S'il s'agit d'un gaz, dit parfait, idéal, ou s'il s'agit de petites variations de la densité d'un gaz, il faut adopter, pour exprimer la dépendance des trois valeurs entre elles l'expression élémentaire suivante :

$$pv = R\alpha\,(1 + \alpha t)$$

ou

$$pv = R\,(273 + t)$$

dans laquelle R est une quantité constante, variant avec la masse
et la nature du gaz. Cette équation exprime à la fois les lois de **Gay-
Lussac** et de Mariotte ; car, la pression étant constante, le volume varie proportionnellement à $1 + \alpha t$, et, si la température t est constante, le produit pv l'est également. Sous sa forme la plus simple,
cette équation peut être exprimée ainsi :

$$pv = RT,$$

où **T** indique la température absolue, c'est-à-dire la température ordinaire plus 273 ; $T = t + 273$.

Van der Waals donne pour les gaz une autre **équation** plus
complexe. Il prend, comme point de départ, l'existence de l'attraction ou de la pression interne (a) proportionnelle au carré de la
densité (ou inversement proportionnelle au carré du volume), ainsi
que l'existence du volume ou de la longueur des trajectoires (b) des
molécules gazeuses :

$$\left(p + \frac{a}{v^2}\right)(v - b) = 1 + 0,00367\,t$$

La formule de Van der Waals exprime les écarts de la loi de
Mariotte et de la loi de Gay-Lussac. Ainsi, pour l'hydrogène, a doit
être insignifiant, $b = 0,0009$ si l'on en juge d'après les données que
nous possédons pour les pressions de 1000 et de 2500 mètres (voir
note 28). Quant aux autres gaz permanents, j'ai démontré, depuis
longtemps déjà (vers 1870), en me basant sur les données de Regnault et de Natterer, la diminution de pv, suivie de son accroissement. Mes recherches ont été confirmées, vers 1880, par Amagat. Ce
phénomène peut être exprimé par des valeurs définies de a et b,
avec une approximation suffisante pour les recherches actuelles,
bien que les formules de Van der Waals ne s'appliquent pas aux
pressions minimes. Il est évident que la formule de Van der Waals
peut exprimer aussi la différence des coefficients de dilatation des
gaz avec la variation des pressions et suivant la méthode employée
pour la détermination (note 26). Cette formule montre, en outre,
qu'à toute température supérieure à $273\left(\dfrac{8\,a}{27\,b} - 1\right)$ il ne peut
exister qu'un seul volume réel, gazeux, tandis que, à des tempéra-
tures inférieures, on peut obtenir par la variation de la pression trois
volumes : un liquide, un gazeux et le troisième, enfin, moitié liquide
et moitié *gazeux*.

Il est évident que la température mentionnée est celle de l'ébullition absolue, c'est-à-dire $tc = 273 \left(\dfrac{8\,a}{27\,b} - 1 \right)$. Pour la trouver, il faut que les trois volumes possibles, c'est-à-dire les trois racines de l'équation cubique de Van der Waals, soient égaux ($vc = 3b$) : la pression égale dans ce cas $pc = \dfrac{a}{27\,b^2}$. Ces rapports entre les constantes a et b et les conditions de **l'état critique**, c'est-à-dire tc et pc, donnent la possibilité de déterminer une valeur au moyen des autres. Ainsi, pour l'éther, (voir note 29), $tc = 193°$, $tp = 40$; d'où $a = 0,0307$, $b = 0,00533$; d'où $vc = 0,016$.

La masse d'éther qui, à la pression d'une atmosphère et à 0°, occupe un volume (un litre par exemple), occupe également, d'après la condition posée plus haut, le volume critique (vc).

Or, comme la densité des vapeurs d'éther par rapport à l'hydrogène égale 37, et comme un litre d'hydrogène à 0° et à la pression atmosphérique pèse 0,0896 grammes, un litre de vapeurs d'éther pèse 3 gr. 32. A l'état critique (à 193° et à la pression de 40 atmosphères) 3,32 grammes d'éther occupent le volume de 0,016 litre ou 16 centim. cub. ; donc, un gramme occupe le volume de 5 centim. cub., et le poids d'un centim. cub. d'éther égale alors 0 gr. 27 environ. D'après les recherches de Ramsay et de Young (1887), le volume critique de l'éther est, en effet, voisin de la valeur obtenue par le calcul aux environs du point d'ébullition absolu ; mais, dans ces conditions, la compressibilité du liquide est tellement grande que la moindre variation, dans la pression ou dans la température, *influe* considérablement sur le volume.

Les recherches des savants déjà cités ont donné une autre démonstration indirecte de la composition exacte de l'équation de Van der Waals. Ils ont trouvé pour l'éther que les **isochores**, ou lignes des volumes égaux, sont généralement des lignes droites si les températures et les pressions varient. Ainsi, par exemple, le volume de 10 c. c. qu'occupe 1 gr. d'éther correspond aux pressions (exprimées en mètres de mercure) égales à $0,135\,t - 3,3$ (par exemple 180° et 21 mètres de pression ; 280° et 34,5 m. de pression). La forme rectiligne des isochores (dans ce cas $v = $ une quantité constante) est une conséquence directe de l'équation de Van der Waals.

En 1883, j'ai démontré que les poids spécifiques des liquides diminuent proportionnellement à l'augmentation de la température :

$$S_t = S_o - kt \text{ ou } S_t = S_o (1 - kt)$$

ou que les volumes croissent en raison inverse du binôme $1 - kt$ c'est-à-dire que :

$$V_t = V_o (1 - kt)^{1},$$

où k est le *module* de la dilatation, variant avec la nature des liquides. C'est alors seulement qu'apparurent les relations qui existent entre les gaz et les liquides sous le rapport du changement de volumes, et qu'il devint possible, en se servant de la formule de Van der Waals, de juger, d'après les phénomènes de dilatation des liquides, de leur transformation en vapeur ; c'est alors aussi que l'on put montrer la liaison de toutes les propriétés principales des liquides, lesquelles n'étaient pas considérées jusqu'alors comme étant dans une dépendance directe.

Thorpe et Rucker ont trouvé que $2\ (tc) + 273 = \dfrac{1}{k}$ ou k est *le module* de dilatation du liquide dans la formule mentionnée. Ainsi, par exemple, la dilatation de l'éther est exprimée avec une exactitude suffisante (entre 0° et 100°), par les équations :

$$S_t = 0{,}736\ (1 - 0{,}00154\ t)$$

ou

$$V_t = \frac{1}{1 - 0{,}00154\ t}$$

dans lesquelles 0,00154 est le module ; donc $tc = 188°$. L'observation directe donne 193°. Pour le chlorure de silicium $SiCl^4$, le module $= 0{,}00136$, donc $tc = 231°$; l'expérience donne le chiffre de 230. D'un autre côté, D. P. Konovaloff, en admettant que pour les liquides la pression extérieure (p) est insignifiante en comparaison de la pression intérieure (a dans la formule de Van der Waals), et que, dans les liquides comme dans les gaz, le travail de la dilatation est proportionnel à leur température, a directement déduit de la formule de Van der Waals l'équation ci-dessus mentionnée de la dilatation des liquides $V_t = \dfrac{1}{1 - kt}$ ainsi que la valeur de leur chaleur latente de vaporisation, de la cohésion et de la compressibilité sous pression.

L'équation de Van der Waals embrasse donc ainsi l'état gazeux, l'état critique et l'état *liquide* des substances ; elle montre la connexion qui existe entre eux.

L'équation de Van der Waals ne peut être considérée comme absolument générale et exacte ; cependant, elle est non seulement beaucoup plus exacte que $pv = RT$ mais, aussi plus compréhensive, puisqu'elle s'applique aux gaz et aux liquides. Les recherches ultérieures auront certainement pour effet de nous rapprocher encore davantage de la vérité et établiront les relations entre la composition et les constantes a et b ; les équations *des états* constituent cependant déjà un très grand progrès scientifique.

Clausius, en 1880, prenant en considération la variabilité de a dans l'équation de Van der Waals, en rapport avec la température, a donné l'équation de l'état suivante :

$$\left(p + \frac{a}{T\,(v + c)^2} \right) (v - b) = RT$$

Sarrau (1882) a appliqué cette formule aux données d'**Amagat** pour l'hydrogène et a trouvé $a = 0,0551$; $c = -0,00043$; $b = 0,00089$; se basant sur ces résultats, il a évalué le point d'ébullition absolu de ce gaz à — 174° et $pc = 99$ atmosphères. Mais, comme le même calcul a donné pour l'oxygène — 105°, l'azote — 124°, et le gaz des marais —76, c'est-à-dire des températures critiques supérieures aux températures réelles (voir note 29), il y a lieu de croire que le point d'ébullition absolu de l'hydrogène se trouve au-dessous de — 174°.

Bien que, sous la seule influence des forces physico-mécaniques, l'hydrogène passe avec une grande difficulté à l'état liquide, l'attraction chimique cependant fait perdre à ce gaz, avec une facilité relative, son état gazeux (c'est-à-dire son élasticité ou l'énergie physique des molécules ou encore le mouvement rapide progressif de ces dernières)(33). Cette propriété de l'hydrogène se manifeste non seulement dans ce que l'hydrogène et l'oxygène (deux gaz permanen's) forment l'eau liquide, mais aussi dans plusieurs phénomènes où l'on observe l'absorption de l'hydrogène.

(33) Ce fait, de même que beaucoup d'autres semblables, montre combien sont grandes les forces intérieures chimiques, quand on les compare aux forces physiques et mécaniques.

L'hydrogène est énergiquement condensé par certains corps solides tels que, par exemple, le charbon de bois et l'éponge de platine. Un morceau de charbon récemment calciné peut absorber jusqu'à deux volumes d'hydrogène ; l'éponge de platine en condense encore davantage.

De tous les métaux, c'est le palladium, métal gris accompagnant le platine dans la nature, qui absorbe la plus grande quantité d'hydrogène. Graham a démontré qu'un morceau de palladium, porté au rouge, absorbe, en se refroidissant dans une atmosphère d'hydrogène, 600 volumes de ce gaz. L'hydrogène, ainsi absorbé par le métal, est retenu à la température ordinaire, mais s'en dégage lorsque le métal est chauffé au rouge (34). La propriété que possèdent certains métaux d'absorber l'hydrogène explique la perméabilité des tubes métalliques pour ce gaz (35).

(34) On peut démontrer facilement que le palladium a la propriété d'absorber l'hydrogène, en augmentant de volume ; il suffit de prendre, comme cathode, une plaque de palladium recouverte sur l'un de ses côtés d'un vernis isolant. L'hydrogène, qui se dégage par l'action du courant galvanique, est retenu par la surface métallique libre et la plaque de palladium s'infléchit. En fixant à l'extrémité libre de la plaque une longue tige légère, une plume par exemple, on peut observer très nettement la courbure du métal. Si l'on change le sens du courant, la plaque se redresse en perdant son hydrogène. C'est, en effet, de l'oxygène qui se dégage en ce cas sur le palladium : il se combine à l'hydrogène absorbé pour former l'eau.

(35) Deville a découvert que le fer et le platine se laissent traverser par l'hydrogène à la température du rouge. Il parle de cette propriété des métaux, dans les termes suivants : « la perméabilité des métaux aussi homogènes que le sont le fer et le platine diffère complètement du passage des gaz à travers des corps aussi peu compacts que l'argile et le graphite. La perméabilité des métaux dépend de la dilatation produite par la chaleur ; elle prouve que les métaux homogènes ont une certaine porosité, lorsqu'ils sont fondus. »

Graham a cependant prouvé que, parmi les gaz, l'hydrogène seul est capable de passer à travers les métaux ci-dessus mentionnés. L'oxygène, l'azote, l'ammoniaque et beaucoup d'autres gaz ne traversent ces métaux qu'en quantité absolument insignifiante. Graham a montré que, dans le vide, à la température du rouge, il passe environ 500 centim. cub. d'hydrogène par minute à travers une surface d'un mètre carré de platine de 1,1 millim. d'épaisseur, tandis que, dans les mêmes conditions, les quantités des autres gaz sont à peine perceptibles. Le caoutchouc possède également la même propriété d'être traversé par l'hydrogène (voir chapitre III), mais à la température ordinaire. 1 mètre carré de caoutchouc, de 0,014 mm. d'épaisseur, ne laisse cependant passer que 127 centim. cub. d'hydrogène par minute.

Pour décomposer l'eau au moyen de la chaleur dans un tube poreux, on peut remplacer avantageusement le tube en terre par un tube en platine. Graham a montré qu'en plaçant, dans ces conditions, un tube en platine contenant de l'hydrogène et entouré par un autre tube en porcelaine rempli d'air, l'hydrogène passait à travers le platine, ce qui amenait une diminution de la pression dans le tube métallique. Dans l'espace d'une heure, presque toute la quantité d'hydrogène (97 0/0) est sortie du tube sans être remplacée par l'air. Il est évident que les phénomènes d'occlusion et le passage de l'hydrogène à travers les métaux capables de l'absorber sont intimement liés entre eux, mais ils dépendent aussi de la capacité qu'ont ces métaux de former avec l'hydrogène des combinaisons de stabilité différente, analogues à celles que l'eau forme avec les sels.

Cette propriété, appelée **occlusion**, est analogue à la dissolution, c'est-à-dire qu'elle est basée sur la faculté que possèdent certains métaux de donner avec l'hydrogène des combinaisons peu stables, facilement dissociables (**36**), comme celles que forment les sels avec l'eau.

(**36**) Le palladium forme avec l'hydrogène un composé défini Pd^2H (voir plus loin). L'étude de l'hydrure de sodium Na^2H à été particulièrement instructive ; elle a démontré que l'origine et les propriétés des composés analogues sont en accord complet avec la théorie de la dissociation. Dans le chapitre consacré au sodium, nous parlerons plus longuement de cette substance.

L'hydrogène, étant difficilement liquéfiable, est peu soluble dans l'eau et les autres liquides. Cent volumes d'eau ne dissolvent à 0° que 1,9 volume d'hydrogène ; l'alcool en dissout 6.9 volumes mesurés à 0° et 760 mm. de pression. La fonte en fusion absorbe l'hydrogène, mais elle l'abandonne en se refroidissant. Si l'hydrogène se dissout dans les métaux, cela tient à ce qu'il possède un certain degré d'affinité pour ces derniers ; ce phénomène doit être assimilé à la dissolution des métaux dans le mercure et à la formation des alliages. Par ses propriétés chimiques, l'hydrogène, comme nous le verrons plus loin, se rapproche beaucoup des métaux. Pictet (voir note **29**) affirme même que l'hydrogène liquide possède des propriétés métalliques. Ces propriétés se manifestent notamment dans ce fait que, seul parmi tous les gaz, l'hydrogène est bon conducteur de la chaleur comme le sont les métaux (Magnus).

Dans les conditions ordinaires, les réactions dans lesquelles entre l'hydrogène sont peu nombreuses. Il faut, pour faire entrer l'hydrogène gazeux en réaction, modifier ces conditions, soit par la compression, soit par l'élévation de la température, soit par l'action de la lumière ; ou mieux encore, produire ce gaz à l'état naissant. Cependant, même dans ces conditions, l'hydrogène ne se combine qu'avec un très petit nombre de corps.

L'hydrogène se combine directement avec l'oxygène, le soufre, le chlore, le carbone, le potassium et quelques autres corps ; mais, il ne forme pas de combinaisons directes avec la majorité des métaux, pas plus qu'avec l'azote, le phosphore, etc.

On connait cependant certains composés dans lesquels l'hydrogène est combiné à des corps avec lesquels il ne réagit pas directement ; on les obtient, d'une manière indirecte, au moyen des réactions de décomposition ou de double décomposition des autres composés hydrogénés.

La propriété que possède l'hydrogène de se combiner avec l'oxygène par l'action de la chaleur détermine la combustibilité de l'hydrogène (**37**). Nous avons déjà vu que ce gaz peut être enflammé facilement et qu'il brûle avec une flamme pâle, c'est-à-dire non éclairante (**38**). L'eau est le produit de cette réaction ; c'est donc par la combustion de l'hydrogène que s'effectue la **synthèse** de l'eau. On peut facilement l'observer en plaçant au-dessus de la flamme de l'hydrogène une cloche en verre froide ou, ce qui est encore mieux, en faisant brûler l'hydrogène dans le tube d'un réfrigérant. L'eau se condensera sur les parois du réfrigérant sous forme de gouttes (**39**).

(**37**) Supposons qu'un courant d'hydrogène passe dans un tube et divisons mentalement ce courant en plusieurs portions qui sortent successivement par l'orifice du tube. La première portion est allumée, c'est-à-dire qu'elle est portée à l'incandescence, et, dans cet état, elle se combine avec l'oxygène de l'air. Cette combinaison produit un énorme dégagement de chaleur, suffisant pour allumer, si l'on peut s'exprimer ainsi, la seconde portion d'hydrogène et ainsi de suite ; c'est pourquoi l'hydrogène, une fois allumé, continue à brûler pourvu que le courant de ce gaz soit ininterrompu et que l'atmosphère, dans laquelle la combustion a lieu, contienne une quantité illimitée d'oxygène.

(38) Pour obtenir une flamme d'hydrogène absolument incolore, il faut que l'extrémité du tube de dégagement soit terminée par un bout en platine ; car, le verre communique à la flamme une coloration jaune, qui tient à la présence de vapeurs de sodium, provenant du verre.

(39) Il est facile de démontrer la combustibilité de l'hydrogène par l'expérience de la décomposition directe de l'eau par le sodium. Un petit morceau de ce métal, jeté dans l'eau, surnage, et produit un dégagement d'hydrogène qu'on peut allumer. La présence du sodium communique à la flamme une teinte jaune. Si l'on fait la même expérience avec du potassium, l'hydrogène s'enflamme spontanément parce que la quantité de chaleur, qui se dégage dans ce cas, est suffisante pour enflammer l'hydrogène. Le potassium rend la flamme violette.

Quand on projette du sodium, non plus sur l'eau, mais sur un acide, ou bien sur une solution épaisse de gomme, la quantité de chaleur qui se dégage est plus considérable, et l'hydrogène s'enflamme alors spontanément. Il faut, dans ces expériences, prendre beaucoup de précautions ; car, à la fin, la masse d'oxyde de sodium formée est quelquefois projetée. Il est donc utile de couvrir le vase dans lequel on fait l'expérience.

La lumière est sans influence sur le mélange d'hydrogène et d'oxygène ; l'étincelle électrique, au contraire, agit tout à fait comme la chaleur, c'est-à-dire qu'elle détermine la combinaison des deux gaz ; on l'utilise pour enflammer le mélange détonant dans l'intérieur d'un vase, comme nous le verrons plus loin.

L'hydrogène (de même que l'oxygène) est condensé par l'éponge de platine ; au contact du platine, il se produit une élévation de température et, comme l'a démontré Dobereiner, l'hydrogène se combine avec l'oxygène. En effet, un morceau d'éponge de platine, jeté dans le mélange de ces deux gaz, produit une explosion. En dirigeant ce même mélange sur de l'éponge de platine, il y a combinaison des deux gaz et incandescence du platine (40).

(40) On utilise cette propriété de l'éponge de platine dans l'appareil appelé briquet à hydrogène, ou briquet de Dobereiner (fig. 29). C'est un vase en verre, sur le fond duquel repose un support en plomb (inattaquable par l'acide sulfurique) contenant du zinc. Le zinc est recouvert par une cloche ouverte en bas et muni à sa partie supérieure d'un robinet. L'espace, compris entre les parois

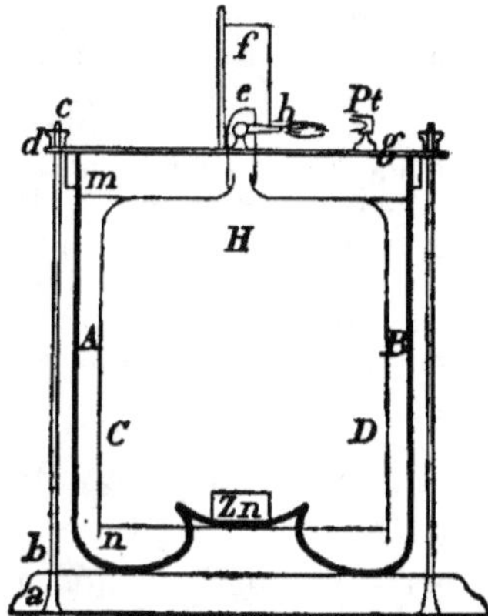

Fig. 29. — Coupe schématique d'un briquet à hydrogène. — AB vase cylindrique en verre. CD cloche intérieure fixée hermétiquement dans la monture c. La plaque d et les vis b et c servent à maintenir la cloche et le cylindre en verre. Le niveau (n) de l'acide dans l'intérieur de la cloche, se trouve au-dessous du niveau de l'acide (m) à l'extérieur de celle-ci. Il en résulte qu'en ouvrant le robinet e, fixé au couvercle f, on laisse l'hydrogène s'échapper par h sur l'éponge de platine g (1/5 de grandeur naturelle).

du vase et celles de la cloche, renferme de l'acide sulfurique qui comprime le gaz contenu dans la cloche. Dès que l'on ouvre le robinet, le gaz s'échappe, l'acide sulfurique vient occuper sa place et commence à agir sur le zinc ; l'hydrogène, qui se dégage, s'échappe aussi par le robinet. Si l'on ferme alors le robinet, la pression toujours croissante de l'hydrogène chasse l'acide dans l'espace qu'il occupait primitivement, et la réaction cesse. En fermant ou en ouvrant le robinet, on peut, à volonté, produire ou arrêter l'action de l'acide sur le zinc et avoir toujours un courant d'hydrogène.

Si l'on place, devant l'ouverture du robinet, un morceau d'éponge de platine, le gaz s'enflamme, parce que le platine, en condensant l'hydrogène, s'échauffe et l'allume.

Parmi les différentes causes, qui déterminent l'élévation de la température du platine, la principale est la suivante : l'hydrogène, condensé dans les pores de la mousse de platine, y rencontre l'oxygène de l'air déjà absorbé et condensé ; or, à cet état, les deux gaz se combinent avec une grande facilité.

Le briquet à hydrogène donne donc un jet d'hydrogène enflammé, dès que l'on ouvre le robinet. Afin d'avoir un fonctionnement régulier dans l'appareil, il faut employer de l'éponge de platine absolument pure ou, ce qui vaut encore mieux, enveloppée dans une feuille très mince de platine métallique pour la protéger de la poussière et des impuretés de l'air. Dans tous les cas, il est nécessaire, après un certain temps, de nettoyer le platine ; il suffit, pour cela, de le traiter par de l'acide nitrique bouillant, qui ne dissout pas le platine, mais qui le débarrasse de toutes les impuretés.

Pour remédier à cet inconvénient, on a proposé d'autres appareils. Dans ces derniers, l'hydrogène est allumé par une étincelle électrique produite, soit par l'immersion du zinc d'un couple galvanique, soit par la rotation du plateau d'une petite machine électrique, au moment où l'on ouvre le robinet.

L'hydrogène, *à l'état naissant*, se combine avec beaucoup de corps sur lesquels il ne réagit pas directement dans d'autres conditions (**41**). L'eau, traitée par l'amalgame de sodium, contient de l'hydrogène à l'état naissant, c'est-à-dire condensé pendant le premier moment de sa formation (**42**); à cet état de condensation, l'hydrogène peut réagir sur des corps sur lesquels il n'exerce aucune action, lorsqu'il est à l'état gazeux.

(**41**) L'hydrogène peut se combiner avec le chlore dans les mêmes conditions que l'oxygène ; le mélange d'hydrogène et de chlore *détone,* soit par l'action d'une étincelle électrique, soit au contact d'un corps incandescent, soit en présence de l'éponge de platine. Mais, outre ces agents, l'action de la lumière seule peut déterminer la combinaison de ces deux gaz. Lorsqu'un mélange, à volumes égaux, d'hydrogène et de chlore est exposé à la lumière vive, la combinaison de ces gaz se produit instantanément et est accompagnée d'une explosion.

L'hydrogène ne se combine avec le carbone ni à la température ordinaire, ni par l'action de la chaleur ou de la pression. Cependant, à la température intense de l'arc voltaïque, alors que les molécules de charbon sont transportées d'un pôle à l'autre, le carbone se combine avec l'hydrogène et forme un gaz qui possède une odeur spéciale, appelé acétylène C^2H^2.

(42) On peut encore expliquer, d'une autre façon, la facilité avec laquelle réagit l'hydrogène, à l'état naissant. Nous aurons l'occasion de voir que les molécules d'hydrogène contiennent deux atomes H^2, tandis que les molécules de quelques autres corps simples, le mercure par exemple, ne contiennent qu'un seul atome. Chaque réaction, dans laquelle entre l'hydrogène gazeux, doit donc être accompagnée de la *rupture* du lien qui unit les atomes dans la molécule. On a supposé qu'au moment de leur dégagement, les atomes d'hydrogène existaient à l'état libre et pouvaient alors agir plus énergiquement. Cette hypothèse ne s'appuie sur aucun fait: la théorie, suivant laquelle l'hydrogène est condensé au moment de sa mise en liberté, est plus naturelle ; elle est, d'ailleurs, en accord avec les faits (note 12) observés par Brunner, Békétoff, que l'hydrogène comprimé *déplace* le palladium et l'argent, c'est-à-dire qu'il agit comme à l'état naissant.

Il existe une relation intime et très évidente entre les phénomènes que détermine l'action de l'éponge de platine et ceux produits par l'action de l'état naissant.

La combinaison de l'hydrogène avec l'aldéhyde peut nous servir d'exemple. L'aldéhyde est une substance volatile, d'odeur aromatique, bouillant à 21°, soluble dans l'eau ; elle absorbe l'oxygène de l'air et se transforme en acide acétique, corps qui fait la base du vinaigre ordinaire. Lorsque l'on introduit de l'amalgame de sodium dans une solution aqueuse d'aldéhyde, la plus grande partie de l'hydrogène, qui se dégage, se combine avec l'aldéhyde pour former de l'alcool, substance également soluble dans l'eau, bouillant à 78°. L'alcool, qui constitue le principe de toutes les boissons alcooliques, contient la même quantité de carbone et d'oxygène, mais plus d'hydrogène que l'aldéhyde. La composition de ce dernier est C^2H^4O et celle de l'alcool C^2H^6O.

Les réactions de substitution ou de **déplacement des métaux par l'hydrogène**, à l'état naissant (**43**), sont particulièrement nombreuses.

(43) Lorsque, dans la solution d'un sel d'argent, on ajoute, par exemple, un acide et du zinc, l'argent est réduit ; on peut cependant, pour expliquer cette réaction, invoquer l'action du zinc, et non pas celle de l'hydrogène naissant. Il existe d'autres exemples où cette explication est impossible ; ainsi, par exemple, l'hydrogène, à l'état naissant, enlève facilement l'azote de ses composés avec l'oxygène, lorsque ces derniers sont en solution. Dans ce cas, l'azote se rencontre, pour ainsi dire, avec l'hydrogène, à l'état naissant, et les deux gaz se combinent.

Il est donc évident que l'état élastique, gazeux, dans lequel se trouve l'hydrogène, fixe une limite à son énergie; il l'empêche d'effectuer certaines réactions dont il est cependant capable. A l'état naissant, l'hydrogène n'est déjà plus gazeux et son action est alors beaucoup plus énergique.

La notion de l'énergie chimique explique ce phénomène : le passage à l'état gazeux exige, en effet, une certaine quantité de chaleur, et absorbe, par conséquent, une certaine somme de travail. Lorsque l'hydrogène est passé à l'état gazeux, ceci indique qu'il existe déjà des conditions suffisantes pour transmettre la chaleur à l'hydrogène, qui se dégage, et pour le convertir en gaz. Il est évident, qu'au moment où l'hydrogène naît, la chaleur, qui devra se trouver à l'état latent dans l'hydrogène gazeux, se transmet à ses molécules qui se trouvent, par conséquent, douées d'une énergie potentielle et peuvent agir sur un grand nombre de substances.

Nous voulons encore insister sur ce fait, d'ailleurs facile à comprendre, d'après les explications précédentes, que l'hydrogène, condensé dans les pores de certains métaux, tels que le palladium et le platine, agit comme agent réducteur sur beaucoup de substances. Il est donc naturel que les substances, qui contiennent beaucoup d'hydrogène et qui l'abandonnent facilement, puissent aussi servir comme agents réducteurs très puissants.

Les métaux, comme nous le verrons plus tard, sont capables de se substituer les uns aux autres dans de nombreuses circonstances ; ils peuvent également, et quelquefois avec la plus grande facilité, remplacer l'hydrogène et être remplacés par ce gaz. Nous en avons vu un exemple dans la préparation de l'hydrogène au moyen de l'eau, de l'acide sulfurique, etc. Dans toutes ces expériences, les métaux tels que le sodium, le fer, le zinc déplacent l'hydrogène, qui se trouve dans ces composés. Certains métaux peuvent déplacer l'hydrogène dans un grand nombre de ses combinaisons, exactement de la même manière qu'il est déplacé de l'eau. L'acide chlorhydrique, par exemple, produit de la combinaison directe de l'hydrogène et du chlore, abandonne son hydrogène, au contact de beaucoup de métaux, tout à fait comme l'acide sulfurique. Le potassium et le sodium déplacent aussi ce gaz de ses combinaisons avec l'azote. Il n'y a que les carbures d'hydrogène dans lesquels les métaux ne peuvent déplacer ce gaz.

L'hydrogène, à son tour, peut se substituer aux différents métaux ; cette réaction s'effectue plus facilement sous l'influence de la chaleur et avec les métaux qui eux-mêmes ne déplacent pas l'hydrogène. Lorsqu'on dirige un courant d'hydrogène sur les combinaisons oxygénées de ces métaux, chauffées au rouge, l'hydrogène s'empare de l'oxygène : il prend, pour ainsi dire, la place du métal, il le déplace tout à fait comme il est déplacé lui-même par les métaux. C'est ainsi qu'en faisant passer à la température du rouge un courant d'hydrogène sur un composé oxygéné du cuivre, on obtient du cuivre et de l'eau d'après l'équation :

$$CuO + H^2 = Cu + H^2O$$

On applique aux réactions de double décomposition de ce genre le nom de **réductions** parce que, dans ce cas, les métaux, primitivement combinés avec l'oxygène, sont réduits à l'état métallique.

Il ne faut cependant pas oublier que tous les métaux ne déplacent pas l'hydrogène de sa combinaison avec l'oxygène et qu'inversement, l'hydrogène n'est pas capable de déplacer tous les métaux de leurs combinaisons avec l'oxygène ; c'est ainsi qu'il ne déplace ni le potassium, ni le calcium, ni l'aluminium. En rangeant les métaux dans l'ordre suivant :

K, Na, Ca, Al... Fe, Zn, Hg... Cu, Pb, Ag, Au

on voit que les premiers sont capables d'enlever l'oxygène à l'eau, c'est-à-dire de déplacer l'hydrogène, tandis que les derniers ne possèdent pas cette propriété, mais, peuvent, au contraire, être réduits par l'hydrogène. Les derniers métaux possèdent, par conséquent, moins d'affinité pour l'oxygène que l'hydrogène, tandis que le potassium, le sodium, le calcium ont une affinité plus grande que celle de l'hydrogène pour le même corps.

C'est, du reste, ce qu'indique encore le dégagement de chaleur qui se produit quand ces métaux se combinent avec l'oxygène, dégagement qui se manifeste dans la décomposition de l'eau par le potassium, le sodium, etc. Le cuivre, l'argent, etc., au contraire, ne décomposent pas l'eau, parce que, en se combinant avec l'oxygène, ils développent moins de chaleur que l'hydrogène ; aussi, y a-t-il production de chaleur, lorsque l'hydrogène réduit ces métaux.

Ainsi, par exemple, 16 grammes d'oxygène, en se combinant avec le cuivre, développent 38000 calories et, en se combinant avec l'hydrogène pour former l'eau, 69000 calories. Quant au sodium, il dégage 100000 calories en se combinant avec 16 grammes d'oxygène. Cet exemple prouve que les réactions qui s'effectuent directement, sans aucune intervention extérieure, dégagent de la chaleur.

Le sodium décompose l'eau et l'hydrogène, réduit le cuivre, parce que ce sont des **réactions exothermiques**, c'est-à-dire des réactions qui développent de la chaleur. Le cuivre, au contraire, ne décompose pas l'eau, parce que cette réaction devrait s'accompagner d'absorption de chaleur ; elle appartient au nombre des **réactions endothermiques** dans lesquelles la chaleur est absorbée et qui ne peuvent se produire qu'avec l'aide d'une énergie (**44**) étrangère (électricité, source de chaleur, etc.).

(**44**) Déjà, dans les notes précédentes, on a vu quelques données numériques et quelques considérations relatives à ce sujet. Remarquons encore que l'action du fer ou du zinc sur l'eau, ou l'action contraire de l'hydrogène sur les oxydes de fer et de zinc est une réaction réversible, qui s'effectue dans l'une ou dans l'autre direction, suivant la substance qui est éliminée de la sphère d'action, hydrogène ou eau, et suivant la substance qui prédomine dans la masse. L'influence de la masse se manifeste ici très nettement.

La réaction :

$$CuO + H^2 = Cu + H^2O$$

n'est pas réversible ; car, dans ce cas, la différence entre les degrés des affinités est très grande ; aussi, l'hydrogène ne se dégage pas, même en présence d'un grand excès d'eau ; jusqu'à présent, du moins, on n'en a pas fait l'observation. Remarquons encore que, dans les conditions où se produit la dissociation de l'eau, le cuivre n'est pas oxydé par cette dernière, probablement parce que l'oxyde de cuivre lui-même est décomposable par la chaleur.

La réduction des métaux par l'hydrogène est le procédé employé pour **la détermination exacte de la composition de l'eau en poids**. C'est l'oxyde de cuivre qui sert ordinairement dans ce but. On le calcine dans un courant d'hydrogène et on détermine la quantité d'eau formée.

On trouve la quantité d'oxygène, qui est entrée dans la composition de l'eau, par la différence du poids de l'oxyde de cuivre avant et après l'expérience. De cette manière, on n'a à peser que des corps solides, ce qui présente un très grand avantage pour la précision des résultats obtenus (**45**).

(**45**) Cette détermination peut être faite dans un appareil analogue à celui mentionné dans la note 14 du chapitre I.

Dulong et Berzélius, les premiers, en 1819, ont déterminé la composition de l'eau au moyen de ce procédé. Ils

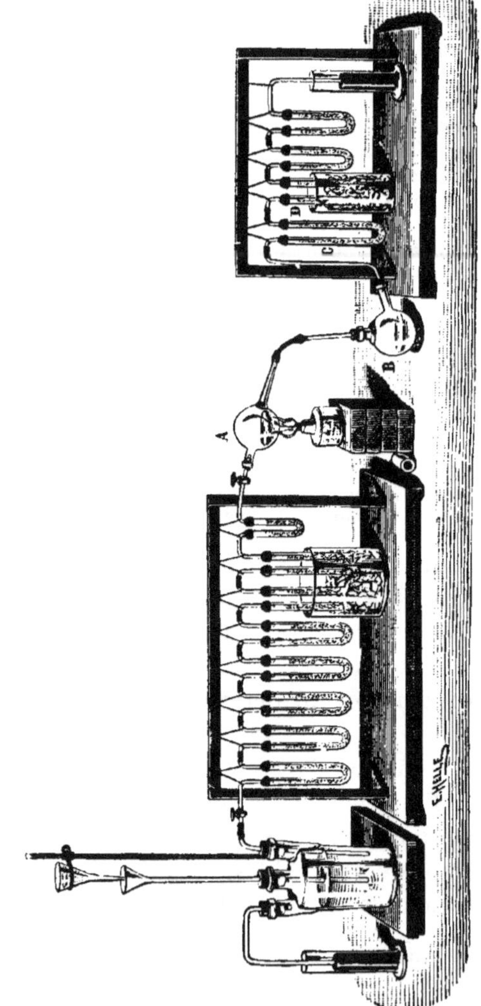

Fig. 30. — Appareil de Dumas pour la synthèse de l'eau.

ont trouvé que 100 parties d'eau contiennent 88,91 d'oxygène et 11,09 d'hydrogène, soit 8,008 parties d'oxygène pour 1 partie d'hydrogène.

Dumas (en 1842) a perfectionné cette méthode (46) et a trouvé que l'eau contient 12,515 parties d'hydrogène pour 100 parties d'oxygène, c'est-à-dire 7,990 parties d'oxygène pour 1 partie d'hydrogène ; c'est pourquoi l'on admet que *l'eau contient en poids 8 parties d'oxygène pour 1 partie d'hydrogène.*

(46) Nous allons décrire la méthode de Dumas et les résultats obtenus.

Pour cette détermination, il faut se servir d'oxyde de cuivre pur et desséché, que l'on prépare en grillant du cuivre à l'air. Dumas prenait une quantité d'oxyde de cuivre suffisante pour obtenir chaque fois 50 grammes d'eau. L'oxyde de cuivre employé doit être parfaitement pur : c'est, en effet, par la différence de poids de cet oxyde, avant et après l'expérience, que l'on détermine la quantité d'oxygène contenue dans l'eau ; il est donc indispensable qu'aucune autre substance ne puisse se dégager de l'oxyde de cuivre, pendant la calcination dans un courant d'hydrogène.

Il est également nécessaire que l'hydrogène soit absolument pur et exempt, non seulement de toute trace d'humidité, mais aussi de toute autre impureté qui pourrait se dissoudre dans l'eau, ou se combiner avec le cuivre et former un autre composé quelconque.

Le ballon (fig. 30), qui contient l'oxyde de cuivre et qui est chauffé au rouge, ne doit pas renfermer d'air ; car, autrement, l'hydrogène, qui traverse l'appareil, pourrait se combiner avec l'oxygène de l'air sans absorber l'oxygène produit par la décomposition de l'oxyde de cuivre.

L'eau formée doit être complétement absorbée afin qu'il soit possible de déterminer exactement sa quantité.

On prépare l'hydrogène dans un flacon de Woolf à trois tubulures : un tube à entonnoir s'engage dans la tubulure moyenne et sert à verser l'acide sulfurique. L'hydrogène, avant de pénétrer dans le ballon qui contient l'oxyde de cuivre, traverse une série de tubes en U dans lesquels il se purifie. Il arrive ensuite au contact de l'oxyde de cuivre, forme de l'eau, et, par réduction, transforme l'oxyde en cuivre métallique. Une partie de la vapeur d'eau ainsi formée se condense dans un second ballon ; le reste est absorbé dans une série de tubes en U, placés à la suite de ce ballon. Telle est la disposition générale de l'appareil de Dumas.

Le ballon renfermant l'oxyde de cuivre était pesé avant et après l'expérience. La perte de poids, subie par le ballon, indiquait la quantité d'oxygène entrée dans la composition de l'eau ; le poids de cette dernière était déterminé par l'augmentation du poids du ballon et des tubes en U, qui ont servi à absorber l'eau formée.

Connaissant la proportion d'oxygène que renferme l'eau obtenue, il est facile de déterminer celle de l'hydrogène et, par conséquent, la composition de l'eau en poids.

Passons maintenant aux détails. Une des tubulures du flacon de Woolf est munie d'un tube qui plonge dans une éprouvette remplie de mercure. Cette disposition a pour but d'empêcher l'augmentation trop considérable de la pression dans l'appareil par suite du dégagement rapide d'hydrogène. Si, en effet, la pression devenait trop grande, le courant des gaz et des vapeurs deviendrait très rapide : l'hydrogène n'aurait, par conséquent, pas le temps de se purifier complètement et l'eau ne pourrait être condensée dans les appareils disposés à cet effet.

A la troisième tubulure du flacon de Woolf, est adapté un tube qui dirige l'hydrogène dans un appareil de purification composé de 8 tubes en U. Le premier tube contient des morceaux de verre mouillés avec une solution d'azotate de plomb, destinée à retenir l'hydrogène sulfuré ; l'hydrogène arsénié est absorbé dans le deuxième tube par du sulfate d'argent. La potasse caustique, contenue dans le troisième tube en U, retient les acides qui pourraient se dégager. Les deux tubes suivants sont remplis de morceaux de potasse desséchée, destinée à absorber l'acide carbonique et l'humidité que peut contenir l'hydrogène.

Deux autres tubes, entourés d'un mélange réfrigérant, contiennent, dans le même but, de l'anhydride phosphorique en poudre, mélangé avec des morceaux de pierre ponce. Enfin, le dernier tube en U, d'une dimension plus petite, contient des substances hygroscopiques : il est pesé avant l'expérience et sert à vérifier si l'hydrogène est bien desséché ; dans ce cas, le poids du tube reste invariable, pendant toute la durée de l'expérience ; il varie, au contraire, si l'hydrogène ne s'est pas complètement débarrassé de son humidité en traversant les 7 tubes destinés à le purifier et à le dessécher.

L'oxyde de cuivre est placé dans un ballon qui est desséché, avant l'expérience, avec l'oxyde qu'il contient, pendant un temps très long. On fait ensuite le vide dans le ballon pour peser l'oxyde de cuivre, sans avoir à faire les corrections dues au poids de l'air. Il faut choisir un ballon en verre peu fusible, capable de supporter l'action prolongée de la chaleur (20 heures environ) sans changer de forme. On ne réunit le ballon, soigneusement taré, à l'appareil de purification qu'après avoir fait passer l'hydrogène, pendant un certain temps, à travers cet appareil et après s'être assuré que l'hydrogène qui en sort, est parfaitement pur et ne contient pas d'air. Le ballon étant mis en communication avec cet appareil, on ouvre le robinet le et ballon se remplit ainsi d'hydrogène. Son col effilé est joint, au moyen d'un tube en caoutchouc, avec un second ballon dans lequel se condense l'eau formée. Ceci fait, on enlève la pince qui comprimait le tube en caoutchouc et on donne ainsi libre passage au courant d'hydrogène.

Après avoir traversé le second ballon, le gaz et la vapeur d'eau pénètrent dans un appareil destiné à absorber les dernières traces d'humidité. Cet appareil est composé de plusieurs tubes en U dont le premier contient des fragments de potasse fondue ; les deux suivants sont remplis d'anhydride phosphorique, ou de morceaux de pierre ponce humectée par de l'acide sulfurique. Le dernier de ces deux tubes sert pour vérifier si toute l'humidité est absorbée ; il est donc pesé séparément. Enfin, le dernier tube de l'appareil d'absorption sert de tube de sûreté ; il empêche l'humidité extérieure de pénétrer dans l'appareil. L'éprouvette en verre, remplie d'acide sulfurique, dans lequel barbote l'hydrogène, à sa sortie de l'appareil, fournit des indications sur la rapidité avec laquelle l'hydrogène se dégage et parcourt l'appareil.

Avant de procéder à l'expérience, il faut s'assurer que tous les joints de l'appareil sont bien hermétiques et ne laissent pas passer le gaz. Lorsque les diverses parties de l'appareil, préalablement pesées, sont jointes entre elles, et que la communication est établie avec le producteur d'hydrogène, on commence à chauffer le ballon, contenant l'oxyde de cuivre, avec une lampe à alcool, car la réduction de l'oxyde de cuivre ne se fait pas sans l'action de la chaleur. Lorsque la plus grande partie de l'oxyde de cuivre est réduite, on enlève la lampe et l'on refroidit l'appareil sans arrêter le courant d'hydrogène. Aussitôt l'appareil refroidi, on ferme à la lampe le bout effilé du ballon, et on fait le vide pour procéder à une seconde pesée de l'oxyde de cuivre dans le vide. Les appareils d'absorption restent remplis d'hydrogène : leur poids, par conséquent, est moindre qu'avant l'expérience, lorsqu'ils étaient remplis d'air. Aussi, après avoir démonté le ballon contenant l'oxyde de cuivre, doit-on fait traverser l'appareil par un courant d'air sec jusqu'à ce que l'air sorte absolument exempt d'hydrogène. On pèse ensuite le ballon de condensation et les deux premiers tubes en U avec lesquelles il communique, pour déterminer la quantité d'eau obtenue.

L'expérience, qui vient d'être décrite, fut répétée plusieurs fois par Dumas. La moyenne de ses résultats fut que l'eau contient 1253,3 d'hydrogène pour 10000 parties d'oxygène. En faisant les corrections pour la quantité d'air contenue en solution dans l'acide sulfurique, employé pour la préparation de l'hydrogène, Dumas a obtenu le chiffre moyen : 1251,5 et les chiffres extrêmes ; 1247,2 et 1256,2. Ceci prouve que, pour 1 partie d'hydrogène, l'eau contient 7,9904 parties d'oxygène avec une erreur possible, qui n'est pas inférieure à 1/250 ou à 0,03 de la quantité d'oxygène pour 1 partie d'hydrogène.

Erdmann et Marchand ont trouvé, dans 8 déterminations, que l'eau contient en moyenne 1252 parties d'hydrogène pour 10000 parties d'oxygène, avec une différence de 1258,5 jusqu'à 1248,7 ; ici, pour une partie d'hydrogène, l'eau contient 7,9952 d'oxygène avec une erreur d'au moins 0,05, parce que, en prenant le chiffre 1258,5 on obtient 7,944.

Keiser (1888), en Amérique, en employant l'hydrure de palladium et en introduisant dans ses expériences des précautions nouvelles à l'effet d'obtenir des résultats aussi exacts que possibles, a trouvé que l'eau contient 15,95 parties d'oxygène pour 2 parties d'hydrogène.

Les analyses quantitatives de l'eau, faites récemment et qui ne sont pas moins exactes que les analyses de Dumas, donnent toujours un chiffre inférieur à 8, et en moyenne 7,98 d'oxygène pour 1 partie d'hydrogène. On peut donc considérer actuellement le poids atomique de l'oxygène comme égal à 15,96. Ce chiffre n'est cependant pas absolument exact et, pour le degré de précision que nécessitent les expériences ordinaires, on peut admettre que le poids atomique de l'oxygène est égal à 16.

Quel que soit le moyen qui a servi à la préparer, l'eau présentera toujours la même composition. Qu'elle soit prise dans la nature et purifiée, qu'elle soit obtenue par l'oxydation de l'hydrogène ou séparée d'un composé quelconque, ou bien qu'elle se produise dans une réaction de double décomposition, dans tous ces cas, après purification, l'eau contient pour 1 partie d'hydrogène, 8 parties d'oxygène. Cette composition constante caractérise l'eau comme un composé chimique défini.

Le mélange détonant qui, après combinaison, donne de l'eau, n'est qu'un simple mélange d'oxygène et d'hydrogène ayant la même composition que l'eau. Toutes les propriétés des deux gaz, qui le composent, y sont conservées ; on peut lui ajouter de l'un ou de l'autre gaz sans en troubler l'homogénéïté. L'eau, au contraire, n'a plus les propriétés fondamentales de l'oxygène et de l'hydrogène ; on ne peut lui ajouter une nouvelle quantité de l'un de ces gaz, mais il est facile d'obtenir ces gaz par la décomposition de l'eau. Dans la formation de l'eau, il y a dégagement de chaleur, tandis que sa décomposition exige de la chaleur. Tout ceci est exprimé par les quelques mots suivants : *l'eau est une combinaison chimique définie de l'hydrogène avec l'oxygène.*

En admettant que le symbole de l'hydrogène H exprime une partie en poids de cette substance, et en indiquant par O, 16 parties en poids d'oxygène, nous obtenons la formule chimique de l'eau H^2O, qui représente tous les rapports qui viennent d'être mentionnés.

Comme les composés *définis*, seuls, peuvent être représentés par des formules chimiques, on conçoit que la formule d'un corps composé fasse naître dans notre esprit toute une série de conceptions en rapport avec les notions que nous avons sur les combinaisons définies; elle exprime, en même temps, la composition qualitative et quantitative de la substance.

C'est ainsi que la formule H^2O nous montre que l'eau contient 2 volumes d'hydrogène et 1 volume d'oxygène. Nous aurons plus tard l'occasion d'apprendre que la formule d'un corps composé indique sa densité de vapeur, de laquelle dépendent un grand nombre des propriétés des corps. Cette même densité de vapeur détermine, comme nous le verrons, la quantité des substances qui entre dans les réactions.

En résumé, les deux lettres H^2O suffisent pour tracer au chimiste toute l'histoire de la substance. C'est un langage universel qui donne à la chimie la simplicité, la clarté, la stabilité et l'assurance fondées sur l'observation des lois de la nature.

CHAPITRE III

L'Oxygène et ses combinaisons.

Aucun élément ne se trouve à la surface de la terre (1), en aussi grande quantité que l'oxygène, soit à l'état libre, soit combiné à d'autres corps.

(1) Il existe probablement moins de combinaisons oxygénées à l'intérieur du globe qu'à la surface ; c'est ce qui résulte de l'ensemble des conceptions actuellement admises sur le mode de formation de la terre, sur les pierres météoriques, sur la densité de la terre etc., etc , idées que j'ai développées dans le chapitre IV de « L'Industrie des pétroles » (1877) où je parle de l'origine des pétroles.

L'eau, qui recouvre la plus grande partie du globe, contient les 8/9 de son poids d'oxygène. Presque toutes les substances, qui forment l'écorce terrestre, sont constituées par les combinaisons de l'oxygène avec des métaux et des métalloïdes : le sable est, en majeure partie, formé de silice, qui est un composé d'oxygène et de silicium renfermant 53 °/₀ d'oxygène (Si O²) : l'argile contient de l'eau, de l'alumine (combinaison d'aluminium et d'oxygène) et de la silice. L'oxygène forme environ le tiers du poids de ces composés.

Les végétaux et les animaux sont également très riches en oxygène : abstraction faite du poids de l'eau, les premiers en contiennent jusqu'à 40 °/₀ et les seconds jusqu'à 20 °/₀ de leur poids. Les combinaisons de l'oxygène forment donc environ la moitié du poids des corps solides et liquides répandus à la surface du globe.

En outre, une certaine quantité d'oxygène existe, à l'état libre. L'air atmosphérique est, en effet, un mélange d'oxygène et d'azote, qui renferme le 1/4 de son poids ou le 1/5 de son volume d'oxygène.

Répandu en aussi grande abondance dans la nature, l'oxygène y joue un rôle considérable. Beaucoup de phénomènes, qui se passent sous nos yeux, sont intimement liés à sa présence : c'est seulement pour en extraire l'oxygène que les animaux inspirent l'air dans leurs organes respiratoires (poumons chez l'homme, les mammifères et les oiseaux, branchies chez les poissons, trachées chez les insectes, etc.) Tous, ils boivent, pour ainsi dire, l'air pour étancher leur soif d'oxygène. L'oxygène de l'air (ou l'oxygène dissous dans l'eau) passe dans le sang, à travers les membranes des organes respiratoires, se fixe sur les globules rouges, et charrié par eux, pénètre dans toutes les parties du corps. Il contribue à leurs modifications, donnant naissance à des phénomènes chimiques dont le terme ultime est la production d'acide carbonique. La plus grande partie de ce composé se dissout dans le plasma sanguin et s'en échappe, pendant la respiration, au même moment où le sang se charge d'oxygène.

Ainsi, dans l'acte respiratoire, il se produit un dégagement d'acide carbonique (et d'eau) et une absorption d'oxygène ; par cela même, le sang noir, ou veineux, devient rouge, artériel. L'arrêt de cette fonction entraîne la mort, en supprimant toute action chimique, toute production de chaleur et tout le travail que produit l'oxygène introduit dans l'organisme. En effet, dans le vide, ou dans un milieu gazeux ne contenant pas d'oxygène, l'asphyxie a lieu rapidement. D'autre part, si l'on introduit un animal dans l'oxygène pur, on observe tout d'abord une augmentation dans la vivacité de ses mouvements, à laquelle succède bientôt l'abattement : la mort peut même survenir. C'est que, dans l'air, l'oxygène est mêlé avec quatre volumes d'azote et que l'animal n'en absorbe qu'une faible quantité ; dans l'oxygène pur, au contraire, l'absorption est beaucoup plus grande, ce qui amène de très rapides modifications dans l'organisme et même sa destruction. L'action de l'oxygène pur peut cependant recevoir d'importantes applications thérapeutiques, dans le traitement de certains troubles de l'appareil respiratoire (2).

(2) C'est la pression partielle de l'oxygène (Voir Chap. II) qui agit dans le phénomène de la respiration, ainsi que l'ont principalement montré les recherches de Paul Bert : sous la pression de 1/5 d'atmosphère, dans l'oxygène pur, l'homme et les animaux restent dans les conditions ordinaires de la pression partielle de l'oxygène ; mais, notre organisme ne peut supporter la raréfaction de l'air jusqu'au 1/5 de son volume, car alors la pression partielle de l'oxygène tombe à 1/25 d'atmosphère. Même sous une pression de 1/3 d'atmosphère, la vie ne peut se prolonger ; la respiration devient impossible, l'oxygène ne pouvant se dissoudre dans le sang à cause de la faible pression partielle qu'il possède et non pas à cause de l'influence mécanique de la diminution de pression.

Ces faits ont été démontrés, d'une manière irréfutable, par les nombreuses expériences de Paul Bert, en partie exécutées sur lui-même : ils expliquent les troubles pathologiques observés dans les ascensions des hautes montagnes ou dans les ascensions aérostatiques, lorsqu'on atteint une altitude supérieure à 8 kilomètres et que la pression devient inférieure à 250 millimètres (Chap. II, note 23). Il est évident que, pour les ascensions à de grandes altitudes, de même que pour le séjour dans l'eau, il est indispensable d'employer une atmosphère artificielle.

Le traitement par l'air comprimé ou raréfié, appliqué dans certaines maladies, est basé, en partie, sur l'action mécanique du changement de pression, en partie, sur la modification de la pression partielle de l'oxygène inspiré.

La combustion des matières organiques, c'est-à-dire des substances qui constituent les végétaux et les animaux, ressemble à la combustion de nombreux corps inorganiques, le soufre, le phosphore, par exemple ; elle est produite par la combinaison de ces substances avec l'oxygène ainsi que cela a déjà été exposé dans l'introduction. La putréfaction, et divers autres phénomènes semblables, qui se passent autour de nous, sont aussi dûs, le plus souvent, à l'action de l'oxygène de l'air et donnent naissance à des combinaisons oxygénées. Or, la plupart des combinaisons oxygénées sont, comme l'eau, très stables et n'abandonnent pas leur oxygène, dans les conditions ordinaires de la nature : il semble donc, si l'on tient compte de la multiplicité et de la fréquence des actions, qui leur donnent naissance, que la quantité d'oxygène libre dans l'air devrait diminuer rapidement : c'est, en effet, ce qu'on observe lorsque la combustion, ou la respiration, a lieu dans un espace limité. Dans une enceinte fermée, les animaux s'asphyxient, parce que, consommant l'oxygène, ils laissent un gaz impropre à la respiration.

Une expérience très simple peut mettre en évidence l'arrêt rapide de la combustion dans un espace clos : il suffit d'introduire dans un flacon un corps combustible allumé, du soufre, par exemple, et de boucher ensuite ce flacon pour empêcher la pénétration de l'air extérieur ; tant que le flacon contiendra de l'oxygène libre, la combustion s'effectuera, mais elle cessera, dès que tout l'oxygène de l'air sera combiné au soufre dont il pourra même rester une portion non brûlée. Il est donc nécessaire, pour la régularité de la combustion et de la respiration, de renouveler l'air, c'est-à-dire d'apporter au corps qui brûle, ou qui respire, une nouvelle quantité d'oxygène : c'est à quoi servent, dans nos maisons, les différentes ouvertures qui y sont ménagées et l'appel d'air produit par le chauffage des cheminées.

Si la quantité d'oxygène contenue dans l'atmosphère terrestre reste à peu près invariable, c'est qu'il se produit, en même temps, dans la nature, des réactions qui mettent en liberté de l'oxygène. Les plantes, et notamment leurs feuil-

les, dégagent de l'oxygène, pendant le jour (**3**), sous l'influence de la lumière ; elles compensent ainsi la perte oc-
casionnée par la combustion et par la respiration des animaux. Quand, dans une cloche remplie d'eau chargée d'a-
cide carbonique (gaz qui est absorbé par les plantes et aux
dépens duquel est formé l'oxygène dégagé), on introduit
quelques feuilles et qu'on expose l'appareil au soleil, on voit
l'oxygène dégagé par la plante, sous l'influence de la lumière, s'accumuler dans la cloche. Cette expérience a été
faite, pour la première fois, par Priestley, à la fin du siècle
dernier.

(3) La nuit, en dehors de l'influence de la lumière et de l'absorption de cette énergie nécessaire pour la décomposition de l'acide
carbonique en oxygène, qui devient libre, et en carbone, qui reste
dans les plantes, les végétaux respirent comme les animaux en absorbant l'oxygène et en produisant de l'acide carbonique. Pendant
le jour, ce phénomène s'accomplit également, en même temps que
le phénomène inverse, dont l'intensité est beaucoup plus grande
sous l'influence des radiations lumineuses. Cette remarque est la
conséquence nécessaire de l'ensemble des notions, que nous possédons, sur les fonctions physiologiques des plantes.

Les plantes servent donc, non seulement à élaborer des
substances alimentaires nécessaires aux animaux, mais aussi
à maintenir dans l'air une proportion constante d'oxygène.
Il a fallu évidemment que la vie existât depuis longtemps
sur la terre, pour qu'un état d'équilibre pût s'établir entre
les phénomènes qui absorbent et les phénomènes qui dégagent de l'oxygène. C'est grâce à cet équilibre qu'une quantité constante d'oxygène libre est restée dans l'air (**4**).

(4) On peut évaluer la surface du globe à 510 millions de kilomètres
carrés et la masse de l'air (sous une pression de 760 mm.) à 10 mil-
liards de kilogrammes ou 10 millions de tonnes par kilomètre carré :
le poids total de l'atmosphère est donc égal à environ 51 millions
de millions de tonnes. L'incalculable série de phénomènes, qui déterminent l'absorption d'une partie de l'oxygène contenu dans
cette masse d'air, est contrebalancée par les phénomènes qui se produisent dans les végétaux. En admettant que, chaque année, sur les

100 millions de kilomètres carrés occupés par les continents, (et, dans l'eau, les fonctions s'accomplissent de même) il se produise 100.000 tonnes de substances végétales contenant 40 % de carbone, provenant de l'acide carbonique, on peut calculer que les plantes terrestres donnent annuellement environ 100. 000 tonnes d'oxygène, ce qui ne constitue qu'une minime partie de la quantité totale de l'oxygène contenu dans l'air.

On peut retirer l'oxygène de presque toutes les substances qui en contiennent ; quelques réactions, par exemple, permettent de dégager l'oxygène de ses combinaisons avec certains corps, et de le faire passer à l'état d'eau ; or, nous savons déjà qu'on peut la décomposer et en retirer l'oxygène (5). Nous nous arrêterons d'abord sur les procédés qui servent à extraire l'oxygène de l'air, source la plus répandue, bien que ce mode de préparation présente de nombreuses difficultés.

(5) Il y a deux moyens d'extraire l'oxygène de l'eau : ou bien par la décomposition de l'eau en ses éléments, par l'électrolyse, par exemple (Chapitre II), ou en lui enlevant son hydrogène. Or, nous savons déjà que l'hydrogène ne se combine directement qu'à un très petit nombre de corps et encore dans des circonstances particulières : l'oxygène, au contraire, comme nous le verrons bientôt, s'unit à presque tous les corps. Seul, le chlore gazeux (le fluor également) peut décomposer l'eau en enlevant l'hydrogène sans se combiner à l'oxygène. On prépare facilement un appareil pour l'extraction de l'oxygène de l'eau, en remplissant un ballon d'eau chlorée et en le renversant dans un vase contenant également de l'eau chlorée. Le chlore n'agit pas ou n'agit que faiblement sur l'eau, à la température ordinaire et dans l'obscurité ; aussi, faut-il exposer l'appareil à l'action des rayons solaires : l'eau est alors décomposée et l'oxygène se dégage. Dans cette réaction, le chlore se combine à l'hydrogène pour former de l'acide chlorhydrique, qui reste en dissolution dans l'eau, et l'oxygène seul se dégage, entraînant une petite quantité de chlore, dont on le débarrasse, en faisant passer le gaz dans une solution de potasse.

Il est impossible d'extraire l'azote seul de l'air atmosphérique (mélange d'oxygène et d'azote), car ce dernier gaz possède peu d'affinités et, dans les cas où il s'unit à quelques corps (bore, titane, etc), ceux-ci se combinent en même temps avec l'oxygène (6). On peut cependant arriver à séparer l'oxygène de l'air en le faisant entrer dans une combinaison facilement décomposable (par la chaleur, par exemple), et capable d'abandonner l'oxygène absorbé : en produisant, en un mot, *une réaction réversible*. C'est ainsi qu'on peut oxyder, par l'oxygène de l'air, l'acide sulfureux SO^2 ou bioxyde de soufre, en le faisant passer avec de l'air sur de l'éponge de platine chauffée. L'anhydride sulfurique, ou trioxyde de soufre, ainsi obtenu, est un corps volatil mais solide, ce qui le distingue de l'azote et de SO^2. Ce composé, sous l'influence de la chaleur, donne de nouveau l'oxygène et l'acide sulfureux qu'il est facile de séparer du mélange en l'absorbant par une solution de soude ou de chaux. On verra plus loin que, dans l'industrie, on transforme SO^2 en hydrate de SO^3 ou acide sulfurique H^2SO^4. En faisant tomber ce dernier goutte à goutte sur des pierres chauffées, on obtient de l'eau, de l'acide sulfureux et de l'oxygène :

$$H^2SO^4 = H^2O + SO^2 + O.$$

On isole l'oxygène en faisant passer le mélange dans un lait de chaux.

(6) Il est impossible, dans ce cas, d'utiliser la différence existant entre les propriétés physiques des deux gaz qui, sous ce rapport, sont très voisins l'un de l'autre : la densité de l'oxygène est 16 fois, et celle de l'azote 14 fois plus grande que la densité de l'hydrogène ; on ne peut donc, ici, employer les vases poreux, car la différence entre les vitesses de passage de ces gaz, à travers les substances poreuses, sera très minime.

Graham a cependant réussi à augmenter la proportion d'oxygène dans l'air en le faisant passer à travers du caoutchouc. Voici comment on procède : on fait communiquer l'orifice d'un sac en caoutchouc E avec une pompe pneumatique, ou mieux avec un aspirateur à mercure (pompe de Sprengel, désignée sur la fig. 31 par les lettres A, C, B); quand l'air, contenu dans le sac, en a été extrait, ce qu'on reconnaît à l'écoulement du mercure en filet continu, et à la hauteur de la colonne mercurielle dans le manomètre, on remarque que l'air ambiant pénètre dans le sac, à travers les pores du caoutchouc, et que le jet de mercure, d'abord ininterrompu, est entrecoupé par des bulles gazeuses. En remplissant de mercure l'entonnoir A, et serrant la pince C, de façon à diminuer l'écoulement, on maintient constamment dans le sac une très faible pression, et les gaz, qui traversent le caoutchouc, entraînés par le mercure, sont recueillis dans une éprouvette R. Ce mélange gazeux est formé d'environ 42 volumes d'oxygène pour 57 vol. d'azote et 1 vol. d'acide carbonique, tandis que 100 volumes d'air atmosphérique ne contiennent que 21 volumes d'oxygène. Un mètre carré de caoutchouc, d'épaisseur moyenne, laisse passer, en une heure, environ 45 c.c. de ce mélange.

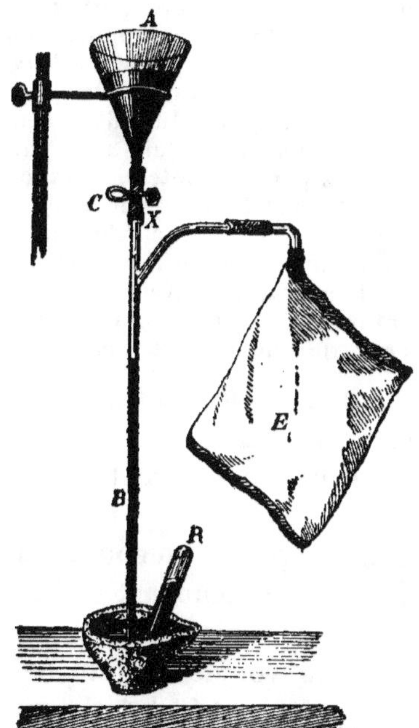

Fig. 31. — Appareil de Graham.

Cette expérience montre bien que le caoutchouc est perméable aux gaz : on peut, du reste, l'observer sur les petits ballons fabriqués pour les enfants et remplis de gaz d'éclairage : au bout de quelques jours, ces jouets tombent parce que, à travers les pores du caoutchouc, l'air pénètre dans l'intérieur tandis que le gaz d'éclairage s'en échappe. La vitesse de pénétration des gaz à travers le caoutchouc n'est pas en rapport avec leur densité, ce qu'ont démontré Mitchell et Graham ; le passage n'est donc pas déterminé par les pores du caoutchouc : c'est plutôt un phénomène analogue à la dialyse, c'est-à-dire, au passage des liquides à travers des membranes. Les temps nécessaires à des volumes égaux de gaz différents, pour traverser le caoutchouc, varient sélon les rapports suivants : acide carbonique 100 ; hydrogène 247 ; oxygène 532 : gaz des marais 633 ; oxyde de carbone 1220 ; azote 1358 : l'azote diffuse donc plus lentement que l'oxygène, et l'acide carbonique plus vite que tous les autres gaz. Un volume d'azote diffuse, dans le même espace de temps, que 2,556 vol. d'oxygène et 13,581 volum. d'acide carbonique : si nous multiplions ces nombres par les chiffres exprimant la proportion de ces gaz dans l'air, le résultat sera sensiblement égal au rapport trouvé expérimentalement entre les volumes des gaz qui passent à travers le caoutchouc.

En recommençant l'expérience avec le mélange gazeux, résultat d'une première opération, la proportion d'oxygène atteint 65 % en volume. On ne peut expliquer ces faits que par l'occlusion (Voy. Chap. II) de certains gaz par le caoutchouc et le dégagement, dans le vide, des gaz ainsi dissous. Le caoutchouc jouit, en effet, de la propriété d'absorber certains gaz (principalement l'acide carbonique dont il peut dissoudre un volume égal au sien), tout comme les métaux, surtout à une température élevée, ainsi que nous l'avons vu précédemment. Graham a donné le nom d'*atmolyse* à la méthode de séparation des gaz, qui vient d'être décrite.

La préparation de l'oxygène au moyen de l'oxyde rouge de mercure (Priestley, Lavoisier), est une réaction du même genre, utilisée pour l'extraction de l'oxygène de l'air.

De même, en faisant passer un courant d'air sec, dans un tube chauffé au rouge, et contenant de l'oxyde de baryum BaO, on combine ce dernier à l'oxygène de l'air : le nouveau corps est le bioxyde de baryum BaO^2, capable d'abandonner l'oxygène absorbé et de laisser l'oxyde de baryum primitif, lorsqu'il est porté à une température plus élevée (**7**).

(7) La préparation de l'oxygène par ce procédé, indiqué par Boussingault, se fait dans un tube en porcelaine, placé dans un fourneau, de telle manière que les deux extrémités restent libres. On intro-

duit, dans ce tube, de l'oxyde de baryum (que l'on peut obtenir en calcinant le nitrate de baryum desséché) et l'on adapte, à l'une des extrémités, un soufflet qui permet de faire passer un courant d'air : il est nécessaire, auparavant, de faire passer l'air à travers une solution de potasse,pour le débarrasser de l'acide carbonique et de le dessécher soigneusement, car l'hydrate de baryte Ba H^2O^2 ne se peroxyde pas. Comme l'oxyde de baryum absorbe l'oxygène de l'air au rouge sombre (500°-600°), en maintenant le tube à cette température, il se dégage tout d'abord de l'azote presque pur : quand la réaction est terminée, l'air sort du tube, non modifié, ce que l'on reconnait à ce qu'il entretient la combustion d'un corps allumé. Dans cette première partie de l'opération, l'oxyde de baryum se transforme en peroxyde (11 parties en poids d'oxyde absorbent 1 partie d'oxygène). On bouche ensuite une extrémité du tube, et on adapte, à l'autre extrémité, un tube à dégagement : en chauffant jusqu'au rouge vif (800°), le peroxyde de baryum dégage tout l'oxygène précédemment absorbé, c'est-à-dire que 12 parties de peroxyde fournissent 1 partie d'oxygène. Quand tout dégagement gazeux a cessé, le tube renferme l'oxyde primitivement employé et peut servir pour une nouvelle opération. On a pu employer, plus d'une centaine de fois, le même oxyde de baryum pour préparer de l'oxygène, en prenant les précautions déjà indiquées (enlever à l'air l'acide carbonique et l'eau qu'il contient, et surveiller le chauffage du tube) sans lesquelles la baryte perd rapidement la propriété de fixer l'oxygène au rouge sombre.

Comme l'oxygène peut recevoir de nombreuses applications industrielles, pour atteindre des températures élevées, ou obtenir une lumière vive, son extraction directe de l'air, par des procédés industriels, préoccupe encore, de nos jours, de nombreux savants.

Actuellement, le procédé le plus pratique est celui de Tessié du Motay, basé sur ce fait qu'un mélange, à parties égales, de bioxyde de manganèse et de soude absorbe, vers 350°, l'oxygène de l'air, en produisant de l'eau,d'après l'équation :

$$MnO^2 + 2\,NaHO + O = Na^2MnO^4 + H^2O$$

et que, si on lance ensuite dans la masse un courant de vapeur d'eau surchauffée à 450°, on régénère les substances primitives (peroxyde de manganèse et soude) en dégageant l'oxygène retenu dans la précédente opération. On produit ainsi une réaction inverse de la précédente.

$$Na^2MnO^4 + H^2O = MnO^2 + 2\,NaHO + O$$

L'oxygène, en se combinant, dégage de l'eau, et la vapeur d'eau, en agissant sur le composé obtenu, met en liberté l'oxygène. Il suffit donc, pour employer ce procédé très simple, qui permet d'utiliser presqu'indéfiniment les mêmes substances, d'avoir du combustible et de régler convenablement l'accès de l'air ou de la vapeur d'eau.

Beaucoup de composés oxygénés, que nous allons signaler maintenant, sont peu stables et peuvent facilement abandonner tout ou partie de leur oxygène : quelques uns donnent lieu à des *réactions réversibles* (**8**) ; beaucoup d'autres, très riches en oxygène, comme le chlorate de potassium, et aisément décomposables, ne peuvent être préparés que par des moyens indirects (voir l'Introduction) que nous étudierons plus tard.

1° A une température peu élevée, l'oxygène forme, avec certains métaux dits nobles (mercure, argent, or et platine) des combinaisons solides, ordinairement pulvérulentes, infusibles et facilement décomposables en métal et oxygène, si l'on élève la température. On a déjà vu un exemple de ce mode de réaction, en étudiant la décomposition de l'oxyde rouge de mercure. C'est en chauffant ce corps, au moyen d'une lentille, que Priestley a obtenu, pour la première fois, en 1774, l'oxygène pur et a prouvé qu'il était nettement distinct de l'air. Il a montré sa propriété caractéristique d'entretenir la combustion « avec une force remarquable » et il lui a donné le nom d'air déphlogistiqué.

(8) La préparation de l'oxygène par la décomposition du bioxyde de manganèse est une réaction *réversible*, car il est possible de transformer le protoxyde (Voir. Chap. XI, note 6), résidu de cette opération, en bioxyde.

Les combinaisons de l'acide chromique, qui contiennent le trioxyde CrO^3, fournissent par leur décomposition de l'oxygène et le sesquioxyde Cr^2O^3 qui, calciné dans un courant d'air en présence d'un alcali, donne, de nouveau, le sel de l'acide chromique.

2° A une température plus ou moins élevée, ou en présence de certains acides, les substances appelées **peroxydes** ou **bioxydes** (9) dégagent de l'oxygène. Ces composés sont formés par la combinaison d'éléments métalliques avec une grande quantité d'oxygène. Les peroxydes sont les termes supérieurs de l'oxydation des métaux, c'est-à-dire que les métaux capables de les former, se combinent ordinairement avec l'oxygène en plusieurs proportions. Les termes inférieurs de l'oxydation, moins riches en oxygène, sont généralement des composés capables d'entrer facilement en combinaison avec les acides : l'acide sulfurique, par exemple. Ces oxydes inférieurs sont appelés **bases**.

(9) Nous aurons l'occasion de voir plus tard que, seules, les substances analogues au peroxyde de baryum (qui donnent du peroxyde d'hydrogène) doivent être considérées comme de véritables *peroxydes* ; les composés tels que MnO^2, PbO^2, etc .. doivent en être distingués : (ils ne donnent pas de peroxyde d'hydrogène avec les acides, mais ils décomposent l'acide chlorhydrique et produisent un dégagement de chlore); aussi, est-il préférable de les appeler *bioxydes*.

Les bioxydes contiennent toujours plus d'oxygène que les bases formées par le même métal. Ainsi, par exemple, 100 parties d'oxyde de plomb contiennent 7,1 parties d'oxygène, (c'est une base), tandis que le bioxyde de plomb en contient 13,3. Tel est encore le **bioxyde de manganèse**, substance dure, lourde, de couleur noire, qu'on rencontre dans la nature, employée dans les arts et connue, en minéralogie, sous le nom de *pyrolusite*. Sous l'influence de la chaleur, les bioxydes perdent une partie de leur oxygène et se transforment en composés moins oxygénés, c'est-à-dire en bases. Le bioxyde de plomb, par exemple, se transforme par la chaleur en protoxyde de plomb, et dégage de l'oxygène. La décomposition de ce bioxyde se produit à une température assez basse pour qu'on puisse opérer dans un vase en verre, tandis que celle du bioxyde de manganèse ne se fait qu'à une température très élevée, voisine du rouge, et exige l'emploi d'appareils en métal ou en grès. C'est de cette manière qu'on préparait autrefois l'oxygène. Le bioxyde de manganèse ne dégage qu'un tiers de l'oxygène qu'il contient, d'après l'équation :

$$3\,MnO^2 = Mn^3O^4 + O^2$$

Les deux autres tiers restent dans la substance solide, résidu de la calcination du bioxyde.

Les bioxydes métalliques dégagent encore de l'oxygène, lorsqu'ils sont chauffés avec l'acide sulfurique. Ils abandonnent, dans ces conditions, une plus grande quantité d'oxygène et se transforment en bases ; ces dernières réagissent sur l'acide sulfurique, et donnent naissance à de nouveaux composés : des **sels**. Le bioxyde de baryum, par exemple, chauffé avec de l'acide sulfurique, donne de l'o-

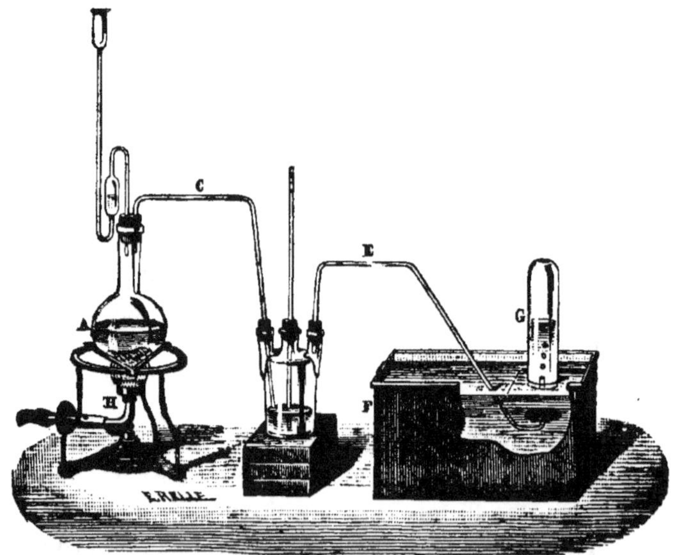

Fig. 32. — Préparation de l'oxygène par le bioxyde de manganèse.

xygène et un oxyde qui se combine avec l'acide sulfurique pour former un sel : le sulfate de baryum :

$$BaO^2 + H^2SO^4 = BaSO^4 + H^2O + O$$

Cette réaction s'effectue plus facilement que la décomposition des bioxydes par la chaleur. On prend, pour faire
l'expérience, du bioxyde de manganèse pulvérisé, on le
mélange avec de l'acide sulfurique concentré dans un ballon et on dispose l'appareil comme l'indique la figure 32.
Le gaz, à sa sortie du ballon, est dirigé dans un flacon de
Woolf, où on le fait barboter dans une solution de potasse
caustique pour le débarrasser de l'acide carbonique et du
chlore qui se produisent toujours en même temps que l'o-
xygène, lorsqu'on emploie du bioxyde de manganèse naturel impur. On attend, pour recueillir le gaz, le moment
où, un petit copeau de bois incandescent prend feu lorsqu'on l'approche de l'orifice du tube de dégagement. Ceci
indique que le gaz, qui s'échappe, est bien de l'oxygène.

En décomposant le bioxyde de manganèse par l'acide
sulfurique, on arrive à obtenir non pas 1/3 de l'oxygène
contenu dans le bioxyde mais bien la moitié :

$$MnO^2 + H^2 SO^4 = MnSO^4 + H^2O + O$$

50 grammes de bioxyde de manganèse fournissent 47,20
grammes d'oxygène ou 5 litres et demi (**10**) ; par l'action
de la chaleur, le même poids de ce corps ne dégage ordinairement que 3 litres et demi de gaz.

(**10**) Scheele, en 1785, a découvert le meilleur procédé de préparation de l'oxygène en traitant le bioxyde de manganèse par l'acide
sulfurique.

A l'époque de Lavoisier, on préparait l'oxygène par la décomposition du bioxyde de manganèse naturel. On connaît
actuellement des procédés plus commodes.

3) **Les acides et les sels** constituent une troisième

source d'oxygène, que l'on peut utiliser pour sa préparation. Ces composés, qui en contiennent beaucoup, peuvent, en abandonnant tout ou partie de leur oxygène, se transformer en d'autres composés (produits inférieurs d'oxydation) beaucoup plus stables. Comme les peroxydes, certains acides et certains sels sont décomposés par la chaleur seule ; d'autres, au contraire, ne dégagent leur oxygène, sous l'influence de la chaleur, que lorsqu'ils sont mélangés avec d'autres substances. L'acide sulfurique, par exemple, est un acide décomposable par la chaleur seule : à la température du rouge, il se décompose en eau, en acide sulfureux et en oxygène, comme cela a été mentionné plus haut (**11**). Priestley, en 1772, et Scheele, un peu plus tard, ont obtenu de l'oxygène en calcinant le salpêtre.

(**11**) Tous les acides, riches en oxygène, et spécialement ceux qui correspondent à des oxydes supérieurs, dégagent de l'oxygène, soit à la température ordinaire (comme l'acide ferrique, par exemple), soit sous l'influence de la chaleur, comme les acides azotique, manganique, chromique, chlorique, etc., soit lorsqu'on les chauffe avec de l'acide sulfurique, si ces acides dérivent des oxydes basiques inférieurs. C'est pourquoi les sels de l'acide chromique, le bichromate de potassium $K^2Cr^2O^7$, par exemple, fournissent de l'oxygène en présence de l'acide sulfurique : il se forme d'abord du sulfate de potassium K^2SO^4 et l'acide chromique, mis en liberté, forme, avec l'acide sulfurique, un sulfate de sesquioxyde de chrome.

Le meilleur exemple de production d'oxygène par la calcination des sels, nous est fourni par le chlorate de potassium, ou sel de Berthollet, ainsi appelé du nom du chimiste français qui l'a découvert. Le chlorate de potassium est un composé qui renferme un métal : le potassium, du chlore et de l'oxygène. Sa formule est : $KClO^3$. Ce sel se présente sous la forme de lamelles incolores et transparentes, solulubles dans l'eau froide, beaucoup plus solubles dans l'eau chaude et qui, par plusieurs de ses réactions et de ses propriétés physiques, se rapproche beaucoup du sel ordi-

naire. Sous l'influence de la chaleur, ce corps entre en fusion, se décompose et dégage de l'oxygène. Cette décomposition se produit suivant l'équation :

$$KClO^3 = KCl + O^3 \ (\mathbf{12})$$

(12) Cette réaction n'est pas réversible, elle est exothermique : elle est accompagnée du dégagement de 9713 calories, pour le poids moléculaire de $KClO^3$ égal à 122 (c'est, du moins, la quantité trouvée par Thomsen, qui brûlait dans un calorimètre l'hydrogène seul, ou mélangé à une quantité connue de chlorate de potassium additionnée d'oxyde de fer. Cette réaction se fait en deux temps ; dans la première partie, il y a formation de perchlorate de potassium $KClO^4$ (voir les chapitres : chlore et potassium).

Remarquons encore que KCl fond à 738⁰ ; $KClO^3$ à 372⁰ et $KClO^4$ à 610⁰.

Le sel abandonne donc tout son oxygène et se transforme en chlorure de potassium.

Cette réaction se produit à une température relativement assez basse pour qu'on puisse employer des vases en verre peu fusible. Cependant, le chlorate de potassium se boursoufle, se soulève et, à mesure que l'oxygène se dégage, la masse durcit de sorte que le dégagement du gaz se produit irrégulièrement et que le vase en verre peut facilement éclater. Pour remédier à cet inconvénient, on ajoute au chlorate de potassium fondu et pulvérisé un corps incapable de se combiner avec l'oxygène et bon conducteur de la chaleur : c'est ordinairement le bioxyde de manganèse que l'on emploie (**13**). La décomposition du chlorate de potassium est, dans ces conditions, beaucoup plus facile et s'effectue sans boursouflement, à une température plus basse, car la masse entière est chauffée non seulement extérieurement mais aussi intérieurement.

Ce mode de préparation de l'oxygène est très commode ; aussi, est-ce généralement ainsi que l'on opère quand on cherche à obtenir une petite quantité de ce gaz, d'autant plus que l'on obtient facilement le chlorate de potassium à l'état pur, et qu'il fournit une grande quantité d'oxygène. Cette méthode est si simple et si facile (**14**), qu'avec celle qui est employée pour la préparation de l'hydrogène, à l'aide du zinc et de l'acide sulfurique, elle constitue les premières manipulations chimiques que l'on fait exécuter aux commençants. Ces deux gaz se prêtent, d'ailleurs, à de nombreuses expériences intéressantes et très remarquables (**15**).

(13) Le bioxyde ne produit pas d'oxygène, dans ce cas. On peut d'ailleurs, lui substituer d'autres oxydes, l'oxyde de fer, par exemple. Il est indispensable d'éviter la présence, dans le mélange, des substances combustibles (papier, sciure de bois, soufre, etc.,) qui pourraient être la cause d'une explosion.

(14) Le mélange de chlorate de potassium, fondu et pulvérisé, et de bioxyde de manganèse en poudre se décompose à une température suffisamment basse pour qu'on puisse employer des vases en verre peu fusible. Comme toute réaction exothermique, la décomposition du chlorate de potassium avec formation d'oxygène peut probablement se produire, dans certaines conditions (par l'action du contact, par exemple), à des températures très basses. Il est probable que les substances, que l'on mêle au chlorate de potassium, agissent, en partie, de cette manière.

(15) Beaucoup d'autres sels dégagent, tout comme le chlorate de potassium, de l'oxygène, sous l'influence de la chaleur, mais ils ne sont guère employés, dans la pratique, pour différentes raisons. Certains d'entre eux ne se décomposent qu'à une haute température le salpêtre par exemple : d'autres, comme, le permanganate de potassium sont d'un prix très élevé ; d'autres encore ne peuvent produire que de l'oxygène impur. Tel est, par exemple, le sulfate de zinc qui, à la température du rouge, donne un mélange d'acide sulfureux et d'oxygène.

La solution du composé vulgairement appelé *chlorure de chaux*, qui contient toujours de l'hypochlorite $CaCl^2O^2$, dégage de l'oxygène, sous l'influence d'une faible élévation de température, en présence d'une petite quantité de certains oxydes, de l'oxyde de cobalt, par exemple, qui agit, dans ce cas, par le contact (voir l'Introduction). L'hypochlorite de chaux ne dégage pas d'oxygène par lui-même, mais il convertit l'oxyde de cobalt en un oxyde supérieur; et c'est cet oxyde supérieur de cobalt qui se décompose, au contact du chlorure de chaux, abandonne une partie de son oxygène et se trouve ainsi ramené à l'état inférieur d'oxydation. Ce dernier forme, de nouveau, avec l'hypochlorite de calcium, un oxyde supérieur qui donne, de nouveau, de l'oxygène, et ainsi de suite (**16**). L'hypochlorite de calcium est décomposé, dans ce cas, suivant l'équation :

$$CaCl^2O^2 = CaCl^2 + O^2$$

(**16**) Telle est, jusqu'à présent, la seule explication possible des phénomènes de contact. Dans la plupart des cas, du reste, elle s'accorde avec les faits observés. On sait. par exemple, que deux corps, riches en oxygène, retiennent ce gaz tant qu'ils sont séparés, mais, aussitôt qu'ils sont mis en contact, leur oxygène se dégage. C'est ainsi qu'agit, une solution aqueuse de peroxyde d'hydrogène (qui contient deux fois plus d'oxygène que l'eau) sur l'oxyde d'argent. Cette réaction s'effectue à la température ordinaire et les deux composés dégagent de l'oxygène.

C'est au même ordre de phénomènes qu'il faut rapporter la réaction suivante : quand on mélange du peroxyde de baryum et du permanganate de potassium avec l'eau et l'acide sulfurique, il y a dégagement d'oxygène à la température ordinaire.

Il est probable que c'est une action de contact qui détermine ces réactions : la disposition des atomes se trouve modifiée et, si l'équilibre n'est pas stable, il se détruit. Ceci est particulièrement évident pour les corps qui se modifient avec dégagement de chaleur, c'est-à-dire pour les réactions exothermiques : la décomposion de $CaCl^2O^2$ en $CaCl^2$ et O^2 en est une preuve, ainsi que la décomposition du chlorate de potassium.

Une parcelle d'oxyde de cobalt (**17**) peut servir, par conséquent, pour la décomposition d'une quantité illimitée de chlorure de chaux.

(**17**) La solution de chlorure de chaux est ordinairement alcaline, car elle contient de la chaux ; aussi, suffit-il généralement d'ajouter simplement une solution de chlorure de cobalt pour obtenir l'oxyde de cobalt nécessaire à la réaction.

Il est à remarquer que, dans toutes ces réactions, on peut arrêter le dégagement gazeux par l'addition de certaines substances capables de se combiner à l'oxygène telles que le charbon et un grand nombre de composés carbonés et organiques, le soufre, le phosphore, les différents oxydes inférieurs, etc.. Ces substances absorbent l'oxygène, à mesure qu'il se produit, et se combinent avec lui ; il y a donc formation d'un composé oxygéné, mais non d'oxygène libre. C'est ce qui arrive, quand on chauffe un mélange de chlorate de potassium et de charbon, on n'obtient pas d'oxygène libre, mais il se produit une explosion, c'est-à-dire une formation brusque de gaz résultant de la combinaison de l'oxygène avec le charbon.

Propriétés de l'oxygène (18). — L'oxygène est un gaz permanent, c'est-à-dire un gaz qui ne peut être liquéfié à la température ordinaire par la pression seule. Il se liquéfie, d'ailleurs, difficilement, bien qu'avec plus de facilité que l'hydrogène, à une température inférieure à — 120°, son point d'ébullition absolu. La pression critique **(19)** de l'oxygène étant égale à 50 atmosphères environ, ce gaz passe à l'état liquide quand on le soumet à une pression supérieure à 50 atmosphères et à une température inférieure à — 120°. Pictet a obtenu l'oxygène liquide en employant à — 140° une pression de plus de 100 atmosphères.

(18) Aucun des procédés, que l'on vient de voir, ne fournit d'oxygène absolument pur. Le gaz contient toujours de la vapeur d'eau, dont on peut le débarasser en le faisant passer sur du chlorure de calcium. L'oxygène contient en outre presque toujours de l'acide carbonique et souvent des traces de chlore. On enlève ces impuretés en lui faisant traverser plusieurs flacons laveurs, ou flacons de Woolf contenant de la potasse caustique en solution ; ce mode de purification a déjà été décrit dans le chapitre précédent. Le chlorate de potassium pur et desséché dégage de l'oxygène presque pur. Cependant, si ce gaz est destiné à la pratique médicale, s'il doit être respiré, il est nécessaire de le laver d'abord dans une solution de potasse caustique et ensuite dans l'eau. Le meilleur moyen d'obtenir directement de l'oxygène pur, c'est la décomposition du perchlorate de potassium ($KClO^4$) ; ce sel s'obtient facilement à l'état de pureté parfaite, et il dégage de l'oxygène chimiquement pur.

(19) Voir, pour tout ce qui a trait au point d'ébullition absolu, à la pression critique et, en général, à l'état critique, (Chapitre II notes 29 et 34).

D'après Dewar, la densité de l'oxygène à l'état critique est 0,65 (celle de l'eau étant égale à 1) mais, de même que les autres substances dans cet état **(20)**, la densité de l'oxygène subit des variations considérables sous l'influence des changements de pression et de température. Aussi, beaucoup d'autres savants, qui ont étudié l'oxygène à des pressions très élevées, donnent-ils pour sa densité un chiffre plus grand ; certains lui attribue même la valeur 1,1.

(20) D'après ce qui a été dit plus haut (note 34 Chapitre II) ainsi que d'après les résultats de l'expérience directe, il est évident que toutes les substances possèdent à l'état critique un grand coefficient de dilatation et qu'elles sont très compressibles.

Comme presque tous les gaz, l'oxygène est transparent et incolore. Il est insipide et inodore, ce qui est évident, puisqu'il fait partie de l'air atmosphérique. Son poids spécifique (c'est-à-dire le poids d'un centim. cub. de ce gaz, exprimé en grammes, à 0° et à 760 mm. de pression) égale 0,0014298 ; un litre d'oxygène pèse, par conséquent, 1 gr. 4298 ; il est donc un peu plus dense que l'air. Sa densité, par rapport à l'air, égale 1,1056 et, par rapport à l'hydrogène, 16 ou plus exactement 15,96 (21).

(21) L'eau étant composée d'un volume d'oxygène et de deux volumes d'hydrogène et contenant 16 parties en poids du premier pour 2 parties du dernier, il s'en suit que l'oxygène est 16 fois plus dense que l'hydrogène. Inversement, la composition de l'eau en poids peut être déduite des densités de l'hydrogène et de l'oxygène et de la composition volumétrique de l'eau. Ce *contrôle réciproque* constitue une méthode particulière, qui confirme les données expérimentales des sciences exactes, dont les conclusions nécessitent avant tout une exactitude aussi grande que possible et une variété de vérifications de leurs points de départ.

Remarquons que la chaleur spécifique de l'oxygène, à pression constante, est égale à 0,2175 : elle est donc à la chaleur spécifique de l'hydrogène (3,409) comme 1 est à 15,6 : les chaleurs spécifiques sont, par conséquent, inversement proportionnelles aux poids des volumes égaux. Ceci signifie que, à volumes égaux, les deux gaz ont une chaleur spécifique presque égale, c'est-à-dire qu'il est nécessaire de leur fournir la même quantité de chaleur pour élever leur température de 1°. Nous aurons plus loin l'occasion d'insister sur la chaleur spécifique des différentes substances ; aussi, ne nous arrêterons-nous pas plus longtemps sur ce sujet.

L'oxygène est peu soluble dans l'eau et dans les autres liquides ;
c'est là un caractère propre à presque tous les gaz difficilement
liquéfiables. A la température ordinaire, 100 volumes d'eau dissolvent
environ 3 volumes d'oxygène ou plus exactement : à 0°, 4.1 vol ;
à 10°, 3.3 vol. ; à 20°, 3.0 (les volumes étant mesurés à la température
de l'eau). Il est évident que l'eau, au contact de l'air, doit absorber,
c'est-à-dire dissoudre son oxygène. C'est cet oxygène qui sert à la
respiration des poissons. Ces animaux ne peuvent, en effet, vivre
dans l'eau bouillie, parce qu'elle ne contient plus l'oxygène nécessaire
à la respiration.

L'oxygène a des propriétés chimiques remarquables, car
il réagit facilement et énergiquement avec un grand nombre de substances, en formant des composés oxygénés. Il
n'y a qu'un petit nombre de corps simples et quelques mélanges de corps tels que, par exemple, le phosphore, le cuivre et l'ammoniaque, les substances organiques en putréfaction, l'aldéhyde, le pyrogallol en présence d'un alcali,
etc., qui soient capables de se combiner directement à
l'oxygène, à la température ordinaire. En revanche, une
multitude de substances se combinent facilement à l'o-
xygène à une température élevée, et le plus souvent cette
combinaison s'effectue rapidement en développant une
grande quantité de chaleur.

Toute réaction brusque, qui produit un dégagement de
chaleur suffisant pour déterminer l'incandescence, est appelée **combustion**. C'est ainsi que beaucoup de métaux
brûlent dans le chlore, que les oxydes de sodium et de baryum brûle dans l'acide carbonique, etc... Un très grand
nombre de substances brûlent dans l'oxygène et dans l'air
à cause de l'oxygène qu'il renferme. Pour provoquer la combustion, il est ordinairement (**22**) nécessaire que la substance tout entière, ou, au moins une partie soit portée à
l'incandescence. Aussitôt que la combustion se déclare,
c'est-à-dire aussitôt que la portion incandescente a commencé à se combiner avec l'oxygène, la combustion se conti-

nue sans interruption, jusqu'à ce que toute la substance ou tout l'oxygène soit consommé. La combustion une fois commencée, se poursuit donc, sans qu'il soit nécessaire de faire intervenir une source extérieure de chaleur, la quantité de chaleur, qui se développe pendant la réaction, étant suffisante pour porter à l'incandescence les parties voisines du corps combustible (**23**). C'est là un fait d'expérience journalière que chacun a pu observer.

(**22**) Pourtant certaines substances s'enflamment spontanément à l'air ; telles sont, par exemple, l'hydrogène phosphoré et l'hydrogène silicié impurs, le zinc-éthyle et les substances appelées, pour cette raison, pyrophoriques (fer très divisé, etc.).

(**23**) Si la quantité de chaleur dégagée est trop peu considérable pour porter les parties voisines à la température de la combustion, cette dernière cesse.

Dans l'oxygène, la combustion se produit avec une plus grande rapidité et est accompagnée d'une plus forte incandescence que dans l'air, ce qui peut être démontré par un grand nombre d'expériences très nettes.

Si l'on plonge dans un flacon rempli d'oxygène un morceau de **charbon**, attaché à l'extrémité d'un fil de fer et préalablement porté au rouge, il s'y échauffe rapidement jusqu'au blanc, et y brûle ; c'est à-dire qu'il se combine avec l'oxygène en formant un produit gazeux, appelé acide ou plus exactement anhydride carbonique. C'est ce même gaz qui se dégage dans l'acte de la respiration, parce que le carbone est un des éléments qui entre dans la constitution des substances organiques et que, dans l'acte respiratoire, ces dernières subissent, en quelque sorte, une combustion lente.

Si l'on plonge, dans un flacon rempli d'oxygène, un morceau de **soufre** allumé, (fig.33) placé dans une petite capsule attachée à un fil de fer, le soufre, qui brûle dans l'air avec une flamme très faible, brûle dans l'oxygène avec une flamme violette, pâle, mais beaucoup plus grande.

En prenant, au lieu de soufre, un morceau de **phosphore** (**24**) et en le plongeant, sans l'avoir préalablement chauffé, dans l'oxygène, on voit qu'il se combine très lentement avec ce gaz ; mais, si le phosphore a été d'abord chauffé, même en un seul point de sa surface, il brûle avec une flamme blanche éblouissante. Pour chauffer le phosphore dans l'intérieur du flacon, le moyen le plus simple est de le tou-

Fig. 33. — Combustion des métalloïdes dans l'oxygène.

cher avec un fil de fer rouge. Pour brûler dans l'oxygène, le charbon doit être porté à l'incandescence, et le soufre à une température supérieure à 100° ; quant au phosphore, il s'enflamme à 40°. Il est impossible d'introduire dans le flacon du phosphore préalablement allumé car même dans l'air ce corps brûle très rapidement et avec une grande flamme.

(**24**) On conserve toujours le phosphore dans l'eau, parce qu'il s'oxyde rapidement à l'air. Il faut donc, quand on emploie ce corps, le couper sous l'eau pour éviter une inflammation quelquefois dangereuse.

Dans l'expérience que l'on vient de décrire, il est important de se servir de phosphore sec, car le phosphore humide déflagre en brûlant : il est donc nécessaire de le sécher rapidement dans un peu de papier brouillard.

Il faut aussi employer un morceau de phosphore assez petit pour éviter de fondre la coupelle en fer.

Dans cette expérience, de même que dans toutes les autres expériences de combustion, il faut, en outre, prendre la précaution de verser un peu d'eau dans le flacon qui contient l'oxygène pour empêcher sa rupture. Le bouchon ne doit pas fermer hermétiquement le flacon, car il pourrait être projeté avec la nacelle et le corps enflammé à cause de la dilatation des gaz due à la chaleur de la combustion.

Un petit morceau de **sodium** métallique, placé dans une nacelle en chaux (**25**) peut être fondu et ensuite allumé (**26**); il brûle dans l'air en produisant une flamme très faible. Plongé dans l'oxygène, le sodium allumé brûle beaucoup plus énergiquement avec une flamme jaune assez brillante.

(**25**) Si l'on mettait le sodium dans une capsule en fer, ce métal pourrait fondre dans l'oxygène.

(**26**) Pour chauffer rapidement la capsule en chaux, contenant le sodium on la tient quelques instants dans la flamme du chalumeau décrit dans le Chapitre VIII.

Le **magnésium** métallique qui, dans l'air, donne une flamme déjà très brillante donne une flamme éblouissante dans l'oxygène en formant une poudre blanche composée de magnésium et d'oxygène, (oxyde de magnésium, magnésie).

Un morceau de fer ou d'acier ne brûle pas dans l'air; mais, dans l'oxygène, un fil de fer ou même un ressort en acier brûle très facilement (fig 34). On pourrait naturellement brûler un morceau de fer plus grand, si l'on parvenait à le chauffer jusqu'au degré nécessaire (**27**). L'acier ou le fer brûlent dans l'oxygène sans produire de flammes; mais, des étincelles d'oxyde se détachent de la portion incandescente et jaillissent dans toutes les directions (**28**).

(**27**) Pour faire brûler dans l'oxygène un ressort de montre, on fixe, à son extrémité inférieure, un morceau d'amadou (ou de papier trempé dans une solution de salpêtre et desséché); on allume l'amadou et on plonge le ressort dans l'oxygène. L'amadou, en brûlant, échauffe la partie du ressort à laquelle il est attaché, et le porte à l'incandescence ; le ressort continue ensuite à brûler et peut disparaître entièrement, si la quantité d'oxygène est suffisante.

(28) Il se produit des étincelles parce que l'oxyde de fer formé occupe un volume presque double de celui du fer, et, aussi parce que la chaleur développée n'est pas suffisante pour fondre complètement l'oxyde et le fer ; les particules de l'oxyde doivent donc se détacher et voler en éclats.

Dans presque tous les cas de combustion du fer, il y a, du reste, formation d'étincelles. Nous avons vu, dans l'introduction, la combustion de la limaille de fer. Quand on martelle le fer rouge, de petits éclats de fer volent dans toutes les directions et brûlent dans l'air, en se combinant avec son oxygène. C'est encore le même phénomène qui se produit avec le briquet ordinaire, lorsqu'on tire du feu avec un caillou. Des petits éclats d'acier se détachent du briquet, s'échauffent par le frottement et brûlent dans l'air.

Pour bien observer la combustion du fer, il faut le prendre à l'état très divisé tel qu'on l'obtient par la décomposition de certaines de ses combinaisons, par la calcination du bleu de Prusse, par exemple ou par la réduction des composés oxygénés par l'hydrogène ; lorsque on projette dans l'air cette poudre de fer extrêmement ténue, elle brûle spontanément, sans avoir été préalablement chauffée (d'où le nom de fer pyrophorique).

Cela tient, certainement, à ce fait que, à poids égal, le fer pulvérisé, présente une surface de contact avec l'air beaucoup plus grande que le fer en morceaux.

Pour faire l'expérience de la **combustion de l'hydrogène** dans l'oxygène, il faut recourber le tube de dégagement. On allume le gaz dans l'air et on abaisse le tube dans un flacon rempli d'oxygène.

Malgré la température élevée qu'elle produit, la combustion de l'hydrogène dans l'oxygène se fait, comme dans l'air, avec une flamme très faible.

Il est intéressant de remarquer que l'oxygène peut brûler dans l'hydrogène tout à fait comme ce dernier gaz brûle dans l'oxygène. Pour le démontrer, on adapte au robinet d'un gazomètre rempli d'oxygène un tube vertical terminé par un orifice très fin (fig. 35) Deux fils métalliques, placés à une distance assez petite pour que le passage **du** courant d'une bobine de Ruhmkorff produise une série d'é-

Fig. 34. — Combustion des métaux dans l'oxygène.

tincelles, sont fixés immédiatement au-dessus de l'orifice **du tube**. Cette disposition a uniquement pour but d'allumer

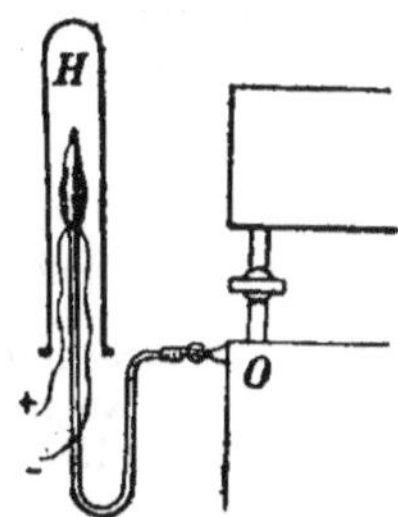

Fig. 35. — Combus-
tion de l'oxygène
dans l'hydrogène.

l'oxygène ; on peut remplacer l'étincelle par un morceau **d'amadou** allumé, placé à l'orifice du tube. L'appareil étant ainsi disposé, on ferme le courant ; des étincelles jaillissent entre les extrémités des fils. On renverse alors (à cause de la légèreté de l'hydrogène) au-dessus du tube abducteur une cloche remplie d'hydrogène et alors seulement on ouvre le robinet du gazomètre. L'oxygène, qui s'en dégage, s'enflamme et brûle dans l'atmosphère d'hydrogène en produisant une flamme absolument semblable à celle qu'on observe en brûlant l'hydrogène dans l'oxygène (**29**). Il est évident que cette flamme n'est pas de l'hydrogène enflammé ; c'est le lieu où l'oxygène se combine avec l'hydrogène.

(**29**) On peut employer, pour réaliser cette expérience, un dispositif différent en allumant l'hydrogène à l'orifice d'une éprouvette et en plaçant aussitôt cette dernière au-dessus d'un tube qui communique avec un gazomètre rempli d'oxygène.

On peut encore faire cette expérience, comme l'a indiqué Thomsen : deux tubes en verre, munis de bouts en platine, sont fixés dans un bouchon de liège à 1 cent. ou 1 cent. 1/2 l'un de l'autre ; l'un des tubes communique avec un gazomètre rempli d'oxygène, l'autre avec un gazomètre contenant de l'hydrogène. Après avoir ouvert les robinets des gazomètres, on allume l'hydrogène et on adapte au bouchon un verre de lampe ordinaire, rétréci dans sa partie supérieure. L'hydrogène continue à brûler dans l'intérieur du cylindre en verre aux dépens de l'oxygène. Si l'on diminue peu à peu le courant d'oxygène, il arrivera bientôt un moment où la flamme, par suite du manque d'oxygène, augmentera d'abord de volume, puis disparaîtra pour quelques instants et reparaîtra de nouveau, mais alors à l'orifice du tube qui amène l'oxygène. Si l'on augmente à nouveau le gaz, la flamme reparaît sur le tube de l'hydrogène. On peut donc, dans cette expérience, faire en sorte que la flamme apparaisse tantôt sur l'un, tantôt sur l'autre tube ; il suffit, pour cela, de diminuer ou d'augmenter peu à peu (jamais brusquement) le courant d'oxygène. Au lieu de l'oxygène, on peut employer l'air ordinaire, et au lieu de l'hydrogène le gaz d'éclairage ; on verra que l'air brûle dans l'atmosphère de ce dernier gaz. Il est facile de prouver que, dans ce cas, le verre de lampe est rempli d'un gaz combustible, car on peut l'allumer à l'orifice supérieur du cylindre.

Si l'on prenait à la place d'hydrogène un autre gaz combustible quelconque, le gaz d'éclairage, par exemple,

le phénomène de la combustion serait exactement le même;
il se produirait seulement une flamme lumineuse et les
produits de la combustion seraient différents. Cependant,
comme le gaz d'éclairage contient une grande quantité
d'hydrogène libre et combiné, la quantité d'eau produite
par sa combustion sera encore considérable.

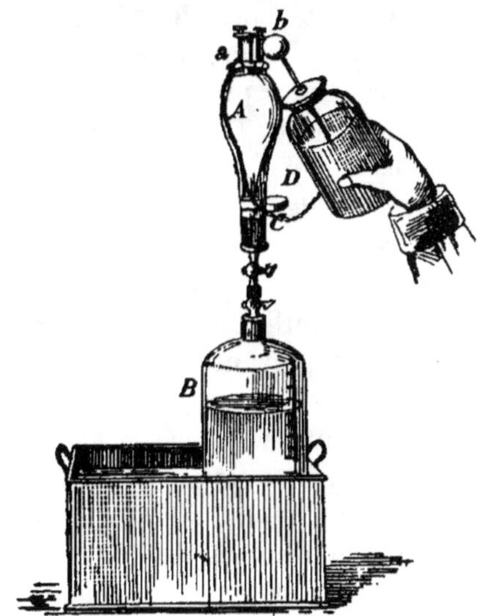

Fig. 36. — Appareil de Cavendish pour l'explosion du gaz détonant.
La cloche B, placée dans une cuve à eau, est d'abord remplie d'un
mélange de deux volumes d'hydrogène et d'un volume d'oxygène.
On visse ensuite le vase A, à parois épaisses, dans lequel on a
préalablement fait le vide; quand on ouvre le robinet C, le mélange
gazeux se précipite en A. On referme ensuite le robinet et on
produit l'explosion, au moyen d'une bouteille de Leyde dont on
fait communiquer la garniture extérieure avec un fil (a) et la boule
avec un autre fil de platine (b) distants entre eux. Après l'explosion, on ouvre le robinet et on voit l'eau monter dans le
vase A.

En mélangeant l'hydrogène avec l'oxygène, dans la proportion où ces deux gaz se trouvent dans l'eau, (2 volumes du premier pour 1 volume du second), on obtient un mélange identique à celui qui se produit dans la décomposition de l'eau à l'aide du courant galvanique, c'est-à-dire le mélange détonant.

Nous avons déjà mentionné, dans le chapitre précédent, que la combinaison des gaz, ou leur explosion, peut être provoquée par l'action d'une étincelle électrique. C'est qu'en effet l'étincelle échauffe l'espace gazeux qu'elle traverse et agit, par conséquent, de la même manière que le contact d'un corps incandescent ou enflammé. On peut, en effet, remplacer l'étincelle électrique par un simple fil métallique porté à l'incandescence par un courant galvanique : il n'y aura pas d'étincelle dans ce cas, et cependant, le mélange gazeux s'enflammera.

Lord Cavendish s'est servi, pour faire cette expérience, à la fin du siècle dernier, de l'appareil représenté sur la fig. 36

L'inflammation du gaz détonant, au moyen d'une étincelle électrique, a un grand avantage ; elle permet d'opérer dans un espace clos. Aussi, depuis cette époque, on emploie toujours ce procédé dans les laboratoires, lorsqu'il est nécessaire d'enflammer un mélange d'oxygène avec un gaz combustible en vase clos. Actuellement, on emploie spécialement, dans ce but, **l'eudiomètre** de Bunsen (**30**).

Fig. 37. Eudiomètre de Bunsen.

(**30**) En plus de l'eudiomètre de Bunsen, on emploie aujourd'hui, dans les laboratoires, pour analyser les gaz, une foule d'autres appareils différents. Pour la description détaillée de cette analyse, ainsi que des appareils employés, nous renvoyons le lecteur aux traités spéciaux de chimie analytique et appliquée.

Cet appareil se compose d'un tube de verre à parois épaisses, gradué en millimètres, pour mesurer la hauteur de la colonne du mercure, et dont on a déterminé le volume, en pesant le mercure qu'il peut contenir. Deux fils de platine sont fixés à la partie supérieure du tube (fig. 37); de façon qu'il n'existe aucun espace libre entre le fil et la paroi (**31**). A l'aide de l'eudiomètre, on peut non seulement déterminer la composition volumétrique de l'eau (**32**) et la proportion d'oxygène contenue dans l'air (**33**), mais encore faire un grand nombre d'expériences qui ont permis d'étudier le phénomène de la combustion.

(**31**) Afin de s'en assurer, on remplit l'eudiomètre de mercure, et on plonge son extrémité ouverte dans un bain de mercure. S'il existe le moindre orifice dans le tube, l'air extérieur pénétrera dans l'appareil, et le mercure s'abaissera, quoique lentement, si l'orifice est petit.

(**32**) L'eudiomètre sert à déterminer la composition des gaz combustibles. La description détaillée des méthodes spéciales à l'analyse des gaz, ne trouve pas sa place dans un ouvrage comme celui-ci, (voir note 30). Nous allons cependant décrire sommairement, comme exemple, la détermination de la composition de l'eau, au moyen de l'eudiomètre.

On introduit dans l'eudiomètre, de l'oxygène pur et sec. Quand l'appareil et le gaz ont acquis la température du milieu ambiant, ce dont on s'assure par l'observation du niveau du ménisque de mercure, qui doit conserver la même position, pendant un temps assez long, on marque le degré où s'arrête le mercure dans l'appareil. La différence, entre le niveau du mercure dans le tube et la surface du bain, donne la hauteur de la colonne de mercure dans l'eudiomètre. Il est nécessaire de ramener cette hauteur à 0°, de la retrancher de la pression atmosphérique pour déterminer la pression sous laquelle l'oxygène est mesuré (Chapitre I, note 29). La hauteur du mercure dans l'eudiomètre indique, en même temps, le volume d'oxygène qui se trouve dans l'appareil, à la température ambiante et à la pression atmosphérique. Le volume d'oxygène étant mesuré, on introduit dans l'eudiomètre de l'hydrogène pur et sec et l'on mesure le volume du mélange gazeux. Ceci fait, on produit l'explosion au moyen d'une bouteille de Leyde en faisant communiquer par une chaînette sa garniture extérieure avec l'un des fils de l'eudiomètre et en touchant l'autre fil avec la boule de la bouteille de Leyde. Au moment où le contact est établi, une étincelle éclate à l'intérieur de l'appareil entre les extrémités des fils de platine et détermine l'explosion. On peut se servir, dans le même but, d'un électrophore, ou mieux d'une bobine de Rhumkorff, qui présente l'avantage de fonctionner également dans l'air sec et dans l'air humide, dans lequel la bouteille de Leyde et la machine électrique cessent de fonctionner. Avant d'enflammer les gaz, il est nécessaire de fermer l'orifice inférieur de l'eudiomètre (en le maintenant fortement pressé sur une plaque de caoutchouc, placée au fond du bain de mercure, au-dessous de l'orifice). Sans cette précaution, le mercure et une partie des gaz pourraient être projetés hors de l'appareil, au moment de l'explosion.

Pour que la combustion soit complète, le mélange ne doit pas contenir plus de 12 volumes d'hydrogène pour 1 d'oxygène où 15 volumes d'oxygène, pour 1 volume d'hydrogène. Si la quantité de l'un des gaz excède cette proportion, l'explosion n'aura pas lieu. Le mieux est de mélanger un volume d'hydrogène avec quelques volumes d'oxygène : la combustion sera toujours complète. Puisque le produit de la combustion est l'eau, et que le volume (ou la tension) des gaz diminue, il est évident que, lorsqu'on ouvre l'orifice de l'eudiomètre, le mercure monte dans l'intérieur de l'appareil. Mais, à la tension du gaz resté dans l'appareil vient s'ajouter maintenant la tension de la vapeur d'eau dont il faut tenir compte (Chap. I, note 1). Si la quantité de gaz qui reste est peu considérable, l'eau formée pourra être en quantité suffisante pour le saturer. Dans ce cas, on verra sur les parois de l'appareil des gouttelettes d'eau ; elles feront défaut dans le cas contraire, ce qui indiquera qu'il faut introduire dans l'eudiomètre une petite quantité d'eau. Pour avoir un résultat exact, il faut retrancher de la pression atmosphérique, à laquelle on mesure le gaz restant, le nombre de millimètres exprimant la tension de la vapeur d'eau à la température de l'expérience (Voir Chapitre 1, note 1).

C'est, au moyen de ce procédé, que Gay-Lussac et Humboldt ont pu déterminer la composition de l'eau avec une exactitude suffisante. Ces savants arrivèrent à conclure que l'eau est formée de deux volumes d'hydrogène et d'un volume d'oxygène. Chaque fois qu'ils prenaient, pour leurs expériences, une quantité d'oxygène plus considérable, c'était toujours ce gaz qui restait après l'explosion. Lorsqu'ils prenaient un excès d'hydrogène, le gaz qui restait était l'hydrogène. Enfin, les gaz étant pris dans la proportion ci-dessus mentionnée, il ne restait aucun élément gazeux, après l'explosion. La composition de l'eau a été définitivement établie, à la suite de ces expériences.

(**33**) Voir cette application de l'eudiomètre dans le chapitre consacré à l'azote.

C'est ainsi, par exemple, qu'à l'aide de l'eudiomètre on peut démontrer que l'inflammation du gaz détonant ne se produit qu'à une température déterminée. Tant que cette température n'est pas atteinte, les deux gaz ne se combinent pas ; mais si, dans un point quelconque du mélange, la température s'élève jusqu'au point d'inflammation, la combinaison s'effectue en ce point et développe une quantité de chaleur suffisante pour enflammer les parties voisines du mélange. Quand on dilue 1 volume de gaz détonant avec 10 volumes d'oxygène, ou avec 4 volumes d'hydrogène ou encore avec 3 volumes d'acide carbonique, il est impossible de déterminer une explosion, en faisant passer des étincelles électriques. La dilution du gaz détonant par un autre gaz a pour effet d'abaisser la température, car la chaleur développée par la combinaison de la petite quantité d'hydrogène et d'oxygène, qui est portée à l'incandescence par l'étincelle, se transmet non seulement à l'eau, résultat de cette combinaison, mais aussi au corps étranger qui est mélangé (**34**).

(**34**) C'est par le même mécanisme que 1/4 de volume d'oxyde de carbone, un volume égal de gaz des marais, 2 volumes d'acide chlorhydrique ou d'ammoniaque, 6 volumes d'azote, de même que 12 volumes d'air ajoutés à un volume de mélange détonant empêchent l'explosion.

Quelques observations prouvent, du reste, qu'il faut une *température définie* pour déterminer l'inflammation du gaz détonant. En présence d'un fil de fer chauffé au rouge, ou d'un charbon si faiblement incandescent que sa lueur est à peine visible à la lumière du jour, il se produit une explosion, tandis qu'on n'observe rien de semblable à une température inférieure. On peut encore déterminer la combinaison de l'hydrogène et de l'oxygène par une compression rapide, la cause de la réaction est, ici encore, la chaleur produite par l'acte de la compression (**35**). Les expériences, faites dans l'eudiomètre, ont démontré que l'inflammation du gaz détonant à lieu à la température de 450° à 560° (**36**).

(**35**) Si la compression se fait assez lentement pour que la chaleur développée ait le temps de se transmettre à l'espace environnant, la combinaison de l'hydrogène et de l'oxygène n'a pas lieu, même si le mélange est comprimé 150 fois.

Un morceau de papier, imprégné d'une solution de platine dans l'eau régale et de sel ammoniac donne, lorsqu'il est brulé, des cendres qui contiennent du platine extrêmement divisé. C'est à cet état que le platine possède le mieux la propriété d'enflammer l'hydrogène ou le gaz détonant. Pour déterminer l'inflammation de l'hydrogène. un fil de platine doit être en effet préalablement chauffé ; l'éponge de platine n'allume ce gaz qu'à la température ordinaire, tandis que le platine, à l'état de division extrême, qu'il présente dans les cendres, est capable de l'allumer, même à la température de — **20°**. Beaucoup d'autres métaux : le palladium, l'iridium, l'or agissent comme le platine à une température peu élevée. Le charbon enflamme le gaz détonant vers 350°, comme d'ailleurs presque toutes les substances pulvérulentes. Le mercure, au contraire, est incapable d'enflammer le gaz détonant, même à la température où il entre en ébullition. Tous ces faits montrent bien que l'explosion du gaz détonant est une des nombreuses réactions qui dépendent de phénomènes de contact.

(**36**) Au début, lorsque les idées sur la dissociation commençaient seulement à se répandre, on pouvait croire que les réactions de combinaisons, reversibles, (la formation de l'eau, en partant des éléments H^2 et O, en est une), commencent à la même température que la dissociation. C'est ce qui a lieu, en effet, dans beaucoup de cas, mais ce n'est cependant pas une loi générale comme le montrent les faits suivants :

1° à 450°-460°, lorsque le gaz détonant fait explosion, non seulement la densité de la vapeur d'eau ne varie pas (elle ne varie presque pas à des températures supérieures, probablement parce que la quantité des produits de dissociation est faible, mais il n'y a même pas trace de dissociation : c'est, du moins, l'opinion admise jusqu'à présent.

2° Sous l'influence du contact, la température à laquelle se produit la combinaison peut même descendre jusqu'à la température ordinaire, à laquelle évidemment l'eau et les corps analogues ne se dissocient pas. Or, il résulte des observations faites par Konovaloff (Introduction, note 36) et par d'autres qu'il est impossible d'éviter les phénomènes de contact : les métaux, le verre, les parois des différents récipients peuvent exercer une influence analogue à celle de l'éponge de platine, beaucoup moins forte, il est vrai. L'influence du contact, si l'on en peut juger d'après la masse des faits observés jusqu'à présent, doit être particulièrement sensible dans les réactions exothermiques : or, l'explosion du gaz détonant en est une.

La combinaison de l'hydrogène avec l'oxygène est accompagnée d'un dégagement de chaleur considérable. Favre et Silbermann (**37**) ont calculé qu'une partie en poids d'hydrogène développe 34462 unités de chaleur. Des recherches plus récentes donnent des chiffres très voisins de ce dernier : on peut donc admettre que la formation de 18 parties d'eau (H^2O) est accompagnée du dégagement de 69 grandes calories ou 69000 unités de chaleur (**38**).

(**37**). On mesure la quantité de chaleur développée par la combustion du poids connu d'un corps (d'un gramme par exemple), par l'élévation de température qu'éprouve un volume déterminé d'un autre corps auquel on transmet toute la chaleur développée par la combustion. On se sert, dans ce but, de différents appareils appelés **calorimètres**. La figure 38 représente un de ces appareils.

Ce calorimètre se compose d'un vase métallique, à parois minces (pour absorber le moins de chaleur possible) et polies (pour en transmettre le moins possible) entouré de duvet (*c*) ou de tout autre corps mauvais conducteur de la chaleur, et renfermé dans une caisse métallique. Cette disposition a pour but de diminuer, autant que possible, la perte de chaleur subie par le vase intérieur ; cette perte existe néanmoins et sa valeur doit être déterminée par des expériences préalables pour être introduite comme correction dans les résultats de l'observation. On verse dans la caisse *b*, l'eau à laquelle doit se transmettre la chaleur dégagée par la combustion du corps contenu dans le vase. Le mélangeur *gg* permet d'obtenir une température uniforme dans toutes les couches du liquide ; un thermomètre plongé dans l'eau sert à déterminer la température. Il est évident que la chaleur, développée par la combustion, se transmet non seulement à l'eau mais aussi à toutes les parties de l'appareil. On détermine d'abord la quantité d'eau qui correspond à la somme des objets (récipients, tubes etc..) auxquels se transmet la chaleur, et, de cette manière, on introduit une seconde correction importante dans les déterminations calorimétriques. La combustion elle-même a lieu dans le vase *a*. La substance, destinée à être brûlée, est introduite par un tube communiquant avec le couvercle du vase *a* qu'on ferme hermétiquement. La figure 38 représente l'appareil disposé pour la combustion d'un gaz. L'oxygène, nécessaire à la combustion, arrive en *a* par le tube *e*.

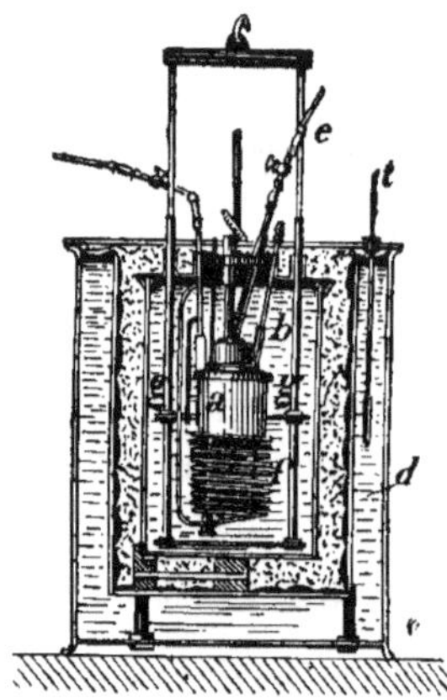

Fig. 38. — Calorimètre
de Favre et Silbermann.

Les produits de la combustion (solides et liquides) restent dans le vase *a*, ou bien se rendent par le serpentin *f* dans un récipient où il est ainsi facile d'en déterminer la quantité et les propriétés. La chaleur dégagée par la combustion se transmet donc aux parois du vase *a* et aux gaz qui s'y forment ; ces derniers transmettent leur chaleur à l'eau du calorimètre.

(**38**). Cette quantité de chaleur correspond à la formation de l'eau liquide, à la température ordinaire, au moyen du gaz détonant pris à la même température. Si l'eau était recueillie à l'état de vapeur, la quantité de chaleur dégagée serait égale à 58 grandes calories ; cette quantité serait de 70.4 grandes calories, si l'eau était à l'état de glace.

Ce dégagement de chaleur est dû en, partie, à la contraction qui se produit lorsqu'un vol. d'hydrogène et 1/2 vol. d'oxygène s'unissent pour former 1 vol. de vapeur d'eau. On peut évidemment calculer la quantité de chaleur liée à ce phénomène physique ; mais, il est impossible de connaître celle qui est dépensée pour séparer les uns des autres les atomes de l'oxygène ; aussi, ne connaissons-nous pas la véritable quantité de chaleur que dégage la combinaison de l'hydrogène avec l'oxygène, bien que nous sachions exactement le nombre d'unités de chaleur développées par la combustion du gaz détonant. La construction des calorimètres et les procédés mêmes de détermination varient considérablement, dans les différents cas.

La plupart des recherches calorimétriques ont été faites par Berthelot et Thomsen. Elles sont consignées dans leurs ouvrages : *Essai de mécanique chimique, fondée sur la thermochimie*, par M. Berthelot 1879 (2 vol.) et *Thermochemische Untersuchungen*, von J. Thomsen 1886 (4 vol.) Nous renvoyons le lecteur aux traités de chimie théorique et physique pour l'exposé des principes et des méthodes de la **thermochimie**, dans les détails de laquelle nous ne pouvons entrer. Le côté théorique de cette science, ainsi du reste que ses méthodes pratiques, sont encore rudimentaires et il faudra y apporter beaucoup de perfectionnements avant que les connaissances thermochimiques puissent être d'une grande utilité pour la mécanique chimique. On avait cependant cru, dès l'apparition des premières recherches, que, de la thermochimie allait sortir toute la mécanique chimique.

M. Hess, membre de l'Académie des sciences de St-Pétersbourg, fut un des premiers savants qui s'occupèrent de thermochimie. Depuis 1870, les recherches se sont multipliées, surtout en France et en Allemagne, après les remarquables travaux de M. Berthelot, membre de l'Académie et de M. Thomsen, professeur à Copenhague. Parmi les savants russes, Békétoff, Chroustchoff, Louguinine, Verner Tcheltsoff et autres sont connus par leurs recherches thermochimiques. Actuellement, la thermochimie ne repose pas encore sur une base inébranlable, car on ne peut considérer comme telle le principe du travail maximum ; aussi, l'époque actuelle doit-elle être caractérisée comme une époque *de collection* pendant laquelle on amasse les données et les faits, d'où on commence à noter les résultats qui en découlent. Trois circonstances essentielles ne permettent pas, selon moi, de déduire des conclusions rigoureuses pour la mécanique chimique de la somme des données thermochimiques déjà amassées :

1° Dans la plupart des déterminations que l'on a faites, on a employé des solutions diluées et, la chaleur de dissolution étant ainsi connue, on la rapporte aux substances en dissolution ; beaucoup de faits, cependant, prouvent (Chap. I) que, dans les solutions, l'eau ne joue pas simplement le rôle de milieu diluant, mais qu'elle agit elle-même chimiquement sur la substance dissoute.

2° Un grand nombre d'expériences thermochimiques nécessitent la combustion à des températures élevées ; or, la science actuelle ne possède aucune donnée sur les chaleurs spécifiques d'une foule de substances à ces températures.

3° Il se produit inévitablement des modifications physiques et mécaniques (contraction, diffusion etc.), en même temps que les changements chimiques. Or, actuellement, dans beaucoup de cas, il est impossible de distinguer, dans la somme des modifications thermiques que l'on observe, celles qui sont produites par l'un ou l'autre ordre de phénomènes.

Les transformations chimiques sont évidemment inséparables des modifications produites par les forces physiques et mécaniques : elles sont même inexplicables sans elles

Aussi, suis-je porté à croire que les données thermochimiques ne pourront acquérir leur véritable signification que par la connaissance plus complète des rapports existant entre les deux ordres de phénomènes d'une part, les atomes, les molécules et les masses entières de ces dernières, d'autre part. Il faut admettre que le simple contact mécanique des substances, ou l'action de la chaleur sur ces dernières, produit des modifications chimiques, quelquefois manifestes, mais, en tous cas, toujours latentes, c'est-à-dire, ce qui revient au même, une autre distribution ou mieux un autre mouvement des atomes dans les molécules. Il est donc évident, à plus forte raison, que les phénomènes purement chimiques sont inséparables des phénomènes physiques et mécaniques — c'est qu'en effet les relations atomiques, qui constituent l'essence des phénomènes chimiques, ne seraient pas visibles et seraient incompréhensibles sans les relations moléculaires, qui sont au fond des phénomènes physiques, et même sans les relations des masses entières de molécules qui se manifestent dans des phénomènes purement mécaniques ; car les atomes isolés constituent quelque chose de non réel, d'imaginaire. On peut se représenter, à la rigueur, un changement mécanique sans supposer en même temps un changement physique ; on peut même se figurer un changement physique sans un changement chimique, bien qu'une pareille représentation soit artificielle, mais il est impossible de se représenter ce dernier changement sans les changements physiques et mécaniques. Sans ces derniers effets, nous ne pourrions pas percevoir une modification purement chimique, et ce n'est que par ce moyen que nous la constatons.

Autrefois, la chimie et la mécanique entraient dans le domaine de la physique. Ces deux sciences en sont actuellement séparées, et se développent indépendamment. Mais, un avenir plus ou moins rapproché leur prépare une nouvelle rencontre : les lois de la conservation de la matière et de l'énergie en sont les précurseurs.

Si la vapeur d'eau avait, à la température on se fait la réaction, la même chaleur spécifique qu'à la température ordinaire (0,48) — (mais il est très probable qu'elle croît), *si la combustion se concentrait en un point* (**39**) — (mais elle a lieu sous la forme d'une flamme) *si la perte de chaleur par rayonnement et par conductibilité n'existait pas et,* condition la plus importante, *si la dissociation n'avait pas lieu,* c'est-à-dire si l'eau, formée dans la flamme, n'était pas décomposée par la chaleur que développe cette dernière, *il serait possible de calculer la température de la flamme du gaz détonant.* Elle atteindrait 10000° si toutes ces conditions étaient réalisées (**40**) ; mais, en réalité, cette température est beaucoup moins élevée ; elle dépasse cependant toutes celles qu'on peut obtenir par les moyens ordinaires, et atteint certainement 2000°. Cette haute température explique l'explosion du gaz détonant, car la vapeur d'eau formée doit occuper un volume au moins 5 fois plus grand que celui occupé par le gaz détonant à la température ordinaire. La détonation est le résultat, non seulement de la commotion que produit la dilatation brusque de la vapeur d'eau surchauffée, mais aussi du refroidissement qui suit immédiatement cette dilatation et qui détermine la condensation de la vapeur d'eau, et par conséquent, une rapide contraction (**41**).

(**39**). La flamme est le lieu où se produit la combustion des gaz et des vapeurs : c'est un phénomène complexe « toute une usine » selon l'expression de Faraday. Dans une des notes suivantes, nous analysons la flamme avec détails.

(**40**). Une partie d'hydrogène dégage, en brûlant, 34 500 unités de chaleur ; si l'on admet que cette quantité de chaleur se transmet intégralement aux neuf parties en poids de vapeur d'eau formée, on peut calculer, la chaleur spécifique de cette dernière étant égale à 0.475, que chaque unité élève une partie en poids de vapeur d'eau de 2°,1 et 9 parties en poids de $\frac{2°,1}{9} = 0°,23$. Par conséquent, 34.500 unités de chaleur élèveront la température de 7935°. Si la combinaison de l'hydrogène et de l'oxygène a lieu dans un espace clos, la vapeur d'eau formée ne peut se dilater ; aussi, doit-on, pour calculer la température de la combustion, prendre la chaleur spécifique en volume constant, laquelle est de 0,36 pour la vapeur d'eau. Ce chiffre donne une température encore plus élevée pour la flamme du gaz détonant.

Cette température est, en réalité, de beaucoup inférieure ; mais, les indications fournies par différents auteurs sont contradictoires (1700° — 2400°). Ces divergences tiennent d'abord à ce que le refroidissement qu'éprouvent les flammes par rayonnement varie suivant leur grandeur ; ensuite, et c'est la cause essentielle, à ce que les méthodes et les appareils (pyromètres) employés pour déterminer des températures élevées, tout en permettant de juger des changements relatifs de ces températures, ne sont pas suffisants pour en faire connaître les valeurs absolues. En admettant que la température du gaz détonant soit égale à 2000°, je crois me guider sur des déterminations les plus dignes de foi.

(**41**). Il est évident que ce fait n'est pas spécial à l'hydrogène ; tous les autres gaz combustibles peuvent également former avec l'oxygène un mélange détonant. C'est, d'ailleurs, pour cette raison qu'un mélange d'air et de gaz d'éclairage fait explosion, dès qu'on l'allume. On utilise comme force motrice la pression produite par les explosions dans les moteurs à gaz. Il est avantageux, dans ce cas, d'utiliser, non seulement la pression produite par l'explosion, mais aussi la contraction qui a lieu après l'explosion. C'est sur ce principe qu'est basée la construction de quelques moteurs : parmi eux, ceux de Lenoir et Otto ont joui et jouissent encore d'une grande célébrité. On emploie comme explosif, soit un mélange de gaz d'éclairage et d'air, soit les vapeurs de certains liquides combustibles : pétrole, benzine, etc. Dans le moteur Lenoir, la combustion du mélange de gaz d'éclairage et d'air est déterminée par une étincelle d'une bobine de Rhumkorff ; dans les machines les plus récentes, l'inflammation se produit par l'action directe de la flamme d'un bec de gaz.

On utilise les mélanges d'hydrogène et de différents autres gaz avec l'oxygène pour produire des températures très élevées, qui ont permis de fondre le platine et le fer en grandes quantités, ce que l'on ne pouvait faire dans des fourneaux de forge chauffés au charbon, même alimentés par un courant d'air.

La 39 figure représente un appareil, appelé chalumeau à

gaz oxhydrique, employé pour utiliser la chaleur de combustion du mélange détonant. Il est formé de deux tubes en laiton emboîtés l'un dans l'autre et fixés, comme le montre la figure 39. L'oxygène arrive par le tube central C, tandis

Fig. 39. — Chalumeau à gaz oxydrique.

que le tube extérieur E, qui entoure le premier, est destiné à conduire l'hydrogène. Les deux gaz ne se mélangent donc qu'à leur sortie de l'appareil, ce qui prévient toute explosion dans l'intérieur de celui-ci. Pour se servir du chalumeau, on met le tube C en communication avec un gazomètre rempli d'oxygène et le tube E avec un gazomètre contenant l'hydrogène ; dans la pratique, on remplace très souvent ce dernier par le gaz d'éclairage. Au moyen des robinets O et H, on règle l'arrivée de ces gaz. Pour avoir une flamme courte et obtenir le maximum de chaleur, il faut que les gaz soient dans la proportion d'un volume d'oxygène pour deux d'hydrogène. On peut facilement apprécier la température de la flamme en y plaçant un fil fin en platine, lequel doit y fondre avec rapidité. En introduisant le chalumeau dans l'orifice pratiqué dans un morceau de chaux, creusé intérieurement en forme de lentille, on obtient un appareil dans lequel on peut fondre le platine, même en grande quantité si le courant d'hydrogène et d'oxygène est suffisant (Deville).

On emploie quelquefois le mélange d'hydrogène et d'oxygène pour l'éclairage. La flamme, que produit le mélange détonant, a une faible intensité lumineuse, mais, à cause de sa température très élevée, elle peut servir à porter à l'incandescence certains corps infusibles, qui produisent une lumière éblouissante. On prend généralement, dans ce but la chaux, la magnésie, l'oxyde de zirconium, corps infusibles à la température très élevée, que produit le gaz détonant. Un petit bâton de chaux, placé dans la flamme de ce gaz bien réglée donne une lumière blanche très brillante que l'on a proposée pour l'éclairage des phares. Aujourd'hui, cette lumière, appelée *Lumière de Drummond*, est remplacée par la lumière électrique, à cause des grands avantages que présente cette dernière et surtout à cause de sa fixité.

Les exemples, qui ont été donnés jusqu'ici, concernaient la combustion des corps simples dans l'oxygène. On observe des phénomènes de même ordre dans la **combustion des corps composés**. Ainsi, par exemple, la substance solide, incolore et brillante, connue sous le nom de naphtaline $C^{10}H^8$, brûle dans l'air avec une flamme fuligineuse, tandis que, dans l'oxygène, elle continue à brûler en produisant une flamme extrêmement brillante. Il en est de même pour l'alcool, pour l'huile et pour les autres corps combustibles, lorsqu'on fait passer un courant d'oxygène dans la flamme de la lampe. On utilise quelquefois dans les laboratoires l'élévation de température que produit la combustion de ces corps dans l'oxygène.

Afin de comprendre pourquoi la combustion se fait avec plus d'énergie et dégage une plus grande quantité de chaleur dans l'oxygène que dans l'air, il faut se rappeler que ce dernier est de l'oxygène dilué par de l'azote, gaz incapable d'entretenir la combustion. On conçoit donc que le nombre de particules d'oxygène, qui viennent au contact d'un corps allumé, soit moins grand dans l'air que dans une atmosphère d'oxygène pur. Mais, la cause principale de l'intensité de la combustion dans l'oxygène, c'est la température élevée qu'acquiert le corps, dans ces conditions.

Analysons, par exemple, la combustion du soufre dans l'air et dans l'oxygène. Un gramme de soufre en brûlant, soit dans l'air soit dans l'oxygène, produit 2250 unités de chaleur, c'est-à-dire qu'il développe une quantité de chaleur suffisante pour élever de $1°C$. la température de 2250 grammes d'eau. Cette chaleur se transmet d'abord à l'acide sulfureux SO^2, produit de la combustion du soufre. Un gramme de soufre donne, en brûlant, 2 grammes d'acide sulfureux, c'est-à-dire que le soufre se combine avec un gramme d'oxygène. Or, comme l'air est composé de 23 parties en poids d'oxygène et de 77 parties d'azote, il est évident que chaque gramme d'oxygène, qui arrive au contact d'un gramme de soufre, est accompagné de 3 gr. 4 d'azote. Il résulte donc que les 2250 unités de chaleur, dégagées par la combustion d'un gramme de soufre dans l'air, seront transmises au moins à 2 grammes d'acide sulfureux et à 3,4 grammes d'azote.

La quantité de chaleur, nécessaire pour élever d'un degré un gramme d'acide sulfureux, est égale à 0,155 unités de chaleur ; deux grammes d'acide en demanderont 0,31 unités. De même, pour élever la température de 3 gr. d'azote de un degré, il faut $3,4 \times 0,244$ ou 0,83 unités, ce qui fait avec le chiffre précédent $0,31 + 0,83 = 1,14$ unités de chaleur pour élever d'un degré centigrade les deux gaz. On peut donc en déduire que ces deux gaz pourraient être chauffés jusqu'à $\dfrac{2250}{1,14} = 1974°$, si leur chaleur spécifique restait constante. La température maxima que peut atteindre la flamme du soufre, en brûlant dans l'air, est donc 1974°.

Quand au contraire, le soufre brûle dans l'oxygène, la chaleur développée (2250 unités) ne peut se transmettre qu'aux deux grammes d'acide sulfureux, aussi la température maxima de la flamme du souffre brûlant dans l'oxygène peut atteindre $\dfrac{2250}{0,31}$ ou 7258°.

On peut faire le même calcul pour le charbon, et voir que, en brûlant dans l'air ordinaire, la température ne peut dépasser 2700° tandis qu'elle peut atteindre dans l'oxygène 10100° C. Un corps produit toujours, quand il brûle dans l'oxygène, beaucoup plus de chaleur que dans l'air ; cependant, en aucun cas, la température n'atteint sa valeur théorique, pour les raisons qui ont été exposées à propos du gaz détonant.

Parmi les divers phénomènes qui accompagnent la combustion de certains corps, le phénomène de la **flamme** est particulièrement intéressant. Le soufre, le phosphore, le sodium, le magnésium, la naphtaline, etc., brûlent, comme l'hydrogène, avec flamme, tandis que d'autres corps, le charbon ou le fer, par exemple, brûlent sans flamme. L'apparition de la flamme dépend de la facilité plus ou ou moins grande avec laquelle la substance conbustible se réduit en gaz ou en vapeur à la température de la combustion. Ainsi, le soufre, le phosphore, le sodium et la naphtaline passent à l'état de vapeurs, à la température où s'effectue la combustion, tandis que le bois, l'alcool, l'huile etc., produisent des substances gazeuses et des vapeurs. La flamme est le résultat de la combustion des gaz et des vapeurs : *la flamme est donc composée des gaz et des vapeurs produits par la combustion et portés à l'incandescence.*

Il est facile de prouver que la combustion des corps non volatils, tels que le bois, par exemple, donne lieu à la formation de substances volatiles et combustibles contenues dans la flamme ; il suffit de placer un tube dans cette dernière et de le mettre en communication avec un aspirateur. En même temps que les produits de la combustion, les gaz et les liquides combustibles, qui se trouvaient dans la flamme, à l'état de vapeurs, seront aspirés dans l'appareil. Pour que cette expérience réussisse, c'est-à-dire pour extraire de la flamme les vapeurs et les gaz combustibles, il est nécessaire d'introduire le tube aspirateur dans l'intérieur même de la flamme. C'est seulement au centre de la flamme, en effet, que les gaz et les vapeurs combustibles peuvent rester intacts ; à la périphérie, au contraire, ils se trouvent au contact de l'oxygène de l'air et brûlent (**42**).

(**42**) Faraday l'a prouvé par une expérience très démonstrative. Si l'on place l'extrémité d'un tube en verre, deux fois recourbé à angle droit (fig. 40) dans la flamme d'une bougie, notamment dans sa partie sombre, au-dessus de la mèche, les produits combustibles qui proviennent de la décomposition de la stéarine, montent dans le tube, se refroidissent dans sa branche descendante et se rassemblent sous forme de vapeurs blanches, lourdes, combustibles, dans

un ballon où plonge le tube. Si l'on élève le tube, de manière à en
plonger l'extrémité dans la portion lumineuse de la flamme, on voit
s'accumuler dans le ballon une fumée noire, épaisse, incapable de
brûler. Enfin, si le tube est assez abaissé pour toucher la mèche,
le flacon se remplit exclusivement d'acide stéarique.

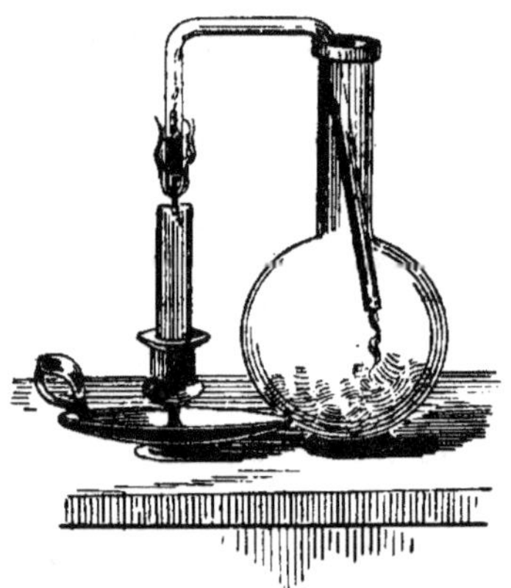

Fig. 40. — Expérience de Faraday
pour l'étude des différentes parties de la flamme d'une bougie.

Le pouvoir éclairant des flammes varie suivant qu'il
existe ou non des particules *solides* incandescentes dans les
vapeurs ou les gaz en combustion. Les vapeurs et les gaz
eux-mêmes émettent peu de lumière et donnent, par conséquent, une flamme pâle (**43**). Telle est la flamme de l'alcool,
celle du soufre, de l'hydrogène. Une flamme pâle peut être
rendue très lumineuse par l'introduction de corps solides (**44**).

(**43**) Tous les corps transparents, c'est-à-dire ceux qui n'absorbent
que très peu les rayons lumineux, émettent peu de lumière sous
l'influence de la chaleur. De même, les corps qui absorbent peu
de chaleur, en perdent peu par rayonnement, quand on les chauffe.

(**44**) Cependant, d'après les expériences de Frankland, les vapeurs
lourdes et épaisses, de même que les gaz comprimés, sont lumineux
lorsqu'on les soumet à une température élevée, par ce que leurs

densités augmentant, ils se rapprochent des corps solides et liquides. Ainsi, le gaz détonant comprimé produit des effets lumineux, lorsqu'il fait explosion.

Si l'on place, dans la flamme très pâle de l'alcool ou, ce qui vaut encore mieux, dans celle de l'hydrogène, un fil de platine très fin, la flamme devient aussitôt très éclairante. On arrive au même résultat, d'une manière encore plus simple, en insufflant, dans la flamme, des corps incombustibles pulvérisés, du sable très fin, par exemple, ou en y plaçant un faisceau de filaments d'amiante.

Toute flamme éclairante contient des particules solides, quelles qu'elles soient, ou au moins des vapeurs très denses. Le sodium donne, en brûlant dans l'oxygène, une flamme jaune très vive, parce qu'elle contient des particules de peroxyde de sodium solide. La flamme du magnésium est brillante parce que ce métal forme, en brûlant, de la magnésie solide, qui est portée à l'incandescence. Il en est de même pour la lumière de Drummond : elle doit son intensité à la chaux solide et non volatile, qui est portée à l'incandescence par la chaleur de la flamme. Les bougies, le bois et toutes les substances analogues brûlent avec une flamme éclairante parce que celle-ci contient des particules de charbon incandescentes. Ce n'est donc pas la flamme proprement dite qui éclaire, mais la *fumée incandescente* qui s'y trouve et dont la présence peut être facilement démontrée en introduisant dans la flamme un objet froid quelconque, un couteau par exemple (**45**).

(**45**) Si l'on fait passer un courant d'hydrogène à travers un hydrocarbure liquide et volatil tel que la benzine, par exemple, (qu'on peut verser directement dans le flacon où l'on prépare l'hydrogène) les vapeurs de cette dernière brûlent avec l'hydrogène et donnent une flamme très brillante parce que les molécules de charbon (fumée) sont portées à l'incandescence. On a, d'ailleurs, essayé d'introduire de la benzine ou un fil de platine dans la flamme de l'hydrogène pour utiliser ce gaz pour l'éclairage.

A la périphérie de la flamme, les particules de charbon brûleront, si l'air arrive en quantité suffisante ; dans le cas contraire, la flamme est fuligineuse parce que les particules de charbon non brûlées sont entrainées par le courant d'air (46).

(46) On peut distinguer dans la flamme plusieurs parties (fig. 41):

L'intérieur de la flamme, la partie qui entoure la mèche dans une bougie ou celle qui se trouve dans le voisinage de l'orifice, si c'est un bec de gaz, est constitué par des vapeurs et gaz combustibles ; cet espace A est obscur et présente une température peu élevée ; il ne s'y produit pas de combustion.

Les gaz et les vapeurs combustibles, qui se trouvent en ce point, dans la flamme de la bougie, proviennent de l'action de la chaleur sur la graisse ou la stéarine fondue qui monte par capillarité dans la mèche. La matière organique, liquide ou solide, se décompose sous l'influence de la chaleur ; il y a formation des mêmes corps que ceux que produit la dilatation sèche. Ce sont précisément ces composés que contient la flamme dans sa partie centrale.

L'air, qui enveloppe extérieurement la flamme, ne peut pas se mélanger, d'une manière homogène, avec les vapeurs et les gaz dans toutes les couches de la flamme. Les couches externes de cette dernière seront au contact d'une plus grande quantité d'oxygène que la partie centrale. Grâce à la diffusion, une certaine quantité d'oxygène (et de l'azote si la combustion a lieu dans l'air) pénétrera cependant dans l'intérieur de la flamme.

Les vapeurs et les gaz combustibles, en se combinant avec cet oxygène, développent une quantité considérable de chaleur et produisent l'effet thermique qui est indispensable pour la continuation de la combustion aussi bien que pour l'utilisation de la flamme.

En allant de l'enveloppe extérieure formée par l'air vers l'endroit de la flamme où se forment les gaz et les vapeurs combustibles, vers la mèche, par exemple, si nous étudions la flamme d'une bougie, nous rencontrons d'abord des couches où la température est très élevée et ensuite des couches de plus en plus froides dans lesquelles la combustion est moins complète par suite du manque d'oxygène.

La partie centrale de la flamme contient donc des produits non encore brûlés provenant de la décomposition de la substance organique. Elle contient aussi de l'oxygène libre, même dans le cas où ce gaz est directement introduit dans la flamme, ou même lorsqu'on brûle un mélange d'hydrogène et d'oxygène. Ceci tient à ce que la combustion de l'hydrogène et du carbone de la substance organique produit une température tellement élevée que les produits de la combustion se décomposent en partie ou se dissocient.

Il y a donc, dans la flamme, une certaine quantité d'hydrogène et d'oxygène, à l'état libre. Si on admet qu'une partie de l'hydrogène

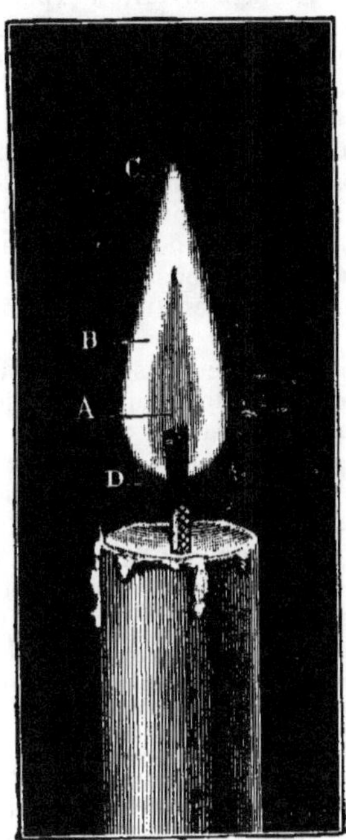

Fig. 41. — Étude de la flamme.

se trouve à l'état libre, il faut nécessairement admettre que le carbone lui aussi, s'il s'agit d'une substance carbonée, sera en partie à ce même état dans la flamme, car toutes les conditions étant égales, le carbone brûle après l'hydrogène ; c'est ce que nous voyons, en réalité, dans la combustion des différents carbures d'hydrogène. Le charbon, la fumée de la flamme ordinaire sont le produit de la dissociation des carbures d'hydrogène contenus dans la flamme. La plupart des carbures d'hydrogène, surtout ceux qui contiennent beaucoup de carbone, la naphtaline, par exemple, brûlent avec une flamme fuligineuse, même dans l'oxygène. L'hydro-

gène, que ces corps renferment, brûle en totalité, mais une portion
au moins de carbone reste non consommée. C'est ce charbon libre
qui détermine l'éclat de la flamme.

Pour démontrer que l'intérieur de la flamme contient des gaz
encore capables de brûler, on peut faire l'expérience suivante : on
peut extraire de la partie centrale de la flamme, fournie par l'oxyde
de carbone brûlant dans l'air, une portion de gaz au moyen d'une
trompe aspirante à eau. On fait passer, dans ce but, un courant
d'eau dans un tube métallique (comme le faisait Deville) et on
pratique, dans la paroi de ce dernier, un orifice très fin qu'on
introduit dans la flamme. Le courant d'eau entraînera les gaz de
la flamme dans l'intérieur du tube et, de là, dans un récipient
spécialement disposé. Cette expérience montre que toutes les parties
de la flamme, obtenue par la combustion d'un mélange d'oxyde de
carbone avec l'oxygène, contiennent une portion de ce mélange non
consumé.

Les recherches de Deville et de Bunsen ont montré que, dans un
espace clos, l'explosion d'un mélange composé d'hydrogène, d'oxyde
de carbone et d'oxygène ne se faisait pas instantanément et qu'il
n'y avait jamais combustion complète de tous les corps en présence.
En enfermant, dans un vase clos, 2 volumes d'hydrogène avec 1 volume d'oxygène, et en déterminant l'explosion du mélange, on observe que la pression développée par l'explosion n'atteint pas la valeur qu'elle devrait avoir si la combustion eût été complète instantanément. On peut calculer que, dans ce dernier exemple, la pression devrait s'élever jusqu'à 26 atmosphères. Les expériences directes ont cependant démontré que cette pression ne dépasse pas,
en réalité, 9 atmosphères et demie.

Ce phénomène trouve son explication dans ce fait que, dans l'explosion, la quantité totale d'oxygène ne se combine pas instantanément avec la substance combustible. D'après la pression développée, il est même possible de déterminer la quantité des gaz brûlés,
si l'on connaît la chaleur dégagée par la combustion, la chaleur
spécifique du combustible, celle du comburant et des produits de la
combustion et, par conséquent, la température de la combustion
ainsi que la pression due à la dilatation des gaz par la chaleur.

On trouve, en effectuant ce calcul que, dans ce cas, un tiers seulement des gaz brûlent ; les deux autres tiers ne peuvent se combiner à des températures aussi élevées que celle qui se développe
dans les explosions ; ils restent donc d'abord à l'état libre puis, lorsque le mélange se refroidit un peu, ils se combinent mutuellement.
La présence des produits de la combustion dans un mélange détonant empêche la combustion d'une portion du mélange, capable cependant de brûler. C'est ainsi que l'addition d'acide carbonique à
l'oxyde de carbone empêche ce dernier de brûler complètement. Il

en est de même pour tout autre gaz étranger ajouté à un mélange gazeux combustible.

Ce qui précède démontre que, dans toutes les parties de la flamme, il y a toujours à la fois des substances combustibles, des substances comburantes et des corps déjà brûlés, c'est-à-dire de l'oxygène, du carbone, de l'oxyde de carbone, de l'hydrogène, des carbures d'hydrogène, de l'acide carbonique et de l'eau. **Il est donc impossible d'obtenir instantanément une combustion complète** ; c'est, d'ailleurs, cette cause qui détermine le phénomène de la flamme. Il faut qu'il y ait un certain espace dont les différentes parties soient à une température inégale. Dans cet espace, les différentes quantités des parties constituantes de la flamme sont successivement soumises à la combustion ou bien se refroidissent sous l'influence des objets voisins et la combustion ne cesse que là où cesse la flamme. Si l'on pouvait concentrer la combustion en un seul point, on obtiendrait une température infiniment supérieure à celle qu'on obtient dans les circonstances ordinaires.

Il n'est donc pas étonnant que, dans toute combustion qui se produit avec flamme, il y ait formation de suie et de fumée ; les composés, qui les constituent, doivent se trouver dans la flamme, puisque, d'après ce que l'on vient de voir, la combustion complète ne peut se produire instantanément, qu'après un certain abaissement de la température.

Les considérations et les recherches précédentes présupposent que la chaleur spécifique des produits de la combustion est connue et qu'elle est égale à la chaleur spécifique, à la température ordinaire. Si donc, comme l'affirment Berthelot et Vieille, ce facteur est variable, il est impossible de déduire de la pression la portion de la substance non brûlée, qui reste après l'explosion ; aussi, faut-il considérer comme douteux le côté quantitatif de la question.

Le côté qualitatif, au contraire, ne peut s'attirer un pareil reproche parce que la dissociation des produits de la combustion à de hautes températures est nettement prouvée par des expériences très variées.

Certains corps peuvent se combiner avec l'oxygène, sans que l'on observe aucune des manifestations ordinaires de la combustion, c'est-à-dire sans qu'il se produise une élévation notable de température. Cela tient ou bien à ce que le corps développe peu de chaleur en se combinant à l'oxygène, ou bien à ce que la chaleur développée est transmise à des corps bons conducteurs de la chaleur, comme le sont les métaux par exemple, ou bien enfin, à ce que la combinaison avec l'oxygène se fait lentement et que la chaleur développée a le temps de se transmettre au milieu ambiant.

La combustion n'est qu'un mode particulier, intense, frappant de la combinaison de certains corps avec l'oxygène. La respiration est aussi un acte de combinaison avec l'oxygène ; tout comme la combustion, elle donne lieu à une production de chaleur, par suite du phénomène chimique qui en est la conséquence (transformation de l'oxygène en acide carbonique). Lavoisier l'a énoncé dans une phrase très claire : « la respiration est une combustion lente. »

On donne, aux réactions dans lesquelles la combinaison des substances avec l'oxygène s'effectue lentement, le nom **d'oxydations**. Les produits de ces réactions sont souvent des substances acides ; c'est de là, du reste, que vient le mot oxygène (οξύς γεννᾶν, engendrer les acides ; *Sauerstoff*, en allemand). La combustion n'est qu'une oxydation rapide.

Le phosphore, le fer, le vin de raisin, etc., peuvent servir comme exemples de corps qui s'oxydent lentement à la température ordinaire. Ces substances, mises en contact avec un volume défini d'oxygène ou d'air, absorbent peu à peu l'oxygène, ce dont on peut s'assurer par la diminution du volume du gaz.

On observe rarement, dans les phénomènes d'oxydation lente, le dégagement d'une quantité sensible de chaleur. Ce dégagement de chaleur existe, en réalité ; s'il est peu apparent, c'est que, à cause de la lenteur de la réaction, à cause de la perte de la chaleur par rayonnement, etc., l'élévation de température est peu considérable. C'est ainsi que, dans l'oxydation du vin, procédé ordinairement employé pour la préparation du vinaigre, on n'observe pas de modifications thermiques, parce que l'opération dure des semaines entières. Mais, dans le procédé, dit rapide, de fabrication du vinaigre, lorsque l'on oxyde relativement vite des quantités considérables de vin, il y a un dégagement de chaleur manifeste.

L'air détermine dans la nature une foule d'oxydations lentes de ce genre. Les organismes morts, les substances qui en dérivent, les cadavres des animaux, la laine, les herbes, etc., sont particulièrement sujets à cette action de l'air. Tous ces corps **se putréfient**, c'est-à-dire que leurs parties solides se transforment en gaz sous l'influence de l'humidité, de l'oxygène de l'air et souvent aussi sous celle du développement d'autres organismes tels que : les moisissures, les vers, les micro-organismes (bactéries), etc... Ce sont là des actes de combustion lente, de combinaison lente avec l'oxygène. Chacun sait que le fumier se putréfie et dégage de la chaleur, que de l'herbe humide, mise en tas, que la farine humide, que la paille etc., s'échauffent et se modifient spontanément (**47**). Toutes ces transformations produisent les mêmes effets que la combustion et donnent naissance aux mêmes composés que ceux que l'on trouve dans la fumée : le carbone forme de l'acide carbonique ; l'hydrogène donne de l'eau. Pour tous ces phénomènes, l'oxygène est donc tout aussi indispensable que pour la combustion. En supprimant l'accès de l'air, on empêche les transformations de se produire (**48**); en augmentant, au contraire, l'arrivée de l'air, on les active. Le traitement mécanique, que l'on fait subir à la terre arable, au moyen du labourage, du hersage et des autres opérations analogues, a pour but non seulement de faciliter le développement des racines dans la terre et de rendre le sol plus perméable à l'eau, mais il sert aussi à mettre les parties constituantes du sol en contact avec l'air. Sous l'influence de l'air, les résidus organiques qui se trouvent dans le sol se putréfient, respirent pour ainsi dire en dégageant de l'acide carbonique et en absorbant de l'oxygène. Un hectare de bonne terre dégage, en un été, plus de 15 tonnes d'acide carbonique.

(**47**) Les étoupes de coton, qui ont servi dans les fabriques à essuyer l'huile des machines, sont susceptibles de s'enflammer spontanément en s'oxydant à l'air, lorsqu'elles sont amoncelées,

(**48**) Pour conserver des substances alimentaires, animales ou végétales, il est nécessaire de les soustraire à l'action de l'oxygène de l'air ainsi qu'à celle des germes qui flottent dans ce dernier. C'est pour cette raison, que l'on enferme les conserves dans des boîtes hermétiquement closes dans lesquelles on fait le vide ; les légumes sont d'abord desséchés et introduits ensuite dans des boîtes en fer blanc qu'on chauffe et qu'on bouche en soudant ; les sardines sont plongées dans l'huile, etc... C'est également dans le même but qu'on élimine l'eau de certaines substances (foin, pain, fruits), par la dessiccation et que l'on sature certaines autres par des corps, capables d'absorber l'oxygène (comme, par exemple, l'acide sulfureux) ou d'empêcher le développement des germes qui, sont la première cause de la putréfaction. Le fumage des aliments, l'embaumement, la conservation des poissons et d'autres animaux dans l'alcool n'ont d'autre but que d'empêcher la putréfaction.

Les substances végétales et animales ne sont pas seules sujettes à une oxydation lente, en présence de l'eau. Les métaux eux-mêmes s'oxydent, dans ces conditions. Le cuivre absorbe facilement l'oxygène, en présence des acides. Certains sulfures métalliques (les pyrites, par exemple) s'oxydent facilement, en présence de l'air et de l'humidité. Il se produit donc partout, dans la nature, des actes d'oxydation lente.

Il existe un grand nombre de corps simples qui sont incapables de se combiner directement avec l'oxygène gazeux dans aucune condition : le platine, l'or, l'iridium, le chlore, l'iode en sont des exemples. Il est cependant possible d'obtenir leurs composés oxygénés en ayant recours à des **méthodes indirectes d'oxydation**. On combine la substance donnée avec un autre élément et ensuite, par double décomposition, on remplace cet élément par l'oxygène. On peut encore prendre une substance qui dégage facilement l'oxygène et la mettre en contact avec le corps donné : l'oxygène agit, dans ce cas, à l'état naissant. Si les conditions sont telles que le corps donné se trouve, lui aussi, à l'état naissant, l'oxydation s'effectue encore beaucoup plus facilement. (L'explication de ce phénomène est donnée dans le chapitre précédent.)

Il est à remarquer que, généralement, les substances qui ne se combinent pas directement avec l'oxygène, mais qui forment avec lui des composés par une méthode indirecte, perdent facilement l'oxygène qu'elles ont absorbé par double décomposition ou à l'état naissant. Telles sont, par exemple, les combinaisons oxygénées du chlore, de l'azote ou du platine ; la chaleur seule suffit pour les détruire. Ces substances, de même que beaucoup d'autres, qui dégagent facilement de l'oxygène sous l'influence de la chaleur, peuvent servir pour préparer ce gaz et pour oxyder d'autres corps. Certains de ces composés oxygénés, employés dans les laboratoires ou dans l'industrie, pour opérer des oxydations, sont particulièrement remarquables. Aussi, les appelle-t-on **agents oxydants**. Le plus important de tous est l'acide nitrique, vulgairement appelé eau forte ; c'est un composé riche en oxygène, se décomposant facilement par la chaleur et capable d'oxyder un grand nombre d'autres substances. Ainsi, presque tous les métaux et toutes les substances organiques, qui contiennent du carbone et de l'hydrogène, s'oxydent plus ou moins, lorsqu'ils sont chauffés avec l'acide nitrique. Un morceau de charbon incandescent, plongé dans de l'acide nitrique concentré, continue à brûler aux dépens de l'oxygène de l'acide. L'acide chromique agit d'une manière analogue : l'alcool s'enflamme, lorsqu'il est mélangé avec de l'acide chromique.

Bien que d'une manière moins évidente, l'eau, par l'oxygène qu'elle renferme, peut, dans certains cas, agir comme oxydant. Le sodium, à la température ordinaire, ne s'oxyde pas dans l'oxygène sec, tandis qu'il s'oxyde facilement dans l'eau ; il brûle même dans la vapeur d'eau. Le charbon peut brûler dans l'acide carbonique, produit de sa combustion, en le transformant en oxyde de carbone. Le magnésium brûle dans ce même gaz et met le charbon en liberté. D'une manière générale, l'oxygène combiné peut donc passer d'un composé dans un autre.

On donne aux différents produits des réactions de combustion ou d'oxydation et, en général, à tous les composés oxygénés définis le nom d'**oxydes**. Certains oxydes sont tout à fait incapables de se combiner avec d'autres oxydes ou bien ne se combinent qu'avec un très petit nombre, en donnant naissance à des composés instables, formés avec un faible dégagement de chaleur. On les appelle **oxydes indifférents** : tels sont les bioxydes, qui ont déjà été mentionnés plus haut.

Certains autres, au contraire, peuvent se combiner avec beaucoup d'autres oxydes et sont, en général, doués d'une énergie chimique considérable. Nous les appellerons **oxydes salifiables**.

Ces oxydes se divisent en deux groupes principaux. Les membres de chaque groupe ne se combinent pas entre eux, mais se combinent avec ceux de l'autre groupe. Les oxydes des métaux, magnésium, sodium, calcium, etc., appartiennent au premier groupe. Le second groupe est composé d'oxydes des substances non métalliques, telles que le soufre, le phosphore, le charbon.

Si nous prenons, par exemple, l'oxyde de calcium ou chaux, et, si nous le mettons en contact avec des oxydes du second groupe nous obtiendrons des combinaisons. Ainsi, par exemple, si l'on met en présence de la chaux et de l'oxyde de phosphore, les deux corps se combinent avec dégagement d'une grande quantité de chaleur. Si l'on fait arriver des vapeurs d'anhydride sulfurique, obtenu par la combinaison de l'anhydride sulfureux avec l'oxygène, sur de la chaux au rouge, l'anhydride sulfurique est absorbé par la chaux et il y a formation d'un composé appelé sulfate de calcium ou gypse.

Les oxydes du premier genre, qui dérivent des métaux, sont appelés **oxydes basiques** ou **bases** : la chaux CaO est un oxyde de ce genre extrèmement connu.

Les oxydes du second groupe, capables de se combiner avec les bases, sont appelés **anhydrides des acides** ou **oxydes acides** (*oxacides*). L'anhydride sulfurique SO peut être pris comme type de ce groupe. On l'obtient en ajoutant une nouvelle quantité d'oxygène à l'acide sulfureux SO^2, ci-dessus mentionné ; à cet effet, on fait passer ce dernier gaz à travers de l'éponge de platine incandescente. L'anhydride carbonique (appelé souvent « acide carbonique ») l'anhydride phosphorique, l'anhydride sulfureux (ou acide sulfureux) sont tous des *oxydes acides* parce qu'ils peuvent se combiner avec des oxydes tels que la chaux ou oxyde de calcium, la magnésie ou oxyde de magnésium MgO, la soude ou oxyde de sodium Na^2O, etc.

Quand un élément ne forme qu'un seul oxyde basique, ce dernier est simplement appelé **oxyde** ; tels sont par exemple, l'oxyde de calcium, l'oxyde de magnésium, l'oxyde de potassium. On appelle encore simplement « oxydes », certains oxydes indifférents, qui ne possèdent ni les propriétés des peroxydes ni celles des anhydrides des acides, tel par exemple, l'oxyde de carbone dont il a déjà été fait mention.

Si l'élément forme deux oxydes basiques (ou deux oxydes indifférents, n'ayant pas les caractères d'un peroxyde) on nomme l'oxyde le moins oxygéné **protoxyde** (ou oxydule). Ainsi, par exemple, le cuivre augmente de poids en absorbant l'oxygène, quand il est chauffé à l'air. Tant que la quantité d'oxygène absorbée par 63 parties de cuivre ne dépasse pas 8 parties en poids, il y aura formation d'une masse rouge de protoxyde de cuivre. Si l'action de la chaleur se prolonge et si l'on augmente l'arrivée de l'air, 63 parties de cuivre pourront absorber jusqu'à 16 parties d'oxygène et se transformeront en oxyde noir de cuivre. Quelquefois, pour distinguer les degrés d'oxydation, on fait un changement dans le suffixe de l'adjectif dérivé du nom de l'élément oxydé; c'est ainsi qu'on ajoute au nom de l'oxyde la terminaison *ique* pour désigner l'oxyde supérieur et la terminaison *eux* pour l'oxyde inférieur. Les termes oxyde ferreux et oxyde ferrique sont synonymes aux termes : protoxyde de fer et oxyde de fer.

Si l'élément ne forme qu'un seul anhydride, le nom de ce dernier est composé de l'adjectif dérivé du nom de l'élément terminé en ...*ique* et du mot *anhydride*. S'il en forme deux on emploie les suffixes... *eux* et... *ique*. Exemple : anhydride sulfureux SO^2 (moins oxygéné) et anhydride sulfurique SO^3 (plus oxygéné) (**49**).

(**49**) Il est indispensable de remarquer que certains corps simples forment des composés oxygénés appartenant aux trois genres principaux, c'est-à-dire des oxydes indifférents, des oxydes basiques et des oxydes acides ; tel est, par exemple le manganèse. On connaît en effet :

le protoxyde de manganèse	MnO,
le sesquioxyde de manganèse	Mn^2O^3,
le bioxyde de manganèse	MnO^2,
l'anhydride manganique	MnO^3,
et l'anhydride permanganique	Mn^2O^7

bien que certains de ces oxydes n'existent pas à l'état libre, mais se rencontrent seulement à l'état de combinaisons. Il faut noter en même temps cette particularité que les oxydes basiques contiennent moins d'oxygène que les peroxydes, les peroxydes moins que les anhydrides

des acides. On peut donc classer les oxydes, selon leur richesse en oxygène, dans l'ordre suivant :

1° Oxydes basiques : protoxyde et oxyde.

2° Peroxydes.

3° Anhydrides des acides.

Pour la majorité des corps simples, on ne connait cependant pas tous les différents oxydes ; certains d'entre eux ne donnent même qu'un seul degré d'oxydation.

Il faut encore remarquer que certains oxydes sont formés par la combinaison des anhydrides des acides avec les bases ou, en général, par des combinaisons d'oxydes entre eux. On pourrait, à proprement parler, admettre que chaque oxyde, auquel correspondent des oxydes supérieurs et inférieurs, est formé par la combinaison de l'oxyde supérieur avec l'oxyde inférieur. Cette hypothèse est cependant fausse dans les cas où l'oxyde est susceptible de former une série de composés indépendants. Les oxydes, qui sont réellement formés par la combinaison de deux autres, ne donnent pas de ces composés indépendants ; il se décomposent en oxyde supérieur et en oxyde inférieur.

Enfin, si l'élément forme plusieurs oxydes, on désigne celui qui est moins oxygéné que l'oxyde en *eux*, en faisant précéder le nom de l'oxyde en *eux* du préfixe *hypo*. Si l'oxyde, tout en étant moins oxygéné que l'oxyde en *ique*, l'est cependant plus que l'oxyde en *eux*, on indique cette double condition en conservant le suffixe *ique* et en se servant encore du préfixe *hypo*. Si enfin on trouve un oxyde plus oxygéné que celui en *ique*, le préfixe *per* (ou *hyper*), sert à le classer dans la série.

Exemples : anhydride hypochloreux

   —   chloreux

   —   hypochlorique

   —   chlorique

   —   perchlorique

Les oxydes eux-mêmes entrent rarement en réaction et, dans un nombre de cas assez restreint, tandis qu'au contraire leurs combinaisons avec l'eau participent à de nombreuses transformations chimiques et jouent, par conséquent, un rôle important. La majorité des oxydes basiques et acides, pour ne pas dire tous, se combinent avec l'eau, soit directement, soit indirectement, en formant des **hydrates**, c'est-à-dire des composés capables de se dédoubler seulement en eau et en oxydes du même genre. Nous en avons déjà vu (Chapitre I) des exemples dans la combinaison de la chaux, et des anhydrides sulfurique et phosphorique avec l'eau.

Il peut donc y avoir des hydrates basiques et des hydrates acides. Les hydrates acides sont appelés **acides** parce qu'ils possèdent une saveur acide, lorsqu'ils sont solubles dans l'eau (et dans la salive, car c'est, à cette condition seulement qu'ils peuvent agir sur les nerfs du goût). Le vinaigre, par exemple, a un goût acide parce qu'il est formé par de l'acide acétique en solution dans l'eau. L'acide sulfurique, dont il a déjà été question à plusieurs reprises, est un des acides les plus importants aussi bien dans la chimie pratique que dans les applications techniques : c'est un hydrate formé par la combinaison de l'anhydride sulfurique avec l'eau.

Outre leur goût acide, les acides solubles, ou hydrates acides, ont la propriété de modifier la couleur de certaines matières colorantes végétales. Sous ce rapport, le **tournesol** est particulièrement remarquable. C'est une couleur bleue que l'on extrait de certains lichens et qui est très employée pour teinture des tissus. **Elle donne avec l'eau une infusion bleue qui rougit par l'addition d'une acide (50).**

(50). Le papier brouillard ou non collé, imprégné de teinture de tournesol, est ordinairement employé pour rechercher les acides et les alcalis. Ce papier, coupé en bandelettes, porte le nom de *papier réactif*. Plongé dans un milieu acide, il rougit et ce caractère est assez sensible pour permettre de découvrir des traces très faibles de certains acides. Ainsi, en mélangeant 10000 parties d'eau en poids avec 1 partie d'acide sulfurique, on obtient un mélange qui rougit le papier de tournesol. En étendant ce mélange de dix fois son poids d'eau, on peut encore observer très nettement un changement de coloration du papier réactif.

Le tournesol est vendu sous forme de boules ou de tablettes d'un bleu foncé. On en prend, par exemple, 100 grammes ; on les pulvérise et on les traite avec de l'eau froide dans un flacon ; on agite et on décante le liquide. Cette opération qu'on répète trois fois sert à débarrasser le tournesol des impuretés solubles dans l'eau et surtout des alcalis qu'il peut contenir. Le tournesol ainsi lavé est introduit dans un ballon avec 600 grammes d'eau ; on chauffe, et l'on abandonne, pendant quelques heures, le ballon dans un endroit chaud. On filtre ensuite et on sépare l'infusion en deux portions. Quelques gouttes d'acides nitrique sont ajoutées à l'une de ces portions pour lui donner une légère teinte rouge, après quoi les deux portions sont mélangées. On ajoute au mélange de l'alcool, et on le conserve dans des flacons non bouchés, car l'infusion s'altère facilement lorsqu'elle est contenue dans des vases fermés. L'infusion, ainsi préparée, peut être immédiatement employée : elle rougit par l'action des acides et redevient bleue, au contact des alcalis. Evaporée, elle laisse une masse soluble dans l'eau qui se conserve, sans subir aucune altération pendant un temps indéfini.

Pour découvrir les alcalis, on prépare du papier rouge en imprégnant le papier brouillard avec l'infusion rougie par l'addition de quelques gouttes d'acide. En prenant une trop grande quantité d'acide, on obtient un papier peu sensible. Les acides tels que l'acide sulfurique colorent l'infusion de tournesol en rouge brique ; les acides moins énergiques, comme l'acide carbonique, par exemple, lui donnent une teinte rouge plus faible, la font passer au rouge vineux.

On peut encore employer des papiers réactifs, de couleur jaune, colorés avec l'infusion alcoolique de l'écorce de curcuma. Ces papiers brunissent au contact des alcalis et redeviennent jaunes par l'action des acides.

Un grand nombre d'autres couleurs végétales peuvent aussi servir pour découvrir les acides et les alcalis. Telles sont, par exemple, les infusions de bluets, de cochenille, de violettes, de bois de Campêche, etc.

Certaines matières colorantes artificielles peuvent aussi être utilisées dans le même but. Les solutions d'acide rosolique $C^{20}H^{16}O^3$ ou de phtaléine du phénol $C^{20}H^{14}O^4$, incolores en milieu acide, sont rouges en milieu alcalin : la cyanine, également incolore en présence d'un acide, donne une coloration bleue avec les alcalis. Ces réactifs ou *indicateurs* des alcalis et des acides sont très sensibles : comme ils se comportent de façon différente avec les différents acides, al-

calis et sels, on a pu, en utilisant les différences, établir des méthodes spéciales pour distinguer certaines substances entre elles.

Les oxydes basiques, en se combinant avec l'eau, forment des hydrates, dont un petit nombre seulement sont solubles dans l'eau. Ceux qui sont solubles dans l'eau, possèdent un goût alcalin propre au savon ou à la lessive ; on les appelle **alcalis. Les alcalis ont la propriété de ramener au bleu la teinture de tournesol rougie par un acide.**

Les hydrates des oxydes de sodium et de potassium (Na HO et KHO) sont des exemples d'hydrates basiques très solubles dans l'eau. On leur donne souvent l'épithète de *caustiques*, parce qu'ils agissent très énergiquement sur les tissus animaux et végétaux. C'est ainsi que NaHO est appelé « soude caustique ».

Les oxydes *salifiables* sont donc capables de former des combinaisons entre eux et avec l'eau. L'eau elle-même est un oxyde *non indifférent*, puisqu'elle est capable, comme nous l'avons déjà vu, de se combiner avec les oxydes basiques et les oxydes acides. Elle est le représentant d'une série d'oxydes **intermédiaires**, qui possèdent la propriété de se combiner avec les oxydes basiques et les oxydes acides. Les oxydes d'aluminium, d'étain, ainsi que beaucoup d'autres, peuvent également rentrer dans le groupe des oxydes intermédiaires.

Il résulte de tout ce qui vient d'être dit, que tous les oxydes peuvent être rangés en une série ininterrompue. A l'une des extrémités de la série seront placés les oxydes qui ne se combinent pas avec les bases, c'est-à-dire, les alcalis, tandis que l'autre sera occupée par les oxydes acides. Dans l'intervalle, trouveront place les oxydes qui se combinent entre eux, soit avec les oxydes basiques soit avec les oxydes acides. Plus les membres de cette série sont éloignés les uns des autres, plus stables sont les combinaisons qu'ils forment entre eux, plus énergique est la réaction et plus grande est la quantité de chaleur que dégage leur combinaison, plus évidente est leur propriété de former des sels.

Nous avons dit plus haut que les oxydes basiques et acides se combinent entre eux, mais qu'ils réagissent rarement les uns sur les autres. Ceci tient à ce que, en général, les oxydes sont des corps solides ou gazeux, qui se trouvent, par conséquent, à l'état le moins favorable pour les réactions. L'état gazeux élastique est difficilement détruit, parce qu'il est nécessaire de vaincre l'élasticité propre aux molécules gazeuses. L'état solide est caractérisé par le peu de mobilité de ces molécules. Or toute réaction chimique nécessite, au contraire, le contact et, par conséquent, le déplacement et la mobilité. Lorsque les oxydes solides sont chauffés, et surtout lorsqu'ils sont fondus, ils réagissent avec une grande facilité. Ce genre de changement d'état qui se rencontre rarement dans la nature, de même qu'en pratique, trouve cependant son application dans certaines industries, dans la fabrication du verre, par exemple. Les oxydes, qui le constituent, se combinent entre eux, à l'état de fusion.

Quand les oxydes sont combinés avec l'eau, et surtout lorsqu'ils ont formé des hydrates solubles dans l'eau, la mobilité de leurs molécules augmente et ils réagissent plus facilement. La réaction s'effectue alors, à la température ordinaire, facilement et avec rapidité. En étudiant les réactions des oxydes, à l'état d'hydrates, il ne faut pas oublier que l'eau elle-même est un oxyde possédant des propriétés spéciales, et qu'elle exerce, par conséquent, une influence assez grande sur la marche des transformations auxquelles elle participe.

Si l'on prend une quantité d'acide déterminée et si on

y ajoute quelques gouttes de teinture de tournesol, la solution sera colorée en rouge. L'addition d'une solution alcaline ramènera peu à peu au bleu la teinture de tournesol.
Il arrivera un moment où le liquide deviendra d'abord vio-
let et ensuite bleu, c'est-à-dire alcalin ; le changement de
couleur du tournesol est la conséquence de la formation
d'un nouveau composé. On donne à ce genre particulier de
réaction le nom de **saturation** ou **neutralisation** d'un
acide par une base, ou inversement. La solution, dans
laquelle les propriétés acides de l'acide ont été saturées
par les propriétés alcalines de la base, porte le nom de solution **neutre**. Une solution neutre, bien que dérivée du
mélange d'une base avec un acide, ne possède aucune réaction, ni acide ni alcaline, sur le papier de tournesol, tout
en conservant beaucoup d'autres caractères propres à l'a-
cide et à l'alcali.

Dans un mélange défini d'acide avec un alcali, on observe, outre le changement de coloration du tournesol, des
effets thermiques, c'est-à-dire le dégagement d'une certaine
quantité de chaleur. Ce fait seul suffit pour indiquer qu'il s'y
passe une transformation chimique. Et, en effet, en évaporant
la solution violette, on obtient déjà, non plus l'acide et l'alcali pris pour l'expérience, mais une substance possédant
des propriétés distinctes de celles de l'acide ou de l'alcali,
généralement solide et cristalline, ayant l'apparence du sel
ordinaire : c'est un **sel** dans l'acception chimique du mot.

Un sel est donc le résultat de la réaction d'un acide sur
un alcali ; c'est une combinaison de quantités définies
d'une base et d'un anhydride acide. L'eau employée, pour
dissoudre les deux corps, a servi uniquement à faciliter la
marche de la réaction. Ceci ressort de ce seul fait que l'anhydride de l'acide est capable de se combiner avec un
oxyde basique et de donner le même composé, c'est-à-dire

le même sel que forment l'acide et l'alcali correspondants, ou les solutions de ces deux corps (51).

(51). Afin de démontrer que, dans toute réaction des hydrates acides et alcalins les uns sur les autres, l'eau est effectivement dégagée, remplaçons-la par un autre hydrate intermédiaire, l'alumine, par exemple. Prenons une solution d'alumine dans l'acide sulfurique : elle aura une réaction acide et rougira le papier de tournesol. Prenons, d'autre part, une solution d'alumine dans un alcali, dans la potasse, par exemple : cette dernière solution aura une réaction alcaline et fera virer au bleu le tournesol rouge. Ajoutons cette solution alcaline d'alumine à la solution acide : il va se former un sel, une combinaison de l'anhydride sulfurique et de l'oxyde de potassium, et, dans ce cas, comme dans ceux où deux hydrates entront en réaction, l'oxyde intermédiaire, l'alumine se séparera. La séparation sera très visible dans cette expérience parce que l'alumine est insoluble dans l'eau, tandis que ses combinaisons avec l'acide et l'alcali, ainsi que le sel résultant de l'union de l'alcali avec l'acide se dissolvent dans l'eau. Donc, en mélangeant des solutions acide et alcaline de l'alumine, on voit l'alumine se précipiter sous forme d'hydrate gélatineux.

Les exemples de formation des sels sont faciles à observer et sont souvent appliqués, en pratique. Si l'on prend, par exemple, l'oxyde de magnésium, insoluble dans l'eau, et si on le dissout dans l'acide sulfurique, on obtient, par l'évaporation, un sel ayant un goût amer, comme tous les sels de magnésie, connu sous le nom de *sel anglais* et employé comme purgatif.

Lorsqu'une solution de soude caustique, obtenue, comme nous le savons, par l'action du sodium sur l'eau, est versée dans un flacon où l'on a préalablement brûlé du charbon, ou bien lorsqu'on fait passer à travers cette solution un courant d'acide carbonique, gaz qui se produit dans une foule de circonstances, on obtient un sel appelé carbonate de sodium Na^2CO^3. Cette réaction s'exprime par l'équation suivante.

$$2\ NaHO + CO^2 = Na^2CO^3 + H^2O$$

Les différentes bases et acides forment un nombre incalculable de sels différents (52).

(52). Les réactions, qui peuvent s'effectuer entre les hydrates, et la faculté que possèdent ces composés de former des sels, peuvent servir à déterminer le caractère de certains hydrates insolubles dans l'eau.

Supposons qu'il y ait à déterminer le caractère acide ou basique d'un hydrate, et que ce corps soit insoluble dans l'eau : le tournesol ne peut donc pas nous indiquer sa réaction. On le mélange alors avec de l'eau et on ajoute un acide, de l'acide sulfurique, par exemple. Si l'hydrate est basique, il se produira, soit directement, soit sous l'influence de la chaleur, une réaction et il se formera un sel. Dans certains cas, le sel ainsi formé est soluble dans l'eau : on est alors averti immédiatement qu'il s'est produit une combinaison, puisque l'hydrate basique, insoluble, s'est solubilisé sous l'influence d'un acide en formant un sel soluble. Si le sel formé est insoluble, l'eau acidulée, que l'on ajoute à l'hydrate, perd la réaction acide si toutefois l'acide n'a pas été ajouté en excès. On peut donc reconnaître par l'addition de l'acide si un hydrate donné, l'hydrate d'oxyde de cuivre, de plomb par exemple, présente le caractère basique.

Dans le cas où l'acide n'agit à aucune température sur l'hydrate insoluble, celui-ci n'est pas une base. Il faut donc rechercher s'il ne présente pas les propriétés d'un hydrate acide. Dans ce cas, au lieu d'un acide, on emploie un alcali et on cherche si l'hydrate examiné ne s'y dissout pas ou s'il y a ou non disparition de la réaction alcaline, après l'addition de l'alcali. C'est par ce moyen qu'on peut démontrer que la silice hydratée est un acide : elle est, en effet, soluble dans les alcalis et insoluble dans les acides.

Lorsqu'on a affaire à un oxyde intermédiaire, insoluble dans l'eau, on observe qu'il entre en réaction avec l'acide et avec l'alcali. Tel, est, par exemple, l'hydrate d'alumine qui est soluble dans la potasse et dans l'acide sulfurique. Il faut cependant remarquer que les oxydes intermédiaires anhydres sont souvent très réfractaires à la formation des sels. Ainsi par exemple l'alumine ou oxyde d'aluminium est insoluble dans les alcalis aussi bien que dans les acides. Pour la ramener à l'état soluble il faut, après l'avoir broyée, et pulvérisée, la chauffer avec certains composés acides, indécomposables par la chaleur, tels que le bisulfate de potassium.

Les oxydes et leurs hydrates ont *un degré* d'affinité ou *d'énergie* chimique différent. Certains membres extrêmes de la série possèdent une grande énergie chimique ; en agissant les uns sur les autres, ils dégagent beaucoup de chaleur : en agissant sur les oxydes intermédiaires, ils dégagent aussi de la chaleur ; nous en avons vu un exemple dans la combinaison de la chaux, et de l'anhydride sulfurique avec l'eau. Ce sont ces oxydes qui forment des sels stables, difficilement décomposables et possédant souvent des propriétés très caractéristiques. Telles ne sont pas les combinaisons des oxydes intermédiaires, soit entre eux, soit même quelquefois avec les membres extrêmes de la série. Quelle que soit la quantité d'alumine que l'on dissolve dans l'acide sulfurique, on n'arrive jamais à saturer les propriétés acides de ce dernier : dans tous les cas, la solution obtenue aura une réaction acide. De même, lorsqu'on dissout l'alumine dans un alcali caustique, on obtient toujours une solution alcaline.

Les sels ont presque toujours, dans l'histoire et dans la pratique de la science, été pris comme exemples de composés chimiques définis, pour confirmer la conception des composés définis. Tous les caractères de ces derniers se retrouvent, en effet, dans la formation et les propriétés s sels. Ainsi, il faut, pour obtenir des sels, prendre les oxydes en proportion définie, et leur formation est accompagnée de dégagement de chaleur (**53**) ; de plus, les caractères chimiques des oxydes et un grand nombre de leurs propriétés physiques sont masqués dans les sels. C'est ainsi que l'anhydride carbonique, corps gazeux, donne des sels solides ; l'élasticité du gaz a complètement disparu lorsqu'il est passé dans le sel (**54**).

(**53**). Afin de permettre au lecteur d'apprécier la quantité de chaleur qui se dégage dans la formation des sels, je note, dans le tableau suivant, d'après les recherches de Berthelot et de Thomsen, les quantités de chaleur dégagées dans la combinaison des alcalis et des acides en solutions aqueuses très diluées. Ces chiffres représentent des grandes calories, c'est-à-dire des milliers d'unités de chaleur. On voit donc que 49 grammes d'acide sulfurique H^2SO^4, pris en solution aqueuse diluée, mélangés avec une soluiion également diluée de soude, contenant la quantité de NaHO nécessaire pour qu'il y ait formation d'un sel neutre, c'est-à-dire pour que tout l'hydrogène de l'acide sulfurique soit remplacé par le sodium, dégagent 15800 unités de chaleur.

L'astérisque indique la formation d'un sel insoluble :

	49p. H^2SO^4	63p. $HAzO^3$
NaHO	15,8	13,7
KHO	15,7	13,8
AzH³)	14,5	12,5
CaO	15,6	13,9
BaO	18,4*	13,9
MgO	15,6	13,8
FeO	12,5	10,7 ?
ZnO	11,7	9,8
Fe²O³	5,7	5,9

Il ne faut pas considérer ces chiffres comme représentant la chaleur de neutralisation, car l'eau joue, dans ce cas, un grand rôle. Ainsi, par exemple, l'acide sulfurique et la soude, en se dissolvant dans l'eau, produisent une grande quantité de chaleur tandis que le sulfate de sodium formé en dégage très peu. Les quantités de chaleur seront donc différentes, suivant que les corps sont anhydres ou à l'état hydraté. Les acides peu énergiques, en se combinant avec les quantités d'alcalis suffisantes pour former des sels neutres avec les acides sulfurique et azotique, développent cependant toujours moins de chaleur. C'est ainsi que la combinaison de la soude avec l'acide carbonique développe 10,2 calories, avec l'acide cyanhydrique 2,9, avec l'acide sulfhydrique 3,9. Comme, d'autre part, les bases faibles (Fe^2O^3 par exemple) développent moins de chaleur que les bases énergiques, on voit que, dans ce cas comme dans beaucoup d'autres, (V. chap. II note 7) il existe une certaine relation générale entre les données thermochimiques et la notion de la mesure des affinités. Ceci ne donne cependant pas le droit de juger, d'après la chaleur de formation des sels dans des solutions diluées, de la mesure des affinités qui unissent les éléments de ces sels. Ceci ressort d'ailleurs nettement de ce fait, par exemple, que l'eau peut décomposer beaucoup de sels et peut se séparer pendant leur formation.

(54) L'acide carbonique, en se dissolvant dans l'eau, développe de la chaleur. La solution se dissocie facilement et dégage CO^2 d'après la loi de Henry et de Dalton (V. chap. I). Ce même gaz, en se dissolvant dans la soude caustique, donne ou bien un sel neutre Na^2CO^3 qui ne dégage pas CO^2, ou bien un sel acide $NaHCO^3$, sel qui dégage CO^2 en se dissociant. Un seul et même gaz, en se dissolvant dans des solutions salines, agit de deux manières différentes (V. chap. II, note 38). On voit donc quelle

série successive de relations existe entre des composés de différent ordre, entre des corps qui possèdent différents degrés de stabilité. En séparant les phénomènes de dissolution des phénomènes de combinaisons chimiques, nous ne pourrions pas observer les transitions naturelles qui existent en réalité.

D'après ce qui vient d'être dit, un sel est une combinaison d'oxydes basiques et acides, ou le résultat de l'action des hydrates de ces oxydes l'un sur l'autre avec séparation de l'eau. On peut cependant préparer les sels par d'autres procédés. Rappelons-nous, en effet, que les oxydes basiques sont formés par les métaux et que les oxydes acides dérivent le plus souvent des métalloïdes. Les métaux et les métalloïdes sont capables de se combiner entre eux, et il suffit souvent d'oxyder ces composés pour obtenir des sels.

Ainsi, par exemple, le fer se combine facilement avec le soufre, en formant le sulfure de fer (dont nous avons parlé dans l'Introduction). Dans l'air, et surtout dans l'air humide, ce corps absorbe l'oxygène, et forme un sel identique à celui que l'on obtient par la combinaison des oxydes du fer et du soufre ou des hydrates de ces oxydes. On ne peut donc pas affirmer et supposer qu'un sel contient les principes des oxydes ou qu'un sel doit nécessairement contenir deux genres d'oxydes.

On peut, d'ailleurs, arriver à cette même conclusion en étudiant les différents autres modes de formation des sels. Ainsi, par exemple, beaucoup de sels entrent en double décomposition avec les métaux, auquel cas le métal agissant prend la place de celui qui se trouvait dans le sel. Comme nous l'avons vu dans l'Introduction, un fil de fer, placé dans une solution de sulfate de cuivre déplace le cuivre, et forme du sulfate de fer. La formation des sels par les oxydes n'est donc qu'un procédé particulier, au milieu de beaucoup d'autres ; aussi, ne peut-on pas affirmer que le sel est simplement la combinaison de deux oxydes.

Nous avons déjà vu que, dans l'acide sulfurique, par exemple, il est possible de remplacer l'hydrogène par le zinc, et d'obtenir par ce moyen un sel, le sulfate de zinc. Il est facile de remplacer, par un procédé analogue, l'hydrogène dans beaucoup d'autres acides, par le zinc, le fer, le potassium, le sodium et par toute une série de métaux analogues et d'obtenir ainsi des sels correspondants. C'est dans cet ordre d'idées qu'on peut dire que : **un sel est un acide dont l'hydrogène est remplacé par un métal.**

Cette dernière définition est déjà bien plus exacte que celle citée précédemment, parce qu'elle se rapporte directement aux éléments et non pas à leurs combinaisons avec l'oxygène. Elle montre que l'acide et le sel sont essentiellement des composés d'une même série, avec cette différence que le premier contient de l'hydrogène et le second un métal.

Cette définition est encore exacte, sous ce rapport qu'elle tient compte des acides qui ne contiennent pas d'oxygène ; or, il existe des acides de ce genre et nous en parlerons plus tard. Les éléments tels que le chlore et le brome forment avec l'hydrogène des composés, dans lesquels l'hydrogène peut être remplacé par un métal ; on peut obtenir, de cette manière, des substances analogues, par leurs réactions et par leur caractère extérieur, aux sels formés par les oxydes. Tel est, par exemple, le sel ordinaire $NaCl$ qu'on peut obtenir en remplaçant l'hydrogène de l'acide chlorhydrique HCl par le sodium, tout à fait comme le sulfate de sodium Na^2SO^4 s'obtient par le remplacement de l'hydrogène de l'acide sulfurique H^2SO^4 par le même métal. L'apparence extérieure des produits obtenus, leur réaction neutre, voire même leur goût salé, démontrent leur analogie. De même, la réaction acide, la capacité de saturer les bases et de dégager l'hydrogène avec certains métaux, enfin la saveur acide, sont des caractères communs aux acides chlorhydrique et sulfurique.

L'une des propriétés fondamentales des sels est la faculté qu'ils possèdent de se **décomposer** plus ou moins facilement **par l'action du courant galvanique**. Les produits de cette décomposition varient suivant la nature du sel employé et suivant que le sel est pris à l'état de fusion ou à l'état de dissolution. Cependant, la décomposition se fait, en général, de la manière suivante : le métal apparaît au pôle électro-négatif (comme l'hydrogène dans l'électrolyse de l'eau, acidulée par l'acide sulfurique) tandis que toutes les autres parties constituantes du sel apparaissent au pôle électro-positif (comme l'oxygène de l'eau). Ainsi, par exemple, lorsqu'on fait agir un courant électrique sur une solution aqueuse de sulfate de sodium, le sodium est mis en liberté au pôle négatif et l'oxygène et l'anhydride sulfurique apparaissent au pôle positif. Mais, comme le sel est en dissolution, la décomposition n'est pas aussi simple ; le sodium, en effet, décompose l'eau avec dégagement d'hydrogène et formation de soude caustique. On observe donc au pôle négatif un dégagement d'hydrogène et la formation de soude, tandis qu'au pôle positif l'anhydride sulfurique se combine avec l'eau pour former l'acide sulfurique et l'oxygène se dégage (**55**). Quand le métal ne décompose pas l'eau, ce métal se dépose à l'état libre au pôle négatif : c'est ce qu'on observe dans l'électrolyse du sulfate de cuivre. Le cuivre apparaît à la cathode, l'oxygène et l'acide sulfurique à l'anode. Si l'on fixe une plaque de cuivre au pôle positif, l'oxygène, qui s'y dégage, oxyde le cuivre, et l'oxyde de cuivre se dissout dans l'acide sulfurique, formé à ce même pôle. On observe donc, dans ce cas, que le cuivre se dissout au niveau du pôle positif et se dépose au pôle négatif, c'est-à-dire qu'il y a, en quelque sorte, transfert du cuivre de l'anode à la cathode. C'est sur cette propriété des sels qu'est basée la galvanoplastie (**56**).

(**55**) Il est facile d'observer cette décomposition en introduisant dans un tube en U une solution de sulfate de sodium et en plongeant les électrodes dans les deux branches du tube. Si l'on a coloré la solution avec de la teinture de tournesol, le tournesol deviendra bleu au pôle négatif par suite de la formation de la soude et il rougira au pôle positif en présence de l'acide sulfurique qui s'y forme.

(**56**) Certains sels peuvent, en se décomposant par l'action du courant galvanique, donner lieu à des réactions plus complexes. Ainsi, lorsque le métal, qui entre dans la composition du sel, est capable de former plusieurs composés oxygénés, on peut observer la formation du terme le plus élevé aux dépens de l'oxygène qui s'y dégage. C'est ce qui arrive, par exemple, dans l'électrolyse des sels d'argent, de plomb et de manganèse ; il y a alors formation de bioxydes de ces métaux.

Dans le cas où le métal, qui se dépose au pôle négatif, serait capable d'agir sur le sel qui se trouve dans la solution, cette action pourrait avoir lieu au niveau de ce même pôle et compliquerait davantage le phénomène de l'électrolyse.

Quoi qu'il en soit, tous les phénomènes d'électrolyse des sels peuvent se résumer par la règle citée plus haut : les sels se décomposent par l'action du courant galvanique en *métal*, qui apparaît au pôle négatif, et en *toutes les autres parties auxquelles le métal est uni*, qui apparaissent au pôle positif.

On peut exprimer les propriétés les plus fondamentales et les plus générales de tous les sels (y compris ceux qui ne contiennent pas d'oxygène comme le sel ordinaire), si l'on admet que tout sel est composé d'un métal M et d'un *halogène* ou *radical* X, c'est-à-dire en l'exprimant par le symbole MX.

Dans le sel ordinaire, sel de cuisine, le métal est le sodium et le corps halogène, le chlore. Dans le sulfate de sodium Na^2SO^4, le sodium est également métal et le groupe SO^3 joue le rôle d'halogène. Dans le sufate de cuivre $CuSO^4$, on trouve le cuivre comme métal et le même halogène que dans le sel précédent.

Ce mode de représentation des sels exprime, avec une

grande simplicité, **la faculté que possèdent ces derniers d'entrer avec d'autres sels en double décomposition**. Ces dernières réactions, qui produisent le changement de place réciproque des deux métaux constituent l'une des propriétés fondamentales des sels.

Si l'on prend deux sels contenant des métaux et des halogènes différents et si on les met en contact intime l'un avec l'autre, soit en les dissolvant, soit en les fondant, soit par tout autre moyen, les sels échangeront totalement ou partiellement leurs métaux. En désignant un sel par MX et l'autre par NY, on obtiendra donc deux nouveaux sels MY et NX. Ainsi, par exemple, comme nous l'avons déjà vu dans l'introduction, la solution de sel ordinaire NaCl forme, avec une solution de nitrate d'argent AgAzo³, un précipité blanc, insoluble dans l'eau, de chlorure d'argent AgCl, et le mélange contient un nouveau sel, le nitrate de sodium NaAzo³.

Si les métaux des sels changent de place dans les réactions de double décomposition, il est facile de comprendre que les métaux eux-mêmes, à l'état libre, peuvent agir sur les sels. Ainsi, par exemple, le zinc dégage l'hydrogène d'un acide et le fer précipite le cuivre d'une solution de cuivre.

Quand ? c'est-à-dire dans quelles conditions et quels métaux peuvent se déplacer les uns les autres ? De quelle manière les différents métaux se distribuent-ils entre les halogènes ? Ce sont autant de questions, qui seront traitées plus tard, en nous appuyant sur les considérations et les conclusions introduites dans la science par Berthollet, au commencement de notre siècle.

Un acide, d'après ce qui vient d'être dit, n'est autre chose qu'un *sel d'hydrogène*. L'eau elle-même, peut être considérée comme un sel, dans lequel l'hydrogène est combiné, soit avec l'oxygène, soit avec le groupe OH, appelé **oxhy-dryle** Elle sera alors représentée par :

$$HOH$$

et les alcalis, ou les hydrates basiques par :

$$MOH$$

Le groupe OH, appelé oxhydryle, peut être considéré comme un halogène analogue au chlore, qui entre dans la composition du sel ordinaire, non seulement parce que l'élément Cl et le groupe OH peuvent se remplacer très souvent et se combiner aux mêmes éléments, mais encore parce que le chlore libre a de nombreuses analogies avec le peroxyde d'hydrogène (eau oxygénée), qui a la même composition que l'oxhydryle, ainsi que nous le verrons plus tard.

Les alcalis, ou les hydrates des bases, sont donc aussi des sels composés d'un métal et du groupe OH ; telle est, par exemple, la soude caustique Na OH.

Il faut appeler **sel acide**, un sel dans lequel une partie seulement de l'hydrogène de l'acide est remplacée par un métal. C'est ainsi que l'acide sulfurique H^2SO^4 forme avec le sodium, non seulement un *sel neutre* Na^2SO^4 (sulfate de sodium) mais aussi un *sel acide* $NaHSO^4$ (sulfate acide ou bisulfate de sodium).

Le **sel basique** est celui dans lequel le métal est combiné, non seulement avec les halogènes de l'acide, mais encore avec le radical OH des hydrates basiques. Ainsi, par exemple, le bismuth forme avec l'acide nitrique un sel neutre $Bi (AzO^3)^3$ (azotate neutre de bismuth) et un sel basique $Bi (OH)^2 (AzO^3)$ (azotate basique ou sous-azotate de bismuth).

Les sels basiques et les sels acides, dérivés des acides oxygénés, contiennent donc de l'hydrogène et de l'oxygène. Aussi, peut-on leur enlever ces éléments sous forme d'eau et former des **anhydro-sels**, lesquels sont évidemment égaux aux combinaisons des sels neutres avec les anhydrides des acides ou avec les bases. C'est ainsi qu'au sulfate de sodium, déjà mentionné, correspond l'anhydro-sulfate $Na^2S^2O^7$, égal à $2NaHSO^4$ moins H^2O. La perte de l'eau peut être déterminée, dans ce cas comme dans beaucoup d'autres, par l'action de la chaleur. Aussi, appelle-t-on souvent ces sels **pyro-sels**, comme par exemple $Na^2S^2O^7$, ou pyro-sulfate de sodium, qui peut être regardé comme le sel neutre $Na^2SO^4 +$ l'anhydride sulfurique SO^3.

Les sels **doubles** sont des sels qui contiennent, soit deux métaux KAl $(SO^4)^2$, soit deux halogènes (**57**).

(**57**) Les notions générales sur les sels, telles que nous les avons exposées plus haut, considèrent ces derniers comme des combinaisons de *métaux* (simples ou composés, analogues à l'ammonium AzH^4) avec les *halogènes* (simples, comme le chlore ou composés, comme le cyanogène CAz ou comme le radical de l'acide sulfurique SO^4) capables d'entrer dans des réactions de double décomposition. Ces notions, qui répondent à la totalité des connaissances que nous avons sur les sels, se sont établies peu à peu, après toute une série de *théories* les plus variées *sur la structure chimique des sels*.

Les sels appartiennent à la série des corps qui sont depuis long-temps connus dans la pratique et qui, pour cette raison, sont depuis longtemps étudiés sous beaucoup de rapports. Il faut dire cependant que, primitivement, on ne distinguait pas les notions; bases, acides et sels.

Au milieu du XVII⁰ siècle, **Glauber** a préparé artificiellement un grand nombre de sels. Jusqu'à cette époque, la plupart des sels étaient obtenus de leurs sources naturelles et le sel dont il a été déjà ici plus d'une fois question, le sulfate de sodium, a reçu le nom de sel de Glauber, du nom du chimiste allemand.

Rouelle divisait les sels en sels neutres, sels acides et sels basiques. Il a montré l'action des acides, des alcalis et des sels sur les couleurs végétales, mais il confondait encore beaucoup de sels avec des acides.

Du reste, actuellement, tout sel acide doit être considéré comme un véritable acide parce qu'il contient de l'hydrogène capable d'être remplacé par des métaux, c'est-à-dire l'hydrogène d'un acide.

Beaumé n'admettait pas la division des sels que donnait Rouelle. Il affirmait que les sels neutres seuls étaient de véritables sels et que les autres, basiques ou acides, n'étaient que de simples mélanges de sels neutres avec des bases ou des acides,

Il pensait même que, par un simple lavage, on pouvait les débarrasser de l'acide ou de la base.

C'est Rouelle, au milieu du siècle dernier, qui eut le principal mérite d'étudier les sels, et de développer, dans ses attrayantes leçons, la théorie de ce genre de composés chimiques. Comme la plupart des chimistes de son temps, Rouelle ne s'est pas servi, dans ses recherches sur les sels, de la balance, il s'est contenté d'étudier simplement leurs propriétés.

Les premières recherches sur les sels, faites à l'aide de la balance, datent de la même époque environ. Elles sont dues à **Wenzel,** directeur des mines de Freyberg, en Saxe. Wenzel a étudié les doubles décompositions des sels ; il a remarqué que, dans toute double décomposition de sels neutres, on obtenait toujours des sels également neutres. Au moyen de la balance, Wenzel a donné la raison de ce phénomène. Il a prouvé que, pour saturer une quantité donnée d'une base, il faut toujours employer les différents acides, en quantités relatives, capables de saturer toute autre base. Ainsi, prenons, par exemple, des solutions de deux sels neutres : le sulfate de sodium et le nitrate de calcium et mélangeons-les. Il se produira une réaction de double décomposition parce qu'il se forme un sel peu soluble le sulfate de calcium. Quelle que soit la quantité de chaque sel qu'on ajoute, la réaction neutre est conservée. Le caractère neutre des sels n'est donc pas altéré par la substitution des métaux les uns aux autres. Ainsi, la quantité d'acide sulfurique qui saturait la soude est suffisante pour saturer la chaux et la quantité d'acide azotique qui saturait la chaux est suffisante pour la saturation de la soude combinée à l'acide sulfurique dans le sulfate de sodium. Wenzel était même persuadé que la matière ne se perd pas dans la nature, puisque, dans son ouvrage « sur l'affinité », il corrigeait les résultats trouvés dans ses recherches, s'il remarquait que les valeurs obtenues étaient inférieures à celles qu'il avait prises.

Bien que Wenzel ait déduit, d'une manière exacte, la loi relative aux doubles décompositions des sels, il n'a cependant pas déterminé les quantités de l'acide et de la base qui réagissent l'un sur l'autre. Ceci a été fait, à la fin même du siècle dernier, par **Richter.** Ce dernier déterminait les quantités en poids des bases qui saturaient les acides et des acides saturant les bases. Il est arrivé à des chiffres assez exacts, bien que ses conclusions soient fausses.

Ainsi, Richter affirmait que les quantités des bases, qui saturent un acide donné, varient en progression arithmétique et celles des acides qui saturent une base donnée en progression géométrique.

Bientôt après, Richter découvrit le déplacement de certains

métaux par d'autres dans les sels. Il remarqua que, dans ce cas, la réaction neutre des solutions n'est pas changée. Richter a déterminé les quantités en poids de métaux qui se substituent les uns aux autres dans les sels. Il a indiqué que le cuivre déplace l'argent de ses sels, que le zinc déplace le cuivre et toute une série d'autres métaux.

Les poids des métaux, qui sont ainsi capables de se substituer les uns aux autres, ont été appelés **équivalents**, c'est-à-dire quantités équivalentes.

La théorie de Richter n'a pas eu d'adhérents parce que, tout en admettant les vérités découvertes par Lavoisier, Richter était partisan de la théorie du phlogistique et que l'exposé de ses opinions manquait de clarté. Les travaux du savant Suédois **Berzélius** ont dégagé les données de Wenzel et de Richter de l'obscurité des notions antérieures, et ont conduit à les interpréter dans le sens des opinions de Lavoisier et dans le sens de la loi des proportions multiples, déjà découverte par Dalton.

En appliquant aux sels les conclusions de Berzélius, faites après toute une série de recherches remarquables par leur exactitude, il faut admettre la loi suivante des équivalents : *chaque métal remplace dans l'acide une partie en poids d'hydrogène par l'équivalent qui lui est propre*. Si, par conséquent, les métaux se remplacent les uns les autres, leurs poids se rapportent entre eux comme leurs équivalents. Ainsi, par exemple, à une partie d'hydrogène peuvent se substituer :

23	parties de sodium,	39	parties de potassium
12	de magnésium	20	de calcium
28	de fer	108	d'argent
	33 parties de zinc etc.		

Si donc le zinc déplace l'argent, c'est 33 parties de zinc qui vont se substituer à 108 parties d'argent, ou 23 parties de sodium à 33 parties de zinc, etc....

La théorie des équivalents serait précise et simple si chaque métal ne formait qu'un seul degré de combinaison avec l'oxygène ou un seul sel. Elle se complique par ce fait que bon nombre de métaux forment plusieurs oxydes et présentent, par conséquent, dans leurs différents degrés d'oxydation, des équivalents différents. Tel est, par exemple, le fer qui forme deux genres de sels différents. Dans les sels correspondants au protoxyde de fer, sels ferreux, l'équivalent du fer est 28, tandis qu'il est 18 dans les sels ferriques qui contiennent moins de fer et qui sont plus riches en oxygène. Il est vrai que les premiers se forment facilement par l'action directe de l'acide sur le fer métallique et que la formation des seconds n'a lieu que par l'oxydation ultérieure des composés qui se produisent ainsi, mais cette réserve n'est bonne que pour ce cas particulier. Le cuivre, le mercure l'étain forment, suivant les circonstances, des sels qui répondent aux différents degrés d'oxydation de ces métaux : aussi, beaucoup de métaux ont-ils deux équivalents dans leurs différents sels, c'est-à-dire dans les sels correspondants à leurs divers degrés d'oxydation. C'est pour cette raison qu'on ne peut attribuer à chaque corps simple un seul équivalent défini.

La théorie des équivalents, tout en jouant un rôle important, au point de vue historique, ne présente, dans l'étude complète de la chimie, qu'une notion incidente, subordonnée à des notions plus élevées avec lesquelles nous ferons ultérieurement connaissance.

Les notions les plus nettes sur les sels commencent avec **Lavoisier** et ont été surtout développées par Berzélius: ce sont les conceptions **dualistiques**. Ce système considère tous les corps composés, et, en particulier les sels, comme étant constitués par deux parties différentes. Il représente les sels comme une combinaison d'un oxyde basique (base) avec un oxyde acide (c'est-à-dire avec un anhydride d'un acide) tandis que l'hydrate serait la combinaison d'un oxyde anhydre avec l'eau. Cette théorie exprimerait ainsi, non seulement le procédé le plus ordinaire de la préparation de ces substances (ce qui serait exact) mais aussi la distribution intérieure des éléments par laquelle on se propose d'expliquer toutes les propriétés de ces composés. Dans le sulfate de cuivre, par exemple, on suppose deux parties composantes : l'oxyde de cuivre et l'anhydride sulfurique.

La théorie dualistique, qui n'est qu'une hypothèse, a marché parallèlement avec **l'hypothèse électrochimique** qui suppose que les deux parties composantes d'un corps sont unies l'une à l'autre parce que l'une (l'anhydride de l'acide) présente des propriétés électro-négatives et l'autre (les bases dans les sels) des propriétés électro-positives. Ces deux parties s'attirent comme des corps chargés d'électricité de signe contraire. Or, l'électrolyse des sels fondus ayant toujours pour résultat la mise en liberté d'un métal, il faut considérer la conception sur la constitution et la décomposition des sels, développée dans le texte et appelée **théorie hydrogénée des acides**, comme étant plus probable que l'hypothèse sur la constitution des sels par les bases et les anhydrides des acides.

La théorie hydrogénée des acides est du reste une hypothèse dualistique ; elle n'est pas en contradiction avec la théorie électrochimique, elle en est plutôt une modification.

Le dualisme tire son origine de Rouelle et de Lavoisier. La conception électrochimique a été développée par Berzelius et la théorie hydrogénée des acides par Davy et ensuite par Liebig.

Ces hypothèses facilitent et généralisent l'étude d'un sujet aussi complexe en donnant un appui aux jugements, mais il est presque indifférent de suivre l'une ou l'autre de ces conceptions, lorsqu'il s'a-

git des sels. Ces manières de voir ont cependant été appliquées
à toutes les autres substances, à tous les corps composés. Le dualisme et l'électrochimisme voyaient, dans tous les corps composés,
deux parties distinctes diamétralement opposées et essayaient d'expliquer la marche des réactions chimiques par des différences électriques et autres. Ainsi, de ce fait que le zinc déplace l'hydrogène
dans un acide, on concluait que le premier est un élément plus élec-
positif que le dernier. On oubliait cependant que, dans certaines conditions et notamment à une température élevée, l'hydrogène peut
déplacer le zinc de l'oxyde de zinc. Le chlore et l'oxygène étaient
considérés comme polairement opposés à l'hydrogène parce qu'ils
se combinent facilement avec lui. Or, cependant, l'un et l'autre peuvent se mettre à la place de l'hydrogène et, ce qui est surtout caractéristique, les composés carbonés, après cette substitution de l'hydrogène par le chlore conservent souvent leur caractère chimique
et même leur forme extérieure, comme l'ont découvert Laurent et
Dumas.

Ces considérations et ces faits ébranlent la théorie dualistique et
surtout le système électrochimique. Ce n'est pas dans la différence polaire des corps, mais bien dans l'ensemble des influences de tous les
éléments sur les propriétés du composé qui se forme, qu'on s'est mis
à chercher l'explication de certaines réactions. Ceci est, comme on
le voit, la réfutation des hypothèses précédentes.

Cette réfutation ne s'est cependant pas bornée exclusivement à la
destruction des bases chancelantes des opinions précédentes. Elle a
mis en avant une nouvelle doctrine et à établi les bases du courant
moderne de notre science. Cette doctrine porte le nom de **théorie
unitaire** : elle admet rigoureusement, dans chaque corps composé,
l'ensemble des influences exercées par tous les éléments qui le composent ; elle réfute l'existence des composants polairement opposés
les uns aux autres et considère le sulfate de cuivre, par exemple,
comme une combinaison rigoureusement définie de cuivre, de soufre et d'oxygène. Elle étudie ensuite des composés semblables par
leurs propriétés et leurs réactions et, c'est en les comparant entre
eux, qu'elle essaye d'exprimer l'influence que chaque élément exerce
sur l'ensemble des propriétés de ses composés.

La théorie unitaire aboutit, dans la majorité des cas, à un système
d'analyse analogue à celui auquel conduisent les hypothèses ci-
dessus mentionnées. Dans quelques cas particuliers cependant, les
conclusions pratiques de la théorie unitaire sont tout-à-fait contraires
aux notions dualistiques et à leurs conclusions. Un cas de ce genre
se présente fréquemment dans l'étude des composés plus complexes
que les sels, des composés organiques, c'est-à-dire de ceux qui contiennent du carbone.

Le principal mérite de la théorie unitaire n'est cependant pas d'avoir remplacé une classification artificielle par une classification naturelle. En envisageant d'une manière très simple toute la somme des connaissances que l'on possédait sur les réactions des corps typiques, elle a, dès son apparition, mis en avant une nouvelle loi importante, introduit dans la science une nouvelle notion, la notion **de la molécule** avec laquelle nous ferons bientôt connaissance.

Les conséquences que l'on a pu déduire de la loi et de la notion de la molécule ayant été vérifiées par beaucoup de faits, la majorité des chimistes modernes se sont décidés à abandonner le dualisme et à accepter la théorie unitaire. C'est elle qui constitue la base de mon ouvrage.

Laurent et **Gerhardt** sont les savants qui ont le plus contribué à l'établissement de cette théorie.

Comme les composés oxygénés prédominent dans la nature, il est facile de prévoir, d'après tout ce qui vient d'être dit, que ce sont les sels et non les acides et les bases qui constituent la grande majorité des composés oxygénés que l'on y rencontre. Ces deux genres de composés, en se rencontrant, s'unissent, en effet, pour former des sels, surtout par l'intermédiaire de l'eau qui pénétre partout.

On trouve des sels dans tous les corps de la nature. Les animaux et les plantes n'en contiennent que de petites quantités, parce que les sels, représentant les derniers stades de l'action chimique, ne sont capables que d'un nombre relativement restreint de transformations chimiques. Les éléments ont perdu, en effet, une si grande partie de leur énergie, qui s'est tranformée en chaleur, aussi bien dans la formation des oxydes que dans les combinaisons de ces derniers entre eux, que l'on conçoit qu'il en peu reste, dans les sels. Les organismes, au contraire, sont des corps dans lesquels se passe une série continue de transformations chimiques très énergiques, dont les sels sont incapables, puisqu'ils n'entrent facilement que dans les réactions de double décomposition.

Tous les organismes contiennent cependant des sels. Dans les os, par exemple, on trouve du phosphate de chaux ; le jus du raisin contient du tartrate acide de potassium (crème de tartre); certains lichens sont riches en oxalate de calcium, la coquille des mollusques est presqu'exclusivement composée de carbonate de calcium etc...

Quant aux eaux et au sol, portions de la terre où les processus chimiques sont moins actifs, ils sont remplis de sels. L'eau des océans et toutes les autres eaux (Chapitre I) abondent en sels. Le sol, les roches qui forment l'écorce terrestre, la lave vomie par les volcans, les pierres météoriques sont particulièrement riches en sels, formés par l'acide silicique et surtout en silicates doubles. Les sels de calcium et notamment le carbonate $CaCO^3$, entrent dans la constitution des pierres calcaires, qui forment quelquefois des chaînes de montagnes entières et toute l'épaisseur de certaines couches de l'écorce terrestre.

Nous venons d'étudier l'oxygène à l'état libre et à l'état de combinaisons ; nous avons vu que les divers composés oxygénés ont des degrés de stabilité bien différents. Les uns, comme le chlorate de potassium, ou le salpêtre, sont des sels peu stables, tandis que d'autres, comme les composés du silicium, qui existent dans le granit, sont très difficilement décomposables. Nous avons observé la même gradation de stabilité dans les composés que forme l'eau ou l'hydrogène. Sous tous ces aspects, soit comme élément, soit comme substance, l'oxygène reste le même ; il se trouve à des états chimiques différents, absolument comme une seule et même substance peut se présenter dans des états physiques différents (états d'agrégation).

La notion de l'immense variété d'états chimiques, dans lesquels peut se trouver l'oxygène, serait cependant incomplète sans l'étude de l'état particulièrement énergique où se trouve l'oxygène dans deux composées, l'ozone et le peroxyde d'hydrogène. Cette étude, que nous allons aborder maintenant, mettra en évidence des relations chimiques d'un ordre nouveau, et nous montrera la diversité et la richesse des formes que peut revêtir la matière.

CHAPITRE IV.

Ozone et peroxyde d'hydrogène (eau oxygénée .
Loi de Dalton.

C'est encore au siècle dernier que Van Marum remarqua que l'oxygène enfermé dans un tube de verre acquiert, après avoir subi l'action d'une série d'étincelles électriques, en même temps qu'une odeur spéciale, la propriété de se combiner avec le mercure, à la température ordinaire.

Cette première observation fût ensuite confirmée par un grand nombre de nouvelles expériences. Il suffit, en effet, de mettre en mouvement une machine électrique ordinaire, et de faire ainsi passer dans l'air un courant électrique, pour sentir immédiatement une odeur caractéristique, propre à l'ozone, et qui est produite par l'action de l'électricité sur l'air.

En 1840, Schœnbein, professeur à Bâle, étudia cette substance odorante et démontra qu'il y a production d'ozone dans de nombreuses circonstances: il s'en forme dans l'électrolyse de l'eau, où elle apparaît avec l'oxygène au pôle positif; l'oxydation du phosphore dans une atmosphère humide, ainsi que l'oxydation de beaucoup d'autres substances, donne également naissance à l'ozone; il n'y a donc rien d'étonnant à ce que ce corps se trouve dans l'atmosphère, malgré sa faible stabilité et la faculté qu'il possède d'oxyder un très grand nombre de substances.

L'odeur caractéristique de cette substance (odeur d'écrevisses) lui a valu son nom d'ozone qui vient du grec (ὄζω *je sens*).

Schœnbein a indiqué les propriétés caractéristiques de l'ozone, notamment celle d'oxyder un grand nombre de substances, même l'argent, et d'agir, en général, comme l'oxygène, avec cette différence cependant que l'oxygène n'agit à la température ordinaire, que sur quelques corps, tandis que, dans les mêmes conditions, l'ozone a, au contraire, une action très énergique. Il suffit de mentionner, qu'il oxyde, à la température ordinaire et très rapidement, l'argent, le mercure, le charbon, le fer.

On pouvait donc croire que l'ozone était une substance toute nouvelle, simple ou composée ; c'est, en effet, ce qu'on supposa au début. Mais, les observations très minutieuses, qui ont été faites à ce sujet, ont amené à conclure que l'ozone n'est autre chose que de l'oxygène doué de propriétés modifiées. C'est un fait actuellement irréfutable : car, d'un côté, l'oxygène contenant de l'ozone se transforme complètement en oxygène ordinaire, quand on lui fait traverser un tube porté à 250°, et, d'un autre côté, l'oxygène pur, soumis à l'action d'une série d'étincelles électriques (Marignac et de la Rive), fournit de l'ozone. La transformation de l'ozone en oxygène, de même que sa préparation à l'aide de l'oxygène (c'est-à-dire l'analyse et la synthèse) démontrent bien que l'ozone n'est autre chose que l'oxygène, corps que nous avons déjà étudié, mais possédant des propriétés particulières et se trouvant sous un état tout spécial.

Tous les procédés, qui servent à la préparation de l'ozone, ne permettent d'obtenir ce gaz qu'en quantité insignifiante.

Il est rare que la proportion de l'ozone dans l'oxygène atteigne 2 °/₀ ; ce n'est que dans des conditions particulièrement favorables que 20°/₀ d'oxygène peuvent être transformés en ozone.

La difficulté de cette préparation tient à ce que la *transformation de l'oxygène en ozone se fait avec absorption de chaleur*. Si, dans un calorimètre, on fait brûler une substance quelconque aux dépens de l'oxygène ozonisé, il se dégage plus de chaleur que pendant la combustion du même corps dans l'oxygène pur. Berthelot a démontré que cette différence est considérable et qu'elle est égale, pour 48 parties en poids d'ozone, à 29600 calories. Cela veut dire que la transformation en ozone de 48 parties d'oxygène a lieu avec absorption de cette quantité de chaleur, tandis que l'opération inverse s'effectue avec dégagement de la même quantité de chaleur.

On peut donc prévoir que la transformation de l'ozone en oxygène doit se produire facilement, car c'est une réaction exothermique ; en effet, à 250°, l'ozone disparaît complètement et on ne retrouve que de l'oxygène. Toute élévation de température peut donc amener la décomposition de l'ozone ; comme une décharge électrique détermine toujours une production de chaleur, l'étincelle remplit toutes les conditions nécessaires pour la formation ainsi que pour la décomposition de l'ozone. Il est alors évident, puisque la transformation de l'oxygène en ozone est *une réaction réversible*, que cette réaction est limitée par l'établissement d'un équilibre entre les produits des réactions opposées, et que les phénomènes de cette transformation coïncident avec les phénomènes de *dissociation*. Par conséquent, l'abaissement de la température doit contribuer à la formation d'une plus grande quantité d'ozone (1).

(1) J'ai émis cette conclusion, en 1878, (Moniteur scientifique)

étant donné que la molécule de l'ozone est plus complexe que celle de l'oxygène et que l'ozone contient plus de chaleur que ce dernier. Les recherches de Mailfert (1880) en ont prouvé l'exactitude : on peut, à 0°, en employant la décharge lente, élever la proportion d'ozone jusqu'à 14 milligrammes et, à — 30°, jusqu'à 60 milligrammes dans un litre d'oxygène. Ces faits ont été corroborés par les expériences de Chappuis et de Hautefeuille (1880). Ces savants ont trouvé que, à — 25°, la décharge lente convertit en ozone jusqu'à 20 0/0 d'oxygène, tandis que, à 20°, il est impossible de transformer plus de 12 0/0 et, à 100°, on obtient moins de 2 0/0.

Il résulte de tout ce qui précède que, pour préparer l'ozone, il est plus avantageux de se servir de l'effluve électrique, (décharge lente et continue) que des étincelles électriques (2), qui élèvent la température, c'est-à-dire qu'il vaut mieux transformer l'oxygène en ozone, sous l'action **de la décharge, dite obscure** (3). C'est pourquoi tous les appareils que l'on a imaginés pour préparer l'ozone à l'aide de l'électricité, tous les *ozoniseurs* sont formés par des conducteurs métalliques, (des plaques d'étain par exemple ou une solution d'acide sulfurique avec de l'acide chromique) etc., séparés par des plaques de verre très minces, laissant entre eux un intervalle très petit dans lequel la décharge lente (4) se produit et où l'on fait passer l'oxygène (ou l'air) que l'on veut ozonizer.

(2) On peut produire une série d'étincelles électriques, soit au moyen d'une machine électrique ordinaire, soit à l'aide des machines de Holtz, de Teploff et autres, soit encore à l'aide d'une bouteille de Leyde, ou d'une bobine de Ruhmkorff, etc., lorsque les électricités opposées peuvent s'accumuler aux extrémités des conducteurs et que la décharge, d'une intensité électrique suffisante, se produit à travers l'air ou l'oxygène, corps non conducteurs.

(3) On désigne par décharge obscure la combinaison des électricités statiques opposées, se produisant (ordinairement entre de larges surfaces) régulièrement, lentement et sans formation d'étincelle (comme l'effluve électrique). Cette décharge n'est lumineuse que dans l'obscurité ; elle ne détermine pas une élévation notable de température, condition particulièrement favorable à la production de l'ozone en grande quantité. Cependant, sous l'influence d'une décharge lente prolongée, l'ozone se détruit. Pour arriver à un effet sen-

sible, il est indispensable de se servir de larges surfaces et, par conséquent, de machines produisant l'électricité à haute tension. Il est donc préférable d'opérer avec une bobine de Ruhmkorff, car cet appareil permet d'obtenir facilement un courant d'électricité statique possédant une tension considérable, en se servant d'un courant galvanique relativement faible.

(4) L'ozoniseur de Babo et Siemens fut un des premiers appareils construits pour ozoniser l'oxygène à l'aide de la décharge obscure et c'est,encore aujourd'hui,un des meilleurs que l'on puisse employer.

Il est formé d'un certain nombre (20 et plus) de longs tubes capillaires en verre, fermés à l'une de leurs extrémités et contenant chacun un fil de platine, qui occupe toute la longueur du tube et le déborde de plusieurs centimètres ; les tubes sont rangés en un seul faisceau de manière qu'il y ait alternativement, à chacune des deux extrémités,10 bouts de tube soudés et 10 bouts de fil de platine.Le faisceau, ainsi composé (un faisceau de 40 tubes ne doit pas avoir plus de 10 mm. d'épaisseur), est introduit dans le tube principal aux extrémités duquel on soude les fils de platine après les avoir réunis ensemble de chaque côté de manière à former deux conducteurs,

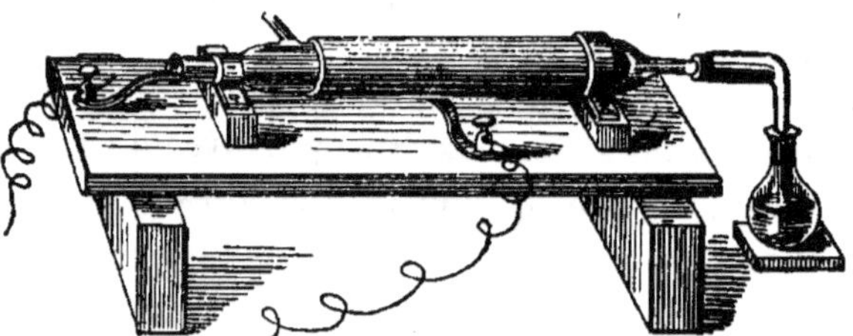

Fig. 42. — Appareil Babo et Siemens pour la
préparation de l'ozone.

que l'on met en communication avec les bornes d'une bobine de Ruhmkorff. L'air sec, ou l'oxygène, que l'on veut ozoniser, circule dans le tube principal.

En se servant d'oxygène pur, on obtient une grande quantité d'ozone sans mélange d'oxydes d'azote, dont il se forme toujours une certaine quantité quand on opère sur l'air. On a constaté également que la production d'ozone est plus considérable lorsqu'on abaisse la température. L'ozone ayant la propriété de s'altérer au contact du liège ou du caoutchouc, tout l'appareil doit être en verre.

Avec une puissante bobine de Ruhmkorff et 40 tubes, la formation d'ozone est tellement considérable, qu'en passant à travers une solution d'iodure de potassium, le gaz détermine non seulement la précipitation de l'iode, mais oxyde même le sel en le transformant en iodate de potassium, de telle sorte que le tube de dégagement est rapidement obstrué par les cristaux de ce sel, peu soluble dans l'eau.

L'appareil de Berthelot, fig. 43, se compose d'une éprouvette F et d'un tube A, dans lesquels on introduit de l'acide

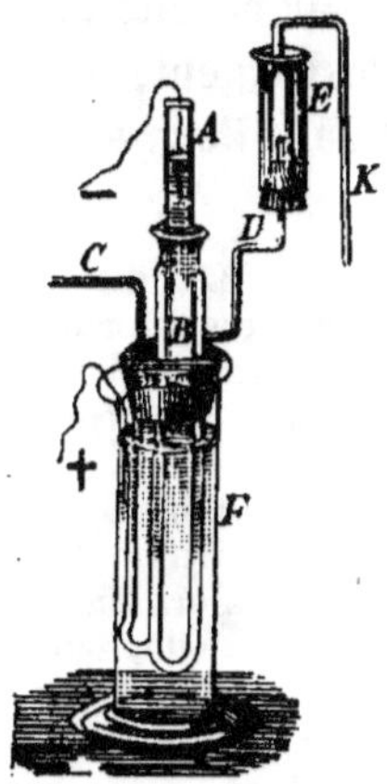
Fig. 43. — Appareil de Berthelot pour la préparation de l'ozone.

sulfurique que l'on met en communication avec les deux pôles de la source électrique (les bornes d'une bobine de Ruhmkorff). Le tube A est lui-même fixé par une partie rodée dans un tube B, également en verre, qui plonge dans l'acide de l'éprouvette F. La décharge obscure se fait à travers les parois minces des cylindres A et B sur toute leur surface. L'oxygène est donc ozonisé dans l'espace annulaire compris entre A et B, si on le fait passer par le tube C, communiquant avec le fond du tube B.

L'oxygène ozonisé sort par D et peut être introduit dans d'autres appareils (5).

(5) Pour adapter à l'ozoniseur d'autres appareils, il ne faut jamais employer ni caoutchouc, ni mercure, ni mastic, parce que tous ces corps sont attaqués en même temps qu'ils détruisent l'ozone. Il faut que tous les joints soient fermés, comme l'a proposé Brodie, par de l'acide sulfurique qui n'altère pas l'ozone. Dans ce but, on adapte au tube D, dirigé vers le haut (fig. 43), à l'aide d'un bouchon, que dépasse un peu le tube D, un autre tube E plus large. Dans ce dernier, on verse (pour préserver le bouchon du contact de l'acide) du mercure et ensuite de l'acide sulfurique. A l'extrémité du tube D, on dispose la partie élargie d'une cloche K, qui est introduite dans E et plonge dans l'acide sulfurique. La fermeture est ainsi hermétique. Le tube A est introduit dans le tube B et s'y adapte exactement par une partie de sa surface polie à l'émeri. Le gaz entrant par C ne peut donc sortir que par D et K.

Les propriétés de l'ozone, quel que soit le mode de préparation employé (**6**), permettent de le distinguer facilement de l'oxygène. L'ozone décolore très rapidement l'indigo, le tournesol et beaucoup d'autres matières colorantes en les oxydant. Il oxyde l'argent à la température ordinaire, tandis que l'oxygène n'agit pas sur ce métal, même à une température élevée : une plaque d'argent, polie et brillante, s'oxyde et noircit rapidement dans l'oxygène ozonisé.

(6) Le procédé, qui vient d'être décrit, est bien connu. L'addition d'une petite quantité d'azote, d'hydrogène et surtout de fluorure de silicium facilite la formation et la conservation de l'ozone. Parmi les autres procédés de préparation de l'ozone, nous mentionnerons encore les suivants :

1° Quand, à la température ordinaire, on met du phosphore dans de l'oxygène, une partie de l'oxygène est transformée en ozone. Si, sous une cloche assez grande, on laisse, à la température ordinaire des bâtons de phosphore plongés à moitié dans de l'eau tiède, l'air que contient ce vase acquiert l'odeur de l'ozone. Il faut noter, du reste, qu'en l'absence de toute humidité, le phosphore décompose à la longue l'ozone formé.

2° Il se forme encore de l'ozone quand on fait agir l'acide sulfurique sur le bioxyde de baryum. Si l'on verse de l'acide sulfurique concentré (l'addition de 1/10 d'eau seulement est suffisante pour empêcher la formation d'ozone) sur le bioxyde, à basse température, l'oxygène, qui se dégage, contient de l'ozone, et la quantité d'ozone formée est bien plus considérable que celle obtenue par les procédés de l'étincelle électrique et du phosphore.

3° Pour préparer l'ozone, on peut encore décomposer le permanganate de potassium par l'acide sulfurique concentré, surtout en y ajoutant du bioxyde de baryum.

Gorup-Bezanez a affirmé (mais ceci nécessite confirmation) que, pendant l'évaporation lente de grandes quantités d'eau, il y a production d'ozone. Autour des bâtiments de graduation, l'air est plus riche en ozone que dans les localités environnantes. De ce fait on peut rapprocher un phénomène analogue ; l'air des rivages de la mer est aussi plus riche en ozone. L'ozone se forme encore, d'après certains observateurs, dans les conditions ordinaires de la respiration des plantes, mais ce fait est encore contesté.

L'ozone est absorbé très rapidement par le mercure avec

formation d'un oxyde ; il transforme les oxydes inférieurs
en oxydes supérieurs: ainsi, par exemple, l'acide sulfureux
se transforme en acide sulfurique. le protoxyde d'azote en
oxyde azotique, l'acide arsénieux (As^2O^3) en acide arsénique (As^2O^5), etc. (**7**). La réaction la plus caractéristique
de l'ozone, c'est la propriété qu'il possède de décomposer
l'iodure de potassium. L'oxygène n'agit pas sur ce corps ;
mais l'ozone, au contact d'une solution d'iodure de potassium, en **précipite l'iode,** tandis que le potassium se
transforme en potasse caustique, qui reste en solution :

$$2\ KI + H^2O + O = 2\ KHO + I^2$$

(**7**) L'ozone enlève l'hydrogène à l'acide chlorhydrique et met en
liberté le chlore, qui peut alors dissoudre l'or. Le chrome, l'iode,
comme bien d'autres substances, sont directement oxydés par l'ozone,
tandis qu'ils ne le sont pas par l'oxygène ordinaire. L'ammoniaque
AzH^3 s'oxyde au contact de l'ozone : il se forme de l'azotite et de l'a-
zotate d'ammonium:

$$2\ AzH^3 + O^3 = AzH^4AzO^2 + H^2O$$

C'est pourquoi une goutte d'ammoniaque donne, au contact d'un mélange gazeux contenant de l'ozone, des fumées blanches dues au sel
formé. L'ozone transforme l'oxyde de plomb en bioxyde, le sous-
oxyde incolore de thallium en oxyde brun; cette réaction est utilisée
pour la recherche de l'ozone *. Le sulfure de plomb PbS est transformé
par l'ozone en sulfate $PbSO^4$. La solution neutre du sulfate de manganèse $MnSO^4$ donne un précipité de bioxyde de manganèse, et la
solution acide peut s'oxyder jusqu'à formation d'acide permanganique $MnHO^4$.

Pour ce qui est de l'action oxydante de l'ozone sur les substances
organiques, nous mentionnerons seulement que l'éther $C^4H^{10}O$ est
transformé en peroxyde d'éthyle, qui possède la propriété de se décomposer avec explosion. L'eau le décompose en alcool $2C^2H^6O$ et en
peroxyde d'hydrogène H^2O^2.

* Malgré l'affinité de l'ozone pour les corps, que l'on vient de citer,
c'est généralement l'acide arsénieux que l'on emploie pour sa recherche qualitative et quantitative dans l'oxygène ozonisé : on agite
un volume connu du gaz avec un volume également connu d'une
solution titrée d'acide arsénieux et l'on détermine la quantité d'acide
non peroxydé au moyen d'une solution titrée de permanganate de
potassium. On en déduit le poids d'acide arsénieux oxydé par l'o-
zone, d'où le poids d'oxygène nécessaire pour cette oxydation. Le
poids de l'ozone est le triple du poids ainsi déterminé ; le volume
de l'ozone est le double du volume d'oxygène qui a produit l'oxydation de l'acide arsénieux. (*Note des traducteurs*).

L'empois d'amidon qui, mélangé avec de l'iodure de potassium, sert à découvrir la présence des moindres traces d'iode libre, en se colorant en bleu foncé, constitue un excellent réactif pour découvrir de faibles traces d'ozone (**8**). L'ozone se détruit, c'est-à-dire se transforme en oxygène ordinaire, non seulement sous l'influence de la chaleur, mais sous l'influence du temps, surtout en présence des alcalis, du bioxyde de manganèse, du chlore etc.

(8) Pour effectuer cette réaction, on se sert généralement de papier trempé dans une solution d'iodure de potassium et d'amidon. Ce papier **ozonométrique**, après avoir été mouillé, se colore en bleu en présence de l'ozone, et la coloration est d'une intensité très différente selon la durée de l'action et la quantité d'ozone contenue dans le gaz à analyser. Après un essai préalable, on peut même, jusqu'à un certain point, reconnaître la teneur en ozone d'un mélange gazeux donné, d'après l'intensité de la coloration.

On prépare le papier ozonométrique de la manière suivante : on dissout 1 gr. d'iodure de potassium dans 100 gr. d'eau distillée, dans cette solution on introduit, en agitant, 10 gr. d'amidon, puis on chauffe jusqu'à formation d'empois. On étend ce mélange sur du papier non collé qu'on laisse ensuite dessécher.

Le papier, imprégné d'iodure de potassium et d'amidon, se colore non seulement sous l'action de l'ozone, mais encore en présence de beaucoup d'autres oxydants, des oxydes d'azote (surtout de Az^2O^3) et du peroxyde d'hydrogène par exemple.

Houzeau a proposé d'imprégner simplement du papier de tournesol avec une solution d'iodure de potassium : en présence d'ozone, le tournesol vire au bleu, par suite de la formation de KHO. Pour contrôle, une partie du papier de tournesol n'est pas imprégnée de KI, mais simplement mouillée ; si le gaz à analyser contient un alcali, de l'ammoniac par exemple, la portion du papier, qui ne contient pas de KI, se colorera également en bleu.

On ne connaît pas de réactif qui permette de distinguer nettement l'ozone du peroxyde d'hydrogène ; on peut donc facilement confondre les deux substances, quand elles existent en très petites quantités (par exemple dans l'air).

Ainsi, l'**ozone**, tout en possédant **la composition de** l'**oxygène**, s'en distingue par son instabilité et par la propriété **d'oxyder** très **énergiquement** un grand nombre de substances à la température ordinaire. Sous ce rapport, il ressemble à l'oxygène de certains composés instables, ainsi qu'à l'oxygène à *l'état naissant* (8bis).

(8bis) Le fluor (Chap.XI) en agissant sur l'eau à la température ordinaire, s'empare de son hydrogène et déplace l'oxygène sous forme d'ozone (Moissan, 1889). Cette réaction peut s'exprimer ainsi :
$$3H^2O + 3F^2 = 6HF + O^3$$

L'étude de l'ozone nous montre donc qu'un seul et même corps simple peut exister dans deux états différents : à l'état d'oxygène ordinaire et à l'état d'ozone. Ceci nous prouve que les propriétés d'un corps, même celles d'un corps simple, peuvent être modifiées sans qu'il y ait changement dans sa composition. De semblables exemples sont très nombreux en chimie ; on emploie, pour désigner ces phénomènes de métamorphose chimique, le mot **isomérie**, qui indique que les corps possèdent des propriétés différentes, alors qu'ils ont la même composition élémentaire.

La cause de l'isomérie réside évidemment dans la nature même de la matière, et les études qu'on en a faites ont amené à des résultats d'une importance imprévue et d'une portée scientifique énorme.

On comprend aisément qu'il existe une différence entre des corps composés d'éléments différents, ou contenant les mêmes éléments, mais en proportions différentes. On conçoit facilement que, dans ce cas, il existe nécessairement une différence, puisque l'ensemble de nos connaissances nous fait admettre qu'il y a une différence radicale entre les divers corps simples ou éléments. Mais, quand la qualité et la quantité des éléments, c'est-à-dire quand la composition reste la même, alors que les propriétés diffèrent, il devient évident que la conception des éléments et les idées que nous avons sur la composition des corps composés ne suffisent pas à elles seules pour exprimer toute la diversité des propriétés des corps de la nature. A en juger d'après l'isomérie, il y a quelque chose d'autre, beaucoup plus profond et beaucoup plus intime, qui détermine les propriétés et la transformation des substances.

Quelle est donc la cause de l'isomérie de l'ozone et de l'oxygène, et celle des propriétés toutes particulières de ce gaz ? Faut-il chercher les causes de sa distinction de l'oxygène, ailleurs que dans la réserve d'énergie, qui est en quelque sorte l'expression des particularités de l'ozone? Ces problèmes ont occupé longtemps les esprits des savants et ont donné lieu à de très nombreuses observations, exactes et contrôlées, qui ont été faites dans le but d'étudier les rapports volumétriques que présente l'ozone. Pour faire connaître les recherches antérieures sur ce sujet, je citerai un extrait d'un mémoire de Soret, paru, en 1865, dans les Comptes Rendus de l'Académie des Sciences de Paris :

« On peut résumer de la manière suivante ce que l'on sait actuellement sur les relations volumétriques de l'ozone :

« 1) L'oxygène ordinaire diminue de volume lorsqu'on l'ozonise, c'est-à-dire lorsqu'on en convertit une partie en ozone, par exemple, en l'électrisant. »

C'est la conclusion à laquelle sont également arrivés Andrews et Tait.

« 2) Lorsqu'on traite l'oxygène, chargé d'ozone, par de l'iodure de potassium et d'autres corps oxydables, l'ozone disparaît sans que l'on observe de changement dans le volume du gaz ».

En effet, les recherches d'Andrews, Soret, Babo et autres ont prouvé que la quantité d'oxygène, qui est absorbée par l'iodure de potassium, est égale à la diminution primitive du volume d'oxygène, c'est à-dire, qu'après l'absorption de l'ozone, le volume d'oxygène ne change pas. On pouvait en conclure que l'ozone n'occupe pour ainsi dire aucune portion de l'espace, qu'il est infiniment dense.

« 3) Sous l'action de la chaleur, l'oxygène chargé d'ozone subit une expansion égale au volume qu'occuperait la quantité d'oxygène que le gaz aurait été susceptible d'abandonner à l'iodure de potassium (*mêmes observateurs*) ».

« Les faits conduisent à supposer que l'ozone est un état allotropique de l'oxygène, consistant en un groupement moléculaire de plusieurs atomes de ce corps. L'une des hypothèses les plus simples, à cet égard, est celle que j'ai indiquée précédemment (Comptes rendus de l'Académie des sciences, 1863, t. LVII, p. 688), et dans laquelle on considère la molécule d'oxygène ordinaire comme formée de 2 atomes OO, et la molécule d'ozone comme formée de 3 atomes OO,O (*dont un seul est actif*). Alors, l'ozone contiendrait un volume d'oxygène ordinaire : traité par l'iodure de potassium, il perdrait 1 atome O, sans changement de volume. »

Si nous supposons (dit Weltzien), que n volumes d'ozone soient composés de n vol. d'oxygène combinés à m volumes du même corps et que, pendant son action oxydante, l'ozone cède m volumes de gaz oxygène, tous les faits précédents peuvent alors s'expliquer ; sinon, il faudrait supposer que l'ozone est infiniment dense.

« Pour décider la question, (*nous citons de nouveau Soret*), il est donc important de déterminer la densité de l'ozone par l'expérience.

« On ne peut y parvenir par des pesées directes, puisque, loin de pouvoir préparer l'ozone à l'état de pureté, on n'obtient que des mélanges où ce gaz est en faibles proportions...

« Mais, si l'on trouvait un corps qui absorbât réellement l'ozone, sans le décomposer et sans absorber en même temps l'oxygène, on pourrait comparer la diminution de volume que subirait une portion de gaz, traitée par ce corps, avec la quantité d'oxygène qu'une autre portion du gaz abandonnerait à l'iodure de potassium, ou avec l'augmentation de volume produite par la chaleur ».

Soret trouva deux corps de ce genre : l'essence de térébenthine et l'essence de cannelle.

« Lorsqu'on traite l'oxygène ozoné par l'essence de térébenthine, l'ozone disparaît ; il forme d'abondantes fumées tellement épaisses que, dans un ballon de 1/4 de litre, elles interceptent la lumière solaire directe. Si on laisse le ballon immobile, ce nuage ne tarde pas à s'abaisser successivement ; la partie supérieure du ballon s'éclaircit d'abord, et, à la limite de la couche de fumée, on observe, par transparence, de belles couleurs irisées. » L'essence de cannelle produit aussi des fumées, mais elles sont très peu abondantes.

« Si l'on mesure le volume du gaz, avant et après l'action de l'une ou de l'autre de ces essences, on trouve qu'il a diminué notablement de volume. »

En introduisant dans le calcul toutes les corrections nécessaires (en tenant compte de la solubilité de l'oxygène dans l'essence, de la tension de vapeur de ce liquide, des variations de la pression etc.) et, après avoir fait une série de déterminations comparatives, Soret a obtenu les résultats suivants : 2 volumes d'ozone soluble dans les essences augmentent d'un volume, en se détruisant (au contact d'un fil porté au rouge par un courant galvanique). Il en résulte évidemment que 3 volumes d'oxygène forment 2 volumes d'ozone, c'est-à-dire que la densité de l'ozone, par rapport à l'hydrogène = 24.

Les observations et les déterminations de Soret ont démontré que l'ozone, bien qu'il soit plus léger que le chlore, est plus dense que l'oxygène et même que l'acide carbonique (car l'oxygène ozonisé passe à travers les orifices fins plus lentement que l'oxygène et que son mélange avec l'acide carbonique). Elles ont établi, en outre, que **l'ozone est une fois et demie plus dense que l'oxygène**, ce qu'on peut exprimer en désignant la molécule de l'oxygène par O^2 et celle de l'ozone par O^3; l'ozone O^2 est donc ainsi assimilé aux corps composés (**9**), formés par l'oxygène, comme par exemple CO^2, SO^2, $Az\,O^2$, etc.

(**9**) L'ozone est, pour ainsi dire, l'oxyde d'oxygène, comme l'eau est l'oxyde d'hydrogène. De même que la vapeur d'eau est composée de 2 volumes d'hydrogène et de 1 volume d'oxygène, condensés de manière à former 2 volumes de vapeurs d'eau, de même, dans l'ozone, 2 volumes d'oxygène sont combinés à 1 volume d'oxygène pour donner 2 volumes d'ozone. En réagissant sur un grand nombre de substances, l'ozone leur cède la partie d'oxygène par laquelle il se distingue de l'oxygène ordinaire, en sorte que, dans ces réactions, le volume de l'oxygène ozoné ne change pas. Il y a, avant la réaction, 2 volumes d'ozone: 1/3 de son poids s'en va et il reste, après la réaction, 2 volumes d'oxygène.

Les observations de Soret, mentionnées plus haut, sur la faculté que possède l'essence de térébenthine de dissoudre l'ozone, ainsi que celles de Schœnbein, relatives à la formation d'ozone, pendant l'oxydation de cette même essence et des essences volatiles végétales analogues (qui entrent dans la composition *des parfums*), nous expliquent l'action de l'essence de térébenthine sur beaucoup d'autres substances. On sait, en effet, que l'essence de térébenthine facilite l'oxydation des corps auxquels elle est mélangée. Il est très probable qu'elle agit, non seulement en produisant elle-même une certaine quantité d'ozone, mais qu'elle dissout encore l'ozone contenu dans l'air et acquiert ainsi la propriété d'oxyder un grand nombre de substances. Elle blanchit la laine et le liège, décolore l'indigo, favorise l'oxydation et la solidification de l'huile de lin cuite, etc.

Les teinturiers utilisent, pour le nettoyage, les propriétés de l'essence de térébenthine, non seulement parce qu'elle dissout les graisses, mais encore parce qu'elle agit comme oxydant. L'addition d'une certaine quantité d'essence aux couleurs à l'huile et aux vernis favorise leur dessiccation rapide en absorbant l'ozone.

Certaines huiles essentielles, qui existent dans les plantes et entrent dans la composition d'un grand nombre de parfums, possèdent également des propriétés oxydantes. Elles agissent de la même manière que les essences de térébenthine et de cannelle. C'est peut-être à cette propriété qu'elles doivent l'action rafraîchissante qu'elles exercent sous la forme de parfums et de compositions semblables, et que l'air des forêts de pins ou de sapins doit sa fraîcheur particulière.

Les faits principaux qui distinguent l'ozone de l'oxygène se trouvent ainsi expliqués, en même temps que la cause de l'isomérie ; on pouvait (**10**) même prévoir que l'ozone serait plus facilement liquéfiable que l'oxygène, puisqu'il est plus dense que lui ; c'est ce qu'ont, en effet, trouvé Chappuis et Hautefeuille, en 1880, en étudiant **les propriétés physiques de l'ozone** ; ils ont observé que l'ozone passe plus facilement à l'état liquide que l'oxygène. Sa température d'ébullition absolue est voisine de — 106°, par conséquent, l'ozone comprimé et refroidi se liquéfie sous l'influence d'une détente brusque. L'ozone liquide et comprimé (**11**) possède **une couleur bleue**, semblable au bleu céleste. En se dissolvant dans l'eau, l'ozone se transforme partiellement en oxygène. Quand on le comprime brusquement, ou quand on l'échauffe rapidement, l'ozone détone et se transforme en oxygène ordinaire en dégageant, comme tous les corps explosifs (**12**), la quantité de chaleur qui le distingue de l'oxygène.

(**10**) Les particules de la matière qui sont les plus denses, les plus complexes, doivent évidemment, toutes les autres conditions étant supposées égales, être moins aptes à passer à l'état de mouvement gazeux : elles doivent se liquéfier plus facilement et posséder une force de cohésion plus considérable.

(**11**) On peut observer la couleur bleue caractéristique de l'ozone en regardant à travers un tube d'un mètre de long rempli d'**oxygène** contenant 10 % d'ozone. Je ne crois pas que la densité de l'ozone, à l'état liquide, ait encore, été déterminée.

(**12**) L'explosion de tous les corps et mélanges explosifs (poudres, gaz détonants, etc.) détermine une production de chaleur, en donnant, au lieu d'une seule molécule, un plus grand nombre de molécules, et parfois plusieurs corps, au lieu d'un seul, comme cela a lieu pendant l'explosion des *composés nitrés*, (voir plus loin), c'est-à-dire que les réactions qui se font avec explosion sont exothermiques. L'ozone, lui aussi, se décompose en abandonnant sa chaleur latente, bien que, généralement, les décompositions soient accompagnées d'une absorption de chaleur. C'est là que se trouvent la raison et la cause de l'explosion.

D'après tout ce que l'on vient de voir, l'ozone doit se former dans la nature, non seulement dans une foule de phénomènes d'oxydation, mais aussi sous l'influence de l'électricité atmosphérique. Le rôle que joue l'ozone dans la nature a souvent appelé sur lui l'attention des observateurs ; il en est résulté une série d'observations ozonométriques qui montrent les différentes quantités d'ozone qui se trouvent dans l'air des diverses localités, à chaque saison et dans des conditions variables, pendant les épidémies, par exemple. Mais, ces constatations ne peuvent être considérées comme suffisamment exactes, parce que les anciens procédés de dosage de l'ozone n'étaient pas absolument rigoureux. Néanmoins, il est, dès à présent (**13**), hors de doute, que la quantité d'ozone renfermée dans l'air est sujette à des variations, que l'air des habitations n'en contient pas du tout (l'ozone disparaît en oxydant les substances organiques), que l'air des champs et des forêts contient toujours de l'ozone ou des substances (peroxyde d'hydrogène) qui agissent comme lui, qu'après les orages, la quantité d'ozone augmente, que l'air chargé d'ozone détruit les miasmes, etc (**13**[bis]).

(**13**) A Paris, l'on a constaté que la quantité d'ozone, contenue dans l'air, augmente à mesure qu'on s'éloigne du centre de la ville. Il ne peut, d'ailleurs, en être autrement, car il existe dans les villes une foule de conditions favorables à l'altération de l'ozone. C'est à cette raison qu'est due la sensation de fraîcheur que l'on éprouve, dès que l'on franchit l'enceinte des villes. L'atmosphère est plus riche en ozone au printemps qu'en automne.

(**13**[bis]) La question de la présence de l'ozone dans l'air atmosphérique n'est pas encore complètement élucidée ; car, les réactions, qui caractérisent l'ozone, sont propres aussi à l'acide azoteux et à son sel d'ammonium. Afin de ne pas tenir compte de ces matières étrangères dans la recherche de l'ozone, Ilosvay de Ilosva (1889) a fait passer l'air atmosphérique à travers une solution à 40 $^o/_o$ de soude caustique et ensuite dans une solution à 20 $^o/_o$ d'acide sulfurique. Ces solutions n'altèrent pas l'ozone. Dans l'air ainsi traité, l'auteur n'a pas décelé la présence de l'ozone; aussi, conclut-il que toutes les réactions caractéristiques de l'ozone, que nombre d'observateurs ont trouvé dans l'air atmosphérique, sont produites par l'acide azoteux. Cette conclusion doit être vérifiée, d'autant plus que les recherches de Schœne démontrent la présence constante dans l'air, du peroxyde d'hydrogène.

On peut supposer que le rôle joué par l'ozone dans la vie des organismes est lié à la propriété qu'il possède d'oxyder facilement les substances organiques; les miasmes, en effet, sont des substances organiques des germes facilement altérables et oxydables. Beaucoup d'espèces de miasmes, par exemple les substances volatiles qui se dégagent des matières organiques en putréfaction, sont, en effet, détruites ou altérées, non seulement par l'ozone, mais aussi par de nombreuses substances oxydantes, comme l'eau chlorée, le permanganate de potassium et autres **(14)**.

(14) Grâce à son action oxydante, l'ozone peut avoir aussi une importance dans la pratique, par exemple pour la destruction des substances colorantes. On a même commencé à s'en servir pour le blanchiment des tissus et pour la fabrication rapide du vinaigre ; mais ces procédés ne sont pas encore généralisés.

L'étude de l'ozone nous montre donc :

1° La faculté que possèdent même les corps simples (et à plus forte raison doit-elle exister chez les corps composés) de changer de propriétés sans changer de composition: c'est ce qu'on appelle **isomérie (15)**.

(15) L'isomérie des corps simples s'appelle **allotropie**.

2° La propriété qu'ont certains éléments de se grouper en molécules de densité différente, ce qui présente un cas particulier de l'isomérie, que l'on désigne sous le nom de **polymérie**.

3° La propriété de l'oxygène d'exister à un état chimique plus intense et plus énergique que celui dans lequel il se présente dans l'oxygène gazeux ordinaire.

4° La formation d'équilibres ou d'états chimiques insta-bles, ce qui trouve son expression aussi bien dans la facilité avec laquelle l'ozone oxyde les autres corps que dans la fa-culté qu'il possède de se décomposer avec explosion (**16**).

(**16**) Un grand nombre de corps composés possèdent quelques-unes des propriétés de l'ozone et lui ressemblent ainsi par certains points. Le cyanogène C^2Az^2, le chlorure d'azote, par exemple, se décompo-sent avec explosion et production de chaleur. L'anhydride azoteux Az^2O^3 qui, comme l'ozone, forme un liquide bleu, joue aussi, dans bien des cas, le rôle d'oxydant énergique. Le phosphore rouge, par certaines de ses propriétés, est au phosphore jaune ce que l'ozone est à l'oxygène; sous quelques autres rapports la relation est inverse : c'est là encore un exemple d'allotropie.

Ainsi, les ressemblances chimiques se manifestent par plusieurs points variés et, ce n'est qu'après l'étude des différentes propriétés des substances qu'on peut arriver à se faire une idée de la comple-xité des modifications chimiques. Il a été impossible, jusqu'à présent, d'établir, pour ces divers changements, une loi analogue à celle qui explique les relations existant entre l'état gazeux et l'état liquide. Mais, il est permis d'espérer que, dans ce domaine, la lumière jaillira de l'accumulation des faits ; c'est ainsi que la théorie de la dissocia-tion explique, de la manière la plus simple, une foule de rapports chimiques complètement incompréhensibles sans elle.

Nous ferons remarquer ici que la transformation de l'oxygène en ozone, et la transformation inverse, qui se produit sous l'influence de la décharge lente, est une réaction réversible, un phénomène qui est subordonné aux lois de la dissociation ; mais, en dehors de la dé-charge électrique, la réaction, qui transforme l'ozone en oxygène, n'est pas réversible et n'est qu'un phénomène de décomposition, dans le sens étroit du mot.

Peroxyde d'hydrogène. — H^2O^2. — Un grand nombre des propriétés, que nous avons constatées dans l'ozone, appartiennent également à une substance particulière, qui contient de l'oxygène et de l'hydrogène, et que l'on appelle peroxyde d'hydrogène ou eau oxygénée.

Cette substance a été découverte par Thénard, en 1818. Sous l'influence de la chaleur, elle se décompose en eau et oxygène : la quantité d'oxygène qu'elle abandonne, dans ces conditions, est égale à celle que contient l'eau, qui reste

après la décomposition. La partie de l'oxygène, par laquelle le
peroxyde d'hydrogène se distingue de l'eau, se comporte,
dans une foule de circonstances, de la même manière que
l'atome d'oxygène qui distingue l'ozone de l'oxygène ordinaire. Dans H^2O^2, comme dans O^3, un atome d'oxygène possède un pouvoir oxydant très énergique ; après la séparation de celui-ci, il reste H^2O et O^2 qui n'agissent plus avec
autant d'énergie, bien qu'ils contiennent encore de l'oxygène (**17**). Les deux corps contiennent de l'oxygène, pour
ainsi dire condensé, intercalé par les forces intérieures
des éléments dans une autre substance, se séparant facilement de la combinaison et agissant, par suite, à l'état naissant. En se décomposant, avec mise en liberté d'oxygène,
les deux substances *dégagent de la chaleur*, tandis que, généralement, les décompositions se produisent avec absorption de chaleur.

(**17**) Le langage chimique manque évidemment de termes pour distinguer l'oxygène O, **élément**, de l'oxygène O^2, **corps simple**. Il
faudrait désigner ce dernier par — gaz oxygène — si l'usage et la
longueur du terme ne s'y opposaient.

Le peroxyde d'hydrogène se forme, dans un grand nombre de circonstances: pendant la combustion et l'oxydation,
par exemple, mais la quantité produite est toujours très faible ; ainsi, il suffit d'agiter du zinc avec de l'acide sulfurique, ou même avec de l'eau, pour que l'on puisse constater,
dans cette eau, la formation d'une certaine quantité de peroxyde d'hydrogène (**18**). C'est, probablement, parce qu'il
se produit dans la nature une foule d'oxydations diverses
qu'on trouve toujours (suivant des recherches du professeur
Schœne, de Moscou) du peroxyde d'hydrogène dans l'air,
quoique en quantité minime et variable, et il se peut que
la formation de ce composé soit en rapport avec celle de
l'ozone, avec lequel d'ailleurs le peroxyde d'hydrogène
possède beaucoup d'analogies.

(18) Schœnbein affirme que l'on peut constater la formation du peroxyde d'hydrogène dans toute oxydation qui s'effectue en présence de l'eau ou de ses vapeurs. Il résulte des observations de Struve que le peroxyde d'hydrogène existe dans la neige, dans l'eau de pluie, et qu'il s'en forme probablement, en même temps que de l'ozone et de l'azotite d'ammonium, pendant la respiration et la combustion. Une solution d'étain dans le mercure, ou d'amalgame d'étain, agitée avec de l'eau contenant de l'acide sulfurique, donne lieu à la formation de peroxyde d'hydrogène. Mais, on n'observe pas le même phénomène en agitant du fer avec de l'eau acidulée par de l'acide sulfurique.

La présence de petites quantités de peroxyde d'hydrogène, dans ces cas et dans tous les autres, peut être démontrée par beaucoup de réactions. L'une des plus sensibles est la réaction du peroxyde d'hydrogène sur l'**acide chromique** en présence d'éther ; le peroxyde d'hydrogène transforme l'acide chromique en un composé plus oxygéné Cr^2O^7, d'un bleu foncé, soluble dans l'éther. La solution éthérée est assez stable : c'est pourquoi on mélange la liqueur à analyser avec de l'éther, après quoi on ajoute quelques gouttes d'acide chromique ; l'éther dissout le composé oxygéné du chrome et se colore en bleu.

Pour expliquer la formation du peroxyde d'hydrogène, pendant la combustion et l'oxydation des substances contenant de l'hydrogène, il faut admettre l'hypothèse, qui sera développée plus loin, et d'après laquelle toutes les molécules occupent, à l'état gazeux, des volumes égaux. Au moment où elle se dégage, la molécule H^2 se combine à la molécule O^2 pour donner H^2O^2. Ce dernier composé étant peu stable, la plus grande partie se décompose et il n'en reste qu'une très petite quantité. Une fois obtenu, le peroxyde d'hydrogène peut facilement donner lieu à la formation d'eau, et cette réaction déterminera un dégagement de chaleur ; la réaction inverse est peu probable. Les déterminations directes ont prouvé que la réaction :

$$H^2O^2 = H^2O + O$$

dégage 22000 cal., tout à fait comme la décomposition de l'ozone, bien que la quantité de chaleur dégagée soit différente. Cette hypothèse permet de comprendre pourquoi le peroxyde d'hydrogène est si facilement décomposable et pourquoi bien des corps, sur lesquels l'oxygène n'agit pas directement, sont néanmoins oxydés par le peroxyde d'hydrogène et l'ozone. J'avais émis, en 1870, cette hypothèse sur la formation du peroxyde d'hydrogène. Dans ces derniers temps, Traube a formulé une opinion analogue.

Le procédé le plus ordinairement employé pour préparer le peroxyde d'hydrogène (19) est la double décomposition

entre un acide et les bioxydes de certains métaux, notamment ceux du potassium, du calcium, du baryum (**20**). De tous ces bioxydes, c'est le bioxyde de baryum qui se prépare le plus facilement. Il suffit pour cela, comme nous l'avons vu dans le chapitre sur l'oxygène (Chap. III), de porter au rouge sombre de l'oxyde de baryum anhydre dans un courant d'air ou d'oxygène, ou bien, ce qui vaut mieux, de le calciner avec du sel de Berthollet, en enlevant par un lavage, après l'opération, le chlorure de potassium formé (**21**). Le bioxyde de baryum, ainsi obtenu, donne à froid du peroxyde d'hydrogène sous l'action des acides (**22**). Le mécanisme de la décomposition est facilement compréhensible : l'hydrogène de l'acide déplace le baryum du bioxyde ; il y a formation d'un sel de baryum, tandis que le peroxyde de baryum se transforme en peroxyde d'hydrogène. Ce dernier reste en dissolution (**23**). La réaction s'exprime ainsi :

$$BaO^2 + H^2SO^4 = H^2O^2 + Ba\,SO^4.$$

(**19**) La préparation du peroxyde d'hydrogène, au moyen du bioxyde de baryum, par double décomposition, est un exemple des nombreux moyens indirects qui servent à préparer les différents corps. Le corps **A** ne se combine pas avec B, mais on obtient leur combinaison en faisant réagir AC sur BD (V. Introduction) pour former CD. L'eau ne se combine pas avec l'oxygène, mais, à l'état d'acide hydraté, elle agit sur l'oxygène combiné à l'oxyde de baryum, parce que cet oxyde forme un sel avec l'acide anhydre ; ou, ce qui revient au-même, l'hydrogène et l'oxygène ne forment pas directement le peroxyde d'hydrogène, mais l'hydrogène combiné à un halogène (par exemple le chlore), en agissant sur BaO^2, donne un sel de baryum et H^2O^2. Notons que la transformation de l'oxyde de baryum BaO en bioxyde BaO^2 est accompagnée **du dégagement** de 12100 cal. pour 16 parties en poids d'oxygène combiné, et que H^2O ne se transforme pas directement en H^2O^2, parce que cette transformation devrait être accompagnée **de l'absorption** de 22000 cal. pour 16 parties en poids d'oxygène combiné. En agissant sur l'acide, le peroxyde de baryum produira moins de chaleur que l'oxyde et c'est cette différence de chaleur qui se trouve à l'état latent dans le peroxyde d'hydrogène. L'énergie qu'il possède provient de celle que dégage le sel de baryum en se formant.

(20) Les bioxydes de plomb, de manganèse etc. (Voir chap. III, note 9) ne donnent pas, dans ces conditions, du peroxyde d'hydrogène ; en présence d'HCl, ils déterminent la formation du chlore.

(21) Le bioxyde de baryum impur, ainsi préparé, peut être facilement obtenu à l'état de pureté : on traite le bioxyde par l'acide azotique étendu d'eau; il reste alors un résidu insoluble dont on se débarrasse par filtration. Le liquide filtré contient non seulement, les combinaisons du bioxyde, mais aussi celles de l'oxyde de baryum resté libre. Les composés du bioxyde et de l'oxyde de baryum avec les acides se distinguent nettement les uns des autres par leur différente stabilité: le bioxyde donne un composé instable, l'oxyde un sel stable. C'est sur cette propriété qu'est basée leur séparation. En ajoutant de l'eau de baryte à la solution obtenue, on détermine la précipitation de tout le bioxyde de baryum à l'état de composé hydraté. Les premières parties du précipité contiennent des impuretés, par exemple de l'oxyde de fer. Ensuite le bioxyde de baryum pur est précipité, on le recueille sur un filtre, et on le lave soigneusement. On obtient ainsi une substance ayant une composition constante $BaO^2.\ 8H^2O$ et très pure. Il est nécessaire, pour préparer du peroxyde d'hydrogène, d'employer toujours du bioxyde de baryum purifié.

(22) L'acide sulfurique concentré donne avec BaO^2, à froid, de l'ozone ; étendu avec un peu d'eau, il donne de l'oxygène (Voir note 6), tandis qu'on obtient H^2O^2 par l'action d'une solution très diluée d'acide sulfurique. Les acides chlorhydrique HCl, fluorhydrique HFl, carbonique CO^2, hydrofluosilicique H^2SiFl^6 et autres, étendus d'eau, donnent avec BaO^2 du peroxyde d'hydrogène. C'est le professeur Schœne, qui a particuliérement étudié le peroxyde d'hydrogène, et montré sa formation par l'action des acides mentionnés.

(23) Dans tous ces procédés, le sel formé par l'action de l'acide employé reste en solution ; ainsi, par exemple, en se servant de l'acide chlorhydrique, on a dans la solution du peroxyde d'hydrogène et du chlorure de baryum. Pour séparer le peroxyde d'hydrogène de cette solution et l'obtenir à l'état pur, il faut recourir à des procédés compliqués. Aussi, pour préparer l'eau oxygénée, est-il beaucoup plus commode de faire agir l'acide carbonique sur le bioxyde de baryum hydraté pur. On met ce corps dans l'eau, et, en agitant de manière à le tenir en suspension, on y fait passer un courant rapide d'acide carbonique. Il se forme alors du carbonate de baryum, insoluble dans l'eau, et du peroxyde d'hydrogène qui reste dans la solution, de sorte que l'on peut séparer les deux substances par simple filtration. Dans la pratique, on emploie l'acide hydrofluosilicique, qui forme également un sel de baryum insoluble dans l'eau.

Pour préparer le peroxyde d'hydrogène, il vaut mieux se

servir d'une solution froide et faible d'acide sulfurique et y
ajouter, presque jusqu'à saturation, du peroxyde de baryum':
il se forme alors du sulfate de baryum insoluble dans l'eau ;
il est préférable de laisser un léger excès d'acide. On obtient une dissolution aqueuse, plus ou moins diluée, de peroxyde d'hydrogène que l'on peut concentrer sous la cloche
d'une machine pneumatique. On peut même arriver ainsi
à éliminer complètement l'eau, à condition d'opérer à une
température très basse, et de ne laisser le peroxyde d'hydrogène dans le vide que pendant un court espace de
temps ; car, même dans ces conditions, le peroxyde d'hydrogène tend à se décomposer (**24**).

(24) On peut extraire le peroxyde d'hydrogène de ses solutions
faibles à l'aide de l'éther qui le dissout ; et on peut même soumettre la solution éthérée à la distillation. Pour concentrer une solution aqueuse de peroxyde d'hydrogène, on peut la refroidir à une température suffisamment basse pour que l'eau cristallise, c'est-à-dire
se transforme en glace ; le peroxyde d'hydrogène, qui ne se solidifie
qu'à une température extrêmement basse, reste à l'état liquide.

Il faut noter que le peroxyde d'hydrogène, surtout concentré et
pur, est très instable, même à la température ordinaire ; il est donc
nécessaire de le conserver dans des vases constamment refroidis; autrement, il se décompose en eau et en oxygène, qui se dégage.

Le peroxyde d'hydrogène est, à l'état de pureté, un liquide incolore, ayant une saveur très désagréable, commune aux sels de beaucoup de métaux, dite saveur métallique. L'eau, contenue dans des vases en zinc, possède le même
goût, probablement à cause du peroxyde d'hydrogène qui
s'y trouve. La tension de vapeur du peroxyde d'hydrogène est moindre que celle de la vapeur d'eau; on peut
donc le concentrer dans le vide. La densité du peroxyde
d'hydrogène anhydre est de 1,455. Par l'action de la chaleur,
même à 20°, le peroxyde d'hydrogène se décompose et
dégage de l'oxygène (peut-être la lumière joue-t-elle un
rôle dans cette décomposition). Mais, la solution aqueuse du

peroxyde d'hydrogène est d'autant plus stable qu'elle est **plus** diluée. On peut même distiller des solutions très faibles **sans** que le peroxyde d'hydrogène se décompose. Le peroxyde d'hydrogène décolore les teintures de tournesol et de curcuma et agit de la même manière sur les matières colorantes d'origine organique; c'est pourquoi on a proposé son emploi pour le blanchiment des tissus (**24**[bis]).

(**24**[bis]) Le peroxyde d'hydrogène sera probablement appliqué industriellement :

1º Pour le blanchiment; il présente cet avantage sur le chlorure de chaux, sur SO^2, etc., qu'il n'altère pas les tissus. On l'utilise pour blanchir les plumes, les cheveux, la soie, la laine, le bois, etc. Il sert à enlever les taches de vin, d'encre, de fruits, etc.

2º Comme substance désinfectante : il tue les microbes, comme l'ozone, sans avoir sur l'organisme l'action nuisible de ce dernier. L'eau oxygénée a été employée pour le pansement des plaies, pour la désinfection des chambres de malades.

Un grand nombre de corps décomposent le peroxyde d'hydrogène, sans subir eux-mêmes aucune modification appréciable, et fournissent de l'eau et de l'oxygène. On constate que les substances finement divisées agissent, dans ce cas, d'une façon beaucoup plus énergique que les masses compactes ; il est donc évident que cette action est basée sur le contact (voir l'Introduction). Il suffit de mettre en présence du peroxyde d'hydrogène le charbon, l'or, les bioxydes de manganèse et de plomb, les alcalis, l'argent et le platine métalliques pour provoquer sa décomposition (**25**).

(**25**) A la suite de nombreuses recherches, il a été prouvé que certaines substances qui, dans les phénomènes dit *catalytiques*, ne paraissaient agir que par le contact, participaient réellement à la marche de la réaction, ce qui, d'ailleurs, n'exclut pas les changements susceptibles de se produire par suite d'une action purement mécanique. Le professeur Schœne, de Moscou, est déjà parvenu à expliquer un grand nombre de réactions du peroxyde d'hydrogène, jusqu'ici incompréhensibles. Ainsi, par exemple, il a observé que les alcalis, au contact du peroxyde d'hydrogène, se transforment en bioxydes des métaux alcalins, qui se combinent au peroxyde d'hydrogène en excès, pour former des composés très peu stables ; il a montré ainsi pourquoi les alcalis exercent une action (catalytique) décomposante sur les solutions de peroxyde d'hydrogène. Seules, les solutions acides se conservent, pendant un certain temps, et encore, à condition qu'elles soient diluées.

Le peroxyde d'hydrogène donne encore de l'eau en cédant très facilement son oxygène à une foule de corps capables de s'oxyder, et, sous ce rapport, il ressemble beaucoup à l'ozone et aux autres **oxydants énergiques** (26).

(26) Le **peroxyde d'hydrogène** entre dans un grand nombre **de réactions d'oxydation** comme substance contenant beaucoup d'oxygène (16 parties pour une partie en poids d'hydrogène). Ainsi, le peroxyde d'hydrogène oxyde l'arsenic, transforme la chaux en bioxyde de calcium, les oxydes de zinc et de cuivre en leurs bioxydes ; il cède son oxygène à un grand nombre de métaux sulfurés en les transformant en sulfates, etc., etc. Le sulfure de plomb noir PbS, par exemple, passe à l'état de sulfate de plomb blanc PbSO⁴ ; le sulfure de cuivre, à l'état de sulfate, etc.

C'est sur cette action du peroxyde d'hydrogène qu'est basée la restauration des anciens tableaux. Les couleurs à l'huile, qui contiennent en général du blanc de plomb, noircissent toujours après un certain temps : cette modification est surtout produite par la présence constante dans l'air du sulfure d'hydrogène, qui agit sur le blanc de plomb et forme du sulfure de plomb noir. La production de ce sel noir rend les autres couleurs plus foncées. En lessivant le tableau avec une solution de peroxyde d'hydrogène, on transforme le sulfure de plomb noir en sulfate de plomb blanc, et les couleurs reprennent leur éclat primitif.

Le peroxyde d'hydrogène oxyde surtout énergiquement les composés hydrogénés, susceptibles de céder facilement leur hydrogène aux substances oxydantes ; ainsi, il décompose l'acide iodhydrique en mettant l'iode en liberté, et en transformant son hydrogène en eau ; il décompose, de la même manière, le sulfure d'hydrogène en mettant le soufre en liberté.

L'empois d'amidon, contenant de l'iodure de potassium, ne se colore cependant pas directement au contact du peroxyde d'hydrogène ; la réaction ne s'effectue qu'en présence d'acide libre. Pour que la coloration apparaisse, il suffit d'ajouter au mélange une certaine quantité de sulfate de fer ou d'acétate de plomb. C'est un réactif du peroxyde d'hydrogène aussi sensible que l'acide chromique et l'éther (Voir note 8).

C'est aussi à l'action du contact qu'il faut attribuer un certain nombre de réactions, dans lesquelles le peroxyde d'hydrogène dégage, en présence d'un grand nombre de corps oxygénés, non seulement son propre oxygène, mais aussi celui des corps mis en contact avec lui, c'est-à dire qu'il **agit comme réducteur**. L'ozone, les oxydes d'argent, de mercure, d'or, de platine, et le bioxyde de plomb sont au nombre de ces corps. Tous ces oxydes sont peu stables : il suffit de la faible action du contact pour détruire la combinaison. Le peroxyde d'hydrogène, surtout lorsqu'il est concentré, mis en présence de ces substances, détermine le dégagement d'une quantité considérable d'oxygène ; aussi, en faisant tomber le peroxyde d'hydrogène goutte à goutte sur les poudres desséchées de ces substances, il se produit une explosion et on constate un dégagement considérable de chaleur. La même décomposition se produit dans les solutions diluées (27).

(27) Pour expliquer ce phénomène, Brodie, Clausius et Schœnbein ont émis la théorie ou mieux l'hypothèse suivante : L'oxygène serait électriquement une substance neutre, composée pour ainsi dire de deux espèces d'oxygène polairement opposées — d'oxygène positif et d'oxygène négatif. Il faut admettre, d'après eux, dans le peroxyde d'hydrogène, la présence d'oxygène d'une espèce, tandis-que les oxydes des différents métaux contiendraient de l'oxygène chargé d'une électricité de signe contraire. Ils supposent que les oxydes métalliques contiennent de l'oxygène électronégatif et que l'oxygène, contenu dans le peroxyde d'hydrogène, est électropositif; le contact de ces deux corps déterminerait le dégagement d'oxygène ordinaire, neutre, qui ne serait que le résultat de l'attraction réciproque des oxygènes polairement opposés.

Brodie admet la polarité de l'oxygène dans les combinaisons, mais non à l'état libre, tandis que Schœnbein l'admet également à l'état libre, de sorte que l'ozone serait de l'oxygène négatif. L'idée que l'ozone contient un oxygène différent de celui du peroxyde d'hydrogène est pourtant en contradiction avec les faits, puisque l'acide sulfurique donne, avec le bioxyde de baryum, de l'ozone, quand il est concentré, et du peroxyde d'hydrogène, quand il est étendu.

De même qu'il existe toute une série de composés métalliques qui correspondent à l'eau : les oxydes métalliques et leurs hydrates, il y a également beaucoup de corps analogues au peroxyde d'hydrogène. Ainsi. par exemple, le bioxyde de calcium ressemble au peroxyde d'hydrogène, comme l'oxyde de calcium ressemble à l'eau. Dans les deux cas, l'hydrogène est remplacé par un métal, le calcium (**27**[bis]).

(**27**[bis]) Les solutions de peroxyde d'hydrogène ont une réaction acide. Ainsi Schiloff (1893) a ajouté à une solution à 3 $\%$ de H^2O^2 de la soude et de la chaux ; Il en a ensuite extrait le peroxyde d'hydrogène à l'aide de l'éther ; par évaporation, il obtint une solution à 50 $\%$ de H^2O^2, absolument exempte de tout acide, exerçant cependant une action très nette sur le papier de tournesol.

Il est à remarquer que les peroxydes des métaux correspondent comme on le voit, au peroxyde d'hydrogène: H^2O^2, Na^2O^2, Ba^2O^2.... Il faut se rappeler, en outre, que O est l'analogue de S (chap. XV et XX) ; ce dernier forme : H^2S....H^2SO^3 et H^2SO^4. L'acide sulfureux H^2SO^3 est peu stable et se décompose facilement en H^2O et SO^2. En substituant l'oxygène au soufre, on obtient, au lieu de H^2SO^3 et SO^2 —H^2OO^3 et OO^2. Ce dernier est de l'ozone. Quant à l'hydrate H^2O^4, qui est un acide, son sel correspondant serait K^2O^4 (peroxyde de potassium).Entre H^2O et H^2O^4, il peut y avoir une série de composés acides intermédiaires, dont H^2O^2 serait le premier terme ; on peut donc, par analogie avec les composés du soufre, admettre que ce dernier ait des propriétés acides. Remarquons, en outre, qu'on connaît pour le soufre, outre H^2S (lequel est un aide faible),encore H^2S^2, H^2S^3.....H^2S^5. Il existe donc différents composés qui ressemblent à H^2O^2 quantitativement, quant aux ressemblances qualitatives (au point de vue des réactions), non seulement Na^2O^2, BaO^2, etc., lui ressemblent, mais aussi l'acide persulfurique HSO^4, dérivé de l'anhydrique S^2O^7, de même que Cu^2O^7,etc., composés que nous décrirons dans la suite.

Tiemman et Carrara (1892) ont démontré, en étudiant l'abaissement du point de congélation (Chap. I et VII), que la molécule du peroxyde d'hydrogène contient H^2O^2 et non HO ou H^3O^3.

Mais, ce qu'il importe le plus de noter, c'est qu'il existe un corps non métallique qui, plus que les autres, se rapproche du peroxyde d'hydrogène: c'est le chlore. L'action du chlore sur les matières colorantes, la propriété qu'il possède de déplacer l'oxygène de beaucoup d'oxydes, sont analogues aux propriétés que présente le peroxyde d'hydrogène. La préparation même du chlore est analogue à celle du peroxyde ; on obtient le chlore au moyen du bioxyde de manganèse MnO^2 et de l'acide chlorhydrique HCl ; le peroxyde d'hydrogène se prépare par l'action du même acide sur le bioxyde de baryum BaO^2. Il se forme, dans le premier cas, de l'eau, du chlore et du chlorure de manganèse ; dans le second, du chlorure de baryum et du peroxyde d'hydrogène. L'eau + le chlore correspondent donc au peroxyde d'hydrogène; c'est pourquoi l'action du chlore, surtout en présence de l'eau, est analogue à celle du peroxyde d'hydrogène.

Cette analogie du chlore avec le peroxyde d'hydrogène se représente facilement au moyen de la notion de l'oxhydrile OH, déjà mentionnée plus haut (Chap. III). **L'oxhydrile** est ce qui reste de l'eau, si on lui enlève, par la pensée, la moitié de son hydrogène. En se servant de ce mode d'expression, la soude caustique serait la combinaison du sodium avec l'oxhydrile OH.

C'est ce que l'on exprime par les formules suivantes : l'eau — H^2O, la soude caustique — $NaHO$, et, d'une manière analogue, la formule de l'acide chlorhydrique est HCl et celle du chlorure de sodium — $NaCl$.

L'oxhydrile est donc un radical composé, tandis que le chlore est un radical simple. Les deux radicaux forment des composés hydrogénés HHO — l'eau et HCl — l'acide chlorhydrique, et des composés avec le sodium : $NaHO$ et $NaCl$ et toute une série d'autres composés semblables. On peut, en tenant compte de cette analogie, représenter le chlore par $Cl\ Cl$ et le peroxyde d'hydrogène par $HOHO$, ce qui exprime réellement la composition de ce dernier, puisqu'il contient deux fois autant d'oxygène que l'eau.

L'ozone et le peroxyde d'hydrogène sont donc des subs-

tances instables, facilement décomposables (soit spontanément, soit par suite du contact) très riches en énergie (**28**)
nécessaire aux transformations, capables de changer facilement leur structure (auquel cas elles se décomposent avec
dégagement de chaleur et d'oxygène) ; ce sont donc des
exemples d'**équilibres chimiques peu stables. En**
effet, par le fait même de son existence, une substance présente une certaine forme d'équilibre entre les éléments qui
la composent. Mais, les équilibres chimiques, comme les
équilibres mécaniques, présentent des degrés différents de
fixité et de stabilité (**29**).

(**28**) Les oxydes inférieurs de l'azote et du chlore et les oxydes supérieurs du manganèse se forment également avec absorption de
chaleur ; ils agissent, par suite, à la manière du peroxyde d'hydrogène, comme oxydants énergiques et ne peuvent être directement obtenus par les procédés ordinaires de préparation des oxydes. Il est
évident que des substances semblables, riches en énergie (obtenue
par l'adjonction ou l'absorption de chaleur) seront capables de produire un plus grand nombre de réactions chimiques, avec d'autres
corps, que les substances moins énergiques.

(**29**) Si le point d'appui se trouve sur la ligne verticale, au-dessous
du centre de gravité, l'équilibre est complètement instable. Si, au
contraire, le centre de gravité est situé au-dessous du point d'appui,
l'équilibre est très stable et, autour de cet équilibre stable, peuvent
se produire des oscillations, comme cela a lieu avec le pendule ou
le fléau d'une balance, et, ces oscillations terminées, le corps rentre
dans l'état d'équilibre stable. Si pourtant, prenant le même exemple
mécanique, le point d'appui n'est pas un point dans le sens géométrique, mais un petit plan, l'équilibre instable peut se conserver,
quand il n'y a pas d'influences perturbatrices. Ainsi, l'homme reste
debout, en s'appuyant sur le plan ou sur plusieurs points de la surface des pieds, bien que son centre de gravité soit au-dessus du point
d'appui. Les oscillations sont alors possibles, mais dans certaines
limites seulement, car, dès que les limites de l'équilibre possible
sont dépassées, il s'établit une autre position, plus stable, autour de
laquelle les oscillations ne deviennent plus possibles. Un prisme,
plongé dans l'eau, peut avoir plusieurs positions d'équilibre, plus ou
moins stables.

Il en est de même des molécules : certaines molécules présentent
des équilibres très stables, d'autres des équilibres moins stables. Il

résulte évidemment de cette comparaison que la stabilité des molécules peut être très différente et que les mêmes éléments, pris en même quantités, peuvent donner des isomères de différente stabilité et de différente fixité, et on conçoit l'existence d'équilibres tellement instables, tellement éphémères qu'ils ne peuvent se produire que dans des conditions exceptionnelles et spéciales. Tels sont, par exemple, certains hydrates, mentionnés dans le 1er Chapitre (Voir notes 57, 67 et autres) ; et si, dans certains cas, l'instabilité d'un équilibre donné se traduit par les modifications qu'il éprouve sous l'influence d'un changement de température, ou d'état physique, elle se traduira, dans d'autres cas, par la facilité avec laquelle le corps se décomposera, soit sous l'influence du contact, soit sous l'influence purement chimique de beaucoup de substances.

Ces considérations générales, sur la plus ou moins grande stabilité de la structure élémentaire des substances, ne peuvent, malgré toute leur clarté, être présentées sous une forme assez concrète pour qu'on puisse les subordonner à des notions purement mécaniques, c'est-à-dire leur appliquer l'analyse mathématique.

L'étude du peroxyde d'hydrogène appelle, en outre, l'attention sur une autre question très importante de la chimie.

L'hydrogène forme avec l'oxygène deux composés qui représentent deux degrés différents d'oxydation : l'eau et le peroxyde d'hydrogène, — l'eau ou protoxyde d'hydrogène et l'eau oxygénée ou peroxyde d'hydrogène ; pour une quantité donnée d'hydrogène, le peroxyde contient deux fois autant d'oxygène que l'eau. C'est un nouvel exemple qui confirme la véracité de la loi des proportions multiples, que nous avons déjà eu l'occasion de mentionner, en étudiant l'eau de cristallisation et les sels. Nous sommes maintenant en mesure de formuler cette loi, d'une manière tout à fait nette.

Loi des proportions multiples : *Lorsque deux corps A et B (simples ou composés) forment entre eux plusieurs combinaisons définies $A^n B^m$, $A^q B^r$..., la quantité (poids ou volume) de l'un des composants (A) étant considérée comme constante ($A B^a$, $A B^b$...), les quantités de l'autre composant (B) varient, suivant des rapports numériques commensurables, ordi-*

nairement simples. C'est-à-dire que a : b *ou* $\dfrac{m}{n} : \dfrac{r}{q}$... *comme les nombres entiers* : 1 : 2... 2 : 3... 3 : 4...

L'analyse démontre que, pour 100 parties en poids, l'eau contient :

11,112 parties en poids d'hydrogène,

et　　88,888 d'oxygène,

et que le peroxyde d'hydrogène est composé de :

5,883 parties en poids d'hydrogène,

et　　94,117 d'oxygène.

Les résultats des analyses, étant exprimés pour cent, la proportion des éléments est exprimée en centièmes du poids de la substance. De la comparaison directe de ces chiffres, il ne se dégage aucune conclusion. Mais, cette conclusion s'impose immédiatement, si l'on calcule la composition de l'eau et du peroxyde d'hydrogène en prenant comme valeur constante soit la quantité de l'oxygène, soit celle de l'hydrogène, en prenant l'une de ces quantités comme unité, par exemple. Les rapports les plus simples montrent que l'eau contient, pour une partie d'hydrogène, 8 parties d'oxygène, tandis qu'il y en a 16 dans le peroxyde ; en d'autres termes, l'eau contient, pour une partie d'oxygène, 1/8 d'hydrogène, et le peroxyde en contient 1/16. Il est certain que l'analyse ne fournit pas ces chiffres avec une exactitude absolue ; il y a dans toute analyse, un certain degré d'erreur, mais, en réduisant cette dernière, on obtient des chiffres se rapprochant des limites indiquées. En prenant l'un des composants comme valeur constante, la comparaison des quantités d'hydrogène et d'oxygène fournit un exemple d'application de la loi des proportions multiples parce que, pour une partie d'hydrogène, l'eau contient 8 parties, et le peroxyde d'hydrogène, 16 parties d'oxygène ; ces derniers nombres sont commensurables et se trouvent entre eux dans le rapport très simple de 1 : 2

On observe la même proportion multiple dans la composition de tous les autres composés chimiques définis et bien
étudiés (30); aussi, la loi des proportions multiples est-elle
la base de la chimie.

(30) Quand, par exemple, un élément quelconque forme plusieurs
composés avec l'oxygène, la formation des différents oxydes est
subordonnée à la loi des proportions multiples. Pour une quantité
donnée de métalloïde ou de métal, les quantités d'oxygène, correspondant aux différents degrés de son oxydation, sont dans le rapport de $1:2$, ou $1:3$, ou bien de $2:3$ ou $2:7$, etc. Ainsi, par exemple,
le cuivre, en se combinant avec l'oxygène, forme deux oxydes qu'on
rencontre dans la nature et que l'on désigne par les noms : oxyde
cuivreux et oxyde cuivrique, ce dernier contient, pour la même
quantité de métal, deux fois autant d'oxygène que le premier : Cu^2O
et CuO ; le plomb présente également deux degrés d'oxydation : le
protoxyde et le bioxyde ; le second contient, pour le même poids
de métal, deux fois autant d'oxygène que le premier : PbO et PbO^2.
La substance, connue sous le nom de minium et qui est très employée comme matière colorante rouge, n'est qu'un mélange de ces
deux oxydes : c'est ce que prouve non seulement l'inconstance de sa
composition, mais aussi ce fait que les réactifs, capables d'extraire
d'oxyde de plomb seul, notamment les acides, l'éliminent, en effet, et
laissent comme résidu le bioxyde de plomb.

Quand une base et un acide forment plusieurs sels : neutres, acides, basiques et anhydres, ces composés suivent la loi des proportions multiples. C'est ce que Wollaston a démontré peu après la
découverte de la loi des proportions multiples.

Nous avons vu, dans le Chapitre I, que les sels se combinent en
différentes proportions avec l'eau de cristallisation et qu'ils obéissent à la loi des proportions multiples. Les composés chimiques,
non définis, qui existent à l'état de solutions, peuvent être classés,
comme nous l'avons déjà vu, parmi ceux qui obéissent à la loi des
proportions multiples, en supposant que ces solutions soient des hydrates instables, constitués d'après cette loi et se trouvant à l'état
de dissociation.

Cette hypothèse généralise plus encore la loi des proportions multiples, puisque toutes les formes de combinaisons chimiques lui sont
ainsi subordonnées. La direction, dans laquelle s'est engagée la chimie moderne, lui est imprimée par les découvertes de Lavoisier et
de Dalton. En classant les composés chimiques, non définis, parmi
ceux qui obéissent à la loi des proportions multiples, nous abou-
tissons à l'unité de conception chimique qu'il est impossible de réaliser, tant qu'on se plaira à séparer par une barrière infranchissa-
ble les composés chimiques définis des composés non définis.

La loi des proportions multiples a été découverte par le professeur **John Dalton**, de Manchester, au cours de ses recherches sur les combinaisons du carbone et de l'hydrogène. Il a constaté que les deux composés formés par ces éléments : le gaz des marais CH^4 et le gaz oléfiant C^2H^4 contiennent, pour la même quantité d'hydrogène, des quantités de carbone qui sont entre elles dans un rapport multiple ; le gaz oléfiant contient, en effet, pour la même quantité d'hydrogène, deux fois autant de carbone que le **gaz des marais**. Bien que, avec les moyens dont il disposait alors, Dalton n'ait pas pu faire d'analyses précises et n'ait pas obtenu la composition rigoureuse de ces gaz, l'exactitude de la loi, qu'il en tira, fut confirmée par les recherches précises, faites ultérieurement.

En énonçant la loi des proportions multiples, Dalton lui a donné une interprétation hypothétique, qui est basée sur la théorie atomique de la matière. C'est qu'en effet, la loi des proportions multiples est extraordinairement facile à concevoir, si l'on admet la structure atomique de la matière.

Dans son essence, la **doctrine atomique** suppose que la matière est formée par l'agglomération de petites particules indivisibles, appelées atomes. Les atomes ne remplissent pas tout l'espace occupé par un corps, mais ils se trouvent à une certaine distance les uns des autres, de même que les planètes, le soleil et les étoiles ne remplissent pas l'espace de l'univers et sont éloignés les uns des autres. Les formes et les propriétés des substances sont déterminées par le groupement des atomes dans l'espace et par l'état de leur mouvement, tandis que l'on suppose que les phénomènes, qui se produisent dans les substances, sont les résultats des changements de position réciproque des atomes et du mouvement qu'on peut leur attribuer.

La conception atomique de la matière a pris naissance dans l'antiquité(**31**) et,jusqu'à ces derniers temps,elle a lutté contre l'hypothèse dynamique, qui ne considère la substance que comme une manifestation des forces. Actuellement, la plupart des savants sont partisans de l'hypothèse atomique, bien que la conception des atomistes modernes soit absolument différente de celle des philosophes anciens. Actuellement, en effet, l'atome est considéré comme une unité, indivisible par des forces physiques (**32**) et chimiques, tandis que l'atome des anciens n'était indivisible que mécaniquement et géométriquement.

(**31**) Leucippe, Démocrite et surtout Lucrèce, dans l'antiquité, représentaient la matière comme étant composée d'atomes, c'est-à-dire de particules indivisibles. L'impossibilité de se figurer géométriquement de tels atomes et les conclusions que tiraient les atomistes de l'antiquité de leurs principes fondamentaux empêchèrent les autres philosophes de les suivre dans cette voie. Aussi, la doctrine atomique n'existait que dans l'imagination de ses partisans et ne demandait aucun appui à la réalité.

Certes, il y a un lien historique entre la doctrine atomique moderne et celle des philosophes de l'antiquité, comme il y en a un entre la doctrine des Pythagoriciens et celle de Copernic; mais, au fond, elles diffèrent profondément l'une de l'autre. Pour nous, l'atome est indivisible non pas dans le sens géométrique, abstrait, mais seulement dans le sens réel, physique et chimique. C'est pourquoi il vaudrait mieux appeler les atomes **individus**, indivisibles.

L'atome grec équivaut à l'*individu* latin, quant à l'étymologie et à la signification des mots ; mais, ces deux mots ont acquis historiquement un sens différent.

L'individu est divisible mécaniquement et géométriquement; il ne cesse de l'être que dans un sens défini, réel. La terre, le soleil, l'homme, la mouche sont des individus, bien qu'ils soient géométriquement divisibles. C'est ainsi que les savants contemporains conçoivent les atomes : indivisibles dans le sens physico-chimique, les atomes sont les unités auxquelles on a affaire lorsqu'on étudie les phénomènes naturels de la matière,de même qu'en sociologie,l'homme et, en astronomie, les planètes, les étoiles et les astres servent d'unités indivisibles.

L'existence de l'hypothèse des tourbillons, que nous exposerons plus loin, qui envisage les atomes comme des tourbillons, composés, dans le sens mécanique, mais indivisibles physiquement et chimiquement, suffit, à elle seule, pour prouver que les savants modernes, tout en restant partisans de la théorie atomique, n'ont emprunté aux philosophes anciens que le mot, la forme, et non pas le fond de leurs notions atomiques. Ceux qui supposent que les conceptions atomiques modernes ne sont que la répétition des raisonnements métaphysiques des anciens tombent dans l'erreur.

Afin de démontrer le véritable sens de l'atomisme des anciens philosophes et la profonde différence de leur point de départ avec le nôtre, je cite les principes fondamentaux de Démocrite (470 380 av. J.-C.). C'est un des créateurs de la doctrine atomique de l'antiquité.

1⁰ Rien ne peut être créé du néant; rien ne peut être détruit et toute modification ne consiste qu'en combinaison ou division;

2⁰ Rien n'est fortuit; tout a cause et nécessité;

3⁰ Les atomes et le vide exceptés, tout est conception et non réalité;

4⁰ Les atomes, dont le nombre et les formes sont infinies, forment par leur mouvement, leur rencontre et le mouvement rotatoire, résultant de cette dernière, tout le monde visible;

5⁰ La différence des objets entre eux ne dépend que de celle du nombre, de la forme et de la disposition des atomes dont ils sont formés, mais non de la différence qualitative des atomes, qui agissent l'un sur l'autre par la pression et les chocs;

6⁰ L'esprit, de même que le feu, est constitué par des atomes petits, ronds, polis, très mobiles, pénétrant partout. Leur mouvement constitue le phénomène de la vie.

Ces principes métaphysiques de Démocrite diffèrent tellement des principes de la doctrine atomique moderne, qui tend uniquement à expliquer les phénomènes du monde extérieur, qu'il est utile de mentionner ici les conceptions atomiques de Boscovitch, philosophe slave du XVIII⁰ siècle, qu'il faut considérer comme un des promoteurs de l'atomisme moderne. Les idées de Boscovitch sont consignées dans son ouvrage intitulé : *Philosophiæ naturalis theoria reducta ad unicam legem virium in natura existentium. 1758-1767.* Boscovicht considère la matière comme formée d'atomes et les atomes comme les points ou les centres d'application des forces agissant entre les corps et les parties de corps. Ces forces varient en raison de la distance, de sorte qu'au delà d'une certaine distance fort petite tous les atomes et leurs différents groupes s'attirent, d'après la loi de Newton; à des distances moindres, l'attraction diminue graduellement et la répulsion s'accroit; enfin, à des distances minimes, il n'y a que la répulsion qui empêche les atomes de se confondre et les oblige à rester à une certaine distance les uns des autres. Boscovitch assimile la sphère de répulsion entourant les

atomes à la sphère d'action des coups de fusils d'un détachement
de soldats. Les atomes, d'après cette doctrine, ne sont pas susceptibles d'être détruits ou confondus : ils ont une masse, ils sont éter-
nels et mobiles sous l'influence des forces qui leurs sont inhérentes.
Maxwel considère justement cette hypothèse comme la plus « ou-
trée » parmi celles qui existent sur la structure de la matière ;
cependant, les conceptions modernes contiennent beaucoup de
points communs avec la doctrine de Boscovitch ; il y a, entre les
deux doctrines, cette différence capitale que le point mathématique
possédant les propriétés d'une masse est remplacé par des atomes
ayant un volume réel, tout comme les étoiles ou les planètes que
l'on peut considérer comme des points mathématiques, en étudiant
certains côtés de leurs actions mutuelles.La doctrine atomique moderne,est à mon point de vue, un procédé, une méthode d'une application commode, pour l'étude de la matière pondérale de la nature.

De même qu'un mathématicien, pour étudier les courbes, les considère comme composées d'une succession de lignes droites,parce
que cette hypothèse lui permet d'analyser la question, de même,
pour le naturaliste, la théorie atomique est, avant tout, une méthode
d'analyse des phénomènes de la nature. Certes, il y a maintenant,
comme il y en avait dans l'antiquité et comme il y en aura toujours,
des hommes qui oublient la réalité pour s'adonner aux rêveries. On
rencontrera des atomistes à outrance ; mais, il ne faut pas se placer
à leur point de vue pour reconnaître les grands services rendus aux
sciences naturelles par la doctrine atomique. C'est elle qui a fusionné,
si l'on veut à tout prix retrouver l'origine de toute chose dans les
conceptions antiques, la doctrine des atomistes anciens avec celle des
dynamistes anciens; mais, en réalité, elle s'est développée indépendamment.

(32) **Dalton,** et bien d'autres après lui, distinguaient les atomes
des corps simples et des corps composés ; et, ce faisant, ils ont nettement manifesté la différence qui existe entre leur opinion et les
conceptions antiques. On ne désigne actuellement par atomes que
les *individus* des corps simples, indivisibles, soit à l'aide des forces
physiques, soit à l'aide des forces chimiques ; on donne aux *indi-*
vidus des corps composés, indivisibles par les forces physiques, le
nom *de molécules ;* elles sont susceptibles de se diviser en atomes,
sous l'influence des agents chimiques.

Après avoir découvert la loi des proportions multiples
(1804), **Dalton** adopta la théorie atomique; car, c'est l'hypothèse atomique qui donne à cette loi toute sa valeur. En
effet, la divisibilité de tout corps simple a pour limite l'a-

tome; les atomes des corps simples sont les dernières limites de toute divisibilité ; ils diffèrent entre eux par leur nature seule, et la formation des corps composés, à l'aide d'éléments, doit se produire par l'agrégation de plusieurs atomes différents en un tout entier, ou en un système, appelé actuellement **particule** ou **molécule.** Comme les atomes ne peuvent se combiner que par leurs masses entières, il est évident que, non seulement la loi de la constance de la composition doit s'appliquer aux combinaisons, mais aussi celle des proportions multiples ; en effet, un atome d'un corps quelconque peut se combiner à un, deux, trois atomes d'un autre corps, ou, en général, un, deux, trois atomes d'un élément peuvent se combiner à un, deux, trois atomes d'un autre élément ; ceci constitue l'essence même de la loi des proportions multiples.

Les notions chimiques et physiques sont très bien expliquées à l'aide de la doctrine atomique. Le remplacement d'un élément par un autre se fait conformément à la loi de l'équivalence, c'est-à-dire qu'un ou plusieurs **atomes** d'un corps donné occupent la place d'un ou plusieurs atomes d'un autre corps, dans les combinaisons de ce dernier. De même que l'on peut mêler du sable avec de l'argile, on peut également mélanger les atomes de différents corps. Dans les deux cas, il n'y a pas d'union, de fusion **intégrale;** il n'y a que juxtaposition ; un tout homogène **se forme aux** dépens de parties séparées. Telle est la première et la plus simple application de la doctrine atomique à l'interprétation des phénomènes chimiques (**33**).

(**33**) Dans l'état actuel de la science, toute théorie sur la structure de la matière, qu'elle repose sur l'hypothèse dynamique ou sur l'hypothèse atomique, doit forcément admettre qu'il existe un mouvement inhérent à la matière ; c'est un mouvement imperceptible, que nos sens ne peuvent constater, mais sans lequel on ne peut comprendre ni la lumière, ni la chaleur, ni la pression exercée par les gaz, ni l'ensemble des données mécaniques, physiques et chimiques. Pour les anciens, les animaux seuls étaient doués de mouvement ; à présent au contraire, nous ne pouvons nous représenter la plus petite parcelle de matière qui ne soit douée de son mouvement propre, chacune possède une certaine force vitale, une quantité plus ou moins grande d'énergie. C'est ainsi que le mouvement est devenu une conception étroitement liée à celle de la matière, et c'est ainsi que fut préparé le terrain pour l'hypothèse dynamique de la structure de la matière.

Dans la doctrine atomique elle-même, s'affermit de plus en plus l'idée généralisatrice, selon laquelle le monde des atomes serait construit à la manière du monde des astres, avec ses soleils, ses planètes, ses satellites, animés par la force vitale du mouvement, formant des molécules, comme les astres forment des systèmes semblables au système solaire, indivisibles, dans le sens relatif, comme sont indivisibles les planètes du système solaire, stables et fixes comme l'est le système de l'univers.

Une telle manière de voir, ne concluant pas à l'indivisibilité absolue des atomes, exprime tout ce que peut exiger la science d'une hypothèse sur la structure de la matière.

Il existe une théorie qui se rapproche encore plus de la conception dynamique : c'est **l'hypothèse des anneaux-tourbillons**, tant de fois ressuscitée. Descartes a tenté le premier de la développer, Helmholtz et Thomson lui ont donné une forme plus complète et plus moderne ; bien des savants l'ont appliquée à la physique et à la chimie. Son point de départ est le phénomène des anneaux-tourbillons (*vortex*) que chacun a pu produire avec la fumée de tabac et que l'on peut obtenir artificiellement, en remplissant de fumée une boîte en carton, percée d'un orifice rond, et sur les parois de laquelle on donne des coups secs. L'hydrogène phosphoré, comme nous le verrons plus tard, en s'échappant de l'eau, donne toujours, dans l'air calme, des anneaux-tourbillons superbes. Il est très facile de constater, dans ces anneaux, un mouvement circulaire constant, qui se produit autour du milieu de l'anneau équatorial linéaire, ainsi que la solidité que possède l'anneau en se déplaçant. Cette masse invariable, animée d'un mouvement interne rapide, est comparée à l'atome. Dans un milieu ne produisant aucun frottement, un tel anneau resterait invariable, comme il est facile de le démontrer théoriquement, en mécanique. Les anneaux peuvent se grouper et se désunir, et, tout en étant susceptibles de se diviser, demeurent indivisibles.

L'hypothèse des tourbillons a été fondée de notre temps, mais elle n'est pas développée : son application à l'interprétation des phénomènes chimiques, bien qu'elle soit possible, n'est pas claire ; elle ne dissipe pas l'incertitude en ce qui concerne l'espace qui se trouve

entre les anneaux (de même qu'on ne se représente pas nettement
ce qui se trouve entre les planètes et entre les atomes);elle n'explique
pas non plus la nature de la substance des anneaux en mouvement;
elle ne représente donc actuellement que l'état embryonnaire d'une
conception hypothétique sur la structure de la matière. C'est pourquoi
nous n'entrerons pas dans ses détails.

Ce n'est pas seulement à l'époque de Dalton, mais bien jusqu'à
présent (et il en sera ainsi dans l'avenir) que les savants ont cherché à connaître la limite de la divisibilité mécanique de la matière
et en ont recherché la solution dans les domaines les plus divers de
la nature. Prenons comme exemple une des voies, dans lesquelles
les recherches ont été faites, et qui ne se rapporte nullement à la
chimie, pour montrer à quel point tous les domaines des sciences
naturelles sont étroitement liés.

Wollaston proposa d'étudier **les atmosphères des différents
astres célestes** pour prouver l'existence des atomes. Si la divisibilité de la matière est infinie, l'air doit se répandre dans tout
l'espace céleste, de même qu'il se répand partout sur la terre, par
suite de son élasticité et de la diffusion. La divisibilité infinie
de la matière admise, il n'y a et il ne peut y avoir, dans tout l'univers, aucun espace absolument privé des parties composantes de notre atmosphère. Si cependant, la matière n'est divisible que jusqu'à
une certaine limite, c'est-à-dire jusqu'aux atomes, il *peut y avoir* des
astres privés d'atmosphère, et, si l'on en trouve, ce fait constituera
une preuve importante en faveur de l'exactitude de la doctrine atomique.

Depuis longtemps, la lune était considérée comme n'ayant pas d'atmosphère, et ce fait, si l'on tient compte de sa proximité de la terre,
était la meilleure preuve de la justesse de la doctrine atomique.
L'argument perdait évidemment de sa valeur (Poisson), étant donné
la possibilité, pour les parties composantes gazeuses de notre atmosphère, de passer à l'état solide et liquide à des hauteurs considéra-
rables au-dessus de la surface de la terre, où la température est très
basse ; mais, une série de recherches (Pouillet) ont démontré que, relativement, la température de l'espace céleste n'est pas très basse et
que nous pouvons l'atteindre dans nos expériences ; étant donné la
pression minime qui y existe, on ne peut admettre que les gaz de
l'air s'y liquéfient. Par conséquent, l'absence d'une atmosphère sur
la lune pourrait être envisagée comme une excellente confirmation de
la doctrine atomique, si cette absence était mise hors de doute.

Pour démontrer l'absence de toute atmosphère autour de la lune,
on donne l'argument suivant : dans le cours de son mouvement indépendant entre les étoiles, la lune, en recouvrant une étoile, c'est-
à-dire en passant exactement entre l'œil et cette étoile, ne présente
sur ses bords aucune trace de réfraction des rayons de la lumière.

Aux bords de la lune, l'image de l'étoile ne change pas dans le ciel ; il n'existe donc pas, dans cet endroit, d'atmosphère capable de réfracter les rayons lumineux. C'est ainsi que l'on est arrivé à conclure qu'il n'y avait pas d'atmosphère autour de la lune.

Mais, cette conclusion, dont rien ne démontre l'exactitude, est en contradiction avec certaines observations qui prouvent, au contraire, que la lune a son atmosphère. Toute la surface de la lune est parsemée d'une multitude de montagnes ayant pour la plupart une forme conique, propre aux volcans. Le caractère volcanique des montagnes de la lune fut confirmé par le changement que l'on a constaté (octobre 1866) dans la forme de l'une d'elles (cratère Linné). Ces montagnes doivent exister aussi sur les bords du disque de la lune ; vues de profil, elles se cachent les unes les autres de manière à nous empêcher d'observer la surface de la planète et, quand nous dirigeons notre œil vers le bord de son disque, elles nous réduisent à faire nos observations, non sur la surface même de l'astre, mais sur leurs sommets. La masse de la lune étant 82 fois plus petite que celle de la terre, on peut calculer approximativement que l'atmosphère de la lune doit être 25 fois moins dense que l'atmosphère de la terre. Par conséquent, la réfraction de la lumière dans l'atmosphère de la lune doit déjà être insignifiante à sa surface, et, sur les montagnes, elle doit être nulle et ne pas dépasser la limite des erreurs que comporte toute observation. L'absence de réfraction de la lumière sur les bords du disque lunaire ne peut donc pas être considérée comme preuve de l'absence d'une atmosphère sur la lune.

C'est John Herschel qui a fait la série d'observations qui se rapportent à cette question. Voilà ce qu'il dit : « Au moment où la lune recouvre une étoile, on constate souvent une illusion d'optique singulière : avant de disparaître derrière la lune, l'étoile semble traverser le bord de cet astre et est visible à travers le disque, parfois pendant un temps assez long. J'ai observé moi-même ce phénomène qui a pour lui des témoins incontestables. Je le classe parmi les illusions d'optique, mais on ne peut pas considérer comme invraisemblable que l'étoile soit visible dans le disque de la lune, à travers les fentes profondes qui s'y trouvent. » En suivant les opinions de Cassini, Eiler, etc. Geniller, en Belgique (1886), a donné une explication de ce phénomène ; il le considère comme produit par la réfraction de la lumière dans les vallées qui se trouvent, entre les montagnes, sur les bords du disque lunaire. En effet, bien que ces vallées ne présentent pas (selon toute probabilité) la forme de fentes droites, la lumière de l'étoile peut parfois s'y réfracter de manière à rendre son image visible, malgré l'absence d'une voie directe pour le passage de la lumière. Il ajoute encore que, grâce à la longue durée des nuits sur la lune, la densité de son atmosphère doit être très différente dans ses diverses parties.

Par suite de ces longues nuits (qui durent 13 jours pleins), le froid doit être intense dans la partie sombre et non éclairée de la lune; l'atmosphère doit donc y être plus dense, près de la surface ; au contraire, dans la partie éclairée, elle doit être beaucoup plus raréfiée. Cette différence de température, dans les diverses parties de la lune explique également, pourquoi il n'y a jamais de nuages sur sa partie visible, malgré la présence de l'air et de la vapeur d'eau.

Ainsi, on ne peut nier l'existence d'une atmosphère autour de la lune ; son existence paraît même prouvée, et il semble, par conséquent, que l'air soit répandu partout dans l'espace céleste. A en juger d'après les observations astronomiques faites, on peut également considérer l'existence d'une atmosphère autour du soleil et des planètes comme certaine. Sur Jupiter et sur Mars, on peut même discerner des bandes de nuages.

La doctrine atomique qui admet la divisibilité mécanique limitée de la matière, doit, au moins jusqu'à présent, être considérée comme un procédé analogue à celui dont se sert le mathématicien, quand il divise une courbe en une multitude de lignes droites. L'atome permet de mieux comprendre les phénomènes, mais l'atome en lui-même n'est nullement nécessaire. Il n'y a de nécessaire et de certain que la conception de l'individualité des différentes parties de la matière, qui constitue les éléments chimiques.

Un certain nombre n d'atomes d'un corps simple A, en se combinant à m atomes d'un autre corps simple B, donnent un corps composé $A^n B^m$ dont chaque molécule contient des atomes A et B dans le rapport indiqué ; le corps composé, résultant de la combinaison, aura donc une **composition définie**, exprimée par la formule $A^n B^m$, dans laquelle A et B représentent les poids des atomes, n et m les nombres relatifs des atomes. Si les mêmes éléments A et B forment encore un autre composé $A^r B^q$, en exprimant la composition du premier composé par $A^{nr} B^{rm}$ (laquelle est la même que $A^n B^m$) et celle du second par $A^{rn} B^{qn}$, nous aurons la loi des proportions multiples, puisque, pour une quantité donnée du premier élément A^{rn}, on trouve des quantités du second élément qui sont entre elles dans le rapport de mr à qn, et, comme m, n, q et r sont des nombres entiers, ils expriment la loi des proportions multiples. Ainsi, la théorie atomique est non seulement en concordance parfaite avec les lois fondamentales des combinaisons chimiques définies, la loi de la composition définie et la loi des proportions multiples; mais encore, elle les évoque.

Le même accord existe entre la doctrine atomique et la troisième loi des combinaisons chimiques définies : **la loi de l'équivalence.** Voici quelle est cette loi : *Si un poids quelconque d'un corps C se combine avec un poids* a *d'un corps A et avec un poids* b *d'un corps B, la combinaison de A et de B s'effectuera entre leurs quantités respectives* a *et* b *ou les multiples de ces quantités.*

Selon la conception atomique, il ne peut, en effet, en être autrement. Soit A, B et C les poids des atomes de trois corps et admettons, pour simplifier l'exemple, que la combinaison s'effectue simplement entre un seul atome des éléments ; il est évident que si le corps C donne des composés AC et BC les corps A et B fourniront le composé AB ou son multiple $A^n B^m$.

Le soufre se combine à l'hydrogène et à l'oxygène. Le sulfure d'hydrogène contient, pour 2 parties en poids d'hydrogène, 32 parties de soufre, ce qui est exprimé dans la formule H^2S. Le bioxyde de soufre SO^2 contient, pour 32 parties de soufre, 32 p. d'oxygène ; nous en concluons, d'après la loi de l'équivalence, que toute combinaison de l'oxygène avec l'hydrogène renfermera, pour 2 parties en poids d'hydrogène, soit 32 parties d'oxygène, soit un multiple de cette quantité. C'est ce que nous voyons, en réalité. Le peroxyde d'hydrogène contient, pour 2 parties d'hydrogène, 32 parties d'oxygène, et l'eau en contient 16 parties. Il en est de même dans tous les autres cas.

Cette conséquence de la doctrine atomique, qui s'accorde avec les phénomènes naturels et avec les résultats des analyses, est une des lois les plus importantes de la chimie.

C'est une loi, parce qu'elle démontre qu'il existe un rapport entre les poids des substances qui entrent en combinaison chimique; c'est, de plus, une loi éminemment exacte et non approximative.

La loi de l'équivalence est une loi naturelle, et nullement une hypothèse; aussi, quand bien même toute la théorie atomique serait un jour réfutée, la loi des proportions multiples et la loi de l'équivalence n'en resteront pas moins debout, car elle correspondent aux faits. On peut prévoir ces lois d'après l'esprit de la doctrine atomique et, historiquement, la loi de l'équivalence est étroitement liée à cette doctrine, mais il n'y a pas entre elles d'identité, il n'y a que liaison. La théorie atomique permet de concevoir facilement la loi de l'équivalence qui, sans elle, reste toujours un peu obscure. D'ailleurs, bien que l'on connût depuis longtemps les faits qui servent à édifier la loi de l'équivalence, cette loi n'a pu être formulée que le jour où l'on a appliqué la doctrine atomique à l'interprétation de ces faits.

Telle est la nature de l'hypothèse. Les hypothèses sont indispensables à la science : elles créent l'harmonie, la simplicité, auxquelles on n'arrive pas sans les avoir admises ; toute l'histoire des sciences le prouve. On peut donc dire, sans être taxé d'exagération, qu'il vaut mieux s'en tenir à une hypothèse, qui, par la suite, sera peut-être reconnue fausse, que de n'en admettre aucune. Les hypothèses facilitent et régularisent le travail scientifique de la recherche de la vérité, comme la charrue facilite et rend régulier le travail du laboureur. Elles font songer à l'amélioration constante du travail lui-même et de ses instruments.

CHAPITRE V

Azote et air atmosphérique.

L'azote est un gaz qui se trouve en quantité considérable dans l'air, puisqu'il forme environ les 4/5 du volume de l'atmosphère terrestre.

Bien que formant la plus grande partie de l'air, l'azote ne semble cependant jouer aucun rôle dans l'atmosphère, dont l'action, au point de vue chimique, est principalement déterminée par la présence de l'oxygène.

L'azote n'est pourtant pas un gaz absolument inerte ; nous avons déjà vu, en effet, que les animaux ne peuvent exister dans un milieu uniquement composé d'oxygène. De nombreuses observations attestent, de plus, que l'azote de l'air, quoique lentement et peu à peu, forme cependant diverses combinaisons, dont beaucoup jouent un rôle important dans la nature et surtout dans la vie des organismes.

Ni les plantes, ni les animaux ne puisent directement dans l'air l'azote dont ils ont besoin ; ils l'empruntent toujours aux composés azotés, déjà formés. Les plantes absorbent les substances azotées, contenues dans le sol et dans l'eau, tandis que les animaux se nourrissent de celles que contiennent les plantes ou les autres animaux.

L'électricité atmosphérique, comme nous le verrons plus

loin, joue un grand rôle dans la transformation de l'azote gazeux en composés azotés, que la pluie transporte dans le sol, où ils servent de nourriture aux plantes. Toutes les autres conditions, supposées égales, la croissance des plantes herbacées ou ligneuses, et, par suite, la récolte des graines, seront d'autant plus abondantes que le sol contiendra plus de composés azotés tout formés, provenant, soit de l'air ou de l'eau, soit des résidus végétaux ou animaux en putréfaction.

Comme les substances azotées, contenues dans les animaux, ont pour origine les substances qui se forment dans les plantes, il en résulte que tous les corps azotés, végétaux ou animaux, proviennent de l'azote de l'air atmosphérique. Puisque ni les uns ni les autres ne l'y puisent directement, il est nécessaire que l'azote se combine préalablement avec d'autres éléments de l'air.

Les composés azotés, qui se trouvent dans les végétaux et les animaux, sont pour eux d'une importance capitale ; il n'existe aucune cellule végétale ou animale, c'est-à-dire aucun organisme, si élémentaire soit-il, qui ne contienne des substances azotées et c'est surtout dans ces matières azotées que la vie se manifeste. Les germes, les semences, toutes les parties au moyen desquelles les cellules se multiplient, abondent en substances azotées ; l'ensemble des phénomènes, qui caractérisent l'organisme, dépend avant tout des propriétés chimiques des substances azotées qui le constituent. Il suffit de rappeler que les organismes végétaux et animaux, qui diffèrent nettement les uns des autres, sont, en même temps, caractérisés par des degrés d'énergie différents de leurs fonctions vitales respectives et par les différentes quantités de substances azotées qu'ils contiennent. Dans les plantes, qui sont beaucoup moins bien organisées que les animaux et incapables de mouvements spontanés, les substances azotées sont en quantité beaucoup moindre que chez les animaux dont tous les tissus sont presque exclusivement formés par ces substances. Il est à remarquer, d'ailleurs, que les parties des plantes, qui sont riches en azote, possèdent souvent, surtout chez les plantes inférieures, des formes et des propriétés qui les rapprochent des organismes animaux. Telles sont, par exemple, les zoospores, éléments au moyen desquels les algues se reproduisent. Les zoospores, à leur sortie de l'algue, ressemblent, sous bien des rapports, aux animaux inférieurs; comme ces derniers, elles possèdent la faculté de se mouvoir. Elles s'en rapprochent encore par leur constitution, car elles contiennent de l'azote dans leur membrane extérieure. Mais, dès que la zoosp re se recouvre de la membrane cellulaire non azotée, commune aux cellules végétales ordinaires, elle perd toute ressemblance avec l'organisme animal et devient une jeune plante. Ces faits peuvent nous amener à conclure que la différence, qui existe entre les fonctions vitales des animaux et des végétaux, est liée à la différence des quantités de substances azotées qu'ils contiennent.

Les éléments azotés, qu'on trouve chez les animaux et les végétaux, sont, de tous les composés chimiques, les plus complexes et les plus variables. Leur composition élémentaire nous le montre déjà : ils contiennent, en effet. en plus de l'azote, du carbone, de l'hydrogène, de l'oxygène et du soufre. Comme, en général, ils se décomposent dans bien des conditions où d'autres corps composés restent stables, ils servent aux échanges perpétuels, qui sont la condition principale de toute activité vitale.

A ces substances azotées complexes et variables, que l'on trouve dans les organismes, on a donné le nom de **matières albuminoïdes**. On les retrouve dans le blanc d'œuf, dans la viande, dans le lait caillé, dans la matière visqueuse de la farine de blé, appelée gluten, qui forme, pour la plus grande partie, les pâtes alimentaires.

L'azote existe aussi dans l'écorce terrestre ; on l'y rencontre, à l'état de combinaisons, qui proviennent soit des débris végétaux et animaux, soit de l'air atmosphérique, par suite d'une union de l'azote avec d'autres éléments de l'air. Ce sont les seules formes sous lesquelles on trouve l'azote dans l'écorce terrestre ; il faut donc admettre que, contrairement à l'oxygène, l'azote est un élément qui n'est répandu qu'à la surface de la terre et qui ne pénètre pas dans ses profondeurs (1).

(1) Si l'écorce terrestre ne contient pas d'autres substances azotées que celles qui y sont introduites par les résidus organiques et l'eau de pluie, cela tient à deux causes: premièrement, à l'instabilité de la plupart des combinaisons azotées, qui tendent à se décomposer avec mise en liberté d'azote gazeux, et, deuxièmement, à ce que les sels de l'acide azotique, qui est formé par l'action de l'air sur un grand nombre de composés azotés, surtout organiques, sont facilement solubles dans l'eau : ces sels, après avoir pénétré avec elle dans les profondeurs de la terre, y abandonnent leur oxygène. Le résultat fréquent, pour ne pas dire constant, des altérations que subissent les composés azotés organiques, introduits dans la terre, c'est, sans doute, la formation de l'azote gazeux. Ainsi, par exemple, le gaz, qui se dégage dans les mines de charbon, contient toujours beaucoup d'azote mélangé au gaz des marais CH^4, de l'anhydride carbonique CO^2 et d'autres gaz.

L'azote se dégage, à l'état libre, pendant la destruction **des corps organiques azotés,** notamment, qui entrent dans la composition des organismes, pendant leur combustion. Toutes les substances organiques, qui contiennent de l'azote, brûlent lorsqu'elles sont calcinées avec de l'oxyde de cuivre, par exemple. L'oxygène entre en combinaison avec le carbone, le soufre et l'hydrogène, tandis que l'azote, qui ne forme aucun composé stable, à une température élevée, se dégage à l'état libre. En même temps

que l'azote se trouve mis en liberté, le carbone et l'hydrogène forment de l'acide carbonique et de l'eau.

Pour obtenir de l'azote pur par la calcination des matières organiques, il faut éliminer l'anhydride carbonique des
produits gazeux, ce qu'on obtient par l'emploi de la soude
caustique.

C'est le procédé qui sert à doser l'azote dans les corps
organiques.

Il est également facile d'extraire **l'azote de l'air atmosphérique**, étant donné que l'oxygène se combine à un
grand nombre de corps. Pour séparer l'oxygène de l'air,
on emploie ordinairement le phosphore ou le cuivre métallique ; mais, il est évident qu'on peut aussi se servir d'un
grand nombre d'autres corps. Il suffit de placer sur l'eau
un bouchon de liège, qui porte une petite capsule contenant du phosphore, d'allumer ce dernier et de le couvrir
aussitôt avec une cloche en verre, pour que le phosphore
consomme, en brûlant, tout l'oxygène de l'air et pour qu'il
ne reste, sous la cloche, que de l'azote. Après refroidissement, on verra l'eau monter dans l'appareil.

On atteint le même but, plus facilement et plus complètement, en faisant passer de l'air dans un tube chauffé au rouge
et rempli de tournure de cuivre, c'est-à-dire de cuivre
métallique. A la température du rouge, ce métal se combine
à l'oxygène pour donner une poudre noire d'oxyde de
cuivre. Si la colonne de cuivre est longue et si le courant
d'air est lent, tout l'oxygène de l'air sera absorbé ; il ne
se dégagera que de l'azote (2).

(2) Le cuivre, surtout à l'état de tournure de cuivre, parce qu'alors
la surface est beaucoup plus grande, absorbe l'oxygène pour former
l'oxyde CuO. La réaction s'effectue, à la température ordinaire, en
présence des acides en solution ou, mieux encore, en présence d'une
solution d'ammoniaque ; il se forme alors une solution ammoniacale d'oxyde de cuivre, qui possède une belle couleur bleue. C'est un

procédé commode pour préparer l'azote. On remplit un tube de tournure de cuivre et on le ferme avec un bouchon de liège, auquel on adapte un entonnoir à robinet. On verse dans l'entonnoir une solution d'ammoniaque qu'on fait tomber goutte à goutte sur le cuivre. Si, en même temps, on fait passer un courant d'air à travers le tube, l'oxygène est absorbé et il ne sort que de l'azote. Il est nécessaire de laver le gaz pour retenir l'ammoniaque entraînée.

On peut encore extraire **l'azote de beaucoup de ses combinaisons avec l'oxygène (3) et l'hydrognée (4)**; mais, dans ce but, on se sert beaucoup plus avantageusement d'un mélange contenant, d'une part, une combinaison d'azote et d'oxygène, appelée anhydride azoteux Az^2O^3, et d'autre part, de l'ammoniaque AzH^3, c'est-à-dire une combinaison d'azote avec de l'hydrogène. Lorsqu'on chauffe ce mélange, l'oxygène de l'anhydride azoteux se combine avec l'hydrogène de l'ammoniaque pour former de l'eau et il se dégage de l'azote gazeux :

$$2\ AzH^3 + Az^2O^3 = 3H^2O + \mu\ Az$$

Pour prépare l'azote, au moyen de ce procédé, on sature une solution de potasse caustique avec de l'anhydride azoteux : il se forme alors du nitrite ou azotite de potassium $KAzO^2$. On prépare, d'autre part, une solution d'acide chlorhydrique qu'on sature d'ammoniaque, et on obtient alors, dans la solution, un sel appelé chlorure d'ammonium AzH^4Cl. On mélange ensuite les deux solutions et on chauffe. La réaction se produit, d'après l'équation :

$$KAzO^2 + AzH^4Cl = KCl + 2H^2O + Az^2$$

Les sels $KAzO^2$ et AzH^4Cl, en échangeant leurs métaux, forment du chlorure de potassium KCl et du nitrite d'ammonium AzH^4AzO^2, qui se décompose, à son tour :

$$AzH^4AzO^2 = 2H^2O + Az^2$$

La réaction n'a pas lieu à froid, mais elle s'effectue facilement, lorsqu'on chauffe modérément. Parmi les corps, produits, l'azote seul est gazeux ; le chlorure de potassium n'est pas volatil et reste dans l'appareil, où se fait l'expérience. Après avoir desséché le gaz obtenu, on le fait passer à travers une solution d'acide sulfurique (pour enlever les traces d'ammoniaque qui se dégagent, pendant la réaction), et on obtient ainsi de l'azote pur.

(3) Les composés oxygénés de l'azote (par exemple Az^2O, AzO, AzO^2) se détruisent sous l'influence de la chaleur. Portés au rouge, en présence du cuivre, du sodium, etc., ils cèdent aux métaux leur oxygène et ne laissent que de l'azote. D'après V. Meyer et Langer (1885), le protoxyde d'azote Az^2O commence à se décomposer au-dessous de 900°, tandis que l'oxyde azotique AzO, qui ne s'altère pas encore à 1200°, se détruit complétement à 1700°.

(4) Le chlore et le brome (en excès), ainsi que les hypochlorites, enlèvent l'hydrogène à l'ammoniaque AzH^3. On prépare facilement l'azote, à l'aide de l'ammoniaque, en faisant réagir l'hypobromite de sodium sur le chlorure d'ammoniaque solide.

En 1894, lord Rayleigh, en procédant, dans un seul et même ballon, à la détermination d'un même volume d'azote soigneusement purifié, a trouvé que le gaz extrait de l'air, par l'action du cuivre (ou du fer) au rouge, est toujours plus lourd de 1/200 que l'azote préparé par la décomposition d'une de ses combinaisons, par exemple, par la décomposition de l'acide azotique ou du protoxyde d'azote, à l'aide du fer pulvérulent, porté au rouge, ou au moyen de l'azotate d'ammoniaque. A 0° et à la pression de 760 mm., le poids de l'azote de l'air $= 2$ gr. 310, tandis que l'azote, obtenu de ses composés, pesait, chaque fois : 2 gr. 299. Cette différence de 1/200 ne pouvait être expliquée que par une modification moléculaire de l'azote ou l'imperfection des moyens de recherches ; en tous cas, elle semble prouver la présence, dans l'air, d'un gaz très dense, dont il sera question (note 16 bis).

L'azote est une substance gazeuse qui, par son aspect, ne diffère pas de l'air ; sa densité, par rapport à l'hydrogène, est voisine de 14; c'est dire que l'azote est un peu plus léger que l'air. Un litre de ce gaz pèse 1,263 gr. Mélangé avec de l'oxygène, qui est un peu plus lourd que l'air atmosphérique, il forme ce dernier. Ressemblant, sous ce rapport, à l'oxygène et à l'hydrogène, l'azote est très difficilement liquéfiable et peu soluble dans l'eau et dans les autres liquides. Son point d'ébullition absolu (5) est d'environ — 140°. A une température plus élevée, il ne se liquéfie pas, par la compression, tandis que, à des températures encore plus basses, il est liquéfiable, même sous la pression de 50 atmosphères. L'azote liquide bout à — 193°, de sorte qu'il peut servir pour obtenir des températures extrêmement basses. Evaporé vers — 203°, sous une faible pression, l'azote se solidifie en une masse incolore et neigeuse.

(5) Voir Chapitre II, note 28.

L'azote ne brûle pas, n'entretient pas la combustion, n'est absorbé par aucun réactif, du moins à la température ordinaire; il possède, en un mot, toute une série de propriétés chimiques négatives. C'est ce qu'on exprime en disant que l'azote est un élément peu énergique.

L'azote est, néanmoins, capable d'entrer en combinaison avec l'hydrogène, l'oxygène, le carbone et quelques métaux; mais, ces combinaisons se forment dans des conditions spéciales, que nous allons étudier.

A la température du rouge, l'azote se combine directement avec le bore, le titane et le silicium, en formant des composés très stables (6), qui présentent des propriétés toutes différentes de celles que possèdent ses combinaisons avec l'hydrogène, l'oxygène et le carbone. Bien que la combinaison de l'azote avec le carbone ne s'effectue pas, lorsque ces deux éléments, mis en présence, sont portés à une température élevée, elle se produit assez facilement lorsqu'on chauffe un mélange de charbon avec des carbonates alcalins, surtout avec K^2CO^3 et $BaCO^3$. Il y a, dans ce dernier cas, formation de métaux carbazotés ou de cyanures.

$$K^2CO^3 + 4C + Az^2 = 2\,KCAz + 3\,CO \;(7).$$

(6) La combinaison de l'azote avec le bore se fait avec incandescence ; le titane se combine si facilement à l'azote qu'il est même

difficile de l'avoir exempt d'azote. Il est à remarquer, et c'est là un fait instructif, que les composés ainsi formés par l'union de l'azote avec ces corps simples et non volatils sont très stables et non volatils eux-mêmes. Il est probable que, dans ce cas, l'état physique de la substance, avec laquelle l'azote se combine, ainsi que l'état dans lequel on obtient le composé azoté, joue un certain rôle. Ainsi, le carbone ($C = 12$) donne avec l'azote le cyanogène C^2Az^2, qui est un corps peu stable, gazeux, et dont le poids moléculaire est faible, tandis que le bore ($B = 11$) forme l'azoture de bore, qui est solide, non volatil et très stable. Sa composition B^nAz^n est analogue à celle du cyanogène ; mais, son poids moléculaire est probablement plus élevé.

(7) Cette réaction, autant qu'on la connaît, est limitée, parce qu'il est probable que le cyanogène lui-même C^2Az^2 se décompose en carbone et azote.

L'azote se trouve dans l'air avec l'oxygène ; mais, il ne se combine pas directement avec ce dernier. Déjà, au siècle dernier, Cavendish avait démontré que, **sous l'action d'une série d'étincelles électriques, l'azote se combine avec l'oxygène.** Les étincelles électriques, en traversant un mélange humide (8) d'azote et d'oxygène (ou simplement l'air), déterminent l'union de ces deux éléments : il y a formation des vapeur rutilantes, dues aux oxydes d'azote (9) ; ces derniers donnent naissance à un composé, qui contient de l'azote, de l'oxygène et de l'hydrogène, notamment (10) à l'acide azotique $AzHO^3$.

(8) Frémy et Becquerel se servaient d'air sec ; ils ont observé la production de vapeurs rutilantes caractérisant la présence des oxydes d'azote, pendant le passage des étincelles.

(9) Quand on mélange un volume d'azote avec 14 vol. d'hydrogène et qu'on fait brûler ce mélange, il se forme de l'eau et une quantité notable d'acide azotique. C'est peut-être la même réaction qui donne naissance à une certaine quantité d'acide azotique, pendant l'oxydation lente des substances azotées, en présence d'un excès d'air. La formation de l'acide azotique est surtout favorisée par la présence d'un alcali, auquel l'acide azotique formé peut se combiner. Lorsqu'un courant galvanique traverse l'eau, contenant en dissolution de l'azote et de l'oxygène, l'hydrogène et l'oxygène, qui se dégagent, s'unissent à l'azote pour donner de l'ammoniaque et de l'acide azotique.

Lorsque le cuivre s'oxyde aux dépens de l'air, à la température ordinaire,en présence de l'ammoniaque, l'oxygène, qui est absorbé, se combine non seulement au cuivre, mais une partie forme, en même temps, de l'acide azoteux.

Quand l'azote se combine à l'oxygène, sous l'action d'une étincelle, par exemple, il n'y a pas d'explosion ni de combinaison rapide, comme cela s'observe par l'action d'une étincelle électrique sur un mélange d'oxygène et d'hydrogène. C'est qu'en effet la combinaison de Az avec O ne donne pas lieu à un dégagement de chaleur,mais, au contraire, à une absorption. Il y a là une dépense d'énergie et non pas un dégagement. Dans ce cas, en effet, il n'y a pas transmission de chaleur d'une molécule à l'autre, transmission qui a lieu, pendant l'explosion du gaz détonant. Chaque étincelle détermine la combinaison d'une certaine quantité d'azote avec l'oxygène, mais elle ne provoque pas de réaction dans les molécules voisines. En d'autres termes, la combinaison de l'hydrogène avec l'oxygène est une réaction exothermique, tandis que celle de l'azote avec l'oxygène est une réaction endothermique.

Il est une condition particulièrement favorable à l'oxydation de l'azote : c'est l'explosion d'un mélange d'air et de gaz détonant, contenant un *excès* de ce dernier. Lorsqu'on détermine l'explosion d'un mélange de deux volumes de gaz détonant et d'un volume d'air, un dixième de l'air est transformé en acide azotique et, par conséquent, il ne reste, après l'explosion, que 9/10 de l'air employé. En prenant beaucoup d'air, par exemple 2 volumes de gaz détonant pour 4 volumes d'air, l'abaissement de la température de l'explosion est alors plus considérable, et l'on retrouve la totalité de l'air; il ne se forme aucune trace d'acide azotique. On peut donc en déduire la règle suivante pour l'emploi de l'eudiomètre : le volume d'air ajouté pour affaiblir l'explosion ne doit pas être inférieur à celui du mélange détonant ; il ne doit cependant pas être trop considérable, car l'explosion n'aurait pas lieu (Voir Chap. III, note 34).

(10) On obtient, en effet, d'abord l'oxyde d'azote AzO ; mais, ce dernier donne avec l'oxygène des vapeurs rutilantes d'anhydride hypoazotique qui, à leur tour, en présence de l'eau et de l'oxygène, se transforment en acide azotique.

La présence de l'acide azotique est facile à reconnaître, non seulement parce qu'il rougit le tournesol, mais encore parce qu'il agit comme un corps très oxydant, même sur le mercure. Certaines conditions analogues à celle-ci se rencontrent dans la nature ; pendant les orages, par exemple,il y a production de décharges électriques dans l'atmos-

phère ; il est donc facile d'expliquer la présence, dans l'air
et dans l'eau de pluie, des traces d'acide azotique (**11**).

(**11**) L'acide azotique, que l'on trouve dans l'eau des **rivières**
(Chap. I, note 2), des puits, du sol, etc. provient (comme l'anhydride
carbonique) de l'oydation des composés organiques introduits dans
le sol.

En 1892, Crooks a démontré, en outre, que, dans certains cas, la
tension de l'électricité, qui traverse l'air, est considérable : la combinaison de l'azote avec l'oxygène est accompagnée de la production
d'une véritable flamme, phénomène déjà observé (1880), lors du
passage des décharges électriques à travers l'air.

Crooks se servait d'un courant de 15 ampères et de 65 volts qu'il
lançait dans une bobine d'induction produisant 330 vibrations par
seconde : il obtenait une flamme entre les pôles du courant induit,
éloignés de 40 mm. Il a même pu obtenir une flamme de 200 mm.,
dans laquelle on pouvait fondre un fil de platine.

D'autres observations ont prouvé que les décharges électriques (**12**), lentes ou accompagnées de production d'é-
tincelles, peuvent déterminer la combinaison de l'azote avec
l'hydrogène lui-même ou avec beaucoup d'hydrocarbures,
réactions qui n'ont pas lieu, même à une température élevée. En faisant passer des étincelles électriques dans un
mélange d'azote et d'hydrogène, ces deux gaz se combinent,
et il y a production d'*ammoniac* (**13**) ou d'hydrure d'a-
zote, qui contient, pour un volume d'azote, trois volumes
d'hydrogène. La réaction est limitée par la formation de
six pour cent d'ammoniaque; car, sous l'influence des étincelles électriques, l'ammoniac lui-même est décomposable, en partie, tout au moins (94/100).

(**12**) Les propriétés énergiques qu'acquiert, sous l'action des décharges électriques, l'azote, inactif dans les conditions ordinaires, font
supposer que l'azote gazeux subit, au moins au moment du passage
de l'étincelle, certaines modifications qui ne persistent pas comme
celles de l'oxygène soumis aux mêmes influences. D'après les
recherches de Berthelot, l'oxygène électrisé, c'est-à-dire l'ozone,
n'agit pas sur l'azote. Il en est de même pour un grand nombre de
substances : les unes subissent, sous l'influence de la chaleur, des
modifications durables, persistantes, telles que, par exemple, l'oxyde

de mercure HgO, le phosphore jaune, qui se transforme en phosphore rouge : au contraire, d'autres s'altèrent temporairement (dissociation de S^6 en S^2, du chlorure d'ammonium en ammoniaque et acide chlorhydrique). Cette hypothèse est, d'ailleurs, corroborée par l'existence de deux formes du spectre de l'azote, avec lesquelles **nous ferons** connaissance plus tard.

Il se peut que les molécules Az^2 donnent alors des molécules Az, qui ne contiennent qu'un seul atome. Sous l'action d'une décharge lente, les molécules de l'oxygène O^2 se détruisent, elles aussi, et des atomes isolés O s'unissent à O^2 pour former l'ozone O^3.

(13) Cette réaction, découverte par Chabrié et Thénard, n'a acquis son véritable sens que par l'application des principes de la dissociation de Deville.

Cela veut dire que, par l'action des étincelles électriques, la réaction :

$$AzH^3 = Az + H^3$$

est réversible ; c'est donc une réaction de dissociation dans laquelle l'équilibre est atteint. Cet équilibre peut être rompu si l'on ajoute de l'acide chlorhydrique HCl, parce que l'ammoniaque fixe ce corps, en formant un sel : le chlorure d'ammonium AzH^4 Cl (ce sel se produit dans un mélange gazeux de 3H, Az et HCl). Les quantités d'azote et d'hydrogène, non encore combinées, donnent, sous l'action des étincelles électriques, une nouvelle quantité d'ammoniaque ; c'est ainsi qu'on obtient *le chlorure d'ammonium solide par l'action d'une série d'étincelles électriques sur un mélange gazeux composé* d'Az. H^3 *et* HCl (**14**).

(14) L'azote et l'acétylène présentent une réaction analogue (Berthelot). Leur mélange donne, sous l'action d'une série d'étincelles, de l'acide cyanhydrique.

$$C^2H^2 + Az^2 = 2 CAzH.$$

Cette réaction est également limitée, parce qu'elle est réversible.

Berthelot a démontré (1876) que, sous l'action de la décharge obscure, beaucoup de composés organiques non azotés (la benzine C^6H^6 ; le papier, c'est-à-dire la cellulose qu'il contient, la gomme $C^6H^{10}O^5$, etc.) aborbent de l'azote

et donnent naissance à des composés capables, comme les substances albuminoïdes, de dégager de l'azote, sous la forme d'ammoniaque, quand on les chauffe avec des alcalis (15).

(15) Berthelot se servait avec succès,pour ses expériences,des tensions électriques faibles, ce qui l'amène à croire que, dans la nature, où les actions électriques sont très fréquentes, une partie des substances azotées complexes peut se former, par cette voie, aux dépens de l'azote gazeux.

Les substances azotées, que l'on trouve dans les organismes, y jouent un rôle considérable (sans elles, il n'y a pas de vie organique), et ces mêmes substances, introduites dans le sol,constituent le meilleur engrais, à la condition toutefois que la terre contienne tous les autres éléments qui sont indispensables à la nourriture des plantes. Aussi, le procédé qui permettrait de transformer l'azote atmosphérique en composés azotés du sol, c'est-à-dire **en azote assimilable**, capable d'être absorbé par les plantes et de fournir des substances complexes (albuminoïdes), appartient-il aux problèmes qui présentent un intérêt énorme, à la fois théorique et pratique.

La transformation artificielle et industrielle de l'azote de l'air en composés azotés, malgré les nombreux essais qui ont été tentés, ne peut être jusqu'à présent considérée comme pouvant être réalisée avantageusement, bien qu'on puisse prévoir la possibilité de cette transformation. Dans le cas présent, ce sera encore l'électricité qui nous aidera probablement à résoudre cette question pratique, jusqu'ici en suspens. Quand le côté théorique de la question sera mieux connu, on découvrira, sans doute aussi, des procédés pratiques pour fabriquer, à peu de frais, les substances azotées, à l'aide de l'azote de l'air; cette découverte se fera surtout sentir sur l'économie rurale, à laquelle les engrais azotés reviennent très chers, tout en étant d'une importance plus considérable que tous les autres. 1,000 kg de fumier ne contiennent généralement pas plus de 4 kg. d'azote, sous forme de substances azotées complexes, tandis que cette même quantité d'azote se trouve dans 20 kg. seulement de sulfate d'ammonium ; il en résulte donc que l'effet produit par des masses de fumier, au point de vue de l'introduction de l'azote dans le sol, peut, par conséquent, être atteint par de petites quantités d'engrais azotés artificiels. On importait, en Europe,de l'Amérique centrale, des centaines de millions de kg. de guano (fiente des oiseaux de mer et autres) pour la seule raison qu'il contient beaucoup de composés azotés indispensables à l'agriculture.

De nombreuses recherches de physiologie végétale ont démontré que les plantes supérieures sont incapables d'absorber directement l'azote de l'air et de le transformer en substances albuminoïdes complexes. Depuis longtemps, on a pourtant observé que la culture des plantes de la famille des *légumineuses* (telles que pois, acacias, etc.) augmentait, dans le sol, la quantité des substances azotées. Les études faites à ce sujet, ont prouvé que ce phénomène est lié à la formation de renflements noduleux sur les racines des légumineuses : ces nodosités sont produites par des micro-organismes (*bactéries*) spéciaux, cohabitant dans le sol avec les racines des légumineuses et possédant la faculté d'absorber l'azote de l'air, c'est-à-dire de le transformer en azote assimilable. Ce point de physiologie végétale, qui a démontré une fois de plus le point important que jouent les micro-organismes dans la nature, ne rentre pas dans le cadre de notre ouvrage. Il est pourtant intéressant de signaler le grand intérêt théorique et pratique que présentent ces découvertes récentes : elles promettent d'éclaircir, dans l'avenir, certains points des problèmes les plus complexes, relatifs au développement de la vie sur la terre.

C'est par ces procédés, ou par des procédés indirects analogues, que l'azote gazeux forme ses composés primaires. Il pénètre, sous cette forme, dans les végétaux et y est transformé en composés albuminoïdes complexes. On peut, cependant, en partant des combinaisons de l'azote avec l'hydrogène ou l'oxygène, obtenir, comme on le verra en partie dans la suite, même en dehors des organismes, les substances azotées les plus diverses et les plus complexes, qu'on ne peut former directement à l'aide de l'azote gazeux.

Ces faits montrent non seulement la différence qui existe entre un corps simple et un élément, mais ils sont aussi un exemple des méthodes indirectes par lesquelles les substances se produisent dans la nature. La découverte, la prévision et. en général, l'étude de ces *méthodes indirectes* de préparation et de formation des substances est un des problèmes essentiels de la chimie.

Parce que **A** ne réagit pas avec **B**, il ne faut pas en conclure que le composé **AB** ne peut pas se former. Les substances **A** et **B** contiennent des atomes qui se trouvent dans **AB**;

mais leur état, ou la nature de leur mouvement et de leur union et, en général, les conditions dans lesquelles ils se trouvent, peuvent être tout opposées à celles qui sont nécessaires pour la formation de **AB** et, bien que cette substance contienne les mêmes éléments que **A** et **B**, quant à la masse et à la qualité, leur état chimique peut être tout différent, tout comme l'état des atomes de l'oxygène dans l'ozone et dans l'eau.

Ainsi l'azote, à l'état libre, est inactif ; mais, à l'état de combinaison, il se déplace très facilement et se distingue par une grande activité. Toutes les connaissances, que nous avons sur les composés azotés, nous le confirment. Mais, avant d'aborder ce sujet, nous allons étudier l'air atmosphérique, masse contenant de l'azote à l'état libre.

Il résulte des notions exposées sur l'eau, l'oxygène, l'ozone et l'azote, que l'**air atmosphérique (16)** est un mélange de gaz et de vapeurs. Certaines parties constituantes de ce mélange s'y rencontrent presque toujours dans les mêmes proportions, tandis qu'au contraire les autres y sont en proportions variables.

(**16**) Par air atmosphérique, les chimistes et les physiciens entendent ordinairement l'air qui contient uniquement de l'oxygène et de l'azote, bien que les autres parties constituantes de l'air aient une importance considérable pour la vie des organismes répandus à la surface du globe. Cette restriction, admise dans la science, est fondée sur ce que ces deux parties de l'air s'y trouvent dans des proportions constantes, tandis que les autres varient.

Pour débarrasser l'air, qui sert aux recherches physiques et chimiques, des matières étrangères solides, de la poussière, par exemple, on le filtre à travers une longue couche d'ouate, introduite dans un tube ; pour éliminer les matières organiques, on fait passer l'air dans une solution de permanganate de potassium. L'acide carbonique est enlevé à l'aide des alcalis, et particulièrement à l'aide de la chaux sodée qui, à l'état sec et en morceaux poreux, absorbe très rapidement ce gaz. Pour enlever la vapeur d'eau, on dessèche l'air au moyen du chlorure de calcium, de l'acide sulfurique concentré ou encore de l'anhydride phosphorique.

L'air, purifié par tous ces procédés, ne peut contenir que de l'oxygène et de l'azote, bien qu'en réalité il s'y trouve encore une certaine quantité d'hydrogène et d'hydrocarbures, dont on le débarrasse en le faisant passer sur de l'oxyde de cuivre porté au rouge.

L'oxyde de cuivre oxyde l'hydrogène et les hydrocarbures pour former de l'eau et de l'acide carbonique, qu'on élimine par les procédés indiqués plus haut.

L'air, purifié de cette manière, est, sous beaucoup de rapports, différent de l'air atmosphérique ordinaire. Ainsi, par exemple, les végétaux n'y peuvent pas augmenter de poids et périssent. Quand on dit que le poids de l'air est pris pour unité (dans la détermination de la densité des gaz), il s'agit justement de l'air qui ne contient que de l'oxygène et de l'azote. C'est cet air dont 1 litre ou 1 décimètre cube pèse 1 gr. 293, à 0°, à 760 mm. de pression et à la latitude de Paris ; à St-Pétersbourg : 1 gr. 294.

Voici les principaux corps qui constituent l'air, énumérés dans l'ordre de leurs quantités relatives : l'azote, l'oxygène, la vapeur d'eau, l'anhydride carbonique, l'acide azotique, les sels ammoniacaux, l'ozone, le peroxyde d'hydrogène, des substances azotées complexes. En plus, on trouve ordinairement de l'eau sous forme de brouillard, de gouttes et de flocons de neige, ainsi que des particules de corps solides qui, du moins, dans certains cas, peuvent être d'origine cosmique, mais qui, en général, sont des poussières solides, transportées mécaniquement par le vent, d'un endroit dans un autre. Ces petites particules de corps solides et liquides, ayant une grande surface et un faible poids, sont suspendues dans l'air, comme les particules d'un corps solide peuvent être suspendues dans l'eau ; parfois, elles s'arrêtent ou se précipitent sur la terre, mais jamais l'air n'en est complètement privé, parce qu'il ne se trouve jamais à l'état de repos complet. L'air contient encore accidentellement un grand nombre de substances diverses ; c'est une observation que l'on peut faire journellement. Ces substances accidentelles appartiennent parfois à la catégorie des substances très nuisibles (les miasmes), aux germes des organismes inférieurs, (les moisissures par exemple), et sont souvent les agents des maladies contagieuses (**16**[bis]).

(**16**[bis]) Au nombre des composants bien connus de l'air, il faut ajouter, grâce à la remarquable découverte faite, en 1894, par lord **Rayleigh** et **W. Ramsay**, un nouveau gaz, très lourd, ayant une densité égale à 19, si $H=1$. Il est inerte comme l'azote, et l'air en contient 1 % en volume. Ce gaz avait toujours été confondu avec l'azote, car il ne forme de combinaisons, ni dans l'eudiomètre, ni avec le cuivre, dans l'analyse pondérale de l'air.

Il a été séparé de l'azote, grâce à la propriété que possède le magnésium incandescent d'absorber ce dernier. Ce nouveau gaz, que le magnésium n'absorbe pas, est environ une fois et demie plus dense que l'azote. **Ne serait-ce pas un polymère de ce dernier : Az^3?**

On sait encore que ce nouveau composant de l'air donne un spectre lumineux, présentant des raies bleues très brillantes, observées dans le spectre de l'azote.

Quelle est sa composition ? Quelles sont ses qualités ? Dans quelles réactions entre-t-il et comment faut-il l'appeler ?

Ce sont autant de questions auxquelles il est, jusqu'à présent, impossible de répondre, la découverte étant trop récente.

Dans les pays les plus dissemblables, l'air, examiné sous diverses latitudes, à des hauteurs différentes, au-dessus de la surface des mers et sur les continents ; en un mot, l'air des endroits les plus divers de la terre présente toujours la même proportion entre la quantité d'oxygène et d'azote. C'est qu'en effet l'air diffuse continuellement (il se mélange en raison du mouvement intérieur des molécules gazeuses), se meut, se transporte par les vents et s'égalise dans sa composition sur toute la surface de la terre.

Dans les endroits où l'air se trouve confiné dans un espace plus ou moins clos, ou du moins, dans un espace non ventilé, il peut subir des altérations importantes dans sa composition. C'est pour cette cause que l'air des lieux habités, des sous-sols, des puits et, en général, des endroits où se trouvent des substances capables d'absorber l'oxygène, contient peu de ce gaz, tandis qu'au contraire, dans l'air qui se trouve au contact de la surface des eaux stagnantes, où poussent beaucoup de végétaux inférieurs, qui dégagent de l'oxygène, la proportion de ce gaz est plus considérable (**17**). La constance de la composition de l'air, sur toute la superficie de la terre, est démontrée par de nombreuses recherches très précises (**18**).

(**17**) Il suffit d'indiquer que l'air recueilli dans les creux des glaciers contient seulement en volume 10 0/0 d'oxygène pour démontrer que certaines conditions peuvent modifier la composition de l'air. C'est qu'en effet, à basse température, l'oxygène est plus soluble dans l'eau de neige et dans la neige que l'azote. En agitant de l'air avec de l'eau, la composition de ce gaz doit s'altérer, puisque l'eau dissout des quantités inégales d'oxygène et d'azote.

Nous avons déjà vu que l'air, chassé de l'eau par l'ébullition, contient 35 vol. d'oxygène pour 65 vol. d'azote. Il est digne de remarque que la solubilité de l'oxygène et de l'azote diminue avec la température, d'une manière tellement uniforme que le rapport de l'oxygène à l'azote, dans la solution aqueuse, reste presque constant aux températures les plus variées. Il s'ensuit naturellement que, au niveau de la mer (et particulièrement au niveau de la mer glaciale), l'air es plus pauvre en oxygène que sur la terre ferme, puisque l'eau dissout plus d'oxygène que d'azote. La différence ne dépasse pourtant pas 0,3 0/0 et, parfois, elle n'existe même pas.

(**18**) L'analyse pondérale de l'air, faite par Dumas et Boussingault, à Paris, dans des conditions atmosphériques différentes et à plusieurs reprises (entre le 27 avril et le 22 septembre 1841) a démontré que la quantité d'oxygène contenue dans l'air varie de 22,89 0/0 à 23,08 0/0, et que sa moyenne est égale à 23,07 0/0. Brunner, à Berne, en Suisse, et Brawe sur le Faulhorn (Alpes Bernoises) ont fait simultanément des analyses de l'air; ils ont trouvé que sa composition reste, dans ces différents endroits, dans les limites trouvées pour Paris. Marignac, à Genève, Lévy, à Copenhague, Stass, à Bruxelles, ont confirmé ces résultats. Les recherches faites sur l'air, pris dans diverses parties du monde, à la surface de l'océan et à différentes hauteurs au-dessus du niveau de la mer, amènent à conclure que la quantité d'oxygène contenue dans l'air est la même partout, et qu'elle ne varie que dans des limites insignifiantes.

Certains faits, que l'on trouvera exposés sommairement plus bas, semblent indiquer que, à de très grandes altitudes, l'air a une composition différente de celui des hauteurs qui nous sont accessibles, qu'il est notamment plus riche en azote, et, par conséquent, plus léger. Plusieurs observations partielles faites, à

Munich (Jolly, 1880), laissaient supposer que, dans les courants ascendants (c'est-à-dire dans les régions où la pression barométrique est minima ou dans les centres des cyclones météorologiques) l'air est plus riche en oxygène que dans les courants descendants (dans les régions des anticyclones ou des maxima barométriques). Mais, d'autres recherches plus exactes ont montré la fausseté de cette assertion. Des méthodes plus perfectionnées, employées pour l'analyse de l'air, ont fait voir qu'il existe réellement de faibles variations dans la composition de l'air, mais qu'elles dépendent : 1° des influences locales fortuites (passage du vent sur les montagnes et sur les grandes nappes d'eau, sur des régions cultivées ou couvertes de forêts, etc.) ; 2° qu'elles sont limitées à des quantités, qui diffèrent à peine des erreurs possibles dans les analyses.

Les considérations qui font admettre que l'air contient, à de grandes altitudes, moins d'oxygène qu'à la surface de la terre, sont basées avant tout sur la loi de la pression partielle (p.134). D'après cette loi, l'équilibre de l'oxygène, dans les couches de l'atmosphère, ne dépend pas de l'équilibre de l'azote, et la variation des densités des deux gaz, en raison de la hauteur, est déterminée par la pression de chaque gaz séparément. Les détails des calculs et des considérations qui s'y rapportent sont consignés dans mon ouvrage : « Du nivellement barométrique », 1876, p. 48 de l'édition russe.

En se basant sur la loi de la pression partielle et sur les formules hypsométriques, qui sont l'expression des lois de la variation des pressions aux différentes altitudes, on peut arriver à cette conclusion que, dans les couches les plus élevées de l'atmosphère, la proportion de l'azote par rapport à l'oxygène augmente, mais que cette augmentation n'atteint même pas 1 pour cent. Cela est vrai, même pour une altitude de 8 à 10 kilomètres, la plus haute que l'homme ait pu atteindre, jusqu'à présent, au moyen des aérostats. Cette conclusion a été confirmée par les analyses de l'air recueilli par Welch, en Angleterre, dans ses ascensions aérostatiques.

Dans toute **analyse de l'air**, il est nécessaire d'absorber entièrement l'oxygène, de le faire entrer dans un composé non gazeux. On mesure, avant l'expérience, le volume de l'air et ensuite celui de l'azote qui reste. La différence entre les volumes, ou le poids du composé oxygéné formé, fait connaître la quantité d'oxygène, contenue dans l'air. En mesurant les volumes, il faut tenir compte de la pression, de la température et de l'humidité (chap. I et II).

La substance,dont on se sert pour transformer l'oxygène en un composé non gazeux, doit avoir la propriété d'enlever complètement l'oxygène et ne doit dégager aucune substance gazeuse. Ainsi, par exemple (**19**), le pyrogallol, ou acide pyrogallique : $C^6H^6O^3$, en présence d'un alcali caustique en solution, absorbe l'oxygène, à la température ordinaire (la solution noircit); mais, ce mélange ne peut servir pour une analyse précise, parce que la solution aqueuse d'alcali altère la composition de l'air, en agissant comme dissolvant (**20**). Cependant, pour des dosages approximatifs, ce procédé fournit des données assez exactes.

(**19**) En introduisant du phosphore humide dans un volume d'air déterminé, on peut absorber complètement l'oxygène, ce que l'on reconnaît à ce que le phosphore cesse de luire dans l'obscurité. Il suffit de mesurer le volume de l'azote restant pour déterminer la proportion de l'oxygène. Ce procédé présente cependant de nombreuses causes d'erreurs : d'une part, en effet, une partie de l'air se dissout dans l'eau, et d'autre part, l'azote peut se combiner à l'oxygène ; de plus, il est difficile d'introduire et d'enlever une certaine quantité de phosphore, sans faire entrer ou laisser échapper quelques bulles d'air. Enfin, les nombreuses corrections (sur la température, l'humidité et la pression) qu'il faut introduire dans le calcul du volume obtenu, sont autant de causes d'inexactitude.

(**20**) Dans les analyses rapides et approximatives (industrielles et hygiéniques, principalement) ce mélange est très commode pour doser l'oxygène dans les mélanges gazeux, dont on a préalablement éliminé les substances absorbables par les alcalis. D'après quelques auteurs, ce mélange, en absorbant l'oxygène, fournirait une certaine quantité, minime il est vrai, d'oxyde de carbone.

Les analyses de l'air, à l'aide de l'eudiomètre, donnent des résultats beaucoup plus exacts (Chap. III), si l'on a soin d'introduire toutes les corrections sur la pression, la température et l'humidité. Ce procédé consiste à introduire dans l'eudiomètre une quantité d'air dont on mesure le volume. On fait ensuite passer dans l'appareil un volume à peu près égal d'hydrogène desséché et on procède à une

seconde mensuration. On détermine l'explosion du mélange,
comme nous l'avons indiqué dans le chapitre consacré à
l'analyse de l'eau, et on mesure ensuite le volume du mélange gazeux resté après l'explosion ; il sera évidemment
inférieur au volume observé, pendant la deuxième mensuration. Des trois volumes de gaz disparus, l'un était de
l'oxygène et les deux autres de l'hydrogène ; donc, le 1/3
de la diminution du volume observée donne la quantité
d'oxygène contenue dans l'air (21).

(21) Il faut chercher les détails de l'analyse eudiométrique,
comme nous l'avons indiqué Chap. III, note 32, dans les traités de
chimie analytique. Cette remarque se rapporte, d'ailleurs, à tous les
procédés analytiques indiqués dans le présent ouvrage. Les procédés analytiques n'y sont décrits que dans le but de signaler les
méthodes variées qui peuvent être employées dans les recherches
chimiques.

Le procédé d'analyse de l'air le plus exact est la pesée directe de l'oxygène, de l'azote, de l'eau et de l'acide
carbonique contenus dans l'air. Dans ce but, on fait passer
l'air dans des appareils retenant l'acide carbonique et
l'humidité (nous les décrirons plus tard), puis on le dirige
dans un tube préalablement pesé et contenant de la tournure de cuivre, portée à une température élevée. Si la
colonne de cuivre est assez longue, tout l'oxygène de l'air
est absorbé et l'azote est mis en liberté, à l'état de pureté
parfaite. En recueillant l'azote dans un ballon, où on a
fait le vide et dont on connaît le poids, on peut déterminer
son poids par pesée directe, tandis que, pesant le tube
rempli de cuivre, avant et après l'expérience, on a, en
poids, la quantité d'oxygène.

L'air, dépourvu d'humidité et d'anhydride carbonique (22), contient, en volumes, de 20,95 à 20,88 % (23)
d'oxygène, ce qui donne, en moyenne, 20,92 %. La densité
de l'oxygène étant 1,105 et celle de l'azote : 0,972 celle de

l'air, prise pour unité, sera en poids, de **23,12** % d'oxygène et **76,38** % d'azote (**24**).

(22) L'air, préalablement privé d'anhydride carbonique, contient,
après l'explosion, une petite quantité d'anhydride carbonique, comme
l'avait déjà remarqué de Saussure ; et l'air, privé d'eau, après avoir
traversé une couche d'oxyde de cuivre, porté au rouge, contient également une petite quantité d'eau, comme l'a remarqué Boussingault.
Ces observations font supposer que l'air renferme toujours une
certaine quantité d'hydrocarbures gazeux, analogues à CH⁴, qui se
dégagent de la terre, des marais, etc., comme nous le verrons plus
loin. Sa quantité ne dépasse pourtant pas quelques centièmes pour
cent.

(23) Les erreurs, que l'on peut commettre dans les analyses d'air,
et les différences dans sa composition peuvent se traduire par quelques centigrammes; aussi, faut-il se borner aux décigrammes pour
exprimer la composition moyenne et normale de l'air.

(24) Ces nombres contiennent la composition moyenne de l'air,
déduite de l'ensemble d'un très grand nombre d'expériences. Les
erreurs qu'ils comportent ne dépassent pas 0,05 %.

Le fait que, sous l'action d'un dissolvant, la composition
de l'air peut s'altérer, prouve que les éléments constituants
de l'air se trouvent à l'état de simple mélange, état dans
lequel peuvent aussi bien se trouver tous les **autres gaz**.
L'air n'est pas un composé défini, bien que sa composition
soit homogène partout, dans les conditions ordinaires. Les
modifications qu'éprouve sa composition, dans des conditions spéciales, ne font que confirmer cette conclusion ;
c'est pourquoi il ne faut pas admettre que la constance de
la composition de l'air soit liée à la nature des gaz qui le
constituent; cette constance a plutôt ses causes dans des
phénomènes cosmiques. Aussi, faut-il admettre que les actes ou processus qui s'accompagnent de dégagement d'oxygène, et particulièrement, les phénomènes de la **respiration**
des plantes, sont, sur toute la surface terrestre, équivalents
aux processus qui déterminent son absorption (**25**).

(25) Dans le chapitre III, note 4, nous avons évalué approximativement la quantité d'oxygène qui existe dans toute l'atmosphère ter-

restre. Un tel calcul ne repose évidemment sur aucune base solide, c'est-à-dire qu'on peut supposer que la composition de l'air pourra se changer un jour, si le rapport, qui existe entre la végétation et les phénomènes qui déterminent l'absorption de l'oxygène, vient à varier. Mais, on peut opposer à cette hypothèse la réflexion suivante : l'atmosphère de la terre n'a pas et ne doit pas avoir de limites fixes, et nous avons même vu (Chapitre IV, note 33), qu'il existe des observations qui le confirment. Notre atmosphère doit donc échanger ses parties constituantes avec tout l'espace céleste. Il faut donc admettre que, si la composition de l'air varie, ces variations sont tellement lentes qu'elles échappent complètement à tous nos moyens de recherches.

L'air contient toujours une quantité plus ou moins grande d'humidité (**26**) et d'**acide carbonique**, produit de la respiration des animaux, de la combustion du charbon et de tous les composés contenant du carbone. L'acide carbonique possède les propriétés des anhydrides acides. Pour le doser dans l'air, on se sert des substances qui ont la propriété de l'absorber, telles que les alcalis en dissolution ou à l'état solide. On introduit une solution de potasse caustique KHO, dans des vases en verre très légers, et on y fait passer l'air. L'augmentation du poids du vase donne la quantité d'acide carbonique contenue dans l'air. Il est préféra-

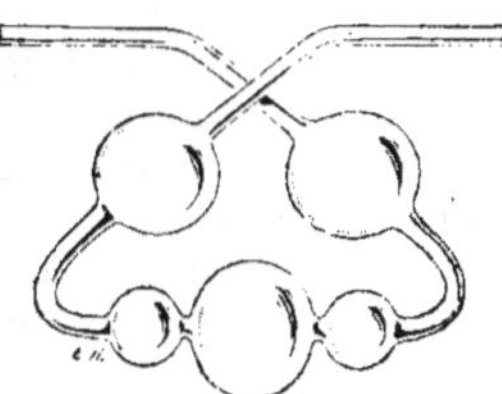

Fig. 44. — Tube à boules de Liebig, pour l'absorption des gaz.

ble cependant d'employer un alcali poreux et solide, par exemple, de la chaux sodée (**27**). Quand le courant d'air est lent, il suffit d'une couche de chaux sodée de 20 cm. pour lui enlever tout son acide carbonique. On adapte à l'appareil d'absorption de l'acide carbonique une série de tubes à chlorure de calcium (**28**) pour priver l'air de son humidité ; puis, à l'aide d'un aspirateur, on fait passer la masse d'air à analyser dans tous ces appareils. De cette manière, le dosage de l'eau est, pour la plupart des cas, combiné avec le dosage de l'acide carbonique.

(26) C'est surtout la Physique et la Météorologie qui étudient plus spécialement les variations de l'humidité dans l'air ; ce sujet a déjà été traité, plus haut, dans le Chapitre I, note 1, où sont indiqués les procédés qui permettent de dessécher les gaz.

(27) On prépare la chaux sodée, de la manière suivante : on réduit de la chaux vive en poudre fine, et on la traite par une solution concentrée de soude caustique, légèrement chauffée. On fait le mélange dans une capsule en fer, en agitant constamment jusqu'à ce que la chaux commence à s'éteindre. La masse s'échauffe, elle bout, se boursoufle et se solidifie d'elle-même en formant une substance poreuse, très alcaline, susceptible d'absorber l'acide carbonique. Un morceau compact de soude caustique présente pour l'absorption du gaz beaucoup moins de surface et agit, par suite, beaucoup plus lentement. On met immédiatement, à la suite des appareils qui servent à absorber l'acide carbonique, les appareils destinés à absorber l'eau, parce que les alcalis, en absorbant l'acide carbonique, abandonnent de l'eau.

(28) Le chlorure de calcium, pour servir à absorber l'humidité, ne doit évidemment contenir ni chaux ni aucun autre alcali caustique, qui pourraient retenir l'acide carbonique. On obtient du chlorure de calcium, absolument pur, par le procédé suivant : on prépare, à l'aide de la chaux et de l'acide chlorhydrique, une solution neutre de chlorure de calcium, puis on la concentre d'abord au bain-marie et ensuite au bain de sable. Quant la solution devient tellement concentrée qu'elle commence à écumer et que l'écume se solidifie, on recueille cette écume.

Il est, d'ailleurs, nécessaire de toujours essayer le chlorure de calcium ; car, la présence de l'alcali libre peut faire commettre de grandes erreurs. Il vaut encore mieux, avant l'essai, faire passer de l'acide carbonique dans le tube rempli de chlorure de calcium de façon à saturer l'alcali libre, qui pourrait rester après l'opération et qui provient de la décomposition d'une partie du chlorure de calcium par l'eau :

$$CaCl^2 + 2H^2O = CaOH^2O + 2HCl.$$

La figure 45 représente l'appareil qui réalise cette combinaison des deux dosages.

La quantité d'anhydride carbonique (29), qui se trouve dans l'air, est incomparablement plus constante que celle de l'humidité. Elle atteint, en moyenne, près de 0,03 pour 100 volumes d'air sec, c'est-à-dire que, dans dix mille volumes d'air, il y a près de trois volumes, et le plus souvent 2,95

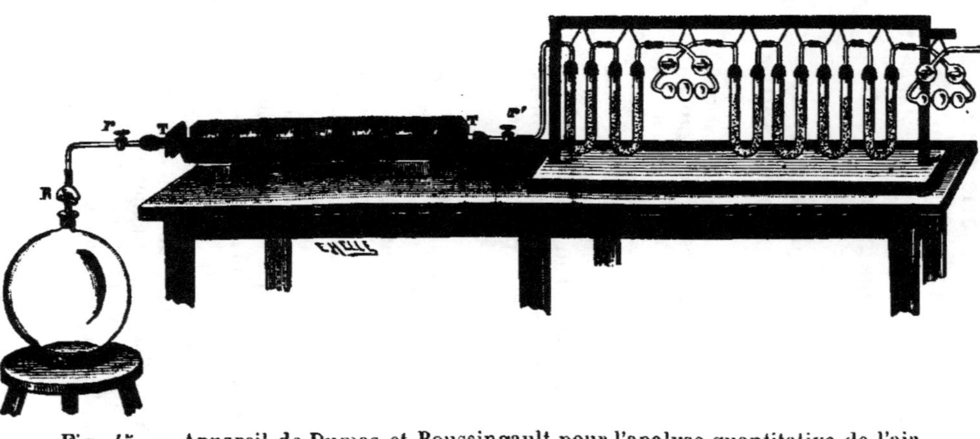

Fig. 45. — Appareil de Dumas et Boussingault pour l'analyse quantitative de l'air.

B est un ballon d'une contenance de 10 à 15 litres dans lequel on a fait le vide et que l'on a pesé. Il communique par le tube Rr avec un tube T contenant de la tournure de cuivre. Ce tube a été pesé avec le cuivre qu'il contient, après obtention du vide. — Le tube T est placé sur une grille à charbon. — Quand le cuivre est porté au rouge, on ouvre le robinet r'. — L'air se précipite dans l'appareil, mais il est obligé de traverser toute la série des tubes représentés à droite : le premier tube à boules contient une solution de potasse ; les quatre tubes en U suivants renferment de la potasse en morceaux et en solution pour absorber l'anhydride carbonique.—Le tube de Liebig et les deux tubes suivants renferment de l'acide sulfurique (on s'est assuré, au préalable, qu'il ne contenait pas d'air en dissolution) et des morceaux de pierre ponce imbibés de cet acide, destinés à retenir l'humidité, L'air, ainsi purifié arrive au contact du cuivre au rouge dans le tube T. — A ce moment, on ouvre les robinets r et R : le ballon B se remplit d'azote pur. — Quand il ne passe plus d'air dans l'appareil, ce que l'on reconnaît à ce qu'il ne se forme plus de bulles gazeuses dans les tubes de Liebig, on ferme les robinets, on démonte l'appareil, et l'on pèse séparément le tube T et le ballon B.

L'augmentation du poids du ballon indique le poids de l'azote. — La différence entre les deux pesées du tube T correspond au poids de l'oxygène.

vol. de CO_2. Le poids spécifique de CO_2 étant 12,5 par rapport à l'air, 100 parties d'air renferment, en poids : 0,045 parties d'acide carbonique. Cette quantité varie avec les saisons (elle est plus grande en hiver) ; avec l'altitude (elle diminue dans les lieux élevés). Elle est moindre dans le voisinage des forêts et des champs, plus grande dans les villes. etc.

Toutes ces variations sont minimes ; elles dépassent rarement les limites de 2 1/2 à 4 dix-millièmes, en volume (**30**).

(29) Quand il s'agit de doser l'anhydride carbonique seul, on se sert de méthodes spéciales. On procède, par exemple, de la manière suivante : on fait absorber le CO_2 par un alcali pur et exempt de carbonates (par exemple, par une solution de baryte ou de soude caustique, mélangée avec de la baryte), puis, à l'aide d'un acide, on chasse l'acide carbonique de la solution et on mesure le volume dégagé. La question de la proportion d'acide carbonique dans l'air a fait l'objet de nombreuses recherches de la part de Reist, Schloesing, Müntz, Oben, etc., qui ont démontré que la quantité de CO_2 n'est pas aussi variable que le faisaient supposer les recherches incomplètes et inexactes qui avaient été faites jusqu'alors.

(30) Il en est tout autrement dans les locaux fermés, dans les maisons, les caves, les puits, les cavernes, les mines, où l'air ne peut se renouveler que très lentement. Des quantités énormes d'acide carbonique peuvent s'y accumuler. Dans les villes, où les causes de sa production sont nombreuses (respiration, putréfaction, combustion), l'air renferme beaucoup plus d'acide carbonique que dans les campagnes ; cependant, même par un beau temps, la différence ne dépasse pas un dix millième (c'est-à-dire que la quantité de CO_2 atteint rarement 4 volumes au lieu de 2,9 pour 10000 vol. d'air). Des centaines d'analyses comparatives, faites en même temps près de Paris et dans Paris même, et les dosages journaliers qui se font dans certaines stations météorologiques (à l'observatoire de Montsouris, par exemple), confirment ce point. Sur les hautes montagnes et dans les vallées profondes, comme cela a été prouvé pour les Pyrénées, la différence dans la quantité d'acide carbonique est également très petite ; cependant, elle est plus faible sur les hauteurs, comme on pouvait, d'ailleurs, le prévoir.

Etant donné qu'il y a, dans la nature, beaucoup d'influences locales qui, tantôt augmentent la quantité d'acide carboni-

que de l'air (respiration, combustion, putréfaction, érup-
tion des volcans, etc.), tantôt la diminuent (absorption par
les plantes et par l'eau), il faut chercher la cause de la proportion constante d'acide carbonique contenue dans l'air :
d'abord, dans ce que les vents mélangent l'air des différents
endroits de la terre et, ensuite, dans ce que les eaux des
océans contiennent de l'acide carbonique en dissolution (**31**)
et forment un réservoir immense, qui régularise la masse
d'acide carbonique de l'air. Dès que la pression partielle
de l'acide carbonique de l'air diminue, l'eau commence à
en dégager ; elle en absorbe, au contraïre, quand la pression
partielle augmente. Il y a donc, dans la nature, dans ce cas
comme dans bien d'autres, un équilibre mobile (**32**).

(**31**) Dans l'eau de mer, comme dans l'eau douce, l'acide carbonique se trouve sous deux formes : soit simplement en dissolution
dans l'eau, soit combiné à la chaux, à l'état de carbonate de calcium,
(dans les eaux crues, on le rencontre parfois, en très grande quantité,
sous cette dernière forme). Si la tension de CO_2 gazeux varie avec
la température, et sa quantité avec la pression partielle, le même
phénomène se produit pour l'acide carbonique qui se trouve en solution, sous la forme de sels acides. Des expériences directes ont, en
effet, prouvé qu'il existe, dans ce cas, une relation analogue, bien que
les rapports quantitatifs soient différents dans les deux cas.

(**32**) L'étude des divers phénomènes de la nature provoque cette
conclusion que l'état d'équilibre mobile, qui règne universellement,
est la cause principale de l'ordre harmonieux dont l'existence a
frappé tous les observateurs. Bien souvent, nous ne voyons pas les
agents régulateurs de cet ordre et de cette harmonie ; quelquefois
même, ce qui est frappant dans l'exemple particulier de l'acide carbonique, dès le début, on a cherché et on a même trouvé, dans des
observations accidentelles et inexactes, des conditions qui paraissaient prouver l'absence de toute uniformité harmonieuse et immuable dans la nature. Mais, une fois que fut démontrée l'existence de
cette uniformité, on trouva également des agents régulateurs. Les recherches de Schlœsing ont eu précisément ce caractère. Elles étaient
suggérées par l'idée de Deville sur la dissociation des carbonates
acides, dissous dans l'eau de mer. Dans une foule d'autres cas, on
ne peut arriver à la compréhension régulière d'un phénomène qu'à
la suite d'études détaillées.

Abstraction faite de l'azote, de l'oxygène, de l'eau et de

26

l'acide carbonique, toutes les autres substances, contenues dans l'air, s'y trouvent en proportions minimes, de sorte que **le poids d'un volume d'air** ne dépend sensiblement que de ces quatre composants principaux de l'air.

Nous avons déjà mentionné que, à 0° et 760 mm. de pression, un litre d'air pèse 1 gr. 293. Ce poids varie en raison des variations de l'intensité de la pesanteur ; en désignant cette dernière par g et en l'exprimant en mètres, le poids d'un litre d'air sec sera :

$$e = g \times 0{,}131844$$

Pour Saint-Pétersbourg, $g = 9{,}8188$ et e est égal à environ : 1,2946 (**33**).

Il s'agit, dans ce cas, d'air sec et ne contenant pas d'acide carbonique. En supposant que la proportion de ce dernier soit 0,03 par 100 volumes, le poids d'un litre d'air sera : 1 gr. $293 \times 1{,}000$ 156 fois (à 0° et 760 mm. de pression ; le poids d'un litre d'air sera, par conséquent, égal à 1 gr. 29319 au lieu de 1,29300).

Le poids de l'air humide, dans lequel la tension (**34**) de la vapeur d'eau égale f millimètres sera exprimé par la formule suivante :

$$\frac{e}{1 + 0{,}00367\,t} \cdot \frac{H - 38\,f}{760}$$

dans laquelle e est le poids de l'air sec à 0° et 760 mm., H la pression totale de l'air.

Ainsi, par exemple H, étant égal à 730 mm., t à 20° et f à 10 mm. (l'humidité est alors un peu au-dessous de 60 0/0 ; le poids d'un litre d'air égale, à Saint-Pétersbourg, 1 gr. 1527 (**35**).

(33) La différence que l'on constate dans le poids du litre d'air sec, privé d'acide carbonique, pris à 0° et sous la pression de 760 mm., sous diverses longitudes et à diverses altitudes, dépend de ce fait

que l'intensité de la pesanteur varie dans ces conditions, et avec elle, par conséquent, la pression de la colonne de mercure de 760 mm. de hauteur. On peut trouver les détails qui se rapportent à cette question dans mes ouvrages : « Sur l'élasticité des gaz » et « Sur le nivellement barométrique » (en russe).

Le poids d'un corps est mesuré, dans la pratique, non pas au moyen d'unités de poids absolues (par la pression), mais au moyen d'unités relatives (série de poids metalliques) dont la masse reste partout la même ; on ne doit donc tenir aucun compte des variations de poids qu'entraîne les variations de la pesanteur, même sur les poids métalliques, parce qu'il s'agit toujours des poids proportionnels aux masses ; or sous chaque latitude, le poids des étalons métalliques change dans la même proportion que celui du volume donné d'air ; autrement dit, la masse de la substance reste invariable, mais la pression qu'elle exerce varie avec la variation de l'intensité de la pesanteur.

(34) On mesure, en général, la tension de la vapeur d'eau, au moyen de divers instruments appelés hygromètres, psychromètres, etc. On peut également la mesurer par l'analyse, v. Chap. I, note 1.

(35) Lorsque, dans les analyses ou dans les déterminations du poids spécifique des liquides, on doit peser de petits objets denses tels que les creusets, etc., dans l'air du laboratoire, on peut introduire, dans les calculs, **la correction due à la perte de poids**, en admettant que le poids du litre d'air déplacé égale 1 gr. 2, ce qui fait, pour chaque centimètre cube : 0 gr. 0012. Mais, quand on pèse des gaz, ou dans toute opération qui nécessite l'emploi de grands appareils, il est nécessaire, pour faire une pesée exacte, de tenir compte de toutes les données qui servent à la détermination de la densité de l'air (t, H, et f). Une balance sensible peut, en effet, indiquer toutes les variations du poids de l'air, étant donné que les variations que subit le poids d'un litre d'air, même à une température constante, simplement par suite du changement de H et de f, se traduisent par des centigrammes. J'ai proposé, depuis longtemps déjà (1859), l'emploi du procédé suivant : on prend un grand vase léger et fermé à la lampe dont on mesure, dans le vide, le volume et le poids, que l'on contrôle de temps en temps. En le pesant, on obtient son poids, dans l'air d'une densité donnée, et soustrayant ce poids du poids absolu et le divisant ensuite par le volume, nous obtenons la densité de l'air.

La présence de l'ammoniaque dans l'air est démontrée par ce fait que tous les acides exposés à l'air absorbent de l'ammoniaque, après un certain laps de temps. De Saussure a observé que le sulfate d'aluminium se transforme, à l'air, en sulfate double d'aluminium et d'ammoniaque, appelé alun d'ammoniaque. Les dosages ont montré (36) que la quantité d'ammoniaque, contenue dans l'air, varie, suivant les différentes périodes de temps. On peut cependant admettre que, en général, 100 m. c. d'air ne contiennent pas moins d'un et pas plus de 5 milligrammes d'ammoniaque ; il est à remarquer qu'on en a trouvé une plus grande quantité sur les montagnes que dans les vallées. Partout où se trouvent des substances animales en voie de décomposition, surtout dans les écuries et dans les lieux d'aisances, l'air contient une quantité beaucoup plus grande de ce gaz. C'est à sa présence qu'est due l'odeur particulière de ces endroits. L'ammoniaque a, du reste, la faculté de s'unir aux acides, comme nous le verrons dans le chapitre suivant, et il doit, par conséquent, se trouver, dans l'air, à l'état de combinaisons salines, puisque l'air contient de l'acide carbonique et de l'acide azotique.

(36) Schlœsing a étudié l'équilibre de l'ammoniaque contenue dans l'atmosphère et dans les eaux ; il a démontré, par des expériences spéciales, qu'il existe entre eux un échange. Le rapport entre la quantité de AzH^3 contenue dans un mètre cube d'air et dans un litre d'eau est égale à $0^0 = 0,004$; à $10^0 = 0,010$; à $25^0 = 0,040$. Il s'établit donc, dans la nature, un équilibre entre les quantités d'ammoniaque contenues dans les eaux et dans l'atmosphère.

La présence de l'acide azotique dans l'air est mise hors de doute par ce fait que l'eau de pluie contient, après un orage, une quantité notable de cet acide, comme nous le verrons plus tard.

Il a été déjà mentionné plus haut (Chap. IV) que l'air contient de l'*ozone*, du peroxyde d'hydrogène, de l'acide azoteux et de l'azotite d'ammoniaque ; toutes ces substances oxydantes sont contenues en proportions minimes (37).

(37) L'ozone, le peroxyde d'hydrogène Az^2O^3, tout en se formant dans l'air, y disparaissent néanmoins très vite en oxydant les subs-

tances oxydables. Grâce à cette circonstance, leur quantité varie
considérablement et, comme il était facile de le prévoir, ces substances ne se trouvent en quantité notable que dans l'air absolument
pur, tandis que, dans l'air des villes et surtout dans l'air des habitations, où se trouvent le plus de substances oxydables, leur quantité
est plus petite et arrive parfois à être nulle.

Il y a un rapport de causes à effets entre l'existence de ces substances dans l'air et le degré de pureté de l'air, c'est-à-dire entre la
quantité de matières étrangères provenant des organismes et capables de s'oxyder. Là où ces matières sont en grande quantité, il
doit y en avoir peu et vice-versa.

C'est en se basant sur ces faits que l'on essaye d'utiliser l'ozone
pour l'épuration de l'air, en déterminant sa production dans l'air par
des procédés artificiels, en produisant, par exemple, des décharges
électriques dans les canalisations qui amènent l'air dans les locaux
habités. L'air ozonizé pourra servir, de cette manière, à la destruction, par oxydation, des restes organiques qui se trouvent dans l'air
de l'habitation, c'est-à-dire à l'épuration de l'air. C'est surtout, en
effet, à cause de son action sur les matières organiques qu'il y a
moins d'ozone dans l'air des villes que dans l'air de la campagne.
Il faut cependant remarquer que les animaux ne peuvent vivre dans
l'air contenant relativement une trop grande quantité d'ozone, tout
comme dans l'oxygène pur.

Outre les substances, qui existent dans l'air, à l'état gazeux
et à l'état de vapeurs (**38**), il s'y trouve encore une quantité
plus ou moins considérable de corps, qui ne sont pas
connus à l'état de vapeurs. Une partie de ces substances se
trouve dans l'air, sous la forme de **poussières**.

(**38**) Nous mentionnerons la présence de l'iode et de l'alcool
C^2H^6O, que Muntz a toujours trouvés, en très faible quantité, dans
l'air, dans le sol et dans l'eau.

Si l'on étend à l'air pur une toile mouillée avec un acide,
on peut prouver que la solution, ainsi obtenue, contient du
sodium, du calcium, du fer, et du potassium (**39**). Une
toile, imbibée d'alcali, absorbe les acides carbonique, sulfurique, phosphorique et chlorhydrique.

(**39**) Une partie des poussières contenues dans l'air est d'origine
cosmique. Ce qui le prouve, c'est qu'on y trouve du fer métallique
comme dans les météorites. Nordenskiold en a trouvé dans la

poussière qui recouvre la neige; Tissandier en a constaté la présence dans l'air, en très petite proportion, bien entendu.

Par un procédé analogue,il a été démontré que l'air contient des substances organiques.Lorsqu'on remplit de glace un ballon en verre et qu'on le place dans une chambre où se trouve beaucoup de monde, on peut, dans l'eau qui se condense à la surface du ballon,démontrer la présence de substances organiques analogues aux substances albuminoïdes.

Il se peut que les miasmes, qui répandent la contagion dans les lieux marécageux, dans les hôpitaux et pendant les épidémies, proviennent de la présence dans l'air de ces substances, ainsi que des germes d'organismes inférieurs, qui se transportent dans l'air sous forme de fines poussières. Pasteur a démontré la présence de ces germes dans l'air par l'expérience suivante. Il a introduit, dans un tube en verre, du fulmicoton (pyroxiline),corps qui a l'aspect du coton ordinaire et qui, dissous dans un mélange d'alcool et d'éther, forme ce qu'on appelle le collodion. On fait passer un courant d'air à travers le tube,pendant un temps assez long, après quoi on dissout le fulmicoton dans l'alcool éthéré. On obtient alors un résidu insoluble dans lequel se trouvent,en effet,des germes d'organismes,comme le prouvent les recherches microscopiques, ainsi que la faculté que possèdent ces germes de se développer en organismes (moisissures,etc.),dans des conditions favorables. C'est à la présence de ces germes que l'air doit la propriété de provoquer la putréfaction et la fermentation,c'est-à-dire des modifications profondes dans les substances organiques, accompagnées d'un changement complet de leurs propriétés. Pendant la putréfaction et la fermentation, on observe souvent la naissance d'organismes inférieurs, végétaux et animaux. Ainsi,pendant la fermentation du jus de raisin et sa transformation en vin, certains organismes spéciaux, connus sous le nom de levûre, se développent. Pour que ces organismes puissent naître, il faut qu'il existe des germes (**40**). Ces derniers flottent dans l'air et pénètrent dans les substances susceptibles de fermentation. Dans des milieux favorables, les germes se développent en organismes et, en se nourrissant aux dépens de la substance organique, ils la modifient et la détruisent, c'est-à-dire qu'ils en provoquent la fermentation et la putréfaction. C'est ainsi que s'explique, par exemple, ce fait que le liquide, qui se trouve dans l'enveloppe des grains de raisin, perméable à l'air, mais imperméable aux germes, ne fermente ni ne se modifie, tant que l'enveloppe reste intacte. C'est aussi pour cette raison que les substances végétales et animales peuvent être conservées à l'abri de l'air, sans éprouver de modifications (**41**). Il est donc évident que, malgré la proportion minime dans laquelle les germes se trouvent dans l'air, ils sont d'une importance capitale dans la nature (**42**).

(**40**) L'idée de la génération spontanée dans un milieu favorable, admise autrefois par un grand nombre de savants, est actuellement abandonnée à la suite des travaux de Pasteur et de ses élèves (et en partie aussi de ses prédécesseurs). On a réussi, en effet, à démontrer de quelle manière se forment et d'où (de l'air, de l'eau, etc.), proviennent les germes, et à prouver que, sans ces derniers, toute fermentation devient impossible, ainsi que le développement de beaucoup de maladies contagieuses et, ce qui est le plus important, on est arrivé, par l'introduction artificielle des germes (par la vaccination, par l'addition de levûre) à provoquer, dans certains milieux favorables, les changements voulus, accompagnés d'un développement des organismes introduits.

(**41**) A l'appui de la théorie qui veut que toute putréfaction, que toute fermentation soient causées par certains germes, qui se trouvent dans l'air, on peut mentionner encore ce fait que les substances vénéneuses, qui tuent les organismes, arrêtent ou empêchent en même temps les processus de se produire. L'air, très fortement chauffé et ayant traversé de l'acide sulfurique, ne contient plus de germes et perd la faculté de provoquer la fermentation et la putréfaction.

(42) La manifestation de ces phénomènes s'explique par la dispersion des germes ; grâce à leur petitesse extrême et à ce qu'ils possèdent une grande surface par rapport à leur poids, ils sont, en quelque sorte, suspendus dans l'air. A Paris, la quantité totale de poussières suspendues dans l'air, est, pour 100 mètres cubes d'air, de 6 gr. après la pluie ; elle peut s'élever à 23 grammes.

L'air renferme donc les substances les plus différentes. L'azote, qui s'y trouve cependant en quantité considérable, n'exerce qu'une très faible influence dans les actes qui s'accomplissent sous l'influence de l'air. L'oxygène, qui s'y trouve en quantité plus petite que l'azote, joue, au contraire, un rôle important dans une multitude de réactions : il entretient la combustion, la respiration, la putréfaction et tout acte d'oxydation lente. L'importance de l'humidité est universellement reconnue. L'acide carbonique, dont la proportion dans l'air est encore moindre, est d'une importance énorme dans la nature, puisqu'il sert d'aliment aux différents végétaux. L'importance de l'ammoniaque et de l'acide azotique est également considérable, parce que c'est avec leur aide que se forment dans la nature les substances azotées, entrant dans la composition de tout organisme vivant. Enfin, malgré leur petit nombre, ces germes jouent un rôle important dans une multitude de phénomènes naturels.

Ce n'est donc pas la quantité, mais bien la qualité des parties constituantes de l'air, qui détermine leur importance dans la nature (**43**).

(43) On trouve partout des cas analogues. Nous rappelons, comme exemple, que l'argile et le sable, qui forment presque toute la masse du sol, n'ont chimiquement qu'une part infime dans le rôle que joue le sol dans la nutrition des plantes. Elles y recherchent, à l'aide de leurs racines, les substances qui y sont dispersées en quantités relativement minimes. Si même, l'on introduit, dans le sol, beaucoup de ces substances nutritives, les plantes ne s'y développent pas et meurent, comme l'animal périt dans l'oxygène pur.

L'air, étant un mélange de substances variées, peut subir des **altérations** considérables, suivant les circonstances. Il est surtout important de signaler les changements que subit la composition de l'air dans les lieux habités et les différents locaux où des êtres vivants doivent séjourner pendant longtemps. La respiration de l'homme et des animaux altère l'air (**44**). Ce dernier subit la même altération sous l'influence des corps qu'on y brûle (**45**). C'est pour cette raison qu'il est nécessaire de renouveler l'air dans les lieux habités. Le renouvellement de l'air, c'est-à-dire la substitution de l'air pur à l'air vicié s'appelle ventilation (**46**), tandis qu'on nomme désinfection (**47**) l'élimination des matières étrangères contenues dans l'air.

C'est parce qu'il ne renferme pas de matières étrangères de toute espèce, que l'on trouve dans l'air des habitations et dès villes, que l'air des montagnes, des forêts, des mers et des lieux non marécageux, couverts de verdure ou de neige, se distingue par son action rafraîchissante et, sous tous les rapports, bienfaisante.

(**44**) L'homme brûle, en respirant, 10 gr. environ de carbone par heure, c'est-à-dire qu'il produit journellement 880 gr. ou (puisque 1 mètre cube de gaz acide carbonique pèse environ 2000 gr. à peu près) 5/12 de mètre cube d'acide carbonique. L'air, qui sort des poumons, en contient environ 4 0/0, en volume. L'air exhalé agit comme un poison à cause de la présence de certaines autres substances.

(**45**) Les bougies, les lampes et le gaz altèrent donc la composition de l'air tout comme la respiration de l'homme. La combustion d'un kilogramme de bougies stéariques altère 50 m.c., d'air dans la même proportion que la respiration, c'est-à-dire que cette quantité d'air contient, après la combustion, 4 0/0 d'acide carbonique gazeux.

La respiration des animaux, les émanations de leur peau et surtout celles de leurs déjections, ainsi que les altérations que ces dernières subissent, corrompent encore plus l'air, parce qu'elles y introduisent, en plus de l'acide carbonique, d'autres substances volatiles. A mesure que l'acide carbonique se forme, la quantité d'oxygène de l'air diminue et, en conséquence, la quantité relative d'azote augmente ; en même temps, apparaissent des miasmes, en petite quantité, il est vrai, mais suffisante toutefois pour qu'on puisse constater nettement leur présence, lorsqu'on passe d'un endroit contenant de l'air pur dans un endroit rempli d'air vicié.

Les recherches faites par Schmidt, Leblanc et autres démontrent que l'air contenant 20,6 0/0 (au lieu de 20,9) d'oxygène est déjà lourd et impropre à la respiration ; quand la teneur en oxygène diminue encore, la sensation pénible qu'on éprouve en respirant cet air augmente. Quand l'air ne contient plus que 17,2 0/0 d'oxygène, il est même difficile d'y séjourner quelques minutes.

Ces données ont été fournies par des recherches faites sur l'air de diverses mines et à des profondeurs différentes, sous la terre. L'air des théâtres et des locaux remplis de monde présente également une moindre proportion d'oxygène. Ainsi, dans un théâtre, à la fin d'une représentation, l'air recueilli près du sol contenait 20,75 0/0 d'oxygène, tandis que l'air des parties supérieures n'en renfermait, au même moment, que 20,36 0/0.

La quantité d'acide carbonique contenue dans l'air peut servir à à apprécier sa pureté (Pettenkofer). Quand cette quantité atteint 1 0/0, il devient difficile à l'homme d'y séjourner et il est nécessaire de le renouveler.

Pour avoir, dans les lieux habités, de l'air respirable, il faut introduire au moins 10 m. c. d'air par heure et par personne. On a vu que l'homme exhale par jour 5/12 de m. c. environ de gaz carbonique. Des recherches exactes ont démontré que l'air contenant 0,1 0/0 d'acide carbonique exhalé (et, par conséquent, une quantité correspondante des autres substances dégagées avec l'acide carbonique) ne provoque pas encore la sensation particulière que donne l'air corrompu ; il faut donc, pour empêcher que la teneur en acide carbonique ne dépasse 0,1 0/0 (en volumes) que les 5/12 de m. c. d'acide carbonique soient dilués dans 420 m. c. d'air frais. L'homme a donc besoin de 420 m. c. d'air par jour et de 18 m. c. par heure. En n'introduisant que 10 m. c. d'air frais par heure, la proportion d'acide carbonique peut atteindre 1/5 0/0 et, alors, l'air ne possède plus la fraîcheur voulue.

(46) L'aération est nécessaire dans toutes les habitations, mais elle est indispensable dans les hôpitaux, dans les écoles et dans tous les locaux analogues. Elle s'effectue, en hiver, au moyen des calorifères, c'est-à-dire des appareils destinés à chauffer l'air avant son entrée dans les salles. Le meilleur genre de calorifère est celui dans lequel l'air frais et froid traverse une série de tuyaux chauffés par les gaz et la fumée du foyer. Il faut veiller à ce que l'air amené par les ventilateurs soit humide, surtout en hiver : car, en cette saison, l'air ne contient que très peu de vapeur d'eau.

En même temps que l'on introduit de l'air frais par la ventilation, il faut éliminer l'air vicié par la respiration et par d'autres causes, c'est-à-dire qu'il est nécessaire de ménager, dans les constructions, des ouvertures pour l'évacuation de cet air vicié. Dans les habitations ordinaires, où le nombre d'habitants est toujours restreint, l'aération se fait, d'une manière naturelle, pendant le chauffage, à travers les fentes, les vasistas et les diverses ouvertures qui se trouvent dans les fenêtres, dans les murs et dans les portes. Dans les mines, les usines, les fabriques etc., la ventilation est d'une grande importance.

La vie des animaux peut continuer, pendant quelques minutes, dans une atmosphère contenant 30 0/0 d'acide carbonique, si le reste, c'est-à-dire 70 0/0, est constitué par de l'air ordinaire ; mais, au bout d'un certain temps, la respiration s'arrête et la mort peut survenir. Dans une atmosphère contenant 5 à 6 0/0 d'acide carbonique, la flamme d'une bougie s'éteint, mais un animal peut y vivre encore assez longtemps, bien que la sensation de cet air soit pénible, même pour les animaux inférieurs. Il y a des mines, dans lesquelles la flamme d'une bougie peut s'éteindre facilement par suite d'un excès d'acide carbonique, tandis que les mineurs peuvent y séjourner longtemps.

La présence dans l'air de 1 0/0 d'oxyde de carbone le rend déjà mortel, même pour les animaux à sang froid. L'air des galeries des mines, dans lesquelles on a produit des explosions, est connu pour occasionner un état de malaise spécial, qui ressemble beaucoup à celui que font éprouver les vapeurs de charbon. Les puits profonds et les caves renferment parfois des substances analogues et l'air qu'ils contiennent est capable de déterminer l'asphyxie.

Pour juger de la qualité de l'air de ces endroits, il n'est pas suffisant d'y descendre avec une bougie allumée et d'observer si elle s'y éteint ou non. Cette expérience suffirait seulement à démontrer la proportion de l'acide carbonique. Si la bougie ne s'éteint pas, c'est que l'air contient moins de 6 0/0 d'acide carbonique. Dans les cas douteux, il vaut mieux examiner l'endroit en y descendant un chien ou un autre animal quelconque.

Une bougie ne s'éteint pas, mais l'intensité de la flamme diminue lorsque l'accroissement de CO_2 se fait lentement : la proportion de CO_2 peut même atteindre 12 0/0 sans que la flamme disparaisse. Les recherches de F. Clowes (1894) ont démontré que, pour éteindre la flamme longue de 0 m. 018 produite par différentes substances combustibles, il faut introduire peu à peu dans l'air des quantités différentes d'azote et d'acide carbonique. Le tableau ci-dessous indique les quantités de ces gaz nécessaires pour éteindre la flamme. Les nombres placés entre parenthèses expriment la proportion 0/0 de d'oxygène.

	0/0 CO^2	0/0 Az^2
Alcool absolu	14 (18,1)	21 (16,6)
Bougie............	14 (18,1)	22 (16,4)
Hydrogène........	58 (8,1)	70 (6,3)
Gaz d'éclairage.....	53 (14,1)	16 (11,3)
Oxyde de carbone..	14 (16,0)	28 (15,1)
Méthane..........	10 (18,9)	17 (17,4)

La même proportion de CO^2 ou de Az^2 éteint la flamme de tous les corps solides et liquides. Il n'en est pas de même pour les gaz : l'hydrogène continue à brûler dans des mélanges extrêmement pauvres en oxygène où tous les autres gaz combustibles s'éteignent. C'est, de tous les gaz, la flamme du méthane qui s'éteint le plus facilement.

Il faut, pour obtenir le même résultat, ajouter une plus grande quantité d'azote que de CO^2.

Ces observations ajoutées à ce fait qu'avant de s'éteindre, les flammes deviennent moins éclairantes et augmentent de volume, semblent prouver que l'extinction est surtout provoquée par l'abaissement de la température de la flamme.

(47) Les diverses substances, dites **désinfectantes**, ont pour but d'épurer l'air ; elles empêchent l'action nuisible de certains de ses composants en les altérant ou en les détruisant. La désinfection est surtout nécessaire dans les endroits où il se dégage une quantité considérable de substances volatiles où se décomposent des substances organiques, par exemple, dans les hôpitaux, dans les lieux d'aisance, etc.

Les moyens de désinfection de l'air, que l'on a proposés, sont nombreux. On peut les diviser en trois catégories principales : substances oxydantes, substances antiseptiques et substances absorbantes.

Parmi les substances **oxydantes**, usitées pour la désinfection, on peut citer le chlore gazeux et les diverses substances qui en dégagent ; en présence de l'eau, le chlore oxyde la plupart des substances organiques. C'est pour cette cause que l'on fait, pendant les épidémies, des fumigations de chlore. Puis, viennent, dans la même catégorie, les manganates alcalins, sels facilement oxydants et solubles dans l'eau; comme ces sels ne sont pas volatils, à l'instar du chlore, ils agissent, en conséquence, plus lentement et sur un espace beaucoup plus limité.

Les substances **antiseptiques** sont celles qui transforment les substances organiques en des substances peu altérables ; elles empêchent la putréfaction et la fermentation de se produire. Ces substances tuent probablement les germes contenus dans les miasmes. Les plus importantes, parmi ces substances, sont la créosote et le phénol (acide phénique), substances qui se trouvent dans le goudron et qui jouent un rôle dans le procédé de la conservation de la viande par le fumage, puisqu'on les retrouve également dans la fumée. Le phénol est une substance peu soluble dans l'eau, volatile, d'apparence huileuse, possédant l'odeur caractéristique des objets fumés. Le phénol, employé en grande quantité, agit comme poison ; mais, de petites quantités de cette substance, en solution aqueuse, empêchent les substances animales de s'altérer. A l'aide du phénol et du chlore, on chasse la mauvaise odeur des lieux d'aisance, engendrée par les altérations que subissent les excréments. L'acide salicylique, le thymol, le goudron ordinaire etc., sont également des substances antiputrides. On s'en sert, dans des cas spéciaux, mais on n'en fait pas généralement usage pour la désinfection.

Les substances **absorbantes** ne sont pas moins importantes que les deux classes précédentes de désinfectants ; elles agissent, d'une manière certaine, et ne présentent pas de danger. Ce sont des substances qui absorbent les gaz et les vapeurs odorantes, dégagés pendant la putréfaction ; ces derniers contiennent principalement de l'ammoniaque, de l'acide sulfhydrique et d'autres composés volatils. A cette catégorie de substances appartiennent : le charbon, certains sels de fer, le gypse, les sels de magnésie et autres, ainsi que la tourbe, la mousse, l'humus et l'argile. Leur emploi peut être utile, non seulement pour chasser les mauvaises odeurs, mais aussi pour la destruction radicale des miasmes.

La question de la désinfection, ainsi que celle de la ventilation, appartient aux problèmes les plus sérieux de la vie sociale et de l'hygiène. Leur domaine est tellement vaste, que nous ne pouvons donner ici qu'un aperçu sommaire du sujet.

CHAPITRE VI.

Composés hydrogénés et oxygénés de l'azote.

Nous avons vu, dans le chapitre précédent, que l'azote
ne se combine pas directement à l'hydrogène ; mais que,
si l'on fait passer une série d'étincelles électriques dans un
mélange de ces gaz, en présence de l'acide chlorhydrique
gazeux HCl (**1**), il se forme du chlorhydrate d'ammoniaque AzH^4Cl. Puisque, dans ce composé, HCl est combiné
avec AzH^3, il est évident que Az avec H^3 forme l'ammoniaque (**2**).

(1) L'ammoniaque, que l'on rencontre dans l'air, dans l'eau et dans
le sol provient de la décomposition des substances azotées végétales
et animales, et, probablement aussi, de la réduction des nitrates métalliques. La formation de la rouille, l'oxydation du fer donnent toujours naissance à une certaine quantité d'ammoniaque: il y a probablement décomposition de l'eau et mise en liberté d'oxygène qui,
à l'état naissant, réagit sur l'acide nitrique, existant dans l'air (Cloez).
On peut encore admettre qu'il se forme aux dépens du nitrite d'ammonium, dans beaucoup de circonstances. On voit quelquefois se
dégager des vapeurs, contenant des combinaisons ammoniacales,
dans le voisinage des volcans.

L'azote se combine directement, sous l'influence de la chaleur,
avec H, Mg, Ca et beaucoup d'autres métaux. Ces composés, traités
par l'eau ou chauffés avec des alcalis caustiques, donnent de l'ammoniaque (voyez chapitre XIV, note 14 et chapitre XVII, note 12).
Ce sont là des exemples de combinaison indirecte de l'azote et de
l'hydrogène.

(2) Si l'on fait passer à travers le gaz ammoniac une décharge lente (comme dans l'ozonisation de l'oxygène), ou bien une série d'étincelles électriques (par exemple, dans l'eudiomètre), ce gaz se décompose en azote et en hydrogène. C'est là un phénomène de dissociation, analogue à ceux que nous avons étudiés dans le chapitre précédent, p. 386. Aussi, une série d'étincelles électriques ne peut jamais faire disparaître la totalité de l'ammoniaque ; il en reste toujours une certaine partie non décomposée. Deux volumes d'ammoniaque donnent un volume d'azote et trois volumes d'hydrogène.

Quand, dans un mélange gazeux ou dans une solution aqueuse, il existe de *l'ammoniaque à l'état libre*, c'est-à-dire non combiné aux acides, l'odorat seul suffit pour le reconnaître. Cette odeur caractéristique manque à beaucoup de sels ammonicaux : pour déceler leur présence, il suffit de mettre dans le mélange un alcali, de la chaux vive, de la potasse ou de la soude, par exemple : l'ammoniaque, s'il en existe, se dégage immédiatement, surtout sous l'influence de la chaleur.

Pour rendre visible la présence de l'ammoniaque, on peut introduire dans ses vapeurs une baguette trempée dans l'acide chlorhydrique concentré : on voit se former aussitôt un nuage blanc. L'ammoniaque et l'acide chlorhydrique sont en effet volatils ; leurs vapeurs, en se rencontrant, donnent naissance à du sel ammoniac AzH^4Cl solide. Quand l'ammoniaque ne se trouve dans un mélange qu'en petite quantité, cet essai n'est pas probant — les vapeurs blanches sont à peine visibles. Dans ce cas, il est préférable de se servir de papier trempé dans une solution de nitrate mercureux : $HgAzO^3$. Ce papier noircit en présence de l'ammoniaque : il y a, en effet, combinaison de l'ammoniaque avec l'oxydule de mercure et formation d'un composé noir. Les moindres traces d'ammoniaque, dans l'eau de rivière par exemple, peuvent être découvertes par le réactif de Nessler : c'est une solution de bichlorure de mercure $HgCl^2$ dans l'iodure de potassium KI ; la plus petite quantité d'ammoniaque y produit un précipité brun.

Il nous paraît utile d'indiquer ici les données thermochimiques (exprimées en milliers d'unités de chaleur, d'après Thomsen), ou les quantités de chaleur qui se *dégagent* dans la formation de l'ammoniaque et de ses combinaisons. Les nombres expriment la quantité de chaleur dégagée par la formation du poids équivalent à la formule. Ainsi, par exemple $(Az + H^3)\,26,7$ indique que 14 gr. d'azote, en se combinant avec 3 gr. d'hydrogène, développent une quantité de chaleur suffisante pour élever de un degré la température de 26,7 kgr. d'eau.

$$(Az + H^4 + Cl)\ 90,6$$
$$(AzH^3 + HCl)\ 41,9\ ;$$
$$(AzH^3 + nH^2O)\ 8,4\ \text{(chaleur de la dissolution)}$$
$$(AzH^3,\ nH^2O + HCl, nH^2O)\ 12,3.$$

Presque toutes *les substances azotées, végétales et animales,* dégagent de l'ammoniaque, quand on les chauffe avec un alcali. La présence d'un alcali n'est même pas indispensable ; car, pour la plupart des substances azotées, la calcination, surtout à l'abri de l'air, suffit pour chasser la plus grande partie de leur azote, sinon la totalité, à l'état d'ammoniaque. Ainsi, en soumettant à la distillation sèche certaines substances animales, comme par exemple la peau, les os, les muscles, les poils, la corne, etc., dans des cornues en fer ou en fonte, c'est-à-dire en les chauffant à l'abri de l'air, elles se décomposent. Une partie des produits de la décomposition reste dans la cornue à l'état de charbon ; l'autre portion, grâce à sa volatilité, s'échappe par le col et se condense en un liquide qui se sépare en deux couches : l'une huileuse, qui forme ce qu'on appelle l'huile animale (*oleum animale*), l'autre aqueuse, qui tient en dissolution du carbonate d'ammonium (fig. 46). Si l'on chauffe cette solution avec de la chaux, le sel ammoniacal se décompose : la chaux se combine à l'acide carbonique, et l'ammoniaque se dégage à l'état gazeux (**3**).

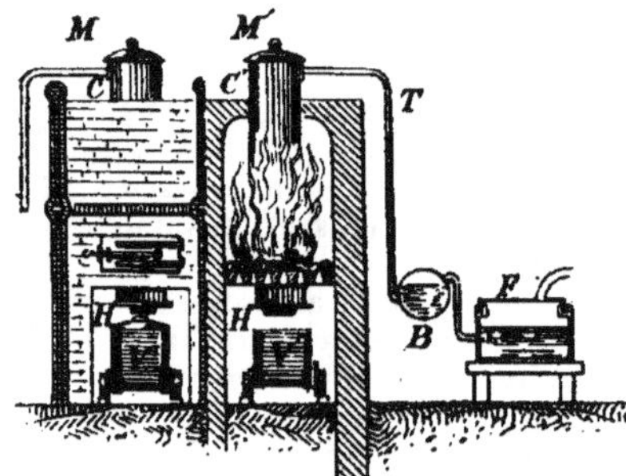

Fig. 46. — Distillation sèche industrielle des os. Les os sont placés dans les cylindres verticaux C, C' (hauteur 1m.5 ; diam. 0m.30). Les produits volatils passent par les tubes T et se condensent en B et F. Le fond mobile H permet de vider les cylindres dans les wagonnets V, V').

(3) On obtient également des eaux ammoniacales, en plus petite quantité cependant, dans la distillation sèche des plantes ou du charbon de terre, qui n'est constitué, en somme, que par des plantes fossiles. Dans tous ces cas, l'ammoniaque provient de la décomposi-

tion des substances azotées complexes, contenues dans les plantes et les animaux. Tous les sels ammoniacaux, employés dans l'industrie, sont actuellement préparés par ce procédé.

Dans l'antiquité, les composés ammoniacaux, employés en Europe, venaient d'Egypte, où on les extrayait de la suie produite par la combustion de la fiente des chameaux. Le lieu de production le plus célèbre était Ammon, en Lybie ; c'est pour cette raison que le chlorure d'ammonium est appelé *sel ammoniac*, et c'est de là que provient le mot ammoniaque. Actuellement, l'industrie retire exclusivement l'ammoniaque soit des produits de la distillation sèche des débris animaux et végétaux, de l'urine en décomposition, soit des eaux ammoniacales, qui proviennent de la distilla-

Fig. 47. — Extraction industrielle de l'ammoniaque des eaux ammoniacales provenant des usines à gaz, de la décomposition des urines, etc. Le liquide ammoniacal, mélangé avec de la chaux, est introduit dans la chaudière C'' ; de là, il passe dans les chaudières C' et C. Cette dernière est placée sur un foyer F. De la chaudière C, l'ammoniaque et les vapeurs d'eau passent par le tube T en C' et de C' en C'' ; c'est cette dernière chaudière qui contiendra la solution la plus riche en ammoniaque. Les agitateurs A'', A', A servent à maintenir la chaux en suspension dans le liquide. De C'', les vapeurs d'ammoniaque passent par le tuyau T'' dans des réfrigérants et, de là, dans un flacon de Woolf P, où s'accumule la solution d'ammoniaque. Le vase plat B, rempli d'acide, retient l'ammoniaque non condensée en P.

tion du charbon de terre pour la préparation du gaz d'é-
clairage. On mélange, dans de grandes cornues, ces liquides avec de la chaux et on chauffe ; l'ammoniaque
se dégage en même temps que de la vapeur d'eau (**4**).

(**4**) Les figures, intercalées dans le texte, suffisent à expliquer les
procédés employés dans l'industrie pour extraire l'ammoniaque des
eaux ammoniacales.

On n'emploie, dans la pratique, qu'une quantité peu considérable d'ammoniaque à l'état libre, c'est-à-dire en solution aqueuse ; on transforme la plus grande partie en divers
sels qui trouvent une application industrielle, particulièrement en chlorure d'ammonium AzH^4Cl, et en sulfate
d'ammonium $(AzH^4)^2SO^4$.

Ces derniers corps sont des sels, puisqu'ils résultent de
la combinaison de l'ammoniaque : AzH^3 avec des acides du
type HX et répondent à la formule générale AzH^4X. Le sel
ammoniac, AzH^4Cl est une combinaison de l'ammoniaque
avec l'acide chlorhydrique. Pour le préparer, on fait passer
le mélange d'ammoniaque et de vapeur d'eau, obtenu en traitant, comme nous venons de l'indiquer, les eaux ammoniacales, dans une solution aqueuse d'acide chlorhydrique. En
évaporant cette solution, le sel se dépose sous forme de
cristaux (**5**) qui, par leur aspect extérieur et par leurs
propriétés, se rapprochent du sel gemme. Pour extraire
l'ammoniaque du sel ammoniac AzH^4Cl, ou de tout
autre sel ammoniacal, il suffit de chauffer ce composé avec
de la chaux CaH^2O^2. La chaux se combine à l'acide chlo
rhydrique, forme du chlorure de calcium, et met l'ammoniaque en liberté selon l'équation :

$$2\,AzH^4Cl + CaH^2O^2 = 2H^2O + CaCl^2 + 2\,AzH^3.$$

Dans cette réaction, l'ammoniaque se dégage à l'état
gazeux (**6**).

(5) On sublime ordinairement ces cristaux en les chauffant dans

des marmites ou des pots. Les vapeurs se condensent à la surface des couvercles ; le sel cristallise en pains et c'est sous cette forme qu'il est livré au commerce.

(6) Pour préparer l'ammoniaque en petite quantité, on fait, dans une cornue en verre, un mélange, à parties égales, de chlorhydrate d'ammoniaque bien pulvérisé et de chaux hydratée. Si l'on veut obtenir du gaz ammoniac sec, on adapte au col de la cornue un exsiccateur. On ne peut employer, dans ce cas particulier, ni l'acide sulfurique ni le chlorure de calcium, car ces deux corps absorbent l'ammoniaque : on met, dans l'éprouvette à dessécher, de la potasse caustique en morceaux, qui retient l'eau.

Pour recueillir l'ammoniaque à l'état gazeux, on plonge le tube, qui conduit le gaz desséché, dans un bain de mercure ; il est impossible, en effet, de recueillir le gaz sur l'eau puisqu'il est extrêmement soluble dans ce liquide.

C'est Priestley qui prépara le premier l'ammoniaque, à l'état sec, et ce fut Berthollet qui en détermina la composition, à la fin du siècle dernier.

L'oxyde de plomb, mélangé au chlorure d'ammonium (Isambert), en dégage l'ammoniaque encore plus facilement que la chaux ; les deux réactions ont la même cause et à peu près la même marche ; la décomposition de AzH_4Cl par l'oxyde de plomb se fait suivant la réaction :

$$2\,PbO + 2\,AzH^4Cl = Pb^2OCl^2 + H^2O + 2\,AzH^3.$$

Il se forme probablement de l'oxychlorure de plomb.

Il faut remarquer que tous les composés azotés complexes, qui existent dans les plantes, les animaux et le sol, se décomposent quand on les chauffe avec un excès d'acide sulfurique. Tout l'azote se transforme en sulfate d'ammonium, d'où l'on peut retirer l'ammoniaque en traitant le sulfate d'ammonium par un excès d'alcali. Cette réaction est tellement complète que Kjeldahl a pu baser sur elle un procédé de dosage de l'azote.

L'ammoniac, comme tous les gaz que nous avons vus jusqu'alors, est incolore ; mais, il se distingue de tous les autres gaz par son odeur forte, caractéristique. Il irrite les yeux et est absolument impropre à la respiration. Sa densité, par rapport à l'hydrogène, est 8,5 ; il est, par conséquent, plus léger que l'air. C'est un gaz facilement liquéfiable (7).

(7) Puisque le point d'ébullition absolu œ l'ammoniaque est voisin de + 130° (Chap. II, note 28), il est évident que ce gaz peut être liquéfié, par la pression seule, à la température ordinaire et même à des températures plus élevées.

La chaleur latente de l'évaporation de 17 parties en poids d'ammoniaque est égale à 4400 unités de chaleur : c'est pourquoi l'ammoniaque liquéfiée peut-être utilisée pour produire le refroidissement.

On emploie souvent, dans ce but, la solution aqueuse saturée d'ammoniaque. Supposons une solution saturée d'ammoniaque dans un vase muni d'un récipient. Sous l'influence de la chaleur, l'ammoniaque se dégage de la solution en entraînant une petite quantité d'eau. En s'accumulant dans l'appareil, le gaz produit une pression considérable et se liquéfie dans les parties refroidies du récipient. On cesse alors de chauffer; le vase, qui contenait la solution ammoniacale, ne renferme plus que de l'eau très peu chargée d'ammoniaque. En se refroidissant, cette eau absorbe les vapeurs ammoniacales, le vide se fait dans l'appareil et l'ammoniaque, liquéfiée dans le récipient, s'évapore rapidement. Cette évaporation rapide détermine un abaissement de température considérable. L'ammoniaque se dissout, de nouveau, dans l'eau restée dans le vase, qui renferme bientôt une solution aussi concentrée que primitivement. Ainsi, en chauffant le vase, la pression augmente d'elle-même ; en le refroidissant elle diminue, de sorte que la chaleur remplace directement, dans ce cas, le travail mécanique.

C'est le principe de la machine Carré, pour la production artificielle de la glace, représentée sous sa forme la plus simple, dans la fig. 48. C est une chaudière en fer, dans laquelle on introduit la solution aqueuse d'ammoniaque, n-m représente le tube qui conduit les vapeurs ammoniacales dans le récipient.

Toutes les parties de l'appareil doivent être hermétiquement jointes entre elles et capables de résister à une pression de dix athmosphères. L'appareil ne doit pas contenir d'air, ce qui empêcherait la liquéfaction de l'ammoniaque.

La manipulation est la suivante : on incline l'appareil de façon à faire retomber en C le liquide qui peut se trouver en A ; on place le vase C sur un fourneau et on chauffe lentement jusqu'à ce que le thermomètre T marque 130° C. Pendant ce temps, l'ammoniaque se dégage de C et se condense en A. Pour faciliter la condensation, on place le récipient A dans une cuve R, contenant de l'eau froide. Après une demi-heure de chauffage, quand on suppose que toute l'ammoniaque s'est dégagée, on éteint le feu sous le vase C et on place ce vase dans la cuve R, avec de l'eau froide.

Dans cette position, l'appareil est représenté, à droite, dans la figure 48. Alors, l'ammoniaque condensée s'évapore, passe du récipient dans l'eau du vase C, et, en même temps, il se produit, dans le récipient A, un abaissement de température. On place alors, dans l'espace cylindrique E du récipient A, le vase G contenant la substance à refroidir : le refroidissement dure environ une demi heure. Avec un appareil de dimensions ordinaires (contenant environ deux litres de solution ammoniacale),on arrive à produire cinq kilogrammes de glace par kilogramme de charbon consommé. Dans l'industrie, on emploie des machines Carré plus compliquées.

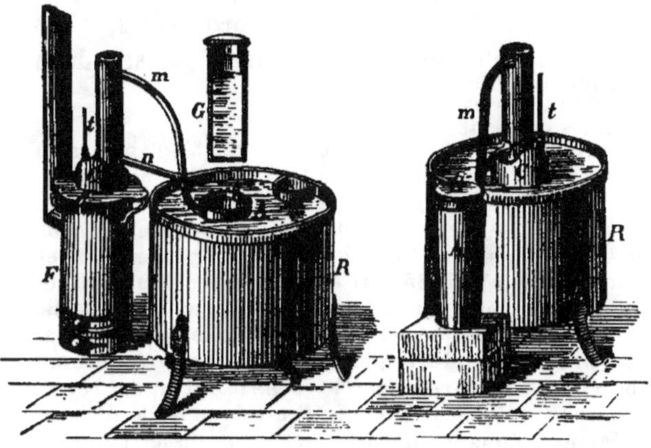

Fig. 48 — Machine Carré pour la production artificielle de la glace ; 1/12 de grandeur naturelle.

Faraday a employé la méthode suivante pour liquéfier l'ammoniaque : le chlorure d'argent (AgCl) sec absorbe une grande quantité (8) de gaz ammoniac, surtout à basse température. On introduit la combinaison solide AgCl, 3 AzH^3, obtenue de cette manière, dans un tube courbé (fig. 49), dont on ferme à la lampe l'extrémité ouverte. On chauffe légèrement la partie du tube qui contient le composé argentique. On observe aussitôt un dégagement d'ammoniaque, par suite de la dissociation de cette combinaison. L'autre branche du tube A est plongée dans un mélange réfrigérant ; sous l'influence du froid et de la pression exercée par le gaz, l'ammoniaque passe à l'état liquide et s'accumule dans la partie froide du tube. Dès que l'on cesse de chauffer, le chlorure d'argent absorbe, de nouveau, l'ammoniaque ; le même tube peut donc servir pour un grand nombre d'expériences. L'ammoniaque peut, par conséquent, être liquéfiée par les méthodes ordinaires, c'est-à-dire en comprimant le gaz sec dans un espace refroidi.

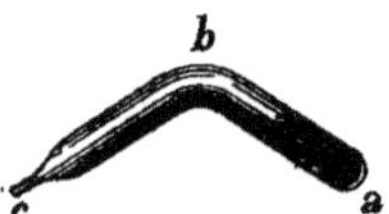

Fig. 49. — Tube de Faraday pour la liquéfaction de l'ammoniaque. Ce tube en verre, à parois résistantes, contient une combinaison de chlorure d'argent avec de l'ammoniaque.

(8) Au dessous de 15° (d'après Isambert), on obtient AgCl, 3.Az H³ et au dessus de 20°, 2 AgCl3.Az H³. La tension de l'ammoniaque, qui se dégage de la dernière combinaison, est égale à la pression atmosphérique, à 68° ; la tension des vapeurs ammoniacales de Ag Cl, 3Az H³ est déjà égale à une atmosphère, à 20°. Par conséquent, à une température plus élevée, la tension de vapeur de l'ammoniaque est plus grande que la pression atmosphérique ; à une température plus basse, au contraire, l'ammoniaque est absorbée de nouveau par le chlorure d'argent et forme les combinaisons indiquées ci-dessus. Il est donc facile d'observer, dans cette réaction, tous les phénomènes de la dissociation.

Joannis et Crosier (1894) ont étudié les combinaisons analogues que forme l'ammoniaque avec AgBr, AgI, AgCAz et AgAzO³. Ils ont constaté que toutes ces combinaisons sont des composés définis, par exemple :

AgBr. 3AzH³ — 2AgBr.3AzH³ et — AgBr.2AzH³.

Ces trois corps sont incolores : ils se décomposent, à la pression atmosphérique, aux températures respectives de :

+ 35°   + 34°   + 51°

Le gaz ammoniac liquéfié (9) est un liquide incolore, très mobile, dont le poids spécifique à 0° = 0,63 (E. Andréeff) ; à la température très basse que l'on obtient en mélangeant l'acide carbonique liquide avec de l'éther (environ — 70°), l'ammoniaque liquéfiée cristallise. A l'état solide, l'ammoniaque possède une odeur faible, parce que, à cette basse température, la tension de ses vapeurs est peu considérable.

(9) On peut liquéfier l'ammoniaque sans produire une augmentation de pression, par le refroidissement seul, à l'aide d'un mélange de chlorure de calcium et de glace. La température est assez basse, en Russie, pendant les froids d'hiver, pour que cette liquéfaction se produise naturellement.

L'emploi de l'ammoniaque, comme force motrice, a été étudié par l'ingénieur français Tellier, qui a presque résolu le problème.

La température d'ébullition (à la pression de 760 mm.) de l'ammoniaque liquéfiée est voisine de — 32°. Il est, par conséquent, facile d'obtenir cette température en évaporant, à la pression ordinaire, l'ammoniaque liquéfiée.

L'ammoniaque, renfermant dans sa molécule beaucoup d'hydrogène, est **combustible** ; cependant, dans l'air ordinaire, il est difficile de l'enflammer, et la combustion ne se produit jamais que d'une manière irrégulière. Dans l'oxygène pur, au contraire, l'ammoniaque brûle avec une flamme jaune (**10**) : il y a production d'eau, et l'azote, mis en liberté, se combine avec l'oxygène pour former les différents oxydes de l'azote. On peut effectuer la décomposition de l'ammoniaque en hydrogène et en azote, non seulement sous l'influence d'une haute température ou des étincelles électriques, mais aussi à l'aide de différentes substances oxydantes, par exemple, en faisant passer l'ammoniaque dans un tube contenant de l'oxyde de cuivre chauffé au rouge. On peut recueillir l'eau à l'aide des substances qui l'absorbent et la quantité d'azote dégagée peut être mesurée à l'état gazeux. C'est, d'ailleurs, par ce procédé que l'on détermine la composition de l'ammoniaque. En opérant ainsi, il est facile de démontrer que l'ammoniaque contient, en poids, 14 parties d'azote et 3 parties d'hydrogène ; en volumes, 3 vol. d'hydrogène et 1 vol. d'azote formant deux vol. d'ammoniaque (**11**).

(10) La combustion de l'ammoniaque dans l'oxygène peut être produite à l'aide du platine. On introduit une petite quantité d'une so-

lution ammoniacale, contenant environ **20** %, d'ammoniaque, dans un flacon à large ouverture, d'un litre de capacité. On fait plonger, dans la solution, l'extrémité d'un tube ayant environ 10 mm. de diamètre, par où l'on fait arriver un courant d'oxygène (**Fig. 50**).

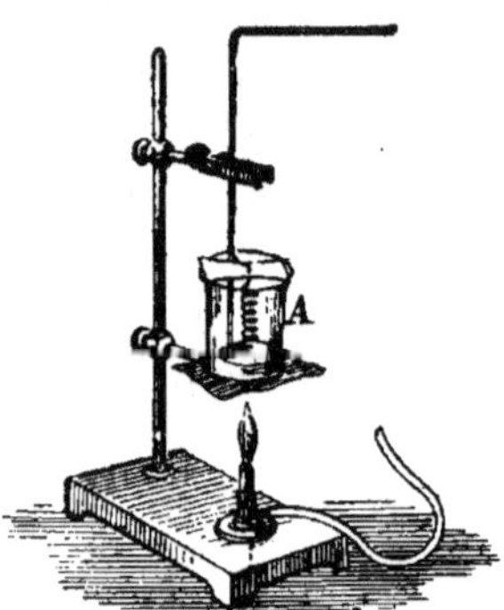

Fig. 50. — Oxydation de l'ammoniaque dans un courant d'oxygène. Le verre **A** contient une solution d'ammoniaque. Une spirale en platine est suspendue, dans son intérieur, à l'aide d'une plaque en verre.

Avant de laisser passer l'oxygène, on introduit, dans le vase **A** (fig. 50), une spirale de platine chauffée au rouge. L'ammoniaque, en présence du platine, s'oxyde et s'enflamme, tandis que le platine s'échauffe encore davantage. On chauffe alors le flacon qui contient l'ammoniaque et on laisse passer l'oxygène à travers la solution ammoniacale. L'oxygène entraîne une certaine quantité d'ammoniaque, et ces deux gaz mélangés produisent une faible explosion au contact du platine incandescent ; à cette explosion succède un refroidissement, grâce à l'absence de combustion, qui se renouvelle peu de temps après ; elle est suivie d'une faible explosion et, ainsi de suite. Quand l'oxydation se fait sans explosion, on aperçoit, dans le flacon, des vapeurs blanches de nitrite d'ammonium et des vapeurs rouges indiquant la présence des oxydes d'azote ; pendant l'explosion, il se produit une combustion complète et il se forme de l'eau et de l'azote.

(**11**) Cette composition peut être vérifiée en tenant compte des densités des deux gaz.

L'azote est 14 fois plus dense que l'hydrogène, tandis que la densité de l'ammoniaque est égale à 8 fois 1/2 celle de l'hydrogène.

Si la combinaison de trois volumes d'hydrogène avec **1** volume d'azote donnait 4 volumes d'ammoniaque, ces 4 volumes pèseraient 17 fois plus qu'un volume d'hydrogène : par conséquent, 1 volume d'ammoniaque serait 4 fois 1/2 plus lourd que le même volume d'hydrogène ; mais, puisque, au lieu de 4 volumes, il ne se produit que **2** volumes d'ammoniaque, ce dernier gaz doit être 8 1/2 fois plus dense que l'hydrogène, ce qui a lieu, en effet.

L'ammoniaque est capable de se combiner avec beaucoup de substances en formant, comme l'eau, des combinaisons de différente stabilité (**12**).

(12). Les solutions aqueuses d'ammoniaque sont plus légères que l'eau. A 15°, si l'on suppose que la densité de l'eau à 4° $=$ 10.000, la densité de ces solutions, qui dépend de p, c'est-à-dire de la proportion centésimale en poids d'ammoniaque qu'elles renferment, s'exprime par une parabole :

$$s = 9992 - 42,5\ p + 0,21\ p^2$$

Pour la solution à 10 0/0 par exemple:

$$s = 0,9587$$

Si la température est t (et si cette température n'est ni inférieure à 10°, ni supérieure à 20°), il faut ajouter à la formule du poids spécifique l'expression :

$$(15 - t)\ (1,5 + 0,14\ p)$$

Les solutions, qui renferment plus de 24 °/₀ d'ammoniaque, n'ont pas encore été suffisamment étudiées, au point de vue des modifications de leur poids spécifique.

Il est facile cependant de préparer des solutions plus concentrées, puisque l'on peut obtenir, même à 0°, une solution qui se rapproche de la composition AzH³, H²O (48,6 °/₀ AzH³) et qui possède un poids spécifique égal à 0,85.

Mais, des solutions aussi concentrées dégagent, à la température ordinaire, une grande quantité d'ammoniaque, de sorte qu'on obtient rarement des solutions contenant plus de 24 °/₀ d'ammoniaque.

Les solutions, qui renferment des quantités considérables d'ammoniaque, forment, à une température inférieure à 0°, des cristaux ayant tout à fait l'apparence de la glace : les solutions à 8 °/₀, par exemple, cristallisent à —14°; les solutions très concentrées à —48°; ces cristaux semblent contenir de l'ammoniaque. Sous l'influence de la chaleur, même à une température relativement basse, on peut chasser toute l'ammoniaque contenue dans une solution ; aussi, dans la distillation de tout liquide contenant de l'ammoniaque, le liquide distillé est toujours très riche en ammoniaque.

L'alcool, l'éther et beaucoup d'autres liquides sont également capables de dissoudre l'ammoniaque. Les solutions ammoniacales, exposées à l'air, perdent une partie de leur ammoniaque, conformément aux lois de la dissolution des gaz que nous avons déjà eu l'occasion d'étudier. Mais, ces solutions absorbent en même temps l'acide carbonique de l'air et il y a formation de carbonate d'ammonium.

La solution aqueuse d'ammoniaque est souvent employée dans les laboratoires et dans l'industrie. Pour la préparer, on se sert, dans les laboratoires, de l'appareil représenté figure 51. Dans les usines, on emploie le même dispositif ; seulement les appareils ont des dimensions beaucoup plus grandes et les vases en verre sont remplacés par des récipients en grès ou en métal.

On prépare le gaz dans un ballon A, d'où on le dirige d'abord dans le flacon B, contenant très peu d'eau, et ensuite dans une série de flacons de Woolf C, D, E.

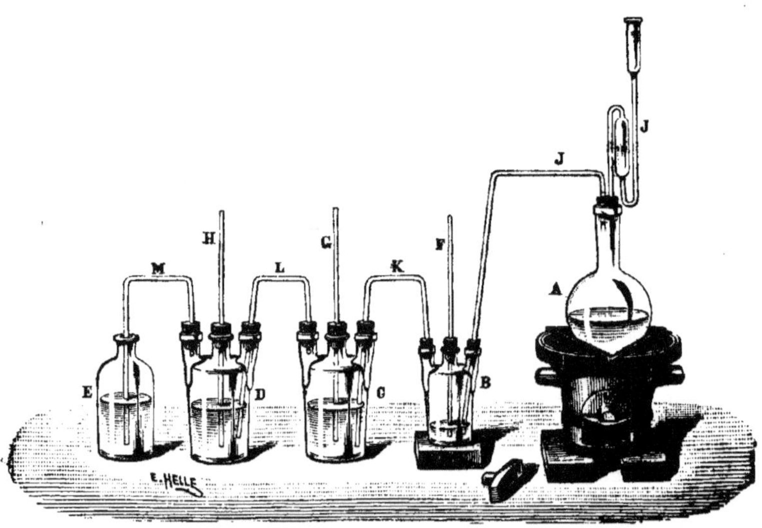

Fig. 51. — Appareil pour la préparation des solutions d'ammoniaque, muni de tubes de sûreté.

Les impuretés restent en B et le gaz se dissout en C; mais, bientôt, l'eau contenue dans ce vase est saturée, et l'ammoniaque lavée, par conséquent, plus pure, passe dans les vases suivants où l'on obtient des solutions ammoniacales pures.

Le tube recourbé, qui est dessiné au-dessus du ballon, est un tube de sûreté, qui empêche la pression dans l'appareil de devenir trop grande (dans ce cas, le gaz s'échappe dans l'air par ce tube) et aussi trop basse (par exemple, en cas de refrodissement subit, ou quand la réaction s'arrête brusquement). Si cela a lieu, l'air passe par ce tube : on évite ainsi l'aspiration du liquide de B vers A. Les tubes de sûreté, dont est muni chaque flacon de Woolf, qui sont ouverts aux deux extrémités et immergés dans le liquide, ont le même but. Si ces tubes n'existaient pas et que le dégagement d'un gaz aussi soluble que l'ammoniaque cessât par une cause quelconque, la solution serait projetée d'un vase dans l'autre, par exemple de E en D, etc.

On comprend la nécessité des *tubes de sûreté* dans tout appareil à gaz, si l'on considère que la *pression du gaz* dans l'appareil doit être supérieure à la pression atmosphèrique de la somme des pressions exercées par chacune des colonnes de liquide à travers lesquelles le gaz doit passer.

La **solubilité** de l'ammoniaque dans l'eau et dans beaucoup de solutions aqueuses est supérieure à celle de tous les autres gaz connus. Nous avons vu déjà, dans le Chapitre I, qu'un volume d'eau dissout, à la température ordinaire, environ 700 vol. d'ammoniac gazeux. Un morceau de glace, introduit dans l'ammoniac, fond en l'absorbant. La grande solubilité de l'ammoniac nous permet d'avoir toujours ce gaz à notre disposition, sous forme d'une solution aqueuse, connue dans le commerce sous le nom d'*alcali volatil*, c'est-à-dire substance volatile extraite du sel ammoniac.

La solution d'ammoniac dégage continuellement des vapeurs ammoniacales; aussi, a-t-elle la même odeur que l'ammoniac lui même. L'ammoniaque, en solution aqueuse, possède une réaction alcaline et colore en bleu le papier de tournesol, comme la potasse caustique et comme la chaux. C'est pourquoi on l'appelle souvent *ammoniaque caustique* (alcali volatil). Tout acide peut être saturé avec l'ammoniac gazeux exactement de la même manière qu'avec un autre alcali, de sorte que l'**ammoniac se combine directement avec les acides.**

C'est, au point de vue chimique, la réaction la plus caractéristique et la plus importante de cette substance. Si l'on met l'acide sulfurique, l'acide nitrique, l'acide acétique ou un autre acide, quel qu'il soit, en contact avec l'ammoniaque, on observe la dissolution du gaz, le dégagement d'une grande quantité de chaleur et la formation de composés qui tous ont les propriétés des sels. Ainsi, par exemple, l'acide sulfurique H^2SO^4, en absorbant l'ammoniac, forme deux sels, suivant les quantités relatives d'ammoniaque qui ont été absorbées. Un sel se forme par la combinaison de AzH³ avec H²SO⁴ et sa composition est, par conséquent, AzH⁵SO⁴, et l'autre sel se forme de 2 AzH³ + H²SO⁴ et sa composition est, par conséquent, Az²H⁸SO⁴.

Le premier sel possède le caractère acide, l'autre est neutre et on les nomme respectivement: sulfate acide d'ammonium et sulfate d'ammonium neutre ou simplement sulfate d'ammonium. La même réaction a lieu quand on emploie d'autres acides; mais, quelques uns seulement sont capables de former deux séries de sels : neutres et acides; les autres ne forment qu'une seule série, — ils produisent toujours des sels neutres. Ce fait dépend uniquement de la nature des acides et non de l'ammoniaque, comme nous le verrons plus tard.

Les sels ammoniacaux ressemblent beaucoup, par leur aspect et par un grand nombre de leurs propriétés, aux sels métalliques ; le chlorure de sodium, par exemple, ressemble au sel ammoniac ou chlorure d'ammonium ; les deux sels cristallisent dans le même système ; tous deux donnent un précipité avec un sel d'argent ; tous deux sont solubles dans l'eau ; tous deux dégagent de l'acide chlorhydrique, quand on les chauffe avec de l'acide sulfurique. En un mot, leurs réactions sont semblables. On constate la même analogie dans leur composition en comparant le chlorure d'ammonium AzH⁴Cl avec le chlorure de sodium NaCl ; le sulfate d'ammonium acide AzH⁴.HSO⁴ avec le sulfate de sodium acide NaH SO⁴, et le nitrate d'ammonium AzH⁴AzO³ avec le nitrate de sodium NaAzO³ **(13)**. Il résulte évidemment de la comparaison de tous les composés mentionnés que le sodium joue, dans les sels de sodium, le même rôle que le groupe AzH⁴ dans les sels ammoniacaux ; c'est pourquoi on appelle ce groupe **ammonium**. Si le sel gemme ou sel ordinaire, en tant que produit obtenu par l'action de la

soude caustique, ou hydrate de sodium, sur l'acide chlorhydrique, est appelé « chlorure de sodium », le sel ammoniac,
comme produit obtenu par l'action de l'ammoniaque caustique ou hydrate d'ammonium sur l'acide chlorhydrique,
doit également être appelé « chlorure d'ammonium ».

(13) L'analogie, qui existe entre les sels ammoniacaux et les sels
de sodium, peut échapper, si l'on considère que ces derniers
sont le résultat de la combinaison d'un alcali ou d'un oxyde avec un
acide, avec séparation d'eau, tandis que les sels d'ammonium se
forment directement par l'union de l'ammoniaque et d'un acide sans
séparation d'eau.

Mais, l'analogie devient évidente si l'on compare la soude caustique
avec l'ammoniaque caustique et la préparation des sels de sodium,
en partant de l'hydrate de sodium, avec la préparation des sels ammoniacaux, en partant de l'hydrate d'ammonium. On peut citer,
comme exemple, l'action de l'acide chlorydrique sur les deux corps
que nous venons de mentionner :

$$NaOH \quad + \quad HCl \quad = \quad H^2O \quad + \quad NaCl$$
hydrate　　　　　acide　　　　　eau　　　　　chlorure
de sodium　　chlohrydrique　　　　　　　　de sodium

$$AzH^4OH \quad + \quad HCl \quad = \quad H^2O \quad + \quad AzH^4Cl$$
hydrate　　　　　acide　　　　　eau　　　　　chlorure
d'ammonium　chlorhydrique　　　　　　　d'ammonium

Dans l'hydrate de sodium, comme dans l'hydrate d'ammonium,
l'hydroxyle ou le radical de l'eau OH est remplacé par le chlore.

Cette hypothèse que les sels ammoniacaux contiennent
un métal complexe — « l'ammonium » — porte le nom de
théorie de l'ammonium. Elle a été émise par le célèbre chimiste suédois Berzélius, après la proposition faite
par Ampère.

L'analogie entre les métaux et le groupe ammonium est
d'autant plus probable que l'ammonium forme avec le
mercure un amalgame analogue à celui que donne le sodium et beaucoup d'autres métaux. La seule différence, qui
existe entre l'**amalgame d'ammonium** et celui de sodium, c'est que le premier est très instable et qu'il se décompose facilement en dégageant de l'ammoniaque et de

l'hydrogène (**14**). L'amalgame d'ammonium peut être préparé au moyen de l'amalgame de sodium. Si l'on agite ce dernier avec une solution concentrée d'ammoniaque, on voit le mercure augmenter de volume et perdre sa mobilité, tout en conservant son aspect métallique. Dans cette réaction, le mercure dissout l'ammonium, c'est-à-dire que le sodium de l'amalgame de sodium et l'ammonium du sel ammoniac se substituent l'un à l'autre : il y a formation de chlorure de sodium :

$$\text{AzH}^4\text{Cl} + \text{HgNa} = \text{NaCl} + \text{HgAzH}^4.$$

La formation de l'amalgame d'ammonium ne prouve évidemment pas l'existence de l'ammonium à l'état libre ; elle indique seulement la possibilité de l'existence de ce corps et, ce qui est plus important, son analogie avec d'autres métaux, puisque les métaux seuls sont capables de se dissoudre dans le mercure sans modifier son aspect métallique, en formant des composés particuliers appelés amalgames (**15**).

(14) Weyl (1864), en faisant agir l'ammoniaque sur le sodium, à la température ordinaire et à des pressions considérables, a obtenu un composé liquide, étudié dans la suite par Joannis (1889). A 0° et à la pression atmosphérique, la composition de cette substance est $\text{Na} + 5,3\,\text{AzH}^3$. Quand l'excès d'ammoniaque est éliminé du liquide (à 0°) il se précipite un corps solide, rouge cuivre, dont la composition est AzH^3Na. La formule moléculaire de cette substance, déterminée par l'abaissement de la tension de l'ammoniaque liquide, est $\text{Az}^2\text{H}^6\text{Na}^2$; c'est donc de l'ammonium libre dans lequel un atome d'hydrogène est remplacé par du sodium. La combinaison du potassium, obtenue dans les mêmes conditions, a une composition identique. En décomposant, à la température ordinaire, AzH^3Na, Joannis (1891) a obtenu de l'hydrogène et de l'amidure de sodium AzH^2Na en petits cristaux incolores, solubles dans l'eau. Le sodium métallique donne, avec une solution concentrée de chlorure de sodium, par l'addition de l'ammoniaque, le composé $\text{AzH}^2\text{Na}^2\text{Cl}$, qui n'est autre chose que le chlorure d'ammonium dont 2 atomes d'hydrogène H^2 sont remplacés par 2 atomes de sodium Na^2.

Quand on dirige de l'oxygène pur dans une solution ammoniacale des composés ci-dessus mentionnés, à une température d'environ 50°, on observe que ce gaz est rapidement absorbé. La teinte rouge foncée, que présente le liquide disparaît graduellement ; lorsque la décoloration est complète, il se forme un précipité gélatineux, soluble dans l'eau en dégageant une quantité considérable de chaleur, mais sans formation de produits gazeux. Le composé sodique, ainsi obtenu, a la composition suivante : AzH^3Na^2HO c'est donc l'hydrate de l'ammoniure disodique. Bien que l'ammonium n'ait jamais pu être obtenu à l'état libre, on connaît cependant le produit de sa substitution par le sodium ; ce dernier composé a, tout comme l'ammonium, son hydrate et ses sels correspondants.

L'amalgame d'ammonium fut préparé, pour la première fois, de la même manière que l'amalgame de sodium (Davy). On humecte un morceau de sel ammoniac avec de l'eau, pour le rendre bon conducteur de l'électricité, et on creuse une cavité que l'on remplit de mercure ; le morceau de chlorure d'ammonium est placé sur une feuille de platine que l'on met en communication avec le pôle positif d'une pile galvanique, dont le pôle négatif plonge dans le mercure.

Quand le courant électrique passe, le mercure augmente considérablement de volume et devient pâteux, en conservant toujours son apparence métallique.

Les mêmes phénomènes ont lieu si l'on remplace le morceau de sel ammoniac par un morceau de chlorure de sodium ou de potassium ou bien par un autre chlorure métallique.

(15) Il est probable que l'hydrogène est également capable de former un amalgame ressemblant à l'amalgame d'ammonium. Si l'on agite, en effet, de l'amalgame de zinc avec une solution aqueuse de chlorure de platine, à l'abri de l'air, il se forme une masse spongieuse qui se décompose facilement en dégageant de l'hydrogène.

L'amalgame d'ammonium cristallise dans le système cubique. Il est trois fois plus lourd que l'eau ; il n'est stable qu'à basse température. Il commence à se décomposer, à la température ordinaire, en dégageant de l'ammoniaque et de l'hydrogène dans la proportion de deux volumes d'ammoniaque pour un volume d'hydrogène :

$$AzH^4 = AzH^3 + H.$$

L'amalgame d'ammonium, traité par l'eau, donne de l'hydrogène et de l'ammoniaque, qui se dissout, absolument comme l'amalgame de sodium donne de l'hydrogène et de l'hydrate de sodium ; c'est pourquoi, conformément à la théorie de l'ammonium, la solution aqueuse d'ammoniaque doit être considérée comme contenant l'hydrate d'ammonium AzH^4OH (**16**), de même que la solution aqueuse d'hydrate de sodium contient NaHO.

(16) Nous avons déjà vu que, à basse température, la solubilité est assez considérable pour qu'on obtienne une solution ayant la composition moléculaire $AzH^3 + H^2O$, qui correspond à l'hydrate d'ammonium AzH^4HO. Peut-être même, pourra-t-on amener l'hydrate d'ammonium à l'état solide en produisant un abaissement de température considérable. Si l'on admet que les solutions sont des combinaisons définies, en état de dissociation, la propriété que possède l'ammoniaque de se dissoudre en grande quantité dans l'eau, en s'approchant de la limite AzH^4OH, ne fera que confirmer cette hypothèse.

L'hydrate d'ammonium, comme l'ammoniaque elle-même est une substance instable qui se dissocie facilement **et qui ne peut exister, à l'état libre, qu'à basse température** (**17**).

(17) Ce qui prouve l'exactitude de cette conclusion, c'est qu'il existe, à l'état libre, toute une série d'hydrates alcalins $AzR^4(OH)$, qui sont relativement stables et qui présentent des points de ressemblance évidents avec les hydrates de sodium et l'hydrate d'ammonium ; le seul caractère qui les différencie, c'est que l'hydrogène de l'hydrate d'ammonium $AzH^4(OH)$ est remplacé par des groupes complexes $R = CH^3$, C^2H^5, etc., par exemple, $Az(CH^3)^4OH$, etc.

Les solutions d'ammoniaque ordinaires doivent être considérées comme formées par la dissociation de cet hydrate, puisque

$$AzH^4OH = AzH^3 + H^2O$$

Tous les sels ammoniacaux se **décomposent sous l'influence de la chaleur** en ammoniaque et en acide, qui se recombinent par le refroidissement.

Si l'on chauffe un sel ammoniacal, dont l'acide n'est pas volatil, l'ammoniaque seule se dégage tandis que l'acide non volatil reste dans le vase ; si l'acide est, lui aussi, volatil, l'acide et l'ammoniaque se dégagent ensemble et les vapeurs, en se refroidissant, reforment le sel primitif (**18**).

(**18**) Il est facile de prouver que, sous l'influence de la chaleur, les sels ammoniacaux se décomposent et ne se subliment pas simplement; si l'on chauffe, en effet, du sel ammoniac AzH^4Cl, il y a formation de vapeurs, qui contiennent de l'ammoniaque AzH^3 et de l'acide chlorhydrique HCl, comme nous le verrons dans le chapitre suivant.

La facilité avec laquelle les sels ammoniacaux se décomposent est d'ailleurs évidente, puisqu'une solution d'oxalate d'ammonium se décompose avec mise en liberté de l'ammoniaque, même à la température de — 1°. La vapeur, qui se dégage des solutions diluées de sels ammoniacaux en ébullition, a une réaction alcaline, due à la présence de l'ammoniaque. Il y a donc décomposition du sel, dans ces conditions.

L'ammoniaque ne se combine pas seulement avec des acides, mais encore avec beaucoup de sels. Nous en avons déjà vu un exemple dans les composés définis qu'elle forme avec le chlorure d'argent.

$$AgCl\ 3AzH^3 \text{ et } 2AgCl\ 3AzH^3$$

L'ammoniaque est également absorbée par certains chlorures, bromures et iodures métalliques avec dégagement de chaleur. Parmi ces combinaisons, les unes perdent déjà leur ammoniaque par une simple exposition à l'air, les autres seulement sous l'influence de la chaleur; certaines dégagent de l'ammoniaque en se dissolvant, d'autres se dissolvent sans décomposition et peuvent être obtenues par évaporation de leurs solutions.

Tous ces phénomènes prouvent que les composés de l'ammoniaque sont, comme ceux de l'eau, capables de se dissocier avec une plus ou moins grande facilité (**19**).

(**19**) Isambert a étudié la dissociation des combinaisons ammoniacales, comme nous l'avons vu dans la note 8, et il a démontré qu'à basse température, beaucoup de sels ammoniacaux sont capables de se combiner à nouveau avec une plus grande quantité d'ammoniaque. Ici encore, il y a analogie complète avec les solutions aqueuses.

Comme dans ce cas, il est plus facile d'isoler les composés définis et, comme la tension minima des vapeurs ammoniacales est plus grande que celle de l'eau, les combinaisons ammoniacales ont pour nous un intérêt particulier. Elles nous permettent de mieux expliquer la nature des solutions aqueuses et elles confirment la conception de l'existence des combinaisons définies avec l'eau dans ces dernières.

Aussi, aurons-nous l'occasion de revenir souvent sur les composés ammoniacaux dans le cours de ce travail.

Certains oxydes métalliques peuvent aussi se combiner avec l'ammoniaque et se dissolvent dans l'ammoniaque liquide. Tels sont, par exemple, les oxydes de zinc, de nickel, de cuivre, etc. ; ces combinaisons sont, en général, très instables.

La propriété, que possède l'ammoniaque de se combiner avec différents oxydes, explique son action sur certains métaux, par exemple, sur le cuivre en présence de l'air (20).

(20) Chapitre V, note 2.

C'est pour cette raison que les vases en cuivre ne peuvent pas être employés pour renfermer des liquides contenant de l'ammoniaque. Le fer ne s'altère pas au contact de ce corps.

Les relations analogues de l'ammoniaque et de l'eau pour les sels et les différentes substances deviennent surtout évidentes, quand les sels sont capables de se combiner avec les deux corps. Prenons, par exemple, le sulfate de cuivre, $CuSO^4$. Comme nous l'avons vu, dans le Chapitre I, ce sel forme avec l'eau des cristaux bleus $CuSO^4$. $5H^2O$; mais, cette substance absorbe aussi le même nombre de molécules d'ammoniaque en formant un composé également bleu $CuSO^4$, $5AzH^3$. On peut donc appeler l'ammoniaque, ainsi combinée avec des sels : **ammoniaque de cristallisation**.

Telles sont les réactions de combinaison de l'ammoniaque. Etudions maintenant les réactions de substitution, propres à cette substance.

Si l'on fait passer un courant d'ammoniaque à travers

un tube contenant du sodium métallique, il se dégage de l'hydrogène et on obtient une combinaison AzH^2Na, qui a la même formule que l'ammoniaque, dans laquelle un atome d'hydrogène est remplacé par un atome de sodium :

$$AzH^3 + Na = AzH^2Na + H.$$

Le corps obtenu s'appelle **amidure de sodium**. Nous verrons plus loin que l'iode et le chlore sont également capables de se substituer à l'hydrogène dans l'ammoniaque. Les produits de substitution de l'ammoniaque, contenant le radical AzH^2 et ayant pour formule AzH^2R, sont appelés **amides** ; les composés $AzHR^2$ renfermant le groupe AzH ont reçu le nom d'**imides** (**20**[bis]). Enfin, les produits ne contenant plus du tout d'hydrogène ammoniacal AzR^3, s'appellent **nitriles**. Par conséquent, l'hydrogène dans l'ammoniaque peut être remplacé par des éléments différents.

(**20**[bis]) **L'imide** AzH n'a jamais pu être isolé à l'état libre, mais son chlorhydrate AzH^2Cl semble avoir été obtenu par Maumené (1890) par la calcination du chlorure double de platine et d'ammonium :

$$PtCl^2AzH^4Cl = Pt + 2HCl + AzHHCl.$$

Ce sel est soluble dans l'eau et cristallise en primes rhombiques à six pans. Il forme avec $FeCl^3$ un sel double : $FeCl^3 3AzHHCl$. Le composé $AzHHCl$ est l'isomère du premier produit possible de métalepsie de l'ammoniaque AzH^2Cl mais n'a rien de commun avec ce dernier, quant à ses propriétés.

L'amide libre Az^2H^4 est actuellement connu sous le nom de *diamine* ou *hydrazine* (**21**) ; ce corps est capable de se combiner avec les acides et ressemble, sous ce rapport, à l'ammoniaque.

(**21**) L'amide libre, appelé **hydrazine**, a été obtenu par Curtius (1887) à l'aide du diazoacétate d'éthyle ou de l'acide triazoacétique. Curtius et Jay ont démontré (1889) que l'acide triazoacétique $CHAz^2(COOH)$ (la formule doit être triplée) donne, quand on le chauffe en présence de l'eau ou des acides minéraux, l'acide oxalique et l'hydrazine :

$$CHAz^2COOH + 2H^2O = (CO.OH)^2 + Az^2H^4$$

c'est-à-dire (empiriquement), que l'oxygène de l'eau remplace l'azote de l'acide triazoacétique.

La diamine se combine aux acides pour former des sels très stables qui correspondent à deux types : Az^2H^4HX ou $Az^2H^4H^2X^2$, avec HCl, ou H^2SO^4, etc., par exemple. Les sels cristallisent facilement en solution acide: ils se comportent, comme des réducteurs puissants, en dégageant l'azote. La chaleur les décompose : ils donnent des sels ammoniacaux, de l'azote et de l'hydrogène ; avec les azotates, il y a dégagement d'azote.

Le sulfate d'hydrazine $Az^2H^4H^2SO^4$ est difficilement soluble dans l'eau froide (3 parties dans 100 parties d'eau), mais il se dissout très facilement dans l'eau chaude; son poids spécifique $= 1,378$; il fond à 254°, en se décomposant.

Le chlorhydrate d'hydrazine Az^2H^42HCl cristallise en octaèdres ; il est très soluble dans l'alcool, il fond à 198° en dégageant HCl et en formant Az^2H^4HCl: quand on le chauffe rapidement, il se décompose avec explosion. Traité par $PtCl^4$, il dégage immédiatement de l'azote en formant $PtCl^2$.

Quand les sels Az^2H^42HX sont mis en contact avec des alcalis, il se forme **l'hydrate de diamine** $Az^2H^4H^2O$ —liquide fumant, presque incolore, qui bout à 119°, dont la solution aqueuse attaque le **verre** et le caoutchouc; elle a une saveur alcaline et **est** très vénéneuse. Cet hydrate possède des propriétés réductrices évidentes, puisqu'il réduit le platine et l'argent de leurs solutions. **En présence de** HgO, il se produit une explosion. Il réagit directement sur les aldéhydes R.O en formant un composé Az^2R^2 et de l'eau ; avec l'aldéhyde benzoïque, par exemple, il donne un composé très stable et peu soluble : la *benzalizine* $(C^6H^5CHAz)^2$ de couleur jaune.

Remarquons encore que l'hydrazine forme souvent des sels doubles, par exemple :

$$MgSO^4Az^2H^4H^2SO^4 \text{ et } KClAz^2H^4HCl$$

et que, par l'action de l'acide azoteux sur l'aldéhydate d'ammoniaque, on obtient également de l'hydrazine. Les produits de substitution de l'hydrogène, contenu dans l'hydrazine, par des radicaux des hydrocarbures $R = CH^3, C^2H^5, C^6H^5$, etc... ont été obtenus avant l'hydrazine elle-même, par exemple :

$$AzHRAzH^2, AzR^2AzH^2 \text{ et } (AzRH)^2.$$

La chaleur de dissolution du sulfate d'hydrazine (1 p. pour 200 et 300 parties d'eau à 10°8) égale — 8,7 C.

La chaleur de neutralisation de l'hydrazine par l'acide sulfurique est égale, d'après Berthelot et Matignon (1893) à $+ 5°,5$ C et, par l'acide chlorhydrique, à $+ 5°,2$ C. L'hydrazine est donc une base faible, car la chaleur de saturation est inférieure, non seulement à celle de l'ammoniaque ($+ 12,4$ C pour HCl), mais aussi à celle de l'hydroxylamine (+ 0°,3 C). De la chaleur de combustion déterminée par la combustion de $Az^3H^4.H^2SO^4$ dans la bombe calorimétrique (+ 127,7 C.), on déduit la chaleur de formation de l'hydrazine hydratée à partir des éléments $= -$ 9°,5 C. L'hydrazine est, par conséquent, un composé endothermique ; sa transformation en ammoniaque, avec addition d'hydrogène, s'accompagne du dégagement de 51°,3 C. En présence d'un acide, ces chiffres devraient être augmentés de 14°,4 C. La transformation directe de l'ammoniaque en hydrazine n'est pas possible. Celle de l'hydroxylamine en hydrazine devrait s'effectuer avec dégagement de chaleur (+ 21°,5 C. en solution aqueuse).

Il faut considérer l'hydrazine comme un dérivé de l'ammoniaque, absolument comme H^2O^2 est un dérivé de l'eau. L'eau H (OH) donne, d'après la loi des substitutions, la combinaison que la théorie faisait prévoir HO — OH le peroxyde d'hydrogène, c'est-à-dire l'oxhydrile ou le radical d'eau, à l'état libre. Ainsi, l'ammoniaque H (AzH^2) forme l'hydrazine $AzH^2 — AzH^2$, c'est-à-dire le radical d'ammoniaque, à l'état libre, AzH^2.

Pour le phosphore, la combinaison correspondante est connue, depuis longtemps, sous le nom d'*hydrogène phosphoré* liquide P^2H^4.

Ce qu'il est surtout nécessaire de remarquer, c'est que dans les actions des différents substances sur l'ammoniaque c'est toujours **l'hydrogène qui est déplacé** ; l'azote reste pour ainsi dire intact dans la combinaison obtenue. Le même phénomène s'observe dans l'action des différentes substances sur l'eau. Dans la majorité des cas, c'est l'hydrogène de l'eau qui est remplacé par les différents éléments. On observe la même chose, comme nous l'avons déjà vu, dans les acides où l'hydrogène est facilement remplacé par des métaux.

La mobilité chimique de l'hydrogène est évidemment en rapport avec la grande légèreté des atomes de cet élément.

Dans la pratique chimique (21bis), on se sert d'ammoniaque non seulement pour saturer les acides, mais aussi pour les réactions de double décomposition avec les sels et surtout pour précipiter de leurs solutions salines les hydrates basiques insolubles.

Soit MOH un hydrate basique insoluble et HX un acide

quelconque. Le sel, qui résulte de la combinaison de ces deux corps, est MX, d'après l'équation :

$$MOH + XH - H^2O = MX.$$

Si l'on ajoute de l'ammoniaque AzH^4 OH dans la solution de ce sel, l'ammonium se substituera au métal M et formera l'hydrate basique insoluble qui se précipite.

(21 bis) L'ammoniaque a, dans la pratique, des applications nombreuses. En médecine, on emploie, en inhalations, la solution ammoniacale, ou le carbonate d'ammonium, qui est volatil, ou encore le mélange d'un sel ammoniacal avec un alcali pour ranimer les personnes évanouies. On utilise encore son action irritante sur la peau : on emploie, pour cet usage, la pommade ou les liniments ammoniacaux.

On l'emploie aussi à l'extérieur dans les cas de piqûres d'insectes ou de morsures faites par des serpents. A l'intérieur, quelques gouttes d'ammoniaque dans un peu d'eau font rapidement disparaître l'ivresse.

L'ammoniaque ayant la propriété de saponifier les corps gras, est employée par les dégraisseurs.

L'industrie des couleurs emploie beaucoup d'ammoniaque, soit pour dissoudre certaines matières colorantes, le carmin par exemple, soit pour modifier la teinte de quelques autres, soit pour neutraliser les acides.

On utilise encore l'ammoniaque dans la fabrication des perles artificielles : on dissout dans l'ammoniaque les écailles d'un petit poisson, appelé ablette, et on insuffle la solution dans de petites ampoules de verre ayant la forme de perles.

Dans la nature et dans les arts cependant, les sels ammoniacaux sont plus souvent employés que l'ammoniaque libre. C'est sous cette forme **que s'introduit dans la plante une certaine partie de l'azote** nécessaire à la formation des substances albuminoïdes. C'est pour cela qu'on emploie maintenant beaucoup de sulfate d'ammonium comme engrais. On peut obtenir le même effet au moyen du salpêtre et des débris animaux, qui dégagent de l'ammoniaque en se décomposant.

Les mêmes substances, qui produisent de l'ammoniaque, donnent aussi le salpêtre en s'oxydant parce que l'azote, qui est combiné à l'hydrogène, s'oxyde facilement et donne des combinaisons oxygénées, comme nous le verrons plus loin.

C'est pourquoi, si l'on introduit au printemps, dans le sol, des composés ammoniacaux (*hydrogénés*), ils se transforment en nitrates (*sel oxygéné*), en été.

Le mécanisme de cette double décomposition est le suivant :

$$MX \quad + \quad AzH^4OH \quad = \quad AzH^4X \quad + \quad MOH$$

Sel de métal M	Ammoniaque caustique	Sel ammoniacal	Hydrate basique
En solution		En solution	Précipité

Ainsi, par exemple, si dans une solution d'un sel d'aluminium Al, on ajoute de l'ammoniaque, l'hydrate d'aluminium se sépare sous forme de précipité gélatineux (**22**).

(**22**) Comme un certain nombre d'hydrates basiques forment avec l'ammoniaque des combinaisons particulières, il arrive quelquefois que les premières portions d'ammoniaque, ajoutées (à la solution d'un sel), produisent un précipité qui disparaît par l'addition d'un excès de réactif; cela a lieu quand la combinaison formée par l'ammoniaque et la base est soluble dans l'eau: c'est ce que l'on observe, par exemple, avec les sels de cuivre. L'alumine, cependant, ne se redissout pas; dans ces conditions.

Pour bien saisir les relations qui existent entre l'ammoniaque et les composés oxygénés de l'azote, il est nécessaire de connaître la **loi générale des substitutions** qui s'applique à tous les cas où il y a substitution entre les éléments et qui indique, par conséquent, dans quels cas il peut y avoir substitution de l'oxygène et de l'hydrogène comme parties constituantes de l'eau (**23**).

(**23**) Quand l'élément chlore, comme nous le verrons plus loin, remplace l'élément hydrogène, la réaction, qui se produit, est une véritable réaction de substitution :

$$AH + Cl^2 = ACl + HCl$$

En effet, deux substances AH et Cl² (corps et non pas élément), réagissent et donnent naissance à deux autres composés ACl et HCl; deux molécules donnent deux autres molécules. La réaction, dans ce cas, s'effectue facilement, mais la substitution d'un élément A par un autre X ne se produit pas toujours avec une égale facilité.

La substitution de l'oxygène par l'hydrogène ne se produit que rarement, quand on met en présence ces deux corps simples à l'état libre; mais, la substitution des éléments l'un par l'autre est le cas le plus ordinaire d'oxydation et de réduction.

En parlant de loi de substitution, j'ai uniquement en vue l'échange qui s'opère entre les éléments et non pas une **réaction de substitu**-tion directe.

La loi de substitution détermine le cycle des combinaisons **d'un** élément donné, si l'on connaît quelques-unes de ces combinaisons, par exemple celle de l'hydrogène.

La loi des substitutions peut être déduite des principes mécaniques, si nous considérons la molécule comme un système d'atomes élémentaires, qui se trouvent dans un certain équilibre mécanique et chimique.

En comparant la molécule au système des corps en état de mouvement, par exemple au système du soleil, des planètes et de leur satellites, qui se trouvent dans un équilibre mobile, nous devons admettre que l'action d'une partie de ce système est égale et opposée à l'action de l'autre partie, conformément à la troisième loi mécanique de Newton.

Par conséquent, étant donnée une molécule d'un corps composé, par exemple H^2O, AzH^4, $NaCl$, HCl, etc. chacune des deux parties de ces composés doit, au point de vue chimique, représenter quelque chose d'identique en force et en propriétés et c'est pourquoi **les deux parties, en lesquelles une molécule d'un corps composé peut être divisée, sont capables de se remplacer réciproquement.**

Pour rendre évidente l'application de cette loi, il faut choisir parmi les composés les plus stables. Prenons, par exemple, l'eau et l'acide chlorhydrique comme les combinaisons les plus stables que puissent former l'hydrogène (**24**).

(24) Si nous prenons le peroxyde d'hydrogène H^2O^2, comme point de départ, nous devons obtenir des composés plus oxygénés que ceux qui correspondent à l'eau. Ces composés doivent posséder les propriétés du peroxyde d'hydrogène, c'est-à-dire dégager de l'oxygène avec une grande facilité (même sous l'influence du contact). On connaît, en effet, certaines combinaisons semblables : les acides pernitrique et persulfurique, par exemple, possèdent ces propriétés, comme nous le verrons, quand nous aurons l'occasion de les étudier.

Conformément à la loi des substitutions, si les éléments H et Cl sont capables de former la molécule HCl, qui est très stable, ils doivent être alors capables de se remplacer réciproquement. En effet, nous verrons plus loin que, dans un grand nombre de cas, il se produit des réactions de substitution entre l'hydrogène et le chlore. Si le composé RH existe, RCl peut également exister, puisque HCl est un composé stable.

La molécule d'eau: H^2O peut être divisée de deux manières différentes, puisqu'elle contient 3 atomes : en H et (OH) d'un côté et en H^2 et O de l'autre. Par conséquent, étant donné RH, ses produits de substitution seront R et (OH) correspondant à la première forme et R^2 et O, correspondant à la deuxième ; étant donné RH^2, les produits substitués correspondants peuvent être RH (OH), R $(OH)^2$, RO $(RH)^2O$. etc.

Le groupe (OH) **est l'hydroxyle ou bien le radical de l'eau,** que nous avons déjà mentionné dans le troisième chapitre comme entrant dans la composition des hydrates alcalins, par exemple Na(OH), $Ca(OH)^2$, etc.

Si l'on juge d'après HCl, il est évident que OH peut se substituer à (Cl), puisque tous deux peuvent être remplacés par H ; ce sont, d'ailleurs, des réactions qui s'effectuent très souvent ; les sels métalliques NaCl et AzH^4Cl, par exemple, correspondent aux hydrates des mêmes métaux Na(OH) et $AzH^4(OH)$.

Dans les hydrocarbures — C^2H^6 par exemple — l'hydrogène est remplaçable par Cl et aussi par l'oxhydrile ; ainsi, l'alcool ordinaire n'est autre chose que C^2H^6 dans lequel un atome d'hydrogène H est remplacé par (OH), c'est-à-dire $C^2H^5(OH)$.

Il est évident que le remplacement de l'oxygène par l'hydroxyle (OH) est un phénomène d'oxydation, puisque RH donne R(OH) ou RHO.

A ce point de vue, le peroxyde d'hydrogène peut être considéré comme de l'eau dans laquelle l'hydrogène est remplacé par un radical d'eau : H(OH) donne $(OH)^2$ ou H^2O^2. C'est par cette raison, comme nous le verrons plus loin, que le chlore présente dans ses réactions beaucoup d'analogie avec le peroxyde d'hydrogène, qui peut être appelé hydroxyle libre.

La substitution inverse — substitution de O à H^2 — est aussi un phénomène chimique qui s'accomplit très fréquemment. Ainsi, l'alcool ordinaire C^2H^6O ou $C^2H^5(OH)$, en s'oxydant à l'air, donne, comme nous le savons, l'acide acétique $C^2H^4O^2$ ou $C^2H^3O(OH)$; l'acide acétique est de l'alcool dans lequel H^2 est remplacé par O.

Dans la suite de ce travail, nous aurons l'occasion de recourir à cette loi de substitution pour expliquer un grand nombre de phénomènes et de réactions chimiques.

Appliquons maintenant ces conceptions à l'ammoniaque pour voir les relations qu'il possède avec les composés oxygénés de l'azote.

Il est évident qu'on peut obtenir beaucoup de produits en partant de l'ammoniac gazeux AzH^3 ou de l'ammoniaque en dissolution $AzH^2(OH)$ par la substitution de l'oxhydrile à l'hydrogène, ou par le remplacement de H^2 par l'oxygène. C'est ce qui a lieu, en effet. Les cas suivants montrent les substitutions extrêmes que l'on peut produire.

(1) Si, dans l'ammoniac AzH^3, on remplace un atome d'hydrogène H par (OH), on obtient $AzH^2(OH)$. Ce composé, qui est connu sous le nom d'**hydroxylamine (25)**, renferme beaucoup d'hydrogène et possède les principales propriétés de l'ammoniaque; il est, en effet, capable, comme l'ammoniaque, de former des sels avec les acides ; avec l'acide chlorhydrique, par exemple, on obtient $AzH^3(OH)Cl$ — substance qui correspond au sel ammoniac, dans lequel un atome d'hydrogène est remplacé par l'hydroxyle (**25**[bis]).

(25) La combinaison de l'hydroxylamine avec l'acide chlorhydrique a pour composition AzH^4ClO ; c'est, en apparence, du chlorure d'ammonium oxydé.

Le chlorhydrate d'hydroxylamine fut préparé par Lossen, en 1865, en faisant réagir l'étain sur l'acide chlorhydrique en présence d'une substance appelée azotate d'éthyle.

Dans cette réaction, l'hydrogène, produit par l'action de l'acide chlorhydrique sur l'étain, réagit sur les éléments de l'azotate d'éthyle:

$$C^2H^5AzO^3 \quad + \quad 6H \quad + HCl = AzH^4OCl + H^2O + C^2H^5OH$$
Azotate d'éthyle   Hydrogène   Hydroxylamine Eau   Alcool
de HCl + Sn   + HCl

Dans ce cas, l'acide azotique n'est pas réduit directement en ammoniaque mais en hydroxylamine.

On peut encore préparer l'hydroxylamine en faisant passer l'oxyde d'azote AzO sur un mélange d'acide chlorhydrique et d'étain, c'est-à-dire par l'action de l'hydrogène naissant sur l'oxyde d'azote:

$$AzO + 3H + HCl = AzH^4ClO$$

On obtient de l'hydroxylamine par beaucoup d'autre procédés.

D'après Lossen, on prend un mélange de 30 parties d'azotate d'éthyle, 120 parties d'étain et 40 parties d'acide chlorhydrique, de densité 1.060. La réaction commence d'elle-même, après un certain temps. Quand la réaction est terminée, on précipite l'étain par l'acide sulfhydrique et on évapore la solution. Cette solution contient, en plus du chlorhydrate d'hydroxylamine, du chlorure d'ammonium qui provient de l'action de l'hydrogène sur l'hydroxylamine formée; l'hydrogène s'empare de son oxygène et forme de l'eau.

Il reste enfin une solution qui contient le chlorhydrate d'hydroxylamine : on la dissout dans l'alcool absolu et on la purifie en ajoutant du chlorure de platine pour précipiter le sel ammoniac, qui est dans la solution.

En concentrant la solution alcoolique, le chlorhydrate d'hydroxylamine AzH^4ClO se sépare sous forme de cristaux.

Cette substance fond à la température de 150° environ et, en fondant, se décompose en azote, acide chlorhydrique, eau et sel ammoniac.

On peut obtenir une combinaison d'hydroxylamine avec l'acide sulfurique, en mélangeant les deux produits. Le sulfate, ainsi formé, est soluble dans l'eau comme le chlorhydrate d'hydroxylamine.

On voit donc que l'hydroxylamine, comme l'ammoniaque elle-même, forme une série de sels dans lesquels un acide peut être remplacé par un autre.

On pourrait supposer qu'en mélangeant une solution d'un sel d'hydroxylamine avec une solution d'un alcali caustique, l'hydroxylamine sera mise en liberté, puisque le sel ammoniac, dans les mêmes conditions, dégage de l'ammoniaque; mais, l'hydroxylamine libre se décompose immédiatement : il y a formation d'azote, d'ammoniaque (et probablement de protoxyde d'azote) :

$$3AzH^3O = AzH^3 + 3H^2O + Az^2.$$

Les solutions diluées donnent les mêmes réactions, quoique très lentement ; cependant, en décomposant une solution de sulfate d'hydroxylamine par de l'hydrate de baryum, il reste en solution une certaine quantité d'hydroxylamine, qui ne peut, du reste, être séparée sans décomposition, ni par la chaleur, ni par évaporation.

L'hydroxylamine, comme l'ammoniaque, précipite les hydrates basiques et réduit les oxydes de cuivre, d'argent et d'autres métaux.

L'hydroxylamine libre a été obtenue par Lobry de Bruyne (1891). C'est un corps cristallin, incolore, inodore dont la température de fusion n'est pas inférieure à 27°. Il possède la faculté de dissoudre certains sels, le chlorure de sodium, par exemple. Chauffée rapidement avec du platine, l'hydroxylamine se décompose avec explosion en produisant une flamme jaune. Il est presque insoluble dans les dissolvants ordinaires tels que le chloroforme, la benzine, l'éther acétique, le sulfure de carbone. Les solutions aqueuses contenant 60 0/0 de la substance (poids spécifique $= 1,15$ à 20°) sont assez stables ; elles peuvent se conserver sans altération pendant des semaines entières.

Pour la préparation de l'hydroxylamine, Lobry de Bruyne est parti de son chlorhydrate. On traite ce dernier, d'abord par le méthylate de sodium (CH^3NaO) et on ajoute ensuite au mélange de l'alcool méthylique. Le chlorure de sodium, qui se précipite, est séparé par filtration (l'addition de l'alcool méthylique a pour but d'empêcher le précipité de chlorure de sodium d'englober le chlorhydrate d'hydroxylamine resté indissous). Après avoir chassé l'alcool méthylique par la distillation, sous une pression de 150 à 200 mm. et par l'éther, et, après plusieurs distillations fractionnées, on obtient une solution renfermant 70 0/0 d'hydroxylamine libre, 8 0/0 d'eau, 9,9 0/0 de chlorure de sodium et 12,1 0/0 de chlorhydrate d'hydroxylamine. Pour séparer l'hydroxylamine, à l'état pur, on distille ce mélange sous une pression de 60 mm. : il distille dans ces conditions à 70° et se solidifie dans le récipient refroidi à 0°, en longues aiguilles. Il fond à 33°, bout à 58° sous la pression de 22 mm. ; son poids spécifique est d'environ 1,235 (Bruhl) ; traité par NaHO, il forme AzH^3 et $AzHO^2$ ou AzO^2 ; oxydé, il donne de l'acide azoteux (Kolotoff, 1893).

L'hydroxylamine se forme dans un grand nombre de réactions, par exemple, en faisant agir de l'étain sur de l'acide azotique dilué, et aussi par l'action du zinc sur l'azotate l'éthyle, en présence d'acide chlorhydrique dilué, etc.

La relation entre l'hydroxylamine $AzH^4(OH)$ et l'acide azoteux

AzO(OH), déjà si compréhensible, quand on connaît la loi de substitution, devient encore plus évidente, quand on fait agir des substances réductrices sur les sels de l'acide azoteux.

Ainsi, Raschig a proposé, en 1888, la méthode suivante pour la préparation du sulfate d'hydroxylamine.

On prépare une solution concentrée de nitrite de potassium $KAzO^2$ et de potasse caustique KOH, en prenant les poids moléculaires de chacun de ces corps, et on la refroidit ; on fait ensuite passer dans le mélange un courant d'acide sulfureux, jusqu'à saturation, puis on porte à l'ébullition, pendant quelque temps.

Il se forme un mélange de sulfates de potassium et d'hydroxylamine :

$$KAzO^2 + KOH + 2SO^2 + 2H^2O = AzH^2(OH).H^2SO^4 + K^2SO^4$$

Les sels peuvent être séparés par cristallisation.

(25 *bis*) Pour citer un exemple particulier de l'application de la loi des substitutions et démontrer la relation qui existe entre l'ammoniaque et les oxydes d'azote, examinons les produits de substitution que peut donner l'hydrate d'ammoniaque AzH^4OH avec l'oxygène et le groupe HO.

En remplaçant H par OH, on peut évidemment obtenir les produits suivants :

1° $AzH^3 (OH)^2$ 2° $AzH^2 (OH)^3$ 3° $AzH (OH)^4$ 4° $Az(OH)^5$

Tous ces produits doivent, comme l'hydrate d'ammonium lui-même, abandonner facilement l'eau et former des produits d'oxydation de l'ammoniaque. Le premier composé substitué est l'hydrate d'hydroxylamine : $AzH^2OH + H^2O$; le second $= AzH (OH)^2 + H^2O$.

Les trois derniers composés contiennent assez d'oxygène pour pouvoir éliminer complètement leur hydrogène sous forme d'eau ; cela n'est pas possible pour le premier produit ne renfermant que peu d'oxygène. Ainsi :

$$2AzH^2(OH)^3 - 5H^2O = Az^2O$$

c'est-à-dire que le 2e produit correspond au protoxyde d'azote.

Le troisième produit a pour correspondant l'anhydride azoteux :

$$2AzH (OH)^4 - 5H^2O = Az^2O^3.$$

Le quatrième correspond à l'anhydride azotique :

$$2Az (OH)^5 - 5H^2O = Az^2O^5.$$

Comme dans les 3 équations ci-dessus, on prend 2 molécules du produit substitué ($-5H^2O$) ; il peut se faire qu'il y ait combinaison de 2 molécules différentes. C'est ainsi qu'à la somme du 3e et du 4e produit correspond Az^2O^4 ou $2AzO^2$, l'anhydride hypoazotique :

$$AzH (OH)^4 + Az (OH)^5 5H^2O = Az^2O^4.$$

De même que le 2e + le 3e $- 5H^2O = 2AzO$ ou l'oxyde azotique.

Il résulte donc que les cinq combinaisons que forment l'azote et l'oxygène Az^2O, AzO, Az^2O^3, AzO^2 et A^2O^5 peuvent être déduites de l'ammoniaque. Tout ce qui précède peut être exprimé, d'une manière générale, par l'expression suivante :

$$AzH^5O^{5-a} + AzH^1O^{5-b}5H^2O = Az^2O^{5-a+b}$$

la formule AzH^5O^{5-a} exprime la composition de tous les produits substitués de l'hydrate d'ammonium, si a varie de 0 à 4 ; $a+b$ ne doit évidemment jamais être plus grand que 5 ; quand $a+b=5$, on a l'azote Az^2 ; $a+b$ étant égal à 4, on a Az^2O — protoxyde d'azote ; quand $a+b=3$ on a Az^2O^2 ou AzO et, ainsi de suite, jusqu'à Az^2O^5 quand $a+b=0$. On voit, en outre, que les produits intermédiaires peuvent correspondre (et, par conséquent, se décomposer) aux différents produits initiaux. Ainsi, par exemple, Az^2O s'obtient lorsque $a+b=2$ (cette condition peut se rencontrer) ou bien lorsque $a=0$ (acide azotique) et $b=2$ (hydroxylamine) ou bien quand $a=b=1$ (3ᵉ produit de substitution).

(2) L'autre terme extrême s'obtient en remplaçant tout l'hydrogène de l'hydrate d'ammonium $AzH^4(OH)$ par l'oxygène et, comme l'ammonium contient 4 atomes d'hydrogène, la combinaison la plus riche en oxygène devra être $AzO^2(OH)$ ou $HAzO^3$; c'est ce que nous trouvons, en effet, puisque $HAzO^3$ n'est autre chose que l'acide azotique ou le plus haut degré d'oxydation de l'azote **(26)**.

(26) L'acide azotique correspond à l'anhydride Az^2O^5, qui sera décrit plus loin et qui doit être considéré comme le terme le plus élevé de l'oxydation de l'azote, analogue à Na^2O et à l'hydrate $NaOH$, bien que le sodium forme un peroxyde qui possède la propriété de céder son oxygène avec la même facilité que le peroxyde d'hydrogène dans les réactions, par exemple, au contact des acides.

L'acide azotique a, lui aussi, son peroxyde correspondant, qui peut être appelé **acide pernitrique**.

Sa composition n'est pas encore bien connue ; mais, elle correspond probablement à la formule $HAzO^4$, de sorte que l'anhydride correspondant sera Az^2O^7.

Il se forme, sous l'influence des décharges électriques obscures, dans un mélange d'azote et d'oxygène ; une partie de l'oxygène s'y trouve donc à un état analogue à celui que possède l'oxygène de l'ozone.

L'instabilité de cette substance (obtenue par Hautefeuille, Chappuis et Berthelot), qui se décompose facilement en formant AzO^2, et sa ressemblance avec l'acide persulfurique, que nous décrirons plus tard, nous permet de ne pas nous attarder plus longtemps sur ce composé, d'ailleurs très imparfaitement connu.

Si, au lieu des deux composés extrêmes que l'on peut former par substitution, nous prenons un terme intermédiaire, nous obtiendrons alors un composé oxygéné de l'azote intermédiaire. Par exemple, $Az(OH)^3$ est l'acide ortho-azoteux (**27**) auquel correspond l'acide azoteux $AzO(OH)$:

$$Az(OH)^3 - H^2O = HAzO^2$$

et l'anhydride azoteux :

$$Az(OH)^3 - 3H^2O = Az^2O^3$$

(**27**) Le phosphore, comme nous le verrons plus loin, donne l'hydrure PH^3 correspondant à l'ammoniaque AzH^3 et forme l'acide phosphoreux H^3PO^3 qui est analogue à l'acide azoteux, de même que l'acide phosphorique est analogue à l'acide azotique ; mais, l'acide phosphorique (ou mieux orthophosphorique), H^3PO^4 est capable de perdre de l'eau et de donner les acides pyro et méta-phosphorique. Ce dernier est égal à l'acide ortho, moins une molécule d'eau $= HPO^3$. C'est pourquoi l'acide azotique est l'acide méta-azotique, et l'acide azoteux est l'acide méta-azoteux (anhydre) : l'acide ortho-azotique serait $H^3AzO^3 = Az(OH)^3$; pour l'acide azotique, on peut avoir, outre l'acide ordinaire ou méta-azotique $HAzO^3$ ($= 1/2 Az^2O^5H^2O$), l'acide ortho H^3AzO^4 ($= 1/2Az^2O^5 3H^2O$) et l'acide intermédiaire pyroazotique $Az^2H^4O^7$ correspondant à l'acide pyro-phosphorique $P^2H^4O^7$. Nous aurons l'occasion de voir (Ch. XVI, note 21) que les azotates ordinaires de l'acide méta, ont, en effet, une tendance à se combiner avec les bases M^2O et à s'approcher ainsi de la composition des combinaisons ortho qui sont des composés méta + une base ;

$$MAzO^3 + M^2O = M^3AzO^4$$

Ainsi, l'azote donne une série de composés oxygénés que nous allons décrire.

Mais nous montrerons auparavant : **a**) que l'on peut facilement, en partant de l'ammoniaque, obtenir les différents oxydes de l'azote jusqu'à l'acide azotique, et inversement que, par la réduction de l'acide azotique, l'on produit de l'ammoniaque. Ce sont des réactions directes qui s'effectuent dans beaucoup de circonstances.

Dans la nature, ces transformations sont compliquées par une foule d'influences et de circonstances ; mais, théoriquement, elles se présentent sous une forme extrêmement simple.

b) que la loi générale des substitutions, mentionnée plus haut, permet de comprendre un grand nombre de **relations** et de transformations qui paraissent, au premier abord, inattendues et complexes. Au nombre de ces dernières, appartient la découverte de l'**acide azothydrique** HAz^3.

a) 1° Il est facile de démontrer que l'ammoniaque s'oxyde et se transforme en acide azotique ; il suffit de faire passer un mélange d'ammoniaque et d'air sur de l'éponge de platine chauffée ; il se forme de l'acide azotique qui se combine, en partie, avec l'excès d'ammoniaque.

Dans le ballon A (fig. 52), on prépare l'ammoniaque ; **dans** le flacon de Woolf C, il se mélange avec l'air qui est chassé du vase B par un filet d'eau tombant par r.

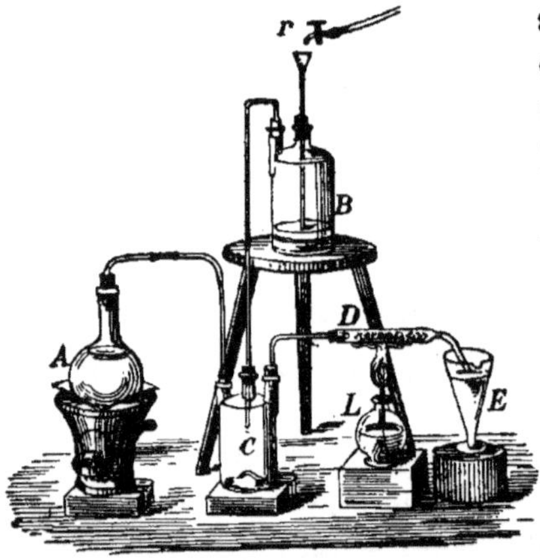

Le mélange d'ammoniaque et d'air traverse le tube D, contenant du platine spongieux, chauffé au moyen de la lampe L. L'oxygène de l'air forme, avec l'ammoniaque, de l'eau et de l'acide azotique. L'acide se dissout dans le vase E où l'on peut démontrer sa présence avec le papier de tournesol.

Fig. 52. — Appareil servant à convertir l'ammoniaque, préparée en A, en acide azotique, à l'aide de mousse de platine, contenue dans le tube D, et d'un courant d'air.

2° La transformation inverse de l'acide azotique en ammoniaque se produit par l'action de l'hydrogène à l'état naissant (28). Ainsi, l'aluminium métallique, qui dégage l'hydrogène de la soude caustique, est capable de transformer complètement en ammoniaque l'acide azotique ajouté au mélange (sous forme de sels, parce que la soude caustique se combinerait à l'acide azotique) :

$$AzO^3H + 8H = AzH^3 + 3H^2O.$$

(28) Il y a formation d'ammoniaque, chaque fois que l'on produit une oxydation à l'aide de l'acide azotique. Cette substance se forme dans la réaction entre l'étain et l'acide azotique, surtout si l'acide dilué est employé à froid.

On obtient encore de l'ammoniaque, en plus grande quantité, si l'action de l'acide azotique sur l'étain se fait dans certaines conditions, où il y a dégagement d'hydrogène ; ce gaz réduit l'acide azotique et le transforme en ammoniaque ; c'est ce qui a lieu, par exemple, quand on traite l'étain par un mélange d'acide azotique et d'acide sulfurique.

b Curtius, en Allemagne, a obtenu, en 1890, une substance gazeuse ayant la composition HAz^3 (triazoture d'hydrogène) possédant nettement les propriétés d'un acide et formant des sels tels que le sel de sodium $NaAz^3$, d'ammonium $AzH^4Az^3 = Az^4H^4$, de baryum $Ba(Az^3)^2$, etc. Cette substance a reçu le nom d'**acide azothydrique** HAz^3 (28*bis*).

(28 *bis*). Curtius est parti de la benzoïlhydrazine $C^6H^5COAzHAzH^2$, composé obtenu par l'action de l'hydrazine en solution aqueuse sur un éther composé de l'acide benzoïque. En présence de l'acide azoteux, la benzoïl hydrazine donne la benzoïlazoïmide et l'eau :

$$C^6H^5.COAzHAzH^2 + AzO^2H = C^6H^5.COAz^3 + 2H^2O.$$

La benzoïlazoïmide, traitée par l'alcoolate de sodium, donne l'azoture de sodium :

$$C^6H^5COAz^3 + C^2H^5ONa = C^6H^5CO^2C^2H^5 + NaAz^3.$$

L'éther précipite l'azoture de sodium de la solution. En traitant Na Az^3 par de l'acide sulfurique, on obtient l'acide azothydrique gazeux. Ce dernier possède une odeur acide et est très soluble dans l'eau : sa solution aqueuse a une réaction acide très nette. Les métaux s'y dissolvent et forment des sels correspondants. L'ammoniac gazeux forme avec l'acide azothydrique un nuage blanc de AzH^4Az^3, sel qui cristallise, en solution alcoolique, en paillettes blanches, brillantes. Les azotures des autres métaux s'obtiennent par réaction de double décomposition des azotures de sodium et d'ammonium. C'est ainsi que Curtius a préparé et étudié les azotures d'argent (AgAz³), de mercure (HgAz³), de plomb (PbAz⁶) de baryum (BaAz⁶). Avec l'hydrazine Az²H⁴, l'acide azothydrique forme des composés salins dans lesquels, pour une partie du premier corps, il entre une ou deux du second ; tels sont : Az³H⁵ et Az⁸H⁶. Le premier a été obtenu à l'état de pureté relative. Il cristallise de sa solution aqueuse en prismes volumineux, parfois longs de quatre centimètres, volatils et brillants, fondant à 50⁰ et tombant en déliquescence à l'air ; il cristallise également de sa solution alcoolique bouillante, mais alors sous forme de paillettes cristallines. Ce sel Az⁵H⁵ a la même composition élémentaire que l'azoture d'ammonium Az⁴H⁴ et que l'imide AzH, mais le poids moléculaire et la structure de ces différents corps ne sont pas les mêmes. En dirigeant des vapeurs de Az²O³ (obtenues par l'action de AzO³H sur Az²O³) dans une solution d'hydrazine Az²H⁴, Curtius a également obtenu l'azoture d'hydrogène. Angeli, en mélangeant une solution concentrée d'hydrazine et une solution concentrée d'azotite d'argent, a obtenu un précipité d'azoture d'argent AgAz³, sel qui détone avec une extrême facilité :

$$Az^2H^4 + AzHO^2 = HAz^3 + 2H^2O.$$

Cette réaction est si facile à exécuter qu'elle peut, d'après d'Angeli, être reproduite dans les cours publics.

L'étude thermochimique de l'acide azothydrique a fourni à Berthelot et Matignon les chiffres suivants : la chaleur de dissolution de l'azoture d'ammonium Az⁴H⁴ (1 gr. pour 100 gr. d'eau) est égale à 7,08 C. : la chaleur de neutralisation par la baryte $= + 10,0$ C. ; par l'ammoniaque $+ 8,2$ C.

De la chaleur de combustion de Az⁴H⁴ ($+163,8$ C. à volume constant), on déduit la chaleur de formation du corps Az⁴H⁴ (solide) $= - 25,3$ C. et (en solution) $= - 32,3$ C. Ces chiffres expliquent pourquoi ce composé se décompose avec explosion. D'après la chaleur de formation, à partir des éléments, Az³H $= - 62,6$ C. l'azoture d'hydrogène est, de tous les composés hydrogénés de l'azote, celui qui absorbe, pour se former, le plus de chaleur ; c'est ce qui explique son faible degré de stabilité.

L'inattendu de cette découverte, la composition toute particulière du triazoture d'hydrogène (inverse de celle de l'ammoniaque HAz³ et AzH³), les propriétés que présentent ses sels de se décomposer avec explosion et surtout son caractère acide très net (sa solution aqueuse fait virer au rouge le papier de tournesol), tout cela montre l'importance de la découverte faite par Curtius.

On s'est demandé tout d'abord quelle relation existait entre l'acide azothydrique et les autres composés de l'azote, bien connus depuis longtemps. Cette relation de HAz^3 avec l'ammoniaque et l'acide azotique peut être tirée de la loi des substitutions en partant des propriétés et de la composition de ces deux substances, comme je l'ai démontré dans le « *Journal de la Société physico-chimique Russe* » (1890).

Nous avons vu (note 27) qu'à l'hydrate d'ammonium AzH^4OH correspond, d'après la loi des substitutions, l'acide ortho-azotique $H^3AzO^4 = AzO(OH)^3$, lequel égale AzH^4OH, dont deux atomes d'hydrogène sont remplacés par un atome d'oxygène $(O - H^2)$ et les deux autres atomes d'hydrogène par l'hydroxyle $(H - OH)$.

L'acide azotique ordinaire, ou acide méta, n'est autre chose que l'acide ortho moins H^2O. A l'acide ortho-azotique correspondent des sels d'ammonium.

1) monosubstitué $\qquad H^2AzH^4AzO^4$.

2) bisubstitué $\qquad H(AzH^4)^2AzO^4$

3) trisubstitué $\qquad (AzH^4)^3 AzO^4$

Ces composés, de même que beaucoup d'autres sels ammoniacaux renfermant de l'hydrogène et de l'oxygène, peuvent les éliminer complètement sous la forme d'eau. Nous obtenons, dans ce cas :

1) $H^2AzH^4AzO^4 \quad - \quad 4H^2O = Az^2O$ — protoxyde d'azote

2) $H(AzH^4)^2AzO^4 - \quad 4H^2O = HAz^3$ — **acide azothydrique**

3) $(AzH^4)^3AzO^4 \quad - \quad 4H^2O = Az^4H^4$ — sel d'ammonium de l'acide azothydrique.

C'est ainsi qu'il faut concevoir la composition de l'acide azothydrique; quant à son caractère acide, il ressort de ce fait que les 4 molécules H^2O, éliminées de $H(AzH^4)^2AzO^4$, sont formées aux dépens de l'hydrogène de l'ammonium et de l'oxygène de l'acide azotique; l'hydrogène, qui reste, est donc l'hydrogène de l'acide azotique, c'est-à-dire capable d'être remplacé par les métaux et de former des sels.

L'azote appartient, sans aucun doute, au nombre des métalloïdes tels que le chlore et le carbone, capables de former des acides : aussi, sous l'influence de trois atomes d'azote, un atome d'hydrogène acquiert des propriétés identiques à celles qu'il possède dans les acides ; nous voyons un exemple analogue dans $HCAz$ (acide cyanhydrique) où l'hydrogène a acquis ces propriétés sous l'influence du carbone et de l'azote ; or, HAz^3 peut être considéré comme $HCAz$, dont C est remplacé par Az^2.

Les considérations, qui viennent d'être exposées, permettent, en outre, de prévoir la relation entre l'acide azothydrique et le protoxyde d'azote, parce que

$$Az^2O + AzH^3 = HAz^3 + H^2O$$

Cette réaction a été reproduite, en 1892, par Wislizenus par la synthèse du sel de sodium de l'acide azothydrique. Cet auteur a mis en présence l'amidure de sodium (obtenu en calcinant Na dans un courant de AzH^3) avec le protoxyde d'azote. Sous l'influence de la chaleur, la réaction s'effectue d'après l'équation suivante :

$$2AzH^2Na + Az^2O = NaAz^3 + NaHO + AzH^3$$

Traité par l'acide sulfurique, $NaAz^3$ dégage le triazoture d'hydrogène :

$$NaAz^3 + H^2SO^4 = NaHSO^4 + HAz^3$$

Ce dernier forme facilement des sels insolubles et explosibles d'argent $(AgAz^3)$ et de plomb $Pb(Az^3)^2$ quand il est mis en présence de solutions de sels de ces métaux. Remarquons que $AgCl$ et $AgCAz$ sont aussi insolubles.

Les diverses combinaisons, que forme l'azote avec l'oxygène, fournissent un exemple remarquable de la loi des proportions multiples, parce qu'elles contiennent respectivement 8, 16, 24, 32 et 40 parties d'oxygène pour 14 parties d'azote. Ces combinaisons ont la composition suivante :

OXYDES ET ANHYDRIDES		HYDRATES	
Az^2O	Oxyde azoteux ou pro-toxyde d'azote.	AzOH	Acide hypoazoteux.
Az^2O^2 ou AzO	Oxyde azotique.		
Az^2O^3	Anhydride azoteux.	AzO^2H	Acide azoteux.
Az^2O^4	Anhydride hypoazotique et AzO^2 bioxyde * ou peroxyde d'azote.		
Az^2O^5	Anhydride azotique	AzO^3H	Acide azotique.

* En France, le terme « *bioxyde d'azote* » désigne ordinairement l'oxyde azotique AzO (*Note des traducteurs*).

De toutes ces combinaisons, le protoxyde d'azote, l'oxyde azotique, l'anhydride hypoazotique et l'acide azotique sont les plus stables (**29**).

(**29**) Il résulte des déterminations thermochiniques, effectuées par Favre, Thomsen et surtout par Berthelot, que, dans la formation de la quantité des oxydes d'azote correspondants à la formule, si l'on part de l'azote et de l'oxygène à l'état gazeux, et si les produits formés sont aussi à l'état gazeux, il y a *absorption* (c'est pourquoi on met le signe —) des quantités de chaleur suivantes exprimées en milliers d'unités de chaleur.

Az^2O	Az^2O^2	Az^2O^3	Az^2O^4	Az^2O^5
— 21	— 43	— 22	— 5	— 1
— 22	+ 21	+ 17	+ 4	

La différence entre ces quantités est exprimée dans la dernière ligne.

Si, par exemple, Az^2, ou 28 grammes d'azote, se combinent avec O, c'est-à-dire avec 16 grames d'oxygène, il y a absorption de 21000 unités de chaleur, c'est-à-dire d'une quantité de chaleur suffisante pour élever de $1°$ c. la température de 21000 grammes d'eau.

Il est naturellement impossible de faire, dans ce cas, des observations directes. Mais, si l'on brûle du charbon, du phosphore ou des substances analogues dans le protoxyde d'azote et dans l'oxygène, et si l'on mesure la chaleur produite dans les deux cas, la différence entre les deux quantités trouvées donne le chiffre cherché.

Si Az^2O^2, en se combinant avec O^2, donne Az^2O^4, il se dégage 38000 unités de chaleur, comme la table l'indique, de même que :

$$Az^2O + O = 1900 \text{ unités de chaleur.}$$

Les différences données de la table montrent que le maximum d'absorption de chaleur correspond à l'oxyde d'azote et que les oxydes plus élevés se forment, à partir de lui, avec dégagement de chaleur.

La décomposition de l'acide azotique $H\,AzO^3$ liquide en $Az + O^3 + H$ nécessiterait l'absorption de 41000 unités de chaleur: cela veut dire que, dans la formation de l'acide azotique, à partir de ses éléments gazeux, il y a production de chaleur. Notons que la formation d'ammoniaque, à partir des éléments $Az + H^3$, dégage **122000** unités de chaleur.

Les combinaisons les moins oxygénées, mises en contact avec les combinaisons plus oxygénées, peuvent donner les formes intermédiaires : AzO et AzO^2, par exemple, forment Az^2O^3, et *les composés intermédiaires peuvent, en se décomposant, donner naissance à deux composés : l'un, d'un degré d'oxydation plus élevé; l'autre, d'un degré inférieur.* Ainsi Az^2O^4 donne Az^2O^3 et Az^2O^5, ou, en présence d'eau, leurs hydrates.

Nous avons déjà vu que l'azote, dans certaines condidions favorables, se combine avec l'oxygène et nous savons aussi que l'ammoniaque peut être oxydé. Dans ces cas, il se forme différents composés oxygénés de l'azote ; mais, en présence d'eau et d'un excès d'oxygène, il y a toujours formation d'acide azotique.

L'acide azotique, qui est le terme le plus élevé des oxydes d'azote, peut, par réduction, donner les oxydes les moins oxygénés : c'est pour cette raison que nous commencerons par lui l'étude des combinaisons oxygénées de l'azote.

L'acide azotique $HAzO^3$ est appelé communément : *eau forte.* On le trouve, à l'état libre, mais seulement en petite quantité, dans l'air et dans l'eau de pluie, après les orages. Cependant, même dans l'atmosphère, l'acide azotique ne reste pas longtemps à l'état libre; il se combine rapidement avec l'ammoniaque, dont il existe toujours des traces dans l'air. Dans le sol et l'eau de pluie, l'acide azotique rencontre des oxydes basiques (ou leurs carbonates), et, en les attaquant, se transforme en azotates correspondants.

L'ammoniaque et les autres combinaisons azotées s'oxydent dans le sol, toujours en présence des oxydes basiques, et donnent aussi naissance à des sels de l'acide azotique et non à de l'acide libre, de sorte que l'acide azotique se trouve toujours dans la nature à l'état de sels. Ces sels s'appellent **azotates** ou salpêtres.

Le sel de potassium $KAzO^3$ est le salpêtre ordinaire ou sel de nitre ; le sel de sodium $NaAzO^3$ est connu sous le nom de salpêtre du Chili ou de salpêtre cubique.

Les azotates se forment par l'oxydation lente des composés azotés sous l'influence de l'oxygène de l'air. Les exemples de cette transformation sont très fréquents dans la nature. C'est pour cette raison que certains sols et certaines masses calcaires (les décombres de bâtiment, par exemple, qui contiennent de la chaux) renferment du salpêtre en plus ou moins grande quantité. On extrait une grande quantité de salpêtre de certaines contrées du Pérou et du Chili, où il s'est probablement formé par l'oxydation de débris d'animaux.

Ce salpêtre est employé pour la fabrication industrielle de l'acide azotique et de divers autres composés oxygénés de l'azote.

On obtient l'acide azotique en *chauffant* l'**azotate de sodium avec l'acide sulfurique**. Dans ce cas, l'hydrogène de l'acide sulfurique remplace le sodium du salpêtre. L'acide sulfurique se transforme, par cette réaction, en sel acide $NaHSO^4$, ou bien en sel neutre Na^2SO^4, tandis que l'azotate de sodium donne l'acide azotique, qui se dégage.

Cette décomposition s'exprime par les équations suivantes :
$$(1) \quad NaAzO^3 + H^2SO^4 = HAzO^3 + NaHSO^4$$
en cas de formation de sel acide ;
$$(2) \quad 2NaAzO^3 + H^2SO^4 = 2HAzO^3 + Na^2SO^4$$
quand il y a formation de sel neutre.

En présence d'un excès d'acide sulfurique, quand la température n'est pas trop élevée, la réaction a lieu suivant la première équation ; mais, en mettant un excès de salpêtre et en élevant la température, la réaction se passe d'après la deuxième équation, parce que le sel acide $NaHSO^4$ se comporte lui-même comme un acide (il contient en effet H comme les acides) d'après l'équation suivante :

$$NaAzO^3 + NaHSO^4 = HAzO^3 + Na^2SO^4$$

L'acide sulfurique déplace, comme on a l'habitude de le dire, l'acide azotique de sa combinaison avec une base. On suppose donc que l'acide sulfurique possède une affinité ou une énergie plus grande que l'acide azotique ; mais, comme nous le verrons plus loin, l'idée d'affinité relative dans les acides et dans les bases n'est pas soumise à des lois fixes. Cette idée ne doit pas être admise, tant qu'il y a possibilité d'expliquer les phénomènes sans faire intervenir une hypothèse quelconque sur l'affinité, puisque nous ne pouvons pas mesurer le degré de l'affinité.

On peut expliquer l'action de l'acide sulfurique par ce fait que l'acide azotique formé est volatil. De toutes les substances qui prennent part à cette réaction, l'acide azotique seul est capable de se transformer en vapeur : c'est lui qui se volatilise ; les autres substances ne sont pas, ou plus exactement, sont peu volatiles.

Supposons que l'acide sulfurique soit seulement capable de décomposer une petite quantité de sel et ne puisse mettre en liberté qu'une petite quantité d'acide azotique ; cela nous suffit pour expliquer la décomposition de tout le salpêtre par l'acide sulfurique ; car, l'acide azotique, une fois formé, se transforme en vapeur à la température de la réaction et sort de la sphère d'action des substances réagissantes ; l'acide sulfurique libre attaque alors une nouvelle quantité de salpêtre et met en liberté une nouvelle quantité d'acide azotique. La réaction se continuera donc jusqu'à ce que tout l'acide azotique soit déplacé. Il résulte évidemment de cette explication que l'acide sulfurique doit être en excès jusqu'à la fin de la réaction, sans cependant que cet excès soit considérable.

Théoriquement, d'après l'équation qui exprime la réaction, il faudrait prendre 98 parties d'acide sulfurique pour 85 parties d'azotate de sodium ; mais, en employant ces

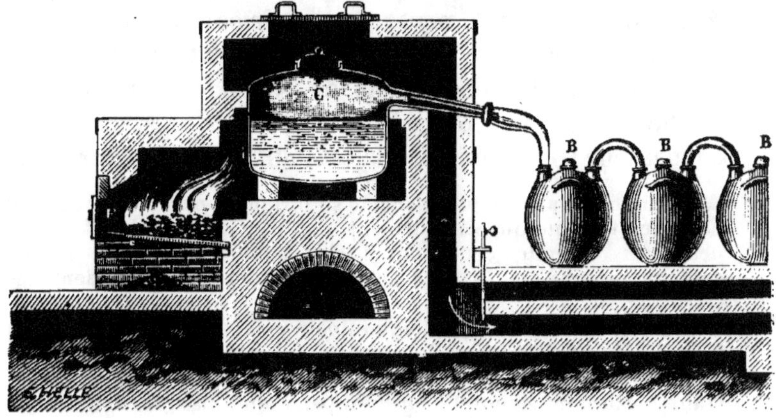

Fig. 53. — Fabrication industrielle de l'acide nitrique. — Une cornue en fonte C contient un mélange de salpêtre du Chili et d'acide sulfurique : son couvercle est luté avec un mélange d'argile et de plâtre. Le col de la cornue est muni d'un tuyau en grès, s'engageant dans une allonge en verre, servant à diriger les vapeurs d'acide dans une série de récipients en terre B. Le premier récipient contient de l'acide nitrique mélangé avec de l'acide sulfurique. L'acide le plus pur s'accumule dans le second récipient. Le troisième contient de l'acide mélangé à de l'acide chlorhydrique ; le quatrième renferme de l'anhydride hypoazotique. Quant au dernier, on y verse de l'eau pour condenser le reste de l'acide azotique : $\dfrac{1}{50}$.

quantités, l'acide azotique n'est pas entièrement déplacé par l'acide sulfurique. On prend ordinairement 80 parties de salpêtre pour 98 parties d'acide sulfurique, de sorte qu'une certaine quantité d'acide sulfurique reste, à l'état libre, même à la fin de réaction.

Ainsi, quand on fait réagir de l'acide sulfurique sur du salpêtre, il se forme un sulfate non volatil qui reste avec l'excès d'acide sulfurique dans l'appareil, tandis que l'acide azotique se transforme en vapeur et peut être condensé. Quand on opère sur de petites quantités, cette décomposition peut s'effectuer dans une cornue, munie d'un réfrigérant en verre. Dans l'industrie, la réaction se passe de la même manière; seulement, au lieu de cornue et de réfrigérant en verre, on se sert de récipients en fonte pour chauffer le mélange d'azotate de soude et d'acide ; des bonbonnes en terre, percées de trois ouvertures, servent de condenseur (**30**), comme cela est indiqué sur la figure 53.

(**30**) Il est à remarquer que l'acide sulfurique concentré (60° Baumé) n'attaque la fonte que difficilement ; on peut donc le chauffer dans des vases en fonte ; cependant, l'acide sulfurique, comme l'acide azotique, exerce une certaine action, et l'acide obtenu contient des traces de fer.

Dans l'industrie, on emploie ordinairement l'azotate de sodium (salpêtre du Chili) à cause de son prix inférieur ; mais, dans les laboratoires, il est plus avantageux d'employer l'azotate de potassium, à cause de sa pureté et aussi parce qu'il produit une mousse beaucoup moins abondante que l'azotate de sodium, quand on le chauffe avec de l'acide sulfurique.

Au contact de l'acide sulfurique en excès, l'acide azotique se décompose, en partie, en donnant naissance aux oxydes d'azote qui se dissolvent dans l'acide azotique.

Une portion de l'acide sulfurique est entraînée par les vapeurs d'acide azotique. C'est pourquoi on trouve toujours, dans l'acide azotique commercial, de petites quantités d'acide sulfurique. On trouve aussi de l'acide chlorhydrique provenant du chlorure de sodium qui se rencontre souvent dans le salpêtre et qui forme de l'acide chlorhydrique au contact de l'acide sulfurique.

L'acide azotique commercial contient aussi une quantité d'eau supérieure à celle qui est nécessaire pour former l'hydrate, parce que l'on introduit, dans les vases servant à refroidir et à condenser l'acide azotique, un peu d'eau pour faciliter ces effets.

De plus, l'acide azotique, de composition $HAzO^3$, se décompose facilement en dégageant de l'oxygène et des oxydes d'azote, de sorte que l'acide azotique commercial contient beaucoup d'impuretés.

Son poids spécifique est ordinairement 1,33 (36° Baumé) : il contient 53 % d'acide azotique. L'acide, employé dans les laboratoires et en médecine, contient 1/3 d'acide azotique et 2/3 d'eau : son poids spécifique est de 1,2.

On purifie l'acide azotique commercial, de la manière suivante : On ajoute à l'acide de l'azotate de plomb qui donne un précipité insoluble avec les acides sulfurique et chlorhydrique et met en liberté l'acide azotique, d'après l'équation suivante :

$$Pb\ (AzO^3)^2 + 2\ HCl = PbCl^2 + 2\ HAzO^3$$
$$et\ Pb\ (AzO^3)^2 + H^2SO^4 = PbSO^4 + 2\ HAzO^3$$

On ajoute alors du chromate de potassium à l'acide azotique impur : il y a production d'oxygène qui, agissant sur les oxydes d'azote inférieurs, les transforme en acide azotique. En distillant cet acide, comme cela est indiqué ci-dessus, on obtient un acide pur, surtout si l'on a soin de ne recueillir que la partie moyenne du liquide distillé. La première partie, en effet, contient des traces d'acide chlorhydrique.

L'acide obtenu ne doit donner de précipité ni avec le chlorure de baryum, (un précipité prouverait la présence d'acide sulfurique) ni avec une solution d'azotate d'argent (un précipité démontrerait la présence d'acide chlorhydrique); il ne doit pas enfin, après avoir été dilué avec de l'eau, donner une coloration avec une solution d'amidon, contenant de l'iodure de potassium (une coloration indiquerait la présence d'oxydes d'azote moins oxygénés).

On peut chasser les oxydes d'azote de l'acide azotique, en chauffant l'acide, pendant quelque temps, avec un peu de charbon pulvérisé. L'acide azotique agit sur le charbon pour donner de l'acide carbonique qui, en se dégageant, entraine les oxydes d'azote. Soumettant ensuite l'acide à une dernière distillation, on obtient un produit pur.

En faisant passer un courant d'air à travers l'acide azotique, on peut aussi chasser les oxydes d'azote, qui se trouvent dissous dans l'acide.

L'acide azotique, ainsi obtenu, contient toujours de l'eau, qu'il est d'ailleurs impossible de séparer tout à fait sans décomposer une partie de l'acide qui, par réduction, donne naissance aux oxydes inférieurs. L'acide azotique n'est stable qu'en présence d'un excès d'eau.

En distillant rapidement l'acide, une partie se décompose avec production d'oxygène et de différents oxydes d'azote, qui restent dissous dans l'acide azotique. Aussi, pour obtenir de l'acide azotique pur $HAzO^3$, est-il nécessaire de prendre certaines précautions : il faut mélanger l'acide azotique, obtenu industriellement, par le procédé indiqué plus haut, avec de l'acide sulfurique qui s'empare de l'eau, et distiller à une température aussi basse que possible, c'est-à-dire en plaçant la cornue, contenant le mélange, sur un bain-marie à l'eau ou à l'huile et en chauffant avec précaution.

La première portion d'acide azotique, ainsi distillé, bout à 86° ; sa densité est 1,526 à la temp. de 15° ; il devient solide à — 50°, et se décompose à une température supérieure. C'est l'acide azotique normal $HAzO^3$ qui correspond aux azotates : $MAzO^3$.

L'acide azotique, étendu d'eau, a un point d'ébullition non seulement supérieur à celui de l'acide azotique pur, mais aussi à celui de l'eau.

Ainsi, quand on distille de l'acide azotique dilué, les premières portions sont presque exclusivement formées par de l'eau, jusqu'à ce que la température ait atteint 121°. A cette température, le liquide distillé contient environ 70 % d'acide (**31**), et son poids spécifique à 15° = 1.521. Si la solution contient moins de 25 % d'eau, l'acide ayant une densité supérieure à 1,44 dégage $HAzO^3$ et fume à l'air en formant l'hydrate indiqué ci-dessus, dont la tension de vapeurs est moins grande que celle de l'eau.

Ces solutions forment ce qu'on appelle *l'acide azotique fumant*. En le distillant, on obtient un acide azotique monohydraté $HAzO^3$ (**32**) qui bout à 121°. On peut donc préparer cet acide fumant, soit au moyen de solutions concentrées, soit au moyen de solutions diluées.

(**31**) Dalton, Smith, Bineau et d'autres ont toujours considéré l'hydrate d'acide azotique (Voir Chap. I, note 60) à point d'ébullition constant, comme répondant à la formule 2 $HAzO^3$ $3H^2O$; mais

Roscoë a démontré que la composition change en raison des variations de la pression et de la température à laquelle la distillation a lieu. Ainsi, à la pression d'une atmosphère, la solution, qui a un point d'ébullition constant, contient 68,6 % d'acide azotique, et à la pression de 1/10 atmosphère, 66,8 %. Si l'on se rapporte à ce qu'on connaît au sujet des solutions d'acide chlorhydrique et de la variation de leur poids spécifique, je crois que la diminution assez considérable que l'on observe dans la tension de vapeur dépend de la formation d'un hydrate $HAzO^3 2H^2O$ ($= 63,6$ %). Un tel hydrate peut être exprimé par la formule $Az (OH)^5$ c'est-à-dire par la formule $AzH^4 (OH)$ dans laquelle tous les atomes d'hydrogène sont remplacés par l'hydroxyle.

Le point d'ébullition constant est donc la température de décomposition de cette substance.

Les variations du poids spécifique, à 15°, à partir de l'eau, ($p = 0$) jusqu'à l'hydrate, $AzHO^3 . H^5^2O$ (41,2 % $HAzO^3$) s'expriment bien par :
$$s = 9992 + 57,4\,p + 0,16\,p^2,$$
$$\text{si l'eau a } 4^0 = 10,000.$$

Par exemple, quand $p = 30$ %, $s = 1,186$.

Dans les solutions plus concentrées, il faut admettre la présence de l'hydrate mentionné ci-dessus $HAzO^3 2H^2O$ dont le poids spécifique
$$s = 9570 + 84,18p - 0,240p^2 ;$$

Il est cependant possible (les résultats ne sont pas encore suffisamment concordants pour résoudre cette question), qu'il existe également un hydrate : $HAzO^3 3H^2O$. C'est, du moins, ce que permet de supposer l'existence de certains azotates (Al, Mg, Co et d'autres) qui cristallisent avec cette quantité d'eau de cristallisation.

De $HAzO^3 2H^2O$ jusqu'à $HAzO^3$ le poids spécifique (à 15°) des solutions :
$$s = 10652 + 62,08p - 0,160p^2,$$

L'existence de l'hydrate $HAzO^3 2H^2O$ a été signalée par Berthelot en se basant sur les expériences thermochimiques qu'il a faites sur les solutions d'acide azotique; car, au moment où l'on atteint cette composition, on observe de grandes variations dans la quantité de chaleur que dégage le mélange de $HAzO^3$ avec de l'eau. Cet hydrate devient solide à — 19° environ. Pickering (1892) a obtenu, par le refroidissement, des hydrates cristallins : $HAzO^3 H^2O$ fondant à — 37° et $HAzO^3 3H^2O$ fondant à — 18°.

(32) L'hydrate normal $HAzO^3$, correspondant aux sels ordinaires, peut être appelé acide monohydraté, puisque l'anhydride Az^2O^5, mélangé avec de l'eau, donne cet acide normal. C'est, d'ailleurs, dans ce sens, que l'hydrate $HAzO^3 . 2H^2O$ est l'acide pentahydraté.

L'acide azotique fumant perd de l'oxygène, non seulement au contact des matières organiques, mais aussi par

la chaleur, en se transformant en oxydes d'azote moins
oxygénés, qui communiquent à la solution une couleur
d'un rouge brunâtre (**33**) ; l'acide pur est incolore.

(**33**) Dans les laboratoires et dans l'industrie, on emploie souvent
l'acide azotique rouge fumant, c'est-à-dire l'acide azotique normal tenant en dissolution différents oxydes d'azote. On prépare cet acide
en décomposant l'azotate de potassium avec la moitié de son poids
d'acide sulfurique concentré,ou en distillant l'acide azotique avec un
excès d'acide sulfurique. On obtient ainsi de l'acide azotique normal,
dont une partie se décompose : il y a production d'oxydes d'azote,qui
se dissolvent dans l'acide en lui communiquant une couleur rouge
brunâtre. Cet acide fume à l'air en absorbant l'humidité qui y est
contenue et en formant un hydrate moins volatil.

En faisant passer, à travers l'acide azotique fumant, un courant
d'acide carbonique, surtout si l'on chauffe légèrement, on arrive à
chasser les oxydes d'azote et on obtient un acide incolore ne renfermant aucun autre oxyde d'azote.

En préparant l'acide azotique fumant, il est nécessaire que le récipient soit bien refroidi : car, c'est à basse température seulement que
l'acide azotique peut dissoudre une grande quantité d'oxydes d'a-
zote.

L'acide azotique fumant a un poids spécifique de 1,56 à 20° et possède une odeur suffocante, due aux différents oxydes d'azote.
Si l'on ajoute de l'eau à l'acide azotique rouge, il devient vert, ensuite bleuâtre,et enfin, si l'on emploie un excès d'eau, incolore. Cela
tient à ce que les différents oxydes d'azote forment avec l'eau et
l'acide azotique des solutions colorées. Marklevski (1892) a démontré que les solutions vertes contiennent (outre $HAzO^3$) $HAzO^2$ et Az^2O^4
et que les solutions bleues ne contiennent que $HAzO^2$ (voir note **48**).

L'action de l'acide azotique rouge et fumant (ou mélangé avec de
l'acide sulfurique) est, en général, très énergique et diffère quelquefois de l'action de l'acide azotique pur. Ainsi, le fer, par exemple, au
contact de l'acide fumant, se recouvre d'une couche d'oxyde et devient insoluble dans les acides ; il devient, comme on dit, passif. L'a-
cide chromique (et le bichromate de potassium),traité par de l'acide
azotique fumant,donne l'oxyde de chrome. Cette réaction est liée à
la présence,dans l'acide azotique,d'oxydes d'azote qui sont oxydés par
l'oxygène de l'acide et passent ainsi à l'état d'acide azotique —
l'oxyde le plus oxygéné. Mais, en général, l'acide azotique fumant,
rouge ou incolore, est un oxydant énergique.

L'acide azotique, comme tout **hydrate acide**, entre en
réaction de double décomposition avec les bases et leurs

hydrates (alcalis) et avec les sels. Dans tous ces cas, il se forme un azotate. Un alcali, traité par l'acide azotique, donne lieu à la formation d'eau et d'un sel ; par exemple :

$$KOH + HAzO^3 = H^2O + KAzO^3$$

ou avec la chaux :

$$CaO + 2HAzO^3 = H^2O + Ca(AzO^3)^2$$

Beaucoup de ces sels portent le nom de salpêtres (34).

(34) On n'observe jamais un dégagement d'hydrogène, quand on fait agir un métal sur l'acide azotique, même quand on emploie un métal qui dégage de l'hydrogène au contact d'un autre acide ; c'est que l'hydrogène, à l'état naissant, réduit l'acide azotique en formant des oxydes d'azote moins riches en oxygène, comme nous le verrons plus loin.

La composition des sels de l'acide azotique s'exprime par la formule générale $M(AzO^3)^n$, dans laquelle M indique le métal qui remplace l'hydrogène dans une ou plusieurs (*n*) molécules d'acide azotique.

Nous verrons plus loin que les atomes M des métaux peuvent se substituer à un atome d'hydrogène (K. Na. Ag), ou à deux (Ca. Mg. Ba) ou à trois (Al. In) ou en général, à *n* atomes d'hydrogène.

Tous les azotates sont caractérisés par leur solubilité dans l'eau (35).

(35) Quelques azotates basiques, cependant, l'azotate de bismuth, par exemple, sont insolubles dans l'eau, tandis que les sels neutres de l'acide azotique sont tous solubles ; c'est là un phénomène exceptionnel parmi les acides, puisque tous les acides ordinaires forment des sels insolubles avec au moins une base. Ainsi, pour l'acide sulfurique, ce sont les sels de baryum et de plomb qui sont insolubles dans l'eau. Pour l'acide chlorhydrique, c'est le chlorure d'argent qui est insoluble.

Cependant, les sels neutres de l'acide acétique et de quelques autres acides sont aussi tous solubles.

Puisque tous les sels possèdent la propriété d'entrer en réaction de double décomposition, et que l'acide azotique est volatil, on conçoit que tous les azotates, quand on les chauffe avec l'acide sulfurique, dégagent de l'acide azotique comme le salpêtre cubique. Tous les sels, qui renferment de l'acide azotique, se décomposent comme lui sous l'influence de la chaleur; ils dégagent de l'oxygène et agissent comme des substances oxydantes. Cette propriété explique pourquoi il se produit une explosion quand on porte au rouge un mélange de charbon et d'un azotate.

Le charbon brûle aux dépens de l'oxygène de l'azotate et c'est ainsi que se forment les produits gazeux de la combustion (**36**).

(**36**) **L'azotate d'ammonium** AzH^4AzO^3 se prépare facilement en neutralisant la solution d'ammoniaque ou de carbonate d'ammonium par de l'acide azotique dilué. En évaporant la solution, il se forme des cristaux qui ne contiennent pas d'eau de cristallisation. L'azotate d'ammonium cristallise en prismes, comme le salpêtre ordinaire, et possède une saveur fraîche. Cent parties d'eau à t^o dissolvent $54 + 0.61t$ parties en poids de ce sel. Il est soluble dans l'alcool, fond à 160° et se décompose à 180° environ, donnant naissance à de l'eau et à du protoxyde d'azote :

$$AzH^4AzO^3 = 2H^2O + Az^2O$$

Si on mélange de l'azotate d'ammonium avec de l'acide sulfurique et si l'on chauffe le mélange à la température de l'ébullition de l'eau, il se dégage de l'acide azotique et du sulfate d'ammonium reste en solution ; mais, quand on porte rapidement le mélange à la température de 160°, il y a production d'oxyde d'azote. Dans le premier cas, l'acide sulfurique s'empare de l'ammoniaque ; dans le second, il absorbe l'eau. L'azotate d'ammonium est souvent employé pour la production artificielle du froid; car, en se dissolvant dans l'eau, il produit un abaissement de température considérable. Pour obtenir le meilleur résultat, il faut employer parties égales de sel et d'eau ; il faut, de plus, que le sel soit pulvérisé, et il est nécessaire de faire rapidement le mélange : la température tombe de $+ 15°$ à $- 10°$; ce mélange peut donc servir à congeler l'eau.

L'azotate d'ammonium absorbe l'ammoniaque avec lequel il forme des combinaisons instables ressemblant aux combinaisons contenant de l'eau de cristallisation (Divers 1872, Raoult 1873). A $- 10°$ il se forme AzH^4AzO^3. $2AzH^3$: c'est un liquide de densité 1,05 qui, sous l'influence de la chaleur, perd tout son ammoniaque. A $+ 28°$, il se forme AzH^4AzO^3. AzH^3 : c'est un corps solide qui, surtout en solution, abandonne facilement son ammoniaque, sous l'action de la chaleur.

Troost (1882), en étudiant la tension de dissociation des composés formés, a conclu à l'existence d'un composé défini, répondant à la formule $2AzH^4AzO^3 3AzH^3$; car, pendant la décomposition de cette combinaison à 0^0, la tension de dissociation reste constante. V. Kouriloff (1893) pense cependant que l'invariabilité de la tension de l'ammoniaque, qui se dégage de la dissolution, est due, non pas à la décomposition de la combinaison chimique définie mentionnée ci-dessus, mais à celle de la solution saturée. Pendant la décomposition, le système est composé d'un liquide et d'un corps solide. Sa tension commence à être constante, à partir du moment où le corps solide se sépare. La composition $2AzH^4AzO^3 3AzH^3$ répond à la solution saturée à 0^0 ; la solubilité de AzH^4AzO^3 dans AzH^3 croit avec la température.

L'acide azotique entre aussi en réaction de double décomposition avec un grand nombre d'hydrocarbures ne possédant point de caractère alcalin et qui ne réagissent sur aucun autre acide. Dans ces circonstances, l'acide azotique donne de l'eau et des substances nouvelles, appelées **composés nitrés**. Le caractère chimique de ces composés nitrés est le même que celui de la substance primitive, c'est-à-dire que, si la substance traitée par l'acide azotique est une substance neutre, le composé nitré obtenu est également neutre ; si, au contraire, la substance employée est acide, on obtient une combinaison acide (**36**[bis]).

(36*bis*) On explique cela par ce fait que, dans les véritables composés nitrés, le groupe AzO^2 se substitue à l'hydrogène du groupe hydrocarburé. Ainsi, par exemple, si nous avons C^6H^5OH, le véritable dérivé nitré de cette substance sera $C^6H^4(AzO^2)OH$, qui possédera les caractères fondamentaux de la substance C^6H^5OH, dont il dérive. Si le résidu AzO^2 se substitue à l'hydrogène de l'oxhydrile $C^6H^5OAzO^2$, le caractère chimique en est aussi profondément modifié que celui de KOH, quand il se transforme en $KOAzO^2$ (nitre).

La benzine, par exemple, réagit d'après l'équation suivante :

$$C^6H^6 + HAzO^3 = H^2O + C^6H^5AzO^2.$$

Il y a formation de nitrobenzine. La substance employée est un hydrocarbure liquide qui possède une faible odeur de goudron : il entre en ébullition à 80° et est plus léger que l'eau ; par l'action de l'acide azotique, on obtient la nitrobenzine, liquide plus lourd que l'eau, bouillant à 210°, possédant l'odeur des amandes amères : ce composé est employé, en grandes quantités, dans la fabrication de l'aniline et des couleurs qui en dérivent (**37**).Contenant à la fois des éléments combustibles (carbone et hydrogène) et de l'oxygène en combinaison instable avec l'azote, sous la forme du radical de l'acide azotique AzO^2, on comprend que, sous l'influence de la chaleur ou d'un choc, les composés nitrés se décomposent en produisant une explosion, par suite de la pression des gaz formés : azote libre, anhydride carbonique, oxyde de carbone et vapeur d'eau.

(37) On donne quelquefois le nom de composés nitrés aux éthers complexes de l'acide azotique dans lequel l'hydrogène du groupe OH est remplacé par le radical AzO^2 de l'acide azotique. Ces composés doivent être distingués par leur caractère chimique des véritables composés nitrés ; mais, comme ces derniers, ils sont combustibles.

On obtient un composé nitré par l'action de l'acide azotique sur la cellulose $C^6H^{10}O^5$. Cette substance, qui forme la couche extérieure de toutes les cellules végétales, se trouve presque à l'état de pureté parfaite dans le coton, dans le papier ordinaire, dans le lin, etc. Au contact de l'acide azotique, il se forme de l'eau et de la nitrocellulose, qui, tout en ayant l'apparence de la cellulose ordinaire, possède des propriétés toutes différentes. Elle fait explosion, quand on la frappe, et s'enflamme facilement sous l'influence d'une étincelle ; elle agit comme la poudre à canon et c'est pourquoi on lui a donné le nom de pyroxyline ou fulmicoton.

La composition de la pyzoxyline est :
$$C^6H^7Az^3O^{11} = C^6H^{10}O^5 + 3HAzO^3 - 3H^2O.$$
On peut diminuer le nombre des groupes AzO^2 dans la nitrocellulose, en limitant l'action de l'acide azotique. On obtient ainsi différentes combinaisons telles que, par exemple, le fulmicoton ou pyroxyline contenant de 11 à 12 0/0 d'azote et le pyrocollodion (Mendéléeff, 1890) renfermant 12,4 d'azote.

La dissolution de **la pyroxyline** dans un mélange d'alcool et d'éther est connue sous le nom de **collodion**. Étalé en couche mince, le collodion perd par évaporation l'éther et l'alcool et laisse une pellicule transparente, insoluble dans l'eau.

On emploie le collodion, en médecine, pour recouvrir les plaies, et en photographie, pour obtenir une couche uniforme dans laquelle on introduit les réactifs employés dans la photographie.

L'explosion des composés nitrés (37bis**) produit un dégagement de chaleur considérable, comme la combustion de la poudre ou du gaz détonant, et, dans ce cas, la force de l'explosion, dans un espace fermé, est extrême parce que, au lieu du composé nitré, solide ou liquide, qui occupe un petit espace, il se forme des gaz dont l'élasticité est grande, non seulement à cause de la petitesse du volume dans lequel ils sont enfermés, mais aussi à cause de la haute température à laquelle ils sont portés par la combustion des corps nitrés (38).**

(37*bis*) La nitroglycérine (qui entre dans la composition de la dynamite) la nitrocellulose et, en général, tous les composés nitrés brûlent avec explosion, comme le mélange de salpêtre et de charbon; ces propriétés analogues ont, d'ailleurs, la même cause. Dans les deux cas, les éléments constituants de l'acide azotique, que renferme le mélange, se séparent : l'oxygène se combine avec le charbon, qui brûle, et l'azote devient libre. Le corps solide se trouve presqu'instantanément transformé en une masse énorme de produits gazeux (azote et oxydes de carbone). Comme ces gaz occupent un volume incomparablement plus grand que le volume du corps employé, il se produit une pression considérable et, par conséquent, une explosion.

Il est évident qu'en faisant explosion avec dégagement de chaleur (c'est-à-dire en se décomposant, non pas avec absorption de chaleur, comme c'est le cas généralement, mais avec un développement d'énergie), les composés nitrés constituent des emmagasinements d'énergie qui peuvent facilement devenir libres, les éléments, qui se trouvent dans ces combinaisons, sont donc dans un état de mouvement spécial, surtout ceux du groupe AzO^2, qui est commun à toutes les combinaisons nitrées. Nous verrons, d'ailleurs, plus loin, que toutes les combinaisons oxygénées de l'azote sont instables, qu'elles se décomposent facilement et (Note 29) qu'elles se forment toutes avec absorption de chaleur.

Les composés nitrés sont encore intéressants à un autre point de vue; ils montrent que les éléments et les groupes, qui forment une combinaison, se trouvent disposés dans un ordre défini dans la molécule du corps composé. Il faut qu'il se produise un choc ou une élévation de température pour amener les éléments combustibles C et H en contact avec AzO^2 et pour distribuer les éléments dans un ordre nouveau pour former des combinaisons nouvelles.

Au point de vue de la composition, il est facile de voir que, dans les composés nitrés, un ou plusieurs atomes d'hydrogène sont remplacés par le groupe AzO^2 de l'acide azotique. La même substitution a lieu dans la transformation des alcalis en azotates.

Dans ces deux cas, l'hydrogène est remplacé par le **radical de l'acide azotique**. Ce fait est, d'ailleurs, mis en évidence par le tableau suivant :

Potasse caustique.	KOH
Salpêtre	$KOAzO^2$
Hydrate de calcium.	$Ca H^2O^2$
Azotate de calcium	$Ca(AzO^2)O^2$
Glycérine.	$C^3H^5H^3O^3$
Nitroglycérine	$C^3H^5(AzO^2)^3O^3$
Phénol.	C^6H^5OH
Acide picrique.	$C^6H^2(AzO^2)^3OH$ etc.

Ce qui différencie les sels formés par l'acide azotique des composés nitrés, c'est que les azotates produisent facilement un dégagement d'acide azotique, quand on les traite par l'acide sulfurique (c'est-à-dire par la méthode de double décomposition), tandis que les composés nitrés proprement dits, la nitrobenzine, par exemple, $C^6H^5AzO^2$ ne produisent jamais d'acide azotique, quand on les met au contact de l'acide sulfurique.

Les hydrocarbures étant seuls capables de former des composés nitrés, l'étude de ces corps appartient à la chimie organique. Le groupe AzO^2 des composés nitrés (comme toutes les autres combinaisons oxygénées de l'azote), peut, dans certains cas, se transformer en radical d'ammoniaque AzH^2. Il est évident qu'il faut, pour produire cette réaction, faire intervenir un corps réducteur, dégageant l'hydrogène :

$$RAzO^2 + 6H = RAzH^2 + 2H^2O.$$

C'est ainsi que Zinin a transformé la nitrobenzine $C^6H^5AzO^2$ en aniline $C^6H^5AzH^2$, en faisant intervenir l'acide sulfhydrique.

Si l'on admet l'existence du groupe AzO^2, capable de remplacer l'hydrogène dans des combinaisons différentes, on peut considérer l'acide azotique comme de l'eau, dans laquelle une moitié de l'hydrogène est remplacée par le groupe AzO^2. Dans ce sens, l'acide nitrique est l'eau nitrée $(AzO^2)OH$.; son anhydride serait l'eau binitrée $(AzO^2)O^2$.

Dans l'acide azotique, le groupe AzO^2 est combiné avec le radical de l'eau, l'oxhydrile, comme, dans la nitro-benzine, il est combiné avec le radical de la benzine.

Il faut remarquer que, dans les sels formés par l'acide azotique, on peut admettre le radical AzO^3, parce que les sels ont la composition M(AzO³)ⁿ, comme les chlorures des métaux, ont la composition MClⁿ. Mais le groupe AzO³ existe uniquement dans les sels métalliques; aussi, doit il être considéré comme l'hydroxyle OH, dans lequel H est remplacé par AzO².

(38) Les composés nitrés jouent un rôle très important dans l'exploitation des mines et dans l'artillerie. On trouvera les renseignements les plus détaillés sur ces corps dans les ouvrages spéciaux au nombre desquels les travaux de Berthelot, en France, et de Abel, en Angleterre, sont les plus importants. Ces éminents chimistes ont élucidé, à tous les points de vue, la question des matières explosives par une série d'expériences et de recherches théoriques.

Les matières explosibles les plus importantes au point de vue pratique sont :

1⁰ La poudre ordinaire (chap. XIII, note 16) ;

2⁰ Le fulminate de mercure (chap. XV, note 26) ;

3⁰ Les différents genres de nitrocellulose (chap. VI, note 37) ;

4⁰ La trinitroglycérine ou éther azotique de la glycérine $C^3H^5(AzO^2)^3O^3$ (chap VII, note 45 ; chap. XII, note 5). Cette dernière substance, mélangée avec des corps pulvérulents tels que la magnésie, le tripoli etc., constitue la dynamite dont la plus grande partie est utilisée dans les travaux de mines, construction des tunnels, etc. Mentionnons encore que le corps nitré le plus simple ou CH⁴, dont l'hydrogène est entièrement remplacé par AzO², a été obtenu par Schichkoff : $C(AzO^2)^4$ de même que le nitroforme $CH(AzO^2)^3$.

Si l'on fait passer les vapeurs d'acide azotique à travers un tube de verre chauffé, même très légèrement, on observe la formation de vapeurs rutilantes, dues aux oxydes d'azote inférieurs et, en même temps, on constate la séparation d'une certaine quantité d'oxygène à l'état libre :

$$2AzO^3H = H^2O + 2AzO^2 + O$$

Au rouge blanc, la décomposition est complète : il se forme de l'azote :

$$2AzO^3H = H^2O + Az^2 + O^5$$

Aussi, l'acide azotique peut-il céder son oxygène à un grand nombre de substances capables de s'oxyder (**39**). L'acide azotique est donc un **agent oxydant**. Le charbon, comme nous l'avons déjà vu, brûle dans l'acide azotique. Le phosphore, le soufre, l'iode et la plupart des métaux décomposent aussi l'acide azotique: quelques-uns, à chaud; d'autres, même à la température ordinaire.

(39) L'acide azotique se décompose quand on fait passer ses vapeurs sur du cuivre chauffé au rouge. La décomposition est complète, car les oxydes d'azote formés cèdent leur oxygène au cuivre et il ne reste que de l'eau et de l'azote.

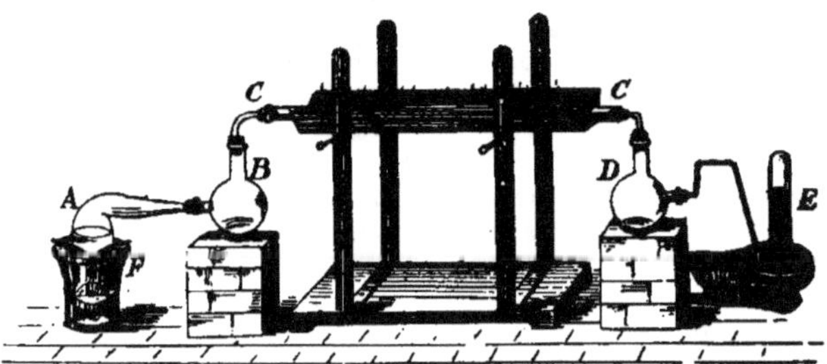

Fig. 54. — Appareil servant à la décomposition de l'anhydride azotique pouvant être aussi utilisé pour l'analyse des autres oxydes d'azote. En A, on décompose l'azotate de plomb, pour préparer le peroxyde d'azote AzO^2. L'acide azotique et les autres produits moins volatils se condensent en B. Le tube CC, contenant du cuivre, est entouré de charbons ardents. En D, se condensent (ou se forment) des produits volatils indécomposés. Si la décomposition de AzO^2 n'est pas complète, on voit, en D, des vapeurs rouges. L'azote s'accumule dans l'éprouvette E.

Cette méthode donne le moyen de déterminer la composition de l'acide azotique, ainsi que celle de tous les autres composés oxygénés de l'azote, puisque, en recueillant l'azote. on peut, du volume obtenu, déduire par le calcul le poids, et, par conséquent, connaître la quantité d'azote qui existe, dans un poids donné, d'un composé azoté. D'un autre côté, en pesant le cuivre, avant et après l'opération, l'augmentation de poids indiquera la quantité d'oxygène.

Cette décomposition s'exprime, pour l'acide azotique, par l'équation suivante :

$$2HAzO^3 + 5Cu = H^2O + Az^2 + 5CuO.$$

Cette réaction est précédée de la formation d'azotate de cuivre, $Cu(AzO^3)^2$ parce que l'oxyde de cuivre se combine avec l'acide azotique. L'azotate de cuivre est très instable et il se décompose en oxygène et en oxydes d'azote, à la chaleur rouge.

Le sodium décompose également au rouge les composés oxygénés de l'azote en s'emparant de leur oxygène. On emploie quelquefois ce procédé pour déterminer la composition des oxydes d'azote.

Les différentes substances sont oxydées par l'oxygène de l'acide azotique, qui se réduit en formant des oxydes d'azote inférieurs. Quelques métaux seulement, tels que l'or et le platine, ne sont pas attaqués par l'acide azotique, mais les autres le décomposent en formant les oxydes métalliques correspondants ; si ces oxydes sont basiques, ils se combinent avec le reste de l'acide azotique ; c'est pourquoi la réaction donne naissance, non à des oxydes, mais à des azotates et, en même temps, à des combinaisons moins oxygénées de l'azote.

Figure 55. — Décomposition du protoxyde d'azote par le sodium métallique.

Les sels, ainsi obtenus, sont en solution ; c'est pourquoi l'on dit que l'acide azotique *dissout* presque tous les métaux (**40**). Il ne se produit cependant pas une simple dissolution : c'est bien une modification chimique complète de la substance employée.

(**40**) Quand on veut graver sur le cuivre et l'acier, au moyen de cet acide, on recouvre la surface métallique avec un vernis et on .trace, en enlevant la couche de vernis avec une pointe, ce qu'on veut graver sur le métal; on verse ensuite l'acide azotique sur toute la surface. Les parties, qui sont recouvertes, restent intactes, tandis que les points, qui ont été mis à nu par l'aiguille, sont attaqués par l'acide azotique. Ce procédé est appelé gravure à l'eau forte.

Les métaux, dont les oxydes ne se combinent pas à l'acide azotique pour former des sels, donnent les oxydes eux-mêmes et non des sels : l'étain, par exemple, donne l'hydrate stannique SnH^2O^3 :

$$Sn + 4AzO^3H = SnH^2O^3 + 4AzO^2 + H^2O$$

L'argent enlève à l'acide azotique une quantité d'oxygène encore plus considérable et transforme la plus grande partie de l'acide azotique en anhydride azoteux Az^2O^3 :

$$4Ag + 6HAzO^3 = 4AgAzO^3 + Az^2O^3 + 3H^2O$$

Le cuivre prend encore plus d'oxygène à l'acide azotique: la réaction donne naissance à l'oxyde azotique, gaz tout à fait incolore.

Par l'action du zinc, l'acide azotique cède encore une plus grande quantité d'oxygène en formant le protoxyde d'azote.

$$4Zn + 10HAzO^3 = 4Zn (AzO^3)^2 + Az^2O + 5H^2O \ (41)$$

(41) La composition de ces équations peut sembler difficile aux commençants. Il faut cependant remarquer que, si les substances qui entrent dans une réaction et celles qui en résultent sont connues, il est facile d'écrire l'équation. Ainsi, si nous désirons écrire une équation qui exprime que l'acide azotique en agissant sur le zinc donne du protoxyde d'azote Az^2O et de l'azotate de zinc $Zn(AzO^2)^2$, il nous faut raisonner de la manière suivante :

L'acide azotique contient de l'hydrogène tandis que le protoxyde d'azote et l'azotate de zinc n'en contiennent pas : il y a donc formation d'eau : la réaction s'effectue comme si l'anhydride azotique Az^2O^5 agissait seul. En se transformant en protoxyde d'azote Az^2O, ce dernier corps cède 4 atomes d'oxygène; il est, par conséquent, capable d'oxyder 4 atomes de zinc en les transformant en oxyde de zinc ZnO. Ces quatre molécules d'oxyde de zinc exigent, pour leur transformation en azotate de zinc, quatre nouvelles molécules d'anhydride azotique. Il faut donc en totalité 5 fois le groupement Az^2O^5 ou 10 molécules d'acide azotique. Il faut donc 10 molécules d'acide azotique et 4 de zinc pour exprimer l'équation en nombres équivalents entiers.

Il ne faut pas oublier qu'un petit nombre de réactions seulement peuvent être exprimées par des réactions simples. En général, l'équation d'une réaction n'indique que les produits principaux qui se forment dans la réaction, avec les produits résultants.

Ainsi, aucune des réactions précédentes ne représente ce qui se passe en réalité, quand on met en contact des métaux et de l'acide azotique. Dans aucune réaction, il ne se forme un seul oxyde d'azote; il y a toujours production de tous les composés oxygénés de l'azote soit au même moment, soit successivement au fur et à mesure que le mélange s'échauffe ou que la concentration de l'acide varie. Cela est, d'ailleurs, facile à comprendre, car, l'oxyde d'azote, qui se forme est capable d'agir sur le métal ; il se réduit donc, mais en présence de l'acide azotique il peut s'oxyder en réduisant l'acide.

Les équations doivent être considérées comme l'expression schématique des réactions principales : aussi, les réactions peuvent-elles varier suivant la température et suivant la concentration de l'acide.

Quelquefois, surtout quand on opère sur des solutions diluées d'acide azotique, la réduction va jusqu'à la formation de l'hydroxylamine et de l'ammoniaque, quelquefois même, jusqu'à l'azote.

La formation de l'un ou l'autre de ces composés, aux dépens de l'acide azotique, est liée non seulement à la nature des substances employées, mais aussi au rapport qui existe entre l'acide azotique et l'eau, à la température et à la pression, en un mot, à la somme totale des conditions de la réaction. Mais, comme ces conditions varient, pour un mélange donné, même pendant la réaction (la température et la masse relative se modifient), on n'obtient jamais un produit unique, mais un mélange des différents corps que peut donner la réduction de l'acide azotique.

Ainsi, l'acide azotique exerce sur les métaux une action oxydante, tandis que l'acide lui-même se transforme en composés moins oxygénés, en azote gazeux ou même en ammoniaque (**42**) ce qui dépend de la température, de la concentration de l'acide, de la nature du métal employé et de beaucoup d'autres circonstances.

(42) Montemartini a cherché à démontrer que la qualité et la quantité des composés qui se dégagent, quand on fait réagir l'acide azotique sur les métaux, dépendent directement de la concentration de l'acide employé ainsi que de la faculté plus ou moins grande que possèdent les métaux de décomposer l'eau. Les métaux, qui ne décomposent l'eau qu'à une température élevée, donnent avec l'acide azotique : AzO^2, Az^2O^3 et AzO ; tandis que ceux qui décomposent l'eau à des températures plus basses donnent, en plus des produits indiqués Az^2O Az et AzH^3. Enfin, les métaux, qui décomposent l'eau à la température ordinaire, dégagent, en outre, de l'hydrogène.

Il faut remarquer que beaucoup de métaux sont moins solubles dans l'acide azotique normal concentré que dans l'acide dilué. Le fer, le cuivre, et l'étain, par exemple, s'oxydent facilement dans l'acide azotique dilué, mais restent inattaqués dans l'acide azotique monohydraté $HAzO^3$. L'acide azotique très dilué n'oxyde pas le cuivre, mais il attaque l'étain ; l'acide azotique dilué n'attaque ni l'argent ni le mercure, mais, en ajoutant de l'acide azoteux à l'acide azotique, même dilué, ces métaux se dissolvent. Ce fait s'explique par l'instabilité de l'acide azoteux, car, dès que la réaction est amorcée, l'acide azotique lui-même se trouve transformé en acide azoteux, qui continue à agir sur l'argent et sur le mercure.

L'action de l'acide azotique sur Cu. Hg. et Bi a été bien étudiée par le chimiste Veley, d'Oxford (1891) ; cet auteur a démontré que l'acide azotique à 30 0/0 n'agit, à la température ordinaire, sur les métaux indiqués que s'il contient une quantité, si minime soit-elle, d'acide azoteux ou d'un autre oxydant : H^2O^2, $KClO^4$, etc... En présence même d'une petite quantité d'acide azoteux, les métaux forment des azotites ; ces derniers, au contact de l'acide azotique, se transforment en azotates et en oxydes d'azote qui produisent à nouveau l'acide azoteux nécessaire pour amorcer la réaction : aussi la réaction :

$$2AzO + HAzO^3 + H^2O = HAzO^3$$

est-elle réversible. Les métaux, ci-dessus indiqués, se dissolvent facilement dans une solution d'acide azoteux à 1 0/0. Veley a, en outre, remarqué que l'acide azotique se réduit en partie en acide azoteux par l'action de l'hydrogène en présence des azotates de Cu et de Pb.

Beaucoup de corps composés s'oxydent au contact de l'acide azotique comme les métaux ; d'autres, les oxydes inférieurs, par exemple, sont transformés en oxydes plus oxygénés. Ainsi, l'acide arsénieux se change en acide arsénique, l'oxyde ferreux se transforme en oxyde ferrique, l'acide sulfureux en acide sulfurique, les sulfures M^2S en sulfates correspondants M^2SO^4, etc. Bref, l'acide azotique oxyde les autres substances en cédant son oxygène. L'action oxydante, qu'exerce l'acide azotique concentré sur certaines substances, est tellement énergique, le dégagement de chaleur est si considérable qu'il détermine la combustion ; l'essence de térébenthine $C^{10}H^{16}$, par exemple, s'enflamme quand on y verse de l'acide azotique fumant.

Grâce à sa propriété oxydante, l'acide azotique *enlève l'hydrogène* contenu dans beaucoup de substances ; ainsi, l'acide azotique décompose l'acide iodhydrique en mettant l'iode en liberté et en formant de l'eau. En introduisant l'acide azotique dans un flacon contenant de l'acide iodhydrique gazeux, il se produit une réaction tellement vive qu'il y a production d'une flamme ; l'iode se sépare sous forme de vapeurs violettes, et il y a formation de vapeurs brunes d'oxydes d'azote (**43**).

(43) L'acide azotique, en réagissant sur les matières organiques, ne leur enlève pas seulement leur hydrogène; il peut, dans certaines conditions, leur céder de l'oxygène. C'est ainsi, par exemple, que le toluène C^7H^8 est transformé par l'acide azotique en acide benzoïque $C^7H^6O^2$. Dans certains cas même, une partie du carbone contenu dans une substance organique brûle aux dépens de l'oxygène de l'acide azotique. C'est par cette réaction que l'on prépare l'acide phtalique $C^8H^6O^4$, en partant de la naphtaline $C^{10}H^8$.

En général, l'action de l'acide azotique sur les hydrocarbures est très complexe; il y a, outre la nitrification, élimination de carbone, soustraction d'hydrogène et addition d'oxygène.

Peu de substances organiques peuvent résister à l'action de l'acide azotique. Ainsi, l'acide azotique produit, sur beaucoup de substances organiques, des transformations profondes : il détermine sur la peau des taches jaunes et, si son action est prolongée, il l'attaque assez profondément pour produire des plaies. Les tissus végétaux sont attaqués avec la plus grande facilité par l'acide azotique concentré.

Une des couleurs végétales les plus stables qui existent, c'est l'*indigo*, couleur bleue très employée pour la teinture des tissus : cette couleur *se transforme en une substance jaune,* en présence de l'acide azotique. On peut même utiliser cette réaction pour déceler la présence de traces d'acide azotique, dans un mélange.

L'acide azotique se décomposant facilement en abandonnant de l'oxygène, on a supposé, pendant longtemps, qu'il était impossible d'obtenir **l'anhydride azotique** Az^2O^5 ; mais, Deville, le premier, et, après lui, Weber et d'autres ont indiqué des procédés qui permettent de préparer ce composé.

Deville a obtenu l'anhydride azotique en décomposant l'azotate d'argent par le chlore sous l'influence de la chaleur; la réaction s'accomplit à la température de 95° ; une fois amorcée, elle se continue d'elle-même sans qu'il soit nécessaire de continuer à chauffer :

$$2AgAzO^3 + Cl^2 = 2AgCl + Az^2O^5 + O$$

Les vapeurs rouges, qui se produisent, passent dans un tube entouré d'un mélange réfrigérant. L'oxygène libre se dégage à l'état gazeux. Les produits, qui se condensent dans le tube, se séparent en une masse cristalline et une subs-

tance liquide ; on décante le liquide et on fait passer à travers
le tube un courant d'acide carbonique sec pour enlever
toute trace des substances volatiles (les oxydes d'azote liquides) adhérant aux cristaux d'anhydride azotique.

Ces cristaux forment une masse volumineuse, de forme
rhombique (poids sp. $= 1.64$) ; ils sont quelquefois assez
grands, fondent au voisinage de 30° et distillent à environ 47°,
en se décomposant en partie. Ces cristaux donnent de l'acide
azotique, au contact de l'eau.

On obtient encore l'anhydride azotique en traitant l'acide
azotique pur, et refroidi au dessous de 0°, par l'anhydride
phosphorique P^2O^5.

En distillant des poids égaux de ces deux substances, on
obtient, au début, un composé liquide :
$$H^2O, 2Az^2O^5 = 2HAzO^3, Az^2O^5 ;$$
tandis que la plus grande partie de l'acide azotique se transforme en anhydride, suivant l'équation :
$$2HAzO^3 + P^2O^5 = 2HPO^3 + Az^2O^5$$
Sous l'influence de la chaleur, et quelquefois aussi spontanément, avec explosion, l'anhydride azotique se décompose en anhydride hypoazotique Az^2O^4 et en oxygène :
$$Az^2O^5 \text{ ou } Az^2O^4 + O.$$
L'anhydride hypoazotique Az^2O^4 et le **peroxyde**
ou **bioxyde d'azote** AzO^2 présentent la même composition, mais doivent être distingués l'un de l'autre comme
l'oxygène ordinaire, de l'ozone, bien que, dans ce cas, la
transformation s'effectue plus facilement, même par une
simple évaporation ; de plus, O^3, en se transformant en O^2,
perd de la chaleur, tandis que Az^2O^4 en absorbe pour se
transformer en AzO^2.

En réagissant sur l'étain ou sur beaucoup de substances
organiques (sur l'amidon par exemple), l'acide azotique
donne naissance à un gaz d'un rougebrun, formé par un mé-

lange de Az^2O^3 et AzO^2. On obtient un produit plus pur en décomposant l'azotate de plomb par la chaleur :

$$Pb\,(AzO^3)^2 = 2\,AzO^2 + PbO + O$$

On obtient de l'oxyde de plomb non volatil, de l'oxygène et du peroxyde d'azote. Ce dernier composé se condense, dans un vase bien refroidi, en un liquide rouge qui bout à **22°**.

On obtient le bioxyde d'azote à un état de pureté encore plus parfait, en mélangeant de l'oxygène sec avec le double de son volume d'oxyde azotique également sec ; il se solidifie à — 9° en prismes incolores qui fondent à — 10° environ (**44**). Quand la température s'élève au dessus de — 9°, les cristaux fondent et donnent à 0° un liquide rouge jaunâtre, analogue à celui obtenu par la décomposition de l'azotate de plomb. Les vapeurs de peroxyde d'azote possèdent une odeur caractérisque et elles ont, à la température ordinaire, une couleur rouge sombre, dont l'intensité diminue à basse température. Sous l'influence de la chaleur, surtout au-dessus de 50°, l'intensité de la coloration augmente beaucoup, de sorte que les vapeurs perdent leur transparence.

(**44**) Le liquide rouge brun, obtenu par la fusion des cristaux à une température supérieure à — 9°, ne se solidifie plus à la température de — 10°, d'après certains auteurs. Cela peut tenir à la formation d'une certaine quantité de Az^2O^3 (et d'oxygène) ; cette substance reste liquide à la température de — 30°; ou bien, il est possible que la transformation de AzO^2 en Az^2O^4 ne se produise pas aussi facilement que la transformation de Az^2O^4 en AzO^2.

L'anhydride hypoazotique liquide, (c'est-à-dire le mélange de AzO^2 et Az^2O^4) est employé, mélangé avec des hydrocarbures comme substance explosive.

La cause de ces propriétés est restée inconnue jusqu'à ce que Deville et Troost eussent étudié la dissociation et la densité des vapeurs du peroxyde d'azote, à différentes températures, et eussent démontré que cette densité varie. En comparant sa densité avec celle de l'hydrogène, à la même température et à la même pression, on a trouvé qu'elle varie de 38 au point d'ébullition, c'est-à-dire à 27° environ jusqu'à 23, à la température de 135°, où la densité reste stationnaire jusqu'aux températures élevées où les oxydes d'azote se décomposent.

Conformément aux lois expliquées dans le chapitre suivant, la densité 23 correspond à la combinaison AzO^2 (puisque le poids correspondant à la formule moléculaire $= 46$, et que la densité est deux fois moins grande que le poids moléculaire exprimé par rapport à l'hydrogène).

Il faut donc admettre que, à toute température supérieure à 135°, AzO^2 seul peut exister. C'est ce gaz qui possède la coloration rouge ; quand la température baisse, on obtient Az^2O^4 dont le poids moléculaire et, par conséquent, la densité des vapeurs est deux fois plus grande que la densité du peroxyde d'azote. Cette substance est isomère du peroxyde d'azote, comme l'ozone est isomère de l'oxygène ; elle possède une densité de vapeur deux fois plus grande que le peroxyde d'azote (46 par rapport à l'hydrogène), et se forme en quantité d'autant plus grande que la température est plus basse ; elle cristallise à la température de — 10°.

Ces faits expliquent le changement de coloration (Az^2O^4 donne des vapeurs transparentes et incolores ; AzO^2 des vapeurs brunes et opaques) ainsi que les modifications dans la densité des vapeurs qui se produisent avec les variations de température. Et puisque, à la température d'ébullition, on obtient la densité 38, c'est qu'il se forme, à cette température, un mélange composé de 79 parties en poids de Az^2O^4 et de 21 parties de AzO^2 (**45**). Il est évident qu'il se produit ici une décomposition spéciale, puisque le produit de décomposition AzO^2 se polymérise (c'est-à-dire devient plus dense, se combine avec lui-même) avec l'abaissement de température. Cela prouve que la réaction :

$$Az^2O^4 = AzO^2 + AzO^2$$

est une réaction réversible et, par conséquent, tout le phénomène représente une **dissociation** dans un milieu gazeux homogène,où la substance originelle Az^2O^4 et la substance engendrée AzO^2 sont deux gaz.

(45) Si l'on désigne par X une certaine quantité de Az^2O^4, en poids, nous obtenons son volume $= \dfrac{X}{46}$ et la quantité de AzO^2 sera $100 - X$ et, par conséquent, son volume sera $= \dfrac{100 - X}{123}$. Mais le mélange, ayant une densité 38, aura un poids 100 ; par conséquent, son volume sera $= \dfrac{100}{38}$. Ainsi $\dfrac{X}{46} + \dfrac{100 - X}{23} = \dfrac{100}{38}$ d'où $X = 79$.

La *mesure de dissociation* est le rapport qui existe entre la quantité de la substance décomposée et la quantité totale de la substance employée. Ainsi, à la température de l'ébullition, la mesure de la décomposition de l'anhydride hypoazotique sera :

$$\frac{21}{79 + 21} = 0,21 \text{ ou } 21 \text{ °/o} ;$$

à la température de 135°, elle égale 1 et à la température de — 10° $= 0$, c'est-à-dire que, à cette température : Az^2O^4 n'est pas décomposé. Les limites de dissociation sont, par conséquent, — 10° et 135°, à la pression ordinaire **(46)**. Dans ces limites, la densité des vapeurs de l'anhydride hypoazotique n'est pas constante et c'est seulement au-dessous comme au-dessus de ces limites qu'il existe des produits définis. Ainsi,au-dessus de 135°,il n'y a plus de Az^2O^4; il ne reste que du *peroxyde d'azote* AzO^2.

(46) Les phénomènes et les lois de la dissociation,que nous n'avons l'occasion d'étudier que dans quelques cas particuliers, sont traités dans les ouvrages spéciaux de chimie théorique.Cependant, nous citerons un exemple de dissociation dans un milieu gazeux homogène qui se rapporte à l'anhydride hypoazotique. Cet exemple, très important au point de vue historique, a été bien étudié, E. et L. Natanson en ont déterminé les densités, à des températures et à des pressions différentes. La mesure de la dissociation, exprimée d'après la méthode ci-dessus mentionnée (elle peut aussi être exprimée autrement

— par exemple, par le rapport entre la portion dissociée et la portion restée intacte) augmente, à toute température, avec la dimunition de pression.

C'est, en effet, ce que l'on doit observer dans un milieu gazeux homogène, dans lequel la diminution de pression aide, si l'on peut s'exprimer ainsi, à la formation de produits de dissociation plus légers (qui possèdent une plus petite densité ou un plus grand volume).

Ainsi, dans les expériences des frères Natanson, à la température de 0°, la mesure de dissociation augmente de 10 % à 30 %, la pression diminuant de 251 à 38 mm. ; à la température de 49°7, elle augmente de 49 % jusqu'à 93 %, la pression diminuant de 498 à 27 mm. A la température de 100°, la mesure de dissociation croît de 89.2 pour % jusqu'à 99,7 pour %, tandis que la pression tombe de 732,5 à 11,7 mm. A la température de 130° et 150°, la dissociation est complète, c'est-à-dire qu'il ne reste que AzO^2 aux pressions peu élevées sous lesquelles les frères Natanson ont fait leurs expériences; mais, il est probable que, sous une pression plus considérable (de quelques atmosphères) il se forme déjà des molécules de Az^2O^4 et il serait très intéressant d'étudier ce phénomène à de très hautes pressions, et relativement à de très basses pressions.

Dans le liquide brun, bouillant à 22°, une portion de Az^2O^4 est probablement déjà transformée en AzO^2 et ce n'est que le liquide incolore, ou les cristaux formés à — 10°, qui peut être considéré comme de l'anhydride hypoazotique pur (47).

(47) La densité de l'anhydride hypoazotique liquide, qui bout à la température de 22° à 26° $= 1,494$ à 0° et $1,474$ à 15°, d'après Geuther.

Si la densité varie avec la température, cela tient évidemment à ce que, à l'état liquide comme à l'état gazeux, il se produit non seulement des changements physiques, mais aussi des modifications chimiques. En effet, dès que la température s'élève, la quantité de Az^2O^4 diminue tandis que la quantité de AzO^2 augmente. A l'état liquide, ces deux corps (comme toutes les substances polymériques) doivent posséder des densités différentes, comme nous le constatons, par exemple, pour les hydrocarbures C^5H^{10} et $C^{10}H^{20}$.

Je crois utile d'attirer l'attention sur la détermination de la chaleur spécifique du mélange de vapeurs de Az^2O^4 et AzO^2, détermination qui a permis à Berthelot de démontrer que la transformation de $2\,AzO^2$ en Az^2O^4 est accompagnée d'un dégagement de chaleur (13000 calories environ). Cette réaction s'effectuant tout aussi facilement dans un sens que dans l'autre, elle sera, dans un cas, exothermique et, dans le cas opposé, endothermique.

Cela démontre que ces réactions peuvent s'effectuer arbitrairement dans un sens ou dans l'autre, bien que, en général, les réactions exothermiques se produisent plus facilement.

Ces faits nous expliquent l'action de l'anhydride hypoazotique sur l'eau, à basse température. Az^2O^4 réagit alors comme un mélange d'anhydrides azoteux et azotique : le premier (Az^2O^3) peut être considéré comme de l'eau dans laquelle les deux atomes d'hydrogène sont remplacés par le radical AzO, tandis que, dans l'anhydride azotique, les atomes d'hydrogène sont remplacés par les radicaux AzO^2, spéciaux à l'acide azotique et, dans l'anhydride hypoazotique, un atome est remplacé par le radical AzO, et l'autre par le radical AzO^2, comme le montre le tableau ci-dessous.

$$\left. \begin{array}{l} H \\ H \end{array} \right\} O \qquad \left. \begin{array}{l} AzO \\ AzO \end{array} \right\} O \qquad \left. \begin{array}{l} AzO^2 \\ AzO \end{array} \right\} O \qquad \left. \begin{array}{l} AzO^2 \\ AzO^2 \end{array} \right\} O$$

ou

$$H^2O \qquad\qquad Az^2O^3 \qquad\qquad Az^2O^4 \qquad\qquad Az^2O^5$$

En effet, l'anhydride hypoazotique donne, au contact de l'eau glacée, de l'acide azotique $HAzO^3$ et de l'acide azoteux $HAzO^2$; ce dernier acide, comme nous le verrons plus loin, se décompose en eau et en anhydride azoteux Az^2O^3. En traitant l'anhydride hypoazotique par de l'eau chaude, on n'obtient que de l'acide azotique et de l'oxyde azotique :

$$3AzO^2 + H^2O = AzO + 2HAzO^3.$$

Bien que AzO^2 ne se décompose pas en Az et en O, même à la température de 500°, il agit cependant comme un corps oxydant : il oxyde, par exemple, le mercure en le transformant en azotate mercureux : $HgAzO^3$:

$$Hg + 2AzO^2 = HgAzO^3 + AzO$$

Dans cette réaction, le peroxyde d'azote se réduit lui-même en donnant de l'oxyde d'azote (**48**).

(**48**) L'acide azotique, de densité 1,51, en dissolvant l'anhydride hypoazotique, prend une coloration rouge brun, tandis que celui de poids spécifique 1.32 devient bleu verdâtre. L'acide, qui a une densité inférieure à 1.15, en dissolvant l'anhydride hypoazotique, reste incolore.

L'anhydride azoteux Az^2O^3 correspond à l'acide azoteux $HAzO^2$ (**49**) et ce dernier forme toute une série de sels appelés azotites : par exemple le sel de sodium $NaAzO^2$, le sel de potassium $KAzO^2$, le sel d'ammonium $(AzH^4)AzO^2$ (**50**), le sel d'argent $AgAzO^2$ (**51**) etc. Ni l'anhydride ni son hydrate ne sont connus à l'état pur. L'anhydride est un composé extrèmement instable qui n'a pas encore été étudié suffisamment ; et, quand on cherche à obtenir l'acide azoteux, en partant de ses sels, on obtient de l'eau et l'anhydride ; ce dernier, comme un oxyde intermédiaire, se décompose en $AzO + AzO^2$.

(**49**) L'anhydride hypoazotique, étant un mélange, ne forme pas de sels correspondants.

Cependant, Sabatier et Senderens (1892) ont montré que AzO^2 est capable de se combiner directement, dans certaines conditions, avec quelques métaux, par exemple, avec le cuivre et le cobalt en formant Cu^2AzO^2 et Co^2AzO^2 ; ces corps, qui ont l'aspect d'une poudre marron, ne présentent pas les réactions des sels. C'est ainsi qu'en dirigeant sur du cuivre récemment préparé, par réduction au moyen de l'hydrogène de ses composés oxygénés, un courant de AzO^2, il se forme directement Cu^2AzO^2 qui, traité par l'eau, dégage, en partie, AzO^2 et, en partie, donne de l'azotate de cuivre en laissant un dépôt de cuivre métallique et d'oxydule de cuivre. La nature de ces composés n'est pas encore bien étudiée.

(**50**) Le nitrite d'ammonium peut être facilement obtenu en solution, par la méthode générale de la double décomposition (par exemple, en mettant en présence un sel de baryum avec le sulfate d'ammonium) comme les autres sels de l'acide azoteux ; mais, cette solution se décompose facilement en dégageant son azote dès qu'on veut l'évaporer; ce caractère avait, d'ailleurs, été déjà indiqué (**Chapitre V**).

Mais, en évaporant la solution, à la température ordinaire, sous la cloche d'une machine pneumatique, on obtient une masse de sel solide, qui se décompose facilement, sous l'influence de la chaleur. Le sel sec se décompose même avec explosion, sous l'influence d'un choc, où quand on le chauffe à la température de 70° :

$$AzH^4AzO^2 = 2H^2O + Az^2$$

On peut encore préparer du nitrite d'ammonium, en mettant en présence de l'eau ammoniacale et un mélange d'oxyde azotique et d'oxygène, ou par l'action de l'ozone sur l'ammoniaque et dans beaucoup d'autres cas.

Pour préparer AzH^4AzO^2, Zörensen (1894) fait agir Az^2O^3 et les autres oxydes d'azote sur des morceaux de carbonate d'ammoniaque ; il extrait le sel formé à l'aide de l'alcool absolu et le précipite de sa solution alcoolique par l'éther. Ce sel a une apparence cristalline ; il absorbe de la chaleur, en se dissolvant dans l'eau, et attire l'humidité de l'air. Le sel solide et ses solutions concentrées se décomposent avec explosion, lorsqu'ils sont chauffés (60°-80°), surtout en présence de traces d'acides. La décomposition se produit, même à la température ordinaire, mais très lentement. Le sel se conserve bien sous une couche d'éther anhydre.

(51) L'azotite d'argent $AgAzO^2$, étant peu soluble dans l'eau, on peut le préparer en ajoutant à la solution de $AgAzO^3$ une solution de $KAzO^2$. Il est soluble dans une grande quantité d'eau, ce qui permet de le séparer de l'oxyde d'argent, qui se trouve mélangé au précipité de $AgAzO^2$; car, $KAzO^2$ contient toujours une certaine quantité de K^2O qui, au contact de l'eau, donne l'hydrate, lequel réagit sur l'azotate d'argent et forme de l'oxyde d'argent.

La solution d'azotite d'argent donne, par la double décomposition avec les chlorures métalliques (par exemple le chlorure de baryum), du chlorure d'argent insoluble et l'azotite du métal employé, par exemple l'azotite de baryum $Ba(AzO^2)^2$.

Les sels, que forme l'acide azoteux, sont, au contraire, très stables. L'azotate de potassium $KAzO^3$ peut être transformé en $KAzO^2$ en lui soustrayant une partie de son oxygène, par exemple, en le fondant (à une température modérée) avec un métal quelconque, le plomb par exemple :

$$KAzO^3 + Pb = KAzO^2 + PbO \quad (51^{bis})$$

Le sel, qui en résulte, est soluble dans l'eau, tandis que l'oxyde de plomb reste insoluble.

(51 *bis*). Leroy (1889) prépare $KAzO^2$ en mélangeant $KAzO^3$ avec BaS en poudre. Il projette le mélange dans un creuset et le fait fondre. En lessivant le produit, il obtient une solution de $KAzO^2$, tandis que $BaSO^4$ reste sur le filtre :

$$4KAzO^3 + BaS = 4KAzO^2 + BaSO^4$$

Quand on verse de l'acide sulfurique dans une solution d'azotite de potassium (52), il se dégage immédiatement des vapeurs rutilantes d'anhydride azoteux :

$$2KAzO^2 + H^2SO^4 = K^2SO^4 + Az^2O^3 + H^2O.$$

(52) L'azotite de potassium $KAzO^2$ se décompose probablement à haute température, surtout en présence des oxydes métalliques : il dégage de l'azote et de l'oxygène et donne l'oxyde de potassium K^2O. Dans ces conditions, en effet, le salpêtre se décompose,mais la réaction n'est pas encore bien connue avec l'azotite de potassium.

On obtient le même gaz Az^2O^3 en faisant passer l'oxyde d'azote à 0° à travers de l'anhydride hypoazotique (53) ou en chauffant l'amidon avec l'acide azotique, de densité 1.3. Il se condense,à basse température, en un liquide bleu, bouillant au-dessous de 0° (54); mais, une partie se décompose en $AzO + AzO^2$.

(53) D'après certaines recherches, on a le droit de croire que la réaction :

$$Az^2O^3 = AzO + AzO^2$$

est une réaction réversible,qu'elle ressemble à la transformation de Az^2O^4 en AzO^2; mais, jusqu'à présent, cette réaction n'est pas encore suffisamment étudiée. La couleur rouge brune des vapeurs de Az^2O^3 est probablement due à la présence de AzO^2.

Quand on refroidit l'anhydride hypoazotique à -20°, et qu'on y ajoute, goutte à goutte, la moitié de son poids d'eau, ce corps se décompose, en acide azotique et en acide azoteux ; ce dernier se dégage à l'état d'anhydride directement, de sorte que, en chauffant ce liquide, il se dégage des vapeurs de Az^2O^3, qui peuvent être condensées en un liquide bleu, comme Fritsche l'a démontré. Ce mode de préparation de l'anhydride azoteux donne un produit très pur.

(54) D'après Thorpe, Az^2O^3 bout à $+ 18^o$: d'après Geuther à $+ 3,5^o$ et son poids spécifique à $0^o = 1.449$.

L'anhydride azoteux est un oxydant énergique. Les corps incandescents, introduits dans ce gaz, continuent à brûler : l'acide azotique l'absorbe et acquiert ainsi la propriété de dissoudre l'argent et d'autres métaux ; même, quand il est dilué, l'acide devient plus actif.

L'iodure de potassium est oxydé par ce gaz absolument comme par l'ozone, l'eau oxygénée, l'acide chromique et quelques autres acides, (à l'exception toutefois de l'acide azotique dilué et de l'acide sulfurique) avec **mise en liberté d'iode**. L'iode peut être reconnu (voir Chapitre IV, Ozone) à l'aide de l'empois d'amidon, qui se colore en bleu, au contact des moindres traces d'iode.

Si on mélange une solution d'azotite de potassium avec une solution d'amidon iodurée, on ne constate aucune modification, parce qu'il n'y a pas d'anhydride azoteux libre ; mais, si l'on ajoute de l'acide sulfurique, il y a immédiatement dégagement d'acide azoteux ou de son anhydride qui met l'iode en liberté : l'amidon prend aussitôt une coloration bleue. L'acide azotique ne produit pas le même effet ; mais, en présence du zinc, on observe la même coloration ; c'est qu'il se forme alors de l'acide azoteux par réduction de l'acide azotique (**55**).

(**55**) Quand l'anhydride azoteux agit comme oxydant, on observe la formation d'oxyde d'azote, d'après l'équation :
$$Az^2O^3 = 2AzO + O.$$
Cette réaction accentue encore l'analogie que nous avons déjà constatée entre l'anhydride azoteux et l'ozone; dans l'ozone, en effet, c'est seulement le tiers de l'oxygène qui agit comme oxydant, puisque O^3 se décompose en un atome O, doué de propriétés énergiques, et en oxygène ordinaire. Au point de vue physique, il existe également une certaine ressemblance entre l'ozone et l'anhydride azoteux, puisque les deux substances possèdent une coloration bleue, à l'état liquide.

L'acide azoteux, (ou même un mélange de $HAzO^2 + AzO$) réagit directement sur l'ammoniaque en formant de l'azote et de l'eau :
$$HAzO^2 + AzH^3 = Az^2 + 2H^2O \ (\mathbf{56}).$$
(**56**) On se sert de cette méthode pour transformer les amides R.AzH² (dans lesquelles R peut être ou un élément ou un groupe complexe), en hydrates correspondants RHO. Dans ce cas, nous obtenons l'équation suivante :
$$RAzH^2 + HAzO^2 = 2Az + H^2O + R(OH) ;$$
AzH² est remplacé par OH, le radical de l'ammoniaque par le radical de l'eau. Cette réaction est souvent employée pour transformer un grand nombre de substances organiques azotées, ayant les propriétés des amides, en hydrates correspondants.
L'aniline $C^6H^5AzH^2$, par exemple, que l'on prépare au moyen de la nitrobenzine $C^6H^5AzO^2$ (Note 37) se transforme, sous l'action de l'a-

cide azoteux, en phénol C^6H^5 (OH) qui existe dans la créosote, que l'on extrait du goudron de houille. Ainsi, un atome d'hydrogène **H** de la benzine est remplacé successivement par AzO^2, AzH^2 et (OH), par une méthode très générale.

Comme l'anhydride azoteux se décompose en AzO^2 et en AzO, il donne, quand on le met en présence d'eau chaude, comme AzO^2, de l'acide azotique et de l'oxyde azotique, suivant l'équation :

$$3Az^2O^3 + H^2O = 2HAzO^3 + 4AzO$$

Étant à un degré d'oxydation inférieur à celui de l'acide azotique, l'acide azoteux ou son anhydride en solution sont oxydés par beaucoup de substances oxydantes — par exemple, par le permanganate de potassium : il y a alors formation d'acide azotique (**57**).

(57) L'action du permanganate de potassium (*caméléon minéral*) $KMnO^4$ sur l'acide azoteux, en présence de l'acide sulfurique, est déterminée par l'anhydride permanganique Mn^2O^7; ce dernier est contenu dans le permanganate de potassium et se transforme en oxyde de manganèse MnO, oxyde basique qui forme du sulfate de manganèse $MnSO^4$, tandis que l'oxygène sert à oxyder Az^2O^3 en le transformant en Az^2O^5 ou en son hydrate.

Comme la solution de permanganate de potassium a une couleur rouge, tandis que celle de $MnSO^4$ est presque incolore, cette réaction est extrêmement nette et peut servir pour reconnaître et déterminer l'acide azoteux et ses sels.

L'oxyde azotique: AzO. — Ce gaz permanent (**58**) (c'est-à-dire non liquéfiable par la pression seule, sans intervention du froid) peut être obtenu de toutes les combinaisons oxygénées de l'azote que nous venons d'étudier. C'est ordinairement par la réduction de l'acide azotique, au moyen des métaux, qu'on le prépare.

On introduit de l'acide azotique ayant au maximum une densité de 1,18 (car, avec de l'acide plus concentré, il se produirait Az^2O^3 et AzO^2) dans un flacon contenant du cuivre métallique (**59**) : la réaction commence à la température ordinaire. Le mercure et l'argent, en agissant sur l'acide azotique, produisent aussi de l'oxyde azotique. Dans cette réaction, une partie de l'acide sert à oxyder le métal ; mais, la plus grande partie se combine avec l'oxyde métallique, ainsi obtenu, pour former l'azotate correspondant. La première réaction, qui s'effectue dès que l'acide azotique est en contact avec le cuivre, s'exprime par l'équation suivante :

$$2HAzO^3 + 3Cu = H^2O + 3CuO + 2AzO$$

L'autre réaction donne lieu à la formation d'azotate de cuivre :

$$6HAzO^3 + 3CuO = 3H^2O + 3Cu\,(AzO^3)^2$$

En combinant les deux réactions, nous obtiendrons l'équation générale suivante :

$$8HAzO^3 + 3Cu = 3Cu\,(AzO^3)^2 + 2AzO + 4H^2O$$

(56) Le point d'ébullition absolu est — 93°(voir le Chapitre II, note 29).

(58) Kämmerer propose, pour préparer l'oxyde d'azote AzO, de verser une solution de salpêtre sur de la limaille de cuivre et d'y ajouter goutte à goutte de l'acide sulfurique. L'oxydation des sels de protoxyde de fer par l'acide azotique donne également lieu à la formation de AzO. On prend une partie d'acide chlorhydrique et on dissout le fer : il se forme du protochlorure de fer FeCl². On ajoute alors un mélange de parties égales d'acide chlorhydrique et de salpêtre. On chauffe et l'oxyde d'azote se dégage.

On obtient l'oxyde azotique, sans autres dérivés de l'acide azotique, en présence d'un excès d'acide sulfurique et de mercure ; c'est sur cette réaction qu'est fondé un procédé de dosage de l'acide azotique ; car, le volume de AzO peut être facilement déterminé. C'est ainsi, par exemple, que l'on dose l'azote dans la nitrocellulose en la dissolvant dans de l'acide sulfurique. L'acide azoteux se comporte de la même manière. Emich (1892) indique le procédé suivant pour préparer AzO. On verse dans un ballon un peu de mercure, et on le remplit avec de l'acide sulfurique tenant en dissolution une certaine quantité de NaAzO² ou de toute autre substance correspondant à HAzO² ou à HAzO³. Le dégagement de AzO s'effectue à la température ordinaire et d'autant plus lentement que la surface du mercure est moindre. En agitant le ballon, on active le dégagement du gaz. En faisant passer le gaz à travers KHO, on l'obtient à l'état pur ; car, à la température ordinaire, AzO ne réagit pas sur KHO.

L'oxyde azotique est un gaz incolore, peu soluble dans l'eau (1/20 de volume à la température ordinaire). On ne connaît pas de réactions de double décomposition dans lesquelles ce gaz intervienne : c'est donc un oxyde indifférent, non salifiable. Comme tous les composés oxygénés de l'azote, il se décompose en ses éléments, à haute température ; la décomposition complète en Az^2 et O^2 ne s'effectue qu'à la température de fusion du platine (Emich, 1892). Ce qui caractérise l'oxyde azotique, c'est la propriété qu'il possède de se combiner facilement avec l'oxygène (grâce au dégagement de chaleur produit pendant la formation). Avec **l'oxygène**, il forme de l'**anhydride azoteux** et de l'**anhydride hypoazotique** :

$$2AzO + O = Az^2O^3 \; ; \; 2AzO + O^2 = 2AzO^2$$

Si on mélange de l'oxyde azotique avec de l'oxygène et si l'on agite immédiatement le mélange avec une solution de potasse caustique, il est entièrement transformé en **azotite de potassium** ; quelque temps après, au contraire, quand il s'est formé de l'anhydride hypoazotique, on obtient, en agitant avec un alcali, un mélange d'azotate et d'**azotite**.

En introduisant l'oxygène dans une cloche remplie d'oxyde d'azote, il se forme des fumées rouges d'anhydride **azoteux** et de peroxyde d'azote, qui se transforment, en présence de l'eau, comme nous l'avons déjà vu, en acide azotique et en oxyde azotique de sorte que, en présence d'un **excès** d'oxygène et d'eau, l'oxyde azotique se transforme entièrement en acide azotique. Cette réaction, qui fournit de l'acide azotique, en partant de l'oxyde d'azote, est très souvent employée dans la pratique ; elle a lieu, d'après l'équation suivante :

$$2AzO + H^2O + O^3 = 2AzO^3H$$

L'expérience de la transformation de l'oxyde azotique **en** acide azotique est très démonstrative et très instructive. A mesure que l'oxyde d'azote se combine avec l'oxygène, il se transforme en acide azotique, qui se dissout dans l'eau ;

si l'on n'introduit pas un excès d'oxygène, la cloche se remplit complètement d'eau (60).

(60) Cette transformation de gaz permanents, l'oxyde d'azote et oxygène en acide azotique liquide en présence de l'eau avec dégagement de chaleur, est un fait bien intéressant : c'est un exemple de liquéfaction produite uniquement par les forces chimiques qui accomplissent facilement un travail qu'il est très difficile d'effectuer au moyen des forces physiques (refroidissement) ou mécaniques (pression). Dans ce cas, le mouvement dont sont douées les molécules gazeuses est suspendu. Dans d'autres réactions chimiques, ce mouvement devient apparent; il provient de l'énergie latente c'est-à-dire, probablement, du mouvement des atomes dans les molécules.

Il est évident que l'oxyde azotique (61), en se combinant avec l'oxygène, a une grande tendance à former les termes les plus élevés de la série des combinaisons azotées, c'est-à-dire à se transformer en acide azotique : $HAzO^3$ ou $AzO^2(OH)$, en anhydride azotique Az^2O^5 ou $(AzO^2)^2O$ et en chlorure d'ammonium AzH^4Cl.

(61) L'oxyde azotique est capable de former beaucoup de combinaisons caractéristiques : il est absorbé par un grand nombre d'acides (par exemple, les acides tartrique, acétique, phosphorique, sulfurique, etc.) et aussi par des solutions salines, surtout par les sels de protoxyde de fer, le sulfate ferreux $FeSO^4$. Dans ce cas, il se forme une combinaison brune, très instable comme toutes les combinaisons de l'oxyde d'azote.

La quantité d'oxyde azotique qui se combine ainsi est en proportion atomique avec la quantité de substance employée : ainsi, deux molécules de sulfate ferreux $2FeSO^4$ absorbent une molécule de AzO. Si l'on traite cette combinaison par un alcali caustique, on obtient un dégagement d'ammoniaque, parce que l'oxygène de l'oxyde d'azote et l'eau réagissent sur l'oxyde ferreux pour former l'oxyde ferrique, tandis que l'azote se combine avec l'hydrogène de l'eau.

S'il faut en croire les expériences de Gay (1885), cette combinaison se formerait avec un grand dégagement de chaleur et serait facilement dissociable, comme une solution d'ammoniaque dans l'eau.

Il est évident que les substances oxydantes (par exemple, le permanganate de potassium. — Note 57), sont capables de le transformer en acide azotique.

Si, dans les combinaisons de l'acide azotique, on admet la présence du radical AzO^2, on doit reconnaître, dans les combinaisons de l'acide azoteux, l'existence d'un radical AzO. Les combinaisons, dans lesquelles on trouve ce radical AzO, sont appelées *composés nitrosés*. Ces combinaisons sont étudiées dans le travail du professeur Bunge (Kief. 1868).

Si nous représentons par X un atome d'hydrogène, ou une quantité équivalente à un atome d'hydrogène Cl,(OH),etc.,O, qui, d'après la loi de substitution, est équivalent à H^2, sera exprimé par X^2, et les trois combinaisons mentionnées ci-dessus doivent être considérées comme des combinaisons du type AzX^5. Par exemple, dans l'acide azotique $X^5 = O^2$ + OH où $O^2 = X^4$ et OH = X, tandis que l'oxyde azotique est une combinaison de forme AzX^2. C'est, par conséquent, un composé inférieur qui, comme tous les termes inférieurs, a une tendance à atteindre, par voie de combinaison, la forme la plus élevée que puisse former cet élément.

AzX^2 se transforme en effet en :

AzX^3 (par exemple Az^2O^3 et $AzHO^2$),

AzX^4 (par exemple AzO^2),

$Az X^5$.

Comme l'oxyde azotique commence à se décomposer à 900° environ, beaucoup de **corps brûlent dans l'oxyde azotique**: ainsi, par exemple, le phosphore allumé **continue** à brûler dans ce gaz, mais le soufre et le charbon s'y éteignent. Cela tient à ce que la chaleur développée par la combustion de ces deux corps n'est pas suffisante pour décomposer l'oxyde d'azote. Au contraire, la combustion du phosphore dégage une quantité de chaleur suffisante pour produire cette décomposition. Ce qui prouve que c'est là l'explication vraie du phénomène, c'est que le charbon brûle dans l'oxyde azotique, quand il est bien allumé (**62**).

Toutes les combinaisons oxygénées de l'azote, étudiées jusqu'à présent, peuvent être préparées au moyen de l'oxyde d'azote et peuvent être transformées en ce dernier gaz ; il y a donc un lien étroit entre les composés oxygénés de l'azote et l'oxyde azotique (**63**).

(62) Le mélange d'oxyde d'azote et d'hydrogène est inflammable ; si l'on fait passer ce mélange sur de l'éponge de platine, il se forme de l'ammoniaque. L'oxyde d'azote donne un produit très inflammable, quand on le mélange avec un grand nombre de vapeurs ou de gaz combustibles. On obtient une flamme très caractéristique quand on fait brûler un mélange d'oxyde d'azote et de sulfure de carbone CS^2. Cette dernière substance est très volatile, de sorte qu'il suffit de faire passer l'oxyde d'azote à travers un flacon de Woolf, contenant un peu de sulfure de carbone, pour que le gaz entraîne avec lui des vapeurs de ce composé. Ce mélange continue à brûler, dès qu'il est enflammé, et la flamme émet les rayons, appelés ultra-violets, qui sont capables de déterminer certaines réactions chimiques ; aussi, peut-on employer cette flamme dans la photographie pour remplacer la lumière solaire (la lumière électrique et celle du magnésium ont la même propriété). Un mélange d'oxyde d'azote avec un grand nombre de gaz (par exemple l'ammoniaque) fait explosion dans l'eudiomètre.

(63) Les oxydes d'azote ne se forment pas directement quand on met en présence l'azote et l'oxygène, parce que leur formation se fait avec absorption d'une grande quantité de chaleur (Voir: Note 29): la combinaison de 16 parties d'oxygène avec 14 parties d'azote se fait avec absorption de 21500 unités de chaleur; la décomposition de l'oxyde d'azote en oxygène et azote est accompagnée, par conséquent, du dégagement de la même quantité de chaleur et c'est pourquoi, pour l'oxyde d'azote, comme pour d'autres substances et mélanges explosifs, la réaction se continue d'elle-même, une fois qu'elle a été amorcée.

En effet, Berthelot a observé la décomposition de l'oxyde d'azote dans l'explosion du fulminate de mercure. Cette décomposition n'a pas lieu spontanément. Les substances brûlent difficilement dans l'oxyde d'azote, probablement parce qu'une certaine quantité d'oxyde d'azote décomposé donne de l'oxygène, qui se combine avec l'autre portion d'oxyde d'azote en formant AzO^2, combinaison oxygénée de l'azote, assez stable. Toutes les autres combinaisons de l'oxyde d'azote avec l'oxygène se forment avec dégagement de chaleur et la réaction a lieu spontanément par le seul contact de l'air.

Ces exemples montrent combien l'application des données thermochimiques est limitée par les faits.

La transformation de l'oxyde azotique en oxydes supérieurs et la réaction inverse sont employées, dans la pratique, pour **transporter l'oxygène de l'air** sur les substances capables d'être oxydées. Ayant l'oxyde d'azote, il est facile de le transformer, à l'aide de l'oxygène de l'air, en acide azotique, en Az^2O^3 et AzO^2 et, à l'aide de ces substances, d'oxyder différents corps.

Par le fait même de cette oxydation, il se forme, de nouveau, de l'oxyde azotique qui peut être encore transformé en acide azotique, à l'aide de l'oxygène de l'air, et, ainsi de suite, pourvu qu'il y ait de l'oxygène et de l'eau. Ainsi s'explique ce qui semble à première vue paradoxal, que, à l'aide d'une petite quantité d'oxyde azotique, en présence d'air et d'eau, on puisse oxyder un très grand nombre de substances qui ne s'oxydent directement, ni au contact de l'oxygène de l'air, ni au moyen de l'oxyde azotique seul.

L'anhydride sulfureux SO^2, qu'on obtient par la combustion à l'air du soufre et des différents sulfures métalliques, est un exemple de cette réaction continue.

Dans l'industrie, on prépare ce gaz en grillant le soufre ou les pyrites de fer FeS^2. La pyrite se transforme, dans cette réaction, en SO^2 et en oxyde de fer. Au contact de l'air, l'anhydride sulfureux n'absorbe pas l'oxygène pour former le SO^3 et, s'il y a formation d'acide sulfurique, en présence de l'eau et de l'oxygène atmosphérique, la réaction est trop lente pour que ce procédé puisse être employé pratiquement :

$$SO^2 + H^2O + O = H^2SO^4.$$

Au contraire, en présence d'acide azotique (et surtout d'acide azoteux, mais non de peroxyde d'azote) et d'eau, l'anhydride sulfureux forme très facilement l'acide sulfurique, surtout quand il est légèrement chauffé (environ 40°). Dans cette réaction, l'acide azotique et encore plus facilement l'acide azoteux se transforment en oxyde azotique :

$$3SO^2 + 2HAzO^3 + 2H^2O = 3H^2SO^4 + 2AzO.$$

La présence de l'eau est ici absolument indispensable ; autrement, il se produirait de l'anydride sulfurique qui se combinerait avec l'anhydride azoteux en formant une substance cristalline (*cristaux des chambres de plomb*) qui sera décrite dans le Chapitre XX. L'eau décompose ces combinaisons en formant l'acide sulfurique et en mettant en liberté les oxydes d'azote. Il en faut une quantité supérieure à celle qui est nécessaire pour former l'acide sulfurique H^2SO^4, puisque H^2SO^4 dissout les oxydes d'azote, tandis qu'avec un acide plus dilué cette dissolution n'a pas lieu.

Si, dans la réaction précédente, nous prenons l'eau, l'anhydride sulfureux et l'acide nitrique ou nitreux, en quantités définies, il se forme une quantité limitée d'acide sulfurique et d'oxyde azotique correspondant à l'équation précédente : mais, cette quantité une fois formée, la réaction est terminée ; l'excès d'acide sulfureux, s'il y en avait, restera intact. Si, au contraire, on ajoute de l'air et de l'eau, l'oxyde d'azote se combinera avec l'oxygène pour former de l'anhydride hypoazotique, et celui-ci s'unira à l'eau pour former les acides azotique et azoteux qui donnent, avec l'anhydride sulfureux, une nouvelle quantité d'acide sulfurique: il se forme, de nouveau, de l'oxyde d'azote qui, en présence de l'air, est capable de continuer l'oxydation.

Il est donc possible de transformer une grande quantité d'acide sulfureux en acide sulfurique, à l'aide d'une quantité limitée d'oxyde d'azote, en ajoutant seulement de l'eau et de l'oxygène de l'air (**64**).

(**64**) Cette action de AzO est très remarquable : il suffit de l'introduction d'une petite quantité d'une substance pour déterminer une réaction chimique entre de grandes masses :
$$SO^2 + O + H^2O = H^2SO^4.$$
C'est qu'en effet cette réaction a été étudiée dans ses détails et elle montre que, dans les phénomènes dits catalytiques (c'est-à-dire de contact), on peut trouver des réactions transitoires.

Dans la formation de l'acide sulfurique, en effet, un corps A(SO^2), réagit sur B (sur $O + H^2O$) en présence de C, puisque l'on obtient BC, substance qui régénère de nouveau C, en se combinant avec A

pour former *AB*. Par conséquent, *C* est un intermédiaire qui transporte la substance, intermédiaire sans lequel la réaction est impossible.

Il est facile de trouver dans la vie beaucoup de phénomènes analogues. Ainsi, le marchand est l'intermédiaire nécessaire entre le producteur et le consommateur ; l'expérience est l'intermédiaire entre les phénomènes de la nature et nos facultés de compréhension. La parole, la forme, la loi sont des intermédiaires tout aussi indispensables pour la consolidation des rapports entre les hommes, que l'est AzO pour la fixation sur SO^2 de $O + H^2O$.

On peut reproduire en petit cette réaction en introduisant une certaine quantité d'oxyde d'azote dans un flacon où se trouve une faible quantité d'anhydride sulfureux ; on fait arriver dans l'appareil de la vapeur d'eau et de l'air atmosphérique.

Cette réaction peut être représentée de la manière suivante, si nous considérons seulement les substances employées et résultantes :

$$nSO^2 + nO + (n + m) H^2O + AzO = nH^2SO^4 + mH^2O + AzO,$$

Théoriquement, une quantité définie d'oxyde azotique peut servir pour transformer une quantité indéfinie d'anhydride sulfureux, d'oxygène et d'eau en acide sulfurique. En réalité, il y a cependant une limite, car les oxydes d'azote, résultant de la réaction, se dissolvent, en partie, dans l'acide sulfurique de sorte que, même en employant de l'oxygène pur, la quantité d'oxyde azotique libre (indissous) ou actif décroît peu à peu. Si on emploie l'air et non l'oxygène pur, comme c'est le cas dans l'industrie, on est alors obligé de se débarrasser de l'azote de l'air atmosphérique pour introduire une nouvelle quantité d'air. Une certaine quantité d'oxyde azotique est donc entraînée par le courant d'air et se trouve perdue (**65**).

(65) Pour préparer l'anhydride sulfureux au moyen de la pyrite de fer FeS^2, il faut, pour chaque molécule de pyrite (poids du fer $= 56$, celui du soufre $= 32$, par conséquent, poids moléculaire de la pyrite $= 120$), ajouter six atomes d'oxygène (c'est-à-dire 96 parties),

pour transformer le soufre de la pyrite en acide sulfurique (pour former avec l'eau $2H^2SO^4$) il faut en plus 1 1/2 atomes d'oxygène (24 parties) pour transformer le fer en Fe^2O^3 ; de sorte que, pour transformer le FeS^2 en Fe^2O^3 et H^2SO^4, il est nécessaire d'introduire un poids d'oxygène égal au poids de la pyrite employée (pour 120 parties de pyrite 120 parties d'oxygène) ; il faut, par conséquent, introduire un poids d'air égal à 5 fois le poids de la pyrite. Mais, 4 parties en poids d'azote ne seront pas utilisées et l'air épuisé entraînera l'oxyde d'azote resté inemployé.

On peut, en employant certaines substances capables d'absorber l'oxyde d'azote, recueillir, au moins en partie, le gaz ainsi entraîné. L'acide sulfurique lui-même, pris à l'état de H^2SO^4, ou seulement très concentré, peut être utilisé dans ce but, car cet acide dissout les oxydes d'azote. Il est facile de retirer, de nouveau, l'oxyde d'azote de cette solution soit en la chauffant, soit en ajoutant de l'eau ; car, l'acide sulfurique dilué ne dissout qu'une petite quantité d'oxydes d'azote.

En outre, l'anhydride sulfureux SO^2, en agissant sur l'acide sulfurique chargé d'anhydride azoteux, s'oxyde aux dépens de Az^2O^3 ; il se forme, de nouveau, AzO qui entre, de nouveau, dans le cycle d'action.

C'est pourquoi l'acide sulfurique qui, dans la tour représentée à droite de la fig. 56, s'est chargé des oxydes d'azote échappés des chambres est, de nouveau, amené dans la première chambre où il se trouve en contact avec l'anhydride sulfureux ; ainsi, les oxydes d'azote sont réintroduits dans la réaction qui s'effectue dans les chambres. Tel est le rôle des tours de Gay-Lussac et de Glover qui sont disposées aux deux extrémités des chambres.

Les réactions, que nous venons d'étudier, sont la base de la **préparation de l'acide sulfurique** H^2SO^4 ou **acide des chambres**, qu'on appelle aussi acide anglais. Cet acide se prépare, sur une grande échelle, dans les fabriques de produits chimiques ; c'est l'acide qui coûte le moins cher, et il a de nombreuses applications dans la pratique

La réaction s'effectue dans une **chambre** unique, divisée par des **cloisons**, ou bien dans une série de chambres, comme le **montre** la fig. 56, garnies de feuilles de plomb.

Ces chambres sont placées à la suite les unes des autres et communiquent entre elles par des tubes ou ouvertures

PRINCIPES DE CHIMIE

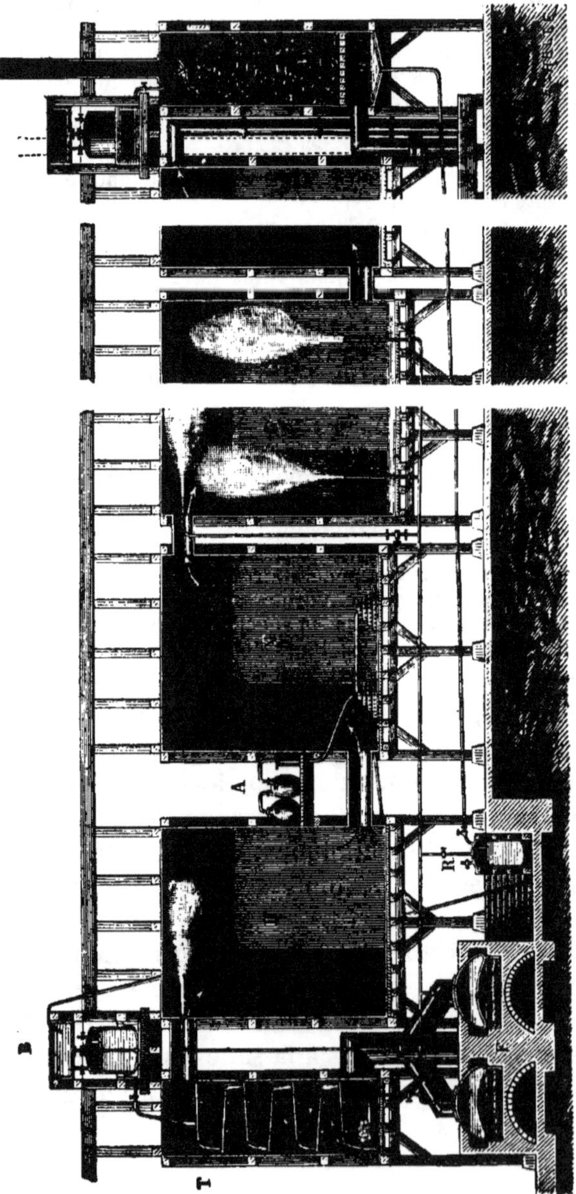

Fig. 56. — Chambres de plomb, pour la préparation de l'acide sulfurique.

disposés de telle façon que le tube d'entrée soit à la partie supérieure et le tube de sortie à la partie inférieure de la chambre. Le courant des vapeurs et des gaz, nécessaires à la préparation de l'acide sulfurique, traverse ces chambres et ces tubes. L'acide formé s'accumule à la partie inférieure des chambres, coule le long des parois et passe d'une chambre dans l'autre (c'est pour permettre cet écoulement que les cloisons ne descendent pas jusqu'en bas). Il faut donc que le fond et les parois des chambres soient formés d'un corps inattaquable par l'acide sulfurique. De tous les métaux, c'est le plomb qui remplit le mieux ces conditions. Les autres métaux, comme le zinc, le fer ou le cuivre sont attaqués par l'acide. Le verre et la porcelaine sont inattaquables, mais ils ne résistent pas aux changements de température qui se produisent, pendant la fabrication et, d'ailleurs, il est impossible de les unir aussi solidement que le plomb. Le bois et les corps analogues sont détruits par l'acide.

Pour la formation de l'acide sulfurique, il est nécessaire d'introduire dans les chambres de l'anhydride sulfureux, de la vapeur d'eau, de l'air et de l'acide azotique ou d'autres oxydes d'azote. L'anhydride sulfureux est produit par la combustion du soufre ou de la pyrite de fer.

On voit, à gauche de la figure 56, des fourneaux où s'effectue le grillage de la pyrite. L'air est introduit, dans les chambres et les fourneaux, par les ouvertures pratiquées dans les portes qui servent en même temps à régler le courant d'air et d'oxygène. Le courant d'air est produit dans les chambres d'abord parce que les gaz y entrent chauds, et aussi parce que la température s'élève par le fait même de la réaction, de sorte que l'azote, provenant de l'air atmosphérique, est entraîné dans la haute cheminée, qui se trouve après la tour représentée à droite de la figure 56.

32

On prépare l'acide azotique en chauffant un mélange d'acide sulfurique et de salpêtre du Chili, soit dans les mêmes fourneaux où l'on prépare l'anhydride sulfureux, soit dans des appareils spéciaux. On prend 8/100 de salpêtre pour 1 partie de soufre brûlé.

En quittant les fours, l'anhydride sulfureux et l'acide azotique, mélangés à l'air atmosphérique, traversent la tour qui se trouve à gauche de la figure.

Dans cette tour, appelée tour de Glover, sont disposés des plateaux, comme sur la figure 56 ou mieux (fig. 57) des morceaux de coke (résidu de la distillation sèche du charbon de terre) sur lesquels coule l'acide sulfurique contenu dans le réservoir m. Cet acide est chargé d'oxydes d'azote qu'il a absorbés dans la dernière tour à droite, appelée tour de Gay-Lussac. Cette tour est remplie de coke sur lequel coule un filet d'acide sulfurique concentré provenant du réservoir supérieur ; l'acide se répand

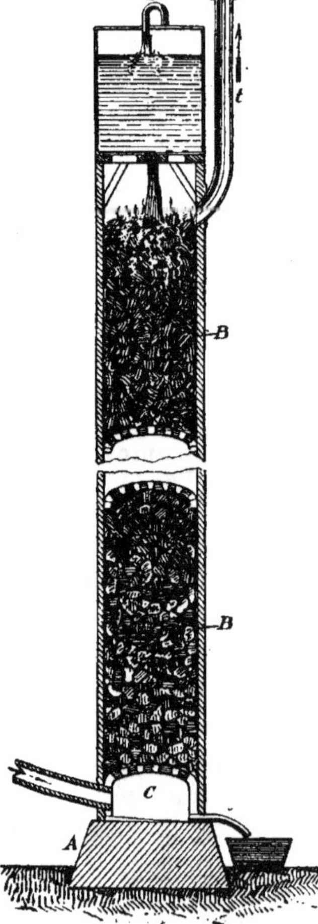

Fig. 57. — Tour de Glover.

sur le coke et, grâce à la grande surface que ce dernier présente, absorbe la presque totalité des oxydes d'azote qui s'échappent des chambres. L'acide sulfurique, ainsi chargé d'oxyde azotique, s'accumule au fond de la tour d'où il s'écoule par le tube *h* dans un vase R (situé près du fourneau), et de là, il peut être élevé dans le réservoir B, disposé au-dessus de la tour de Glover. Les gaz, venant du fourneau, rencontrent l'acide sulfurique chargé d'oxydes : ils absorbent ces gaz et les amènent de nouveau dans les chambres où ils reprennent part à la réaction. L'acide sulfurique, ainsi débarrassé des composés azotés, se déverse dans les chambres.

Ainsi, en quittant la première tour, l'anhydride sulfureux, l'air, les vapeurs d'acide azotique et d'oxyde d'azote pénètrent par le tube dans la chambre D. Là, ils se trouvent en contact avec de la vapeur d'eau, injectée dans la chambre, de différents côtés.

En présence de l'eau, la réaction s'accomplit : l'acide sulfurique formé s'écoule sur le sol de la chambre et la réaction se continue dans les chambres suivantes jusqu'à ce que tout l'anhydride sulfureux soit consommé. On introduit un peu plus d'air qu'il n'est nécessaire, de façon qu'il ne reste pas d'acide sulfureux inattaqué par manque d'oxygène. On suit la marche de la réaction par la couleur des gaz qui s'échappent de la dernière chambre ; si les gaz ont une couleur pâle, si l'on y constate la présence d'anhydride sulfureux, cela prouve qu'il y a manque d'air ; autrement, il se serait formé de l'anhydride hypoazotique ; si les gaz ont une couleur très foncée, c'est l'indice d'un excès d'air qui est également nuisible, puisqu'il accroît la perte en oxyde azotique et augmente la masse des gaz qui s'échappent (**66**).

(**66**) De cette manière, on arrive à fabriquer, chaque année, dans un appareil contenant 5000 m. c., 2500000 kilogrammes d'acide des chambres contenant environ 60 °/₀ d'hydrate H^2SO^4, et à peu près 40 °/₀ d'eau.

Ce procédé est arrivé à un tel degré de perfection, que, avec 100 parties de soufre, on obtient 300 parties de H²SO⁴, alors que le rendement théorique n'est que 306 parties.

L'acide, tel qu'on le retire des chambres, perd l'excès d'eau qu'il contient sous l'influence de la chaleur ; pour cela, on le chauffe dans des chaudières en plomb. Cependant, comme l'acide qui contient 75 °/₀ d'hydrate (60° Baumé), commence déjà à attaquer le plomb, dès que le liquide a atteint cette concentration, on continue l'évaporation dans des appareils en verre ou en platine qui seront décrits dans le chap. XX.

L'acide dilué, obtenu dans les chambres (50° Baumé), est appelé acide des chambres. L'acide concentré, à 60° Baumé, est le plus généralement employé ; on emploie aussi, pour certains usages, l'hydrate (66° Baumé) appelé vitriol.

Par cette méthode, on prépare, en Angleterre seulement, plus de 1000 millions de kilog. d'acide des chambres.

La préparation de l'acide sulfurique, à l'aide de l'acide azotique, a été découverte par Drebbel et la première chambre de plomb fut installée par Roback, en Écosse, au milieu du siècle dernier. La théorie de ce procédé n'a été donnée qu'au commencement de ce siècle à la suite de travaux faits par beaucoup de chimistes et après l'introduction de nombreux perfectionnements industriels.

Le protoxyde d'azote Az^2O **(67)** a la même composition volumétrique que l'eau. Deux volumes d'azote et un volume d'oxygène s'unissent pour former deux volumes de protoxyde d'azote, (ce dont on peut s'assurer en les faisant passer sur du cuivre ou du sodium chauffé au rouge).

(67) **L'acide hypoazoteux** AzOH, correspondant au protoxyde d'azote (son anhydride), n'est pas connu à l'état libre ; ses sels, au contraire, sont connus (Divers). On les prépare en réduisant les azotites, et, par conséquent aussi, les azotates, par l'amalgame de sodium. Si l'on met cet amalgame dans une solution froide d'un nitrite alcalin quelconque, jusqu'à cessation de tout dégagement gazeux, et si l'on sature l'excès d'alcali avec de l'acide acétique, on obtient, en versant dans le liquide une solution d'azotate d'argent, un précipité jaune, insoluble dans l'eau, dont la composition est : AgAzO.

L'hypoazotite d'argent est insoluble dans l'acide acétique froid et il se décompose, dès qu'on le chauffe, en dégageant du protoxyde d'azote ; si même, on le chauffe rapidement, il se décompose avec explosion. Il se dissout sans éprouver de modifications dans les acides minéraux faibles ; mais, les acides forts, (par exemple les acides sulfurique et chlorhydrique concentrés), le décomposent: il se produit un dégagement d'azote et il reste de l'acide nitrique ou nitreux dans la solution.

Parmi les autres sels de l'acide hypoazoteux AzOH, ceux de plomb, de cuivre et de mercure sont insolubles dans l'eau.

Des relations qui existent entre l'acide hypoazoteux et les autres combinaisons de l'azote, on peut supposer que sa formule doit être doublée : $H^2Az^2O^2$. Ainsi, par exemple, Thoune (1893), en oxydant l'hydroxylamine $AzH^2(OH)$ en acide azoteux $AzO(OH)$ (note 25) à l'aide d'une solution alcaline de $KMnO^4$, a obtenu : d'abord, de l'acide hypoazoteux $Az^2H^2O^2$ et, ensuite, un acide intermédiaire $Az^2H^2O^3$, lequel, en s'oxydant, donnait l'acide azoteux. D'un autre côté, Wislizenius (1893) a démontré que, par l'action du sulfate d'hydroxylamine sur l'azotite de sodium, on obtenait, outre le protoxyde d'azote, d'après V. Meyer :

$$AzH^3OHS^2O^4 + NaAz^2ONaHSO^4 + 2H^4O + Az^2O$$

une petite quantité d'acide hypoazoteux que l'on peut précipiter, à l'état de sel argentique. Or, cette réaction s'exprime plus simplement en doublant la formule de l'acide hypoazoteux :

$$AzH^2OH + AzOOH = H^2O + Az^2H^2O^2$$

La meilleure confirmation de la nécessité de doubler la formule de l'acide hypoazoteux est la faculté qu'il possède de former des sels acides : $HNaAz^2O^2$ (Zorn).

D'après Thoune, les propriétés de l'acide hypoazoteux sont les suivantes : dégagé de son sel argentique sec, par le sulfure d'hydrogène, l'acide hypoazoteux est peu stable, même à basse température, et détone facilement. En solution aqueuse, il est plus stable et ne s'altère pas par l'ébullition avec des acides dilués. Sa solution est incolore et possède des propriétés acides. Avec le temps, les solutions aqueuses se décomposent en protoxyde d'azote et eau. L'oxydation complète par le caméléon minéral, en solution acide, se fait, d'après l'équation suivante :

$$5H^2Az^2O^2 + 8KMnO^4 + 12H^2SO^4 = 10HAzO^3 + 4K^2SO^4 +$$
$$+ 8MnSO^4 + 12H^2O$$

En solution alcaline, $KMnO^4$ oxyde l'acide hypoazoteux, seulement jusqu'à formation de l'acide azoteux. Ce dernier détruit l'acide hypoazoteux. En mélangeant des solutions aqueuses diluées de ces deux corps, on voit immédiatement les oxydes de l'azote se dégager. L'acide hypoazoteux ne décompose pas les carbonates, et n'est pas déplacé par l'acide carbonique.

Le protoxyde d'azote se distingue des autres composés oxygénés de l'azote parce qu'il n'est pas directement oxydé par l'oxygène ; mais, on peut le préparer en réduisant les autres oxydes d'azote. Si, par exemple, on met un mélange de deux volumes d'oxyde azotique et d'un volume d'anhydride sulfureux en contact avec de l'eau, en présence de l'éponge de platine, il se forme du protoxyde d'azote et de l'acide sulfurique, d'après l'équation suivante :

$$2\,AzO + SO^2 + H^2O = H^2SO^4 + Az^2O.$$

Certains métaux, le zinc par exemple (**68**), agissent sur l'acide azotique, et le transforment en protoxyde d'azote ; dans ce cas, cependant, il y a toujours, en même temps, production d'oxyde azotique.

(**68**) Il est à remarquer que le cuivre, obtenu par électrolyse, donne, avec une solution d'acide azotique à 10 %, du protoxyde d'azote, tandis que le cuivre ordinaire donne l'oxyde d'azote. Ce fait prouve q :e la constitution physique et mécanique d'un corps joue un rôle dans la marche des réactions.

On prépare ordinairement le protoxyde d'azote en décomposant l'azotate d'ammonium par la chaleur, parce que, dans ce cas, il ne se forme que du protoxyde d'azote et de l'eau.

$$AzH^4AzO^3 = 2H^2O + Az^2O$$

Plus souvent encore, on emploie un mélange de AzH⁴Cl et de KAzO³. Cette préparation (**69**) se fait dans un appareil analogue à celui employé pour obtenir l'ammoniaque et l'oxygène, c'est-à-dire dans une cornue, munie d'un tube de dégagement.

(**69**) Cette décomposition se produit avec dégagement d'environ 25000 calories pour la quantité correspondant, à la formule AzH⁴AzO³; on comprend donc pourquoi cette décomposition se produit facilement et parfois même avec explosion.

La décomposition doit être faite avec précaution : autrement, il se forme de l'azote par la décomposition du protoxyde d'azote (**70**).

(**70**) Pour séparer de l'oxyde d'azote le gaz obtenu, on le fait passer dans une solution de sulfate de fer FeSO⁴. Comme le protoxyde d'azote est très soluble dans l'eau froide (100 vol. d'eau dissolvent, à 0°, 130 vol. Az²O; à 20°, 67 vol.), on recueille ce gaz sur de l'eau chaude.

La solubilité du protoxyde d'azote est plus considérable que celle de l'oxyde d'azote, ce qui s'explique, d'ailleurs, puisque le protoxyde d'azote est plus facilement liquéfiable que l'oxyde d'azote.

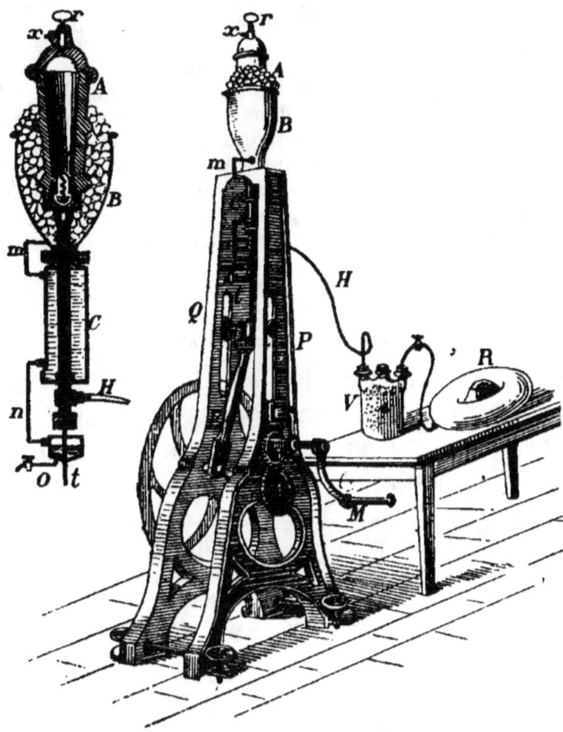

Fig. 58. — Appareil de Natterer pour la liquéfaction du protoxyde d'azote et de l'acide carbonique. Le gaz est chassé du ballon R en V; où il est desséché; de là, il est comprimé par la pompe C dans le récipient en fer A (représenté en coupe, à gauche de la figure). La soupape S permet au gaz de pénétrer dans le récipient, mais s'oppose à sa sortie. Le récipient et la pompe sont entourés de glace. La pompe est mise en mouvement par la manivelle M, la bielle E et le volant. Le robinet r sert à vider le récipient A ; le liquide s'écoule par le tube x.

Le protoxyde d'azote n'est pas un gaz permanent, (son point d'ébullition absolu est + 39°); il est facilement liquéfiable par l'action du froid, combinée à une haute pression ; à 15°, on peut le liquéfier en employant une pression d'environ 40 atmosphères **(71)**. Ce gaz est liquéfiable à l'aide d'une pompe foulante, représentée sur la fig. 58.

(71) Faraday a préparé le protoxyde d'azote, à l'état liquide, par le procédé qui lui avait permis de liquéfier l'ammoniaque. Il chauffait de l'azotate d'ammonium sec dans un tube recourbé, dont l'autre branche était plongée dans un mélange réfrigérant.

Dans ce cas, on obtient deux couches de liquide : la couche inférieure est formée par de l'eau, tandis que la couche supérieure est du protoxyde d'azote. Il faut, pour reproduire cette expérience, prendre de grandes précautions, car la tension du protoxyde d'azote liquide est considérable.

Elle est, d'après Régnault à $+ 10^0 = 45$ atmosphères; à $0^o = 36$ atm.; à $- 10^0 = 29$ atm. et à $- 20^0 = 23$ atm. Le protoxyde d'azote bout à $- 92^o$; par conséquent, à cette température, sa pression $= 1$ atm.

Comme ce gaz est assez facile à liquéfier, et comme il produit un froid considérable en s'évaporant **(72)**, on l'emploie souvent, de même que l'anhydride carbonique liquéfié, pour produire de basses températures.

(72) Le protoxyde d'azote liquide, en s'évaporant à la même pression que l'acide carbonique anhydre, produit un abaissement de température beaucoup plus considérable. Ainsi, à la pression de 25 mm., l'anhydride carbonique produit un froid de $- 115^0$, tandis que, dans les mêmes conditions, le protoxyde d'azote abaisse la température à $- 125^o$ (Dewar).

Il est important de noter les ressemblances qui existent dans les propriétés et même les points d'ébullition ($CO^2 + 32^o$; $Az^2O + 39^o$) de ces deux corps; car, ils ont même poids moléculaire $= 44$ (Chapitre VII).

Le protoxyde d'azote forme un liquide incolore et mobile qui agit sur la peau, et qui, à basse température, n'est capable d'oxyder ni le potassium métallique, ni le phosphore, ni le charbon ; sa densité est légèrement inférieure à celle de l'eau :

$$\text{à } 0^0 = 0,910 ; \text{ à } + 10^0 = 0,856 ; \text{ à } + 35^0 = 0,60 ;$$
$$\text{à } + 39^0 = 0,45 \text{ (Villard 1894)}.$$

Évaporé sous la cloche d'une machine pneumatique, la température s'abaisse jusqu'à — 100° et le liquide se solidifie en formant une masse neigeuse et des cristaux transparents. Ces deux substances ne sont autre chose que le protoxyde d'azote à l'état solide. Le mercure se solidifie au contact du protoxyde d'azote en évaporation (**73**).

(**73**) On peut,avec le protoxyde d'azote liquide,faire une expérience curieuse dans laquelle il se produit à la fois une combustion et un refroidissement très considérable.

Si l'on introduit du protoxyde d'azote liquide dans un tube large où se trouve un peu de mercure, ce dernier se solidifie ; en plaçant à la surface un charbon incandescent, le protoxyde d'azote brûle en développant une grande quantité de chaleur.

Introduit dans les organes de la respiration (et, par conséquent, dans le sang) le protoxyde d'azote produit un état d'ivresse particulier ; c'est ce qui a valu à ce gaz,découvert par Priestley, en 1774, le nom de « gaz hilarant ».

Quand on inspire une certaine quantité de protoxyde d'azote,il produit l'insensibilité (il est anesthésique comme le chloroforme) et cette propriété a été utilisée dans certaines opérations chirurgicales.

Le protoxyde d'azote se décompose facilement en azote et en oxygène sous l'influence de la chaleur ou d'une série d'étincelles électriques. Aussi, un grand nombre de substances, qui ne brûlent pas dans l'oxyde azotique, brûlent facilement dans le protoxyde d'azote. En effet, l'oxyde azotique, en se décomposant, produit bien de l'oxygène, mais cet élément se combine immédiatement avec une autre molécule d'oxyde d'azote pour former AzO^2, tandis que le protoxyde d'azote ne peut pas donner lieu à cette réaction (**74**). Un mélange de protoxyde d'azote et d'hydrogène fait explosion en produisant de l'azote et de l'eau :

$$Az^2O + H^2 = H^2O + Az^2$$

Le volume d'azote obtenu est égal à celui de l'hydrogène

employé pour fixer l'oxygène, de sorte que, dans cette réaction, des volumes égaux d'azote et d'hydrogène se remplacent réciproquement.

(74) Dans le chapitre suivant, nous allons étudier les oxydes d'azote, au point de vue de leur composition volumétrique. Nous verrons alors la différence qui existe entre l'oxyde azotique et le protoxyde d'azote. Le protoxyde d'azote se forme avec une diminution de volume (contraction), l'oxyde azotique sans contraction : son volume est égal à la somme des volumes d'oxygène et d'azote employés pour sa formation. S'il était possible d'oxyder directement le protoxyde d'azote, on verrait que deux volumes de ce composé, en se combinant à un volume d'oxygène, donnent non pas 3, mais 4 volumes d'oxyde d'azote.

Ces faits doivent être pris en considération lorsque l'on compare les chaleurs de formation, les propriétés comburantes et les autres propriétés du protoxyde et de l'oxyde azotique : Az^2O et AzO.

Ainsi, le protoxyde d'azote est facilement décomposable par les métaux chauffés au rouge ; le soufre, le phosphore et le charbon brûlent dans ce gaz, sans que cependant la réaction soit aussi brillante que celle qui s'effectue dans l'oxygène.

Une substance quelconque, en brûlant dans le protoxyde d'azote, développe plus de chaleur qu'une quantité égale de cette substance brûlée dans l'oxygène. Ce fait prouve bien que, dans la formation du protoxyde d'azote par la combinaison de l'azote avec l'oxygène, il se produit une absorption de chaleur et non pas un dégagement ; s'il en était autrement, il serait impossible d'expliquer pourquoi la combustion, dans le protoxyde d'azote, produit plus de chaleur que dans l'oxygène.

Si l'on décompose un volume donné de protoxyde d'azote par un métal, par le sodium par exemple, il reste, après la décomposition totale, un volume d'azote exactement égal à celui du protoxyde d'azote. C'est donc que l'oxygène est, pour ainsi dire, distribué entre les atomes d'azote sans augmenter le volume de ce dernier gaz.

CHAPITRE VII

Molécules et atomes. Lois de Gay-Lussac et d'Avogadro-Gerhardt.

L'hydrogène se combine avec l'oxygène dans la proportion de deux volumes du premier pour un volume du second. C'est dans le même rapport que sont unis les composants du protoxyde d'azote, qui est formé par deux volumes d'azote et un volume d'oxygène.

En décomposant l'ammoniaque par l'action des étincelles électriques, il est facile de voir que cette substance est composée d'un volume d'azote et de trois volumes d'hydrogène.

Ainsi, on constate toujours que **les volumes des gaz** obtenus par la décomposition d'une combinaison, quelle qu'elle soit, sont toujours entre eux dans un rapport multiple très simple.

Pour l'eau, le protoxyde d'azote, cela peut être démontré directement par l'expérience ; mais, le plus souvent, surtout quand les substances, bien que volatiles, c'est-à-dire capables de se transformer en gaz ou en vapeurs, sont liquides à la température ordinaire, une observation directe présente beaucoup de difficultés. Dans ce cas, connaissant les densités des vapeurs et des gaz, le calcul prouve la même simplicité dans la proportion.

Le volume d'un corps est, en effet, directement proportionnel à son poids et inversement proportionnel à sa densité ; c'est pourquoi, en divisant les poids des corps qui entrent en réaction par leur densité, à l'état de gaz ou de vapeur, nous obtiendrons des nombres qui seront entre eux dans le même rapport que les volumes des substances qui entrent en réaction (1).

(1) Représentons par P le poids, par D la densité et par V le volume : nous aurons alors $\dfrac{P}{D} = kV$.

Dans cette expression k est un coefficient qui varie avec les unités que l'on emploie pour exprimer P, D et V. Si D est le poids d'un volume de substance rapporté au poids d'un même volume d'eau, et si, pour représenter les volumes, on prend comme unité le volume d'une partie en poids de cette dernière, comme c'est le cas dans le système métrique, alors $k = 1$.

Mais, quelle que soit la valeur de k, cette valeur disparaît toujours quand on compare les volumes, parce qu'on ne prend pas leur mesure absolue mais seulement leur mesure relative.

Dans ce chapitre, comme d'ailleurs dans tout cet ouvrage, les poids P sont exprimés en grammes, si l'on a affaire aux poids absolus ; et s'il s'agit des poids relatifs — comme dans l'expression de la composition chimique — on prend pour unité le poids d'un atome d'hydrogène H $= 1$. Les densités des gaz sont données également par rapport à celle de l'hydrogène et le volume V est énoncé en unités métriques (centimètre cube ou mètre cube) s'il s'agit des volumes absolus ; s'il s'agit des transformations chimiques, c'est-à-dire des volumes relatifs, on prend, comme unité, le volume d'un atome d'hydrogène, ou d'une partie en poids d'hydrogène, et on rapporte tous les volumes à cette unité.

Ainsi, par exemple, l'eau contient pour 1 partie en poids d'hydrogène 8 parties d'oxygène ; les densités de ces deux gaz sont exactement 1 et 16 ; par conséquent, leurs volumes (ou les quotients indiqués plus haut), sont entre eux comme 1 : 1/2 ; sans aucune expérience, on peut déduire, de la composition et des densités de ses composants, que l'eau est formée par la combinaison de 1 volume d'oxygène avec 2 volumes d'hydrogène.

De même, si l'on sait que l'oxyde azotique est composé de 14 parties d'azote et de 16 parties d'oxygène et que les densités de ces deux gaz, rapportées à l'hydrogène, sont 14 et 16, on peut calculer que les volumes d'azote et d'oxygène qui se combinent pour former l'oxyde d'azote, sont dans le rapport 1 : 1.

Par conséquent, dans l'oxyde azotique, il y a combinaison de volumes égaux d'oxygène et d'azote.

Prenons encore un exemple. Dans le Chapitre précédent, nous avons vu que la densité de AzO^2 devient constante et égale à 23 (par rapport à l'hydrogène), seulement au-dessus de 135°; aussi, est-il difficile de déterminer directement la composition volumétrique de ce gaz en raison de la température élevée à laquelle on est obligé d'opérer. Mais, il est très facile de trouver cette composition par le calcul.

Dans AzO^2, comme nous l'indique la formule, 14 parties en poids d'azote sont combinées avec 32 parties d'oxygène ; l'ensemble donne 46 parties de AzO^2. Les densités des gaz étant connues, nous trouvons que 1 volume d'azote et 2 volumes d'oxygène donnent deux volumes de AzO^2.

Ainsi, connaissant les quantités pondérales des substances qui entrent dans une réaction pour former une combinaison donnée et connaissant les densités de ces substances à l'état de gaz ou de vapeur (2), il est facile de déterminer les relations volumétriques qui existent entre ces substances.

(2) Comme les relations volumétriques des gaz et des vapeurs forment, après les relations pondérales, la partie la plus importante de la chimie et que ces relations nous permettent d'établir des lois importantes ; comme, d'autre part, ces relations volumétriques se déterminent d'après les densités, il est nécessaire de connaître **les procédés qui permettent de déterminer les densités** des vapeurs et des gaz. Cette étude rentre plutôt dans le domaine de la physique, ou dans celui de la chimie physique et analytique ; aussi, ne traiterons nous que les principes généraux de ce sujet.

Si nous connaissons le poids p et le volume v occupé par une substance donnée, à la température t et à la pression h, on peut trouver directement la densité en divisant p par le poids du volume v d'hydrogène à t et h (si l'on veut connaître la densité par rapport à l'hydrogène. (Voir Chapitre II, Note 23). La détermination de la densité de vapeur se réduit donc à la détermination de p, v, t, et h. Mais les deux derniers facteurs (la température t et la pression h) sont donnés par le thermomètre, le baromètre et par les hauteurs de la colonne de mercure ou de tout autre liquide, dans le tube qui contient les gaz ; par conséquent, nous ne nous y arrêterons pas. Il faut seulement remarquer que :

1° Quand la substance est facilement volatile, il n'est pas difficile d'avoir un bain maintenu à une température constante; cependant, (surtout si l'on tient compte de l'inexactitude relative du thermomètre), il est plus commode d'opérer dans un milieu ayant une température absolument constante ; le procédé, qui réalise le plus facilement cette condition, c'est de faire des bains avec certaines substances en fusion, par exemple, avec de la glace (0°), ou des cristaux d'acétate de sodium (+ 56°) etc. Plus fréquemment encore, on place le flacon, contenant la substance, dans la vapeur de liquides bouillant à une température déterminée ; connaissant la pression sous laquelle l'ébullition a lieu, on calcule la température des vapeurs. C'est dans ce but que l'on a indiqué, dans le Chapitre I, note 11, page 89, les points d'ébullition de l'eau sous des pressions différentes et, dans le Chapitre II, note 26, les températures d'ébullition de différents liquides facilement volatils, à des pressions différentes.

2° Quand il est nécessaire d'opérer à des températures supérieures à 100° (jusqu'à 300°, on peut se servir du thermomètre à mercure) ; on obtient une température constante (nécessaire pour observer le volume et le poids de la substance dans l'espace donné qui doit avoir la température t) en employant les vapeurs de certaines substances qui ont un point d'ébullition élevé. Ainsi, par exemple, à la pression atmosphérique ordinaire, la température t des vapeurs de soufre est d'environ 448°; celle du pentasulfure de phosphore 518°; du chlorure d'étain, 606°; du cadmium, 770°; du zinc, 93°, (d'après Violle et d'autres) ou 1040° (d'après Deville), etc.

3° Les indications du thermomètre à hydrogène doivent être considérées comme étant les plus exactes. Cependant, comme l'hydrogène diffuse à travers le platine incandescent, on emploie généralement l'azote.

4° La température des vapeurs employées comme moyen de chauffage doit être supérieure au point d'ébullition du liquide dont on veut déterminer la densité, de façon qu'aucune trace ne puisse rester à l'état liquide. Mais, dans ce cas, comme le prouve l'exemple de AzO^2 (Chap. VI), la densité des vapeurs ne reste pas toujours constante avec le changement de t, comme cela devrait être si la loi de la dilatation des vapeurs était absolument exacte (Chapitre II, Note 25) ou s'il ne se produisait pas des modifications chimiques et physiques, ainsi que nous l'avons vu, dans le cas de Az^2O^4 ; mais, le point le plus important est d'avoir des densités *constantes*, c'est-à-dire des densités qui ne varient pas avec la température; aussi, ne faut-il jamais oublier l'influence de t sur la densité quand on étudie les corps à ce point de vue.

5° Ordinairement, pour la facilité de l'observation, on détermine la densité des vapeurs à la pression atmosphérique indiquée par le baromètre ; mais, pour les corps difficilement volatils et aussi pour les corps qui se décomposent à une température voisine de leur point d'ébullition, il est utile et même nécessaire de faire les déterminations à basse pression ; au contraire, pour les substances qui se décomposent à basse pression, on opère à des pressions plus ou moins considérables.

6° Il peut être quelquefois utile de déterminer la densité de vapeur d'une substance dans un mélange avec d'autres gaz, c'est-à-dire sous la pression partielle que ces vapeurs exercent et qu'il est facile de calculer, si l'on connaît le volume total du mélange et le volume du gaz ajouté (Voyez Chap. I, Note 1).

Cette méthode est surtout importante pour les corps facilement décomposables, car il peut arriver que, dans une atmosphère formée par un de ses produits de décomposition, la substance reste intacte. C'est ainsi que Wurtz a pu déterminer la densité de PCl^5 dans un mélange de vapeurs de PCl^3.

7° L'exemple AzO^2 démontre que le changement de pression peut entraîner des variations dans la densité et aider à la décomposition ; c'est pourquoi, en élevant t et en diminuant h, nous obtenons quelquefois (si la densité est variable) des résultats identiques ; mais, si la densité ne varie pas, quand les conditions varient (au moins dans les limites d'erreurs possibles), cette densité *constante* prouve l'état *gazeux* et *invariable* de la substance. Les lois indiquées plus loin se rapportent seulement aux densités prises dans ces conditions.

Mais, en général, les corps volatils (avant le commencement de la décomposition) possèdent, à une certaine distance de leur point d'ébullition, des densités constantes. Ainsi, la densité de la vapeur d'eau ne varie pas entre les températures ordinaires et 1000° (au-dessus de cette température, il est impossible de faire des déterminations exactes) ; elle reste également constante à des pressions très faibles variant entre des fractions d'atmosphère et plusieurs atmosphères. Mais, si les densités varient en raison de t et h et si les variations sont considérables, cela peut servir de guide pour l'étude des modifications chimiques que subit la substance à l'état de vapeur ou, au moins, montrer que ce gaz s'écarte des lois de Gay-Lussac et de Boyle-Mariotte.

Pour déterminer les valeurs p et v, nécessaires pour calculer la densité de vapeur, on a proposé trois méthodes principales

(*a*) La méthode pondérale (quand on connaît le volume) ;

(*b*) La méthode volumétrique (un poids donné de substance est introduit et on détermine son volume) ;

(*c*) La méthode de déplacement.

La dernière méthode est une méthode volumétrique; car, on prend un poids donné de substance et on détermine le volume d'air qu'il déplace à la température t et à la pression h.

a. La méthode pondérale, ou **méthode de Dumas**, est la plus exacte et la plus importante, au point de vue historique. On prend un ballon en verre, ou en porcelaine, semblable à ceux qui sont représentés sur les figures 59 et 60 ; on y introduit un excès du corps

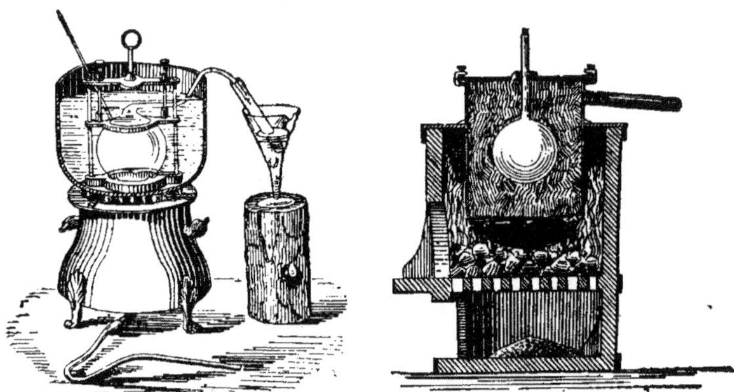

Fig. 59.   Fig. 60.

Fig. 59. — Appareil pour la détermination de la densité de vapeur par la méthode de Dumas. Un ballon en verre, à col long et recourbé, renferme le liquide dont on cherche la densité de vapeur. Le ballon est chauffé au bain-marie ou au bain d'huile jusqu'à une température supérieure au point d'ébullition du liquide étudié. Lorsque tout le liquide est transformé en vapeur et que l'air du ballon est déplacé, on ferme ce dernier à la lampe et on le pèse. La capacité du ballon étant déterminée, on connaît le volume occupé par la vapeur à une température donnée et son poids ; de là, il est facile de déduire sa densité.

Fig. 60. — Appareil de Deville et Troost pour la détermination, par la méthode de Dumas, de la densité de vapeur des corps bouillant à des températures très élevées. Un ballon en porcelaine contenant la substance à étudier est chauffé dans les vapeurs de mercure (350°), de soufre (410°), de cadmium (850°) ou de zinc (1040°). Le col du ballon est fermé à la flamme du chalumeau oxhydrique.

dont on cherche la densité de vapeur; on porte ensuite le ballon à une température supérieure au point d'ébullition de la substance, Le corps se volatilise, la vapeur chasse l'air de l'appareil et le remplit.Quand il ne s'échappe plus de gaz du ballon, on ferme son ouverture à la lampe. On laisse refroidir l'appareil et l'on détermine le poids de la vapeur restée dans le flacon (pour cela, on pèse directement le ballon rempli de vapeur, en faisant toutes les corrections nécessaires, ou bien on détermine chimiquement le poids de la substance évaporée) ainsi que le volume de la vapeur à t^0 et à la pression barométrique h.

b. La méthode volumétrique employée, pour la première fois, par Gay-Lussac et modifiée par Hofmann et d'autres, est la suivante : si l'on introduit un poids donné d'une substance dans un tube barométrique (fig. 61) et si l'on vient à chauffer le tube au moyen de vapeurs qui circulent autour de lui, on connaît, par une simple lecture, le volume occupé par la vapeur, à la température t^0. Pour introduire la substance dans le tube, on la renferme dans une petite ampoule bouchée à l'émeri, représentée à gauche de la figure : dès que l'on chauffe, le flacon se débouche et le corps se vaporise.

b. La méthode de déplacement, imaginée par Victor Meyer, est la suivante: on chauffe (au moyen de la vapeur d'un liquide ayant un point d'ébullition constant) le vase b (fig. 62) : quand l'air (ou tout autre gaz, qui peut y être renfermé), a été porté à la température de la vapeur, ou laisse tomber la substance, renfermée dans une petite ampoule, sur laquelle on expérimente. La substance est immédiatement transformée en vapeurs qui chassent l'air dans l'éprouvette graduée e, remplie de mercure et renversée sur une cuve à mercure. Le volume d'air dégagé est égal au volume occupé par la vapeur à t^0.

La fig. 62 représente les dispositions principales de l'appareil.

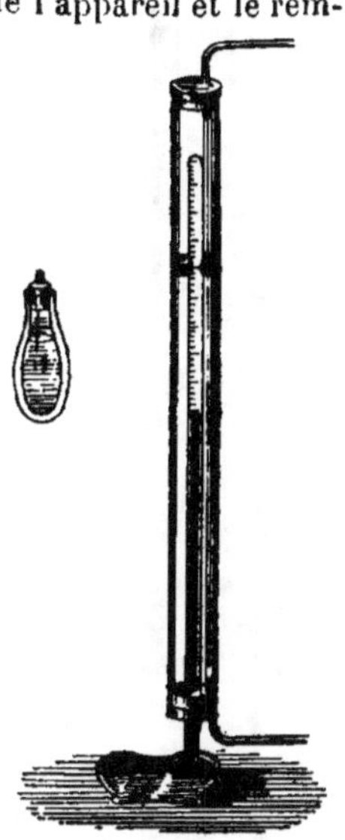

Fig. 61. — Appareil de Hofmann pour la détermination de la densité de vapeur. Le tube intérieur, ayant un mètre de longueur environ, est gradué; il est rempli de mercure et renversé sur une cuve à mercure. Pour y introduire la substance, on se sert d'une petite ampoule représentée à gauche de la figure. On chauffe le tube en faisant circuler, dans le manchon extérieur, de la vapeur d'eau, d'alcool amylique, etc.

33

Les déterminations de ce genre (directes ou calculées d'après les densités), faites sur les différentes réactions chimiques qui donnent lieu à la formation de composés chimiques définis, prouvent que les volumes des substances qui entrent en réaction, considérées à l'état gazeux où à l'état de vapeur (**3**), sont égaux entre eux ou bien se trouvent dans des proportions multiples et simples.

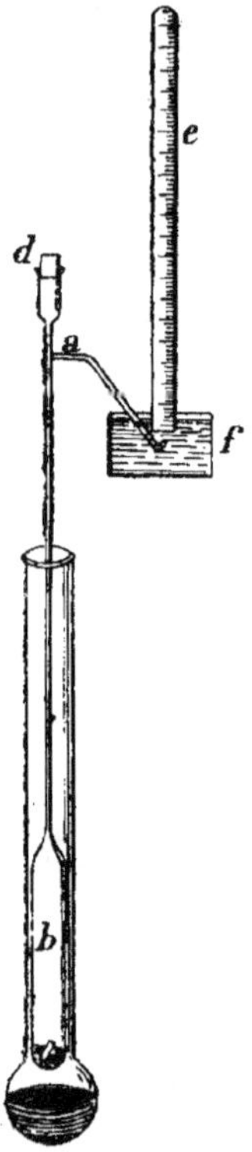

C'est la **première loi** découverte par **Gay-Lussac**. Cette loi peut être ainsi formulée :

Les quantités des corps entrant dans une combinaison chimique occupent, à l'état de vapeurs ou de gaz, des volumes égaux ou multiples, toutes les conditions physiques étant identiques.

Cette loi s'applique non seulement aux éléments, mais aussi aux composés chimiques qui se combinent entre eux. Ainsi, par exemple, un volume d'ammoniaque gazeux se combine avec un volume d'acide chlorhydrique gazeux. En effet, dans la formation du chlorure d'ammonium AzH^3HCl, il entre en réaction 17 parties en poids d'ammoniaque AzH^3, qui est 8 fois 1/2 plus dense que l'hydrogène, et 36,5 parties d'acide chlorhydrique HCl, dont les vapeurs ont une densité de 18, 1/4 par rapport à l'hydrogène, comme des observations directes l'ont démontré.

Fig. 62. — Appareil de V. Meyer. Le tube *b* est chauffé dans les vapeurs d'un liquide quelconque à point d'ébullition constant; le liquide, renfermé dans une ampoule, est introduit par *d*. L'air déplacé s'accumule dans la cloche graduée *e*.

Divisons les poids des composants par leurs densités respectives, nous trouvons que le volume d'ammoniaque est **2** ; un semblable calcul nous donne le même résultat pour l'acide chlorhydrique. Par conséquent, les volumes des corps composés, qui entrent ici en réaction, **sont** égaux entre eux.

Si l'on considère que la loi de Gay-Lussac s'applique **non** seulement aux éléments mais aussi aux corps composés, on peut énoncer cette loi de la manière **suivante: les réactions chimiques s'effectuent toujours entre des volumes commensurables de leurs vapeurs (4).**

(3) Les vapeurs et les gaz, comme on l'a vu dans le Chapitre **II**, sont soumis aux mêmes lois, d'ailleurs approximatives.

Pour établir les lois qui seront exposées plus loin, il faut évidemment prendre les corps à l'état le plus parfait (à l'état gazeux éloigné de l'état liquide), alors qu'il ne se produit pas de modifications chimiques ; dans ces conditions, la *densité de vapeur* doit être *constante,* c'est-à-dire que le volume du gaz ou de la vapeur donnée **varie,** comme celui de l'hydrogène, de l'air ou de tout autre gaz, en **rai**son des modifications de la pression et de la température.

Il est nécessaire de faire cette remarque pour bien établir que les lois, relatives aux volumes gazeux, sont étroitement liées **aux** lois des variations de volume, en raison de la pression et **de** la température. Mais, comme ces dernières lois (Chap. II), sont seulement approximatives, les autres le seront également. Comme il est possible de trouver des lois plus exactes pour la variation de v, en raison de p et de t (par exemple, au moyen de la formule de Van der Waals, Chap. II, note 32), il est également possible de trouver l'expression de la relation qui existe entre la composition et la densité des vapeurs et des gaz. Mais, pour éviter des doutes qui peuvent surgir au sujet de la généralité des lois volumétriques, il suffit de dire que la densité des gaz tels que l'oxygène, l'azote, l'acide carbonique, etc., et celle des vapeurs de mercure et d'eau *reste constante* (dans les limites d'exactitude que présentent les expériences) entre la température ordinaire et la température du rouge blanc.

Pour ce qui est des variations de pression, si l'on s'en rapporte aux faits que j'ai publiés dans mon travail « *Sur l'élasticité des gaz* » (Vol. I, page 9 de l'édition russe), on peut dire que la densité se maintient constante, alors même que les gaz s'écartent beaucoup de la loi de Mariotte. Cependant, à ce dernier point de vue, le nombre des faits connus n'est pas encore suffisant pour qu'on puisse émettre une conclusion exacte.

(4) Rappelons que cette loi n'est qu'approximative comme la loi de Boyle et de Mariotte et, par conséquent, qu'il est possible de trouver des expressions exactes pour les écarts.

La loi des proportions volumétriques définies et celle des proportions multiples ont été découvertes indépendamment l'une de l'autre — l'une en France par Gay-Lussac, l'autre en Angleterre par Dalton, presque en même temps. — Dans le langage atomique, il faut dire que les quantités atomiques des corps simples occupent des volumes égaux ou bien multiples.

La première loi de Gay-Lussac indique le rapport qui existe entre les volumes des différents corps qui forment une combinaison. Considérons maintenant le rapport existant entre les volumes gazeux des composants et les volumes des combinaisons qui en résultent. Cela peut être déterminé par l'observation directe. Ainsi, pour déterminer le volume occupé par l'eau, formée par la combinaison de deux volumes d'hydrogène et d'un volume d'oxygène, on peut employer l'appareil représenté fig. 63. Un long tube de verre, fermé à l'une de ses extrémités, plonge dans une éprouvette remplie de mercure : la partie fermée est graduée comme l'eudiomètre (page 168). On introduit dans le tube, préalablement rempli de mercure, une certaine quantité de gaz détonant obtenu par la décomposition de l'eau : nons savons déjà que trois volumes de ce gaz sont composés de deux volumes d'hydrogène et d'un volume d'oxygène.

Le tube est entouré d'un manchon de verre dans lequel on maintient une température supérieure à 100°, c'est-à-dire supérieure à la température d'ébullition de l'eau. On peut employer, dans ce cas, l'alcool amylique dont le point d'ébullition est 132°; on le porte à l'ébullition dans un ballon et les vapeurs circulent dans le manchon. Si l'on emploie l'alcool amylique, il est nécessaire, à cause de l'odeur désagréable qu'elles répandent, de condenser les vapeurs, à leur sortie de l'appareil, au moyen d'un réfrigérant.

Quand le volume du gaz ne varie plus, on le mesure, on

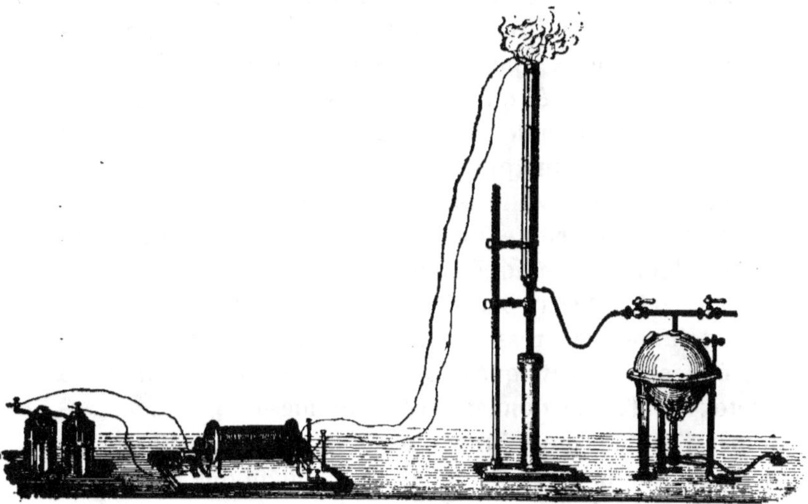

Fig. 63. — Appareil servant à déterminer le volume occupé par la vapeur d'eau formée par l'explosion du gaz détonant.

note la température; on note également dans le tube la hauteur de la colonne mercurielle au-dessus du mercure dans l'éprouvette. Mais, avant de mesurer ce volume, on amène la pression du gaz à la pression atmosphérique. Soit v ce volume ; il sera composé de 1/3 d'oxygène et de 2/3 d'hydrogène. On cesse alors de chauffer et on fait passer le courant électrique: il se produit une explosion dans l'appareil et il se forme de l'eau; il faut alors mesurer le volume occupé par la vapeur d'eau, à la même pression.

On laisse passer de nouveau les vapeurs d'alcool amylique; l'eau est transformée en vapeurs qui se trouvent portées à la température où s'est faite la mensuration du gaz détonant ; on amène également la vapeur d'eau à la même pression et on mesure le volume, qu'on trouve égal aux 2/3 v, c'est-à-dire égal au volume d'hydrogène contenu dans l'eau.

La composition de l'eau en volume est donc la suivante : deux volumes d'hydrogène combinés à un volume d'oxygène donnent deux volumes de vapeur d'eau.

Pour les composés qui sont gazeux à la température ordinaire, cette méthode d'observation directe est très facile à appliquer, par exemple, pour l'ammoniaque, le protoxyde d'azote et l'oxyde azotique. Ainsi, pour déterminer la composition volumétrique du protoxyde d'azote, on peut employer l'appareil indiqué ci-dessus.

On introduit le gaz dans l'appareil et, après avoir mesuré le volume à la pression atmosphérique, on fait passer des étincelles électriques : on trouve que deux volumes de protoxyde d'azote donnent trois volumes de gaz (deux volumes d'azote et un volume d'oxygène). Par conséquent, la composition du protoxyde d'azote est identique à celle de l'eau. Deux volumes d'azote et un volume d'oxygène donnent 2 volumes de protoxyde d'azote.

Par la décomposition de l'ammoniaque, on trouve que deux volumes donnent un volume d'azote et trois volumes d'hydrogène. Deux volumes d'oxyde azotique sont composés d'un volume d'oxygène et d'un volume d'azote.

On peut arriver au même résultat par le calcul des densités de vapeur, comme nous l'avons déjà indiqué plus haut, car la composition volumétrique des vapeurs peut être déterminée facilement si l'on connaît leur densité, leur composition et la densité des composants. Ainsi, d'après Thomsen, la densité de $AzO = 15$ et il contient 14 parties d'oxygène et 16 parties d'azote dans 30 parties ; par conséquent, deux volumes d'oxyde azotique renferment un volume d'azote et un volume d'oxygène.

La comparaison des différents résultats obtenus par Gay-Lussac, soit à l'aide d'observations directes, soit par le calcul, le conduisit à la conclusion suivante : *le volume d'une combinaison, à l'état de vapeur ou de gaz, est toujours dans un rapport simple ou multiple avec le volume de chacun des composants* (et, par conséquent, avec la somme des volumes des éléments qui la composent).

C'est **la seconde loi de Gay-Lussac** qui indique les relations simples qui existent entre les volumes des corps composés et des volumes des éléments qui les constituent, de sorte que, non seulement il existe un rapport simple entre les volumes (à l'état de gaz ou de vapeur) (5) des composants d'une substance quelconque, mais ce même rapport existe entre le composé et ses composants.

(5) La seconde loi des volumes peut être considérée comme une conséquence de la première. La première loi indique qu'il existe un rapport simple entre les volumes des corps, qui entrent en réaction : A et B. Par la combinaison, on obtient AB. D'après la loi des proportions multiples, AB peut se combiner non seulement avec C et D, mais aussi avec A et B. Dans cette nouvelle combinaison, le volume AB, qui entre en combinaison avec le volume A, doit être avec lui dans un rapport multiple et simple ; par conséquent, le volume du corps composé est dans un rapport simple avec le volume de ses composants. Aussi, pourrait-on ramener toutes les lois relatives aux volumes à une seule. Nous verrons plus loin que la troisième loi des volumes peut aussi embrasser les deux premières lois.

La formation d'un corps composé, aux dépens de deux ou plusieurs autres corps, peut se faire avec ou sans contraction. Dans le premier cas, le volume des composants est supérieur au volume du corps composé ; dans le second cas, il n'y a aucune modification dans le volume. Dans les décompositions, lorsqu'un corps fournit plusieurs autres corps plus simples, on observe évidemment le phénomène inverse.

C'est pourquoi nous appellerons, à l'avenir : **combinai·son** toute réaction dans laquelle on observe une con**trac**tion, c'est-à-dire une diminution dans le volume de la vapeur ou du gaz. Par le mot **décomposition**, au contraire, nous désignerons une réaction dans laquelle on observe une augmentation de volume;tandis que,toute réaction dans laquelle le volume à l'état de gaz ou de vapeur reste constant (les volumes sont naturellement comparés à la même pression et à la même température) sera appelée réaction de **substitution** ou de remplacement ou de double décomposition.

Ainsi, la transformation de l'oxygène en ozone est une réaction de combinaison ; la formation du protoxyde d'azote, au moyen de l'oxygène et de l'azote, est aussi une réaction de combinaison ; la formation de l'oxyde azotique, aux dépens des mêmes éléments, est une réaction de substitution ; l'action de l'oxygène sur l'oxyde azotique est une réaction de combinaison, et ainsi de suite.

On peut quelquefois déduire, de la plus ou moins grande contraction observée, l'importance de la modification qui se produit dans le caractère chimique des divers corps, pendant leur combinaison.

Dans tous les cas où la combinaison se fait avec contraction, les propriétés des corps qui se forment sont très différentes des propriétés des substances dont ils dérivent. Ainsi, au point de vue des propriétés, l'ammoniaque ne ressemble en aucune façon à l'hydrogène et à l'azote. La contraction. qui se produit entre des gaz ou des vapeurs, indique un rapprochement des divers éléments : la distance qui existe entre les atomes diminue, et des corps gazeux donnent naissance à des substances liquides ou bien à des gaz facilement liquéfiables.

C'est pour cela que le protoxyde d'azote, formé par la condensation de deux gaz permanents, est une substance assez facilement liquéfiable; l'acide azotique, formé de gaz permanents, est un liquide tandis que, au contraire, l'oxyde d'azote, qui se forme sans contraction et qui se décompose sans augmentation de volume, reste à l'état gazeux et est difficile à liquéfier comme l'oxygène et l'azote, ses composants.

Pour mieux saisir encore le rapport qui existe entre les propriétés d'un composé et celles de ses composants, il est nécessaire de connaître la quantité de chaleur développée pendant sa formation.

Si cette quantité est considérable, comme par exemple dans la formation de l'eau, alors la quantité d'énergie que possède le composé est moindre que celle des éléments qui le forment, tandis que, au contraire, si la quantité de chaleur produite par la formation d'une combinaison est petite ou si même il y a absorption de chaleur — comme dans la formation du protoxyde d'azote, — l'énergie des éléments n'est pas détruite ou n'est que très peu modifiée. Ainsi, malgré la contraction qui se produit au moment de sa formation, le protoxyde d'azote est capable d'entretenir la combustion.

Les lois précédentes ont été déduites des données purement expérimentales; ce sont des lois empiriques et, comme telles, elles ont fait surgir de nouvelles recherches, absolument comme la loi des proportions multiples a eu pour conséquence la théorie atomique et la loi de l'équivalence. (Chapitre IV).

Au point de vue de la théorie atomique de la constitution des corps, une question se présente naturellement à l'esprit : quel volume relatif possèdent les molécules, physiquement indivisibles, qui agissent chimiquement les unes sur les autres et qui sont composées d'atomes élémentaires ?

L'hypothèse la plus simple que l'on puisse émettre, c'est que les volumes des molécules des différentes substances sont égaux, ou, ce qui est la même chose, que des volumes égaux de gaz ou de vapeurs contiennent un nombre égal de molécules.

Cette opinion a été émise par **Avogadro**, en 1810 ; elle a été aussi développée par le physicien et mathématicien français **Ampère** (1815) pour simplifier la plupart des théories physico-mathématiques qui existaient sur l'état gazeux.

Mais, la proposition d'Avogadro et d'Ampère ne fut vraiment introduite dans la science que par **Gerhardt** (vers 1840) qui l'a appliquée à la généralisation des réactions chimiques.

C'est Gerhardt qui a démontré, à la suite de longues recherches, que les réactions s'accomplissent avec la plus grande simplicité et avant tout que les réactions ne s'effectuent qu'entre des quantités qui occupent des volumes égaux. C'est à lui que revient l'honneur d'avoir donné à l'hypothèse sa forme exacte et d'en avoir déduit toutes les conséquences possibles.

Après Gerhardt. Clausius (1850-1860) admit l'hypothèse de l'égalité du nombre des molécules dans des volumes égaux de gaz comme base de la théorie cinétique des gaz.

Depuis cette époque, l'hypothèse émise par Avogadro et Gerhardt est devenue la base de toutes les idées chimiques, physiques et mécaniques contemporaines.

Toutes les théories, qui furent la conséquence de cette hypothèse, ont été souvent le sujet de nombreuses discussions ; mais, leur exactitude a fini par être démontrée au moyen de méthodes différentes, et, maintenant qu'il est prouvé que toute réfutation est impossible, l'hypothèse d'Avogadro doit être considérée comme démontrée (**6**) et comme la base la plus importante de l'étude des phénomènes naturels.

(**6**) Il ne faut pas oublier que la loi de la gravitation universelle, formulée par Newton, ou loi de l'unité des forces, qui explique pourquoi les corps tombent sur la terre ou sont attirés par le soleil et aussi pourquoi les planètes tournent autour du soleil, ne fut d'abord qu'une hypothèse qui n'acquit force de loi qu'après qu'il fût démontré que toutes les conséquences qu'on pouvait en tirer étaient en concordance avec la réalité.

Et, en effet, toutes les lois, toutes les théories, que l'on émet pour expliquer les phénomènes naturels, commencent toujours par être des hypothèses. L'exactitude de quelques unes s'établit rapidement, car toutes leurs conséquences concordent avec la réalité ; d'autres, au contraire, ne se démontrent que peu à peu.

On peut énoncer cette loi de deux façons.

Premièrement, au point de vue physique : **des volumes égaux de gaz** (et de vapeurs), à la même pression et à la même température, **contiennent, jusqu'au moment où la réaction chimique commence, un nombre égal de molécules**, c'est-à-dire des quantités de la substance indivisibles, soit mécaniquement, soit physiquement.

Deuxièmement, au point de vue chimique, la même loi doit être exprimée de la manière suivante : **les quantités de substances, qui entrent dans une réaction chimique, occupent, à l'état de vapeur, des volumes égaux**.

Pour nous, le côté chimique est le plus important ; aussi, avant de développer cette loi et ses conséquences, nous examinerons les phénomènes chimiques sur lesquels elle se base ou par lesquels elle peut être expliquée.

Quand deux substances réagissent facilement et directement entre elles — comme, par exemple, un alcali sur un acide — on trouve que la réaction s'accomplit entre des quantités qui, à l'état gazeux (la pression et la température étant égales), occupent des volumes égaux. Ainsi, l'ammoniaque agit directement sur l'acide chlorhydrique HCl pour former le sel ammoniac AzH⁴Cl et, dans ce cas, AzH³ ou 17 parties en poids d'ammoniaque, occupent le même volume que 36,5 parties en poids d'acide chlorhydrique (7).

(7) Cela résulte non seulement du calcul que l'on vient de voir, mais on peut également le prouver par l'expérience. On prend un tube portant un robinet de verre en son milieu ; on remplit une des parties avec de l'acide chlorhydrique *sec* (cette condition est indispensable, car l'ammoniaque et l'acide chlorhydrique sont très solubles dans l'eau et il suffit d'une petite quantité d'eau pour tenir en dissolution une grande quantité de ces gaz); dans l'autre moitié, on met de l'ammoniaque sèche à la pression ordinaire. L'une des extrémités du tube (par exemple, celle ou il y a de l'ammoniaque), est fermée ; on plonge l'autre extrémité dans le mercure ; on ouvre alors le robinet. Les gaz se combinent : il y a formation de sel ammoniac solide. Si le volume de l'un des gaz était plus considérable que celui de l'autre gaz, cet excès resterait à l'état gazeux. En plongeant le tube dans le mercure jusqu'à ce que la pression du gaz restant soit égale à la pression atmosphérique, on voit que le volume de ce gaz est égal à la différence de volumes des deux parties du tube et que le résidu est bien formé par le gaz dont on avait employé un volume plus considérable.

L'éthylène C²H⁴ se combine avec Cl² en une seule proportion pour former l'éthylène bichloré C²H⁴Cl², et cette combinaison, s'effectue directement et avec une grande facilité; les quantités, qui réagissent ont des volumes égaux. Le chlore forme avec l'hydrogène un seul composé : l'acide chlorhydrique, HCl : ici encore, les volumes sont égaux.

Mais, si l'égalité des volumes existe dans les combinaisons, elle doit être encore plus souvent observée dans les cas de décomposition où le corps composé se divise en 2 autres éléments.

En effet, la décomposition de l'acide acétique C²H⁴O² pro-

duit du gaz des marais CH^4 et de l'acide carbonique CO^2 ;
les quantités en poids de ces deux gaz nécessaires pour
former l'acide acétique occupent des volumes égaux. Il en
est de même pour l'acide phtalique : $C^8H^6O^4$ d'où l'on peut
extraire de l'acide benzoïque $C^7H^6O^2$ et de l'anhydride carbonique CO^2. Ces deux substances contiennent tous les éléments de l'acide phtalique, bien qu'elles ne puissent se
recombiner directement pour le reconstituer (parce que
la réaction n'est pas réversible); elles occupent, à l'état
gazeux, le même volume, car ce sont les produits de décomposition de l'acide phtalique. L'acide benzoïque $C^7H^6O^2$
se décompose aussi en C^6H^6 benzine, et en anhydride carbonique CO^2; ils occupent aussi des volumes égaux (**8**).

(**8**) Démontrons cela par des chiffres : 122 grammes d'acide benzoïque donnent : **a)** 78 gr. de benzine dont la densité par rapport à l'hydrogène est 39 ; par conséquent, le volume relatif $= 2$ et
b) 44 gr. d'acide carbonique dont la densité $= 22$; par conséquent,
le volume est égal à 2. On trouve absolument les mêmes résultats
dans d'autres cas.

Le nombre des corps organiques, à l'étude desquels Gerhardt a consacré sa vie, est énorme ; on pourrait, parmi
ces substances, citer un grand nombre d'exemples semblables.

Ce fait se vérifie encore plus souvent dans les phénomènes de substitution : quand deux substances réagissent l'une
sur l'autre et donnent naissance à deux autres composés
sans modification de volume — c'est-à-dire quand la définition donnée pour la première fois (p. 7) correspond à celle
donnée ci-dessus (p. 520) — on a trouvé que les deux substances, qui ont agi l'une sur l'autre, occupent le même
volume que chacune des substantes résultantes.

Ainsi, en général, les acides volatils HX donnent avec les
alcools volatils R (OH), par une réaction analogue à celle
qui s'effectue quand un acide se combine avec un alcali,

des éthers complexes RX et de l'eau H(OH). C'est une
réaction de substitution, et le volume, à l'état de vapeur,
des substances qui entrent en réaction HX, R (OH) et RX est
le même que celui de l'eau H (OH). Le poids de l'eau correspondant à la formule = 18 occupe 2 volumes ; si une partie en poids d'hydrogène occupe 1 volume, la densité de
vapeur de l'eau, par rapport à l'hydrogène, est égale à 9.

Des exemples semblables, et ils sont nombreux (9), prouvent que la réaction qui s'effectue entre des volumes égaux
est un phénomène fréquent, qui démontre l'exactitude de
l'hypothèse d'Avogadro-Gerhardt.

(9) Les hydrocarbures nous fournissent un grand nombre de
réactions qui prouvent que la réaction s'effectue entre des volumes
égaux : cela tient à ce que ces corps sont extrèmement volatils.
Les alcalis, les acides (qui résultent de l'union des anhydrides et de
l'eau), etc., que forment en si grande quantité les substances minérales, fournissent peu d'exemples semblables parce que beaucoup
d'entre eux sont peu volatils et parce que leur densité, à l'état de vapeur, n'est pas connue. Mais, même dans ce cas, on voit que le
principe est le même. Ainsi, par exemple, l'acide sulfurique se décompose en anhydride SO^3 et en eau H^2O: les volumes de ces deux
corps sont égaux.

Prenons un exemple où il y a union de trois corps et entre lesquels la combinaison se fait à volumes égaux : l'anhydride carbonique CO^2 ; l'ammoniaque et l'eau (le volume de chacun $= 2$),
forment le carbonate acide d'ammoniaque $(AzH^4)HCO^3$.

On peut ici poser une autre question : quelle est la relation qui existe entre les volumes de deux substances qui réagissent en plusieurs proportions différentes, conformément à la loi des proportions multiples ? On ne peut répondre avec certitude que pour les substances bien étudiées.
Ainsi, le chlore forme avec le gaz des marais quatre combinaisons : CH^3Cl, CH^2Cl^2, $CHCl^3$ et CCl^4 et l'expérience
montre que le corps CH^3Cl (chlorure de méthyle) se forme avant les termes suivants, et que les derniers proviennent du premier par l'action directe du chlore. Or ce com-

posé CH^3Cl est formé par l'action de volumes égaux de gaz des marais CH^4 et de chlore Cl^2, d'après l'équation suivante :

$$CH^4 + Cl^2 = CH^3Cl + HCl.$$

On rencontre de nombreux faits de ce genre dans les combinaisons organiques, c'est-à-dire dans les combinaisons qui renferment du carbone.

Si l'on considère les différentes combinaisons que l'azote forme avec l'oxygène, il est impossible de répondre complétement à la question que nous nous sommes posée ; il est impossible, en effet, de démontrer, d'une façon irréfutable, que les différentes combinaisons se forment successivement.

On peut supposer, mais sans qu'on puisse l'affirmer et le vérifier expérimentalement, que l'azote se combine d'abord à l'oxygène pour former l'oxyde azotique AzO, et que c'est seulement après que prennent naissance les vapeurs rutilantes Az^2O^3 et AzO^2 ; ce qui autorise cette hypothèse, c'est que l'oxyde d'azote AzO donne directement avec l'oxygène Az^2O^3 et AzO^2.

Si l'on admet qu'il se forme d'abord AzO (et non Az^2O ou AzO^2) la loi d'Avogadro-Gerhard se trouve vérifiée encore dans ce cas, parce que l'oxyde azotique contient des volumes égaux d'azote et d'oxygène.

Il en est de même pour la combinaison de l'hydrogène et de l'oxygène : on peut admettre qu'il se forme tout d'abord du peroxyde d'hydrogène H^2O^2 (volumes égaux de H^2 et O^2) qui, sous l'influence de la chaleur produite par la réaction, se décompose en eau et en oxygène. Cette supposition explique la présence du peroxyde d'hydrogène (Chapitre IV) dans un grand nombre de réactions dans lesquelles il y a formation d'eau par oxydation de substances hydrogénées. On ne peut pas admettre, en effet, la formation de H^2O^2 par oxydation de l'eau ; car, jamais, jusqu'à présent,

on n'a pu observer ce phénomène tandis qu'au contraire
la décomposition de H^2O^2 en eau et en oxygène est une réaction facile à reproduire (**10**).

(**10**) C'est là une opinion que j'ai soutenue, dès les premières éditions de cet ouvrage : je disais qu'il y a d'abord formation de
peroxyde d'hydrogène H^2O^2 et que l'eau ne se forme que par la
décomposition de ce peroxyde. Cette hypothèse s'est très répandue,
dans ces derniers temps, grâce au travail de Traube. Elle explique
bien la présence de l'eau dans un grand nombre de réactions, par
exemple, dans l'explosion d'un mélange d'oxyde de carbone et
d'oxygène, et il est possible que la théorie même de l'explosion du
gaz détonant gagne en clarté et en exactitude, si l'on admet la formation préliminaire de peroxyde d'hydrogène et sa décomposition.
J'ajoute ici que Ettingen (à Dorpat, 1888) a observé, à l'aide de la
photographie, dans l'explosion du gaz détonant, la présence de certaines ondes qui démontrent l'existence de périodes de combustion et
des ondes d'explosion, ce qui doit être pris en considération dans
toute théorie émise à ce sujet.

Puisque la formation de H^2O^2 par H^2 et O^2 dégage moins de chaleur que la formation de H^2O au moyen de H^2 et de O, il est bien
possible que la température élevée de la flamme du gaz détonant
soit due à la formation préalable du peroxyde d'hydrogène.

Ainsi, toute une série de phénomènes montre que, en
général, les réactions chimiques s'effectuent entre des volumes égaux, sans que l'on puisse cependant nier la possibilité de réactions entre des volumes inégaux, bien que,
dans ce cas, il soit souvent possible de découvrir une réaction précédente qui s'effectue entre des volumes égaux (**11**).

(**11**) Les réactions, qui s'effectuent entre des volumes inégaux, tiennent peut-être encore à ce que les substances réagissantes subissent, au moment de la réaction, une modification préliminaire, une
décomposition ou une transformation isomérique (une polymérisation), etc. Ainsi, si AzO^2 se forme de Az^2O^4, et O^2 de O^3 et inversement, on peut bien aussi admettre qu'il peut se produire des
molécules contenant seulement un atome d'oxygène, comme aussi
des formes polymériques supérieures, par exemple, la formation
de H^3 de H^2 ou Az^2 de Az^1.

De cette façon, il est naturellement possible d'expliquer la formation de l'ammoniaque au moyen de 3 vol. d'hydrogène : H^3 et de 1

vol. d'azote Az^2. Il faut cependant ajouter que nos connaissances actuelles sur ce sujet sont encore loin d'être complètes.

L'étude de l'hydrazine ou diamine Az^2H^4 (Chap. VI note 20 bis) ainsi que celle de l'imide Az^2H^2, formée par la combinaison de 2 volumes d'hydrogène avec 2 vol. d'azote, prouvera que, dans ce cas aussi, la réaction s'effectue d'abord entre des vol. égaux. Si l'on démontre que l'hydrazine, sous l'influence des étincelles, de la chaleur ou des décharges silencieuses, etc. se transforme en azote et en ammoniaque d'après l'équation :

$$3\ Az^2H^4 = Az^2 + 4\ AzH^3,$$

on pourra admettre que l'hydrazine se forme avant l'ammoniaque. Et peut-être se forme-t-il tout d'abord Az^2H^2 qui peut se décomposer, lui aussi, en donnant naissance à de l'ammoniaque.

Je mentionne ces hypothèses pour montrer que les réactions qui s'effectuent entre des volumes inégaux et qui semblent être des exceptions à la loi d'Avogadro-Gerhardt sont susceptibles d'être ramenées à la loi générale, à la suite de recherches approfondies.

En admettant une certaine loi, comme une hypothèse, il faut en tirer toutes les conséquences possibles, et si, par l'application de cette loi, on arrive à des résultats clairs et harmonieux et surtout si l'on arrive à découvrir des faits jusqu'alors inconnus, alors les conséquences établissent l'exactitude de l'hypothèse. C'est ce qui est arrivé pour la loi qui nous occupe.

Déjà, à lui seul, le fait que les poids atomiques des éléments peuvent se déduire très simplement — ou, qu'en admettant la loi, il faut admettre que la force vive des molécules de tous les gaz est une valeur constante — eut suffit pour faire accepter cette loi comme une hypothèse nécessaire, sinon comme une vérité. Mais, comme nous le verrons plus loin, cette loi permet même de prévoir quels seront les propriétés et les poids atomiques d'éléments encore inconnus. La réalité a prouvé l'exactitude de ces prévisions; aussi, en présence de semblables résultats, il nous semble évident que la loi d'Avogadro explique intimement la nature des relations chimiques des corps.

Ceci étant admis, on peut actuellement exposer et prouver cette vérité par une foule de moyens différents et l'on verra chaque fois, que, comme toutes les lois fondamentales des sciences (par exemple, la loi de l'éternité de la matière, la loi de la conservation de l'énergie, la loi de la gravitation, etc.) la loi d'Avogadro-Gerhardt n'est pas une déduction empirique des observations et de l'expérience directe, qu'elle n'est pas le résultat direct de l'analyse ; mais, quelle est une création, une trouvaille de l'esprit d'investigation, guidé par l'observation et l'expérience ; on verra qu'elle est une synthèse dont sont capables les sciences exactes, aussi bien que les formes les plus élevées de l'art. Sans ce travail synthétique de l'esprit, la science ne serait qu'un recueil de résultats d'un travail minutieux; elle ne se distinguerait pas par cette force qu'elle possède, en réalité, dès qu'elle arrive, sans abandonner l'analyse des détails, à synthétiser, en un mot, quand elle découvre, à l'aide des formes extérieures que nous percevons par nos sens, par l'observation et par notre esprit, le sens intérieur des choses, la simplicité dans la complexité et l'unité dans la diversité.

Il est facile de donner à la loi d'Avogadro-Gerhardt une forme algébrique. Si le poids d'une molécule, c'est-à-dire de la quantité d'une substance qui entre dans une réaction chimique et qui occupe, à l'état de vapeur, conformément à la loi, un volume égal à celui des molécules des autres corps est exprimé par des lettres M^1, M^2... ou en général par M, et si les lettres D^1, D^2... ou, en général, D représentent la densité ou le poids d'un volume donné (à l'état de gaz ou de vapeur) des substances correspondantes, prises dans certaines conditions définies de température et de pression, il s'ensuit alors, que :

$$\frac{M^1}{D^1} = \frac{M^2}{D^2} \cdot \cdot \cdot \cdot \cdot = \frac{M}{D} = C$$

égale un certain nombre constant.

Cette expression prouve directement que les volumes correspondants aux poids M^1, M^2, etc. sont égaux à un certain nombre constant, puisque le volume est directement proportionnel au poids et inversement proportionnel à la densité. La valeur C varie suivant l'unité choisie pour l'expression des poids moléculaires et des densités.

Le poids moléculaire (égal à la somme des poids atomiques des éléments formant une substance donnée) est ordinairement exprimé en prenant le poids d'un atome d'hydrogène comme unité, et l'on rapporte aussi maintenant la densité des gaz et des vapeurs à l'hydrogène. Donc, il suffit de calculer la valeur C d'un composé quelconque pour connaître cette même valeur pour toutes les autres substances. Ainsi, prenons l'eau : sa masse réagissante s'exprime (conditionnellement) par la formule ou molécule H^2O pour laquelle $M = 18$, si $H = 1$, comme nous le savons déjà par l'étude de la composition de l'eau. La densité de vapeur D, par rapport à l'hydrogène $= 9$; par conséquent, C sera égal à $\dfrac{18}{9} = 2$. Aussi, pour les molécules de tout, autre substance, peut-on admettre $\dfrac{M}{D} = 2$.

Par conséquent, le poids moléculaire d'une substance est égal à sa densité, exprimée par rapport à l'hydrogène, multipliée par 2 et, au contraire, **la densité d'un gaz est égale à la moitié du poids moléculaire exprimé par rapport à l'hydrogène**.

Il suffit, pour montrer l'exactitude de cet énoncé, de comparer un grand nombre de densités de vapeur obtenues expérimentalement à celles trouvées par le calcul.

Prenons, par exemple, l'ammoniaque AzH^3 : son poids moléculaire, ou celui de la quantité de ce corps, qui entre en réaction, est exprimé par le nombre $14 + 3 = 17$. Par conséquent $M = 17$. Si la loi est exacte, $D = 8,5$. On obtient le même résultat par l'expérience.

La densité calculée (et obtenue expérimentalement) du protoxyde d'azote Az^2O est **22** ; celle de l'oxyde azotique **15** et celle de l'anhydride hypoazotique **23**. Pour l'anhydride azoteux, qui se dissocie en AzO et AzO^2, la densité varie entre 38 (tant que Az^2O^3 n'est pas encore décomposé) et 19 (quand la transformation en AzO et AzO^2 est complète).

Il n'y a pas de nombres constants pour les densités de H^2O^2, AzO^3H, Az^2O^4 et de beaucoup de combinaisons semblables, qui se décomposent partiellement ou entièrement, en passant à l'état de vapeurs.

Les corps, qui se décomposent avant de se transformer

en vapeur, tels que $KAzO^3$, n'ont pas de densité constante de vapeur. Il est difficile de déterminer la densité de vapeur des corps qui ne se vaporisent qu'à des températures très élevées.

La détermination pratique de la densité, à des températures aussi élevées (par exemple, $NaCl$, $FeCl^2$, $SnCl^2$ etc.), exige des méthodes spéciales qui ont été imaginées par Sainte-Claire Deville, Crafts, Nilson et Pettersson, Meyer, Scott et d'autres.

Surmontant toutes les difficultés, on a trouvé que la loi d'Avogadro-Gerhardt se trouve vérifiée par l'expérience, pour les corps tels que KI, $GlCl^2$, $AlCl^3$, $FeCl^2$, etc., c'est-à-dire que la densité est toujours égale à la moitié du poids moléculaire, naturellement dans les limites des erreurs admissibles dans l'expérience, ou dans les limites d'écart que comporte toute loi.

Gerhardt a formulé la loi, qui porte son nom, à la suite d'un grand nombre d'expériences effectuées sur des combinaisons volatiles du carbone. Nous aurons l'occasion d'étudier quelques-uns de ces composés dans les chapitres suivants. Leur étude détaillée, à cause de la complexité du sujet et d'une coutume établie depuis longtemps, fait l'objet d'une branche spéciale de la chimie à laquelle on donne le nom de **chimie organique**. Pour toutes ces substances, les densités calculées sont toujours identiques à celles que l'on trouve par l'expérience.

Quand les conséquences d'une loi sont vérifiées par un nombre d'observations aussi considérable, cette loi peut être considérée comme confirmée par l'expérience. Mais, cela ne doit pas exclure la possibilité des écarts *apparents* : Ils peuvent être évidemment de deux sortes : la fraction $\dfrac{M}{D}$ peut être ou supérieure ou inférieure à 2, c'est-à-dire que la densité calculée peut être plus grande ou moins grande que la densité observée.

Quand la différence entre les résultats de l'expérience et du calcul reste dans la limite des erreurs expérimentales possibles (par exemple, égale à $1/100$ de la densité) ou dans les limites d'erreurs, que permettent les lois approximatives relatives aux gaz (comme l'est, par exemple, la loi de Boyle et de Mariotte), alors le quotient $\dfrac{M}{D}$ a une valeur qui ne diffère que très légèrement de 2 (entre 1,9 et 2,2) et ces cas doivent être considérés comme confirmant la loi d'Avogadro-Gerhardt.

Il en est tout autrement si le quotient $\dfrac{M}{D}$ est plusieurs fois *supérieur* ou inférieur à 2. Il faut alors expliquer la loi, ou bien la rejeter définitivement, car les lois naturelles n'admettent pas d'exceptions.

C'est pourquoi nous allons examiner deux cas extrêmes.

Considérons d'abord le cas où le *quotient* $\dfrac{M}{D}$ *est plus grand que 2, c'est-à-dire où la densité obtenue par l'expérience est moindre qu'elle ne doit être, d'après la loi.*

On doit admettre, comme conséquence de la loi d'Avogadro-Gerhardt que, dans tous les cas où le volume de vapeur correspondant au poids moléculaire est plus grand que le volume occupé par deux parties en poids d'hydrogène, il se produit une décomposition. Supposons que nous ayons déterminé la densité de vapeur de l'eau à une température supérieure à celle de sa décomposition, c'est-à-dire dans des conditions où l'eau est totalement, ou au moins en grande partie, décomposée en hydrogène et oxygène. La densité d'un semblable mélange gazeux, ou de gaz détonant, sera inférieure à celle de la vapeur d'eau ; elle sera égale à 6 (par rapport à l'hydrogène), puisque 1 vol. d'oxygène pèse 16 et 2 vol. d'hydrogène 2 ; par conséquent, 3 vol. de gaz détonant pèsent 18 et 1 vol. $= 6$, tandis que la densité de la vapeur d'eau $= 9$.

De sorte que, si la densité de la vapeur d'eau est déterminée, après sa décomposition, on trouvera le quotient $\dfrac{M}{D}$ égal à 3 et non à 2. On pourrait donc considérer ce phénomène comme une contradiction à la loi d'Avogadro-Gerhardt; mais, cela ne serait pas exact, puisqu'on peut démontrer, par la diffusion à travers des substances poreuses, comme cela est indiqué dans le Chap. II, que l'eau est décomposée à une température aussi élevée.

Pour l'eau, il ne peut naturellement y avoir aucun doute puisque sa densité de vapeur est en concordance parfaite avec la loi, pour toutes les températures auxquelles elle a été déterminée (**12**).

(12) Comme la densité de la vapeur d'eau reste constante, dans les limites des erreurs admissibles dans les expériences, même à la température de 1000°, alors que la dissociation a certainement commencé, il faut supposer qu'à ces températures élevées une très petite quantité d'eau seulement se décompose. Si la décomposition portait sur 10 % d'eau, même alors la densité serait 8,57 et le quotient M/D serait égal à 2.1. Et, à la haute température à laquelle on opère, l'erreur, que l'on est susceptible de commettre, est supérieure à cette variation de la valeur M/D. Il est cependant probable qu'à 1000° la dissociation est loin d'atteindre 10 %. *Aussi, ne faut-il pas espérer pouvoir déduire de la variation de la densité des vapeurs la mesure de la dissociation de l'eau.*

Mais, il y a beaucoup de substances qui se décomposent avec une grande facilité, aussitôt après être passées à l'état de vapeur, et qui ne peuvent exister qu'à l'état solide ou liquide, mais non à l'état de vapeur. Tels sont par exemple un grand nombre de sels, toutes les solutions définies ayant un point d'ébullition constant, toutes les combinaisons ammoniacales, tous les sels ammoniacaux. Leurs densités de vapeur, déterminées par Bineau, Deville et d'autres prouvent que ces corps ne suivent pas la loi d'Avogadro-Gerhardt.

Ainsi, la densité de vapeur du sel ammoniac AzH^4Cl est voisine de 14 (par rapport à l'hydrogène), tandis que le poids moléculaire de AzH^4Cl est 53.5 ; d'après la loi d'Avogadro-Gerhardt, sa densité devrait être voisine de 27. La molécule du sel ammoniac ne peut être moindre que AzH^4Cl, puisqu'elle est formée de molécules AzH^3 et HCl et contient un atome de Az et un atome de Cl ; donc, cette molécule est indivisible et, dans toutes les réactions où AzH^4Cl se trouve en présence de molécules d'autres substances (par exemple KOH ou $HAzO^3$), il n'est jamais en quantité inférieure à 53,5 parties en poids, etc.

La densité calculée (27) est à peu près double de la densité observée (environ 14) ; par conséquent, $\dfrac{M}{D} = 4$ et non 2.

Ainsi, la densité de vapeur du sel ammoniac semble indiquer que la loi d'Avogadro-Gerhardt n'est pas exacte. Mais une étude approfondie de ce phénomène a prouvé qu'il en était tout autrement. Si la densité de vapeur du chlorhydrate d'ammoniaque est si faible, c'est que ce sel se décompose, pendant la volatilisation, en ammoniaque et en acide chlorhydrique. Ce n'est pas la densité du sel ammoniac que l'on observe, mais bien celle d'un mélange de AzH^3 et HCl ; la densité doit effectivement être voisine de 14, puisque la densité de l'ammoniaque $= 8.5$ et celle de $HCl = 18,25$; par conséquent, la densité de leur mélange (à volume égal) est 13.3 (**13**). La présence des produits de dissociation du sel ammoniac dans la vapeur de ce sel a été mise en évidence par Pebal et Than, par la méthode qui sert à démontrer la dissociation de l'eau, en faisant passer les vapeurs de sel ammoniac à travers des tubes poreux.

(13) C'était l'explication la plus naturelle que l'on pût donner au sujet de la densité du sel ammoniac, de l'acide sulfurique et des substances analogues qui se décomposent pendant la distillation, quand on commença à appliquer la loi d'Avogadro-Gerhardt aux relations chimiques ; on retrouvera cette explication dans mon travail : « *Les volumes spécifiques* », 1856, page 99 de l'édition russe, où l'on trouvera également la formule $M/D = 2$, qui fut, depuis, employée par d'autres auteurs.

Il est facile de montrer que le sel ammoniac se dissocie en se volatilisant et ce fait a une importance capitale pour l'histoire de la loi d'Avogadro–Gerhardt ; sans cette loi, en effet, on n'aurait jamais pensé que le sel ammoniac pût se dissocier en passant à l'état gazeux. Cette décomposition ne se distingue en rien, en effet, de la sublimation ; car l'ammoniaque et l'acide chlorhydrique se combinent de nouveau en se refroidissant. C'est donc la loi d'Avogadro-Gerhardt qui a fait découvrir cette réaction du sel ammoniac. C'est, du reste, parce qu'elles permettent de prédire et de prévoir que les lois naturelles ont une si grande puissance et une si grande utilité.

C'est en raisonnant, de la façon suivante, que l'on est arrivé à imaginer cette expérience (14). D'après la loi et l'expérience, la densité de l'ammoniaque $AzH^3 = 8,5$ et celle de l'acide chlorhydrique $= 18,25$ si la densité de l'hydrogène $= 1$. Par conséquent, si, dans un mélange gazeux, il y a de l'ammoniaque et de l'acide chlorhydrique, l'ammoniaque passera plus rapidement à travers des parois poreuses que les vapeurs plus lourdes de l'acide chlorhydrique, absolument comme l'hydrogène, qui, nous l'avons vu dans l'expérience faite avec de l'eau, passe plus vite que l'oxygène. A l'aide du tournesol, qui devient bleu sous l'influence des alcalis, il sera facile de prouver cette disso-

ciation. Si, en effet, le sel ammoniac se volatilisait sans dé‑
composition, les vapeurs devraient être neutres.

(14) Il faut toujours se rappeler que, dans l'étude des sciences ex‑
périmentales, la disposition des expériences et les procédés em‑
ployés sont déterminés par le principe ou le fait que cette expé‑
rience doit vérifier, et non inversement, comme beaucoup le suppo‑
sent : ce sont les considérations théoriques qui poussent le savant
à faire des expériences.

Le sel ammoniac se volatilise à une température suffi‑
samment basse pour que l'expé‑
rience puisse être répétée dans un tu‑
be de verre, chauf‑
fé à l'aide d'une lampe. Cette expé‑
rience ne nécessite du reste qu'un dis‑
positif très simple, comme le montre la fig. 64.

On introduit un tampon d'amiante

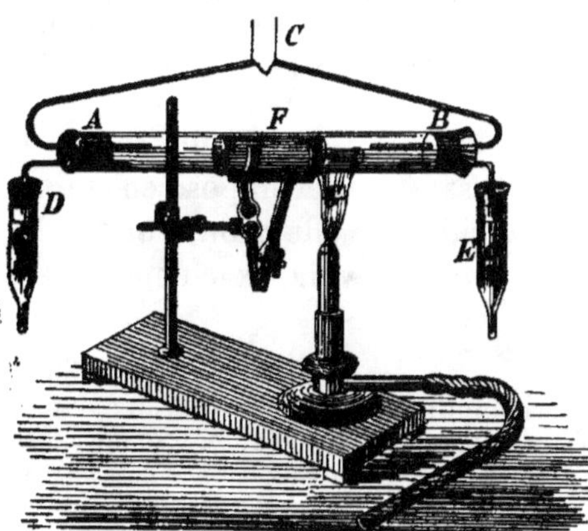

Fig. 64. — Dissociation du chlorure
d'ammonium.

dans un tube de verre AB. Ce bouchon n'éprouve aucune
modification sous l'influence de la chaleur ; il sert de masse
poreuse, capable de résister aux plus hautes températures
Le bouchon occupe le milieu du tube en F. On met à côté
de F, en G, un morceau de sel ammoniac sec qu'on chauffe
avec la flamme d'un bec de Bunsen. Pour chasser les va‑
peurs, qui se forment dans le tube, on fait arriver l'air pro‑
venant d'un gazomètre par les deux tubes C. Les vapeurs
traversent les petits cylindres D et E, fixés au tube AB par
des bouchons ; dans chacun de ces cylindres se trouvent

deux morceaux du papier de tournesol humide, un rouge et un bleu.

Quand on chauffe le sel ammoniac,(**15**) il se décompose : l'ammoniaque pénètre dans la partie **A** du tube horizontal et colore en bleu le papier de tournesol rouge, placé dans le cylindre D. Dans la partie **B**, au contraire, où le sel ammoniac était chauffé, il reste un excès d'acide chlorhydrique, qui rougit le papier de tournesol bleu, placé en **E**.

(15) Pour que cette expérience réussisse, il est nécessaire que le tube, l'amiante et le sel ammoniac soient bien secs; il suffit, en effet, d'un peu d'humidité pour absorber l'ammoniaque et l'acide chlorhydrique.

Tel est le résultat de l'expérience ; elle démontre que le sel ammoniac, en se volatilisant, se décompose en ammoniaque et en acide chlorhydrique et elle prouve que la loi d'Avogadro–Gerhard permet de prévoir exactement certains faits chimiques (**16**).

(16) Baker (1894) a montré cependant que la décomposition de AzH⁴Cl par la chaleur ne s'accomplit qu'en présence d'eau ; il suffit qu'il y ait des traces de cette dernière. Quand l'humidité fait complètement défaut, ce qu'on obtient par la dessication à l'aide de P²O⁵, la décomposition n'a pas lieu et la densité des vapeurs du chlorure d'ammonium est normale c'est-à-dire voisine de 27. Le rôle de l'eau dans ce phénomène n'est pas encore élucidé ; on peut supposer l'intervention de phénomènes électriques ou de contact encore peu étudiés (voyez Chap. IX, note 29).

Le même procédé permet de démontrer que, dans d'autres cas où $\dfrac{M}{D}$ se trouve supérieur à **2**, il se produit également une décomposition. Toutes ces exceptions apparentes ne font donc que confirmer la généralité et l'importance de la loi d'Avogadro-Gerhardt.

Quand le quotient $\dfrac{M}{D}$ est inférieur à 2, c'est-à-dire quand la densité observée est plus grande que la densité calculée, tout en restant un multiple de cette densité, l'explication est évidemment plus simple et l'expérience prouve que le poids moléculaire est autant de fois supérieur au poids admis que le quotient est inférieur à **2**.

Multiplions M par cette quantité, et nous obtiendrons, comme quotient, le nombre **2**. Ainsi, par exemple, pour l'éthylène, dont la formule la plus simple est CH^2, l'expérience donne la densité 14; pour l'amylène, qui peut se ramener à la même formule CH^2, on trouve la densité 35. Le quotient pour l'éthylène donne 1, tandis qu'il n'est que 2/5 pour l'amylène.

Mais, en supposant que le poids moléculaire de l'éthylène est non pas 14, comme semble le montrer la composition, mais deux fois plus grand, c'est-à-dire **28**, et celui de l'amylène 5 fois plus grand, c'est-à-dire 70, alors la composition moléculaire de la première combinaison est C^2H^4 et celle de la seconde C^5H^{10}, et, pour les deux combinaisons, $\dfrac{M}{D}$ sera égal à **2**. Cette application de la loi qui, au premier abord, peut sembler arbitraire, est cependant très légitime puisque, quand l'éthylène entre en réaction avec l'acide sulfurique, par exemple, ou d'autres acides, ce ne sont jamais 14 parties en poids qui réagissent, mais toujours 28 parties.

Ainsi, dans toutes les combinaisons avec SO^4H^2, Br^2 ou HI, on constate toujours la présence d'une quantité d'éthylène correspondant à la formule C^2H^4 — tandis que, pour l'amylène, cette quantité correspond à C^5H^{10} et non à CH^2.

D'un autre côté, l'éthylène est un gaz qui se liquéfie difficilement (son point d'ébullition absolu $= + 10°$) tandis que l'amylène est un liquide bouillant à 35° (point d'ébullition absolu $= 192$). Si donc, l'on admet que la molécule d'amylène $(M = 70)$ ait une densité plus grande que la molécule d'éthylène ($M = 28$),la différence entre les propriétés des deux corps devient évidente.

Quand le quotient $\dfrac{M}{D}$ est inférieur à **2**, *c'est l'indice qu'il y a polymérisation*, tandis qu'un quotient supérieur indique une décomposition. La différence entre la densité de l'oxygène et celle de l'ozone (Chap. IV) rentre dans cette catégorie de faits.

En appliquant les mêmes méthodes aux éléments, on a trouvé que, dans certains cas, surtout pour les métaux — par exemple, le mercure, le zinc et le cadmium — le poids atomique, qui doit être admis dans leurs combinaisons (dont nous parlerons plus loin), semble être le même que le poids moléculaire.

Ainsi, le poids atomique du mercure est **200**, sa densité de vapeur $= 100$ et le quotient $= $ **2**. Par conséquent, *la molécule de mercure contient un atome* : *Hg*. Il en est de même pour le sodium, le cadmium et le zinc. C'est la molécule la plus simple possible que puissent **avoir les éléments**, puisque la molécule de tout corps composé contient au moins deux atomes.

Cependant, beaucoup d'éléments ont une molécule complexe. Par exemple, le poids d'un atome d'oxygène $= $ **16 et** sa densité 16 ; sa molécule doit donc contenir deux atomes O^2, ce qu'on peut déjà prévoir par comparaison avec l'ozone, dont la molécule est composée de O^3 (Chapitre IV).

Ainsi, la molécule de l'hydrogène $= H^2$; celle du chlore Cl^2, celle de l'azote Az^2 etc.

Si le chlore entre en réaction avec l'hydrogène, le volume reste le même, après la formation d'acide chlorhydrique :

$$H^2 + Cl^2 = HCl + HCl.$$

C'est un cas de substitution réciproque de l'hydrogène par le chlore ; c'est pourquoi le volume reste constant.

Certains éléments ont une molécule plus complexe — celle du soufre, par exemple, est S^6 — cependant, sous l'influence de la chaleur, la densité est réduite à $1/3$ et il se forme S^2. Si l'on déduit de la densité du phosphore $(D = 62)$ la composition de sa molécule, on voit qu'elle doit contenir quatre atomes P^4.

Beaucoup d'éléments sont donc polymérisés, c'est-à-dire qu'ils paraissent, en réalité, avoir une molécule plus complexe que celle qui semble être la plus simple possible.

On doit admettre, nous le verrons plus loin, que la molécule du carbone est très complexe, car il serait impossible d'expliquer autrement pourquoi il ne se volatilise pas, ainsi qu'une foule d'autres propriétés.

Puisque certaines combinaisons se décomposent sous l'influence d'une élévation de température plus ou moins considérable, il en est qui sont *dépolymérisées* (c'est-à-dire que leur poids moléculaire diminue) : par exemple, Az^2O^4 qui, sous l'influence de la chaleur, se transforme en AzO^2 ; ou l'ozone O^3, qui se transforme en O^2. On a donc le droit de supposer qu'à une température élevée *les molécules complexes des* **corps simples** *se dédoublent en molécules plus simples*, contenant seulement un atome. Puisque O^3 donne O^2, par exemple, on peut bien admettre que O^2 se décompose en O. Les expériences, qui ont été faites sur l'iode, prouvent, d'ailleurs, que cette proposition n'a rien d'impossible.

La densité normale de l'iode $= 127$ (Dumas, Deville, etc.) ce qui correspond à la molécule I^2. En portant la température à 800° environ, la densité, qui jusqu'alors était restée constante, commence à diminuer, comme l'ont montré les résultats vérifiés, obtenus par Victor Meyer, Crafts et Troost ; à la pression ordinaire et à 1000°, la densité est à peu près égale à 100 ; à 1250°, environ 80 ; à 1400° environ 75 ; il semble que cette densité tende à se réduire de moitié, c'est-à-dire à 63.

En opérant à basse pression, on arrive actuellement à pousser la dépolymérisation de l'iode plus loin (17) et on obtient une densité de 66, comme Crafts l'a démontré en opérant sous une pression de 100 mm. et à la température de 1500°; de sorte qu'on peut conclure qu'à une température très élevée et sous une pression extrêmement réduite, la molécule I^2 se transforme successivement en une molécule formée par un seul atome, comme celle du mercure, et l'on peut admettre que le même phénomène peut exister pour d'autres éléments. à la température élevée qui tend à désunir les combinaisons et à décomposer les molécules complexes (18).

(17) Nous avons vu qu'en diminuant la pression, on augmente la dissociation de Az^2O^4 et la proportion de AzO^2. La décomposition de I^2 en $I + I$ est aussi un phénomène de dissociation.

(18) On a cru, pendant quelque temps, que le chlore donnait lieu au même phénomène ; mais, on a trouvé depuis que la diminution de densité, si elle existe, était très petite. Dans le cas du brome, cette différence est plus grande, mais elle n'est pas comparable à la diminution de densité de l'iode.

Comme souvent nous confondons involontairement des processus chimiques avec des processus physiques, il est bien possible que, la diminution de densité du chlore, du brome et de l'iode, soit due sinon entièrement, du moins en partie, à un phénomène physique tel que le changement du coefficient de dilatation en raison des variations de la température et du poids moléculaire. Ainsi, j'ai observé (*Comptes rendus*, 1876) que le coefficient de dilatation des gaz croît avec l'augmentation du poids moléculaire ; et l'expérimentation directe a donné (Chap. II note 25) pour l'acide bromhydrique, par exemple, le coefficient de dilatation $= 0,00386$ ($M = 81$) au lieu de $0,00367$ pour l'hydrogène ($M = 2$). Pour la vapeur d'iode ($M = 254$ il faut s'attendre, par conséquent, à trouver un coefficient de dilatation très élevé ; cette cause seule suffit à expliquer pourquoi la densité diminue. Comme la molécule du chlore Cl^2 est plus légère ($= 71$) que celle du brome ($= 160$), qui est lui-même plus léger que l'iode ($= 254$), on voit que la gradation que l'on observe dans la décomposition de leurs vapeurs correspond à l'augmentation du coefficient de dilatation des halogènes. En prenant, pour les vapeurs de l'iode, le coefficient 0,004, la densité doit être 116 à 1000°.

C'est pourquoi, l'on peut admettre que la dissociation de l'iode n'est qu'un phénomène apparent. Cependant, d'un autre côté, les vapeurs lourdes du mercure ($M = 200$, $D = 100$) ont à peu près la même densité, à la température de 1500° (à laquelle $D = 98$, d'après Victor Meyer). Mais, il ne faut pas oublier que la molécule du mercure contient seulement 1 atome, tandis que celle de l'iode en contient deux, ce qui est d'une grande importance. Les questions de ce genre sont très difficiles à résoudre par la voie expérimentale (surtout la détermination de t) et elles resteront longtemps encore en suspens, à cause de la difficulté qu'il y a à distinguer les changements physiques des changements chimiques.

En plus des deux cas d'exception *apparente* à la loi d'Avogadro, que nous venons d'étudier, il y a encore un troisième et dernier cas, qui est aussi le plus instructif.

En étudiant des substances différentes, on cherche à les isoler dans le plus grand état de pureté possible, et on détermine alors leurs propriétés chimiques et physiques, entre autres la densité de leur vapeur. Si elle est normale — c'est-à-dire si $D = \dfrac{M}{2}$ — c'est une preuve que la substance est parfaitement pure. Si, au contraire, elle est anormale — c'est-à-dire si D n'est pas égal à $\dfrac{M}{2}$ — alors, ceux qui n'admettent pas encore l'exactitude de la loi d'Avogadro-Gerhardt, voient simplement, dans cette anomalie, une preuve nouvelle contre cette loi. Mais, pour ceux qui en ont déjà saisi toute l'importance, il est évident qu'il s'est glissé une erreur quelconque dans les observations, soit que la densité n'ait pas été déterminée dans les conditions nécessaires, soit que les vapeurs ne suivent pas la loi de Boyle ou celle de Gay-Lussac ou enfin que la substance n'ait pas été suffisamment purifiée. La loi d'Avogadro-Gerhardt indique alors qu'il faut effectuer de nouvelles recherches en y apportant plus de soin et d'exactitude. Jusqu'à présent, on a toujours trouvé les causes d'erreurs et, cependant, on peut citer de nombreux exemples dans l'histoire de la chimie moderne. Pour le chlorure de disulfuryle ou de pyrosulfuryle ($S^2O^5Cl^2$), $M = 215$ et, par conséquent, D doit être égal à 107.5 ; Ogier, Rosenstiehl et d'autres avaient trouvé, au lieu de ce nombre, 53,8 c'est-à-dire la moitié.

Ogier (1882) avait, de plus, démontré que, dans cette expérience, il n'y a pas lieu de supposer une décomposition de la substance en SO^3 et SO^2Cl^2 ou en deux autres substances. Cette densité anormale du chlorure de pyrosulfuryle est restée inexpliquée jusqu'à ce que D. P. Konovaloff (1885) eût démontré que Ogier et Rosenstiehl avaient opéré sur un mélange contenant SO^3 et HCl et que le chlorure de pyrosulfuryle a une densité normale voisine de 107. Si la loi d'Avogadro-Gerhardt n'avait pas attiré l'attention, le mélange impur serait considéré comme le chlorure de pyrosulfuryle pur, d'autant plus que la détermination quantitative du chlore n'était pas suffisante pour découvrir l'impureté. C'est ainsi qu'en suivant les véritables lois naturelles, nous sommes amenés aux conclusions exactes.

Ainsi, tous les cas, qui ont été bien étudiés, vérifient la loi d'Avogadro Gerhardt, et, comme cette loi permet de déduire la grandeur de la molécule de la densité (propriété qui est purement physique), la loi d'Avogadro-Gerhardt unit, aussi étroitement que possible, deux branches de nos connaissances : la Physique et la Chimie.

De plus, la loi d'Avogadro-Gerhardt donne à l'hypothèse des **molécules** et des **atomes** une base inébranlable qui lui manquait jusqu'alors.

Bien que, déjà à l'époque de Dalton, on eût reconnu la nécessité d'admettre l'existence des atomes (d'individus chimiques, indivisibles par des forces chimiques ou autres) et celle des éléments, des groupes d'atomes, des molécules en un mot, indivisibles par des forces mécaniques et physiques, on n'avait pas alors suffisamment défini la grandeur relative des molécules et des atomes.

Ainsi, par exemple, le poids atomique de l'oxygène peut être 8 ou 16 ou tout autre multiple de 8, et rien n'indiquait le moyen de déterminer quel nombre il fallait prendre (**19**). Quant au poids moléculaire, il n'existait aucune base qui permit de le fixer.

(**19**) C'est à cet état que se trouvait la question des poids atomique, vers 1850. Les uns admettaient pour l'oxygène le poids atomique 8, les autres la valeur 16. Pour les premiers, l'eau avait pour formule HO, et le peroxyde d'hydrogène HO^2. Pour les autres, comme cela est généralement admis maintenant, l'eau $= H^2O$ et le peroxyde d'hydrogène H^2O^2 ou HO. En 1860, un congrès de chimistes se réunit à Carlsruhe pour chercher à résoudre cette question importante. Ayant assisté à ce congrès, je me rappelle quelle différence existait alors entre les opinions et avec quels efforts les plus illustres chimistes défendirent l'entente conditionnelle. Je me souviens également de la façon dont les successeurs de Gerhardt, à la tête desquels était le professeur italien Canizzaro, ont démontré les conséquences de la loi d'Avogadro.

Malgré les idées libérales qui régnent dans la science (sans lesquelles la science n'aurait pas fait de progrès et serait restée immobile comme au moyen-âge) et malgré les idées conservatrices qui s'y développent parallèlement (sans lesquelles les études passées n'auraient pas porté de fruits) il a été impossible d'arriver à une entente conditionnelle ; mais, la loi d'Avogadro fut reconnue exacte dans sa forme, et ce fut ce congrès de Carlsruhe qui la fit universellement connaître et pénétrer dans tous les esprits. C'est alors que les nouveaux poids atomiques, dits de Gerhardt, s'établirent d'euxmêmes ; aussi, déjà en 1870, étaient ils généralement employés dans la science.

Avec l'application de la loi d'Avogadro-Gerhardt, la conception de la molécule est complètement définie, et, par cela même, le poids atomique.

On appelle **particule**, ou **particule chimique**, ou **molécule, la quantité de substance** *qui entre en réac-*

tion chimique avec d'autres molécules **et qui occupe, à l'état de vapeur, le même volume que deux parties en poids d'hydrogène.**

Le poids moléculaire (qui était indiqué par le symbole M) d'une substance se détermine par sa composition, par les transformations dont elle est susceptible et par sa densité de vapeur.

Les modifications mécaniques ou physiques, que l'on peut faire subir à une substance, ne modifient pas la molécule ; les réactions chimiques, au contraire, changent ou bien ses propriétés, ou bien le nombre des atomes qu'elle contient, ou leur disposition, ou le genre de leurs mouvements.

La juxtaposition de molécules, identiques par leurs propriétés chimiques, forme les masses des différentes substances définies et homogènes, quel que soit l'état auquel elles existent (**20**).

(**20**) Une masse gazeuse, une simple goutte de liquide, le moindre cristal représentent l'agglomération d'une immense quantité de molécules à l'état de mouvement continuel (comme les étoiles dans la voie lactée) qui se disposent en ordre ou qui forment des systèmes nouveaux. A l'état gazeux où les molécules sont extrêmement écartées les unes des autres, il est possible d'obtenir une agglomération de molécules de différents genres : à l'état liquide, les molécules sont rapprochées l'une de l'autre et cette agglomération ne devient possible que dans le cas où les molécules sont capables de réagir les unes sur les autres par suite de l'attraction chimique.

C'est à ce point de vue qu'il faut considérer les solutions et les autres combinaisons, appelées combinaisons chimiques non définies. Nous aurons l'occasion de démontrer, dans ce travail, que ces combinaisons doivent être considérées comme contenant à la fois des molécules hétérogènes combinées entre elles et, en même temps, leurs produits de décomposition ; c'est ainsi, par exemple, que l'anhydride hypoazotique contient Az^2O^4 et AzO^2. Il faut supposer que les molécules A qui, à un moment donné, se combinent avec B et forment AB, se séparent de B dans le moment suivant pour ensuite se combiner de nouveau avec A. Il est impossible de comprendre autrement les exemples d'équilibres mobiles, propres aux systèmes en état de dissociation.

Les molécules sont formées d'atomes dans un certain état de distribution et de mouvement, absolument comme le système solaire (**21**) est composé de ses parties indivisibles (soleil, planète, satellites, comètes, etc.). Un corps est d'autant plus complexe que le nombre d'atomes contenus dans la molécule est plus grand. L'équilibre entre les différents atomes peut être plus ou moins stable ; c'est pourquoi les corps ont une stabilité différente.

(**21**) C'est ainsi que se fortifie l'idée fondamentale sur l'unité et l'harmonie du type dans la création, pensée que l'on retrouve à tous les âges de l'humanité ; l'on peut espérer que, grâce aux découvertes, aux observations, aux expériences, aux lois, aux hypothèses et aux théories, on arrivera un jour à connaître la structure intime et invisible des corps homogènes aussi clairement et aussi exactement que l'on connaît les corps du système solaire.

L'introduction, dans la science, de la loi d'Avogadro-Gerhardt est encore trop récente (beaucoup de savants contemporains l'ont vu naître) pour qu'on puisse s'étonner de ce qu'on n'ait pas encore exposé toute la mécanique moléculaire ; mais, la théorie des gaz, qui est étroitement liée à la notion des molécules, suffit à elle seule pour prouver que le temps n'est pas éloigné où nos connaissances sur la structure intérieure des corps augmenteront rapidement.

Les transformations mécaniques et physiques changent la vitesse du mouvement et la distance qui existe entre les molécules elles-mêmes. ou entre les atomes groupés dans une même molécule ; elles peuvent également modifier la vitesse du mouvement de leur somme totale (c'est-à-dire des corps eux-mêmes), mais elles ne changent pas l'équilibre primitif du système, tandis que, au contraire, les modifications chimiques sont plus profondes : elles changent la molécule elle-même, c'est-à-dire la vitesse de mouvement, la distribution relative, la qualité et la quantité des atomes dans les molécules.

Les atomes sont les plus petites quantités, ou les masses chimiques indivisibles des éléments, qui **forment les molécules** des corps simples et composés.

Les atomes sont pondérables, la somme de leurs poids forme le poids de la molécule ; la somme des poids des molécules constitue le poids des masses et la cause des phénomènes de la pesanteur et des autres phénomènes qui dépendent de la masse de la substance.

Les éléments sont caractérisés non seulement par leur existence indépendante, par leur incapacité à se transformer les uns dans les autres, etc. mais aussi par le poids de leurs atomes.

Les propriétés chimiques et physiques d'un corps dépendent du poids, de la composition et des propriétés des molécules qui le composent et des propriétés et du poids des atomes qui forment les molécules.

Tels sont les principes de la **mécanique moléculaire**, sur laquelle sont fondées toutes les théories chimiques et physiques contemporaines, depuis l'établissement de la loi d'Avogadro-Gerhardt.

Citons ici quelques exemples de l'application de cette loi.

Puisque l'on désigne par l'expression « poids atomique » la plus petite quantité d'un élément qui entre dans la composition de toutes les molécules qu'il peut former, examinons, pour trouver le poids atomique de l'oxygène, les molécules de quelques-unes de ses combinaisons, déjà décrites, et aussi quelques molécules des combinaisons qu'il forme avec le carbone et qui seront étudiées dans le chapitre suivant :

	Poids moléculaire	Quantité d'oxygène
H_2O	18	16
Az_2O	44	16
AzO	30	16
AzO_2	46	32
$HAzO_3$	63	48
CO	28	16
CO_2	44	32

On aurait beau augmenter le nombre des corps, le résultat serait toujours le même : c'est-à-dire que, dans la molécule de toutes les combinaisons oxygénées, on ne trouve jamais moins de 16 parties en poids de cet élément et toujours $n \times 16$, dans lequel n est un nombre entier. Les poids moléculaires des combinaisons, que nous avons citées, ont été déterminés directement de leurs densités, à l'état de vapeur ou de gaz, ou bien déduites de leurs réactions.

Ainsi, la densité de vapeur de l'acide azotique (comme celle de toute substance qui se décompose facilement au-dessus de son point d'ébullition) n'a jamais pu être déterminée exactement ; mais, par le seul fait que cet acide ne contient qu'un atome d'hydrogène, ses propriétés et toutes les réactions, dont il est susceptible, prouvent que sa composition moléculaire est bien AzO^3H et non autre.

Il est tout aussi facile de trouver le poids atomique de tous les éléments en connaissant leur poids moléculaire et la composition de leurs combinaisons.

On peut facilement prouver, par exemple, que, dans les molécules de tous les hydrocarbures, il n'entre jamais moins de $n \times 12$ parties de carbone ; c'est pourquoi il faut admettre que $C = 12$ et non pas 6, comme on le croyait, avant Gerhardt. C'est ainsi que l'on a établi définitivement les poids atomiques modernes, qu'on appelle encore maintenant les poids atomiques de Gerhardt.

Quant aux métaux, dont un grand nombre ne donnent pas de combinaisons volatiles, nous verrons plus loin qu'il existe aussi des méthodes pour déterminer leurs poids atomiques, et, ici encore, on doit appliquer la loi d'Avogadro-Gerhardt pour dissiper les doutes qui se rencontrent parfois.

Ainsi, par exemple, pour le glucinium, la plupart des réactions que l'on connaissait semblaient prouver que son poids atomique était 9, c'est-à-dire que son oxyde devait avoir pour formule GlO, et son chlorure $GlCl^2$; cependant, certaines analogies avec d'autres éléments permettaient de supposer que son poids atomique $Gl = 13,5$; dans ce cas, son oxyde devait être représenté par Gl^2O^3 et sa combinaison chlorée par $GlCl^3$ (**22**). Mais, quand on eut déterminé la densité de vapeur du chlorure de glucinium et constaté qu'elle était voisine de 40, il fut démontré que son poids moléculaire est 80, correspondant à la formule $GlCl^2$ et non pas à la formule $GlCl^3$; il fallut donc admettre que le poids atomique du glucinium Gl est 9 et non pas 13.5.

(**22**) Si $Gl = 9$ et si le chlorure de glucinium a pour formule $GlCl^2$, il y a, pour 9 parties de glucinium, 71 parties de chlore et le poids moléculaire de $GlCl^2 = 80$. La densité de vapeur de ce composé doit donc être 40 ou $n. 40$. Si $Gl = 13,5$ et si le chlorure de glucinium a pour formule $GlCl^3$, alors, pour 13,5 parties de glucinium il y a 106,5 parties de chlore ; par conséquent, le poids moléculaire devrait être 120 et la densité de vapeur 60 ou $n. 60$. La composition est évidemment la même, puisque :

$$\frac{9}{71} = \frac{13.5}{106,5}$$

Ainsi, même en attribuant au symbole d'un élément des poids atomiques différents, des formules, en apparence tout à fait différentes, peuvent exprimer exactement la composition centésimale des corps et correspondre à la loi de l'équivalence et à celle des proportions multiples. En posant $H = 1 : O = 8 ; C = 6 ; Si = 21$, etc., les anciens chimistes ont exactement exprimé la composition et appliqué rigoureusement les lois de Dalton. Les poids atomiques de Gerhardt correspondent aussi à ces formules, puisque $O = 16 ; C = 12 ; Si = 28$, et sont multiples des nombres ci-dessus. Pour choisir, parmi les différents multiples possibles, le poids atomique véritable, il est nécessaire de connaître complètement les corps et d'avoir une idée concrète sur les atomes et les molécules. La connaissance de ces faits est une conséquence de la loi d'Avogadro-Gerhardt ; c'est pourquoi les poids atomiques contemporains sont les résultats de cette loi.

En établissant la notion véritable des molécules et des atomes, on est arrivé à représenter directement,

au moyen des formules chimiques, non seulement la composition des corps **(23)** mais aussi leur poids moléculaire, c'est-à-dire leur **densité de vapeur**, par conséquent, toute une série de connaissances chimiques et physiques fondamentales. Un grand nombre des propriétés d'un corps dépendent, en effet, de sa densité de vapeur, ou de son poids moléculaire et de sa composition. Ainsi, par exemple, l'éther éthylique a pour formule $C^4H^{10}O$; par conséquent, son poids moléculaire = **74** et la densité de sa vapeur = **37** ; c'est ce que l'expérience a vérifié.

(23) Pour calculer, d'après la formule, la quantité d'un élément simple que renferme une combinaison donnée, il faut se servir d'une proportion très simple. Ainsi, par exemple, pour déterminer combien cent parties d'acide chlorhydrique contiennent d'hydrogène, il faut raisonner de la façon suivante : 36,5 HCl contiennent 1 partie d'hydrogène et 35,5 de chlore ; par conséquent, 100 parties d'acide chlorhydrique contiendront autant de fois une partie d'hydrogène que 100 est plus grand que 36,5. Nous avons donc la proportion suivante : $x : 1 :: 100 : 36,5$; d'où $x = 2,739$, c'est-à-dire que 100 parties d'acide chlorhydrique contiennent 2,739 parties d'hydrogène.

En général, quand on veut, d'après la formule, trouver la proportion centésimale d'un élément entrant dans une combinaison donnée, il faut remplacer les symboles par leurs poids atomiques, effectuer leur somme, et, connaissant la quantité d'un élément donné dans la somme, calculer la quantité de cet élément qui existe dans 100 parties ou bien dans toute autre quantité.

Si, au contraire, il est nécessaire de trouver la formule d'un composé, d'après sa composition centésimale, il suffit de diviser les nombres exprimant la proportion centésimale de chaque élément par le poids atomique correspondant et de comparer entre eux les quotients obtenus : ils doivent être dans un rapport simple ou multiple. Ainsi, par exemple, sachant que le peroxyde d'hydrogène contient 5,88 % d'hydrogène et 94,12 % d'oxygène, il est facile de déterminer sa formule: on divise le nombre exprimant la quantité d'hydrogène par 1, et celui de l'oxygène par 16 ; on obtient les quotients : 5,88 et 5,88 qui sont entre eux dans le même rapport que 1:1. De sorte que, dans le peroxyde d'hydrogène, un atome d'oxygène est combiné avec un atome d'hydrogène.

De ce qui précède, on peut donc déduire la règle pratique suivante : — *pour trouver, d'après la composition centésimale d'un corps, le rapport qui existe entre le nombre des atomes, qui entrent dans sa composition, il faut diviser les chiffres qui expriment cette composition centésimale par les poids atomiques des corps correspondants et établir le rapport entre les différents quotients obtenus.* Supposons deux corps (simples ou composés) dont les symboles et les poids atomiques soient A et B: ces corps, se combinant entre eux, forment une combinaison de x atomes de A et y atomes de B ; la formule sera donc $A^x B^y$. Cette formule nous indique que la combinaison contient, en poids, xA parties du premier corps et yB de l'autre. Dans cent parties de notre combinaison, il y aura $\dfrac{100 . xA}{xA + yB}$ d'un élément et $\dfrac{100 . yB}{xA + yB}$ de l'autre. Divisons ces nombres, qui représentent la proportion centésimale de chaque élément, par les poids moléculaires; nous obtiendrons alors $\dfrac{100 x}{xA + yB}$ pour l'un et $\dfrac{100 y}{xA + yB}$ pour l'autre élément. Ces quotients sont dans le même rapport que x et y, c'est-à-dire dans le rapport du nombre d'atomes contenus dans chaque élément.

Ajoutons que le langage chimique, ou la nomenclature, si l'on admet l'hypothèse des molécules, permet de représenter avec une clarté particulière la composition même du corps. Ainsi, l'expression: bioxyde de carbone indique que ce corps a pour formule CO^2 bien mieux que les mots acide carbonique gazeux ou même anhydride carbonique. Cette nomenclature est acceptée par beaucoup de chimistes. Mais, d'un autre côté, en exprimant la composition sans indiquer les propriétés, on néglige les avantages de la nomenclature actuellement employée. L'expression: bioxyde de soufre $= SO^2$ dit la même chose que bioxyde de baryum, tandis que les mots « anhydride sulfureux » indiquent déjà les propriétés acides de SO^2. Il est probable, qu'avec le temps, on arrivera à combiner les deux avantages dans un langage chimique plus parfait.

C'est pourquoi la densité des gaz et des vapeurs a cessé d'être une valeur empirique, déterminable seulement par l'expérience: elle a obtenu un sens rationnel. Il suffit de se rappeler que 2 grammes d'hydrogène, ou le poids moléculaire de ce gaz exprimé en grammes, occupent, à la température de 0° et à la pression de 760 mm., un volume de 22,3 litres (ou 22300 cc.) pour passer directement des formules au poids des mesures cubiques des gaz ou des vapeurs, **car les poids moléculaires, exprimés en grammes, de tous les autres gaz ou vapeurs, occupent le**

même volume de 22,3 litres à la température de 0°
et à 760 mm. de pression.

Ainsi, par exemple, pour CO^2, le poids moléculaire $M = 44$;
par conséquent, 44 grammes de CO^2, à 0° et 760 mm., occupent un volume de **22,**3 litres ; un litre pèse 1 gr. 97.

En combinant les lois de Gay-Lussac, d'Avogadro-Gerhardt et de Mariotte, nous pouvons établir (**24**) l'équation
suivante :

$$6200s\ (273 + t) = Mp.$$

dans laquelle s représente le poids en grammes d'un centim.
cube de vapeur ou de gaz, à la température t et à la pression p (en exprimant cette pression en centimètres de
mercure), si le poids moléculaire $= M$. Ainsi, par exemple,
à la température de 100° et à la pression de 76 centimètres,
(c'est-à-dire à la pression atmosphérique) le poids d'un
centimètre cube de vapeur d'éther ($M = 74$) égale s
$= 0,0024$ (**25**)

(**24**) Cette formule (qui est donnée dans mon travail : « *Sur l'é-
lasticité des gaz* » et dans les «*Comptes rendus*» février 1876 sous une
forme un peu modifiée) peut se déduire de la manière suivante :
d'après la loi d'Avogadro-Gerhardt, pour tous les gaz, $M = 2D$, expression dans laquelle M est le poids moléculaire et D la densité
par rapport à l'hydrogène. Or, cette dernière est égale au poids en
grammes d'un centimètre cube de gaz s_0, à 0° et à la pression de 76
centimètres, divisé par 0,0000898 (poids en grammes d'un centimètre
cube d'hydrogène). Mais, le poids s d'un centimètre cube de gaz, à la
température t et sous la pression p (en centimètres), est égal à
$\dfrac{s_0.p}{76\ (1 + \alpha t)}$ d'où $s_0 = s \times 76\ (1 + \alpha t)\ p$, par conséquent :

$$D = \frac{76.\ s\ (1 + \alpha t)}{0.0000898\ p}$$

d'où $M = \dfrac{152s\ (1 + \alpha t p)}{0,0000898\ p}$, ce que donne la formule mentionnée ci-

dessus, parce que $\dfrac{1}{\alpha} = 273$ et que 152 multiplié par 273 et divisé par

0,0000898 donne un chiffre voisin de 6200. Au lieu de s, on peut employer $\dfrac{m}{v}$, m étant le poids et v le volume des vapeurs.

(25) On peut, au moyen de cette formule, déduire de la densité de vapeur le poids moléculaire : car $s =$ le poids de m gr. de vapeur divisé par le volume v ; or, d'après l'expérience, $M = 6200\, m.\ \dfrac{(273 + t).}{pv}$ C'est pourquoi, au lieu de la formule (Voir chap. II, note 32), $pv = R(273 + t)$, dans laquelle R varie avec la masse et avec la nature du gaz, on peut employer la formule : $pv = 6200\ \dfrac{m}{M}\ (273 + t)$.

Ces formules facilitent beaucoup le calcul, dans la pratique. Ainsi, par exemple : quel volume (v) occuperont 5 gr. de vapeur d'eau à la température $t = 127°$ et la pression de 76 centim.? En appliquant la formule $M = 6200\, m\ \dfrac{(273 + t)}{pv}$, nous obtenons $v = 9064$ c. c; M étant égal à 18 et $m = 5$ gr. Ces formules ne sont, bien entendu, qu'approximatives.

Comme beaucoup de corps simples (par exemple H^2, O^2, Az^2, Cl^2, Br^2, S^2 — au moins, à haute température), ont des molécules composées, constituées d'une manière analogue, la formule des corps composés, qu'ils forment, indique directement la composition volumétrique. Ainsi, par exemple, la formule AzO^3H indique directement que, par la décomposition de l'acide azotique, on obtiendra 1 volume d'hydrogène, 1 volume d'azote et 3 volumes d'oxygène.

Et, comme un grand nombre de propriétés physiques, chimiques et mécaniques sont directement en rapport avec la composition élémentaire et volumétrique, le système atomique et moléculaire donne la possibilité de simplifier une multitude de rapports compliqués. Ainsi, il est facile de démontrer que **la force vive des molécules des différents gaz et vapeurs est la même.**

En effet, la mécanique prouve que la force vive d'une masse en mouvement $= 1/2\ mv^2$, expression dans laquelle m exprime la masse et v la vitesse. Pour les molécules

$m = M$ ou le poids moléculaire et la vitesse de mouvement des molécules gazeuses est égale à une constante C, divisée par la racine carrée de la densité du gaz $= \dfrac{C}{\sqrt{D}}$; mais, comme $D = M/2$, la force vive d'une molécule $= C^2$, c'est-à-dire une quantité constante pour toutes les molécules. C'est ce qu'il fallait démontrer (**26**).

(**26**) Il est utile de rappeler ici nos connaissances sur **la vitesse de la transmission du son dans les gaz et les vapeurs.** Cette vitesse est donnée par la formule $v = \dfrac{\sqrt{kpg}}{D(1 + \alpha t)}$, dans laquelle k est le rapport entre deux chaleurs spécifiques (il est voisin de 1,4 pour les gaz contenant 2 atomes dans la molécule), p est la pression du gaz exprimée en poids (c'est-à-dire que la pression exprimée par la hauteur de la colonne de mercure doit être multipliée par la densité du mercure), g est l'intensité de la pesanteur, D le poids d'une mesure cubique de gaz, $\alpha = 0{,}00367$ et t la température. Par conséquent, si k est connu, on trouve D d'après la composition du gaz et on déduit de D la vitesse du son. Si, au contraire, la vitesse est donnée, on détermine k d'après elle. Il est surtout facile de déterminer la vitesse relative du son dans deux gaz (Kundt).

En fixant par le milieu, dans une position horizontale, un tube en verre, d'un mètre de longueur (fermé aux deux extrémités), et rempli de gaz, il est facile de produire des vibrations longitudinales dans le tube et le gaz, en frottant, par exemple, le tube du milieu vers les extrémités, avec un linge mouillé. Pour rendre visibles les vibrations du gaz, il suffit de mettre dans le tube, avant d'introduire le gaz et de le fermer, de la poudre de lycopode. Les grains de lycopode se disposeront de façon à former des figures dont le nombre dépend de la vitesse du son dans le gaz. S'il y a 10 figures, cela prouvera que la vitesse du son dans le gaz est 10 fois plus petite que dans le verre. Ce procédé permet de comparer la vitesse du son dans des gaz différents.

L'expérience a démontré que la vitesse du son dans l'oxygène est 4 fois plus petite que dans l'hydrogène. Or, les racines carrées des densités et des poids moléculaires de l'oxygène et de l'hydrogène sont exactement dans le rapport inverse.

La chaleur spécifique des gaz (comme nous le verrons plus loin) et beaucoup d'autres propriétés se déterminent aussi, d'après leur densité et, par conséquent, d'après leur poids moléculaire.

Les corps, à l'état de gaz ou de vapeur, en passant à l'état liquide, dégagent de **la chaleur latente**; la quantité de chaleur, ainsi produite, est aussi en rapport avec le poids moléculaire.

La chaleur latente observée pour le sulfure de carbone : $CS^2 = 90$; pour l'éther $C^4H^{10}O = 94$; pour la benzine, $C^6H^6 = 109$; pour l'alcool $C^2H^6O = 200$; pour le chloroforme $CHCl^3 = 67$, etc. Ces nombres indiquent la quantité de chaleur absorbée pour transformer en vapeur l'unité de poids de ces corps.

Mais, en calculant la chaleur latente par rapport au poids moléculaire, nous trouvons une grande uniformité. Pour le sulfure de carbone $CS^2 = 76$; par conséquent, la chaleur latente rapportée au poids moléculaire $= 76 \times 90 = 6840$; pour l'éther $= 9656$; pour la benzine $= 8502$; pour l'alcool $= 9200$, etc. On voit, en effet, que la chaleur latente, rapportée aux poids moléculaires, varie entre 7000 et 10000 unités de chaleur, tandis que, par rapport à l'unité de poids, la chaleur latente de l'eau est presque 10 fois plus grande que celle du chloroforme et d'autres substances (**27**).

(27) Si la comparaison de la chaleur latente d'évaporation des différentes substances, prises en quantités correspondantes à leur poids moléculaire, ne permet pas d'en déduire une loi exacte, elle montre cependant qu'il existe une certaine uniformité dans les nombres qui, autrement, ne sont que de simples résultats d'observation. Les poids moléculaires de chaque substance consomment des quantités de chaleur identiques pour s'évaporer. On peut dire que la chaleur latente d'évaporation des quantités moléculaires des liquides est à peu près constante, parce que la force vive du mouvement des molécules est, comme nous l'avons vu plus haut, une quantité constante. D'après les principes de la thermodynamique, la chaleur latente de vaporisation égale :

$$\frac{t + 273}{E} \, (u' - u) \, \frac{dp}{dT} \, 13{,}59$$

où t est le point d'ébullition, u' le volume spécifique, c'est-à-dire le volume d'une unité de poids de vapeur ; u le volume spécifique du liquide ; $\dfrac{dp}{dT}$ l'accroissement de la pression, déterminé par l'élévation de la température de 1°, et 13,59 la densité du mercure servant à mesurer les pressions. On voit que la chaleur latente de vaporisation augmente non seulement avec la diminution de la densité de vapeur (c'est-à-dire du poids moléculaire) mais aussi avec l'accroissement du point d'ébullition : elle dépend donc de différents facteurs.

D'après ce qui précède, lorsque la substance se trouve à l'état gazeux ou qu'elle tend vers cet état, le poids moléculaire détermine, *indépendamment de la composition*, une série de propriétés telles que la densité de vapeur, la vitesse du son dans les vapeurs et les gaz, la chaleur spécifique des gaz, la chaleur latente de vaporisation, etc. Au point de vue de la doctrine atomique moderne, tout cela est compréhensible. Il faut, en effet, admettre que les molécules des gaz, animées de mouvements rapides, sont éloignées les unes des autres ; elles sont pour ainsi dire dispersées dans l'éther lumineux, qui remplit l'espace, comme le sont les astres remplissant l'univers. Dans l'un et dans l'autre cas, il n'y a que le degré de l'éloignement (la distance) et la masse de la substance qui exercent leur influence ; par suite de l'éloignement, les particularités de la substance s'effacent ; elles se manifestent dans les réactions chimiques qui n'ont lieu que lorsque les molécules se rapprochent et se touchent. Ceci fait voir :

1o Que, pour les corps solides et liquides, dans lesquels les molécules sont plus rapprochées comparativement à celles des gaz et des vapeurs, le poids moléculaire seul ne détermine pas toutes les propriétés, mais que celles-ci dépendent de la composition ou qualité des molécules ou des propriétés et des particularités chimiques individuelles des atomes qui les constituent.

2° Que, dans le cas où un petit nombre de molécules d'une substance est dispersé dans la masse d'une autre substance — les solutions diluées nous en fournissent un exemple — bien qu'il se produise une action chimique mutuelle, c'est-à-dire une combinaison, une décomposition ou une substitution, les modifications que font éprouver ces molécules ainsi dispersées aux propriétés du milieu dissolvant sont presque proportionnelles aux poids moléculaires et à peu près indépendantes de la composition.

Plus est grand le nombre des molécules dispersées, autrement dit plus la solution est concentrée, plus se manifestent les propriétés dépendant de la composition et des relations existant entre la substance dissoute et le dissolvant ; il est impossible, en effet, que la distribution des molécules les unes dans les autres ne dépende pas de leur action mutuelle purement chimique.

Ces considérations générales constituent le point de départ pour la compréhension des modifications des propriétés que l'on étudie dans les solutions diluées, depuis l'apparition du mémoire de Van't Hoff : « *Lois de l'équilibre chimique dans l'état dilué, gazeux ou dissous, (1886)*. » Ces modifications ne dépendent que du poids et du nombre des molécules et non pas de leur composition ; ceci permet de déterminer les poids moléculaires en étudiant les changements que produit, dans les propriétés du dissolvant, l'introduction d'une petite quantité d'une substance soluble.

Bien que ce sujet ait déjà été en partie exposé plus haut (Chap. I) et que, par sa nature, il appartienne plutôt à la physique, nous allons néanmoins l'effleurer, parce qu'il montre, à un point de vue nouveau et tout particulier, l'importance des poids moléculaires et donne un nouveau procédé de détermination de ces derniers, dans tous les cas où l'on peut obtenir des solutions diluées.

Parmi les nombreuses propriétés des solutions diluées qui ont été étudiées : pression osmotique, tension de vapeurs, point d'ébullition, capillarité, modifications produites par l'élévation de la température, chaleur spécifique, conductibilité électrique, indice de réfraction, etc., nous ne nous arrêterons que sur *la dépression* ou l'abaissement du point de congélation (méthode cryoscopique de Raoult). Ce procédé est assez bien étudié, il est d'une application facile ; on l'utilise souvent pour déterminer le poids moléculaire des substances solubles, bien qu'il existe encore quelques contradictions expérimentales et quelques points non expliqués théoriquement, le sujet étant très récent (**28**).

(**28**) La mesure de la pression osmotique, de la tension de vapeur du dissolvant et beaucoup d'autres procédés, qui ont été appliqués, parallèlement à la méthode cryoscopique, aux solutions étendues, pour déterminer le poids moléculaire de la substance dissoute, sont encore assez difficiles à réaliser, en pratique. Seule, la méthode basée sur la détermination *de l'augmentation du point d'ébullition* des solutions étendues peut rivaliser, par la simplicité de son exécution, avec la méthode cryoscopique. Ces deux méthodes présentent, en principe, beaucoup de ressemblance ; dans les deux cas, il y a modification de l'état physique du dissolvant qui se sépare, en partie, sous forme de vapeur surchauffée, dans le premier cas, et sous forme de glace, dans la méthode cryoscopique.

Van't Hoff, en partant de la seconde loi de la thermodynamique, a montré que le rapport entre l'augmentation de la pression (*dp*) et l'augmentation de la température (*d*T) s'exprime par l'équation

(1)
$$dp = \frac{kmp}{2T^2} \cdot dT$$

dans laquelle k est la chaleur latente de vaporisation du dissolvant, m son poids moléculaire, p la tension de vapeur du dissolvant à T ; T est la température absolue ($T = 273 + t$). Raoult a trouvé que la valeur :

$$\frac{p - p'}{p}$$

(où p est la tension du dissolvant ou de l'eau, p' celle de la solution) qui représente la mesure de l'abaissement relatif de la tension est déterminée par le rapport du nombre de molécules n de la substance dissoute à celui du dissolvant N, c'est-à-dire

$$\frac{p-p'}{p} = C \cdot \frac{n}{N+n}$$

où C est une constante.

Quand on prend une solution très étendue, $p-p'$ peut être considéré égal à dp et la fraction $\frac{n}{N+n}$ à $\frac{n}{N}$. C est alors voisin de 1, comme le démontre l'expérience. On a donc, pour les solutions très étendues :

$$\frac{dp}{p} = \frac{n}{N} \quad \text{ou} \quad dp = \frac{np}{N}$$

En remplaçant, dans la première équation, dp par sa valeur nous obtenons :

(2)
$$\frac{np}{N} = \frac{kmp}{2T^2} \cdot dT$$

Si le poids du dissolvant est $mN = 100$ et celui de la substance dissoute dans 100 parties de dissolvant $q = nM$, où M est le poids moléculaire de la substance dissoute, on obtient :

$$\frac{n}{N} = \frac{qm}{100M}$$

et, par conséquent :

$$M = \frac{0,02T^2}{k} \cdot \frac{q}{dT}$$

Cette expression signifie : qu'en prenant une solution de q gr. de substance dans 100 gr. de dissolvant et, après avoir déterminé expérimentalement l'accroissement de la température d'ébullition dT, on peut déterminer le poids moléculaire M de la substance dissoute, parce que la fraction $0,02\frac{T^2}{k}$ a une valeur constante (pour une pression définie et pour une substance donnée). Ainsi, pour l'eau à 100°, quand $T = 373°$ et $k = 534$ (ch. I, n. 11) cette valeur s'approche de 5,2 ; pour l'éther, elle est voisine de 21 ; pour le sulfure de carbone 24, pour l'alcool 11,5 etc.

Ainsi, par exemple, le professeur japonais Sapouraï (1893), en dissolvant dans l'eau du bichlorure de mercure $HgCl^2$ en quantité $q = 8,978$ et $4,253$ gr. a obtenu pour dT les valeurs 0°179 et 0° 084, d'où il déduisit $M = 261$ et 263. En prenant pour dissolvant l'alcool, le même auteur a obtenu les chiffres suivants : $q = 10,873$ et 8,765 ; $dT = 0° 471$ et 0°380 d'où $M = 266$ et 265, chiffres très voisins du poids moléculaire du sublimé corrosif $= 271$.

Pour les solutions aqueuses du sucre ($M = 342$) q variant de 14 à 2,4 et l'élévation du point d'ébullition de $0°21$ à $0°035$, on obtient M $= 339$ et 364.

En opérant sur des solutions éthérées d'iode, on a trouvé, par ce procédé, le poids moléculaire I^2 égal à $255 - 262$, tandis que la valeur réelle est $I^2 = 254$. Les solutions d'iode dans le sulfure de carbone ont fourni à Sapouraï des nombres analogues oscillant entre 247 et 262.

Mentionnons encore qu'en déterminant M (poids moléculaire de la substance dissoute) dans des solutions étendues à concentration croissante, Julio Baroni (1893) a trouvé que la valeur M, déduite d'après la formule citée plus haut, croit dans certains cas et diminue dans d'autres. L'augmentation correspond aux solutions aqueuses, par exemple :

$HgCl^2$	$M =$ de	255	à	334	au lieu de	271
$KAzO^3$	$M =$	57	66		—	101
$AgAzO^3$	$M =$	104	107		—	170
K^2SO^4	$M =$	55	89		—	174
Sucre	$M =$	328	348		—	342

Pour les solutions suivantes, la valeur de M, obtenue par le calcul, diminue à mesure que la concentration augmente.

KCl	$M =$ de	40	à	39	au lieu de	74,5
NaCl	$M =$	33	28		—	58,5
NaBr	$M =$	60	49		—	103

Dans ce dernier cas, la valeur i ou le rapport entre le poids moléculaire réel et celui trouvé par le calcul, d'après la température d'ébullition, augmente en même temps que la concentration (comme cela a lieu encore pour LiCl, Na I, $C^2H^3NaO^2$, etc.). A mesure que la concentration augmente, la valeur i, qui est plus grande que 1, augmente aussi. Ainsi, pour LiCl, lorsque la quantité du sel croît de 1,1 jusqu'à 6,7 grammes pour 100 parties d'eau, i varie de 1,63 à 1,89 d'après Schlamp (1894).

Pour les substances de la première série : $HgCl^2$, $KAzO^3$, etc.... prises en solutions étendues, bien que i soit supérieur à 1, sa valeur tend vers 1 à mesure que la concentration augmente ; ceci est un phénomène normal pour les solutions non conductrices du courant électrique, pour celles du sucre, par exemple.

Pour certains électrolytes, comme, par exemple : $HgCl^2$, $MgSO^2$ etc., i varie de la même manière. Ainsi, par exemple, pour $HgCl^2$, on obtient M égale 255 ou 334, ce qui donne pour i (le poids moléculaire réel de $HgCl^2$ étant 271) des valeurs de 1,06 à 0,81. En se basant sur ces données, je suppose que la différence qui distingue i de

l'unité ne peut servir encore de base pour des considérations chimiques générales, quelles qu'elles soient, et que cette question doit être
soumise à l'étude expérimentale.

Au nombre des moyens à l'aide desquels on détermine actuellement i dans des solutions étendues, il faut citer l'étude de leur conductibilité électrique, si l'on admet :

$$i = 1 + \alpha(k - 1)$$

où $\alpha =$ rapport de conductibilité moléculaire à la conductibilité limite, c'est-à-dire au cas d'une dilution infiniment grande, tandis que
k est le nombre d'ions que peut fournir la substance dissoute. Sans
entrer dans les détails de cette méthode de détermination du facteur i, je ferai seulement remarquer qu'elle fournit des valeurs de i
très voisines de celles obtenues par la méthode cryoscopique ou par
le procédé fondé sur l'élévation du point d'ébullition ; ainsi, par exemple, pour une solution contenant pour 100 gr. d'eau 5,67 gr. de
$CaCl^2$, le facteur i a les valeurs suivantes : 2,52 — d'après la tension
de vapeur ; 2,71 d'après le point d'ébullition ; 2,28 d'après la
conductibilité électrique ; si le dissolvant est l'alcool propylique, on
a $i = 1,33$.

Bref, bien que les différentes méthodes de détermination du poids
moléculaire des substances dissoutes, que nous venons d'examiner,
constituent un réel progrès, bien qu'elles aient développé les bases
générales de la doctrine moléculaire, il reste cependant encore bien
des points non élucidés.

Ajoutons encore quelques considérations générales, relatives aux
questions que nous venons d'étudier.

Les solutions isotones possèdent non seulement les mêmes pressions osmotiques, mais aussi la même tension de vapeur, les mêmes
points d'ébullition et de congélation du dissolvant.

La pression osmotique se rapporte à la diminution de la tension
de vapeur du dissolvant comme le poids spécifique de la solution
au poids spécifique des vapeurs du dissolvant. Les formules générales, qui servent de base à l'étude de l'influence qu'exercent les
poids moléculaires sur les propriétés ci-dessus mentionnées des solutions, sont les suivantes :

1° Raoult a montré (1886-1890) que :

$$\frac{p - p'}{p} \cdot \frac{100}{a} \cdot \frac{M}{m} = c \text{ constante,}$$

où p et p' sont les tensions de vapeur du dissolvant et de la solution, a la quantité en grammes de la substance dissoute dans 100 gr.
du dissolvant. M et m sont les poids moléculaires de la substance
dissoute et du dissolvant.

2° Raoult et Recurat ont montré, en 1890, que la constante c de
l'équation ci-dessus est égale au rapport de la densité de vapeur.

d' réelle du dissolvant à la densité théorique d, calculée d'après le poids moléculaire. On peut considérer actuellement cette conclusion comme démontrée parce qu'on obtient, aussi bien d'après la diminution de la tension que d'après le rapport des densités de vapeur $\dfrac{d'}{d}$, les chiffres 1,03 pour l'eau, 1,02 pour l'alcool, 1,04 pour l'éther, 1,00 pour le sulfure de carbone, 1,02 pour la benzine, 1,63 pour l'acide acétique.

3° En se basant sur les relations de la thermodynamique et en désignant par L_1 et T_1 la chaleur latente de fusion et la température absolue ($=t+273$) de fusion du dissolvant, et par L_2 et T_2 les mêmes facteurs relatifs à l'ébullition, Van't Hoff (1886-1890) a déduit :

$$\frac{\text{L'abaissement du point de fusion}}{\text{L'élévation du point d'ébullition}}=\frac{L_2 T_2^2}{L_1 T_1^2}$$

$$\text{L'abaissement du point de fusion}=\frac{A T_1^2 a}{L_1 M_1}$$

$$\text{L'élévation du point d'ébullition}=\frac{A T_2^2 a}{L_2 M_1}$$

Dans ces expressions, $A = 0,01988$, c'est-à-dire qu'il s'approche de 0,02. C'est ce que nous avons admis plus haut : a est le poids en gr. de la substance dissoute pour 100 gr. de dissolvant et M_1 le poids moléculaire de la substance dissoute (en solution), tandis que M est celui de la même substance, calculé d'après sa composition et sa densité de vapeur : $\dfrac{M}{M_1}=i$. Je renvoie le lecteur aux traités de chimie physique pour les données expérimentales et les considérarations théoriques relatives à ces formules.

Si l'on prend 100 grammes-molécules d'eau, c'est-à-dire 1800 gr., et que l'on y dissolve n grammes-molécules de sucre $C^{12}H^{22}O^{11}$, c'est-à-dire n 342 gr., l'abaissement d, qu'éprouve le point de congélation, est, d'après Pickering :

$n=0$ 0,010   0,025   0,100   0,250   1,000
$d=0°$ 0°0103 0°,0280 0°1115 0°2758 1°1412

On voit donc que, pour les solutions très étendues (jusqu'à 0,25 n), en considérant que l'erreur expérimentale possible atteigne en plus ou en moins 0°,005, d égale approximativement $n \times 1,10$; en effet, en opérant ces multiplications, nous avons :

$d=0°$ 0°0110   0°,0275   0°,1100   0°2750   1°1000.

La différence entre les nombres obtenus par l'expérience et ceux que donne le calcul est inférieure à l'erreur que comporte l'expérimentation pour les solutions très étendues. Quand $n=1$, cette différence est supérieure à $0°,005$; aussi, pour les solutions étendues de sucre, on peut admettre que n molécules de sucre, en se dissolvant dans 100 molécules d'eau, abaissent le point de congélation de cette dernière de $1°,1\ n$.

L'abaissement produit par l'acétone (Chap. I, note 49) pour 100 molécules d'eau égale $1°,006\ n$. En général, pour les substances indifférentes (la plupart des corps organiques), l'abaissement du point de congélation pour $100\ H^2O$ est voisin de $n\ 1°,1$ jusqu'à $n1°,0$ (par exemple, pour l'éther); en dissolvant dans 100 grammes d'eau, l'abaissement est voisin de $18°,0\ n$ à $19°,0\ n$. Cette règle n'est applicable que si la valeur n est petite et ne dépasse pas, par exemple, $0,2$.

Si, au lieu d'eau, on prend un autre dissolvant liquide ou solide (par exemple la benzine, l'acide acétique, l'acétone, la nitrobenzine ou la naphtaline et les métaux en fusion, etc.), et si, dans 100 molécules de ce dernier, on dissout n molécules d'un corps indifférent (ni acide, ni salin), l'abaissement est égal à $0°,62\ n$ jusqu'à $0°,65\ n$, ou, en général, à Kn. En désignant le poids moléculaire du dissolvant par m, 100 grammes-molécules pèsent $100\ m$ grammes et, en effectuant la dissolution dans 100 grammes de dissolvant, on observe que l'abaissement du point de congélation est sensiblement égal à $m\ 0,63\ n$ degrés pour n molécules du corps dissous, ou, en général, à kn, k étant une valeur à peu près constante pour toutes les solutions étendues; ainsi, pour l'eau, $k=18$, pour l'acétone, 37, etc.

Pour déterminer le poids moléculaire d'une substance par le procédé cryoscopique, on prépare une solution de cette substance dans un dissolvant approprié. Soit r la quantité en grammes du dissolvant et q celle du corps dissous. On détermine par l'expérience l'abaissement du point de congélation d ; or, $d = kn$, où k varie suivant la nature du dissolvant. On peut donc déterminer n ou le nombre de molécules de la substance dissoute. Comme on a mis q gr. de substance dans r gr. du dissolvant, 100 gr. de ce dernier contiennent $100\,\dfrac{q}{r}$ de la première ou nX (X = poids moléculaire). Etant donné que $n = \dfrac{d}{k}$, on a le poids moléculaire

$$X = \frac{100qk}{rd}$$

La valeur obtenue, bien qu'approximative, permet cependant de vérifier que la molécule du peroxyde d'hydrogène, par exemple, contient H^2O^2 et non HO ou H^3O^3.

Il est nécessaire de remarquer que, pour beaucoup de substances prises comme dissolvants, l'abaissement du point de congélation est voisin de $0,63\,n$, tandis qu'il est égal à $1,05\,n$ pour l'eau, comme si les molécules de l'eau liquide étaient plus complexes que ne l'exprime la formule H^2O (**29**).

(**29**) Dans la littérature chimique et physique, on peut rencontrer plus d'une fois des conclusions tendant à attribuer à la molécule de l'eau, à l'état liquide, une composition plus complexe qu'à l'état gazeux : H^8O^4, H^6O^3 ou, en général, nH^2O. Cependant, jusqu'à présent, il n'existe pas de données suffisamment établies pour accepter cette manière de voir, bien que l'on puisse admettre qu'en passant de l'état de vapeur à l'état liquide ou solide, il se produit une polymérisation ou une juxtaposition de plusieurs molécules et qu'il se forme une dépolymérisation, pendant l'évaporation. Les recherches récentes de Eötvös (1886), de Ramsay et Schields (1893), relatives à la variation de la tension superficielle avec la température, ont de nouveau soulevé cette question. La tension superficielle N = la constante de capillarité a^2, multipliée par le poids spécifique, et divisée par 2 ; par exemple, pour l'eau à 0° et 100°, la valeur a = 15,41 et 12,58 mm. carrés et la tension superficielle 7,92 et 6,04. En prenant pour point de départ la température absolue T, nous avons l'équation $AS = kT$, où A est la tension superficielle déterminée par l'expérience, k une constante indépendante de la composition de la molécule et S la surface d'un gramme-molécule de liquide. Si M est le poids spécifique, son volume spécifique sera égal à $\dfrac{M}{s}$ et sa surface $S = \sqrt[3]{\left(\dfrac{M}{s}\right)^2}$.

L'équation $AS = kT$ répond complètement à l'équation des gaz $vp = RT$ servant à déduire le poids moléculaire, d'après la densité de vapeur.

Les recherches de Ramsay l'ont amené à conclure que les molécules du sulfure de carbone, de l'éther, de la benzine et de beaucoup d'autres substances ont la même grandeur à l'état liquide qu'à l'état de vapeur. Cela n'existe pas pour d'autres liquides et, pour obtenir une concordance avec les premiers, c'est-à-dire pour que k soit constant, il faut admettre que le poids (et, par conséquent, le volume et la surface) de leurs molécules à l'état liquide est multiplié par n. Pour les alcools et les acides de la série grasse, n varie entre 1 1/2 et 3 1/2 ; pour l'eau, entre 2 1/2 et 4, suivant la température à laquelle la dépolymérisation a lieu.

Ce qui précède permet de voir que le sujet, que nous venons d'examiner, présente un intérêt théorique capital, mais qu'il ne peut être considéré comme établi, d'autant plus que les observations, qui lui servent de point de départ, sont difficiles à exécuter et insuffisantes. Si les expériences et les recherches futures confirment les données de Ramsay, on possédera une nouvelle méthode de détermination des poids moléculaires.

Le même phénomène, c'est-à-dire la variation de la constante (k pour 100 gr. du dissolvant ou K pour 100 molécules), qui s'observe encore pour la pression osmotique, la tension de vapeur du dissolvant, etc. (voy. Ch. I, n. 19 et 49) a lieu lorsqu'on passe des substances indifférentes aux substances salifiables (acides, alcalis, sels) prises en solutions aqueuses ou autres, comme nous allons le montrer, d'après les données de Pickering (1892), pour les solutions aqueuses de NaCl et de $CuSO^4$. Les observations ont montré que, quand 100 gr. molécules d'eau contiennent

$$n = 0,01 \quad 0,03 \quad 0,05 \quad 0,1 \quad 0,5$$

molécules de NaCl, l'abaissement du point de congélation d égale :

$$d = 0°0177 \quad 0°0598 \quad 0°0992 \quad 0°1958 \quad 0°9544$$

ce qui donne un abaissement pour une molécule :

$$K = 1,77 \quad 1,96 \quad 1.98 \quad 1,96 \quad 1,91$$

c'est-à-dire que, pour les solutions très étendues, quand n s'approche de zéro, d égale environ $1,7\,n$, tandis que, pour le sucre, il est d'environ $1,1\,n$. Pour les mêmes valeurs de n, les solutions de $CuSO^4$ ont donné, pour d, les valeurs suivantes :

$$d = 0°0164 \quad 0°0451 \quad 0°0621 \quad 0°1321 \quad 0°5245$$
$$K = 1.64 \quad 1,50 \quad 1,44 \quad 1,32 \quad 1,05$$

c'est-à-dire que d est encore voisin de $1,7$ pour les solutions diluées. A mesure que la concentration de la solution croit, K diminue, tandis que pour NaCl, il augmente d'abord et ne commence à décroître que pour les solutions plus concentrées.

La valeur de K, dans le cas de dissolution de n molécules d'un corps dans $100H^2O$, quand $d = Kn$, est voisine, pour les solutions étendues de $CaCl^2$, de $2,6$; pour $Ca(AzO^3)^2$, elle approche de $2,5$; pour $HAzO^3$, KI et KHO, elle est environ égale à $1,9 - 2,0$; pour le borate de sodium : $Na^2B^4O^7 = 3,7$, etc , tandis que, pour le sucre et les autres substances analogues, K est voisin de $1,0 - 1,1$. Bien que ces chiffres soient très différents (**30**), on peut, néanmoins, pour des substances analogues, considérer la valeur k comme constante et déterminer ainsi, d'après d, le poids moléculaire de la substance dissoute.

(**30**) Leur différence, comme l'a fait remarquer Van't Hoff, est exprimée par la valeur i en considérant $i = 1$, quand k égale environ $1,05$; dans ce cas, pour KI, i est voisin de 2 ; pour le borax, il est d'environ 4, etc.

Comme la tension de vapeur des solutions et leur point

d'ébullition (voyez Ch. I, notes 51 et autres) éprouvent la même variation que l'abaissement du point de congélation, on peut, à l'aide de l'une de ces propriétés physiques, déterminer le poids moléculaire d'une substance dissoute comme à l'aide de la cryoscopie (**31**).

(**31**) Citons encore un exemple pour montrer le rapport qui existe entre les propriétés d'une substance et son poids moléculaire. En dissolvant la quantité correspondante au poids moléculaire des différents chlorures, par exemple : $NaCl$, $CaCl^2$, $BaCl^2$, etc. dans 200 molécules d'eau (par exemple, dans 3600 grammes), on trouve que le poids spécifique des solutions est d'autant plus grand que le poids moléculaire de la substance dissoute est plus élevé. Prenons, comme exemple, quelques nombres :

	Poids moléculaire	Poids spécifique à 15°.
HCl	36,5	1,0044
$NaCl$	58,5	1,0106
KCl	74,5	1,0121
$GlCl^2$	80	1,0138
$MgCl^2$	95	1,0203
$CaCl^2$	111	1,0236
$NiCl^2$	130	1,0328
$ZnCl^2$	136	1,0331
$BaCl^2$	208	1,0489

Ainsi, non seulement pour les gaz et les vapeurs, mais aussi pour les solutions étendues des substances solides et liquides, un certain nombre de leurs propriétés, sinon toutes, sont sous la dépendance exclusive du poids et non de la qualité de la substance. C'est ce qui permet de déterminer le poids moléculaire en étudiant les propriétés indiquées, par exemple, la densité de vapeur, l'abaissement du point de congélation, etc.

Tout ce qui précède montre que ni les propriétés physiques ni, à plus forte raison, les propriétés chimiques des substances homogènes, surtout solides et liquides, ne dépendent exclusivement du poids de leurs molécules. Beaucoup d'entre elles sont dans un rapport défini (Ch. **XV**) avec le poids atomique des éléments composant la substance et sont déterminées par les particularités quantitatives et individuelles de ces derniers.

Ainsi, les densités des corps solides ou liquides (comme cela sera démontré plus loin) dépendent surtout du poids atomique des éléments qui entrent dans leur composition. En effet, les corps simples ou composés, qui ont une densité élevée, sont également ceux qui contiennent les éléments dont le poids atomique est le plus grand ; tels sont, par exemple, l'or, le platine, l'uranium, etc. Ces mêmes corps sont, du reste, les plus lourds de tous les corps.

Les substances contenant des éléments très légers comme H^1, C, O, Az (la plupart des substances organiques, par exemple), n'ont jamais un poids spécifique élevé : leur densité est, en général, voisine de celle de l'eau.

Ordinairement, à mesure que, dans une substance, augmente la quantité d'hydrogène, qui est l'élément le plus léger, la densité de cette substance diminue et on obtient quelquefois des corps plus légers que l'eau.

Le pouvoir réfringent des corps est intimement lié à la composition et aux propriétés des éléments composants (32).

L'histoire de la chimie en présente un exemple remarquable, puisque, en se basant sur l'indice de réfraction du diamant, Newton avait prévu qu'il contient un corps combustible, parce que beaucoup d'huiles combustibles possèdent un grand pouvoir réfringent.

(32) Quant au pouvoir réfringent, on doit remarquer que l'indice de réfraction peut être déterminé par deux méthodes :

1º Une méthode dans laquelle toutes les données sont rapportées à une raie définie, par exemple, à la raie D de Frauenhofer du spectre solaire (sodium) — c'est-à-dire à un rayon d'une longueur d'onde définie et souvent au rayon rouge (du spectre de l'hydrogène) dont la longueur d'onde est 656 millionièmes de millimètre ;

2° Ou bien, on emploie la formule de Cauchy, qui démontre la dépendance du coefficient de réfraction et de dispersion des longueurs d'onde :

$$n = A + \frac{B}{\lambda^2}$$

où A et B sont deux constantes qui varient pour des substances différentes, mais qui restent constantes pour chaque rayon dont l'indice de réfraction est n.

Dans cette dernière méthode, les recherches concernent les valeurs de A, qui est indépendant de la dispersion. Nous citerons plus loin les résultats fournis par la première méthode au moyen de laquelle Gladstone, Landolt et d'autres ont établi la notion de la réfraction moléculaire.

L'indice de réfraction n, pour une substance donnée, diminue, comme cela était connu depuis longtemps, avec la densité D de la substance, de sorte que l'expression $(n-1) / D = C$ est à peu près constante, pour un rayon donné (ayant une longueur d'onde définie) et pour une substance déterminée. Cette constante est appelée l'*énergie de réfraction* et, en la multipliant par le poids atomique ou moléculaire d'une substance, on obtient un nombre qu'on appelle *la réfraction atomique ou moléculaire de la sublance,* ou en général *équivalent de réfraction.*

L'indice de réfraction de l'oxygène est 1,00021 ; celui de l'hydrogène 1,00014 ; leurs densités (par rapport à l'eau) sont 0,00143 et 0,00009 et leurs poids atomiques O = 16, H = 1; par conséquent, leurs réfractions atomiques sont 3 et 1,5. L'eau contient H^2O ; par conséquent la somme de ses réfractions atomiques ou réfraction moléculaire est $(2 \times 1,5) + 3 = 6$. Mais, comme l'indice de réfraction de l'eau $= 1,331$, sa réfraction moléculaire $= 5.956$ ou environ 6.

La comparaison prouve que la somme des réfractions atomiques des éléments, qui forment une combinaison (ou un mélange), est approximativement égale à la réfraction moléculaire de la combinaison.

Voici, d'après les recherches de Landolt, Gladstone, Hagen, Brühl et d'autres, les équivalents de réfraction des principaux éléments.

H = 1.3			Ca = 10.4	
Li = 3.8			Mn = 12.2	
B = 4.0			Fe = 12.0 { dans les sels ferriques	= 20.1
C = 5.0				
Az = 4.1 { au plus haut degré d'oxydation	= 5.3		Co = 10.8	
			Cu = 11,6	
O = 2.9			Zn = 10.2	

Fl $= 1.4$	As $= 15.4$
Na $= 4.8$	Bi $= 15.3$
Mg $= 7.0$	Ag $= 15.7$
Al $= 8.4$	Cd $= 13.6$
Si $= 6.8$	I $= 24.5$
P $= 18.3$	Pt $= 26.0$
S $= 16.0$	Hg $= 20.2$
Cl $= 9.9$	Pb $= 24.8$, etc.
K $= 8.1$	

Les réfractions atomiques de beaucoup d'éléments se déterminent généralement dans les solutions aqueuses de leurs combinaisons. Connaissant la composition d'une solution, il est possible de calculer la réfraction atomique d'un de ses composants, si l'on connaît celle de tous les autres composants. Les résultats sont basés sur une loi qui nécessite certaines restrictions.

Cependant, l'hypothèse de l'équivalent de réfraction permet d'obtenir directement et, d'une façon au moins approximative, l'indice de réfraction d'une substance dont la composition chimique est connue.

Par exemple, de la composition chimique du bisulfure de carbone $CS^2 = 76$ et de sa densité 1,27, nous trouvons son indice de réfraction $= 1,618$ (parce que l'équivalent de réfraction $= 5 + 2 \times 16 = 37$) ce qui est à peu près le nombre réel.

Il est évident que, dans l'exposition que nous venons de faire, les combinaisons sont considérées comme de simples mélanges d'atomes, et les propriétés physiques d'une combinaison — comme la somme des propriétés des atomes composants. Si l'on refusait, en effet, d'admettre l'existence indépendante des atomes dans la combinaison, il serait impossible de grouper, à l'aide d'un petit nombre de chiffres, toute une masse de données relatives à l'indice de réfraction des différentes substances.

Nous verrons, dans la suite, que beaucoup de ces propriétés des substances, qui ne dépendent pas du poids de la molécule, mais de sa composition, sont sous une dépendance périodique des poids atomiques des éléments, c'est-à dire que la masse (des molécules et des atomes), proportionnelle au poids, détermine les propriétés des substances au même titre qu'elle détermine (associée à la distance) le mouvement des astres.

FIN DU PREMIER VOLUME

NOTES DE LA SEPTIÈME ÉDITION RUSSE

CHAPITRE I

Addition à la note 9, page 83

La variation du poids spécifique S_t, en raison de la température déterminée au moyen du thermomètre à mercure, peut être exprimée par la formule suivante (Mendéléeff, 1891) :

$$S_t = 1 - \frac{(t-4)^2}{(94,1+t)(703,51-t)\,1,9}$$

T° d'après le thermomètre à mercure	Poids spécifiques. S_t à 4° = 1000000	Variations du poids spécifique correspondant à une augmentation		Volumes, celui à 4° étant pris pour unité
		de température de 1° centigr. ds/dt	de pression d'une atmosphère ds/dp	
—10°	998281	+ 264	+54	1,001722
0°	999873	+ 65	+50	1,000127
+10°	999738	— 85	+47	1,000262
20°	998272	— 203	— 45	1,001731
30°	995743	— 299	+43	1,004276
50°	988174	— 450	+40	1,011967
70°	977948	— 569	+39	1,022549
90°	965537	— 670	+41	1,035692
100°	958595	— 718	+42	1,043194
120°	943314	— 810	+43	1,060093
160°	907263	— 995	+55	1,102216
200°	863473	—1200	+73	1,158114

Si l'on détermine les températures à l'aide du thermomètre à hydrogène, dont les indications entre 0° et 100° sont un peu inférieures à celles du thermomètre à mercure (de 0°,1, par exemple, à 20° C), on obtient, pour une température donnée t, des poids spécifiques un peu moindres. Ainsi, Chappuis (1892) a trouvé qu'à 20° S = 0,998233.

Il faut remarquer que les déterminations très précises faites par Kupfer en Russie (1891) et Cherney en Angleterre (1892) montrent que, dans le vide, le poids d'un décimètre cube d'eau à 4° est inférieur à un kilogramme d'un décigramme environ. Dans les déterminations ordinaires, on peut cependant considérer le poids d'un décimètre cube d'eau comme égal à 1 kilogramme.

Addition à la note 19, page 107

De Vries a utilisé les cellules végétales pour déterminer les solutions *isotones* ou solutions possédant la même pression osmotique. On peut employer, à cet effet, le parenchyme de certaines feuilles, par exemple de *Tradescantia discolor* et l'humecter avec une solution saline dont la concentration est connue. Si la pression osmotique de la solution étudiée est inférieure à celle du suc cellulaire, le volume des cellules restera invariable ou bien diminuera : dans le cas contraire, les cellules se gonflent : il est facile, à l'aide du microscope, d'observer le sens de la variation. En employant des sels différents et en variant la concentration, on peut préparer des solutions ayant une pression osmotique égale : elles ont pour caractère commun de déterminer *le commencement* du gonflement des cellules.

La pression osmotique augmentant proportionnellement à la quantité de substance dissoute dans 100 p. d'eau, on peut déterminer la pression osmotique de tous les sels, si l'on connaît la pression osmotique des solutions d'une substance quelconque, du sucre, par exemple, et la composition des solutions *isotones* comparativement à celles du sucre.

C'est ainsi que, d'après les recherches de Pfeffer et de De Vries, les tensions osmotiques des solutions étendues suivent les mêmes lois que la pression des gaz :

1° En augmentant 2 ou n fois la proportion du sel, dans un volume donné, la pression augmente 2 ou n fois. Ainsi, par exemple, la pression osmotique d'une solution de sucre à 1 0/0 est égale, d'après Pfeffer, à 53,5 centim.; celle d'une solution à 2 0/0 = 101,6 ; à 4 0/0 = 208,2 etc., ce qui confirme la proportionnalité dans les limites des erreurs de l'expérience.

2° Des substances différentes, prises en solutions de concentration égale, produisent des pressions osmotiques inégales, tout comme les gaz qui possèdent, à poids et à volumes égaux, des tensions différentes.

3º La pression osmotique d'une solution diluée étant po, à 0º, sera exprimée à tº par po $(1 + 0,00367\, t)$, c'est-à-dire qu'elle augmente avec la température comme la pression des gaz.

4º Les solutions diluées renfermant des quantités équivalentes de substances non conductrices du courant électrique (telles que sucre, acétone et autres composés organiques) possèdent une pression osmotique égale. De plus, cette pression est égale à la tension de vapeur de ces mêmes substances, si ces vapeurs occupent le même volume que la solution.

La tension de vapeur de ces substances, prises en quantités moléculaires, est la même ; elle est déterminée par les lois de Gay-Lussac, de Mariotte et d'Avogadro-Gerhardt. Les formules (notes 23 et 24) exprimant l'état gazeux de la substance peuvent également servir dans ce cas. Ainsi, par exemple, la pression osmotique p, en centimètres de mercure, de la solution de sucre à 1 0/0 peut être calculée d'après la formule.

$$Mp = 6,200\, s\, (273 + t)$$

ou $M =$ le poids moléculaire, $s =$ le poids d'un centim. cub. de vapeur en grammes et t sa température. Pour le sucre $M = 342$, ce qui correspond à la formule $C^{12}H^{22}O^{11}$. Le poids spécifique de la solution du sucre est 1,003 ; d'où le poids s de sucre contenu dans la solution à 1 0/0 $= 0,01003$ gr. La température de l'observation étant 14º, on calcule que, d'après la formule, $p = 52,2$ centim. Le chiffre fourni par l'expérience est 53,3 centim., très voisin du précédent.

5º Pour les solutions des sels, des acides et des corps analogues, conducteurs du courant électrique, la pression osmotique calculée est ordinairement (mais pas toujours) i fois moindre que la pression observée ; pour les solution diluées de $MgSO^4$, la grandeur de i est très voisine de 1 ; pour CO^2, $i = 1$; pour KCl, $NaCl$, KI, $KAzO^3$, i est presque égal à 2 ; pour HCl, H^2SO^4, $NaAzO^3$, $CaAz^2O^6$ et autres, elle est voisine de 2 ; pour $BaCl^2$, $MgCl^2$, K^2CO^3 et autres, i varie entre 2, et 3, etc... Il faut cependant remarquer que les relations précédentes ne sont applicables (avec un certain degré d'exactitude) qu'aux solutions diluées et présentent, sous ce rapport, une analogie avec les généralisations de Michel et de Craft (V. note 44). Néanmoins, la découverte de Van't Hoff est d'une importance scientifique capitale ; elle doit contribuer à la compréhension de la nature des solutions dont la pression osmotique fait déjà l'objet d'une étude approfondie. Il faut remarquer ici que le professeur Konovaloff (1891) a trouvé une relation (et peut-être même une explication suffisante) de la pression osmotique qui serait déterminée par la différence des tensions de la vapeur d'eau et des solutions. Cette question fait l'objet de la chimie physique à laquelle nous renvoyons le lecteur. (Voir quelques indications dans les notes 49 et suiv.)

Addition à la note 30, page 127

La diminution de solubilité n'est pas la même pour les différents gaz. Elle est d'autant plus grande que le poids moléculaire du gaz est plus élevé. Le calcul démontre que cette diminution est proportionnelle à la racine cubique du poids moléculaire du gaz (Winckler) comme cela ressort des chiffres suivants :

Diminution °/₀ de la solubilité pour 20°.	Racine cubique du poids moléculaire.	Rapport de la diminution de la solubilité à la racine cubique du poids moléculaire.
H^2 15,32	1,259	12,17
Az^2 34,33	3,037	11,30
CO 34,44	3,037	11,34
AzO 36,24	3,107	11,66
O^2 36,55	3,175	11,51

La diminution des coefficients d'absorption avec la température est intimement liée au changement des propriétés physiques de l'eau. Winckler (1891) a remarqué, en outre, qu'il existe une relation entre le frottement interne et les coefficients d'absorption aux différentes températures.

Addition à la note 49, page 150

Les points suivants, relatifs aux solutions diluées, sont bien établis :

1° L'abaissement du point de congélation d'une solution est presque proportionnel à la quantité de substance dissoute. Ainsi, par exemple, pour une solution à 1 0/0 de KCl, l'abaissement du point de congélation $= 0°,45$; à 2 0/0 $= 0°,90$; à 10 0/0 $= 4°,4$.

2° Plus le poids moléculaire M d'un corps est élevé, moins est grand l'abaissement du point de congélation d, toutes les autres conditions étant égales. En désignant par p la concentration de la solution, ou la quantité de substance dissoute dans 100 parties d'eau, la fraction $\dfrac{Md}{p}$, ou abaissement moléculaire pour une série de substances, est une valeur constante. Ainsi, par exemple, pour les dissolutions aqueuses d'alcool méthylique, elle égale 17,3 ; pour l'acétone, environ 18,0 ; pour le sucre, 18,5.

3° D'une manière générale, l'abaissement moléculaire du point de congélation pour les substances non conductrices du courant électrique, en solution aqueuse, égale environ 18,5 et, pour les substances telles que les acides, les sels et autres composés bons conducteurs de l'électricité, il est i fois plus grand. Ainsi, par exemple, pour HCl, KI, HAzO^3, KHO, etc., il égale 36 (i est voisin de 2) ; pour le borax, l'abaissement moléculaire égale 66, etc. ; la valeur i varie, dans ce cas, de la même manière que pour la pression osmotique.

4° La diminution du point de congélation moléculaire est, pour chaque dissolvant, (eau, acide acétique, benzine, etc.), une valeur constante qui ne présente que des rapports éloignés avec son poids moléculaire. Ainsi, par exemple, la valeur correspondante à l'acide acétique est 39 ; celle de la benzine, 49 ; de l'alcool méthylique, 17, etc...

Le poids moléculaire M d'une substance mauvaise conductrice de l'électricité peut être déterminé en connaissant d, c'est-à-dire l'abaissement moléculaire et p la concentration de la solution ; ainsi, par exemple, le poids moléculaire du peroxyde d'hydrogène H^{2}O^2, déterminé par ce procédé, est voisin de 34.

Nous verrons plus loin (Chap. VII, note 28) que la diminution de la tension des solutions et l'augmentation de leur point d'ébullition permettent de déterminer le poids moléculaire de la substance, tout comme la tension osmotique (note 19). Dans tous ces cas, on remarque que la valeur i est différente, suivant que les solutions étudiées contiennent des corps bons ou mauvais conducteurs du courant électrique.

Arrhenius (1888), Ostwald et d'autres, pour expliquer ce phénomène, supposent qu'une partie de la substance des électrolytes est décomposée par l'acte même de la dissolution (par exemple NaCl en Na et Cl) en ions, ou atomes des substances, qui sont mis en liberté par l'électrolyse. C'est ainsi que ces savants expliquent l'augmentation de i pour les corps conducteurs. Nous n'exposons pas ici cette opinion, connue sous le nom d'hypothèse de *dissociation électrolytique*, non-seulement parce qu'elle fait partie de la *chimie physique* et qu'elle ne contribue que très peu à la compréhension des relations chimiques des solutions, mais aussi pour les raisons suivantes :

1° Toutes les données exposées précédemment (abaissement du

point de congélation, tension osmotique, etc...), ne se rapportent qu'aux solutions diluées ; elles ne sont pas applicables aux solutions concentrées ; cependant, au point de vue chimique, ces dernières offrent un intérêt tout aussi considérable et le passage des unes aux autres est graduel et inévitable.

2° Dans tout corps homogène (quand bien même il ne serait pas en solution à l'état d'électrolyte), on peut supposer (Clausius) qu'une partie de ses atomes, en passant d'une molécule à une autre, sont dissociés ; il n'y a aucune raison de croire que ce phénomène est particulier aux solutions des électrolytes.

3° Il n'existe aucune différence essentielle entre la dissolution des électrolytes et celle des corps non conducteurs, tandis que, d'après l'hypothèse d'Arrhenius, cette différence devrait exister.

4° Il est plus probable d'admettre, dans l'acte de la dissolution, la formation de nouvelles combinaisons plus complexes, mais peu stables et se dissociant facilement, que d'admettre la décomposition, bien que partielle, des substances mises en présence.

5° En adoptant l'hypothèse d'Arrhenius, il faut admettre, dans la solution, la présence de ions libres, analogues aux atomes Cl et Na, sans que l'on puisse constater la moindre dépense d'énergie pour leur séparation ; si l'on peut ainsi comprendre facilement comment $i = 2$, on ne conçoit pas du tout pourquoi les solutions de $MgSO^4$ ont une valeur $i = 1$ bien qu'elles conduisent le courant électrique.

6° Pour exprimer la proportionnalité approximative, que l'on observe dans les solutions diluées, entre l'abaissement du point de congélation et la concentration, il est tout aussi logique d'admettre la formation de certains hydrates que d'admettre la dissolution des substances anhydres ; or, en acceptant la première hypothèse, il est plus simple d'admettre qu'une partie de ces hydrates se décompose que de supposer la décomposition en ions.

7° Les solutions qui conduisent le mieux le courant électrique sont analogues aux solutions d'acide sulfurique ; or, dans ces dernières, il est nécessaire de reconnaître la formation de systèmes associés, c'est-à-dire des hydrates.

8° Il faut chercher la cause de la conductibilité électrique dans l'affinité et la faculté de combinaison qui existent entre le dissolvant et la substance dissoute, comme le démontrent les expériences de M. Konovaloff; ainsi, ni l'aniline, ni l'acide acétique pris séparément ne conduisent le courant ; la solution aqueuse d'aniline est mauvaise conductrice, tandis que la solution acétique est un bon électrolyte dans lequel doivent certainement agir des forces chimiques qui entraînent l'aniline de même que l'ammoniaque à se combiner avec l'acide acétique ; ces relations ressortent des recherches faites par Konovaloff sur les solutions de l'aniline et d'autres amines.

37

9º Enfin, l'hypothèse de la dissociation électrolytique, telle qu'elle a été émise par Arrhénius et Ostwald, ne répond pas à la totalité des notions chimiques sur les solutions et la dissociation en général.

Je considère donc comme inutile de m'arrêter plus longuement sur cette hypothèse et renvoie le lecteur à la *Zeitschrift für physikalische Chemie* (1888-1894) où il trouvera toutes les données qui s'y rapportent.

Addition à la note 56, page 159

Le phénomène de sursaturation ne se produit qu'avec les substances (Potylitsyne, 1889), capables de former plusieurs modifications allotropiques ou plusieurs hydrates cristallisables, c'est-à-dire que, dans les solutions sursaturées, il se dépose en plus de l'hydrate normal, stable, d'autres combinaisons moins hydratées et aussi le sel anhydre. Le degré de saturation produit sur la substance dissoute la même action que l'élévation de la température. Dans la solution de sulfate de nickel, il se forme, entre 15º et 20º, des cristaux rhombiques renfermant 7 H^2O ; entre 30º et 40º, ces cristaux sont quadratiques et contiennent 6H^2O ; entre 50º et 70º, les cristaux renferment la même quantité d'eau, mais ils appartiennent au système monoclinique. Lecoq de Boisbaudran a montré qu'en variant le degré de saturation de la solution sursaturée, on peut obtenir ces différents cristaux à la même température (17º-19º).

Toutes les solutions sursaturées possèdent la propriété de laisser déposer, au contact d'un cristal du même sel, des hydrates peu riches en eau ou des sels anhydres.

Si un sel est capable de former une solution sursaturée, on peut prévoir l'existence de plusieurs hydrates, ou de plusieurs modifications allotropiques. C'est ainsi que Potylitsyne a conclu que le chlorate de strontium, qui forme facilement des solutions sursaturées, est capable de former plusieurs hydrates, et, en effet, cet auteur a pu isoler deux hydrates :

$$Sr(ClO^3)^2 3\,H^2O$$
$$Sr(ClO^3)^2 8H^2O$$

De plus, on a obtenu trois modifications allotropiques du sel anhydre, qui se distinguent entre elles par leur forme cristalline :

a) Octaèdres rhombiques ;
b) Lamelles à angles obliques;
c) Longs prismes ou lamelles friables.

Les recherches ultérieures ont démontré que les sels, incapables

de former des solutions sursaturées, tels que les bromates de strontium, de calcium et de baryum, n'abandonnent que difficilement leur
eau de cristallisation (ils cristallisent avec 1 H^2O) ; à la température
ordinaire et dans l'air sec, ou dans le vide, ils se décomposent très
lentement. En d'autres termes, la tension de dissociation de cette
catégorie d'hydrates est très faible. Comme les hydrates, caractérisés par
la faible valeur de leur tension de dissociation, sont incapables de
former des solutions sursaturées, inversement, les solutions sursaturées forment des hydrates dont la tension de dissociation est considérable (Potylitsyne, 1893).

CHAPITRE II

Addition à la note 16, page 209

L. Mond, de Londres, propose, pour la préparation industrielle de
l'hydrogène, l'emploi du *gaz d'eau* (water gaz) renfermant un mélange d'oxyde de carbone (CO) et d'hydrogène. On l'obtient en dirigeant de la vapeur d'eau sur du charbon incandescent :

$$C + H^2O = CO + H^2$$

Il est facile de transformer l'oxyde de carbone en charbon et en
acide carbonique ($2\,CO = C + CO^2$) en faisant passer le gaz d'eau
sur du nickel métallique granulé, porté au rouge. Le charbon se combine avec le nickel et il suffit, pour régénérer le métal, de chauffer
à l'air le carbure de nickel. On fait absorber l'acide carbonique formé
par un lait de chaux.

Il semble que, par ce procédé, on peut préparer l'hydrogène en
grandes quantités, plus économiquement que par les autres méthodes connues. (Voir sur le gaz d'eau, Chap. VIII et IX.)

Additions à la note 26, page 221

Remarquons que la relation entre la tension des vapeurs saturées
des différentes substances et la température est très complexe ; on

l'exprime généralement à l'aide de 3 ou 4 constantes, qui varient avec la nature du corps, et que l'on détermine expérimentalement en observant le rapport entre la tension p et la température t. K. Kraïévitch a montré, en 1892, que cette relation est sous la dépendance directe de certaines propriétés telles que la densité, la chaleur spécifique et la chaleur latente de vaporisation.

Même note, à la fin

Indiquons encore les points d'ébullition de quelques substances, à 760 mm. de pression, pris d'après le thermomètre à gaz de Collendar et de Griffiths (1891).

Aniline	184°13	Mercure	356°76
Naphtaline	217°94	Triphénylméthane	356°44
Benzophénone	305°82	Soufre	444°53

Températures de fusion de quelques métaux

Etain	231°68	Plomb	327°69
Bismuth	269°22	Zinc	417°57

Températures de fusion de quelques sels
(D'après Meyer et Ridl, 1893)

NaCl	851°	KCl	766°	K_2CO_3	1045°	Na_2SO_4	843°
NaBr	727°	KBr	715°	Na_2CO_3	1098°	K_2SO_4	1073°
NaI	650°	KI	623°	$Na_2B_4O_7$	873°		

On peut utiliser ces données pour l'obtention des températures constantes, et pour la vérification des thermomètres.

Note 28, à la fin du tableau, page 225, sont ajoutés

tc	pc	tc	pc
$H_2O + 365°$	200	$C_6H_5F + 287°$	45
$CH_3OH + 240°$	79	$C_6H_5Cl + 360°$	45
$C_2H_5OH + 243°$	63	$C_6H_5Br + 397°$	45
$CH_3CO.OH + 322°$	57	$C_6H_5I + 448°$	45

Jung et Guy (1891) ont démontré que tc et p se trouvent dans un rapport évident avec la composition et le poids moléculaire.

A la fin de la note 30, page 228

Les résultats les plus instructifs et les plus frappants, relatifs à la liquéfaction des gaz, ont été obtenus récemment par Dewar, de l'Institut Royal de Londres, déjà célèbre par les noms de Davy, Faraday et Tyndall. En se servant d'appareils à compression très puissants, Dewar prépare des kilogrammes d'oxygène et d'air liquéfiés, et peu les conserver longtemps, à l'état liquide, dans des vases en verre ouverts, à doubles parois, entre lesquelles on fait le vide, pour empêcher la transmission rapide de la chaleur. L'oxygène ou l'air, ainsi liquéfiés, peuvent être versés d'un vase dans un autre, et facilement étudiés. Ainsi, par exemple, en juin 1894, Dewar a montré, en produisant le refroidissement, à l'aide de l'oxygène liquide, que l'abaissement considérable de la température détermine un accroissement des propriétés fluorescentes et phosphorescentes que présentent certaines substances (paraffine, colle, etc.)

Les propriétés mécaniques des corps subissent de grandes modifications à des températures aussi basses.

CHAPITRE III

A la fin de la note 7, page 262

Un autre procédé pratique pour la préparation industrielle de l'oxygène est celui de Kasner (1891). On prend un mélange de protoxyde de plomb et de chaux (PbO + 2CaO) et on le grille à l'air ; l'oxygène de l'air est absorbé et il se forme un composé, couleur chocolat, ayant pour formule Ca^2PbO^4 (plombate de chaux). Si l'on calcine ensuite ce composé, il se dégage de l'oxygène et il reste comme résidu le mélange initial : PbO + 2CaO. Le principe de la réaction est le même que dans le procédé de Boussingault décrit plus haut.

D'après Le Châtelier (1893), la tension de dissociation de l'oxygène, qui se dégage de Ca^2PbO^4, est inférieure à la tension de l'oxygène obtenu au moyen de BaO pour les mêmes températures. Ainsi, par exemple, à 940°, la tension $=$ 112 mm. pour le premier composé et, pour le second composé, elle est 210 mm. à 720° et 670 mm. à 790°, valeur que Ca^2PbO^4 n'atteint qu'à 1080°.

Note 9 bis, page 265

Pour la pratique des laboratoires, Kasner propose de préparer l'oxygène en mélangeant BaO^2 avec FeK^3 $(CAz)^3$ — sel rouge de Gmelin ; la réaction commence par l'addition d'une petite quantité d'eau. Pour produire un dégagement régulier et constant de gaz, l'auteur propose de ne pas mélanger les deux substances, mais de les introduire dans la réaction peu à peu, selon les besoins. L'appareil de Gawalowsky remplit ce but. On introduit, dans un ballon, du bioxyde de baryum pulvérisé et on y verse de l'eau jusqu'au tiers de sa hauteur. Le bouchon du ballon porte trois trous : dans le premier, est fixé le tube de dégagement ; le second porte un mélangeur, quant au troisième, il est traversé par une baguette de verre à l'extrémité inférieure de laquelle est accroché un panier en verre renfermant les cristaux de FeK^3 $(CAz)^6$. Pour provoquer le dégagement de gaz, on descend le panier dans le liquide et on agite BaO^2.

La réaction s'effectue d'après l'équation :

$$BaO^2 + 2FeK^3(CAz)^6 = FeK^4(CAz)^6 + FeK^2Ba(CAz)^6 + O^2$$

Les eaux mères laissent déposer des cristaux d'un sel double $FeBa^2(CAz)^6$.

Pour comprendre la marche de la réaction, il faut remarquer que BaO^2 est un peroxyde qui perd son oxygène et forme BaO entrant dans la composition du sel double.

$$FeK^2Ba(CAz)^6 = Fe(CAz^2 + 2KCAz + Ba(CAz)^2$$

Ce dernier, en effet $= BaO + 2HCAz - H^2O$.

En outre, $FeK^3(CAz)^6$ contient aussi $Fe^2(CAz)^6$ qui correspond à la combinaison la plus oxygénée du fer Fe^2O^3. Or, parmi les substances résultantes, il y a $Fe(CAz)^2$ qui répond à l'oxyde inférieur FeO ; il y a donc, dans ce cas aussi, dégagement d'oxygène (en présence de l'eau). En d'autres termes, la réaction donne comme résultat des oxydes inférieurs et de l'oxygène.

Addition à la note 35, page 284

Les expériences de V. Meyer ont confirmé cette conclusion (1892). Cet auteur a démontré que la formation de la vapeur d'eau ne commence qu'à 448° et qu'elle devient active à 518°.

D'après le même auteur, la température d'explosion du gaz détonant est différente, suivant que l'on produit l'explosion en vases clos ou dans des tubes ouverts. Dans le premier cas, la température de l'explosion oscille entre 530° et 606°; dans le second entre 630° et 730°.

Gaz	Explosion d'un courant libre de gaz	Explosion des gaz en vases clos
H^2	630° — 730°	530° — 606°
CH^4	650° — 730°	606° — 650°
C^2H^6	606° — 650°	530° — 606°
C^2H^4	606° — 650°	530° — 606°
CO	650° — 730°	650° — 730°
H^2S	315° — 320°	250° — 270°
H^2+Cl^2	430° — 440°	240° — 270°

D'une manière générale, la température d'explosion en vases clos de tous les mélanges gazeux est inférieure à celle qui détermine leur explosion dans des tubes ouverts.

Ci-dessous, le tableau (d'après Freyer et Meyer) des températures d'explosion de quelques gaz mélangés avec une quantité suffisante d'oxygène.

La vitesse de propagation de l'explosion dans les mélanges gazeux est une valeur tout aussi caractéristique pour un système gazeux que la vitesse de propagation du son.

Berthelot a montré que cette vitesse est indépendante de la pression, de la dimension du tube qui contient le mélange gazeux, et de la matière dont est fait le tube.

Dickson (1891) a déterminé la valeur de ces vitesses pour les différents mélanges ; il a obtenu des chiffres très voisins de ceux calculés antérieurement par Berthelot. Nous donnons ci-dessous les valeurs des vitesses exprimées en mètres :

	Dickson	Berthelot
$H^2 + O$	2821	2810
$H^4 + Az^2O$	2305	2284
$CH^2 + 4O$	2322	2287
$C^2H^2 + 6O$	2364	2210
$C^2H^2 + 5O$	2391	2482
$C^2Az^2 + 4O$	2321	2195

L'addition d'oxygène au mélange détonant diminue la vitesse de propagation de l'explosion, absolument comme l'introduction de l'azote. Un excès d'hydrogène, au contraire, augmente la vitesse. On a remarqué que l'explosion des mélanges d'oxygène avec le gaz des marais, l'éthylène, le cyanogène se propage plus vite, si la quantité d'oxygène est juste suffisante pour la transformation du carbone en oxyde de carbone. La vitesse de l'explosion est moindre si l'oxygène est en quantité suffisante pour brûler le carbone, et le transformer en acide carbonique.

Berthelot a démontré que, pour les substances explosibles liquides et solides, la vitesse de propagation de l'explosion dépend de la matière du tube. Ainsi, par exemple, l'explosion de l'azotate de méthyle liquide, dans des tubes en verre de 1 à 75 mm. de diamètre, se propage avec une vitesse de 1890 à 2482 mètres, tandis que dans des tubes en métal anglais (3 mm. de diamètre) cette vitesse est 1230 mètres : plus le tube est rigide, plus la vitesse de propagation est grande. Ci-dessous, la vitesse de propagation de quelques corps :

Nitroglycérine	1300	mètres
Dynamite	2500	»
Nitromannite	7700	»
Acide picrique	6500	»

Ajoutons que Mallard et Le Châtelier (1884) ont effectué des expériences pour déterminer la pression développée par l'explosion d'un mélange gazeux : 1 volume de gaz détonant avec n volumes d'un gaz inerte a atteint à peu près $9,2 - 0,9\,n$ atmosphères.

FIN DES NOTES DE LA SEPTIÈME ÉDITION RUSSE

TABLE DES MATIÈRES DU PREMIER VOLUME

La table générale des noms cités se trouve à la fin du
troisième et dernier volume.

Laval. — Imprimerie et stéréotypie E. JAMIN, 8, rue Ricordaine.